Dzieia / Kammerer / Oberthür / Siedler / Zastrow

Elektronik I · Elektrotechnische Grundlagen der Elektronik · Lehrbuch

HPI-Fachbuchreihe

ELEKTRONIK/MIKROELEKTRONIK

ELEKTRONIK I

Elektrotechnische Grundlagen der Elektronik

Lehrbuch

Autoren

WERNER DZIEIA · JOSEF KAMMERER · WOLFGANG OBERTHÜR
HANS-JOBST SIEDLER · PETER ZASTROW

4., verbesserte Auflage

mit 429 Abbildungen

Richard Pflaum Verlag München

Die Deutsche Bibliothek – CIP-Einheitsaufnahme

Elektronik. – München ; Bad Kissingen ; Baden Baden ; Berlin ;
Düsseldorf ; Heidelberg : Pflaum
Teilw. hrsg. vom Heinz-Piest-Inst. für Handwerkstechnik an der
Univ. Hannover
NE: Heinz-Piest-Institut für Handwerkstechnik ⟨Hannover⟩

1. Elektrotechnische Grundlagen der Elektronik.
Lehrbuch. – 4., verb. Aufl. – 1991

Elektrotechnische Grundlagen der Elektronik. – München ; Bad
Kissingen ; Baden Baden ; Berlin ; Düsseldorf ; Heidelberg : Pflaum
(Elektronik ; 1)
Teilw. hrsg. von Wolfgang Oberthür. – Teilw. u. d. T.:
Elektrotechnische Grundlagen
NE: Oberthür, Wolfgang [Hrsg.]; Elektrotechnische Grundlagen

Lehrbuch. [Hrsg.: PROTECH-Medien-GmbH].
Autoren Werner Dzieia ... – 4., verb. Aufl. – 1991
(HPI-Fachbuchreihe Elektronik/Mikroelektronik)
ISBN 3-7905-0614-1
NE: Dzieia, Werner; Protech-Medien GmbH ⟨Duderstadt⟩

ISBN 3-7905-0614-1

Herausgeber: PROTECH-Medien-GmbH, D-3408 Duderstadt
Satz und Aufbindung: Friedrich Pustet, Regensburg
Druck: Pflaum Verlag, München

Vorwort zur 4. Auflage

Die bundeseinheitliche, praxisorientierte Elektronikschulung nach dem Schulungsprogramm und den Richtlinien des Heinz-Piest-Instituts ist seit ihrer Einführung im Herbst 1969 zu einem festen Begriff im Bereich der beruflichen Erwachsenenbildung geworden. Auf freiwilliger Basis arbeiten inzwischen über 200 anerkannte Elektronik-Schulungsstätten nach diesem Programm. Es besteht aus drei Grundlehrgängen sowie einer Reihe von Fachlehrgängen, und dient zur Anpassung an die schnelle technische Entwicklung auf dem Gebiet der Elektronik.
Der Elektronik-Paß als zugehöriger Qualifikationsnachweis hat bereits eine weitgehende Anerkennung in Wirtschaft und Verwaltung gefunden. In jedem Jahr verlassen etwa 18000 bis 20000 weitere erfolgreiche Teilnehmer an den HPI-Lehrgängen die Schulungsstätten. Sie können die erworbenen Kenntnisse und Fertigkeiten dann unmittelbar an ihrem Arbeitsplatz nachweisen und nutzbringend einsetzen.
Um sicherzustellen, daß bei diesen umfangreichen Schulungsmaßnahmen auch voll auf Inhalt und Zielsetzung der einzelnen Lehrgänge ausgerichtete Lehrbücher und Lernmittel zur Verfügung stehen, erschien eine eigene Fachbuchreihe unbedingt notwendig. Hierzu wurden Arbeitskreise gebildet, in denen von in der HPI-Elektronikschulung erfahrenen Praktikern Lehrbücher, Prüfungsaufgaben und Arbeitsblätter entwickelt worden sind.
Der hier vorliegende Band wurde primär für den Einsatz in dem Elektronik-Lehrgang I »Elektrotechnische Grundlagen der Elektronik« konzipiert. Er bildet zusammen mit den weiteren Bänden I »Prüfungsaufgaben« und »Arbeitsblätter« das Lehrmaterial für diesen Lehrgang. Darüber hinaus sind alle Bände aber auch bestens für vertiefende Übungen, selbständige Wiederholung oder Erarbeitung des Lehrstoffes sowie als übersichtliches Nachschlagewerk für die tägliche Arbeit geeignet. Für die 4. Auflage waren nur einige kleine Korrekturen erforderlich.
Unser besonderer Dank gilt dem Herausgeber sowie den Autoren, die sich mit fundierter Sachkenntnis und großem Einsatz der Entwicklung des Lehrganges I »Elektrotechnische Grundlagen der Elektronik« sowie der Entwicklung der zugehörigen Fachbücher gewidmet haben. Auch dem Verlag und seinen Mitarbeitern sei Dank gesagt für die sorgfältige Bearbeitung und Produktion dieser Fachbücher.

Hannover, März 1991
Heinz-Piest-Institut für Handwerkstechnik an der Universität Hannover

Dr.-Ing. Delventhal
Institutsleiter

Inhaltsverzeichnis

1 Physikalische und mathematische Grundlagen

1.1 Allgemeines

Wer sich berufliche Kenntnisse auf dem Gebiet der Mikroelektronik aneignen will, kommt ohne ein fundiertes technisches Basiswissen nicht aus. So ist die Mikroelektronik kein in sich abgeschlossenes Gebiet, sondern mit vielen anderen Fachgebieten eng verzahnt. Entwickelt hat sich die Mikroelektronik aus der Elektronik und diese wiederum aus der Elektrotechnik. Bei der Elektrotechnik handelt es sich um die praktische Anwendung der Elektrizitätslehre, die ein umfangreiches Teilgebiet der Physik darstellt. Teilweise historisch bedingt, beziehen sich viele Gesetze und Definitionen der Elektrizitätslehre, der Elektrotechnik und damit auch der Elektronik auf physikalische Grundgesetze der Mechanik. Dieser Zweig der Physik befaßt sich mit dem Gleichgewicht und der Bewegung von Körpern unter dem Einfluß von Kräften.
Für einen ernsthaften Einstieg in die Elektronik ist es daher unbedingt notwendig, sich zunächst wieder einige Kenntnisse über Grundgrößen, Gesetze und Begriffe der Mechanik wie Masse, Kraft, Bewegung, Geschwindigkeit, Beschleunigung, Drehmoment, Arbeit, Energie, Leistung und Wirkungsgrad anzueignen. Hierbei ist besonders zu beachten, daß die Bedeutung dieser oder ähnlicher physikalischer Begriffe im allgemeinen Sprachgebrauch häufig nicht mit der exakten physikalischen Definition übereinstimmt.
Aus der großen Anzahl physikalischer Gesetze sind nur diejenigen ausgewählt und zusammengefaßt, die der praktisch tätige Elektroniker für das Verständnis der Elektrotechnik und Elektronik unbedingt benötigt. Sie werden hier nur jeweils als Definition und mit einem einfachen Beispiel angegeben. Bei der weiteren Behandlung des Lehrstoffes muß zwangsläufig aber immer wieder Bezug auf diese physikalischen Grundbegriffe genommen werden. Dabei tritt dann durch praktische Beispiele ein zunehmendes Verständnis für die zunächst sehr abstrakt erscheinenden Gesetze, Formeln und Gleichungen auf.
Neben der Kenntnis physikalischer Begriffe und Gesetze ist für den Einstieg in die Elektronik aber auch die Beherrschung mathematischer Grundlagen erforderlich. Der Einsatz elektronischer Taschenrechner hat zwar die praktische Anwendung der Grundrechenarten sehr vereinfacht, aber auch die Benutzung von elektronischen Taschenrechnern macht fundierte Kenntnisse über das Rechnen mit physikalischen Größen, über das Aufstellen von Gleichungen oder das Umstellen von Formeln in keiner Weise überflüssig. Da es hier nicht ausreicht, nur die angeführten Grundregeln zu kennen, werden in den nachfolgenden Kapiteln weitere Übungsbeispiele für das Umstellen von Formeln und das Rechnen mit dem Taschenrechner gebracht. Vorausgesetzt werden dabei Kenntnisse, wie sie in dem Vorkurs »Mathematische und physikalische Grundlagen für technische Berufe« vermittelt werden.
In der Technik lassen sich viele Zusammenhänge und Sachverhalte in anschaulicher Weise durch Diagramme darstellen. Es handelt sich dabei um grafische Darstellungen in Koordinatensystemen. Hauptsächlich verwendet wird das rechtwinkelige Koordinatensystem, bei dem in der Regel die veränderliche unabhängige Größe auf der x-Achse

aufgetragen wird. Kann in einer Darstellung jedem beliebigen x-Wert ein y-Wert zugeordnet werden, so wird diese eindeutige Zuordnung als Funktion bezeichnet. Es gibt eine Reihe von Grundfunktionen, wie lineare Funktion, quadratische Funktion oder Hyperbelfunktion, die in der Technik immer wieder in abgewandelten Formen auftreten. Gerade bei den Bauelementen und Grundschaltungen der Mikroelektronik sind zahlreiche Funktionen zu finden, die nur meßtechnisch ermittelt werden können und sich mathematisch kaum noch exakt beschreiben lassen. Derartige Zusammenhänge werden als empirische Funktion bezeichnet. Um sie darzustellen, werden häufig keine linearen, sondern logarithmische oder gemischte Achsenteilungen verwendet. Hier bedarf es dann jedoch einiger Übung, in solchen Diagrammen die Werte richtig abzulesen oder einzutragen.
In bestimmten Fällen, so z. B. bei Licht- oder Schallverteilungskurven, ist eine Darstellung im Polarkoordinatensystem zweckmäßiger. Hierbei wird die abhängige Veränderliche als Radius vom Mittelpunkt aus aufgetragen, während der Winkel die unabhängige Veränderliche darstellt.

1.2 Physikalische Grundbegriffe

1.2.1 Physikalische Größen

Die meßbaren Eigenschaften von Körpern, von physikalischen Zuständen oder von physikalischen Vorgängen werden als physikalische Größen bezeichnet. Als Beispiele sind in **Bild 1.1** drei allgemein bekannte physikalische Größen symbolhaft dargestellt.

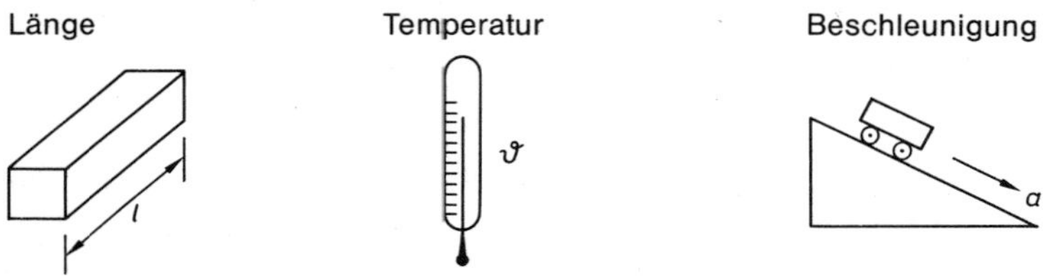

Bild 1.1 Beispiele für physikalische Größen

Eine physikalische Größe ist immer das Produkt aus einem Zahlenwert und einer Einheit. Bei der Einheit einer physikalischen Größe handelt es sich um eine ausgewählte und festgelegte Benennung. So wird z. B. für die Länge als physikalische Größe die Einheit *Meter*, für die Zeit die Einheit *Sekunde* und für die Temperatur die Einheit *Grad Celsius* verwendet. Durch den Zahlenwert einer physikalischen Größe wird dagegen angegeben, wie oft die festgelegte Einheit in einer vorhandenen physikalischen Größe enthalten ist. Die Angabe *3 Meter* bedeutet somit, daß bei der Länge eines Körpers die Einheit *Meter* dreimal vorhanden ist.

Das ständige volle Ausschreiben der Einheit ist recht umständlich. Daher wird für jede physikalische Größe ein Formelzeichen als Kurzform verwendet. Für die Länge z. B. das Formelzeichen l, für die Temperatur das Formelzeichen ϑ und für die Zeit das Formelzeichen t. Die Formelzeichen für physikalische Einheiten sind weitgehend genormt. Sie werden kursiv gedruckt, um Verwechslungen mit den Kurzzeichen für Einheiten zu vermeiden.

Phys. Größe		Zahlenwert	·	Einheit
Länge	=	30	·	1 Meter
l	=	30	·	m

Beim Rechnen mit physikalischen Größen muß unbedingt beachtet werden, daß die Rechenvorschriften nicht nur auf die Zahlenwerte, sondern auch auf die Einheiten anzuwenden sind.

Beispiel

Wie groß ist die Fläche eines Quadrates mit den Seitenlängen $l = 2$ m?

$$A = l \cdot l = 2\ \mathrm{m} \cdot 2\ \mathrm{m} = 2 \cdot 2 \cdot \mathrm{m} \cdot \mathrm{m}$$
$$A = 4\ \mathrm{m}^2$$

1.2.2 Bewegung und Geschwindigkeit

Physikalisch betrachtet werden alle Gegenstände der Natur als Körper bezeichnet. Ein Körper ruht, wenn er seine Lage nicht verändert, also seinen Ort nicht verläßt. Verändert ein Körper seine Lage, so wird dieser Vorgang als Bewegung bezeichnet.
Bewegt sich ein Körper von einem Ort A zu einem Ort B, so legt er einen Weg zurück. Für den Weg oder für die Strecke wird das Formelzeichen s verwendet (s ist hier das Kurzzeichen für die physikalische Größe *Weg* und nicht das Kurzzeichen s für die Einheit *Sekunde*). **Bild 1.2** zeigt eine Prinzipdarstellung für die Bewegung eines Körpers.

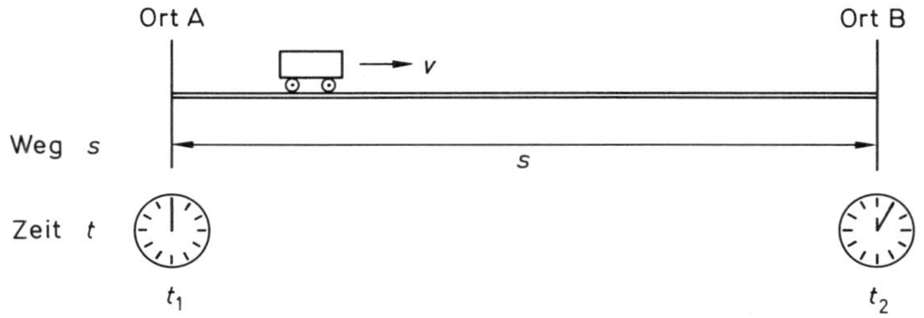

Bild 1.2 Prinzipdarstellung für die Bewegung eines Körpers

Zum Zurücklegen des Weges s vom Ort A nach Ort B benötigt der Körper eine Zeit t. Legt der Körper dabei in gleichen Zeitabständen gleiche Wegstücke zurück, so wird dies als *gleichförmige Bewegung* bezeichnet. Zur Beschreibung einer Bewegung wurde der Begriff *Geschwindigkeit* eingeführt.
Für die gleichförmige Bewegung gilt:

$$\text{Geschwindigkeit} = \frac{\text{Wegänderung}}{\text{Zeitänderung}}$$

$$v = \frac{\Delta s}{\Delta t}$$

mit der Einheit $1\,\frac{\text{m}}{\text{s}} = \frac{1\ \text{m}}{1\ \text{s}}$

Die Bewegung eines Körpers läßt sich im sogenannten Weg-Zeit-Diagramm anschaulich darstellen. Hierbei wird in einem Koordinatensystem der zurückgelegte Weg eines Körpers in Abhängigkeit von der dafür benötigten Zeit aufgetragen. **Bild 1.3** zeigt ein derartiges Weg-Zeit-Diagramm.

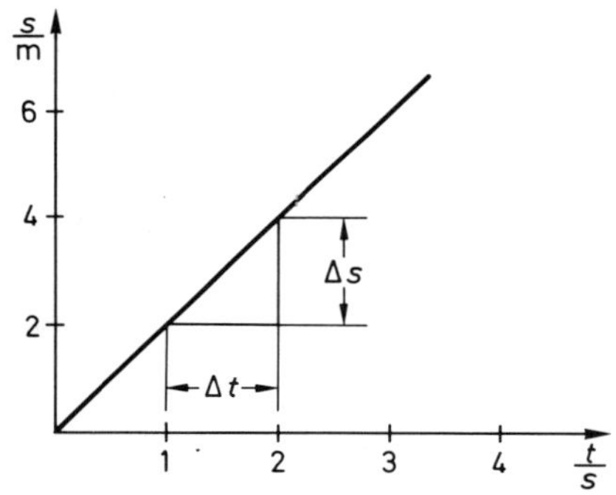

Bild 1.3 Weg-Zeit-Diagramm

Aus dem Weg-Zeit-Diagramm in Bild 1.3 lassen sich folgende Zusammenhänge entnehmen:

1. Der Körper bewegt sich gleichförmig, weil er in gleichen Zeitabständen stets gleiche Wegstücke zurücklegt.

2. Der Körper hat entsprechend diesem Weg-Zeit-Diagramm eine Geschwindigkeit von:
$$v = \frac{\Delta s}{\Delta t} = \frac{2\ \text{m}}{1\ \text{s}} = 2\,\frac{\text{m}}{\text{s}}$$

Die Bewegung eines Körpers läßt sich aber nicht nur in einem Weg-Zeit-Diagramm, sondern auch in einem Geschwindigkeit-Zeit-Diagramm darstellen. In **Bild 1.4** ist die Geschwindigkeit eines Körpers in Abhängigkeit von der Zeit dargestellt.

Auch in Bild 1.4 ist zu erkennen, daß der Körper sich gleichförmig bewegt, denn seine Geschwindigkeit beträgt während der gesamten Zeit gleichbleibend $v = 2\,\frac{\text{m}}{\text{s}}$.

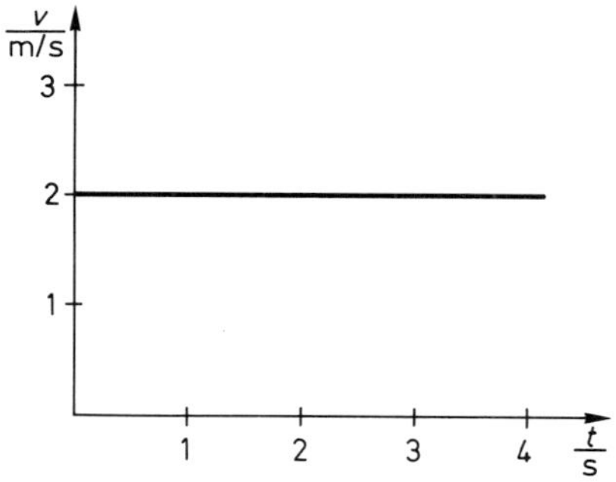

Bild 1.4 Geschwindigkeits-Zeit-Diagramm

Bei den physikalischen Größen muß grundsätzlich zwischen zwei verschiedenen Arten unterschieden werden und zwar zwischen:

1. Physikalischen Größen, zu deren eindeutiger Bestimmung die Angabe eines Zahlenwertes und einer Einheit ausreichen. Derartige physikalische Größen werden als *ungerichtete Größen* oder als *Skalare* bezeichnet. Skalare sind z. B. die Zeit, die Masse oder die Arbeit.

2. Physikalischen Größen, zu deren eindeutiger Bestimmung außer Zahlenwert und Einheit auch noch ihre Richtung von Bedeutung ist. Derartige physikalische Größen werden als *gerichtete Größen* oder *Vektoren* bezeichnet. Vektoren sind z. B. der Weg, die Geschwindigkeit oder die Kraft.

Vektoren werden maßstäblich durch Pfeile dargestellt. **Bild 1.5** zeigt als Beispiel die Geschwindigkeit v als Vektor.

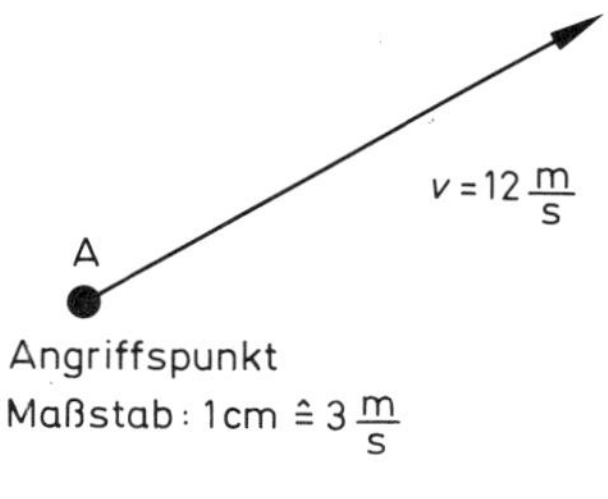

Bild 1.5 Darstellung eines Vektors

Zur eindeutigen Festlegung einer gerichteten Größe sind somit erforderlich:

1. ein Zahlenwert
2. eine Einheit
3. eine Richtung
4. ein Angriffspunkt.

Beispiel

Ein Sportflugzeug fliegt mit einer Geschwindigkeit $v_F = 252 \frac{km}{h}$ von Westen nach Osten. Mit 1 km = 1000 m und 1 Stunde = 3600 Sekunden ergibt sich:

$$v_F = 252 \frac{km}{h} = \frac{252 \cdot 1000 \text{ m}}{3600 \text{ s}} = 70 \frac{m}{s}$$

Es wird dabei von einem Wind abgetrieben, der genau aus Süden kommt und eine Geschwindigkeit $v_W = 90 \frac{km}{h} = 25 \frac{m}{s}$ hat.

Mit welcher resultierenden Geschwindigkeit v_R und in welcher Richtung fliegt das Flugzeug tatsächlich über die Erdoberfläche?

Bild 1.6 zeigt die grafischen Lösungen. Die resultierende Geschwindigkeit v_R ergibt sich dabei als Diagonale des aus den beiden Geschwindigkeiten gebildeten Parallelogramms.

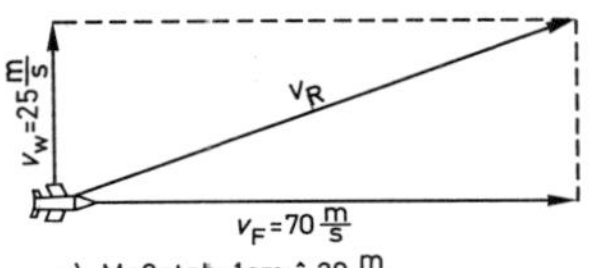

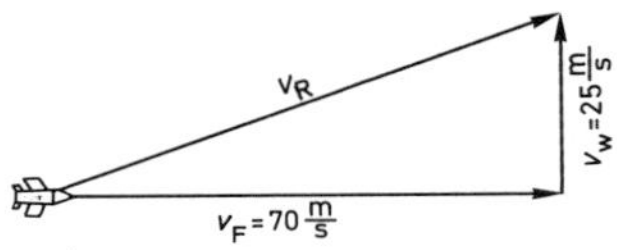

Bild 1.6 Addition gerichteter Größen

Die resultierende Geschwindigkeit v_R ergibt sich aber auch, wenn die beiden Pfeile v_F und v_W nach Betrag und Richtung aneinandergehängt werden (Bild 1.6 b). Dieses Verfahren ist immer dann einfacher anzuwenden, wenn mehr als zwei gerichtete Größen zu addieren sind.
Durch Abmessen kann aus der Zeichnung entnommen werden:

$$v_R = 3{,}7 \text{ cm} \cdot 20 \frac{m/s}{cm} = 74 \frac{m}{s} = 266{,}4 \frac{km}{h}$$

Mathematisch läßt sich die Aufgabe nur mit Hilfe des Lehrsatzes des Pythagoras oder der Winkelfunktionen lösen, auf die später noch eingegangen wird.

1.2.3 Beschleunigung

Hat ein Körper am Ort A eine andere Geschwindigkeit als am Ort B, so muß während des Weges von A nach B eine Geschwindigkeitsänderung Δv eingetreten sein. Die Bewegung eines Körpers, bei der sich die Geschwindigkeit ändert, wird als *beschleunigte Bewegung* bezeichnet. Zur Beschreibung einer derartigen Bewegung wurde der Begriff *Beschleunigung* mit dem Formelzeichen a eingeführt.

$$\text{Beschleunigung} = \text{Geschwindigkeitsänderung pro Zeitänderung}$$

$$a = \frac{\Delta v}{\Delta t}$$

$$\text{mit der Einheit } 1\,\frac{\text{m}}{\text{s}^2} = \frac{1\,\frac{\text{m}}{\text{s}}}{1\,\text{s}}$$

Wird ein Körper mit einer konstanten Beschleunigung bewegt, so nimmt seine Geschwindigkeit linear, das heißt gleichmäßig zu. Der zurückgelegte Weg steigt dabei aber quadratisch an. Diese Zusammenhänge sind aus den drei Diagrammen zu entnehmen, die in **Bild 1.7** dargestellt sind.

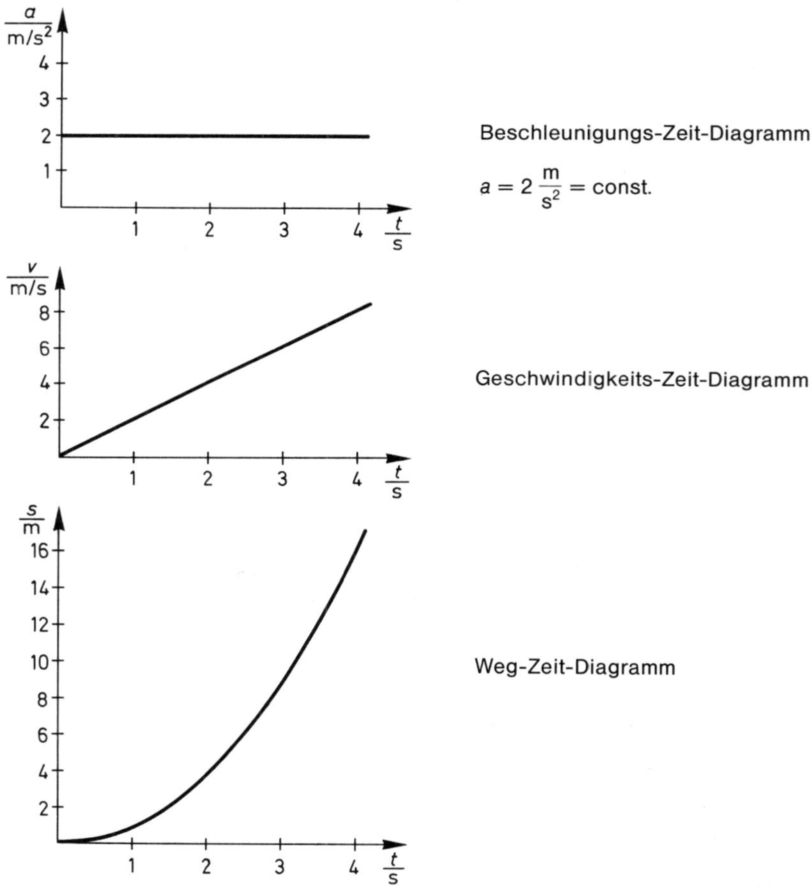

Bild 1.7 Zusammenhang zwischen konstanter Beschleunigung, Geschwindigkeit und Weg

Physikalisch betrachtet wird sowohl eine Erhöhung als auch eine Verringerung der Geschwindigkeit eines Körpers als Beschleunigung bezeichnet. Für die Verringerung einer Geschwindigkeit sind aber auch die Begriffe *negative Beschleunigung* oder *Verzögerung* gebräuchlich.

1.2.4 Masse

Jeder Körper verharrt solange im Zustand der Ruhe, bis er durch von außen auf ihn einwirkende Einflüsse gezwungen wird, diesen Ruhezustand zu verlassen. Diese Eigenschaft von Körpern wird als *Trägheit des Körpers,* als *träge Masse* oder auch in Kurzform als seine *Masse* bezeichnet. Für die Masse wird das Formelzeichen m verwendet. Die Einheit der Masse ist das *Kilogramm* (1 kg).
So hat ein Kilogramm Wasser bei einer Temperatur $\vartheta = 4\,°C$ ein Volumen von 1 Liter **(Bild 1.8)**.

$1000\,cm^3 = 1\,l$

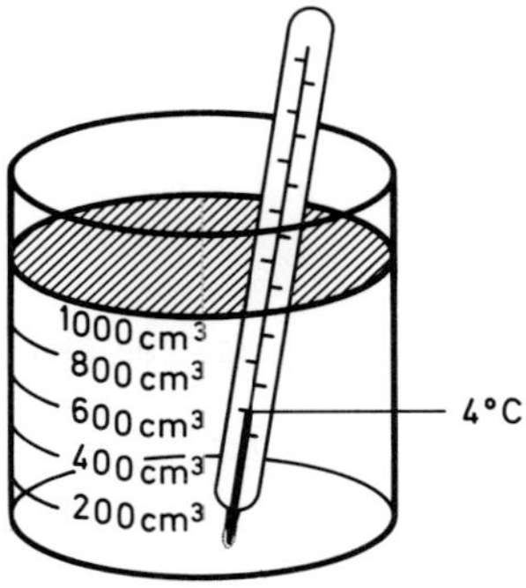

Bild 1.8 Zusammenhang zwischen Volumen, Temperatur und Masse der Flüssigkeit

1.2.5 Kraft

Wenn ein Körper trotz seiner trägen Masse seine Geschwindigkeit ändert, so kann dies nur durch einen äußeren Einfluß verursacht werden. Dieser äußere Einfluß wird in der Physik als *Kraft F* bezeichnet. Es gilt:

Kraft = Masse mal Beschleunigung

$$F = m \cdot a$$

Einheit der Kraft ist das *Newton* (1 N) (Newton, englischer Physiker). 1 Newton ist die Kraft, die der Masse 1 Kilogramm die Beschleunigung 1 $\frac{m}{s^2}$ erteilt.

$$1\ N = 1\ kg \cdot 1\ \frac{m}{s^2}$$

In **Bild 1.9** sind die Zusammenhänge dargestellt.

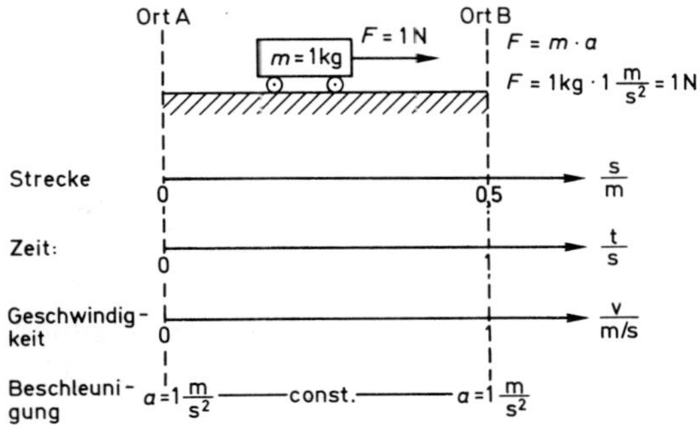

Bild 1.9 Zusammenhänge zwischen Kraft, Masse und Beschleunigung

1.2.6 Gewichtskraft

Die Masse eines jeden Körpers wird von der Erde angezogen. Daher übt jeder Körper auf seine Unterlage eine Kraft aus, die als *Gewichtskraft* G bezeichnet wird. Auch für die Gewichtskraft G wird die Einheit *Newton* (1 N) verwendet.
Wenn ein Körper frei fallen kann, so bewirkt die Gewichtskraft G eine Beschleunigung $a = 9{,}81\ \text{m/s}^2$. Diese Beschleunigung wird auch als Erdbeschleunigung $g = 9{,}81\ \text{m/s}^2$ bezeichnet. Aus der Fallrichtung ergibt sich die Richtung der Gewichtskraft G. Sie ist stets auf den Erdmittelpunkt gerichtet.
Ein Körper mit der Masse $m = 1$ kg übt daher auf seine Unterlage eine Gewichtskraft aus von:

$$G = m \cdot g = 1\ \text{kg} \cdot 9{,}81\ \frac{\text{m}}{\text{s}^2} = 9{,}81\ \frac{\text{kg m}}{\text{s}^2} = 9{,}81\ \text{N} \approx 10\ \text{N}$$

1.2.7 Zerlegung von Kräften

Da es sich bei Kräften um gerichtete Größen handelt, entsteht aus zwei oder mehreren Kräften, die an einem Körper angreifen, eine resultierende Kraft. Sie läßt sich, wie in Bild 1.6, zeichnerisch durch geometrische Addition der Vektoren ermitteln. Mit einem ähnlichen zeichnerischen Verfahren kann auch eine Gesamtkraft in zwei Teilkräfte zerlegt werden.

Beispiel

Zum geradlinigen Fortbewegen eines Wagens wird eine Kraft $F_R = 500$ N benötigt. Welche Kräfte F_1 und F_2 müssen zwei Männer aufwenden, wenn sie nicht geradlinig, sondern unter einem Winkel von 30° und von 40° zur Bewegungsrichtung am Wagen ziehen?

Bild 1.10 zeigt die grafische Lösung der Kraftzerlegung. Zunächst werden die drei Vektoren F_R, F_1 und F_2 vom gemeinsamen Angriffspunkt ausgehend eingezeichnet. Von der bekannten resultierenden Kraft F_R ausgehend erfolgt die Konstruktion eines Parallelogramms, dessen Seiten dann die Einzelkräfte F_1 und F_2 angeben.

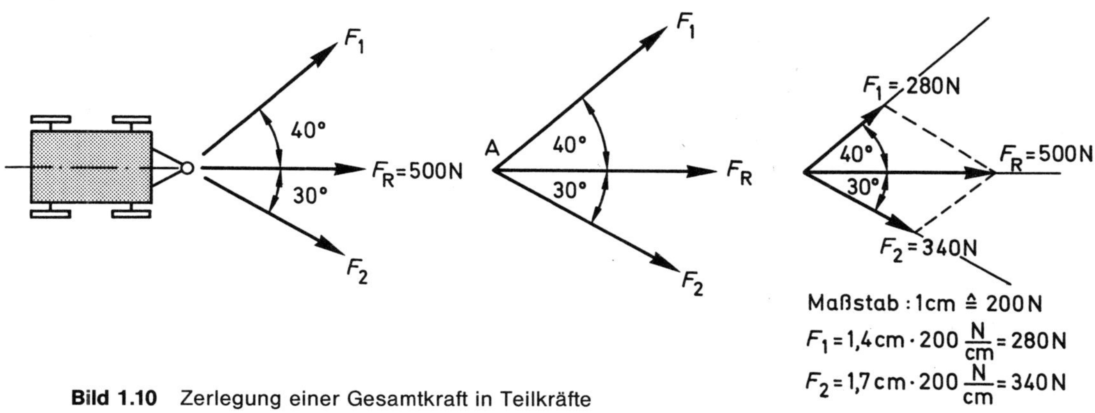

Bild 1.10 Zerlegung einer Gesamtkraft in Teilkräfte

1.2.8 Drehmoment

Der Hebel ist wohl die erste *Maschine*, die der Mensch benutzt hat. **Bild 1.11** zeigt das Grundprinzip des Hebels.

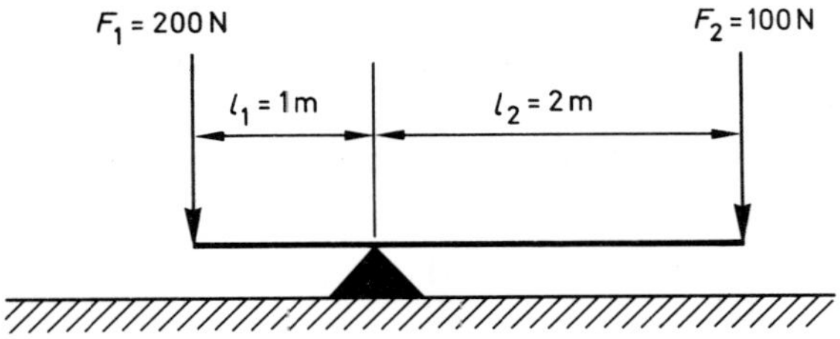

Bild 1.11 Grundprinzip des Hebels

Aus Bild 1.11 kann das Hebelgesetz abgeleitet werden. Danach verhalten sich die Kräfte umgekehrt wie die Längen, an denen sie angreifen. Als Gleichung lautet dieses Hebelgesetz:

In Worten kann diese Gleichung folgendermaßen beschrieben werden:
»Die Kraft F_1 verhält sich zur Kraft F_2 wie die Länge l_2 zur Länge l_1«.
Durch Umstellung der Gleichung ergibt sich:

$$F_1 \cdot l_1 = F_2 \cdot l_2$$

Kraft F_1 mal Hebelarm l_1 = Kraft F_2 mal Hebelarm l_2

Die Größe $F \cdot l$ wird als *Moment M* bezeichnet. Sie hat die Einheit *Newtonmeter* (1 N · 1 m = 1 Nm). Ein Moment ist also das Produkt aus einer Kraft und dem zugehörigen Hebelarm. Kann durch die Wirkung des Momentes eine Drehbewegung auftreten, so wird das Moment als *Drehmoment* bezeichnet.

Beispiel

Ein Mann dreht mit einer Kraft $F = 200$ N an einem Schraubenschlüssel, der eine Länge von $l = 50$ cm hat.
Welches Drehmoment wird ausgeübt?

$$M = F \cdot l = 200\ \text{N} \cdot 50\ \text{cm} = 200\ \text{N} \cdot 0{,}5\ \text{m} = 100\ \text{Nm}$$

1.2.9 Arbeit

Wenn eine Kraft F auf einen Körper einwirkt und ihn dabei entlang eines Weges bewegt, so wird das Produkt aus Kraft und Weg als *mechanische Arbeit W* bezeichnet.

Mechanische Arbeit = Kraft mal Weg

$$W = F \cdot s$$

Die Arbeit hat die Einheit *Joule* (1 J). Sie wurde nach dem englischen Physiker Joule benannt.

$$1\ \text{J} = 1\ \text{N} \cdot 1\ \text{m} = 1\ \text{Nm}$$

Da $1\ \text{N} = 1\ \frac{\text{kg m}}{\text{s}^2}$ ist, wird

$$1\ \text{J} = 1\ \text{Nm} = 1\ \frac{\text{kg m}^2}{\text{s}^2}$$

Durch die Einheit 1 Joule ist also eine Arbeit definiert, die von der Kraft 1 Newton längs eines Weges von 1 Meter verrichtet wird. Die Arbeit ist eine ungerichtete Größe, denn es ist ohne Einfluß auf den Betrag der Arbeit, in welche Richtung der Körper durch die einwirkende Kraft bewegt wird.

Beispiel

Eine Kraft $F = 10$ N wirkt auf einen Körper entlang eines Weges von $s = 30$ m.
Wie groß ist die geleistete Arbeit?

$$W = F \cdot s = 10\ \text{N} \cdot 30\ \text{m}$$
$$W = 300\ \text{Nm}$$

1.2.10 Energie

Arbeit kann gespeichert werden. Gespeicherte Arbeit wird als Energie bezeichnet. Zwei Arten von mechanischer Energie sind dabei zu unterscheiden, und zwar

Lageenergie und
Bewegungsenergie.

1.2.10.1 Lageenergie

Wenn ein Körper um die Höhe h gehoben werden soll, so ist dazu die durch die Erdanziehung wirksame Gewichtskraft G zu überwinden. Dies erfolgt durch eine gleichgroße Kraft F, die der Gewichtskraft entgegengerichtet ist. Die dabei aufzuwendende Arbeit wird als Hubarbeit W bezeichnet.

Hubarbeit = Kraft mal Weg = Gewichtskraft mal Hubhöhe

$$W = F \cdot s = G \cdot h$$

Bild 1.12 veranschaulicht den Zusammenhang.

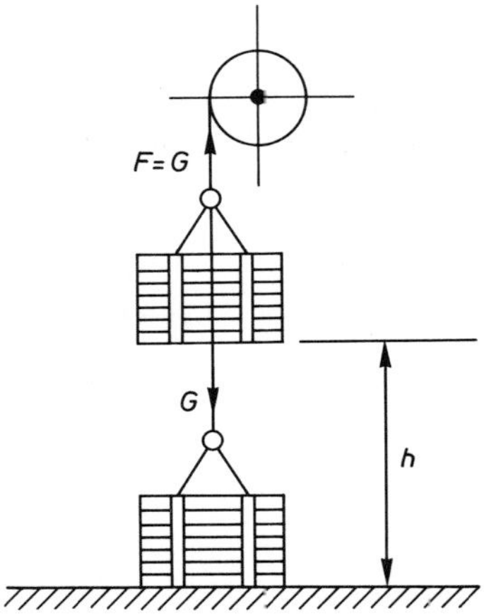

Bild 1.12 Beispiel für die Lageenergie

Als Folge der Hubarbeit ist in dem Körper Energie gespeichert. Fällt der Körper um die gleiche Höhe, so gibt er die gesamte gespeicherte Energie wieder ab. Dieser Vorgang wird z. B. bei einer Ramme ausgenutzt, um einen Pfahl in die Erde zu treiben.
Die Lageenergie wird auch als *potentielle Energie* oder *Energie der Lage* bezeichnet. Sie hängt ab von der Gewichtskraft *G* und der Hubhöhe *h*.

$$\text{Potentielle Energie} = \text{Gewichtskraft mal Hubhöhe}$$
$$W_p = G \cdot h$$
$$W_p = m \cdot g \cdot h$$

mit m = Masse des Körpers und g = Erdbeschleunigung.

Die Lageenergie hat die gleiche Einheit wie die Arbeit, nämlich Joule.

Beispiel

Ein Rammbock mit der Masse $m = 100$ kg wird um 3 Meter gehoben.
Wie groß ist die Energie, die dabei in dem Rammbock gespeichert wird?

$$W_p = G \cdot h = m \cdot g \cdot h$$
$$= 100\ \text{kg} \cdot 9{,}81\ \frac{\text{m}}{\text{s}^2} \cdot 3\ \text{m}$$
$$= 2943\ \frac{\text{kg m}^2}{\text{s}^2}$$

$$W_p = 2943\ \text{J}$$

1.2.10.2 Bewegungsenergie

Wirkt eine Kraft F auf einen Körper mit der Masse m entlang eines Weges s ein, so erfährt der Körper eine Beschleunigung a. Am Ende des Weges s hat der Körper die Geschwindigkeit v. **Bild 1.13** zeigt die Zusammenhänge.

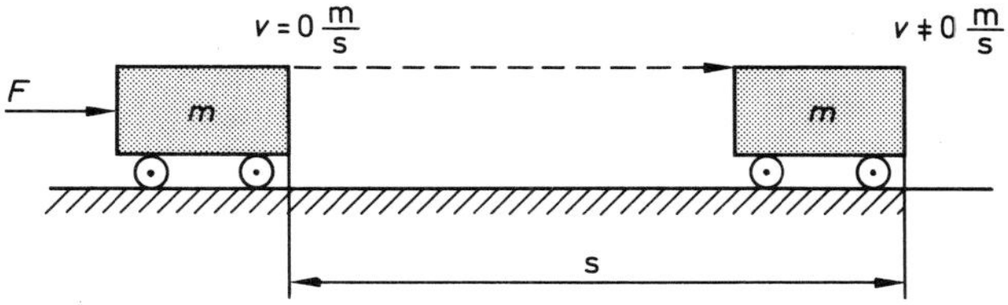

Bild 1.13 Beispiel für Bewegungsenergie

Um den Wagen in Bild 1.13 zu beschleunigen und damit auf eine bestimmte Geschwindigkeit zu bringen, muß Arbeit aufgewendet werden. Auch wenn die Kraft F von einem bestimmten Zeitpunkt an nicht mehr auf den Wagen einwirkt, rollt der Wagen noch weiter. In dem rollenden Wagen ist also Energie gespeichert. Diese Art der Energie wird als *Bewegungsenergie, kinetische Energie* oder *Energie der Bewegung* bezeichnet. Sie hängt ab von der Masse m des Körpers und seiner Geschwindigkeit v. Es gilt:

$$W_k = \frac{1}{2} m \; v^2$$

Auch die kinetische Energie hat die Einheit Joule.

Beispiel

Ein Personenwagen hat eine Masse $m = 1000$ kg und wurde auf eine Geschwindigkeit $v = 50 \frac{\text{km}}{\text{h}}$ beschleunigt.

Wie groß ist seine kinetische Energie W_k?

$$W_k = \frac{1}{2} m \; v^2 = \frac{1}{2} \cdot 1000 \text{ kg} \cdot \left(50 \frac{\text{km}}{\text{h}}\right)^2 = \frac{1}{2} \cdot 1000 \text{ kg} \cdot \left(13{,}9 \frac{\text{m}}{\text{s}}\right)^2$$

$$= 96605 \frac{\text{kg m}^2}{\text{s}^2}$$

$$W_k = 96605 \text{ J}$$

1.2.10.3 Energieumwandlung

Energie kann nicht von selbst entstehen, sie kann weder gewonnen werden noch verloren gehen. Die verschiedenen Arten von Energie können aber ineinander umgewandelt werden. **Bild 1.14** zeigt am Beispiel eines Pendels die Umwandlung von Lageenergie in Bewegungsenergie und umgekehrt.

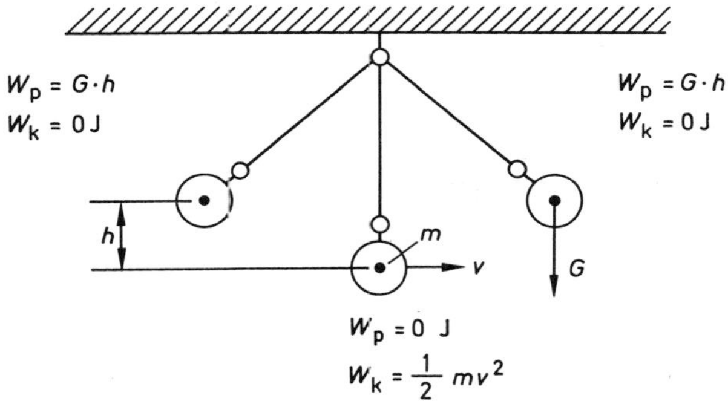

Bild 1.14 Energieumwandlung bei einem Pendel

Wird das Gewichtsstück (die Masse) des Pendels z. B. nach links ausgelenkt und dabei um die Hubhöhe *h* angehoben, so ist dazu eine Arbeit erforderlich. Sie ist als Lageenergie im Pendel gespeichert. Fällt der Körper nun aus dieser Lage herunter, so verliert er dabei an Lageenergie. Er wird aber während des Fallens durch seine Gewichtskraft beschleunigt und gewinnt dadurch Bewegungsenergie. In gleichem Maße wie die potentielle Energie abnimmt, nimmt die kinetische Energie zu. Daß der Ausschlag des Pendels schließlich immer kleiner wird, liegt im wesentlichen am Luftwiderstand.
In der Natur gibt es außer den beiden Arten von mechanischer Energie auch noch eine Reihe anderer Energieformen, z. B. die Wärmeenergie, die elektrische Energie, die Kernenergie usw. Jede dieser Energieformen läßt sich mit Hilfe technischer Verfahren in eine beliebige andere Energieform umwandeln. Dafür eingesetzte technische Geräte werden als *Energiewandler* bezeichnet.

1.2.11 Leistung

Die innerhalb einer bestimmten Zeit verrichtete Arbeit wird als *Leistung P* bezeichnet.

Leistung = Arbeit pro Zeit

$$P = \frac{W}{t}$$

Die Einheit der Leistung *P* ist das *Watt* (1 W). Sie wurde nach dem englischen Erfinder Watt benannt. Es gilt:

$$1\,W = \frac{1\,J}{1\,s}$$

Die Leistung von 1 Watt tritt auf, wenn eine Arbeit von 1 Joule pro Sekunde verrichtet wird.

Beispiel

Mit einem Kran soll eine Last mit der Masse $m = 800$ kg in 15 Sekunden um 20 Meter hochgehoben werden können.
Welche Leistung muß der Kran haben?

$$W_p = m \cdot g \cdot h = 800\ \text{kg} \cdot 9{,}81\ \frac{\text{m}}{\text{s}^2} \cdot 20\ \text{m}$$

$$W_p = 156\,960\ \text{J}$$

$$P = \frac{W}{t} = \frac{156\,960\ \text{J}}{15\ \text{s}}$$

$$P = 10\,464\ \text{W}$$

1.2.12 Wirkungsgrad

Bei jeder Energieumwandlung treten Verluste auf. Wird z. B. mit einem Elektromotor elektrische Energie in mechanische Energie umgewandelt, so entsteht aus verschiedenen Gründen im Motor Wärme. Die zugeführte Energie wird also nicht vollständig in mechanische Energie, sondern teilweise auch in Wärmeenergie umgewandelt. Derartige unerwünschte Energieumwandlungen führen zu Energieverlusten.
Die von einem Energiewandler abgegebene erwünschte Nutzleistung P_{ab} ist also stets um die ungenutzte Verlustleistung P_V kleiner als die insgesamt zugeführte Leistung P_{zu}.
Es gilt daher:

$$P_{ab} = P_{zu} - P_V$$

Bild 1.15 zeigt diesen Sachverhalt schematisch.

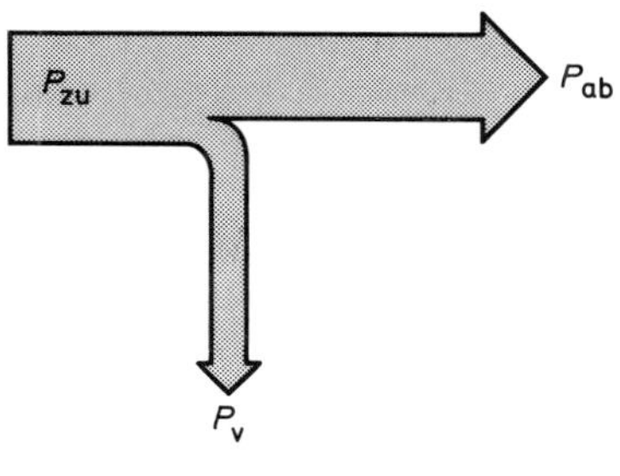

Bild 1.15 Leistungsschema eines Energiewandlers

Zur Beurteilung der Qualität oder Güte eines Energiewandlers wird sein Wirkungsgrad η (η: griechischer Kleinbuchstabe eta) angegeben. Der Wirkungsgrad ist definiert als das Verhältnis von abgeführter Nutzleistung zu zugeführter Leistung.

$$\eta = \frac{P_{ab}}{P_{zu}}$$

Der Wirkungsgrad hat keine Einheit. Er ist auch selbst keine physikalische Größe, sondern gibt lediglich ein Verhältnis zweier physikalischer Größen an und wird häufig in Prozent angegeben.

Beispiel

Ein Elektromotor nimmt eine Leistung $P_{zu} = 3000$ W auf. Seine Verlustleistung beträgt $P_V = 900$ W. Wie groß ist sein Wirkungsgrad?

$$\eta = \frac{P_{ab}}{P_{zu}} = \frac{P_{zu} - P_v}{P_{zu}}$$

$$= \frac{3000\ \text{W} - 900\ \text{W}}{3000\ \text{W}}$$

$$\eta = 0{,}7 \triangleq 70\,\%$$

1.3 Einheiten und mathematische Zeichen

1.3.1 Das SI-Einheitensystem

Es ist sehr umständlich und langwierig, physikalische Gesetze mit Worten anzugeben. Daher werden zu ihrer Beschreibung mathematische Gleichungen verwendet. Weil diese mathematischen Gleichungen physikalische Größen enthalten, werden sie auch als *Formeln* bezeichnet. In diesen Formeln sind die physikalischen Größen mit ihren Formelkurzzeichen angegeben. Bei Berechnungen müssen jedoch die einzelnen physikalischen Größen stets mit ihrem Zahlenwert und ihrem Einheitenkurzzeichen angegeben werden.
In der Elektrotechnik gebräuchlich sind die international eingeführten Grundeinheiten, Meter, Kilogramm, Sekunde, Ampere, Kelvin und Candela. Sie gehören zu dem *SI-Einheitensystem* (SI = Système International des Unités). In **Bild 1.16** sind diese Grundeinheiten in Tabellenform angegeben.

Größe	Formelkurzzeichen	Einheit	Einheitenkurzzeichen
Länge	l	Meter	m
Masse	m	Kilogramm	kg
Zeit	t	Sekunde	s
Strom	I	Ampere	A
Temperatur	T	Kelvin	K
Lichtstärke	I	Candela	cd

Bild 1.16 Grundeinheiten des SI-Systems

Aus diesen sechs Grundeinheiten lassen sich alle anderen physikalischen Größen und Einheiten der Technik, also auch der Elektrotechnik, ableiten.

1.3.2 Dezimale Vielfache und Teile von Einheiten

Gerade in der Elektrotechnik kommen häufig Größen vor, die z. B. 1000mal größer oder 1/1 000 000mal kleiner als die Grundeinheiten sind. Um das Schreiben von so großen Zahlenwerten zu vereinfachen, werden Zehnerpotenzen als dezimale Vielfache und Teile verwendet. Sie werden auch als *Vorsätze für Vielfache und Teile* bezeichnet und sind nach DIN 1301 genormt.
Bild 1.17 zeigt diese genormten Vielfachen und Teile in tabellarischer Übersicht.

Zahl	Zehner-potenz	Bezeich-nung	Abkür-zung	Beispiel
1 000 000 000 000 = 1 Billion	$= 10^{12}$	Tera	T	$10^{12}\,\Omega = 1\,\mathrm{T\Omega}$
1 000 000 000 = 1 Milliarde	$= 10^{9}$	Giga	G	10^{9} Hz = 1 GHz
1 000 000 = 1 Million	$= 10^{6}$	Mega	M	$10^{6}\,\Omega = 1\,\mathrm{M\Omega}$
1 000 = 1 Tausend	$= 10^{3}$	Kilo	k	10^{3} g = 1 kg
100 = 1 Hundert	$= 10^{2}$	Hekto	h	10^{2} l = 1 hl
10 = 1 Zehn	$= 10^{1}$	Deka	da	
1	$= 10^{0}$			
1/10 = 1 Zehntel	$= 10^{-1}$	Dezi	d	
1/100 = 1 Hundertstel	$= 10^{-2}$	Zenti	c	10^{-2} m = 1 cm
1/1 000 = 1 Tausendstel	$= 10^{-3}$	Milli	m	10^{-3} S = 1 mS
1/1 000 000 = 1 Millionstel	$= 10^{-6}$	Mikro	µ	10^{-6} V = 1 µV
1/1 000 000 000 = 1 Milliardstel	$= 10^{-9}$	Nano	n	10^{-9} A = 1 nA
1/1 000 000 000 000 = 1 Billionstel	$= 10^{-12}$	Pico	p	10^{-12} F = 1 pF
1/1 000 000 000 000 000 = 1 Billardstel	$= 10^{-15}$	Femto	f	10^{-15} H = 1 fH
1/1 000 000 000 000 000 000 = 1 Trillionstel	$= 10^{-18}$	Atto	a	10^{-18} C = 1 aC

Bild 1.17 Dezimale Vielfache und Teile von Einheiten

1.3.3 Mathematische Zeichen

Außer den allgemein bekannten mathematischen Zeichen wie Plus (+), Minus (—), Mal (·) und Geteilt (:) werden in der Technik noch eine Vielzahl weiterer mathematischer Zeichen verwendet. Sie sind in der DIN 1302 genormt. **Bild 1.18** zeigt eine Auswahl genormter mathematischer Zeichen mit einer Kurzbeschreibung.

Besonders hingewiesen wird hier noch auf das *Betrag-Zeichen.* Soll von einer Zahl nur der Wert (Betrag), aber nicht das Vorzeichen berücksichtigt werden, dann wird diese Zahl zwischen zwei senkrechte Striche, die sog. Betragsstriche, gesetzt.

$|12| = 12; \quad |-12| = 12$

(lies: Betrag von 12 ist 12; Betrag von −12 ist 12)

=	gleich
	identisch gleich
≠	nicht gleich, ungleich
~	proportional; ähnlich
≈	angenähert gleich; etwa; rund
≙	entspricht
<	kleiner als
>	größer als
≪	(sehr) viel kleiner als; klein gegen
≫	(sehr) viel größer als; groß gegen
≦	kleiner oder gleich
≧	größer oder gleich
+	plus
−	minus
·, ×	mal
—; /; :	geteilt durch
%	Prozent (geteilt durch Hundert)
‰	Promille (geteilt durch Tausend)
( ), [ ], { }	runde, eckige, geschweifte Klammern
$\sqrt{\ }$ $\sqrt[n]{\ }$	Quadratwurzel, nte Wurzel aus
log, lg, ln	Logarithmus allgemein, dekadischer, natürlicher

Griechisches Alphabet

Benennung	Groß-buchstabe	Klein-buchstabe
Alpha	Α	α
Beta	Β	β
Gamma	Γ	γ
Delta	Δ	δ
Epsilon	Ε	ε
Zeta	Ζ	ζ
Eta	Η	η
Theta	Θ	ϑ
Jota	Ι	ι
Kappa	Κ	κ
Lambda	Λ	λ
My	Μ	μ
Ny	Ν	ν
Xi	Ξ	ξ
Omikron	Ο	ο
Pi	Π	π
Rho	Ρ	ρ
Sigma	Σ	σ
Tau	Τ	τ
Ypsilon	Υ	υ
Phi	Φ	φ
Chi	Χ	χ
Psi	Ψ	ψ
Omega	Ω	ω

Bild 1.18 Auswahl genormter mathematischer Zeichen und griechisches Alphabet

1.4 Gleichungen und Formelumstellungen

Bei den mathematischen Gleichungen werden zwei Größen einander gleichgesetzt. Die beiden Seiten einer Gleichung müssen daher wertmäßig stets gleich groß sein. Technische Formeln werden als Bestimmungsgleichungen bezeichnet, weil stets eine Größe unbekannt ist.

Soll eine Größe mit Hilfe einer Formel ermittelt werden, so wird die gesuchte Größe als alleinige Größe auf die linke Seite des Gleichheitszeichens gebracht. Hierzu ist eine Formelumstellung erforderlich. Bei einer Formelumstellung muß grundsätzlich jede Rechenoperation, die auf der einen Gleichungsseite vorgenommen wird, auch auf der anderen Seite ausgeführt werden. Bei der Umstellung einer Formel oder Gleichung sind oft mehrere Schritte erforderlich. Wichtig ist dabei, daß in jeder Stufe der Formelumstellung gilt:

linke Gleichungsseite = rechte Gleichungsseite

1.4.1 Wichtige Rechenregeln

Steht eine Größe auf der einen Gleichungsseite als Summand, so wird sie – auf die andere Gleichungsseite gebracht – zum Subtrahenden.

Rechenbeispiel	**Formelbeispiel**	
$x + 8 = 21$	$U_{ges} = U_1 + U_2$;	Gesucht: U_1
$x + 8 - 8 = 21 - 8$	$U_{ges} - U_2 = U_1 + U_2 - U_2$	
$x = 21 - 8$	$U_{ges} - U_2 = U_1$	
$x = 13$	$U_1 = U_{ges} - U_2$	

Steht eine Größe auf der einen Gleichungsseite als Subtrahend, so wird sie – auf die andere Gleichungsseite gebracht – zum Summanden.

Rechenbeispiel	**Formelbeispiel**	
$x - 5 = 8$	$U_1 - U_3 = U_2$;	Gesucht: U_1
$x - 5 + 5 = 8 + 5$	$U_1 - U_3 + U_3 = U_2 + U_3$	
$x = 8 + 5$	$U_1 = U_2 + U_3$	

Steht eine Größe auf der einen Gleichungsseite als Faktor, so wird sie – auf die andere Gleichungsseite gebracht – zum Divisor.

Rechenbeispiel	**Formelbeispiel**	
$4x = 8$	$P = U \cdot I$;	Gesucht: U
$\frac{4x}{4} = \frac{8}{4}$	$\frac{P}{I} = \frac{U \cdot I}{I}$	
$x = 2$	$\frac{P}{I} = U$	
	$U = \frac{P}{I}$	

Steht eine Größe auf der einen Gleichungsseite als Divisor, so wird sie – auf die andere Gleichungsseite gebracht – zum Faktor.

Rechenbeispiel	**Formelbeispiel**	
$\frac{x}{5} = 3$	$\frac{U}{R} = I$;	Gesucht: U
$\frac{x}{5} \cdot 5 = 3 \cdot 5$	$\frac{U}{R} \cdot R = I \cdot R$	
$x = 15$	$U = I \cdot R$	

Steht eine Größe auf der einen Gleichungsseite als Potenzexponent, so wird sie – auf die andere Gleichungsseite gebracht – zum Wurzelexponenten.

Rechenbeispiel	**Formelbeispiel**	
$x^2 = 36$	$U^2 = P \cdot R$;	Gesucht: U
$\sqrt[2]{x^2} = \sqrt[2]{36}$	$\sqrt[2]{U^2} = \sqrt[2]{P \cdot R}$	
$x = 6$	$U = \sqrt[2]{P \cdot R}$	

Steht eine Größe auf der einen Gleichungsseite als Wurzelexponent, so wird sie – auf die andere Gleichungsseite gebracht – mit dem Wurzelexponenten potenziert.

Rechenbeispiel	**Formelbeispiel**	
$\sqrt[3]{x} = 4$	$I = \sqrt[2]{\frac{P}{R}}$;	Gesucht: P
$(\sqrt[3]{x})^3 = 4^3$	$I^2 = \left(\sqrt[2]{\frac{P}{R}}\right)^2$	
$x = 64$	$I^2 = \frac{P}{R}$	
	$I^2 \cdot R = \frac{P}{R} \cdot R$	
	$P = I^2 \cdot R$	

1.4.2 Klammerregeln

Viele Formeln enthalten Klammern. Für den Umgang mit Klammern gibt es feste Regeln, die beachtet werden müssen.
Steht ein Pluszeichen vor der Klammer, so kann die Klammer entfallen und die Glieder in der Klammer behalten ihre Vorzeichen.

Rechenbeispiel	**Formelbeispiel**
$3 + (a - 2) = 3 + a - 2$ $= 1 + a$	$U_1 + (U_2 - U_3) = U_1 + U_2 - U_3$

Steht ein Minuszeichen vor der Klammer, so müssen bei Ihrer Auflösung die Vorzeichen der Glieder in der Klammer umgekehrt werden.

Rechenbeispiel	**Formelbeispiel**
$3 - (a - 2) = 3 - a + 2$ $= 5 - a$	$U_1 - (U_2 + U_3) = U_1 - U_2 - U_3$

Klammerausdrücke werden miteinander multipliziert, indem bei Beachtung der Vorzeichen jedes Glied der ersten Klammer mit jedem Glied der zweiten Klammer multipliziert wird.

Rechenbeispiel

$(2 + a) \cdot (b - 3) = 2b + ab - 6 - 3a = -3a + ab + 2b - 6$

Formelbeispiel

$$(R_1 + R_2) \cdot (R_1 - R_2) = R_1^2 + R_1 \cdot R_2 - R_1 \cdot R_2 - R_2^2$$
$$= R_1^2 - R_2^2$$

Ein gemeinsamer Faktor in einer Summe oder Differenz kann ausgeklammert werden.

Rechenbeispiel

$3a + 3b = 3(a + b)$

Formelbeispiel

$I \cdot R_1 + I \cdot R_2 = I(R_1 + R_2)$

Ein Faktor wird mit einem Klammerausdruck multipliziert, indem der Faktor mit jedem Glied der Klammer multipliziert wird.

Rechenbeispiel

$3(a + b) = 3a + 3b$

Formelbeispiel

$I(R_1 + R_2) = I \cdot R_1 + I \cdot R_2$

Sind mehrere Klammerausdrucke vorhanden, so werden diese schrittweise von innen nach außen aufgelöst.

Rechenbeispiel

$$a + [3 - (2 + b)] = a + [3 - 2 - b] = a + [1 - b]$$
$$= 1 + a - b$$

Formelbeispiel

$$U_1 + [U_2 - (U_3 + U_4)] = U_1 + [U_2 - U_3 - U_4]$$
$$= U_1 + U_2 - U_3 - U_4$$

1.5 Grafische Darstellungen

Physikalische und technische Zusammenhänge lassen sich
durch eine *Beschreibung in Worten,*
durch eine *Gleichung oder Formel,*
durch eine *Wertetabelle* oder
durch ein *Diagramm*
darstellen.

1.5.1 Rechtwinkliges Koordinatensystem

Bei den Diagrammen handelt es sich um grafische Darstellungen. Hierfür werden Koordinatensysteme benötigt. Am meisten benutzt werden Koordinatensysteme mit einem rechtwinkligen Achsenkreuz. **Bild 1.19** zeigt ein derartiges Koordinatensystem.

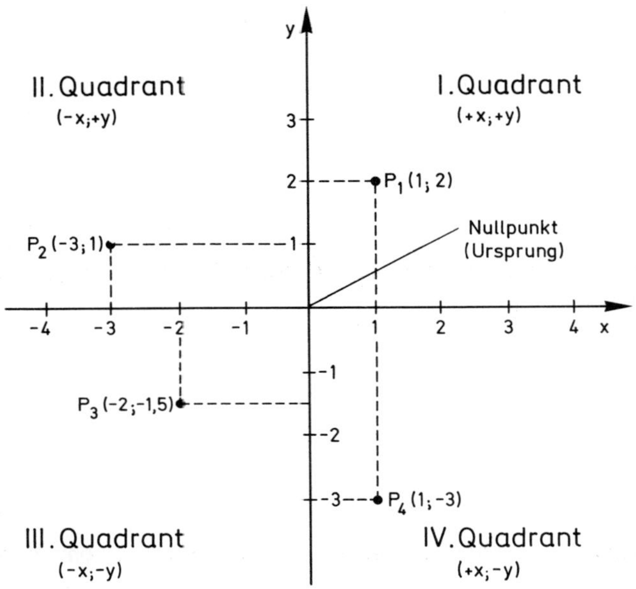

Bild 1.19 Rechtwinkliges Koordinatensystem

Die waagerechte Achse wird als *x-Achse* oder *Abszisse* (Grundlinie) bezeichnet. Die *y-Achse* oder *Ordinate* (Lotachse) steht senkrecht auf der x-Achse. Die zwischen den Achsen liegenden Felder heißen *Quadranten* (Viertelkreis). Jeder Punkt in den vier Quadranten ist durch je einen x-Wert und einen y-Wert eindeutig bestimmt. In der Regel werden auf der x-Achse die unabhängige veränderliche Größe (die Ursache) und auf der y-Achse die davon abhängige Größe (Wirkung) aufgetragen.
Bild 1.20 zeigt als Beispiel die grafische Darstellung der Gleichung $y = 2x + 3$ in einem rechtwinkligen Koordinatensystem. Werden beliebige Zahlen für x in die Gleichung eingesetzt, so können die dazugehörigen y-Werte berechnet werden. Alle so ermittelten Werte lassen sich in einer Wertetabelle zusammenfassen.

x	+2	+1	0	−1	−2
y	+7	+5	+3	+1	−1

Die Wertepaare der Wertetabelle ergeben Punkte im Koordinatensystem. Die Verbindung aller dieser Punkte ergibt die grafische Darstellung dieser Gleichung. Sie wird auch als Graph, Kurve oder Kennlinie bezeichnet. Bei dem Beispiel $y = 2x + 3$ ergibt der Graph eine Gerade. Für alle auf dieser Geraden liegenden Punkte lassen sich die zugehörigen y-Werte zu beliebigen x-Werten ablesen, auch für Punkte, die nicht in der Wertetabelle angegeben sind.

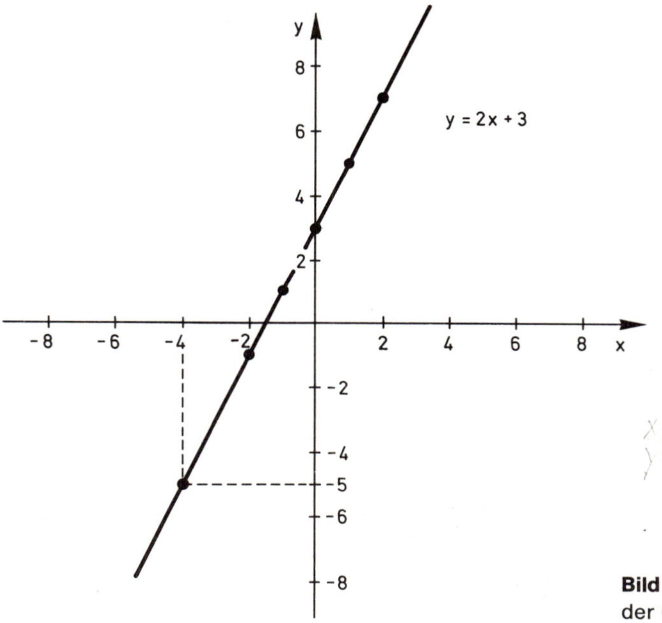

Bild 1.20 Grafische Darstellung der Gleichung $y = 2x + 3$

1.5.2 Funktionen

Kann in einer Darstellung jedem beliebigen x-Wert genau ein y-Wert zugeordnet werden, so liegt eine eindeutige Zuordnung vor. Eine solche eindeutige Zuordnung wird als *Funktion* bezeichnet. Die allgemeine Schreibweise für die Darstellung einer Funktion in einem rechtwinkligen Koordinatensystem lautet:

$y = f(x)$ (y gleich Funktion von x)

1.5.2.1 Lineare Funktionen

Ist der Graph einer Funktionsgleichung eine Gerade, so wird eine solche Funktion *lineare Funktion* genannt. Eine lineare Funktion liegt z. B. vor, wenn ein Auto mit konstanter Geschwindigkeit fährt. Es legt dann nämlich in jeder Zeiteinheit jeweils die gleiche Strecke zurück. **Bild 1.21** zeigt das Weg-Zeit-Diagramm für verschiedene Geschwindigkeiten.

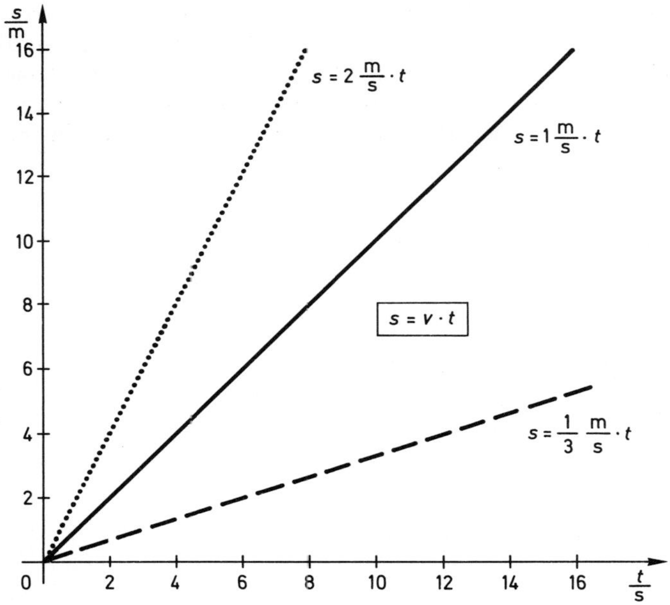

Bild 1.21 Weg-Zeit-Diagramm für verschiedene Geschwindigkeiten

Da die Zeit und auch die Strecke nur positiv sein können, wird vom gesamten Koordinatensystem nur der 1. Quadrant gezeichnet. Die Steigung der Geraden hängt von der Geschwindigkeit ab. Die Steigung wird hier durch das Verhältnis $v = \frac{\Delta s}{\Delta t}$ angegeben.

Allgemein gültig entspricht die Formel

$s = v \cdot t$ der Formel $y = m \cdot x$.

Der Faktor m vor der Veränderlichen x gibt dann die Steigung der Geraden an. Je größer dieser Faktor m ist, desto steiler verläuft die Gerade im Diagramm.

1.5.2.2 Quadratische Funktionen

In der Technik gibt es viele Zusammenhänge, die in einem quadratischen Verhältnis zueinander stehen. So steht z. B. die Fläche *A* eines Kreises in einem quadratischen Zusammenhang mit seinem Durchmesser *d*.

$$A = \frac{\pi}{4} \cdot d^2$$

In **Bild 1.22** ist diese Funktion grafisch dargestellt.

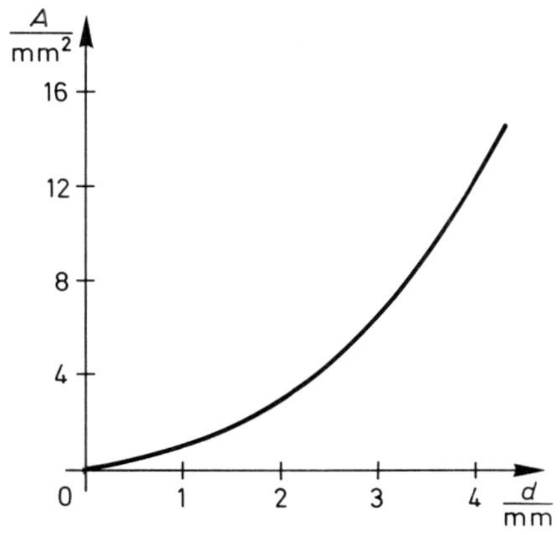

Bild 1.22 Kreisfläche *A* als Funktion des Durchmessers *d*

Allgemein gültig wird eine quadratische Funktion in der Form

$$y = a \cdot x^2$$

geschrieben.
Der Graph einer solchen Funktion wird als *Parabel* bezeichnet.

Bild 1.23 zeigt die Parabel $y = \frac{1}{2}x^2$.

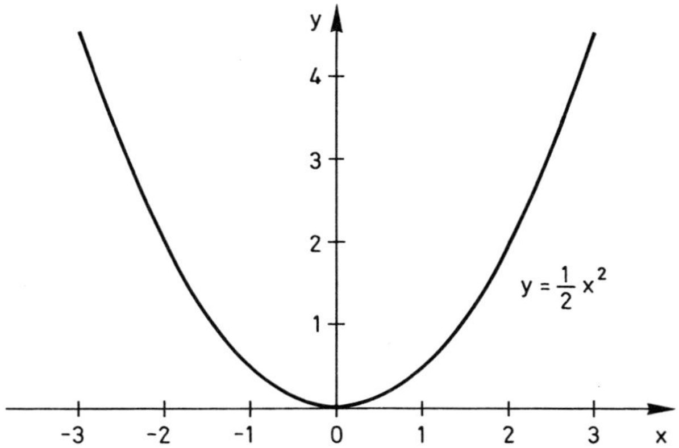

Bild 1.23 Parabel $y = \frac{1}{2}x^2$

1.5.2.3 Hyperbel-Funktionen

Stehen zwei Größen in einem umgekehrten Verhältnis zueinander, so lautet die Funktionsgleichung

$$y = \frac{1}{x}$$

Der Graph einer solchen Funktion wird *Hyperbel* genannt. In **Bild 1.24** ist eine Hyperbel dargestellt.

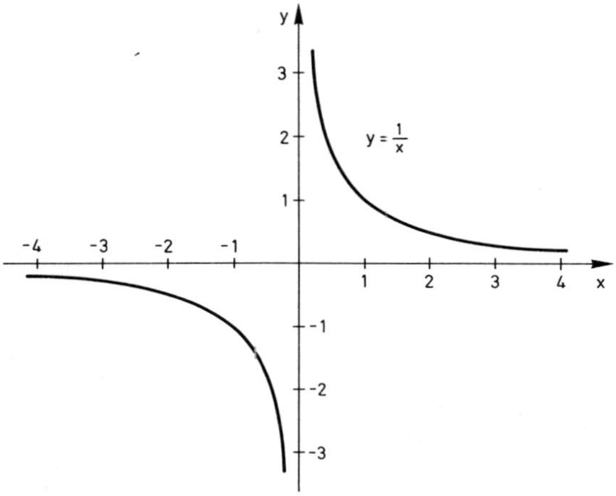

Bild 1.24 Hyperbel $y = \frac{1}{x}$

Der Graph einer solchen Hyperbelfunktion berührt die x- und y-Achsen erst im Unendlichen. Diese Eigenschaft wird mathematisch als *asymptotische Annäherung* bezeichnet.

1.5.2.4 Weitere Grundfunktionen

Neben den linearen, quadratischen und Hyperbelfunktionen gibt es in der Technik noch eine unüberschaubare Anzahl weiterer Funktionen. Als weitere häufig auftretende Funktionen sind in der Tabelle nach **Bild 1.25** noch die Wurzelfunktion, die Exponentialfunktion, die Logarithmusfunktion sowie die Sinus-, Cosinus- und Tangensfunktion zusammengestellt. Auf sie wird später noch anhand praktischer Beispiele eingegangen.

Name	Funktionsgleichung	Wertetabelle	Schaubild	Bemerkung
lineare Funktion Gerade	$y = mx + n$	$y = 2x + 1$ x: −2 −1 0 +1 +2 +3 y: −3 −1 1 +3 +5 +7	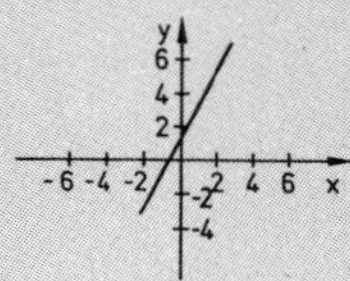	m = Steigung der Geraden n = Schnittpunkt der Geraden mit der y-Achse
quadratische Funktion Potenzfunktion Parabel	$y = x^2$	$y = x^2$ x: −2 −1 0 +1 +2 +3 y: 4 1 0 1 4 9	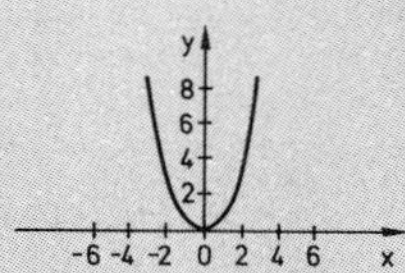	allgemein $y = ax^2 + bx + c$
Wurzelfunktion	$y = \pm\sqrt{x}$	$y = \pm\sqrt{x}$ x: 0 1 2 4 y: 0 ±1 ±1,414 ±2	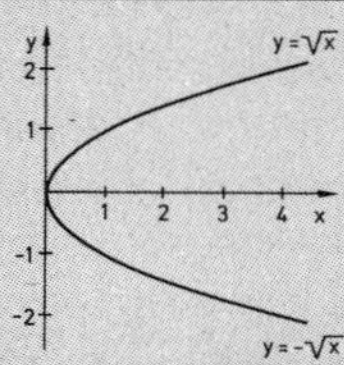	Umkehrfunktion der Potenzfunktion

<table>
<tr><th>Name</th><th>Funktionsgleichung</th><th>Wertetabelle</th><th>Schaubild</th><th>Bemerkung</th></tr>
<tr><td colspan="5">*Fortsetzung von Seite 40*</td></tr>
<tr><td>Hyperbelfunktion</td><td>$y = \frac{1}{x}$</td><td>$y = \frac{1}{x}$<table><tr><td>x</td><td>−2</td><td>−1</td><td>0</td><td>1</td><td>2</td><td>4</td></tr><tr><td>y</td><td>−0,5</td><td>−1</td><td>∞</td><td>1</td><td>0,5</td><td>0,25</td></tr></table></td><td>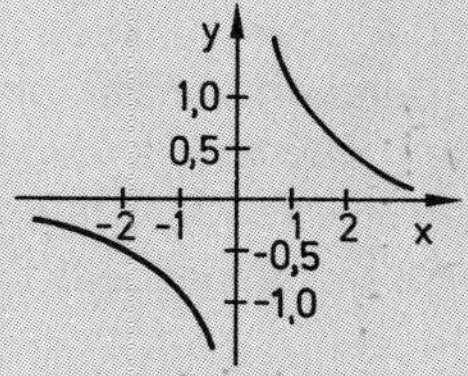
</td><td>Die Äste erreichen nie die Koordinatenachsen, sondern sie nähern sich asymptotisch</td></tr>
<tr><td>Exponentialfunktion</td><td>$y = a^x$</td><td>$y = 2^x$<table><tr><td>x</td><td>−2</td><td>−1</td><td>0</td><td>1</td><td>2</td><td>3</td></tr><tr><td>y</td><td>0,25</td><td>0,5</td><td>1</td><td>2</td><td>4</td><td>8</td></tr></table></td><td>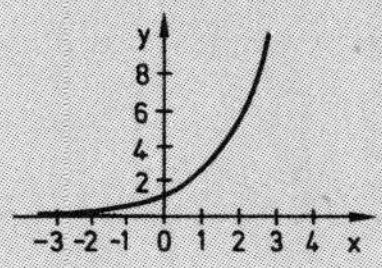
</td><td>nähert sich asymptotisch der x-Achse</td></tr>
<tr><td>Logarithmus Funktion</td><td>$y = \log_a x$</td><td>$y = \log_2 x$<table><tr><td>x</td><td>0</td><td>1</td><td>2</td><td>4</td><td>8</td></tr><tr><td>y</td><td>−∞</td><td>0</td><td>1</td><td>2</td><td>3</td></tr></table></td><td>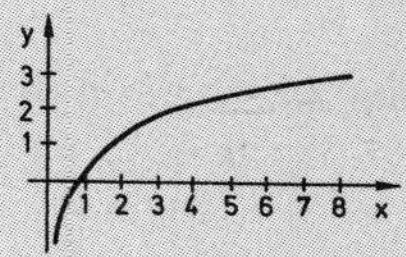
</td><td>Umkehrfunktion der Exponentialfunktion</td></tr>
<tr><td>Sinus-Funktion</td><td>$y = \sin x$</td><td>$y = \sin x$<table><tr><td>x</td><td>30°</td><td>45°</td><td>90°</td><td>180°</td><td>270°</td></tr><tr><td>y</td><td>0,5</td><td>0,707</td><td>1</td><td>0</td><td>−1</td></tr></table></td><td>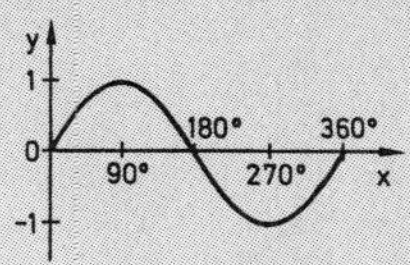
</td><td></td></tr>
<tr><td>Cosinus-Funktion</td><td>$y = \cos x$</td><td>$y = \cos x$<table><tr><td>x</td><td>30°</td><td>45°</td><td>90°</td><td>180°</td><td>270°</td></tr><tr><td>y</td><td>0,866</td><td>0,707</td><td>0</td><td>−1</td><td>0</td></tr></table></td><td>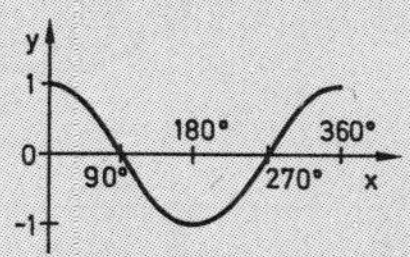
</td><td></td></tr>
<tr><td>Tangensfunktion</td><td>$y = \tan x$</td><td>$y = \tan x$<table><tr><td>x</td><td>0</td><td>45°</td><td>90°</td><td>135°</td><td>180°</td></tr><tr><td>y</td><td>0</td><td>1</td><td>±∞</td><td>−1</td><td>0</td></tr></table></td><td>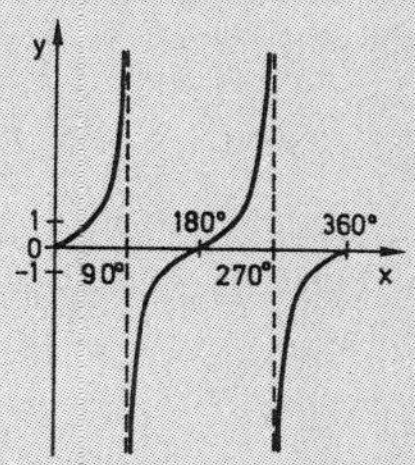
</td><td></td></tr>
</table>

Bild 1.25 Übersicht über die wichtigsten Grundfunktionen

1.5.2.5 Empirische Funktionen

Alle in Bild 1.25 angegebenen Funktionen sind mathematischen oder physikalischen Ursprungs. Sie beruhen auf leicht überschaubaren Zusammenhängen und lassen sich auch noch durch einfache Funktionsgleichungen angeben. In der Elektrotechnik und Elektronik treten aber viele funktionale Zusammenhänge auf, die aus Messungen, Erfahrungen und Beobachtungen stammen und sich mathematisch nur schwer beschreiben lassen. Derartige Funktionen werden *Erfahrungsfunktionen* oder *empirische Funktionen* (empirisch, griech.: Erfahrung) genannt. In der Praxis werden sie auch als *Kennlinien* bezeichnet. **Bild 1.26** zeigt die Wertetabelle einer durch Messung ermittelten Kennlinie.

Zeit	1	2	3	4	5	6	in Stunden
Temperatur	20	25	15	10	15	30	in 1° Celsius

Bild 1.26 Wertetabelle einer empirischen Funktion

In **Bild 1.27** ist die empirische Funktion entsprechend Bild 1.26 als Kennlinie dargestellt.

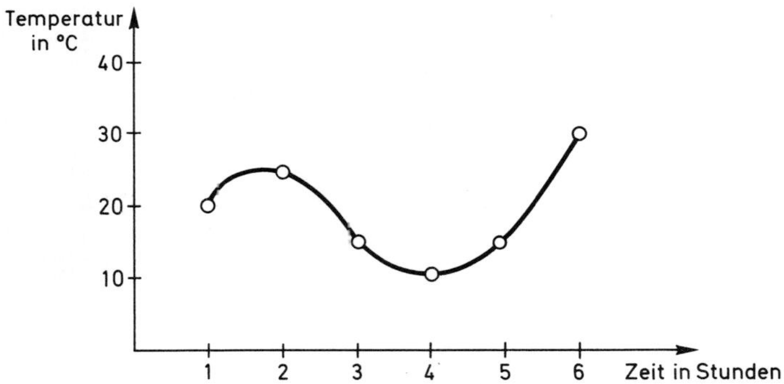

Bild 1.27 Kennlinie einer empirischen Funktion zur Wertetabelle nach Bild 1.26

1.5.2.6 Parameterdarstellung

In der Elektrotechnik und Elektronik ist es häufig erforderlich, nicht nur die Zuordnung von zwei Größen, sondern die Zuordnung von drei Größen zueinander in einem Diagramm darzustellen. Um dies zu ermöglichen, muß jeweils eine der drei Größen konstant gehalten werden. Diese konstant gehaltene Größe wird als *Parameter* bezeichnet. Die allgemein gültige Schreibweise lautet dann:

$$y = f(x); \; z = \text{const.}$$

Bild 1.28 zeigt als Beispiel die Parameterdarstellung der Funktionsgleichung

$$F = m \cdot a; \quad m = \text{const.}$$

für vier verschiedene Massen *m*. Es entsteht eine Kurven- oder Kennlinienschar.

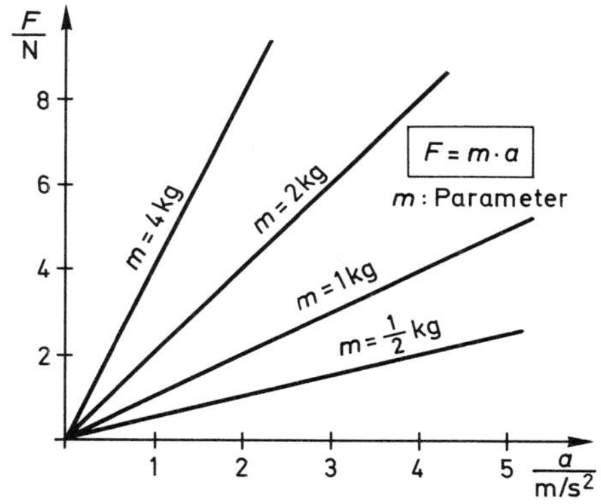

Bild 1.28 Diagramm mit Kurven- oder Kennlinienschar

Parametrische Darstellungen sind besonders häufig in Datenbüchern für elektronische Bauelemente zu finden.

1.5.3 Achsenteilungen im rechtwinkligen Koordinatensystem

Bei allen bisherigen grafischen Darstellungen, Diagrammen und Kennlinien hatten die Koordinatenachsen eine lineare Einteilung. Soll jedoch die Kennlinie über einen größeren Bereich dargestellt werden, so ergeben sich schnell Schwierigkeiten, weil die Breite des Papiers nicht ausreichen würde, um eine noch übersichtliche und aussagekräftige Darstellung zu erhalten. Verwendet wird dann eine logarithmische Achseneinteilung. Sie beginnt nicht bei Null, sondern z. B. bei 0,1; 1; 10; 100. Als Grobraster sind Schritte von Zehnerpotenzen in gleichen Abständen aufgetragen, also 10^{-1} (= 0,1), 10^{0} (= 1), 10^{1} (= 10) usw. Eine Achsenteilung mit einem solchen Grobraster ist in **Bild 1.29** dargestellt. Auch innerhalb eines jeden Schrittes erfolgt die Einteilung im logarithmischen Maßstab.

0,1	1	10	100	1000	10 000
10^{-1}	10^{0}	10^{1}	10^{2}	10^{3}	10^{4}

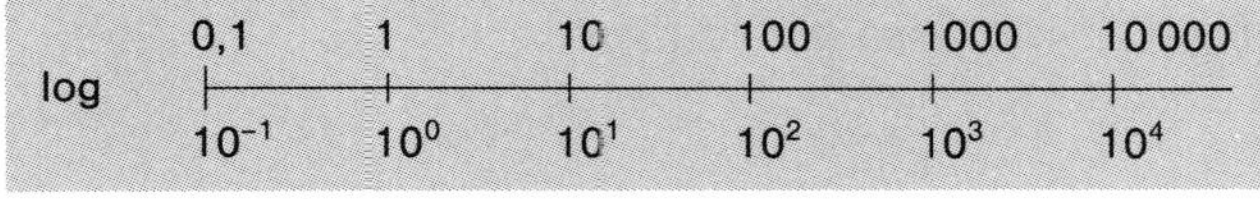

Bild 1.29 Grobraster bei logarithmischer Achsenteilung

Der logarithmische Maßstab läßt sich recht einfach mit Hilfe eines Taschenrechners ermitteln oder überprüfen.

Beispiel

Die lineare Einteilung einer Koordinatenachse mit einer Länge von 10 cm ist mit einer logarithmischen Teilung von 1 bis 10 zu versehen. So ergibt sich z. B. für den Wert 2 eine Streckenlänge von

Eingabe: 2 [log] Anzeige: 0,30103

Streckenlänge: $0{,}30103 \cdot 10\ \text{cm} = 3{,}01\ \text{cm}$.

Die Zusammenhänge sind in **Bild 1.30** dargestellt.

Wert	1	2	3	4	5	6	7	8	9	10
Strecke in cm	0	3,0	4,8	6,0	6,9	7,8	8,5	9,0	9,5	10

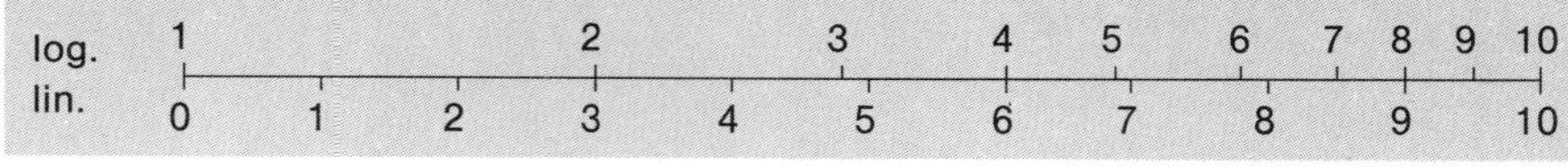

Bild 1.30 Werte und Achsenteilung für den logarithmischen Maßstab

Eine logarithmische Einteilung erfolgt aber nicht nur für die x-Achse, sondern, falls zweckmäßig, auch für die y-Achse. Damit ergeben sich vier verschiedene Möglichkeiten für die Achsenteilung bei grafischen Darstellungen in einem rechtwinkligen Koordinatensystem. Sie sind in **Bild 1.31** zusammengestellt.

Bezeichnung	Einteilung	
	x-Achse	y-Achse
lin – lin	linear	linear
log – lin	logarithmisch	linear
lin – log	linear	logarithmisch
log – log	logarithmisch	logarithmisch

Bild 1.31 Möglichkeiten der Achsenteilung

Das Ablesen oder Eintragen von Kennlinienwerten bei logarithmischen Achsenteilungen erfordert besondere Aufmerksamkeit. **Bild 1.32** zeigt die Abhängigkeit des Widerstandes R_{HL} eines Heißleiters von der Umgebungstemperatur. Hierbei wird eine lin-log-Achsenteilung verwendet.

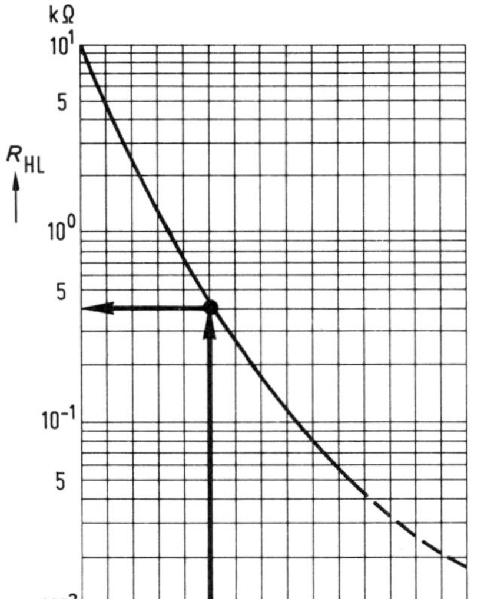

Bild 1.32 Kennlinie mit lin-log-Achsenteilung

Beispiel

Wie groß ist der Widerstandswert R_{HL} bei einer Temperatur von $\vartheta_U = 100\,°C$ entsprechend der Kennlinie nach Bild 1.32?

$R_{HL} = 4 \cdot 10^{-1}\,k\Omega = 400\,\Omega$

In **Bild 1.33** wird für die Darstellung der Kennlinie eines Fotowiderstandes eine log-log-Achsenteilung verwendet. Sie wird auch als doppelt-logarithmisch bezeichnet.

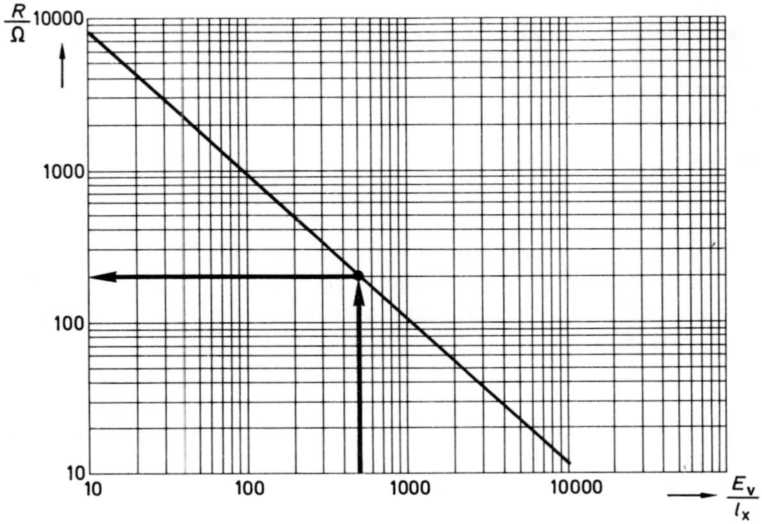

Bild 1.33 Kennlinie mit log-log-Achsenteilung

Beispiel

Wie groß ist der Widerstandswert R des Fotowiderstandes bei einer Beleuchtungsstärke von $E_V = 500$ lx entsprechend der Kennlinie nach Bild 1.33?

$R = 200\ \Omega$

1.5.4 Polarkoordinatensystem

Bestimmte technische Eigenschaften von Bauelementen werden im Polarkoordinatensystem dargestellt. Hierbei wird die abhängige Veränderliche als Radius vom Mittelpunkt aus aufgetragen. Die unabhängige Größe stellt meistens der Winkel dar. Verwendet werden Polarkoordinaten z. B. für Lichtverteilungskurven von Glühlampen und Leuchtdioden, für die Abstrahlungseigenschaften von Antennen und Lautsprechern oder für die Richtungsempfindlichkeit von Mikrofonen.
Bild 1.34 zeigt die Abhängigkeit der Ausgangsspannung eines Mikrofones von dem Winkel, unter dem der Schall auftritt. Derartige Diagramme werden auch Richtdiagramme genannt.

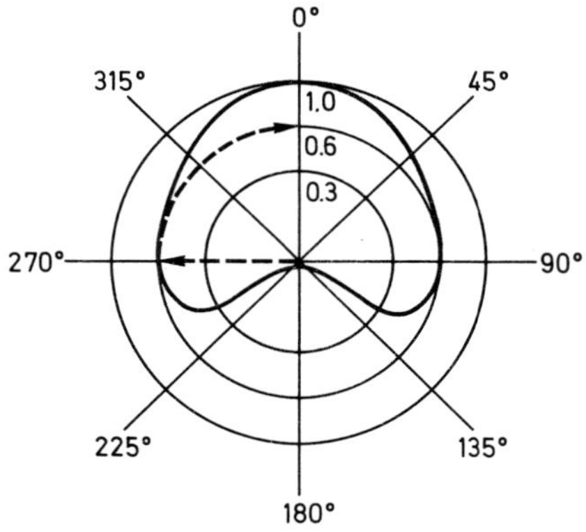

Bild 1.34 Richtdiagramm eines Mikrofones

Beispiel

Ein Mikrofon mit einem Richtdiagramm nach Bild 1.34 gibt bei Direktbeschallung (0°) eine Ausgangsspannung $U = 10$ mV ab.
Welche Ausgangsspannung liefert das Mikrofon, wenn der Schall unter einem Winkel von 270° auftrifft?

$$U \approx 0{,}6 \cdot 10 \text{ mV} = 6 \text{ mV}$$

2 Elektrotechnische Grundlagen

2.1 Allgemeines

Weil später immer wieder auf Materie und Körper Bezug genommen werden muß, ist den eigentlichen Grundlagen der Elektrotechnik zunächst noch eine kurze Erläuterung dieser Begriffe vorangestellt. Materie und Körper können in einem der drei Aggregatzustände fest, flüssig oder gasförmig auftreten. Welcher dieser drei Zustände vorliegt, hängt im wesentlichen von der Temperatur ab, für deren Angabe zwei Maßsysteme, die Celsius-Skala und die Kelvin-Skala verwendet werden. Zwischen Körpern mit unterschiedlichen Temperaturen erfolgt eine Wärmeübertragung. Unterschieden wird dabei zwischen der Wärmeleitung, der Konvektion und der Wärmestrahlung. Die verschiedenen Vorgänge der Wärmeübertragung spielen in der Elektrotechnik sowohl bei der Erzeugung von Nutzwärme als auch bei der Ableitung von Verlustwärme eine erhebliche Rolle.

Bereits im Altertum machten Menschen erste Erfahrungen mit der Elektrizität. So hatten sie festgestellt, daß Bernstein (griech. = electron) Staub und Haare anzog, wenn er zuvor mit einem Fell gerieben wurde. Aber auch in den nachfolgenden Jahrhunderten, als immer mehr Gesetze der Mechanik entdeckt und mathematisch beschrieben wurden, war noch keine einwandfreie Deutung von Erscheinungen der Elektrizität und deren praktischer Ausnutzung möglich. Wesentliche Ursache hierfür dürfte wohl die Tatsache sein, daß der Mensch kein Sinnesorgan besitzt, mit dem er elektrische Vorgänge direkt wahrnehmen kann. So ist er in der Elektrotechnik stets auf Meßgeräte angewiesen.

Erst nachdem Physiker und Chemiker konkrete Vorstellungen über den Aufbau von Atomen und damit der gesamten Materie entwickelt hatten, war es möglich, bereits bekannte elektrische Erscheinungen auch richtig zu deuten und systematisch zu untersuchen. Um sich von den sinnlich nicht mehr erfaßbaren Vorgängen im Bereich der Atome und den Erscheinungen der Elektrizität Vorstellungen machen zu können, haben die Forscher jeweils Modelle geschaffen und diese Modelle der sinnlich begreifbaren Umwelt entnommen. So hat das Bohrsche Atommodell Ähnlichkeit mit unserem Sonnensystem. Obwohl dieses Atommodell nach heutigen Erkenntnissen als recht einfach bezeichnet werden muß, hilft es doch dem praktisch tätigen Elektrotechniker und Elektroniker recht gut, einige elektrische Vorgänge zu verstehen.

Daher wird zunächst der Aufbau von Atomen anhand des Bohrschen Atommodells beschrieben. Danach kreisen Elektronen als Träger von kleinsten negativen elektrischen Ladungen um einen Atomkern, der Protonen mit positiven elektrischen Ladungen enthält. Positive und negative Ladungen üben aufeinander Kräfte aus. Dadurch können sich Atome gleicher oder unterschiedlicher chemischer Elemente durch Ionenbindungen, Atombindungen oder Metallbindungen zu Körpern unterschiedlichster Art zusammenschließen.

Anschließend werden einige wichtige elektrotechnische Grundbegriffe vorgestellt. Obwohl die Erläuterungen von Spannung, Potential, Ladung, Strom und Energie hier nur sehr kurz und stark vereinfacht sind, werden diese Begriffe in den nachfolgenden Abschnitten immer wieder als Ausgangspunkt für viel eingehendere Beschreibungen

benötigt. So reicht es zunächst aus, zu wissen, daß eine elektrische Spannung durch die Trennung von ungleichnamigen elektrischen Ladungen entsteht. Hierfür muß Arbeit aufgewendet werden, die in der Spannungsquelle gespeichert wird und als elektrische Energie zur Verfügung steht. Die Elektrode einer Spannungsquelle mit einem Überschuß an negativen Ladungen wird als Minuspol, diejenige mit einem Überschuß an positiven Ladungen als Pluspol bezeichnet.
Werden Plus- und Minuspol einer Spannungsquelle leitend miteinander verbunden, so fließen die beweglichen Elektronen vom Minuspol zum Pluspol und es tritt ein Ladungsausgleich auf. Die elektrische Spannung bewirkt also eine gerichtete Bewegung von Elektronen, die als elektrischer Strom bezeichnet wird. Da die beweglichen Elektronen in der leitenden Verbindung fortlaufend mit den unbeweglichen Atomionen des Metallgitters zusammenstoßen, wird der metallische Leiter erwärmt. Daher wird die ursprünglich in der Spannungsquelle gespeicherte elektrische Energie in Wärmeenergie umgewandelt.
Elektrische Spannungen können auf unterschiedliche Art erzeugt werden, wobei in allen Fällen eine Ladungstrennung durch Energieaufwand erfolgt. Hierfür werden mechanische, chemische, thermische und Lichtenergie eingesetzt.
Der elektrische Strom kann thermische, chemische und magnetische Wirkungen hervorrufen. Alle drei Wirkungen werden technisch in großem Umfang ausgenutzt. Der elektrische Strom kann aber auch durch seine Wirkung auf die Muskulatur von Mensch und Tier lebensgefährlich sein. Zum Schutz vor elektrischen Unfällen sind zahlreiche Gesetze und Bestimmungen erlassen. Die bekanntesten sind die VDE-Bestimmungen, deren Einhaltung zum eigenen Schutz und zum Schutz von Mitmenschen unbedingt erforderlich ist.
Spannungen und Ströme können jeden beliebigen zeitlichen Verlauf haben. Wichtigste Arten sind die Gleichspannungen bzw. -ströme und die periodisch verlaufenden Wechselspannungen bzw. -ströme. Insbesondere in der Elektronik wird aber auch häufig mit Mischspannungen gearbeitet, die durch eine Überlagerung von Gleich- und Wechselspannungen entstehen. Das gilt entsprechend auch für Mischströme.

2.2 Materie und Wärme

2.2.1 Materie

Alles Gegenständliche, das den Menschen umgibt und das er mit seinen Sinnen wahrnehmen kann, wird als Materie bezeichnet. Sie hat stets eine Masse und nimmt einen Raum ein. Die gesamte Materie ist aus etwa 100 verschiedenen chemischen Grundstoffen aufgebaut. Diese chemischen Grundstoffe werden auch *Elemente* genannt. Die fast unendlich große Zahl verschiedenartiger Stoffe entsteht durch die unterschiedlichen Verbindungen, die diese Elemente miteinander eingehen können.
Hat Materie eine bestimmte Form und eine begrenzte Ausdehnung, so wird sie auch als Körper bezeichnet. Jede Materie, d. h. jeder vorkommende Stoff kann durch Angabe einer Reihe von chemischen, physikalischen oder sonstigen technischen Eigenschaften näher beschrieben werden. Eine der charakteristischen Eigenschaften eines Körpers bzw. eines Stoffes ist seine *Dichte*.

$$\text{Dichte} = \frac{\text{Masse}}{\text{Volumen}}$$

$$\varrho = \frac{m}{V}$$

Die Dichte der Grundstoffe, insbesondere der Metalle, ist in technischen Tabellenbüchern zu finden. So hat z. B. Kupfer die Dichte $\varrho_{Cu} = 8{,}92\ \frac{\text{kg}}{\text{dm}^3}$ und Aluminium die Dichte $\varrho_{Al} = 2{,}70\ \frac{\text{kg}}{\text{dm}^3}$.

Weitere charakteristische Eigenschaften von Stoffen sind z. B. der Schmelzpunkt, die elektrische Leitfähigkeit, die Wärmeleitfähigkeit und die spezifische Wärmekapazität. Materie kann in den drei verschiedenen Zustandsformen fest, flüssig und gasförmig auftreten. Diese Zustandsformen werden als *Aggregatzustände* bezeichnet. Jeder Stoff läßt sich durch Änderung seiner Temperatur in jeden der drei Aggregatzustände bringen. Im festen Zustand setzt Materie jeder Änderung seiner Körperform und seines Volumens einen starken Widerstand entgegen. Flüssige Materie leistet zwar großen Widerstand gegen eine Volumenänderung, aber nur einen geringen Widerstand gegen eine Formänderung. Materie in gasförmigem Zustand füllt dagegen jeden Raum aus, der zur Verfügung steht.

So ist z. B. Wasser im Temperaturbereich von 0 °C bis 100 °C flüssig. Sinkt die Temperatur unter 0 °C, gefriert das Wasser und geht in den Aggregatzustand »fest« über. Steigt die Temperatur über 100 °C, so verdampft das Wasser und nimmt einen gasförmigen Zustand an. Diese Umwandlungstemperaturen treten bei allen Stoffen auf, haben aber jeweils andere Werte.

2.2.2 Temperatur und Wärme

Die Temperatur T ist eine physikalische Größe und gehört zu den Grundgrößen des SI-Einheitensystems. Physikalisch betrachtet ist die Temperatur ein Maß für den Wärmezustand eines Körpers.

Zur Angabe einer Temperatur werden zwei Maßsysteme verwendet. Die Angabe einer Temperatur in °C (Grad Celsius) ist allgemein bekannt. Bei diesem System ist der Erstarrungspunkt des Wassers als Null Grad Celsius (0 °C) und der Siedepunkt des Wassers als Hundert Grad Celsius (100 °C) festgelegt. Die Kelvin-Skala geht dagegen nicht vom Gefrierpunkt des Wassers aus, sondern vom »absoluten Nullpunkt«. Dieser liegt bei −273,15 °C und läßt sich auch mit größtem technischen Aufwand nur näherungsweise erreichen.

Bild 2.1 zeigt eine Gegenüberstellung der beiden Temperaturskalen.

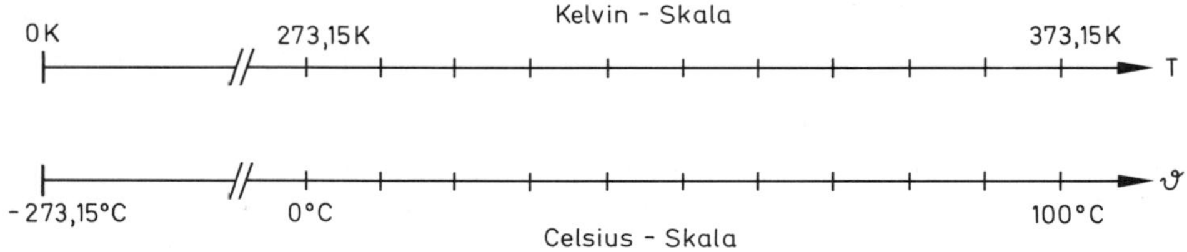

Bild 2.1 Gegenüberstellung von Temperaturskalen

Bei der Kelvin-Skala wird das »Kelvin« als Einheit mit dem Kurzzeichen »K« verwendet. In Bild 2.1 ist leicht zu erkennen, daß z. B. eine Temperaturdifferenz von 10 °C genauso groß wie eine Temperaturdifferenz von 10 K ist. Daher wird das Kelvin-Maßsystem auch stets bei der Angabe von Temperaturdifferenzen verwendet.

Beispiel

Eine Wassermenge wird von einer Anfangstemperatur $\vartheta_1 = 23\,°C$ auf eine Endtemperatur $\vartheta_2 = 68\,°C$ erwärmt. Wie groß ist die Temperaturdifferenz?

$$\Delta T = \vartheta_2 - \vartheta_1 = 68\,°C - 23\,°C = 45\,K$$

Wenn ein Stoff vom festen in den flüssigen oder vom flüssigen in den gasförmigen Zustand gebracht werden soll, so muß ihm Wärmeenergie zugeführt werden. Durch Entzug von Wärmeenergie kann dagegen ein gasförmiger Stoff in den flüssigen Zustand oder ein flüssiger Stoff in den festen Zustand überführt werden. Dabei ist die jeweils zugeführte oder entzogene Wärmeenergie der Temperaturänderung proportional.

Es gilt:

Wärmeenergie = Masse mal spezifische Wärmekapazität mal Temperaturdifferenz

$$Q = m \cdot c \cdot \Delta T$$

mit den Einheiten Q in J (Joule)

m in kg (Kilogramm)

c in $\frac{J}{kg \cdot K}$

ΔT in K (Kelvin)

Die spezifische Wärmekapazität c ist eine charakteristische Eigenschaft eines Stoffes. Sie gibt die Wärmemenge an, die zugeführt werden muß, um 1 kg eines Stoffes um 1 K zu erwärmen.

Beispiel

Welche Wärmemenge Q muß einem Kupferblech $\left(c_{Cu} = 386\,\frac{J}{kg \cdot K}\right)$ mit der Masse 5 kg zugeführt werden, damit seine Temperatur von $\vartheta_1 = 20\,°C$ auf $\vartheta_2 = 80\,°C$ ansteigt?

$$Q = m \cdot c \cdot \Delta T$$

$$= 5\,kg \cdot 386\,\frac{J}{kg \cdot K} \cdot 60\,K = 5 \cdot 386 \cdot 60\,J$$

$$Q = 115{,}8\,kJ$$

Der physikalische Vorgang der Wärmeübertragung spielt in der Elektrotechnik und Elektronik bei der Abführung von Verlustwärme eine wichtige Rolle. So muß z. B. die in Halbleiterbauelementen auftretende Verlustwärme an die Umgebungsluft abgeführt werden, weil diese Bauelemente infolge zunehmender Temperatur ihre elektrischen Eigenschaften stark verändern oder zerstört werden können.
Bei der Wärmeübertragung muß zwischen drei Arten unterschieden werden, und zwar zwischen der Wärmeleitung, der Konvektion und der Wärmestrahlung.
Eine *Wärmeleitung* tritt z. B. beim Löten auf. Hierbei wird die im Lötkolben erzeugte Wärme durch direkte Berührung auf das Lötzinn und die zu verbindenden Drähte übertragen.

Bei der *Konvektion* (Wärmeströmung) wird die Wärme zunächst von gasförmiger oder flüssiger Materie, die den warmen Körper umgibt, aufgenommen und durch die Eigenbewegung der Materieteilchen dann weitergeleitet. Die Warmwasserheizung arbeitet z.B. mit Konvektion, indem die im Kessel erzeugte Wärmeenergie zunächst an die flüssige Materie Wasser übertragen wird, das die Wärmeenergie zu den Heizkörpern transportiert. Der erwärmte Heizkörper gibt dann wiederum durch Konvektion die Wärmeenergie an die Umgebungsluft ab, die dadurch erwärmt wird.
Die Wärmeübertragung bei der *Wärmestrahlung* erfolgt durch elektromagnetische Schwingungen. Eine intensive Wärmestrahlung tritt aber erst bei höheren Temperaturen auf und hat daher in der Elektronik kaum eine Bedeutung.
Wärmeberechnungen sind in der Regel recht schwierig, weil eine Reihe von Einflußfaktoren meistens nicht genau genug erfaßt werden können. Dies gilt in der Elektronik auch für die Wärmeübertragung, also die Kühlung von Halbleiterbauelementen wie Transistoren oder Thyristoren. Notwendige Berechnungen erfolgen daher anhand eines Ersatzschaltbildes. **Bild 2.2** zeigt ein solches wärmetechnisches Ersatzschaltbild.

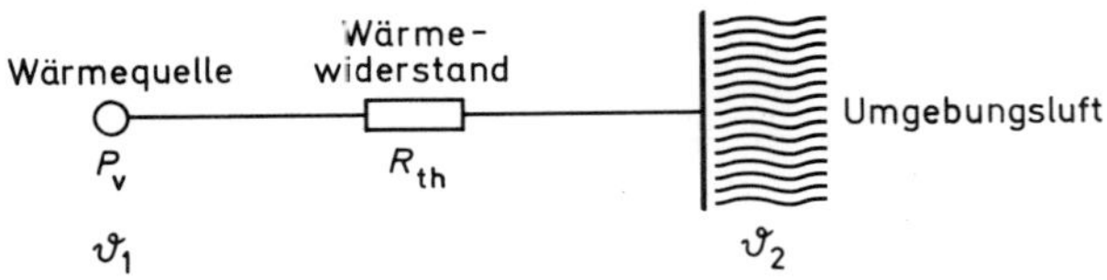

Bild 2.2 Wärmetechnisches Ersatzschaltbild

Die in einer Wärmequelle, z.B. einem Transistor, als Verlustleistung erzeugte Wärmeenergie wird über einen Wärmewiderstand an die Umgebungsluft abgegeben. Ursache für diese Wärmeübertragung ist die Temperaturdifferenz $\Delta T = \vartheta_1 - \vartheta_2$ zwischen der Wärmequelle und der kälteren Umgebungsluft. Der auftretende Wärmewiderstand ist dabei festgelegt als Quotient von Temperaturdifferenz ΔT und der abgeführten Verlustleistung P_V.

$$\text{Wärmewiderstand} = \frac{\text{Temperaturdifferenz}}{\text{Verlustleistung}}$$

$$R_{th} = \frac{\Delta T}{P_V}$$

mit ΔT in K (Kelvin)

P_V in W (Watt)

R_{th} in $\frac{\text{K}}{\text{W}} \left(\frac{\text{Kelvin}}{\text{Watt}}\right)$

Im Band II »Lehrbuch« wird noch näher auf die Wärmeübertragung bei Halbleiterbauelementen der Elektronik eingegangen.

2.3 Aufbau der Materie

2.3.1 Atomaufbau

Die gesamte Materie ist aus nur etwa 100 verschiedenen chemischen Elementen aufgebaut. Kleinste Bausteine dieser Elemente sind die *Atome*. Sie sind unvorstellbar klein und können daher auch nicht mehr direkt beobachtet werden. Die physikalischen Vorgänge, die sich im atomaren Bereich abspielen, sind außerordentlich kompliziert und auch noch nicht vollständig erforscht.
Physiker haben inzwischen mehrere Modelle entworfen, mit denen sich der Atomaufbau vereinfacht beschreiben läßt. Für den Praktiker reicht die Kenntnis des Grundprinzips des Bohrschen Atommodells (Niels Bohr: dänischer Physiker) völlig aus. Es hat eine große Ähnlichkeit mit unserem Sonnensystem, bei dem sich eine Vielzahl von Planeten auf unterschiedlichen Bahnen um die Sonne als Mittelpunkt bewegen. So besteht das Bohrsche Atommodell aus einem *Atomkern*, um den *Elektronen* auf Bahnen kreisen. **Bild 2.3** zeigt das Atommodell in einer stark vereinfachten, zweidimensionalen Darstellung.

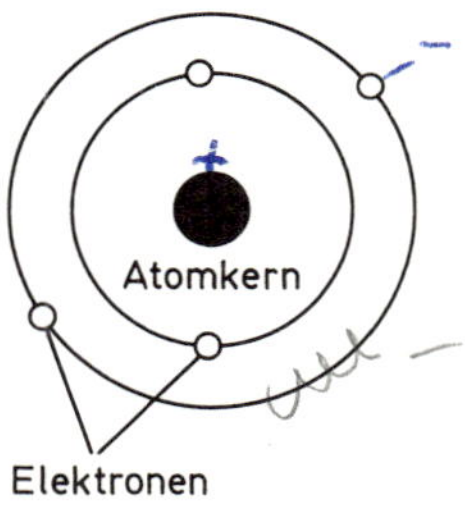

Bild 2.3 Bohrsches Atommodell in stark vereinfachter, zweidimensionaler Darstellung

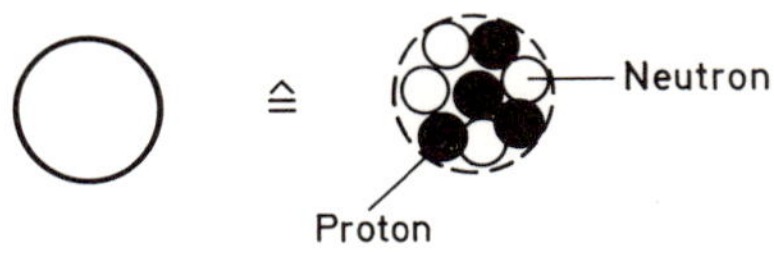

Bild 2.4 Aufbau eines Atomkerns

Der Atomkern besteht aus *Protonen* und *Neutronen*. Diese beiden Arten von Kernbausteinen sind bei allen Elementen gleich und in ihnen ist fast die gesamte Masse eines Atoms konzentriert. In **Bild 2.4** ist der Aufbau eines Atomkerns dargestellt.
Die Atomkerne der Elemente unterscheiden sich in der Anzahl vorhandener Protonen und Neutronen und damit auch in ihrer räumlichen Ausdehnung und in ihrem Gewicht. Im Normalfall hat jedes Atom genausoviele Elektronen wie Protonen, während die Anzahl vorhandener Neutronen bei den Atomen gleicher Elemente schwanken kann. Die Elektronen umkreisen den Kern auf unterschiedlichen Bahnen. Bahnen mit etwa gleichen Radien werden zu *Elektronenschalen* zusammengefaßt. Es gibt sieben derartige Elektronenschalen oder Elektronenhüllen, die von innen nach außen mit den Ziffern 1 bis 7 oder mit den Großbuchstaben K bis Q bezeichnet werden. Auf jeder dieser Schalen kann sich immer nur eine bestimmte Höchstzahl von Elektronen bewegen. In der Tabelle nach **Bild 2.5** sind die maximalen Besetzungen für die Schalen 1 bis 4 angegeben.

1. Schale = K-Schale	mit maximal	2 Elektronen
2. Schale = L-Schale	mit maximal	8 Elektronen
3. Schale = M-Schale	mit maximal	18 Elektronen
4. Schale = N-Schale	mit maximal	32 Elektronen

Bild 2.5 Bezeichnung der Elektronenschalen 1 bis 4 und ihre maximale Besetzung

Das einfachste Atom ist das Wasserstoffatom. Wasserstoff hat die Kurzbezeichnung H (Hydrogenium = Wasserstoff) und die Ordnungszahl 1, weil sein Kern nur ein Proton enthält und auf der K-Schale nur ein Elektron kreist. Die Größenverhältnisse lassen sich nur mit Hilfe von Beispielen in unsere Vorstellungswelt übertragen. Danach gleicht der Atomkern einem Ball mit einem Durchmesser von etwa 5 bis 6 cm, der in einem Abstand von ca. 100 Metern von einem Elektron mit der Größe eines Stecknadelkopfes umkreist wird. Ein Atom besteht also im wesentlichen aus leerem Raum. Die Masse des Atomkerns eines Wasserstoffatoms ist unvorstellbar klein ($m_{Proton} = 1672{,}52 \cdot 10^{-27}$ g), und die Masse eines Elektrons ($m_{Elektron} = 0{,}91091 \cdot 10^{-27}$ g) ist nochmals um den Faktor 2000 kleiner.
Das Erdgas Helium hat die Ordnungszahl 2 und besitzt 2 Protonen sowie 2 Elektronen. Silizium als wichtigster Grundstoff für die Halbleitertechnik hat die Ordnungszahl 14 und besitzt demnach 14 Protonen im Atomkern, um die auf drei Elektronenschalen insgesamt 14 Elektronen kreisen. In **Bild 2.6** sind die Atommodelle für die drei Elemente Wasserstoff, Helium und Silizium vereinfacht dargestellt.

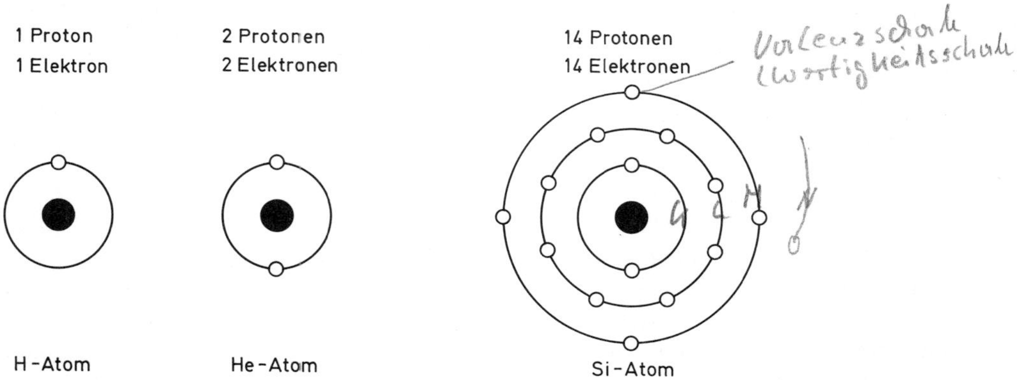

Bild 2.6 Vereinfachte Atommodelle für Wasserstoff (H), Helium (He) und Silizium (Si)

Je mehr Protonen und Neutronen und damit auch Elektronen ein Atom besitzt, desto größer ist seine Masse und das Atomgewicht des entsprechenden Elements. Bei der systematischen Ordnung aller Elemente nach ihrem Atomgewicht wurden periodische Gesetzmäßigkeiten festgestellt. Sie führten zu einer Anordnung aller Elemente in Form des *Periodischen Systems.* **Bild 2.7** zeigt einen Ausschnitt aus diesem Periodensystem der Elemente.

je mehr Protonen je höher das gewicht

1 Schale $n^2 \cdot 2$ $1^2 \cdot 2 = 2$ – maximale Besetzung der Schalen
2 " $2^2 \cdot 2 = 8$
3 $3^2 \cdot 3 = 18$
4 $4^2 \cdot 4 = 32$

		1. Gruppe	2. Gruppe	3. Gruppe	4. Gruppe	5. Gruppe	6. Gruppe	7. Gruppe	Edelgase
Wertigkeit gegen Wasserstoff		1	2	3	4	3	2	1	0
Periode	Schale								
1.		1 H Wasserstoff							2 He Helium
	K	1 1,00797							2 4,0026
2.		3 Li Lithium	4 Be Beryllium	5 B Bor	6 C Kohlenstoff	7 N Stickstoff	8 O Sauerstoff	9 F Fluor	10 Ne Neon
	K	2 6,939	2 9,0122	2 10,811	2 12,011	2 14,007	2 15,999	2 18,998	2 20,183
	L	1	2	3	4	5	6	7	8
3.		11 Na Natrium	12 Mg Magnesium	13 Al Aluminium	14 Si Silizium	15 P Phosphor	16 S Schwefel	17 Cl Chlor	18 Ar Argon
	K	2 22,990	2 24,312	2 26,982	2 28,086	2 30,974	2 32,064	2 35,453	2 39,948
	L	8	8	8	8	8	8	8	8
	M	1	2	3	4	5	6	7	8
4.		19 K Kalium	20 Ca Calcium	21 Sc Scandium	22 Ti Titan	23 V Vanadium	24 Cr Chrom	25 Mn Mangan	
	K	2 39,102	2 40,08	2 44,956	2 47,90	2 50,942	2 51,996	2 54,938	
	L	8	8	8	8	8	8	8	
	M	8	8	9	10	11	13	13	
	N	1	2	2	2	2	1	2	
		29 Cu Kupfer	30 Zn Zink	31 Ga Gallium	32 Ge Germanium	33 As Arsen	34 Se Selen	35 Br Brom	36 Kr Krypton
	K	2 63,54	2 65,37	2 69,72	2 72,59	2 74,922	2 78,96	2 79,909	2 83,80
	L	8	8	8	8	8	8	8	8
	M	18	18	18	18	18	18	18	18
	N	1	2	3	4	5	6	7	8
5.		37 Rb Rubidium	38 Sr Strontium	39 Y Yttrium	40 Zr Zirkonium	41 Nb Niob	42 Mo Molybdän	43 Tc Technetium	
	K	2 85,47	2 87,62	2 88,905	2 91,22	2 92,906	2 95,94	2	
	L	8	8	8	8	8	8	8	
	M	18	18	18	18	18	18	18	
	N	8	8	9	10	12	13	14	
	O	1	2	2	2	1	1	1	
		47 Ag Silber	48 Cd Cadmium	49 In Indium	50 Sn Zinn	51 Sb Antimon	52 Te Tellur	53 J Jod	54 Xe Xenon
	K	2 107,87	2 112,40	2 114,82	2 118,69	2 121,75	2 127,60	2 126,90	2 131,30
	L	8	8	8	8	8	8	8	8
	M	18	18	18	18	18	18	18	18
	N	18	18	18	18	18	18	18	18
	O	1	2	3	4	5	6	7	8

Bild 2.7 Ausschnitt aus dem Periodischen System der Elemente

je mehr Schalen = Elektronen = je mehr Radioaktiv

In diesem periodischen System ist eine waagerechte Einteilung nach der Zahl der Elektronenschalen – von oben nach unten zunehmend – vorgenommen, während in den einzelnen senkrechten Gruppen jeweils Elemente mit ähnlichen Eigenschaften untereinanderstehen. Der in Bild 2.7 dargestellte Ausschnitt enthält fast alle für die Elektrotechnik und Elektronik wichtigen chemischen Elemente.
Die Angaben zu jedem Element in Bild 2.7 sind in **Bild 2.8** näher erläutert.

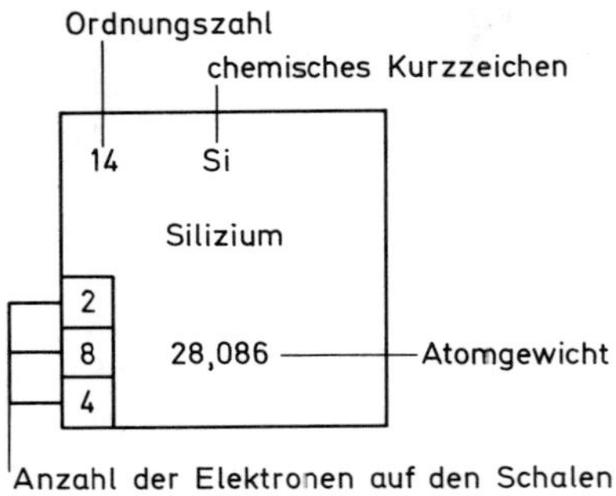

Bild 2.8 Ausschnitt aus dem Periodensystem für das Si-Atom

Entsprechend Bild 2.8 hat Silizium das Kurzzeichen Si und die Ordnungszahl 14, also 14 Protonen im Kern. Weiterhin ist zu entnehmen, daß auf der K-Schale 2 Elektronen, auf der L-Schale 8 Elektronen und auf der M-Schale 4 Elektronen kreisen. Die Elektronen auf der jeweils äußersten Schale eines Atoms werden *Valenzelektronen* genannt. Sie haben eine besondere Bedeutung für die Fähigkeit eines Atoms, chemische Bindungen mit anderen Atomen einzugehen.

2.3.2 Elektrische Ladungen

Infolge der Fliehkraft müßten die um den Atomkern mit hoher Geschwindigkeit kreisenden Elektronen vom Kern wegfliegen. Sie bleiben aber auf ihren Bahnen, weil zwischen dem Atomkern und den Elektronen elektrische Anziehungskräfte wirksam sind. Diese Anziehungskräfte beruhen auf elektrischen Ladungen in den Protonen und Elektronen. Es sind die kleinsten Ladungsmengen, die in der Natur vorkommen. Sie werden als Elementarladungen bezeichnet.
Es gibt zwei unterschiedliche Ladungsarten. Die elektrische Ladung des Elektrons ist als negative Ladung e^- definiert, die elektrische Ladung des Protons dagegen als positive Ladung e^+. Die Elementarladungen des Elektrons e^- und des Protons e^+ haben den gleichen Wert von $1{,}6 \cdot 10^{-19}$ As. Die Einheit der elektrischen Ladung ist die Amperesekunde (1 As), die auch als Coulomb (1 C) bezeichnet wird. Die am Aufbau des Atomkerns beteiligten Neutronen tragen keine Ladung und sind daher elektrisch neutral.
Grundsätzlich gilt, daß sich Teilchen mit gleichnamigen Ladungen abstoßen, Teilchen mit ungleichnamigen Ladungen dagegen anziehen. **Bild 2.9** zeigt diese Zusammenhänge.

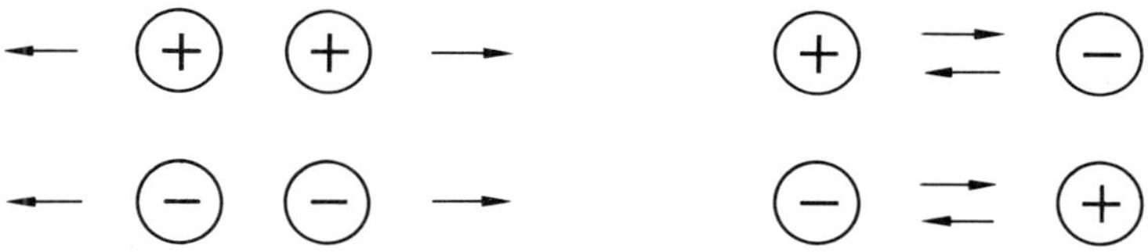

Bild 2.9 Kraftwirkungen zwischen elektrischen Ladungen

Wegen der gleichgroßen, aber ungleichnamigen Ladungen kann ein Proton des Atomkerns ein Elektron auf einer Schale festhalten und an den Atomkern binden. In **Bild 2.10** sind die Kräfteverhältnisse am Modell eines Wasserstoffatoms, das als einfachstes Atom nur ein Proton und ein Elektron besitzt, dargestellt.

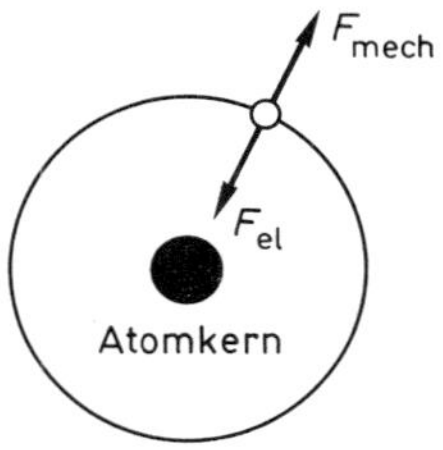

Bild 2.10 Kräftegleichgewicht im Wasserstoffatom

Aufgrund der mechanischen Fliehkraft F_{mech} möchte sich das Elektron vom Atomkern entfernen. Es bleibt aber auf seiner Kreisbahn, weil wegen der ungleichnamigen Ladung eine entgegengesetzte elektrische Kraft F_{el} auf das Elektron einwirkt.

2.3.3 Ionen

Ein vollständiges Atom hat stets gleich viele Elektronen wie Protonen. Alle positiven und negativen Ladungen heben sich dann gegenseitig auf. Daher ist ein vollständiges Atom nach außen hin elektrisch neutral. Unter bestimmten Umständen kann aber ein vollständiges Atom einzelne Elektronen an benachbarte Atome abgeben oder von den Nachbaratomen auch Elektronen aufnehmen. Ein derartiges Gebilde ist dann kein vollständiges Atom mehr und wird als Ion bezeichnet. Hat ein Atom Elektronen abgegeben, so enthält es mehr positiv als negativ geladene Teilchen. Es ist jetzt positiv geladen und wird als positives Ion bezeichnet. Besitzt ein Atom dagegen mehr Elektronen als Protonen, so entsteht ein Überschuß an negativen Teilchen. Es ist negativ geladen und heißt negatives Ion. In **Bild 2.11** sind die Zusammenhänge vereinfacht dargestellt.

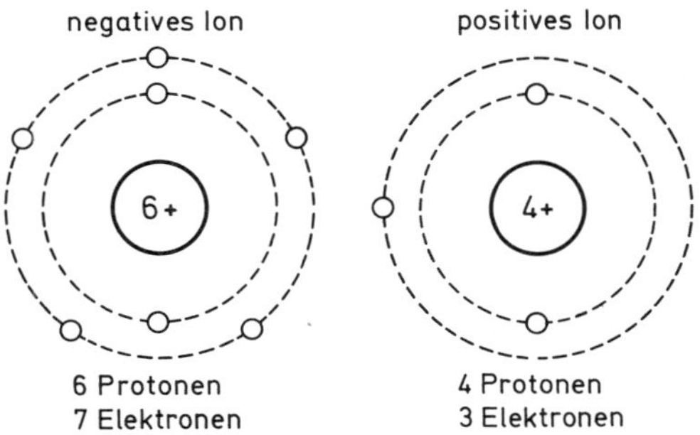

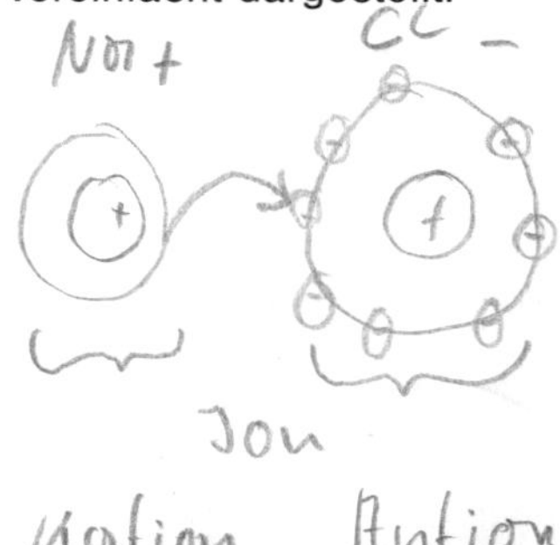

Bild 2.11 Positive und negative Ionen

2.3.4 Chemische Bindungen

Die Atome der meisten Elemente haben das Bestreben, ihre jeweils äußerste Schale mit der maximal möglichen Zahl der Elektronen zu besetzen. Aber nur die Edelgase wie z. B. Helium und Neon haben bereits einen derartigen Atomaufbau mit einer abgeschlossenen äußeren Elektronenschale. Die Atome aller weiteren Elemente versuchen daher, diesen Zustand durch Eingehen von Verbindungen mit anderen Atomen zu erreichen. Dabei sind drei unterschiedliche Bindungsarten möglich, und zwar

eine Ionenbindung,
eine Atombindung oder
eine Metallbindung.

2.3.4.1 Ionenbindung

Ionenbindungen sind nur zwischen Atomen verschiedener Elemente möglich. Hat z. B. das Atom eines bestimmten Elementes nur wenige Valenzelektronen, so gibt es diese gern ab. Es wird dadurch zu einem positiven Ion. Dagegen nimmt das Atom eines Elementes mit mehreren Valenzelektronen gern zusätzliche Elektronen auf, um seine äußerste Schale aufzufüllen. Es wird dadurch zu einem negativen Ion. Da sich die so entstandenen positiven und negativen Ionen wegen ihrer ungleichnamigen Ladungen aber anziehen, gehen sie eine feste Bindung ein, und es entsteht ein neuer Stoff. Die kleinsten Teilchen dieser aus chemischen Elementen entstandenen chemischen Verbindung werden als *Moleküle* bezeichnet. Ob ein Molekül aus zwei oder mehreren Atomen zusammengesetzt ist, hängt von der Wertigkeit der jeweils beteiligten Elemente ab. **Bild 2.12** zeigt die schematische Darstellung einer Ionenbindung.

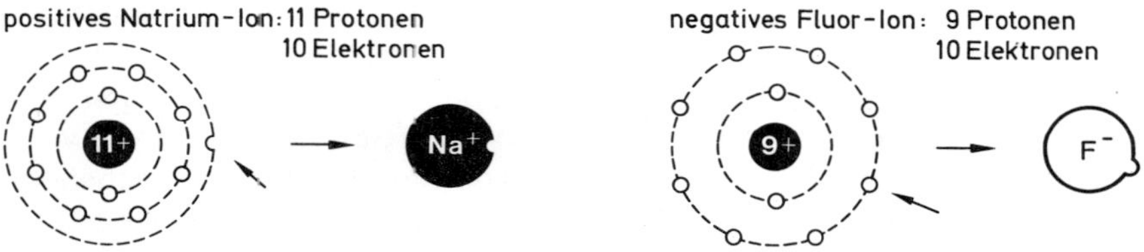

Bild 2.12 Schematische Darstellung einer Ionenbindung

Der Mechanismus der Ionenbindung ist z. B. für den Transport elektrischer Ladungen in Flüssigkeiten und Gasen von Bedeutung.

2.3.4.2 Atombindung

Während eine Ionenbindung stets nur zwischen Atomen verschiedener Elemente möglich ist, können durch den Mechanismus der Atombindung auch Atome gleicher Elemente Verbindungen eingehen. So haben z. B. Sauerstoffatome (Ordnungszahl 8, Kurzbezeichnung O, Wertigkeit 6) auf ihren äußersten Schalen jeweils 6 Elektronen. Sie können miteinander eine Bindung eingehen, indem jedes der beiden Atome 2 Elektronen seiner äußersten Schale dem jeweils anderen Atom zur Verfügung stellt. Auf diese

Weise entstehen aus je einem Elektron der beiden Atome zwei Elektronenpaare, die nun zu beiden Atomen gehören. Dadurch sind dann die Außenschalen jedes der beiden Sauerstoffatome zeitweise mit 8 Elektronen und damit voll besetzt. **Bild 2.13** zeigt die Atombindung eines Sauerstoffmoleküls O_2 in schematischer Darstellung.

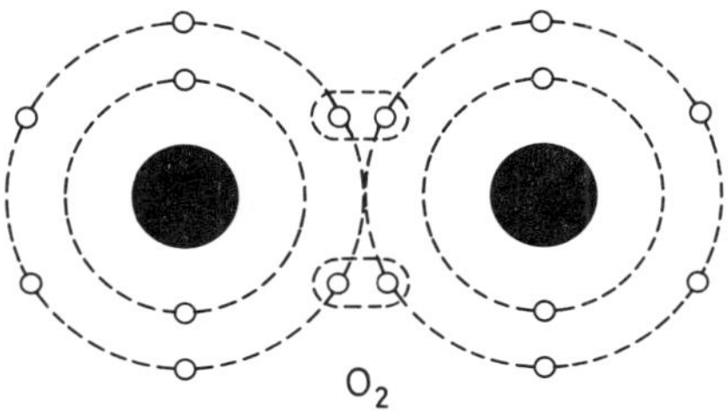

Bild 2.13 Schematische Darstellung einer Atombindung bei einem Sauerstoffmolekül

Die Atombindung ist für die Herstellung von Halbleitermaterial und damit für den Leitungsmechanismus in Dioden und Transistoren von größter Bedeutung. Durch die feste Verankerung von Valenzelektronen mit den jeweiligen Nachbaratomen ist zwar die elektrische Leitfähigkeit von reinem Silizium oder Germanium nur sehr gering, sie kann aber durch den gezielten Einbau von bestimmten Fremdatomen in weiten Grenzen verändert werden. Auf die Atombindung bei Halbleitermaterialien wird im Abschnitt 3.2 des Bandes II »Bauelemente-Lehrbuch« noch näher eingegangen.

2.3.4.3 Metallbindung

Metalle sind gute elektrische Leiter und daher die in der Elektrotechnik am meisten verwendeten Werkstoffe. Die gute elektrische Leitfähigkeit entsteht durch die Art der Bindung, welche die Metallatome miteinander eingehen.
Metallatome haben nur wenige Valenzelektronen. So hat z. B. ein Cu-Atom nur ein Valenzelektron und ein Al-Atom nur drei. Diese Valenzelektronen werden leicht abgegeben. Dadurch entstehen positive Metallionen, die sich zu einem stabilen Metall- oder Raumgitter verbinden. **Bild 2.14** zeigt den schematischen Aufbau eines Metallgitters.

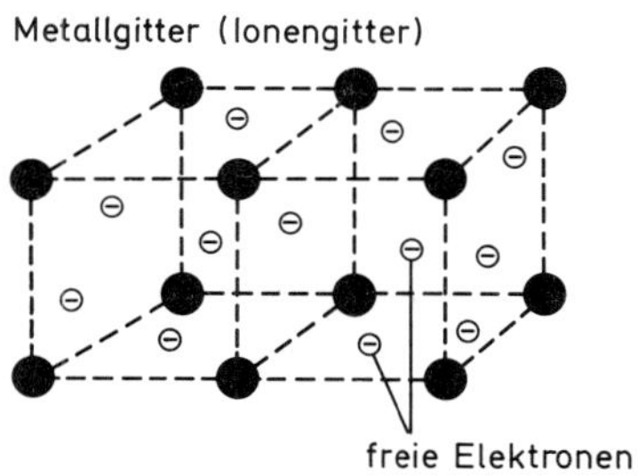

Bild 2.14 Schematischer Aufbau eines Metallgitters

Teschniche-Stromrichtg.:
Physikalische – " :

Während sich die positiven Metallionen zu einem festen Ionengitter verbinden, können sich die abgegebenen Valenzelektronen innerhalb dieses Gitters fast ungehindert bewegen. Sie werden daher auch als freie Elektronen bezeichnet. Da jedes dieser freien Elektronen eine negative Elementarladung e^- trägt, stellt es aufgrund seiner Bewegung einen sehr kleinen elektrischen Strom dar. Dieser ist jedoch nach außen hin nicht zu bemerken. Erst wenn sich unter dem Einfluß einer Kraft alle freien Elektronen in einer Richtung bewegen, addiert sich eine sehr große Zahl von kleinsten elektrischen Ladungen zu einem Gesamtstrom, der auch von außen her meßbar ist. Aufgrund dieser Eigenschaft sind Metalle gute elektrische Leiter.

2.4 Elektrotechnische Grundbegriffe

2.4.1 Potential und elektrische Spannung

Ein Atom ist nach außen hin elektrisch neutral, wenn es die gleiche Zahl von Protonen wie Elektronen besitzt. Das gleiche gilt auch für jeden Stoff oder Körper, wenn Ladungsgleichgewicht in ihm herrscht, also die Summe aller positiven Ladungsträger gleich der Summe aller negativen Ladungsträger ist. Durch Zuführung von mechanischer oder chemischer Energie ist es jedoch möglich, einem Körper Elektronen zuzuführen oder zu entziehen. Werden Elektronen zugeführt, so herrscht in ihm ein Überschuß an negativer Ladung und der Körper wirkt nach außen hin als negativ geladen. Der umgekehrte Fall tritt ein, wenn einem Körper Elektronen entzogen werden. In ihm sind dann mehr positive als negative Ladungen vorhanden, und der Körper wirkt nach außen hin als positiv geladen.

Bild 2.15 a zeigt zwei plattenförmige Körper, die sich in einem bestimmten Abstand gegenüberstehen. In beiden Platten herrscht Ladungsgleichgewicht, sie sind also nach außen hin elektrisch neutral. In **Bild 215 b** hat die Platte 1 eine positive Ladung und damit ein positives Potential. Die Platte 2 besitzt dagegen eine negative Ladung und damit ein negatives Potential. Zwischen beiden Platten herrscht eine Potentialdifferenz, die als elektrische Spannung bezeichnet wird.

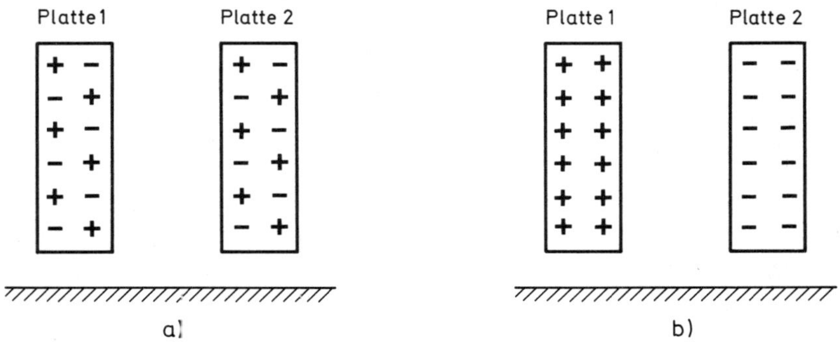

Bild 2.15 Elektrisch ungeladene und geladene Körper

Die elektrische Spannung hat das Formelzeichen U und die Einheit Volt, abgekürzt 1 V (Volt abgeleitet von Volta = italienischer Physiker). Je größer der Ladungsunterschied zwischen zwei Körpern ist, desto größer ist die elektrische Spannung.
Für die Beschreibung elektrischer Zustände ist es wichtig, daß einheitliche Bezeichnungen und Kennzeichnungen eingehalten werden. So wird der negativ geladene Körper häufig als Bezugspunkt gewählt. Alle positiv geladenen Körper haben dann eine positive Spannung gegenüber diesem Bezugspunkt. In **Bild 2.16** sind diese Zusammenhänge schematisch dargestellt.

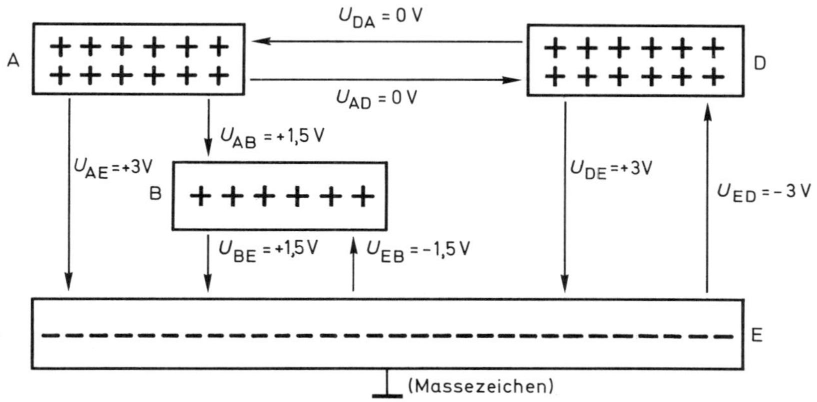

Bild 2.16 Elektrische Potentiale und Spannungen

In grafischen Darstellungen ist es zweckmäßig, elektrische Potentiale und Spannungen durch Zählpfeile anzugeben. Die Pfeilspitze ist stets zum gewählten Bezugspunkt gerichtet. Weiterhin werden dem Formelzeichen U die beiden Meßpunkte als Index zugeordnet, wobei immer die zweite Angabe im Index den Bezugspunkt angibt.
In Bild 2.16 ist für die Spannung zwischen den Punkten A und E der Punkt E als Bezugspunkt gewählt. Die Spitze des Spannungspfeiles zeigt daher auf E. Die Größe der Spannung beträgt $U_{AE} = +3$ V. Zwischen den Punkten A und B mit B als Bezugspunkt liegt die Spannung $U_{AB} = +1{,}5$ V und zwischen den Punkten B und E mit E als Bezugspunkt die Spannung $U_{BE} = +1{,}5$ V. Wird im letzten Fall aber nicht E sondern B als Bezugspunkt genommen, so muß die Pfeilrichtung umgekehrt und die Spannung mit $U_{EB} = -1{,}5$ V angegeben werden. Der gleiche Zusammenhang ergibt sich auch für die Spannung $U_{ED} = -3$ V. Die Punkte A und D haben, bezogen auf den Punkt E, das gleiche positive Potential. Daher beträgt die Spannung zwischen den Punkten A und D $U_{AD} = U_{DA} = 0$ V.
Um den Kennzeichnungsaufwand so gering wie möglich zu halten, gilt in der Elektrotechnik und Elektronik die Vereinbarung, daß bei eindeutigen Bezugspunkten die zweite Indexangabe entfallen kann. Solch ein eindeutiger Bezugspunkt kann z. B. das leitfähige Gehäuse eines elektronischen Gerätes sein, das dann als Masse (Symbol ⊥) bezeichnet wird. In Wechsel- oder Drehstromnetzen wird dagegen als Bezugspunkt meistens der Neutralleiter (Kennzeichen N) gewählt, der oft geerdet ist, d. h. eine

leitfähige Verbindung mit dem Erdreich besitzt. Wird in Bild 2.15 die Platte E als eindeutiger Bezugspunkt (Masse) vorgegeben, so kann anstelle von $U_{AE} = +3$ V auch $U_A = +3$ V oder anstelle von $U_{BE} = +1{,}5$ V auch $U_B = +1{,}5$ V geschrieben werden. Da die Spannungen U_{EB}, U_{ED}, U_{DA} oder U_{AD} nicht auf E bezogen sind, muß hier der Index voll erhalten bleiben. Als weitere Vereinfachung bei Spannungsangaben gilt, daß bei positiven Spannungswerten das Pluszeichen weggelassen werden kann.
Elektrische Spannungen werden mit Spannungsmessern gemessen. Spannungsmesser werden immer an die Punkte angeschlossen, zwischen denen die Potentialdifferenz, also die elektrische Spannung gemessen werden soll. **Bild 2.17** zeigt den Anschluß eines Spannungsmessers zur Messung der Spannung zwischen zwei unterschiedlich geladenen Platten.

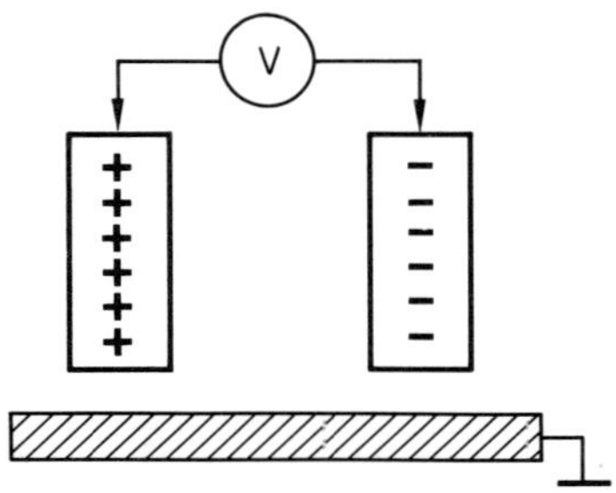

Bild 2.17 Spannungsmessung zwischen zwei Punkten

2.4.2 Elektrischer Strom

Liegt zwischen zwei Punkten eine elektrische Spannung, so besteht das Bestreben, die unterschiedlichen Ladungen auszugleichen. Dies ist nur möglich, wenn zwischen diesen beiden Punkten eine elektrisch leitende Verbindung hergestellt wird. Unter dem Einfluß der elektrischen Spannung wandern die Elektronen dann stets vom negativen Pol, also dem Punkt mit der größten negativen Ladung zu dem Pol, der eine geringere negative Ladung oder einen Elektronenmangel, d. h. eine positive Ladung hat. Diese gerichtete Bewegung von Elektronen, also von elektrischen Ladungen wird als *elektrischer Strom* bezeichnet. Als einheitliches Formelzeichen für den elektrischen Strom sind der Buchstabe I und als Einheit Ampere, abgekürzt 1 A (Ampère = französischer Physiker) festgelegt. Die elektrische Stromstärke I ist neben der elektrischen Spannung U die wichtigste Grundgröße der Elektrotechnik.
Experimente mit elektrischen Spannungen und Strömen wurden bereits durchgeführt, als der Zusammenhang zwischen dem Atomaufbau und der Bewegung von Elektronen noch nicht bekannt war. So wurde seinerzeit festgelegt, daß der elektrische Strom vom Pluspol zum Minuspol fließt. Diese alte Festlegung wurde auch bis heute beibehalten, obwohl inzwischen bekannt ist, daß der elektrische Strom durch eine Bewegung von Elektronen vom negativen Pol zum positiven Pol entsteht.
Um Verwirrungen zu vermeiden, wird die alte Festlegung der Stromrichtung als *Technische Stromrichtung* bezeichnet. Als Technische Stromrichtung ist also die Stromrichtung in einem äußeren Stromkreis vom Pluspol zum Minuspol einer Spannungs-

quelle festgelegt. Diese Festlegung gilt grundsätzlich in der gesamten Elektrotechnik und Elektronik. Nur bei Halbleiterbauelementen wie Dioden, Transistoren usw. wird wieder auf die tatsächliche Bewegung der Elektronen in einem Leiter zurückgegriffen. Im Gegensatz zur Technischen Stromrichtung wird dann von einer *Elektronenstromrichtung* gesprochen.
Der elektrische Strom wird mit Strommessern gemessen. Strommesser werden grundsätzlich in den Stromkreis geschaltet. **Bild 2.18** zeigt den Anschluß eines Strommessers zur Ermittlung des fließenden Stromes. Die Elektronen bewegen sich dabei solange vom negativen zum positiven Pol, bis beide Platten den gleichen Ladungszustand haben. Der Elektronenstrom ist hier mit I_e, der Strom in technischer Stromrichtung mit I angegeben.

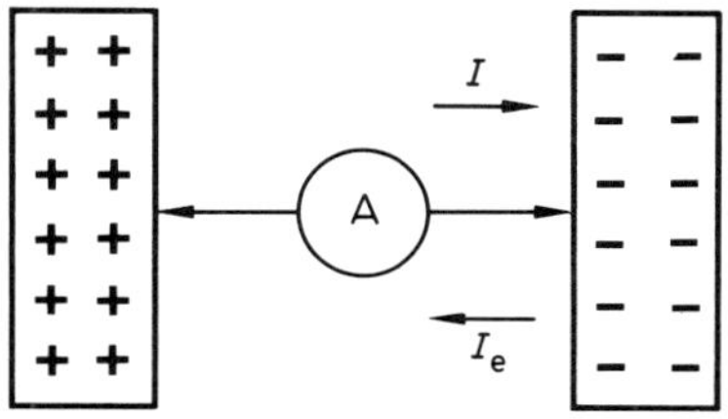

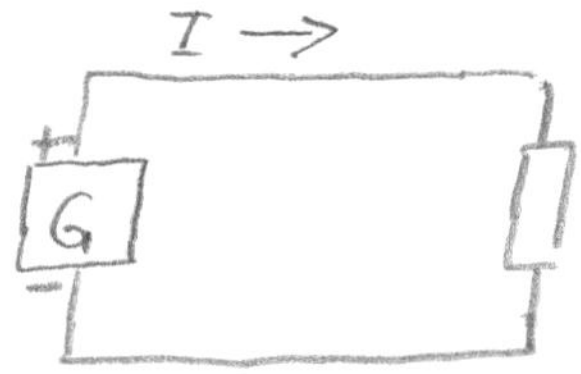

I : Technische Stromrichtung
I_e: Elektronenstromrichtung

Bild 2.18 Strommessung beim Ladungsausgleich

2.4.3 Elektrisches Feld

Gleichnamige elektrische Ladungen stoßen sich ab, ungleichnamige ziehen sich an. Von elektrischen Ladungen gehen also Kraftwirkungen aus. **Bild 2.19** zeigt den Zusammenhang für eine fest angeordnete kugelförmige, positive Ladung $Q1$ und eine bewegliche Ladung $Q2$, die sich im Abstand l gegenüberstehen.

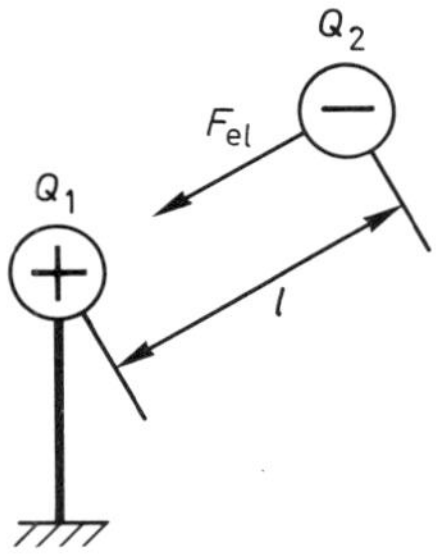

Bild 2.19 Kraftwirkung zwischen zwei elektrischen Ladungen

Die Kraftwirkung zwischen den beiden Ladungen in Bild 2.19 hängt sowohl von der Größe der Ladungen als auch von deren Entfernung voneinander ab. Hierfür gilt:

$$F_{el} \sim \frac{Q_1 \cdot Q_2}{l^2}$$

Dieser Zusammenhang – auch Coulombsches Gesetz genannt – besagt, daß die Kraft zwischen zwei elektrischen Ladungen *Q*1 und *Q*2 proportional dem Produkt dieser beiden Ladungen und umgekehrt proportional dem Quadrat der Entfernung *l* zwischen den beiden Ladungen ist. Die Kraft F_{el} ist also umso größer, je größer die Ladungen sind und umso kleiner, je größer die Entfernung zwischen den Ladungen ist.
Der Raum zwischen den Ladungen, in dem diese Kraftwirkung besteht, wird *elektrisches Feld* genannt. Das Vorhandensein eines elektrischen Feldes ist – ähnlich wie das Schwerefeld der Erde – nicht an Materie gebunden, denn die Kraftwirkung des elektrischen Feldes tritt auch im luftleeren Raum (Vakuum) auf.
Für die Beschreibung dieses Feldes wurde die *elektrische Feldstärke E* als physikalische Größe eingeführt.

$$\text{Elektrische Feldstärke} = \frac{\text{Spannung}}{\text{Ladungsabstand}}$$

$$E = \frac{U}{l}$$

mit der Einheit $1\,\frac{\text{V}}{\text{m}}$

Beispiel

Der Kontaktabstand eines Schalters beträgt $l = 2$ mm. An den Kontakten liegt eine Spannung $U = 1000$ V.
Wie groß ist die elektrische Feldstärke *E* zwischen den Kontakten?

$$E = \frac{U}{l} = \frac{1000\ \text{V}}{2\ \text{mm}} = \frac{500\ \text{V}}{\text{mm}} = \frac{500\ \text{kV}}{\text{m}}$$

Im Gegensatz zur Ladung *Q* ist die Feldstärke *E* ein Vektor, hat also Betrag und Richtung. Um elektrische Felder besser beschreiben und zeichnerisch darstellen zu können, wurden Feldlinien eingeführt. Dabei wurde festgelegt, daß diese Feldlinien stets von der positiven zur negativen Ladung verlaufen. Sie treten stets senkrecht, also unter einem Winkel von 90° aus der Oberfläche aus bzw. in die Oberfläche ein. **Bild 2.20** zeigt den Verlauf der Feldlinien an einfachen Beispielen.

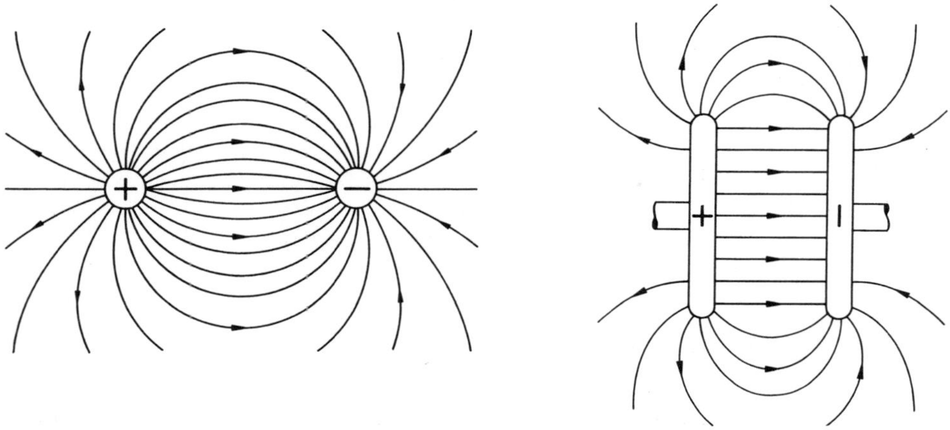

Bild 2.20 Elektrische Feldlinien bei kugel- und plattenförmigen Elektroden

Überlagern sich elektrische Felder, so vereinigen sie sich zu einem gemeinsamen, neuen elektrischen Feld.
Die auf ein Elektron einwirkende elektrische Kraft F_{el} tritt stets entgegengesetzt zur Richtung der Feldlinien auf. Wird ein Elektron, also eine elektrische Ladung, entgegen dieser Kraftrichtung um eine Strecke s im Feld bewegt, so muß genau wie in der Mechanik Arbeit verrichtet werden. Hierzu gilt:

$$W = F_{mech} \cdot s$$

Wird die mechanische Kraft F_{mech} durch die elektrische Kraft $F_{el} = Q \cdot E$ ersetzt, so ergibt sich

$$W = F_{el} \cdot s$$
$$W = Q \cdot E \cdot s$$

Andererseits wird einer Ladung Energie zugeführt, wenn sich die Ladung unter dem Einfluß der Kraft bewegt. Dieser Zusammenhang wird z. B. in der Elektronenstrahl- oder Fernsehbildröhre ausgenutzt. Hierbei werden von einer Glühkatode freie Elektronen ausgestoßen, die um die Katode herum eine »Elektronenwolke« bilden. Die Elektronen werden dann von einer Lochanode mit positiver Polarität angezogen, also gezielt in eine Richtung bewegt und dabei durch Zuführung von Energie stark beschleunigt. Sie treffen dadurch mit großer Geschwindigkeit auf dem Leuchtschirm auf und bringen einen kleinen Fleck zum Leuchten. Auch der so erzeugte Elektronenstrahl muß als elektrischer Strom bezeichnet werden, denn auch hier handelt es sich um eine gerichtete Bewegung von Elektronen. Ein Stromfluß ist also nicht nur in festen Körpern, sondern auch im Vakuum sowie in gasförmigen oder flüssigen Stoffen möglich.

2.5 Erzeugung von elektrischen Spannungen

Elektrische Spannungen entstehen, wenn elektrische Ladungen durch Energieaufwand voneinander getrennt werden. Die dabei aufzuwendende Energie kann unterschiedlicher Art sein. So wird ein wesentlicher Anteil elektrischer Energie durch Umwandlung von mechanischer Energie gewonnen. Dies ist z. B. der Fall, wenn in Wasserkraftwerken durch die kinetische Energie von Wasser der Rotor eines Generators in Drehung versetzt wird und dabei aufgrund des Induktionsgesetzes Ladungsverschiebungen erzeugt werden. In Kohle- oder Atomkraftwerken wird mit Dampfturbine und Generator Wärmeenergie in elektrische Energie umgewandelt.
Spannungsquellen, bei denen chemische Vorgänge eine Spannung aufbauen, werden als galvanische Elemente (Galvani = italienischer Physiker) bezeichnet. Hierbei wird zwischen Primär- und Sekundärelementen unterschieden. Bei den Primärelementen kann der chemische Vorgang nur in einer Richtung ablaufen. Bekannteste Primärelemente sind die Taschenlampenbatterien. Ist der Ladungsausgleich zwischen dem Pluspol und dem Minuspol abgeschlossen, hat die Batterie keine Spannung, also keine elektrische Energie mehr und ist damit unbrauchbar geworden. Bei den Akkumulatoren

ist eine Umkehr des chemischen Ablaufs möglich. Um ein solches Sekundärelement aufzuladen, muß zunächst elektrische Energie in chemische Energie umgewandelt und gespeichert werden. Anschließend kann die gespeicherte chemische Energie wieder als elektrische Spannung benutzt werden, bis ein neuer Ladungsausgleich abgelaufen ist.

Bei einigen weiteren Verfahren der Spannungserzeugung können jeweils nur relativ kleine Energiemengen in elektrische Energie umgewandelt werden. So tritt bei einigen Materialien durch mechanischen Druck im Kristallgefüge eine Ladungstrennung auf. Der Einsatz dieser Piezoelektrizität reicht vom Zündsystem bei Feuerzeugen oder Gasfeuerungsanlagen bis zu den Kristalltonabnehmern bei Plattenspielern. Bei den Thermoelementen wird Wärmeenergie in elektrische Energie umgewandelt. Sie bestehen aus zwei zusammengefügten Metallen, bei denen eine Ladungstrennung auftritt, sobald die Verbindungsstelle erhitzt wird. Mit Hilfe von Fotoelementen oder Fotodioden kann Lichtenergie eine Ladungstrennung bewirken. Diese Art der Spannungserzeugung wird z. B. in Belichtungsmessern oder bei der Spannungsversorgung von Satelliten ausgenutzt. Wegen der kleinen Energiemengen, die bei Piezokristallen, Thermoelementen sowie Fotoelementen und Fotodioden zur Verfügung stehen, wird diese Art der Spannungserzeugung überwiegend nur in der Meß- und Regelungstechnik genutzt.

2.6 Wirkungen des elektrischen Stromes

Der elektrische Strom als gerichtete Bewegung von Elektronen kann sehr unterschiedliche Wirkungen haben. In großem Umfang technisch ausgenutzt werden seine magnetischen, thermischen und chemischen Wirkungen sowie seine Lichtwirkung. Besonders beachtet werden müssen aber auch seine physiologischen Wirkungen auf den menschlichen und tierischen Körper, die zu lebensgefährlichen Elektrounfällen führen können.

Die *thermische Wirkung* des elektrischen Stromes wird z. B. in allen Heizgeräten ausgenutzt. In dem Widerstandsdraht eines Heizgerätes stoßen die von der anliegenden Spannungsquelle bewegten Elektronen ständig mit den Atomionen des Metallgitters zusammen. Dabei wird ihre kinetische Energie in Wärmeenergie umgesetzt, durch die das Metallgitter, also der Heizdraht, erwärmt wird. Bei Glühlampen erfolgt die Erwärmung auf so hohe Temperaturen, daß der Heizfaden weiß glüht und außer Wärme auch noch Licht abstrahlt.

Eine *Lichtwirkung* des elektrischen Stromes entsteht, weil bei bestimmten Stoffen die Elektronen der unteren Schalen durch elektrische Energie angeregt, d. h. auf ein höheres Energieniveau angehoben werden. Beim Zurückfallen auf die normale Umlaufbahn wird die Energie dieser Elektronen in Form von kleinen Lichtblitzen wieder abgegeben. Dies wird in der Praxis bei Kontrollampen ausgenutzt. Weitere Lichtquellen sind z. B. die Leuchtdioden, die auf Halbleiterbasis arbeiten und die Leuchtstofflampen, in denen Edelgase durch Ionisation zum Leuchten gebracht werden.

Als *chemische Wirkung* des Stromes wird seine Eigenschaft bezeichnet, leitfähige Flüssigkeiten, die sogenannten Elektrolyte, zu zersetzen. So kann z. B. Wasser (H_2O)

durch elektrischen Strom in seine Grundstoffe Wasserstoff (H) und Sauerstoff (O) zerlegt werden. Eine weitere praktische Anwendung ist die Oberflächenveredelung in einem Galvanisierbad. Hier erfolgt mit dem elektrischen Strom ein Massetransport von Metallionen, die sich auf dem zu veredelnden Werkstück niederschlagen.
Während ruhende elektrische Ladungen ein elektrisches Feld haben, bewirkt jede bewegte elektrische Ladung zusätzlich ein magnetisches Feld, das eine *magnetische Wirkung* ausübt. Sie wird z. B. zum Anziehen einiger metallischer Werkstoffe oder zur Krafterzeugung nach dem elektromotorischen Prinzip ausgenutzt.
Fließt ein elektrischer Strom durch den menschlichen oder tierischen Körper, so übt er eine *physiologische Wirkung* auf die Muskulatur aus. Es treten Muskelverkrampfungen auf, die bis zur völligen Lähmung des Herzmuskels führen können und damit den Tod herbeiführen. Unter dem Aspekt der Unfallverhütung sind daher viele Vorschriften, Gesetze und Bestimmungen zum Schutze des menschlichen und tierischen Lebens vor den Gefahren des elektrischen Stromes entstanden. Die bekanntesten sind die VDE-Bestimmungen, die von jedem Elektrotechniker und Elektroniker zum eigenen Schutz und dem Schutz der Mitmenschen genau beachtet werden müssen. Einige wesentliche Aussagen dieser Bestimmungen werden im Kap. 10 erläutert.

2.7 Spannungs- und Stromarten

Spannungen und Ströme können jeden beliebigen zeitlichen Verlauf haben. In der Elektrotechnik werden aber meistens nur Spannungsquellen eingesetzt, die entweder eine konstante Spannung liefern oder deren Spannung sich periodisch nach mathematisch leicht erfaßbaren Gesetzmäßigkeiten ändert. Die Abhängigkeit einer Spannung von der Zeit wird als Spannungs-Zeit-Kennlinie in einem Liniendiagramm anschaulich dargestellt. **Bild 2.21** zeigt die Liniendiagramme von zwei technisch wichtigen Spannungsformen.

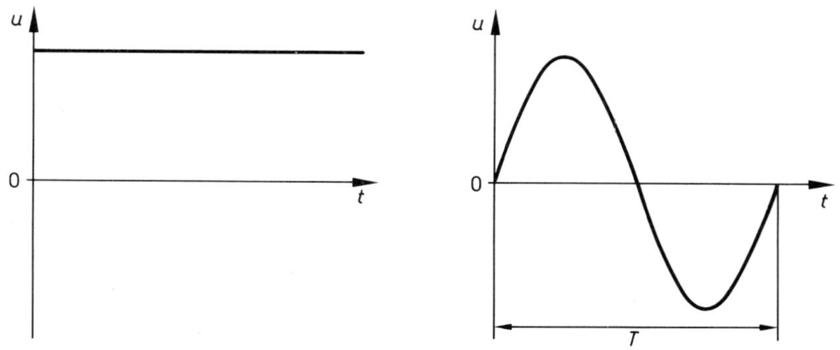

a) Gleichspannung b) Wechselspannung

Bild 2.21 Liniendiagramme von elektrischen Spannungen

Als *Gleichspannungen* werden Spannungen bezeichnet, die unabhängig von der Zeit stets die gleiche Polarität und den gleichen Betrag haben. Als Formelzeichen für Gleichspannungen wird der Großbuchstabe U verwendet.
In Bild 2.21 a ist die Spannungs-Zeit-Kennlinie einer Gleichspannung als Funktion $U = \mathrm{f}(t)$ dargestellt. Batterien, Akkumulatoren oder Gleichspannungsnetzgeräte liefern einen derartigen Spannungsverlauf.
Spannungen, bei denen sich Polarität und Betrag periodisch ändern, werden als *Wechselspannungen* bezeichnet. Sie werden mit dem Kleinbuchstaben u als Formelzeichen angegeben. Wichtigste Spannungsquelle für Wechselspannungen ist das 50 Hz-Wechselspannungsnetz. Hierbei ändern sich Polarität und Betrag der Spannung fortlaufend entsprechend einer Sinusfunktion. Bild 2.21 b zeigt einen sinusförmigen Spannungsverlauf.

Die Dauer eines periodischen Spannungsverlaufes wird als

Periodendauer T mit der Einheit s (Sekunde)

angegeben. Weitaus häufiger wird aber in der Wechselspannungstechnik die Frequenz f verwendet. Hierfür gilt:

$$f = \frac{1}{T} \quad \text{mit der Einheit} \quad \frac{1}{\mathrm{s}} = \mathrm{s}^{-1}$$

Anstelle der Einheiten $\frac{1}{\mathrm{s}}$ bzw. s^{-1} ist jedoch bei der Frequenz die Einheit *Hertz* (1 Hz) gebräuchlich (Hertz = deutscher Physiker).

$$1\ \mathrm{Hz} = \frac{1}{\mathrm{s}} = \mathrm{s}^{-1}$$

Frequenz f und Periodendauer T einer Wechselspannung stehen in einem reziproken, d. h. umgekehrt proportionalen Zusammenhang zueinander. Je kleiner die Periodendauer T ist, desto größer ist die Frequenz und umgekehrt.

Beispiel

Das technische Wechselspannungsnetz hat die Frequenz $f = 50$ Hz.
Wie groß ist die Periodendauer T dieser Spannung?

$$T = \frac{1}{f} = \frac{1}{50\ \mathrm{Hz}} = \frac{1}{50 \cdot \mathrm{s}^{-1}} = \frac{1}{50}\ \mathrm{s}$$

$$T = 0{,}02\ \mathrm{s} = 20\ \mathrm{ms}$$

Gleichspannungen und Wechselspannungen können überlagert sein. Spannungen, die sich aus Gleichspannungen und Wechselspannungen zusammensetzen, werden als Mischspannungen bezeichnet. In **Bild 2.22** ist die Entstehung einer Mischspannung durch Überlagerung einer sinusförmigen Wechselspannung mit einer Gleichspannung dargestellt.

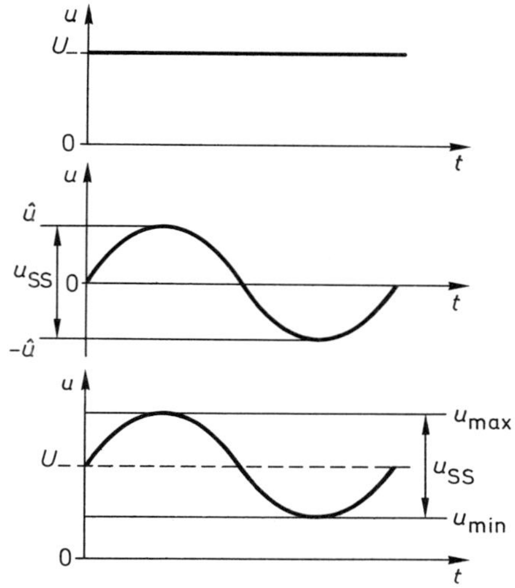

Bild 2.22 Entstehung einer Mischspannung

Zur genauen Beschreibung einer Mischspannung sind außer der Periodendauer T noch einige weitere charakteristische Werte erforderlich. Es sind:

Maximalwert (Spitzenwert)	$u_{max} = u_S = \hat{u}$
Minimalwert	u_{min}
Spitze-Spitzewert	$u_{SS} = u_{max} - u_{min}$
Gleichspannungsanteil	U_-

Der Maximalwert einer Misch- oder Wechselspannung wird auch als *Amplitude* bezeichnet. Die sinusförmige Netzspannung kann auch als Sonderfall einer Mischspannung betrachtet werden. Für eine derartige Wechselspannung gilt dann:

$$u_S = -u_S$$
$$u_{SS} = 2\,u_S$$
$$U_- = 0\text{ V}$$

Alle bisher für elektrische Spannungen erläuterten Begriffe werden auch für die Be- und Kennzeichnung von Strömen verwendet. So gibt es Gleichströme, Wechselströme und Mischströme, deren Liniendiagramme wie die Liniendiagramme der entsprechenden Spannungen aussehen. Für Gleichströme wird als Formelzeichen der Großbuchstabe I und für Wechsel- bzw. Mischströme der Kleinbuchstabe i verwendet, also z. B. i, i_{SS}, I_- usw.

Insbesondere in der Elektronik wird aber nicht nur mit sinusförmigen Wechselspannungen, sondern noch mit einer Reihe weiterer, periodisch verlaufender Wechsel- und Mischspannungen bzw. Wechsel- und Mischströmen gearbeitet. In **Bild 2.23** sind daher außer der sinusförmigen Spannung auch noch eine rechteckförmige, eine dreieckförmige sowie eine sägezahnförmige Spannung dargestellt. Sie können jeweils auch noch einer Gleichspannung überlagert sein, also einen Gleichspannungsanteil haben.

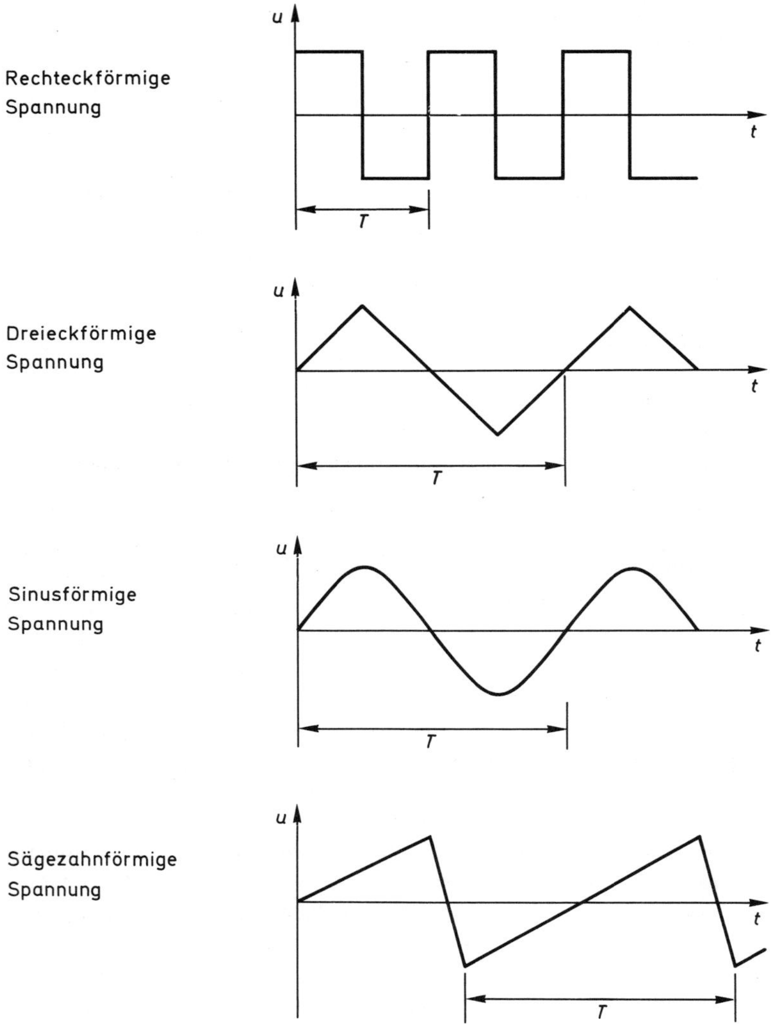

Bild 2.23 Periodische Spannungsverläufe

Die Angabe der Periodendauer *T* bzw. der Frequenz *f* ist bei diesen Spannungen einheitlich. Zur genaueren Beschreibung sind aber noch weitere Angaben wie Anstiegszeit, Abfallzeit, Impulsdauer, Impulspause usw. erforderlich. Auf diese Begriffe wird in Kapitel 5 noch näher eingegangen.

3 Der einfache Stromkreis

3.1 Allgemeines

Die Nutzung elektrischer Energie erfordert das Zusammenwirken von elektrischer Spannung und elektrischem Strom. Ein elektrischer Strom kann erst fließen, wenn ein geschlossener Stromkreis vorliegt. Dieser besteht in seiner einfachsten Form aus einer Spannungsquelle, den Zuleitungen für den Ladungsträgertransport zum Verbraucher und dem Verbraucher, der allgemein als Widerstand bezeichnet wird. Die Bezeichnung Widerstand wird hier sowohl für die elektrische Größe als auch für das Bauelement verwendet.

Die Kennzeichnung der elektrischen Größen Spannung und Strom kann in einem Schaltbild mit Hilfe von Zählpfeilen erfolgen. Sie geben die Richtung der Größe, nicht aber ihren Wert an. Zählpfeile haben ihre besondere Bedeutung bei der Berechnung und Messung elektrischer Größen.

Der elementare Zusammenhang von Spannung, Strom und Widerstand in einem Stromkreis wird durch das Ohmsche Gesetz beschrieben. Neben der formelmäßigen Beschreibung werden die Zusammenhänge auch grafisch dargestellt.

Durch den Ladungsausgleich in einem Stromkreis wird die in der Spannungsquelle gespeicherte elektrische Energie in andere Energieformen wie Wärmeenergie, Lichtenergie, kinetische Energie usw. umgewandelt. Dabei wird eine elektrische Arbeit $W = U \cdot I \cdot t$ verrichtet. Bezogen auf eine bestimmte Zeiteinheit läßt sich daraus die elektrische Leistung $P = U \cdot I$ ermitteln. Die Leistung, die von Spannung und Strom erbracht wird, ermöglicht einen Vergleich zwischen den zeitlich unabhängigen Gleichstromgrößen und den zeitlich abhängigen Wechselstromgrößen. Dieser Vergleich führt zur Definition der Effektivwerte von Wechselspannungen und Wechselströmen. Die Effektivwerte von sinusförmigen Vorgängen haben in der Elektrotechnik eine besondere Bedeutung.

Nachfolgend werden die wichtigsten Eigenschaften elektrischer Leiter behandelt. Ihre Abhängigkeit vom Werkstoff wird durch die spezifische Leitfähigkeit $\varkappa$ und deren Kehrwert, den spezifischen Widerstand ϱ angegeben. Die Einflüsse der Temperatur lassen sich durch den Temperaturkoeffizienten α berücksichtigen. Die Stromdichte S gibt das Verhältnis zwischen dem Strom I und dem Querschnitt A des durchflossenen Leiters an. Sie darf bestimmte Werte nicht überschreiten, weil sonst eine zu starke Erwärmung des Leiters auftritt.

Das Bauelement »Widerstand« hat in der Elektronik eine große Bedeutung. Es dient im Sinne eines Verbrauchers der Energieumwandlung in Wärme, der Strombegrenzung und der Erzeugung von Teilspannungen. Ohmsche Widerstände sind als Festwiderstände und veränderbare Widerstände lieferbar. Die Festwiderstände unterscheiden sich in ihren Kenn- und Grenzwerten, den verwendeten Werkstoffen sowie ihren Bauarten und Bauformen. Wichtigste Kennwerte sind der Widerstandswert, die Toleranz, die Belastbarkeit und der Temperaturkoeffizient.

Weiterhin wird auf die Kennzeichnung der Widerstände eingegangen. Sie erfolgt mit einem Farbcode oder einem Klartext-Code. Obwohl es Normen gibt, weichen die Hersteller hiervon aus verschiedenen Gründen häufig ab und verwenden eigene

Kennzeichnungen. Insbesondere die Verwendung unterschiedlicher Werkstoffe und Herstellungsverfahren führt zu einer Einteilung in Kohleschicht-, Metallschicht- und Draht-Widerstände. Aufgrund ihrer speziellen Eigenschaften werden die einzelnen Bauarten jeweils für bestimmte Aufgaben eingesetzt.

3.2 Aufbau eines einfachen Stromkreises

Zur Nutzung von elektrischer Energie wird ein Verbraucher über Zuleitungen an eine Spannungsquelle angeschlossen. Die in der Spannungsquelle vorhandenen getrennten elektrischen Ladungen können sich über die Zuleitungen und den Verbraucher ausgleichen. Dabei fließt dann ein elektrischer Strom. **Bild 3.1** zeigt den Aufbau von einfachen Stromkreisen in der Darstellungsform von Schaltplänen.

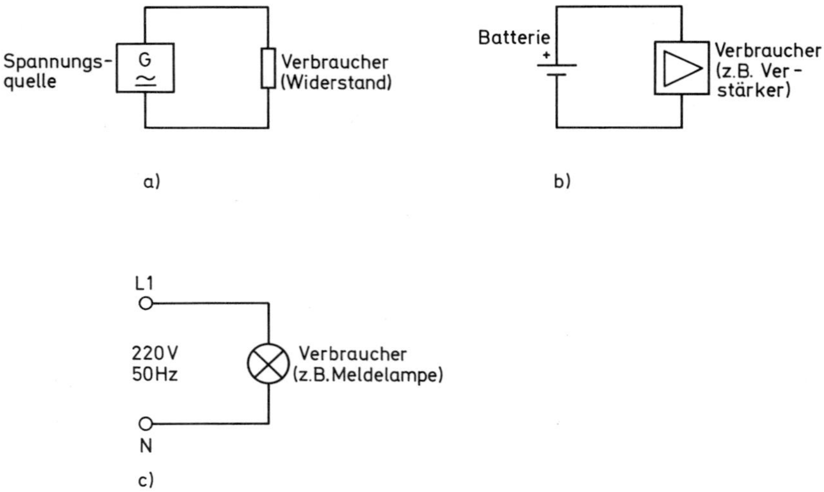

Bild 3.1 Einfache Stromkreise

In Bild 3.1a ist ein Stromkreis in allgemeiner Form dargestellt. Die Quelle liefert eine elektrische Spannung, die einen beliebigen Verlauf haben kann. Der Verbraucher, der in der Elektronik meist als Widerstand bezeichnet wird, ist über Zuleitungen an die Spannungsquelle angeschlossen. Damit der Ladungstransport in den Zuleitungen mit möglichst geringen Verlusten erfolgt, werden als Zuleitungen stets gute elektrische Leiter aus Kupfer, Aluminium, Silber oder bestimmten Metallegierungen verwendet. Im Verbraucher wird dann die von der Spannungsquelle gelieferte elektrische Energie in die gewünschte andere Energieform umgesetzt.

Bild 3.1 b zeigt einen Stromkreis mit einer Batterie als Gleichspannungsquelle, an die ein Verstärker als Verbraucher angeschlossen ist. In Bild 3.1 c ist dagegen ein Stromkreis mit dem 220 V/50 Hz-Wechselspannungsnetz als Spannungsquelle und einer Glühlampe als Verbraucher dargestellt.

3.3 Kennzeichnung von Spannungen und Strömen

Für die elektrische Spannung werden die Formelzeichen U oder u verwendet. Der Großbuchstabe U wird benutzt für Spannungen, die sich zeitlich nicht ändern, also für Gleichspannungen. Treten zeitliche Änderungen der Spannung auf, so wird der Kleinbuchstabe u gewählt. Sind in einem Stromkreis mehrere Spannungen zu bezeichnen, so erfolgt deren Zuordnung durch Indizes wie z. B. U_R, U_B oder u_G.
Elektrische Ströme werden mit I und i gekennzeichnet, wobei die gleiche Zuordnung von Groß- und Kleinbuchstaben wie bei den Spannungen besteht.
In Schaltplänen lassen sich Spannungen und Ströme durch Zählpfeile darstellen. Mit diesen Zählpfeilen wird primär die Zuordnung und Richtung gekennzeichnet, nicht aber die Größe der Spannung. **Bild 3.2** zeigt die Zusammenhänge für Gleich- und Wechselstromkreise.

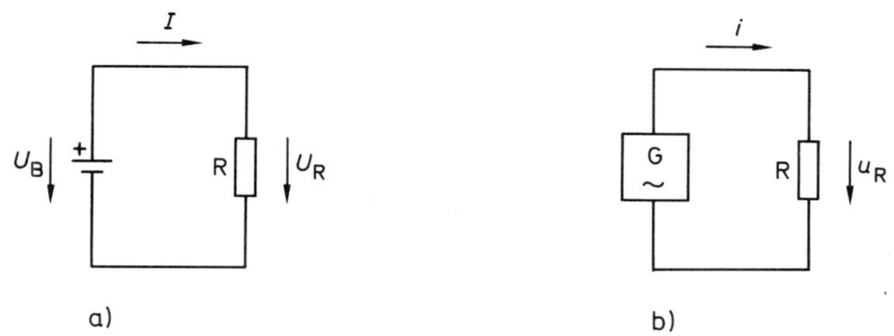

Bild 3.2 Kennzeichnung von Spannungen und Strömen
a) im Gleichstromkreis b) im Wechselstromkreis

Im Gleichstromkreis nach Bild 3.2a ist die Richtung der Zählpfeile für die technische Stromrichtung angegeben. Für sie ist ein Stromfluß vom Pluspol zum Minuspol der Spannungsquelle definiert. Entsprechend weist auch der Spannungspfeil vom positiven zum negativen Pol der Spannungsquelle.
In einem Wechselstromkreis entsprechend Bild 3.2b ändern sich Größe und Richtung der Spannung aber in Abhängigkeit von der Zeit. Mit den Zählpfeilen kann daher in einem Wechselstromkreis immer nur ein Augenblickswert richtig angegeben werden. Für die allgemeine Darstellung sind die Zählpfeile hier also wenig aussagekräftig. Trotzdem werden aber auch für Wechsel- und Mischgrößen Zählpfeile verwendet, weil dies z. B. bei der meßtechnischen Untersuchung von elektrischen Größen von Vorteil sein kann.

3.3.1 Messung von Spannungen und Strömen

Größe und Richtung von Spannungen und Strömen lassen sich mit Hilfe von elektrischen Meßinstrumenten ermitteln. **Bild 3.3** zeigt den Anschluß von Spannungs- und Strommessern in einem Gleichstromkreis.

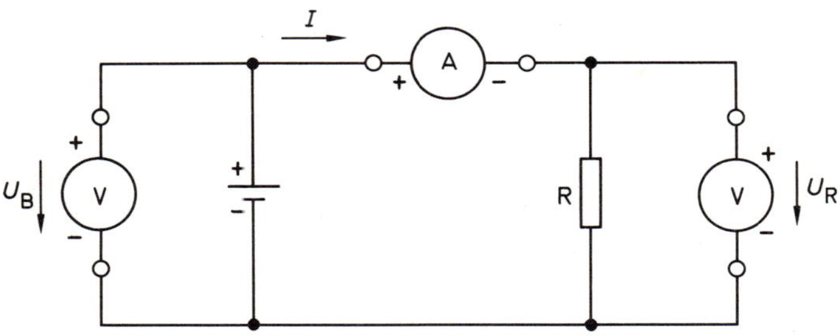

Bild 3.3 Messung von Spannungen und Strömen

Spannungsmesser (Voltmeter) werden stets parallel zur Spannungsquelle angeschlossen, also an den Punkten, zwischen denen die Spannung auftritt. Gleichspannungsmesser arbeiten richtungsabhängig und haben daher eine Plus- und eine Minusklemme. Mit einem Gleichspannungsmeßgerät kann somit auch die Spannungsrichtung bestimmt werden. Ein Zeigerausschlag in die richtige Richtung erfolgt, wenn der Pluspol des Spannungsmessers mit dem positiven Spannungspunkt verbunden ist. Bei falscher Polung des Meßinstrumentes erfolgt ein Zeigerausschlag in entgegengesetzter Richtung. Hierbei kann es leicht zu einer Beschädigung oder Zerstörung des Meßwerkes kommen, da die Nullstellung des Zeigers meistens nicht in der Mitte der Skala, sondern links einseitig festgelegt ist. Bei modernen elektronischen Vielfachmeßgeräten ist eine Beachtung der Polarität beim Anschluß oft nicht mehr erforderlich, weil die Polarität der gemessenen Spannung dann durch einen Indikator angezeigt wird.
Für die Messung von Wechselspannungen werden Wechselspannungs-Meßinstrumente eingesetzt. Der Zeigerausschlag erfolgt bei Wechselspannungsmeßgeräten unabhängig von der Polarität stets in eine Richtung.
Strommesser (Amperemeter) werden grundsätzlich in den Stromfluß geschaltet, also in Reihe mit dem Verbraucher. Bei einem Gleichstrommesser kennzeichnen die Anschlußklemmen von Plus und Minus die Richtung des durchfließenden Stromes. Für die Messung von Wechselströmen gelten sinngemäß die gleichen Aussagen wie für die Messung von Wechselspannungen.
In der Praxis werden heute meistens Vielfachmeßinstrumente verwendet. Durch entsprechende Umschaltungen lassen sich mit ihnen Gleich- und Wechselspannungen sowie Gleich- und Wechselströme in jeweils mehreren Meßbereichen messen.

3.3.2 Zählpfeilsystem

Für Stromkreise ist häufig die meßtechnische oder rechnerische Bestimmung von Spannungen und Strömen erforderlich. Dabei sind sowohl der Wert als auch die Richtung der elektrischen Größen zu ermitteln. Hierbei erweist es sich als vorteilhaft oder auch als notwendig, neben den Zählpfeilen für Spannung und Strom auch einen eindeutigen Bezugspunkt festzulegen. Er wird meistens als *Masse* bezeichnet.
In Gleichstromkreisen wird in der Regel als Masse der Minuspol der Gleichspannungsquelle gewählt. **Bild 3.4** zeigt zwei Beispiele der Schaltungsdarstellung mit Angabe der Masse als Bezugspunkt.

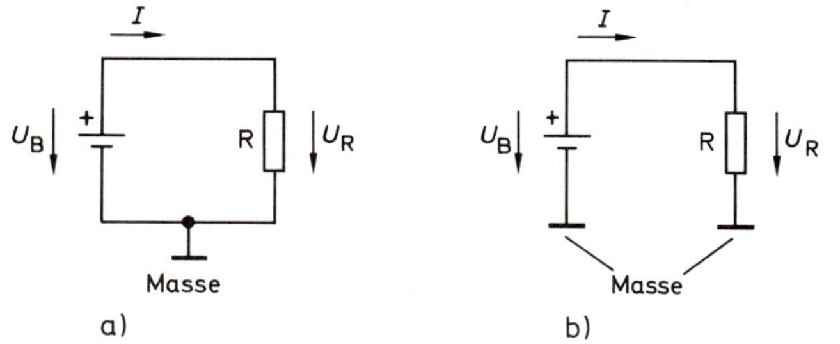

Bild 3.4 Festlegung des Bezugspunktes durch Masse-Symbol

In Bild 3.4a ist der Bezugspunkt durch Angabe der Masse am Minuspol der Batterie festgelegt. Bild 3.4b zeigt eine weitere, in der Elektronik ebenfalls übliche Darstellungsform. Hierbei sind sowohl der Minuspol der Batterie als auch der Minuspol des Verbrauchers getrennt an Masse angeschlossen. Dies bedeutet, daß eine leitende Verbindung zwischen den beiden Punkten besteht, auch wenn sie bei dieser Schaltungsdarstellung nicht eingezeichnet ist.

Es ist aber keineswegs zwingend erforderlich, stets den Minuspol einer Spannungsquelle als Bezugspunkt, also als Masse, festzulegen. Gerade in elektronischen Schaltungen ist es für meßtechnische Untersuchungen oft zweckmäßig, andere Schaltungspunkte als Bezugspunkt zu wählen.

Eine elektrische Spannung ist die Potentialdifferenz zwischen zwei Punkten. Die Kennzeichnung einer Spannung erfolgt deshalb nicht nur durch einen Zählpfeil, sondern auch durch den Formelbuchstaben *U* mit Indizes. Mit diesen Indizes wird angegeben, zwischen welchen Punkten die Spannung auftritt. In **Bild 3.5** sind mehrere Beispiele einer derartigen Kennzeichnung dargestellt.

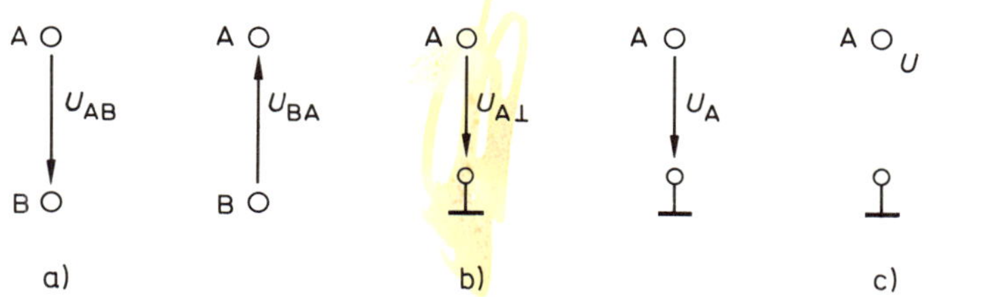

Bild 3.5 Kennzeichnung von Spannungen durch Zählpfeile und Indizes

In Bild 3.5a erfolgt die Bezeichnung der Spannung entsprechend der Richtung der Zählpfeile. Aber auch aus der Reihenfolge der als Indizes angegebenen Buchstaben bei der Spannung *U* kann die Spannungsrichtung abgelesen werden. Hier gilt die Vereinbarung, daß der Bezugspunkt stets als zweiter Buchstabe angegeben wird. Ist in einer Schaltung eine eindeutige Masse gekennzeichnet und diese gemeinsamer Bezugspunkt für alle vorhandenen Spannungen, so wird im Index der Bezugspunkt der Spannung meistens nicht mehr mit angeführt. Bild 3.5b zeigt eine solche Darstellung. In

umfangreichen elektronischen Schaltplänen würde das Einzeichnen von Spannungspfeilen nur zu einer Unübersichtlichkeit führen. Daher werden in größeren Schaltungszeichnungen keine Spannungspfeile mehr eingezeichnet und bei der Spannungsbezeichnung auch die Indizes weggelassen, sofern die Masse Bezugspunkt ist. Diese vereinfachte Kennzeichnung einer Spannung ist in Bild 3.5c zu finden.
Durch die Kennzeichnung von Spannungen mit Zählpfeilen sowie Formelzeichen mit Indizes ist zwar die Richtung der Spannung, nicht aber ihre Größe angegeben. Die Angabe der Größe erfolgt daher durch zusätzliche Zahlenwerte, die sowohl positive als auch negative Vorzeichen haben können. In **Bild 3.6** werden einige Beispiele gebracht.

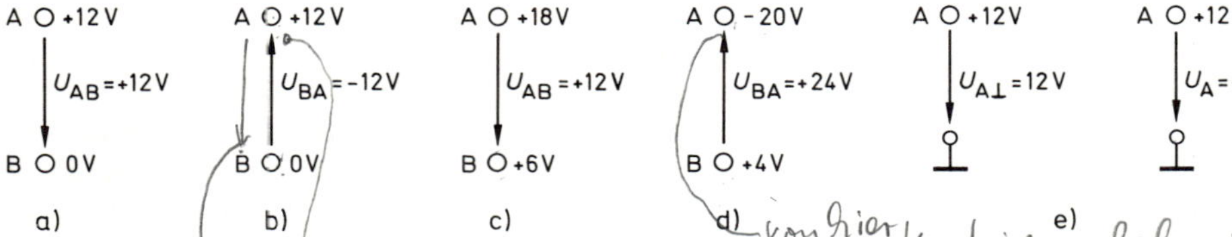

Bild 3.6 Bezeichnung von Spannungswerten

In Bild 3.6a ist der Punkt A positiver als der Punkt B. Der Zählpfeil gibt die Spannungsrichtung vom positiveren zum negativeren Punkt richtig an. Der zugehörige Spannungswert ist positiv, also $U_{AB} = +12$ V. Dieses ist vereinbarungsgemäß die Basis für die Bezeichnung von Spannungen. Alle anderen Bezeichnungsmöglichkeiten von Spannungen lassen sich hierauf zurückführen.
Obwohl in Bild 3.6b der völlig gleiche elektrische Zusammenhang wie in Bild 3.6a besteht, muß der Spannungswert mit einem negativen Vorzeichen versehen werden. Dieses negative Vorzeichen besagt hier, daß die Richtung des Zählpfeiles nicht mit der Vereinbarung – Richtung des Zählpfeiles vom positiven zum negativen Pol – übereinstimmt. Mathematisch läßt sich daraus folgende Beziehung ableiten.

$$U_{AB} = +12\text{ V};\quad U_{BA} = -12\text{ V};\quad -U_{BA} = +12\text{ V}$$

Da beide Spannungen U_{AB} und $-U_{BA}$ gleich 12 V betragen, gilt:

$$U_{AB} = -U_{BA}$$

Die Bilder 3.6c und d zeigen weitere Beispiele für die Kennzeichnung von Spannungen, wobei keiner der Punkte, zwischen denen die Spannung gemessen wird, auf Null- oder Massepotential liegt. In Bild 3.6e folgen noch zwei Darstellungen mit eindeutiger Masse.

Beispiel

In einem Stromkreis wird am Punkt F bezogen auf Punkt G mit einem Spannungsmesser eine Spannung von -6 V gemessen.

Wie kann dieser Zusammenhang mit Zählpfeilen dargestellt werden und welcher Punkt ist positiv gegenüber dem anderen?

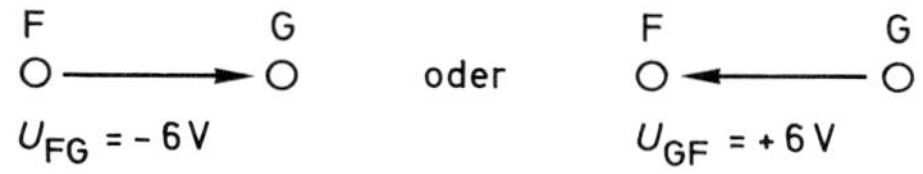

Der Punkt G ist positiv gegenüber Punkt F.

Elektrische Spannungen treten sowohl an Spannungsquellen als auch an Verbrauchern auf und sind dann an deren Anschlüssen meßbar. Daraus ergibt sich die Notwendigkeit, sie auch dort zu kennzeichnen. Dies erfolgt nach dem vorgenannten Bezeichnungsschema, wobei noch einige Besonderheiten entsprechend **Bild 3.7** zu beachten sind.

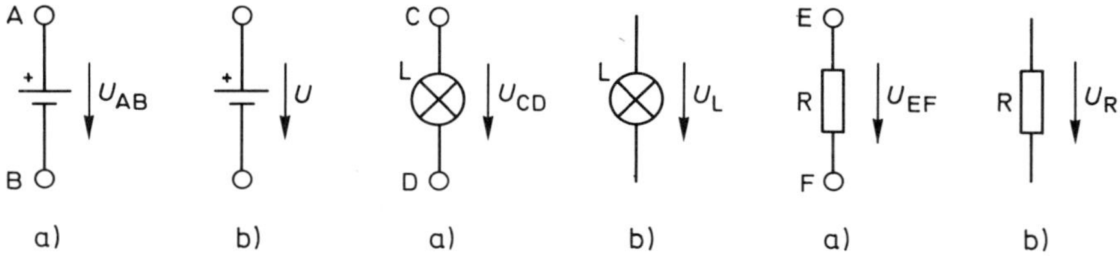

Bild 3.7 Bezeichnung der Spannungen an Spannungsquellen und Verbrauchern

Sofern die Punkte, zwischen denen die Spannung ermittelt wird, besonders bezeichnet sind, kann die Spannungsangabe mit den jeweiligen Indizes wie U_{AB}, U_{CD} oder U_{EF} erfolgen. Bei Eindeutigkeit wird aber meistens auf diese genaue Kennzeichnung verzichtet und die Spannung nur durch einen Zählpfeil parallel zum Bauelement gekennzeichnet und deren Formelzeichen U bzw. u nur ein sinnvoller Index angehängt, z. B. U_L, U_R usw.
Die Kennzeichnung und Bezeichnung von Strömen ist einfacher als die von Spannungen. Stimmen Stromrichtung und die gewählte Richtung des Zählpfeiles überein, so wird der Strom mit einem positiven Wert angegeben. Sind dagegen Stromrichtung und Pfeilrichtung entgegengesetzt, so erhält der Strom ein negatives Vorzeichen. In **Bild 3.8** sind die verschiedenen Möglichkeiten der Kennzeichnung von Strömen dargestellt.

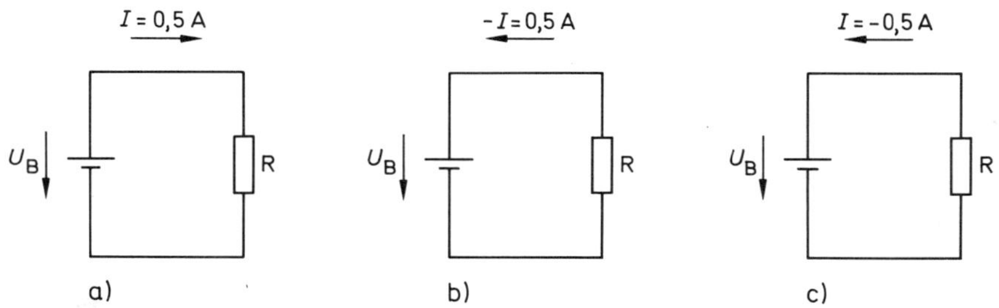

Bild 3.8 Kennzeichnung von Strömen durch Zählpfeile

In Bild 3.8a entspricht die Richtung des Zählpfeiles der technischen Stromrichtung. In Bild 3.8b wurde die Richtung des Zählpfeiles umgekehrt. Daher ist der Strom mit einem negativen Vorzeichen angegeben. Bild 3.8c zeigt den gleichen Sachverhalt. Das negative Vorzeichen ist hier aber nicht der physikalischen Größe, sondern ihrem Wert zugefügt.
Die zusätzliche Bezeichnung von Strömen mit Indizes wie I_R, I_{ges}, i_L usw. ist üblich. Es werden hier aber keine Klemmenpunkte angegeben, da es sich bei den Strömen im Gegensatz zu den Spannungen nicht um Differenzen zwischen zwei Punkten handelt.

3.4 Das Ohmsche Gesetz

Das Ohmsche Gesetz ist eines der grundlegenden Gesetze für die gesamte Elektrotechnik und Elektronik. Es beschreibt die Abhängigkeit zwischen Spannung, Strom und Widerstand bzw. Leitwert in einem Stromkreis.

3.4.1 Zusammenhang zwischen Strom, Spannung und Widerstand

In einem geschlossenen Stromkreis fließt ein Strom durch die Zuleitungen und durch den Verbraucher. Ursache dafür ist die elektrische Spannung der Spannungsquelle. Die Größe des fließenden Stromes hängt sowohl von der Größe der Spannung als auch von der elektrischen Leitfähigkeit der Zuleitung und des Verbrauchers ab.
Zwischen dem Strom *I,* der Spannung *U* und dem elektrischen Leitwert *G* besteht folgender Zusammenhang:

$$I = G \cdot U$$

Der Faktor *G* wird als elektrischer Leitwert bezeichnet. Mit ihm wird das Leitvermögen des Stromkreises für den elektrischen Strom angegeben.
Der Leitwert *G* läßt sich durch Messung der Spannung der Spannungsquelle und des im Stromkreis fließenden Stromes ermitteln.

$$G = \frac{I}{U}$$

Aus dieser Gleichung kann auch die Einheit des Leitwertes $\frac{\mathrm{A}}{\mathrm{V}}$ abgeleitet werden, für die die Bezeichnung *Siemens* (1 S) üblich ist.

$$1\ \mathrm{S} = \frac{1\ \mathrm{A}}{1\ \mathrm{V}}$$

Anstelle des Leitwertes wird jedoch häufiger der elektrische Widerstand *R* verwendet. Zwischen dem Leitwert *G* und dem Widerstand *R* besteht der Zusammenhang:

$$R = \frac{1}{G} \quad \text{oder} \quad G = \frac{1}{R}$$

Ein solcher Zusammenhang wird als *umgekehrt* proportional bezeichnet, denn je größer der Leitwert *G* ist, desto kleiner ist der Widerstand *R* und umgekehrt.

Für die Beziehung zwischen Strom, Spannung und Widerstand ergibt sich aus den Gleichungen $I = G \cdot U$ und $G = \frac{1}{R}$

$$I = \frac{U}{R} \quad \text{bei } R = \text{const.}$$

Dieser Zusammenhang wird als das *Ohmsche Gesetz* (Ohm = deutscher Physiker) bezeichnet.
Durch Umstellen der Gleichung ergeben sich drei Formen für das Ohmsche Gesetz, und zwar:

$$I = \frac{U}{R} \qquad U = I \cdot R \qquad R = \frac{U}{I}$$

Für den elektrischen Widerstand R ergibt sich aus dem Ohmschen Gesetz die Einheit $\frac{\text{V}}{\text{A}}$. Hierfür wird die Bezeichnung *Ohm* (1 Ω) verwendet.

$$1\ \Omega = \frac{1\ \text{V}}{1\ \text{A}}$$

Mit Hilfe der drei Formen des Ohmschen Gesetzes läßt sich jeweils eine der drei elektrischen Größen berechnen, wenn die beiden anderen Größen bekannt sind. Voraussetzung hierfür ist jedoch, daß die bekannten Größen konstant sind. Ändern sie sich in Abhängigkeit von der Zeit, so liefert der errechnete Wert auch jeweils nur einen Augenblickswert. Dies ist z. B. bei Wechselströmen der Fall.

Beispiel 1

Die Heizspirale eines Elektrogerätes hat einen Widerstandswert $R = 100\ \Omega$. Es soll am 220 V-Wechselstromnetz betrieben werden.
Welcher Strom fließt zum Zeitpunkt des Spitzenwertes der Netzspannung ($u_S = 311$ V)?

$$i = \frac{u_S}{R} = \frac{311\ \text{V}}{100\ \Omega} = 3{,}11\ \text{A}$$

Beispiel 2

Durch einen Widerstand mit dem Widerstandswert $R = 8{,}2\ \text{k}\Omega$ soll ein Strom von $I = 410\ \mu\text{A}$ fließen.

An welche Spannung muß dieser Widerstand angeschlossen werden?

$$U = I \cdot R = 410\ \mu\text{A} \cdot 8{,}2\ \text{k}\Omega = 410 \cdot 10^{-6}\ \text{A} \cdot 8{,}2 \cdot 10^{3}\ \Omega$$
$$U = 3{,}36\ \text{V}$$

3.4.2 Grafische Darstellung

Nach dem Ohmschen Gesetz ist der in einem Stromkreis fließende Strom I von der anliegenden Spannung U und dem Wert des ohmschen Widerstandes R abhängig. Da in den meisten Fällen der Widerstandswert eines Stromkreises konstant ist, hängt eine

Stromänderung nur von einer Spannungsänderung ab. Da das Ohmsche Gesetz in der Form

$$I = \frac{U}{R} = \frac{1}{R} \cdot U$$

mathematisch betrachtet eine lineare Gleichung ist, handelt es sich bei der Abhängigkeit des Stromes I von der Spannung U um eine lineare Funktion. Sie wird angegeben als

$$I = \mathrm{f}(U).$$

Der Zusammenhang läßt sich anschaulich in einem Diagramm mit einem rechtwinkligen Koordinatensystem darstellen. Die einzelnen Punkte des Graphen können durch Einsetzen der unabhängigen Variablen U in die Funktionsgleichung berechnet werden. Für einen Widerstand mit dem Widerstandswert $R = 10\ \Omega$ ergibt sich die Tabelle nach **Bild 3.9**.

U	0 V	2 V	4 V	6 V	8 V	10 V
$I = \frac{1}{R} \cdot U$	0 A	0,2 A	0,4 A	0,6 A	0,8 A	1,0 A

Bild 3.9 Wertetabelle für die Funktionsgleichung $I = \mathrm{f}(U)$ mit $R = 10\ \Omega = \text{const.}$

Werden die Wertepaare der Tabelle nach Bild 3.9 in ein Koordinatensystem übertragen und die Punkte miteinander verbunden, so entsteht eine grafische Darstellung der Abhängigkeit des Stromes von der Spannung. Üblicherweise wird auf der x-Achse die unabhängige Variable U und auf der y-Achse die abhängige Variable I aufgetragen. **Bild 3.10** zeigt die grafische Darstellung der Funktion $I = \mathrm{f}(U)$ für $R = 10\ \Omega = \text{const.}$

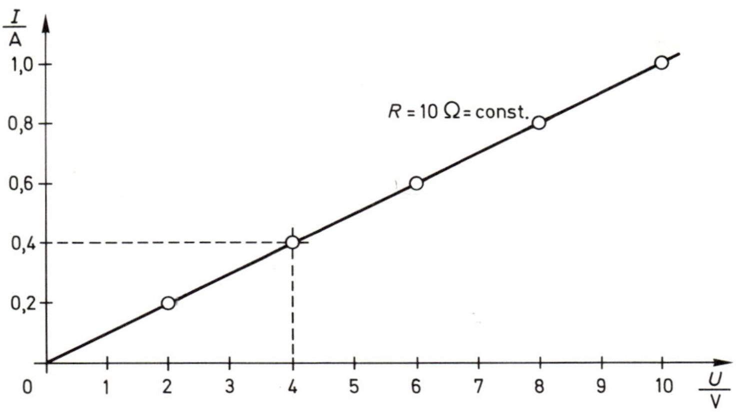

Bild 3.10 Grafische Darstellung der Funktion $I = \mathrm{f}(U)$ für $R = 10\ \Omega = \text{const.}$

Die grafische Darstellung der Funktion $I = \mathrm{f}(U)$ für $R = \text{const.}$ liefert stets eine Gerade. Sie wird als Strom-Spannungs-Kennlinie eines Widerstandes bezeichnet. Jeder Punkt der Kennlinie nach Bild 3.10 hat den konstanten Wert $R = 10\ \Omega$.

Werden in ein *I*-*U*-Diagramm entsprechend Bild 3.10 die Kennlinien für mehrere Widerstandswerte eingetragen, so entsteht eine Kennlinienschar. Je größer ein Widerstandswert ist, desto flacher verläuft seine Kennlinie in diesem Diagramm. In **Bild 3.11** sind die Kennlinien für vier verschiedene Widerstandswerte eingetragen.

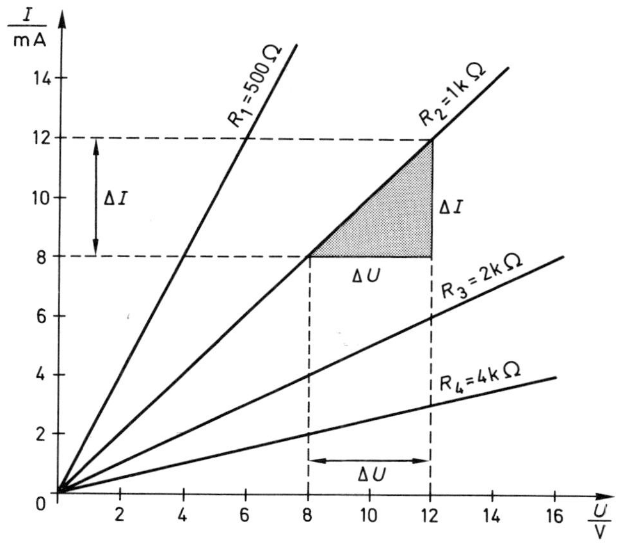

Bild 3.11 *I*-*U*-Diagramm für verschiedene Widerstandswerte

Die Kennlinie für den kleinsten Widerstandswert $R = 500\ \Omega$ verläuft z. B. steiler als die Kennlinien für größere Widerstandswerte, weil bei gleicher Spannung *U* ein größerer Strom durch den kleineren Widerstand fließen kann. Der Anstieg der Widerstandsgeraden $\frac{\Delta I}{\Delta U}$ ist also ein Maß für die Größe des Widerstandes. Je größer der Widerstand, desto flacher verläuft die Strom-Spannungs-Kennlinie.

In Bild 3.11 ist die Steigung der Kennlinie für den Widerstandswert $R = 1\ \text{k}\Omega$ zusätzlich eingezeichnet.

$$\frac{\Delta I}{\Delta U} = \frac{4\ \text{mA}}{4\ \text{V}} = 1 \cdot 10^{-3}\ \frac{\text{A}}{\text{V}} = 1 \cdot 10^{-3}\ \frac{1}{\Omega}$$

Daraus folgt, daß $R = \dfrac{1}{1 \cdot 10^{-3}\ \frac{1}{\Omega}} = 1\ \text{k}\Omega$ beträgt.

Die grafische Darstellung von Funktionen, insbesondere als Kennlinien elektrischer Größen, hat in der Elektronik eine große Bedeutung, weil auch komplizierte Zusammenhänge durch Kennlinien recht einfach und anschaulich dargestellt werden können.

3.4.3 Messung des ohmschen Widerstandes

Mit Hilfe des Ohmschen Gesetzes läßt sich der Widerstand berechnen, wenn für einen Stromkreis die Werte von Spannung und Strom bekannt sind. Hieraus läßt sich auch die Strom-Spannungs-Messung zur Ermittlung eines unbekannten Widerstandswertes ableiten. Bild 3.3 zeigt bereits eine Meßschaltung zur Bestimmung eines unbekannten ohmschen Widerstandes. Bei konstanter Meßspannung ist der gemessene Strom dem Widerstand umgekehrt proportional. Aufgrund dieses Zusammenhanges kann die Skala des Strommessers auch in Ohm eingeteilt werden, so daß die Widerstandswerte direkt ablesbar sind. Ein solches Meßgerät läßt sich als einfaches Ohmmeter benutzen. Seine Skala ist nicht linear und oft gegenläufig zu den üblichen Skalen von Strom- und Spannungsmessern. **Bild 3.12** zeigt die Skala eines einfachen Ohmmeters.

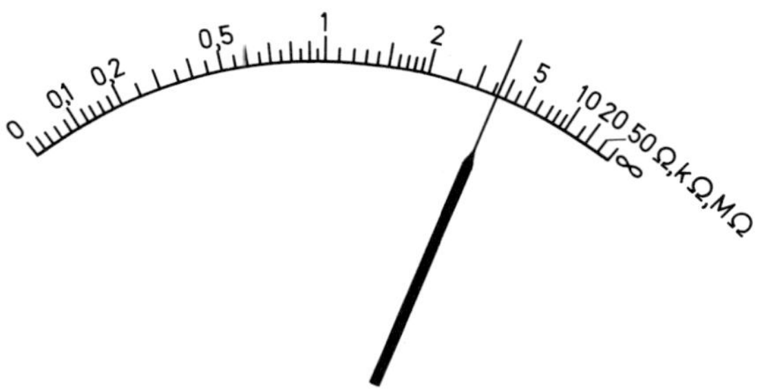

Bild 3.12 Skalenaufteilung bei einem einfachen Ohmmeter

Die Meßgenauigkeit eines solchen einfachen Ohmmeters ist nicht sehr groß. Sie reicht aber für viele Fälle der Praxis völlig aus. Weitaus genauere Werte liefern elektronische Vielfachmeßinstrumente oder Meßbrücken, die jedoch schaltungstechnisch viel aufwendiger und damit teurer sind.

3.5 Elektrische Arbeit, Energie und Leistung

3.5.1 Elektrische Arbeit und Energie

Eine mechanische Arbeit wird verrichtet, wenn eine Kraft F auf einen Körper einwirkt und ihn dabei entlang eines Weges s bewegt. Entsprechend wird eine elektrische Arbeit W verrichtet, wenn eine elektrische Spannung U eine elektrische Ladung Q bewegt. Es gilt daher:

Elektrische Arbeit = Elektrische Spannung · Ladungsmenge

$$W = U \cdot Q$$

Auch in jedem geschlossenen Stromkreis wird elektrische Arbeit verrichtet, wenn infolge einer Spannung U ein Strom I fließt. Damit ergibt sich für die elektrische Arbeit:

$$W = U \cdot I \cdot t$$

mit der Einheit 1 Ws = 1 V · 1 A · 1 s

Zu beachten ist bei dieser Formel, daß der Buchstabe *W* sowohl als Kurzzeichen für die physikalische Größe »Elektrische Arbeit« als auch für die Einheit W (Watt) in Ws benutzt wird.
Für die Umwandlung elektrischer Energie in andere Energieformen ist noch der Zusammenhang der Einheiten

1 V · 1 A · 1 s = 1 Ws = 1 J (Joule)

von Bedeutung.
Für größere Energiemengen wird die Einheit 1 kWh (Kilowattstunde) benutzt.
Hierfür gilt:

$1 \text{ kWh} = 3{,}6 \cdot 10^6 \text{ Ws}.$

Beispiel

Welche elektrische Arbeit wird verrichtet, wenn ein Heizgerät an eine Spannung $U = 220$ V angeschlossen ist und dabei während einer Zeit $t = 4$ Stunden und 20 Minuten ein Strom $I = 8{,}2$ A fließt?

$W = U \cdot I \cdot t = 220 \text{ V} \cdot 8{,}2 \text{ A} \cdot 4{,}33 \text{ h} = 7811{,}32 \text{ Wh}$
$W \approx 7{,}8 \text{ kWh}$

Die Ermittlung der elektrischen Arbeit kann indirekt durch Messung der einzelnen Größen *U, I* und *t* mit anschließender Berechnung erfolgen. Bekanntestes Meßgerät für die direkte Messung von elektrischer Arbeit ist jedoch der »Elektrizitätszähler«, der von den Energieversorgungsunternehmen jedem Kunden zur Erfassung und Abrechnung bezogener elektrischer Arbeit zur Verfügung gestellt wird. Von diesem Meßgerät wird die elektrische Arbeit direkt in kWh gemessen.

3.5.2 Elektrische Leistung

Die elektrische Arbeit ist das Produkt aus Spannung, Strom und Zeit. Soll z. B. eine Arbeit von $W = 1$ kWh erbracht werden, so kann dies mit größerem Strom in kurzer Zeit oder mit kleinerem Strom in längerer Zeit erfolgen. Daher ist der Begriff der elektrischen Arbeit zur technischen Beschreibung von Elektrogeräten und technischen Anlagen nicht gut geeignet. Informativer ist hier eine Angabe, in welcher Zeit eine bestimmte Arbeit erbracht wird. Diese Angabe erfolgt durch die elektrische Leistung *P*. Hierfür gilt:

$$P = \frac{W}{t} = \frac{U \cdot I \cdot t}{t} = U \cdot I \quad \text{(Elektrische Leistung)}$$

Für die Leistung ergibt sich die Einheit

$$\frac{1 \text{ V} \cdot 1 \text{ A} \cdot 1 \text{ s}}{1 \text{ s}} = 1 \text{ VA} = 1 \text{ W}.$$

Verbraucher werden nach der Leistung, die sie aufnehmen oder abgeben, beurteilt oder eingestuft. Die Angabe der elektrischen Leistung ist daher meistens auf dem Typen-

schild aufgedruckt. So werden Glühlampen nach ihrer Leistungsangabe, z. B. 40 W, 60 W, 100 W, vom Käufer ausgewählt und eingesetzt.
Unter der Voraussetzung, daß ein Verbraucher einen konstanten ohmschen Widerstand R hat, läßt sich über das Ohmsche Gesetz ein Zusammenhang zwischen Leistung und Widerstand herstellen.

$$P = U \cdot I \qquad \text{mit } U = I \cdot R \text{ ergibt sich}$$

$$P = I^2 \cdot R$$

oder

$$P = U \cdot I \qquad \text{mit } I = \frac{U}{R} \text{ ergibt sich}$$

$$P = \frac{U^2}{R}$$

Beispiel 1

Ein ohmscher Widerstand mit dem Widerstandswert $R = 470\ \Omega$ ist an eine Spannung $U = 12$ V angeschlossen.
Welche Leistung wird der Spannungsquelle entnommen?

$$P = \frac{U^2}{R} = \frac{12^2\ \text{V}^2}{470\ \Omega} = 0{,}306\ \text{W}$$

$$P = 306\ \text{mW}$$

Beispiel 2

Durch eine Stromschiene fließt ein Strom $I = 120$ A. Der von diesem Strom durchflossene Verbraucher hat einen ohmschen Widerstand mit dem Widerstandswert $R = 2{,}3\ \Omega$.
Welche Leistung wird von der Anlage aufgenommen?

$$P = I^2 \cdot R = 120^2 \cdot \text{A}^2 \cdot 2{,}3\ \Omega = 33120\ \text{W}$$

$$P = 33{,}12\ \text{kW}$$

3.5.3 Umwandlung elektrischer Energie

Elektrische Energie ist nur in wenigen Ausnahmefällen direkt nutzbar. Sie hat aber den großen Vorteil, daß sie leicht zu transportieren ist und sich gut in andere Energieformen umwandeln läßt. Gewünschte Energieformen können z. B. Wärmeenergie, Lichtenergie oder kinetische Energie sein.
Da Energie weder erzeugt noch vernichtet werden kann, tritt in jedem Fall eine 100 %ige Energieumwandlung auf. In der Regel entstehen aber Verluste, weil außer der Umwandlung in die gewünschte Energieform auch stets ein Teil der Energie in überhaupt nicht erwünschte Energieformen umgewandelt wird. So werden bei einer Glühlampe mehr als 90 % der zugeführten elektrischen Energie in eigentlich unerwünschte Wärmeenergie und nur weniger als 10 % in die gewünschte Lichtenergie umgewandelt.

In vielen Fällen erfolgt eine Umwandlung elektrischer Energie in Wärmeenergie. Für den Zusammenhang zwischen der erzeugten Wärmeenergie Q und der eingesetzten elektrischen Energie gilt:

$$Q = W = U \cdot I \cdot t \qquad \text{(Joulesche Stromwärme)}$$

Diese Gleichung gilt jedoch nur für eine vollständige Umwandlung elektrischer Energie in Wärmeenergie. Die Wärmeenergie Q wird in Joule oder Kilojoule angegeben. Verwendet werden aber auch die Einheiten Ws oder kWh.
Fließt ein elektrischer Strom durch einen Widerstand, so wird in jedem Fall elektrische Energie in Wärmeenergie umgewandelt. In der Elektronik werden Widerstände aber in der Regel nicht zur Erzeugung von Wärme eingesetzt. Die zwangsläufig entstehende Wärme ist sogar von Nachteil und wird als Verlustwärme bezeichnet. Wird die umgewandelte Energie pro Zeiteinheit betrachtet, so ergibt sich die Verlustleistung P_V, die besser für eine Angabe und Beurteilung auftretender Verluste geeignet ist.

$$P_V = \frac{U^2}{R} = I^2 \cdot R \quad \text{mit der Einheit Watt (W)}$$

Beispiel

An einem ohmschen Widerstand $R = 2{,}7\ \text{k}\Omega$ liegt eine Spannung $U = 42$ V.
Wie groß ist die Verlustleistung P_V, die in dem Widerstand in Wärme umgewandelt wird?

$$P_V = \frac{U^2}{R} = \frac{42^2\ \text{V}^2}{2{,}7 \cdot 10^3\ \Omega} = 0{,}65\ \text{W}$$

Da bei jeder Energieumwandlung außer der gewünschten Energieform auch noch unerwünschte Energieformen auftreten, werden diese unerwünschten Energieformen als »Verluste« zusammengefaßt. Dies gilt auch bezüglich der Leistung. So wandelt z. B. ein Elektromotor die zugeführte Leistung P_{zu} in eine an der Welle des Motors abgegebene mechanische Leistung P_{ab} um. Da im Motor durch Reibung in den Lagern und durch Stromfluß in der Wicklung unerwünschte Wärme erzeugt wird, ist die abgegebene Nutzleistung stets kleiner als die zugeführte Leistung. Daher gilt für die Verlustleistung:

$$P_V = P_{zu} - P_{ab}.$$

Die zugeführte Leistung P_{zu} und die abgeführte Leistung P_{ab} lassen sich meßtechnisch viel einfacher ermitteln als die auftretende Verlustleistung P_V, so daß die Verluste in der Regel mit Hilfe der Gleichung $P_V = P_{zu} - P_{ab}$ errechnet werden. Zur besseren Beurteilung der Energieumsetzung wird der Wirkungsgrad η (eta) angegeben.
Hierfür gilt:

$$\eta = \frac{P_{ab}}{P_{zu}} = \frac{P_{zu} - P_V}{P_{zu}}$$

Bei dem Wirkungsgrad η handelt es sich um einen dimensionslosen Faktor, der häufig auch in Prozent angegeben wird. Dann ist der Zahlenwert von η lediglich durch 100 zu dividieren, um auf den Faktor η zu kommen. Der Wirkungsgrad η kann stets nur zwischen 0 und 1 bzw. zwischen 0 % und 100 % liegen. Bei 1 oder 100 % erfolgt eine vollständige Umwandlung in die erwünschte Energieform. Sie wird näherungsweise nur bei der Umwandlung elektrischer Energie in Wärmeenergie erreicht.

Beispiel

Für einen Elektromotor ist ein Wirkungsgrad $\eta = 80\,\%$ angegeben. Er nimmt bei Betrieb an einer Spannung $U = 220$ V einen Strom $I = 1{,}8$ A auf.
Welche Leistung gibt der Motor ab?

$$P_{zu} = U \cdot I = 220\ \text{V} \cdot 1{,}8\ \text{A} = 396\ \text{W}$$

$$\eta = \frac{P_{ab}}{P_{zu}} \longrightarrow P_{ab} = \eta \cdot P_{zu} = 0{,}8 \cdot 396\ \text{W}$$

$$P_{ab} = 316{,}8\ \text{W}$$

3.5.4 Effektivwerte von Spannung und Strom

Bei der in Abschnitt 3.5.2 angegebenen Formel zur Ermittlung der elektrischen Leistung $P = U \cdot I$ war davon ausgegangen, daß sich Spannung und Strom während des betrachteten Zeitraumes nicht ändern und somit auch die Leistung konstant ist. Die Leistungsformel $P = U \cdot I$ hatte daher zunächst nur Gültigkeit für Gleichspannungskreise. In Wechselspannungskreisen ändern sich aber fortlaufend die Werte von Spannung und Strom, so daß sich auch die Leistung als Produkt von Spannung und Strom fortlaufend ändern muß. In **Bild 3.13** ist der Zusammenhang für einen sinusförmigen Verlauf von Spannung und Strom dargestellt.

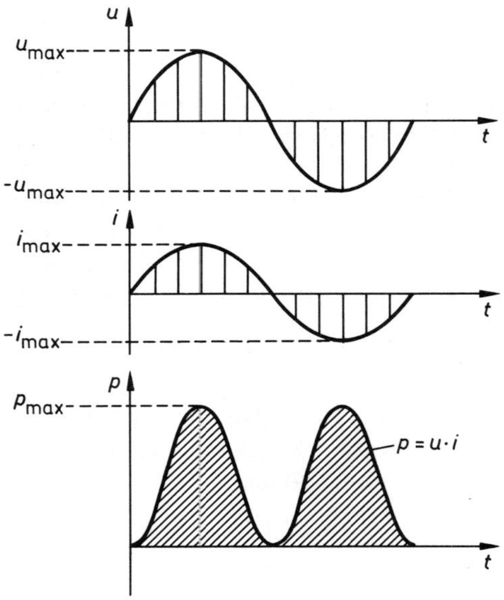

Bild 3.13 Liniendiagramme für Spannung, Strom und Leistung in einem Wechselstromkreis

In Bild 3.13 ist zu erkennen, daß in einem Wechselstromkreis die Leistung als Produkt der Momentanwerte $p = u \cdot i$ stets positiv ist und die Leistungskurve die doppelte Frequenz hat.

Die sich fortlaufend ändernden Momentanwerte der elektrischen Leistung sind für die Ermittlung ihrer Wirkung nicht besonders gut geeignet. Wegen der periodischen Funktion wird daher ein Mittelwert angegeben. Er läßt sich exakt nur mit Hilfe der höheren Mathematik berechnen. Es gibt jedoch ein einfacheres grafisches Verfahren, das in **Bild 3.14** dargestellt ist.

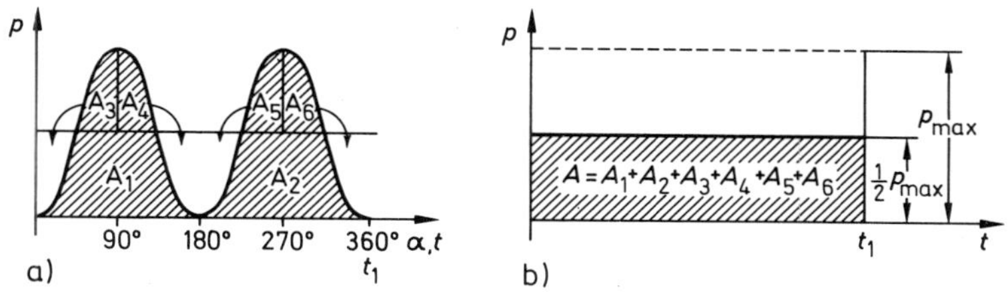

Bild 3.14 Grafisches Verfahren zur Ermittlung der Leistung bei sinusförmigen Spannungen und Strömen

In einem Leistungsdiagramm entspricht die Fläche unter der Leistungskurve der umgesetzten Energie. Die schraffierte Fläche $w = p \cdot t$ in Bild 3.14a und die schraffierte Fläche $W = P \cdot t$ in Bild 3.14b sind gleich groß. Die in Bild 3.14b dargestellte Leistungskurve könnte also auch durch Gleichstromgrößen entstanden sein. Derartige konstante Größen werden bei den Wechselspannungsgrößen als Hilfsgrößen definiert und als deren Effektivwerte bezeichnet.

Als Effektivwert einer Wechselspannung ist diejenige Spannung festgelegt, die an einem Widerstand die gleiche Leistung erzeugt wie eine entsprechend hohe Gleichspannung. Diese Definition des Effektivwertes gilt für alle Arten von Wechsel- und Mischspannungen, also unabhängig von ihrem Verlauf, und sinngemäß auch für alle Arten von Wechsel- und Mischströmen. Besondere Bedeutung haben die Effektivwerte für die Wechselspannungen mit sinusförmigem Verlauf. So werden alle Spannungen und Ströme für elektrische Geräte, die mit Wechselspannungen betrieben werden, mit Effektivwerten angegeben.

Für sinusförmige Wechselspannungen und -ströme gilt:

$$U = U_{eff} = \frac{1}{\sqrt{2}} \cdot u_s = 0{,}707 \cdot u_s$$

$$I = I_{eff} = \frac{1}{\sqrt{2}} \cdot i_s = 0{,}707 \cdot i_s$$

Da es sich bei den Effektivwerten um vergleichbare Gleichspannungswerte handelt, werden die Effektivwerte mit Großbuchstaben gekennzeichnet, denen noch der Index »eff« (eff = effektiv = wirksam) angehängt werden kann. Ist der Maximalwert der sinusförmigen Größe bekannt, so kann mit den angegebenen Gleichungen der Effektivwert direkt berechnet werden.

Beispiel

Wie groß ist der Effektivwert U_{eff} einer sinusförmigen Wechselspannung, wenn ihr Maximalwert $u_{max} = 311{,}13$ V beträgt?

$$U_{eff} = 0{,}707 \cdot u_{max} = 0{,}707 \cdot 311{,}13\ \text{V} = 220\ \text{V}$$

Das Ohmsche Gesetz gilt uneingeschränkt auch für Wechselstromkreise, wenn für die Spannungen und Ströme die Effektivwerte eingesetzt werden.

Beispiel

Eine Glühlampe 60 W/220 V soll an einer Wechselspannung $U = 220$ V betrieben werden. Wie groß ist der Strom I und welchen Wert hat der Widerstand der Lampe?

$$I = \frac{P}{U} = \frac{60\ \text{W}}{220\ \text{V}} = 0{,}273\ \text{A}$$

$$R = \frac{U}{I} = \frac{220\ \text{V}}{0{,}273\ \text{A}} = 806\ \Omega$$

Sinusförmige Wechselspannungen und Wechselströme werden in der Regel mit ihren Effektivwerten angegeben. Die Angabe für unser technisches Wechselstromnetz mit $U = 220$ V besagt also, daß die Wechselspannung in einem ohmschen Widerstand die gleiche Wärmewirkung hervorruft wie eine Gleichspannung $U = 220$ V. Daraus ergibt sich, daß die Formel für die Leistungsberechnung im Wechselstromkreis

$$P = U \cdot I$$

völlig identisch mit der Leistungsformel für den Gleichstromkreis ist.

Beispiel

Ein ohmscher Widerstand $R = 12$ kΩ wird von einem sinusförmigen Wechselstrom $I = 68$ mA durchflossen.
Wie groß ist die im Widerstand umgesetzte Leistung P und der Spannungsabfall U am Widerstand?

$$P = I^2 \cdot R = (68 \cdot 10^{-3})^2\ \text{A}^2 \cdot 12 \cdot 10^3\ \Omega$$
$$P = 55{,}5\ \text{W}$$

$$U = I \cdot R = 68 \cdot 10^{-3}\ \text{A} \cdot 12 \cdot 10^3\ \Omega$$
$$U = 816\ \text{V}$$

3.6 Eigenschaften elektrischer Leiter

3.6.1 Spezifische Leitfähigkeit und spezifischer Widerstand

In einem geschlossenen Stromkreis fließt Strom, weil der Verbraucher und seine Zuleitungen eine elektrische Leitfähigkeit haben. Die *spezifische Leitfähigkeit* ist eine Materialkonstante. Sie wird mit dem griechischen Kleinbuchstaben $\varkappa$ (kappa) bezeichnet und jeweils für einen Körper mit der Länge $l = 1$ m und dem Querschnitt $A = 1\ \text{mm}^2$ bei einer Temperatur $\vartheta = 20\,°\text{C}$ angegeben.

Die spezifische Leitfähigkeit hat die Einheit

$$\frac{1\ \text{m}}{\frac{1\ \text{V}}{1\ \text{A}} \cdot 1\ \text{mm}^2} = \frac{1\ \text{m}}{1\ \Omega \cdot 1\ \text{mm}^2} = \frac{1\ \text{Sm}}{1\ \text{mm}^2}.$$

Mit Hilfe der spezifischen Leitfähigkeit $\varkappa$ läßt sich der *Leitwert G* und der *Widerstand R* eines Leiters berechnen, denn es gilt:

$$G = \varkappa \cdot \frac{A}{l} = \frac{\varkappa \cdot A}{l} \qquad \text{(Leitwert)}$$

$$R = \frac{1}{\varkappa} \cdot \frac{l}{A} = \frac{l}{\varkappa \cdot A} \qquad \text{(Widerstand)}$$

Der Leitwert G ist demnach direkt proportional der spezifischen Leitfähigkeit $\varkappa$.

$$G \sim \varkappa$$

Der Widerstand R ist dagegen umgekehrt proportional der spezifischen Leitfähigkeit $\varkappa$.

$$R \sim \frac{1}{\varkappa}$$

Weil die spezifische Leitfähigkeit $\varkappa$ eine Materialkonstante ist, muß auch ihr Kehrwert eine Materialkonstante sein. Dieser Kehrwert wird als *spezifischer Widerstand* ϱ (griechischer Kleinbuchstabe rho) bezeichnet und hat die Einheit:

$$\frac{\frac{1\ \text{V}}{1\ \text{A}} \cdot 1\ \text{mm}^2}{1\ \text{m}} = \frac{1\ \Omega \cdot 1\ \text{mm}^2}{1\ \text{m}} = \frac{1\ \text{mm}^2}{1\ \text{Sm}}$$

Der spezifische Widerstand ϱ gibt also den Widerstand eines Körpers mit einer Länge $l = 1$ m und dem Querschnitt $A = 1\ \text{mm}^2$ an. Der Wert wird wieder bezogen auf eine Temperatur $\vartheta = 20\,°\text{C}$.

Der spezifische Widerstand ϱ und die spezifische Leitfähigkeit $\varkappa$ sind in der Tabelle nach **Bild 3.15** für einige häufig verwendete Leiterwerkstoffe angegeben. Die Werte für weitere Werkstoffe sind in entsprechenden Tabellenbüchern zu finden.

Werkstoff	$\varkappa$ in $\frac{\text{m}}{\Omega\ \text{mm}^2}$	ϱ in $\frac{\Omega\ \text{mm}^2}{\text{m}}$
Silber	62	0,0161
Kupfer	56	0,0179
Konstantan	2	0,5
Kohle	≈ 0,1 . . . 0,01	≈ 10 . . . 100
Silizium	≈ 0,001	≈ 1000

Bild 3.15 Spezifische Leitfähigkeit und spezifischer Widerstand einiger Werkstoffe

In der Tabelle ist der Unterschied zwischen guten und schlechten Leiterwerkstoffen zu erkennen. Kupfer und Silber sind gute Leiter und haben daher eine große spezifische Leitfähigkeit $\varkappa$ bzw. einen kleinen spezifischen Widerstand ϱ. Relativ schlechte Leiter

sind Kohle und Silizium. Trotzdem wird Silizium in großem Umfang als Werkstoff für Halbleiter-Bauelemente verwendet, weil seine Leitfähigkeit durch »Verunreinigungen« ganz gezielt verändert werden kann. Konstantan ist ein Werkstoff, der insbesondere für temperaturunabhängige Meßwiderstände eingesetzt wird.
Mit Hilfe von $\varkappa$ oder ϱ lassen sich die Widerstandswerte von Kabeln, Leitungen oder Leiterbahnen berechnen.

Beispiel 1

Ein zweiadriges Kupferkabel hat eine Länge $l = 100$ m und einen Querschnitt $A = 2{,}5\ \text{mm}^2$. Wie groß ist der Leitungswiderstand R, wenn die beiden Adern als Hin- und Rückleiter benutzt werden?

$$R = \frac{\varrho \cdot 2\,l}{A} = \frac{0{,}0176\ \frac{\Omega\ \text{mm}^2}{\text{m}} \cdot 200\ \text{m}}{2{,}5\ \text{mm}^2}$$

$$R = 1{,}4\ \Omega$$

Beispiel 2

Welche Breite b muß eine rechteckförmige Leiterbahn aus Kupfer auf einer gedruckten Schaltung haben, wenn bei einer Länge $l = 18$ cm und einer Dicke $h = 35\ \mu\text{m}$ der Widerstandswert der Leiterbahn $R = 0{,}1\ \Omega$ nicht überschritten werden darf?

$$A = \frac{\varrho \cdot l}{R} = \frac{0{,}0176\ \frac{\Omega\ \text{mm}^2}{\text{m}} \cdot 0{,}18\ \text{m}}{0{,}1\ \Omega}$$

$$A = 0{,}0317\ \text{mm}^2$$

$$A = b \cdot h$$

$$b = \frac{A}{h} = \frac{0{,}0317\ \text{mm}^2}{35\ \mu\text{m}} = \frac{0{,}0317\ \text{mm}^2}{35 \cdot 10^{-3}\ \text{mm}}$$

$$b = 0{,}9\ \text{mm}$$

3.6.2 Stromdichte

Infolge der Energieumwandlung wird jeder Leiter erwärmt, wenn er von einem Strom durchflossen wird. Diese Erwärmung ist jedoch nicht nur von der Stromstärke I, sondern auch vom Querschnitt A des Leiters abhängig. Das Verhältnis zwischen dem Strom I und dem Querschnitt A eines Leiters wird als *Stromdichte S* bezeichnet. Es gilt:

$$S = \frac{I}{A}$$

mit der Einheit $1\ \frac{\text{A}}{\text{mm}^2}$.

Die Stromdichte in einem Leitungsdraht oder einem Bauelement darf einen bestimmten Wert nicht überschreiten, weil der Körper sich sonst zu stark erwärmt. Dadurch kann eine Zerstörung des Bauteiles oder der Isolierung eintreten. Aus diesem Grund werden z. B. für isolierte elektrische Leitungen je nach Leitungsquerschnitt maximal zulässige Stromstärken angegeben. Sie sind teilweie in VDE-Bestimmungen (VDE 0100) verbindlich festgelegt.

Beispiel 1

Für eine isolierte Kupferleitung mit dem Querschnitt $A = 2{,}5\ \text{mm}^2$ wird ein Strom $I = 27$ A zugelassen.
Welche maximale Stromdichte S ist für diese Leitung zulässig?

$$S = \frac{I}{A} = \frac{27\ \text{A}}{2{,}5\ \text{mm}^2}$$

$$S = 10{,}8\ \frac{\text{A}}{\text{mm}^2}$$

Beispiel 2

Die Zuleitung für eine gedruckte Schaltung hat einen Querschnitt $A = 0{,}25\ \text{mm}^2$. Auf der Platine verringert sich der Querschnitt der Leiterbahn auf $A = 0{,}05\ \text{mm}^2$.
Wie groß sind die Stromdichten S_1 und S_2, wenn ein Strom $I = 1{,}25$ A fließt?

$$S_1 = \frac{I}{A} = \frac{1{,}25\ \text{A}}{0{,}25\ \text{mm}^2} = 5\ \frac{\text{A}}{\text{mm}^2}$$

$$S_2 = \frac{I}{A} = \frac{1{,}25\ \text{A}}{0{,}05\ \text{mm}^2} = 25\ \frac{\text{A}}{\text{mm}^2}$$

Die Einhaltung maximal zulässiger Stromdichten ist besonders für die Elektroinstallation, bei den Leiterbahnen auf Elektronik-Platinen sowie in der Leistungselektronik von erheblicher Bedeutung.
Auch die Strömungsgeschwindigkeit der Elektronen in einem Leiter hängt von der Stromdichte ab, und zwar besteht ein proportionaler Zusammenhang. Je größer also die Stromdichte, desto größer ist auch die Strömungsgeschwindigkeit der Elektronen. So beträgt z. B. die Strömungsgeschwindigkeit der Elektronen in einem Kupferleiter

$$v_{Elektron} \approx 1\ \frac{\text{mm}}{\text{s}}$$

bei einer Stromdichte von $20\ \frac{\text{A}}{\text{mm}^2}$.

Diese Strömungs- und Wanderungsgeschwindigkeit von Elektronen in einem elektrischen Leiter ist sehr klein und darf auf keinen Fall verwechselt werden mit der Signalgeschwindigkeit des Stromes. Diese liegt mit $v \approx 300\,000$ km/s in der Größenordnung der Lichtgeschwindigkeit. Für die Praxis ist die Signalgeschwindigkeit der Elektronenbewegung von wesentlich größerer Bedeutung als die Strömungsgeschwindigkeit der Elektronen in einem Leiter.

3.6.3 Temperaturabhängigkeit des Widerstandes

Der spezifische Widerstand ϱ und der spezifische Leitwert $\varkappa$ eines Leitermaterials werden für eine Temperatur des Werkstoffes von $\vartheta = 20$ °C angegeben. Bei allen Werkstoffen ändern sich aber diese Werte in Abhängigkeit von der Temperatur. Folglich ändert sich auch der Widerstand eines Körpers mit der Temperatur. Dabei hängt es von dem einzelnen Werkstoff ab, ob diese Widerstandsänderung pro Kelvin groß oder klein ist und ob der Widerstandswert mit steigender Temperatur größer oder kleiner wird.

Art und Größe der Temperaturabhängigkeit werden durch den Temperaturkoeffizienten α (α = Griech. Buchstabe Alpha) angegeben, der oft auch als Temperaturbeiwert bezeichnet wird. Dieser Temperaturbeiwert ist positiv, wenn der Widerstandswert mit steigender Temperatur größer wird und negativ, wenn der Widerstandswert mit steigender Temperatur kleiner wird.
Werkstoffe mit positivem α-Wert werden als *Kaltleiter*, solche mit negativem α-Wert als *Heißleiter* bezeichnet.
Bild 3.16 zeigt die Temperaturabhängigkeit von Widerständen.

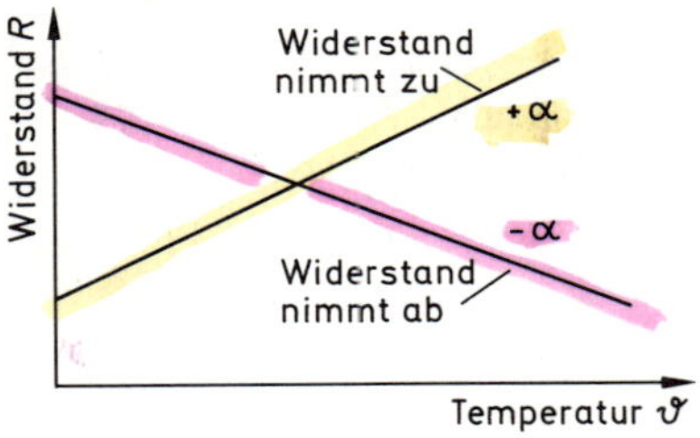

Bild 3.16 Temperaturabhängigkeit von Widerständen mit positivem und negativem Temperaturkoeffizienten

Die Widerstandszunahme bei Kaltleitern ist im wesentlichen darauf zurückzuführen, daß bei Erwärmung die Atome des Kristallgitters stärker schwingen und dadurch die Bewegung der freien Elektronen mehr behindern. Somit wird der Widerstand größer. Bei den Heißleitern werden dagegen durch die Energiezufuhr bei Erwärmung Elektronenpaarbindungen aufgebrochen. Auf diese Weise stehen immer mehr bewegliche Ladungsträger zur Verfügung und der Widerstand wird mit zunehmender Temperatur kleiner.
Der Temperaturkoeffizient α eines Werkstoffes ist definiert als die Änderung des Widerstandswertes eines Widerstandes $R = 1\ \Omega$ aus diesem Material infolge einer Temperaturerhöhung von 1 K (1 Kelvin). In der Tabelle nach **Bild 3.17** sind die Temperaturbeiwerte α für einige Werkstoffe angegeben.

Werkstoff	α in $\frac{1}{K}$	α in $\frac{\%}{K}$
Silber	+ 0,0038	+ 0,38
Kupfer	+ 0,0039	+ 0,39
Wolfram	+ 0,0047	+ 0,47
Konstantan	± 0,00001	± 0,001
Kohle	− 0,00045	− 0,045

Bild 3.17 Temperaturkoeffizient einiger Leiterwerkstoffe

Da die Werte von α sehr klein sind, erfolgt ihre Angabe auch häufig in %/K. Diese Prozentangaben sind leichter zu merken und in der rechten Spalte der Tabelle nach Bild 3.17 angegeben.

Reine Metalle wie Silber, Kupfer oder Wolfram haben einen positiven Temperaturkoeffizient, Kohle dagegen einen negativen. Bei Kostantan handelt es sich um eine Metalllegierung, deren Widerstandswert weitgehend unabhängig von der Temperatur ist. Konstantan wird daher als Widerstandsmaterial für Meßwiderstände verwendet.
Aus der Definition des Temperaturkoeffizienten α ergibt sich als temperaturbedingte Widerstandsänderung ΔR:

$$\Delta R = R_{20} \cdot \alpha \cdot \Delta T$$

mit ΔR = Widerstandsänderung in Ω

R_{20} = Widerstandswert bei $\vartheta = 20\,°\mathrm{C}$ in Ω

α = Temperaturkoeffizient in $\frac{1}{\mathrm{K}}$

ΔT = Temperaturdifferenz in K

Beispiel

Ein elektrischer Leiter aus Kupfer hat bei $\vartheta = 20\,°\mathrm{C}$ einen Widerstand $R_{20} = 4{,}4\ \Omega$.
Wie groß ist die Widerstandsänderung ΔR, wenn der Leiter auf $\vartheta = 120\,°\mathrm{C}$ erwärmt wird?

$$\Delta R = R_{20} \cdot \alpha \cdot \Delta T = 4{,}4\ \Omega \cdot 0{,}0039\ \frac{1}{\mathrm{K}} \cdot (120 - 20)\ \mathrm{K}$$

$$\Delta R = 4{,}4\ \Omega \cdot 0{,}0039\ \frac{1}{\mathrm{K}} \cdot 100\ \mathrm{K}$$

$$\Delta R = 1{,}716\ \Omega$$

In Abhängigkeit von dem Vorzeichen des Temperaturkoeffizienten wird der Widerstandswert bei Erwärmung des Werkstoffes größer oder kleiner. Daher gilt für den neuen Widerstandswert

$$R_{\vartheta} = R_{20} + \Delta R$$

Wird in diese Formel die Gleichung für ΔR eingesetzt, so ergibt sich:

$$R_{\vartheta} = R_{20} + R_{20} \cdot \alpha \cdot \Delta T$$

$$R_{\vartheta} = R_{20} \cdot (1 + \alpha \cdot \Delta T)$$

Beispiel 1

Eine Leiterbahn aus Kohle hat bei $\vartheta = 20\,°\mathrm{C}$ einen Widerstand $R = 100\ \Omega$.
Wie groß ist der Widerstand, wenn sich die Temperatur um $\Delta T = 40$ K erhöht?

$$R_{\vartheta} = R_{20}\ (1 + \alpha \cdot \Delta T)$$

Aus Tabelle Bild 3.17 ergibt sich für Kohle ein Temperaturkoeffizient $\alpha = -0{,}00045\ \frac{1}{\mathrm{K}}$

$$R_{\vartheta} = 100\ \Omega \cdot (1 - 0{,}00045\ \frac{1}{\mathrm{K}} \cdot 40\ \mathrm{K})$$

$$R_{\vartheta} = 98{,}2\ \Omega$$

Beispiel 2

Eine Wicklung aus Kupfer hat bei $\vartheta = 20\,°C$ einen Widerstand $R = 18{,}2\ \Omega$.
Bei Betriebstemperatur wurde dagegen ein Widerstand $R_\vartheta = 28{,}8\ \Omega$ gemessen.
Auf welche Temperatur hat sich die Wicklung erwärmt?

$$R_\vartheta = R_{20} \cdot (1 + \alpha\ \Delta T)$$

$$\frac{R_\vartheta}{R_{20}} = 1 + \alpha \cdot \Delta T$$

$$\frac{R_\vartheta}{R_{20}} - 1 = \alpha \cdot \Delta T$$

$$\Delta T = \frac{\frac{R_\vartheta}{R_{20}} - 1}{\alpha} = \frac{\frac{28{,}8\ \Omega}{18{,}2\ \Omega} - 1}{0{,}0039\ \frac{1}{\text{K}}} = 149{,}3\ \text{K}$$

$$\vartheta = 20\,°C + \Delta T = 20\,°C + 149{,}3\ \text{K}$$

$$\vartheta = 169{,}3\,°C$$

In jedem Stromkreis bewirkt die Änderung der Temperatur auch eine Änderung des Stromes, weil der Widerstand des Leitermaterials sich ändert. Diese Stromänderung ist in der Regel unerwünscht und muß gegebenenfalls durch zusätzliche Maßnahmen kompensiert werden. So fließt z. B. bei einer Glühlampe im Einschaltaugenblick zunächst ein großer Strom, weil der Glühfaden noch kalt ist. Mit zunehmder Erwärmung bis über 2000 °C wird der Widerstand immer hochohmiger und es stellt sich der Betriebsstrom ein.
Durch Wahl bestimmter Werkstoffe und Fertigungsverfahren ist es möglich, Widerstände mit sehr großen Temperaturkoeffizienten herzustellen. Sie werden als PTC-Widerstände (Positiver Temperaturkoeffizient) und NTC-Widerstände (Negativer Temperaturkoeffizient) bezeichnet und in der Meß- und Regelungstechnik eingesetzt.

3.7 Festwiderstände

Bisher wurden ohmsche Widerstände überwiegend als physikalische Größe betrachtet. In der Elektrotechnik und Elektronik werden aber in großem Umfang Bauelemente benötigt und eingesetzt, die bestimmte Widerstandswerte haben. Sie werden ganz allgemein als Widerstände bezeichnet und in Festwiderstände und veränderbare Widerstände unterteilt. **Bild 3.18** zeigt die Schaltzeichen.

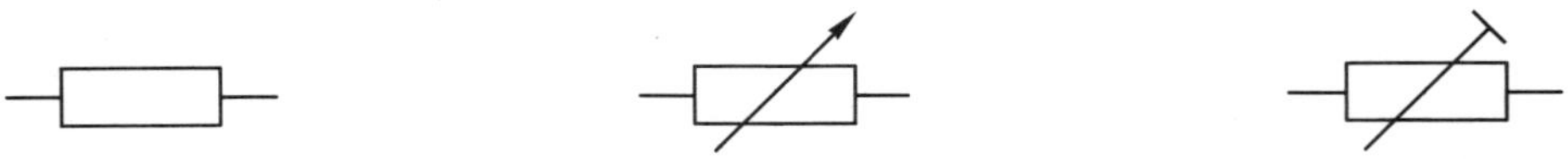

a) Widerstand allgemein

b) Widerstand veränderbar

c) Widerstand einstellbar

Bild 3.18 Schaltzeichen von Widerständen

Zur schnellen Information über bestimmte Eigenschaften von ohmschen Widerständen geben die Hersteller in ihren Datenblättern eine Reihe von *Kennwerten* an. Diese Kennwerte sind meistens noch unterteilt in *Grenzdaten* und *Kenndaten.* Grenzdaten sind

Werte, die nur unter Berücksichtigung ganz bestimmter Bedingungen im Betrieb erreicht werden dürfen. Durch Überschreiten der Grenzdaten kann das Bauelement seine Eigenschaften nachhaltig verändern, sowie beschädigt oder zerstört werden. Als Kenndaten werden dagegen Werte angegeben, die für üblichen Betrieb gelten. Sie dienen häufig auch zur Kennzeichnung und Klassifizierung der Bauelemente.

3.7.1 Kennwerte

Ohmsche Widerstände werden aus verschiedenen Werkstoffen und in den unterschiedlichsten Bauformen hergestellt. Bis auf wenige Ausnahmen erfolgt das Angebot der Hersteller bezüglich der Widerstandswerte entsprechend der nationalen oder der internationalen Normung (DIN, IEC usw.). Diese Normen enthalten Normzahlreihen mit bestimmten Widerstandswerten. **Bild 3.19** zeigt eine Tabelle mit den fünf wichtigsten Normzahlreihen. Sie werden als E6, E12, E24, E48 und E96 bezeichnet. Die Zahl hinter dem E gibt dabei jeweils an, wieviel verschiedene Werte die Reihe innerhalb einer Dekade enthält.
Aus fertigungstechnischen Gründen ergeben sich bei der Herstellung der verschiedenen Widerstandswerte Abweichungen von den Normwerten. Deshalb sind Toleranzbereiche festgelegt. Der tatsächliche Widerstandswert kann dann innerhalb dieses Toleranzbereiches eines Normwertes liegen. Dieser Toleranzbereich einer Normreihe wird in ±% angegeben. Bei den Angaben in Bild 3.19 ist zu erkennen, daß ein fester Zusammenhang zwischen den Normreihen und den Toleranzbereichen besteht. Je größer die Zahl der Normwerte einer Normreihe, desto kleiner ist der zugehörige Toleranzbereich.

Beispiel

Wie groß ist der mögliche Wertebereich bei Widerständen mit den Normwerten $R = 2{,}2\ \text{k}\Omega$ und $R = 2{,}7\ \text{k}\Omega$, wenn sie zur Normreihe E12 gehören?

a) $R = 2{,}2\ \text{k}\Omega \pm 10\,\%$ $\quad R_{min} = 2{,}2\ \text{k}\Omega \cdot 0{,}9 = 1{,}98\ \text{k}\Omega$
$\quad R_{max} = 2{,}2\ \text{k}\Omega \cdot 1{,}1 = 2{,}42\ \text{k}\Omega$

b) $R = 2{,}7\ \text{k}\Omega \pm 10\,\%$ $\quad R_{min} = 2{,}7\ \text{k}\Omega \cdot 0{,}9 = 2{,}43\ \text{k}\Omega$
$\quad R_{max} = 2{,}7\ \text{k}\Omega \cdot 1{,}1 = 2{,}97\ \text{k}\Omega$

Aus den errechneten Werten des Beispieles ist zu erkennen, daß R_{max} des Normwertes $R = 2{,}2\ \text{k}\Omega$ nahezu gleich groß ist wie R_{min} des nächstgrößeren Normwertes $R = 2{,}7\ \text{k}\Omega$ ist. Dies ist auch für alle anderen Werte der Fall. Die Normreihen sind also so ausgelegt, daß der gesamte Wertebereich fast nahtlos erfaßt wird. Eine Überlappung der Widerstandswerte innerhalb der Normreihe tritt aber in der Regel nicht auf.
Aufgrund besserer Fertigungs- und Meßmethoden halten sich die Hersteller von Widerständen nicht mehr grundsätzlich an die genormten Toleranzbereiche einer Normreihe. So werden z. B. für die Normreihe E12 auch Widerstände mit dem Toleranzbereich ±5 % anstelle von ±10% angeboten. Damit lassen sich die rechnerisch ermittelten Widerstandswerte in einer Schaltung genauer einhalten. Für die meisten elektronischen Schaltungen reicht der Einsatz von Festwiderständen der Normreihe E12 mit 10% Toleranz aus.

E6 ± 20 %	E12 ± 10 %	E24 ± 5 %	E48 ± 2 %	E96 ± 1 %
1,0	1,0	1,0	1,00	1,00
				1,02
			1,05	1,05
				1,07
		1,1	1,10	1,10
				1,13
			1,15	1,15
				1,18
	1,2	1,2	1,21	1,21
				1,24
			1,27	1,27
		1,3		1,30
			1,33	1,33
				1,37
			1,40	1,40
				1,43
			1,47	1,47
1,5	1,5	1,5		1,50
			1,54	1,54
				1,58
		1,6	1,62	1,62
				1,65
			1,69	1,69
				1,74
			1,78	1,78
	1,8	1,8		1,82
			1,87	1,87
				1,91
			1,96	1,96
		2,0		2,00
			2,05	2,05
				2,10
			2,15	2,15
2,2	2,2	2,2		2,21
			2,26	2,26
				2,32
			2,37	2,37
		2,4		2,43
			2,49	2,49
				2,55
			2,61	2,61
				2,67
	2,7	2,7	2,74	2,74
				2,80
			2,87	2,87
				2,94
		3,0	3,01	3,01
				3,09
			3,16	3,16
				3,24
3,3	3,3	3,3	3,32	3,32
				3,40
			3,48	3,48
				3,57
		3,6	3,65	3,65
				3,74
			3,83	3,83
	3,9	3,9		3,92
			4,02	4,02
				4,12
			4,22	4,22
		4,3		4,32
			4,42	4,42
				4,53
			4,64	4,64
4,7	4,7	4,7		4,75
			4,87	4,87
				4,99
		5,1	5,11	5,11
				5,23
			5,36	5,36
				5,49
	5,6	5,6	5,62	5,62
				5,76
			5,90	5,90
				6,04
		6,2	6,19	6,19
				6,34
			6,49	6,49
				6,65
6,8	6,8	6,8	6,81	6,81
				6,98
			7,15	7,15
				7,32
		7,5	7,50	7,50
				7,68
			7,87	7,87
				8,06
	8,2	8,2	8,25	8,25
				8,45
			8,66	8,66
				8,87
		9,1	9,09	9,09
				9,31
			9,53	9,53
				9,76

Bild 3.19 Stufung der Widerstandswerte in Normzahlreihen

Neben dem Widerstandswert und der zulässigen relativen Abweichung vom Normwert gehört zu den wesentlichen Kennwerten auch noch die *Belastbarkeit* und der *Temperaturkoeffizient*.
Die Leistungsbelastung wird als Belastbarkeit des Widerstandes bezeichnet. Sie ist abhängig von der Temperatur und wird von den Herstellern auf unterschiedliche Bezugswerte wie z. B. 25 °C, 40 °C oder 70 °C festgelegt. Je höher die Temperatur, desto geringer wird die Belastbarkeit. Dieser Zusammenhang wird in Datenblättern häufig als Lastminderungskurve entsprechend **Bild 3.20** dargestellt.

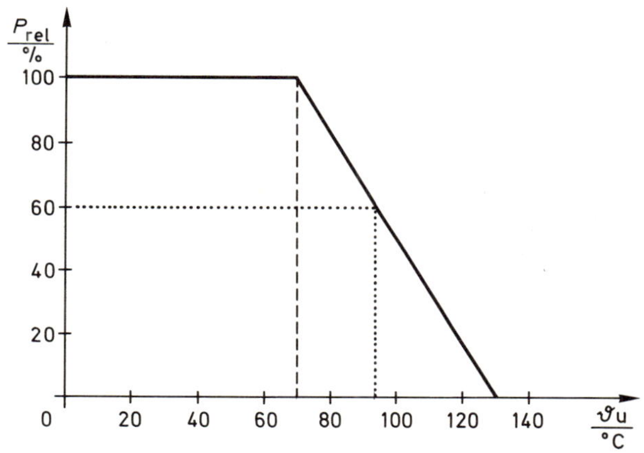

Bild 3.20 Lastminderungskurve für Widerstände

In dem Diagramm nach Bild 3.20 ist der Zusammenhang zwischen der relativen Belastbarkeit P_{rel} in % und der Umgebungstemperatur ϑ_U in °C aufgetragen. Danach können Widerstände, für die dieses Diagramm gilt, bis zu einer Umgebungstemperatur von $\vartheta_U \approx 70$ °C mit dem angegebenen Nominalwert der Belastung betrieben werden. Bei höheren Umgebungstemperaturen muß die Belastung entsprechend der Kennlinie reduziert werden.

Beispiel

Ein Festwiderstand $R = 82\ \Omega$ hat eine Belastbarkeit $P = 2$ W. Für ihn soll die Lastminderungskurve entsprechend Bild 3.20 gelten.

a) Welcher Strom I darf bei einer Umgebungstemperatur $\vartheta_U = 40$ °C fließen?
b) Auf welchen Wert muß die angelegte Spannung reduziert werden, wenn die Umgebungstemperatur auf $\vartheta_U = 95$ °C steigt?

a) Aus dem Diagramm nach Bild 3.20 ist zu entnehmen, daß bei $\vartheta_U = 40$ °C die relative Belastbarkeit $P_{rel} = 100$ % beträgt, also $P_{40} = 2$ W betragen darf.

$$P_{40} = I^2 \cdot R$$

$$I = \sqrt{\frac{P_{40}}{R}} = \sqrt{\frac{2\ \text{W}}{82\ \Omega}}$$

$$I = 156\ \text{mA}$$

b) Bei $\vartheta_U = 95\,°C$ liegt die relative Belastbarkeit nur noch bei $P_{rel} = 60\,\%$. (In Bild 3.20 punktiert eingetragen).

$$P_{95} = 0{,}6 \cdot P = 0{,}6 \cdot 2\ W = 1{,}2\ W$$

$$P_{95} = \frac{U^2}{R}$$

$$U = \sqrt{P_{95} \cdot R} = \sqrt{1{,}2\ W \cdot 82\ \Omega}$$

$$U = 9{,}9\ V$$

Auch innerhalb der Normreihen werden die Festwiderstände von den Herstellern mit unterschiedlicher maximaler Belastbarkeit angeboten. In der Tabelle nach **Bild 3.21** sind typische Werte für die Belastbarkeit von Festwiderständen angegeben. Baugröße und Belastbarkeit stehen dabei in einem bestimmten Zusammenhang.

Belastbarkeit P in W	0,05	0,1	0,125	0,25	0,33	0,5	1	2

Bild 3.21 Typische Werte für die Belastbarkeit von Festwiderständen

In Elektronikschaltungen werden überwiegend Widerstände mit den in der Tabelle nach Bild 3.21 angegebenen Belastbarkeiten eingesetzt. Dabei wird meistens versucht, schon allein wegen der kleineren Baugrößen, stets Widerstände mit der kleinsten, zulässigen Belastbarkeit einzusetzen. Festwiderstände werden aber auch mit Belastbarkeiten größer als $P = 2$ W gefertigt. Sie werden dann als Hochlast-Widerstände bezeichnet und sind bis zu einigen 100 Watt lieferbar.
Ein weiterer Kennwert von Festwiderständen ist der Temperaturkoeffizient, der hier als TK-Wert angegeben und bezeichnet wird. Während bei einem Leiterwerkstoff der Temperaturkoeffizient α auf keine bestimmte Abmessung bezogen wird, hängt der TK eines Festwiderstandes von dessen Bauform und dessen Widerstandswert, sowie dem verwendeten Werkstoff und der Oberflächentemperatur ab. Um alle diese Faktoren zu erfassen, geben die Hersteller häufig Wertebereiche des TK oder entsprechende Diagramme an. Besondere Bedeutung hat der TK bei Widerständen mit kleineren Toleranzbereichen.
Bei Erwärmung kann der Widerstandswert eines Widerstandes größer oder kleiner werden. Der TK erhält dann ein positives oder negatives Vorzeichen. Entsprechend Abschnitt 3.6.3 gilt daher:

$$R_\vartheta = R_{20}\,(1 + TK \cdot \Delta T)$$

Beispiel

Ein Widerstand $R = 2{,}5\ k\Omega$ hat einen Temperaturkoeffizient $TK = -900 \cdot 10^{-6}\,\frac{1}{K}$ und eine Toleranz von $\pm 5\,\%$.

a) In welchem Bereich kann der tatsächliche Wert des Widerstandes liegen?
b) Welcher Widerstandswert ist vorhanden, wenn der tatsächliche Wert an der unteren Toleranzgrenze liegt und eine Temperaturerhöhung $\Delta T = 60$ K eintritt?

a) $R_{max\,20} = 1{,}05 \cdot R = 1{,}05 \cdot 2{,}5\ \text{k}\Omega = 2{,}625\ \text{k}\Omega$
$R_{min\,20} = 0{,}95 \cdot R = 0{,}95 \cdot 2{,}5\ \text{k}\Omega = 2{,}375\ \text{k}\Omega$

b) $R_\vartheta = R_{min\,20}\,(1 + TK \cdot \Delta T) = 2{,}375\ \text{k}\Omega \cdot (1 - 900 \cdot 10^{-6}\,\frac{1}{\text{K}} \cdot 60\ \text{K})$
$R_\vartheta = 2{,}247\ \text{k}\Omega$

Infolge der Temperaturerhöhung sinkt also der Widerstandswert um

$\Delta R = R_{min} - R_\vartheta = 2{,}375\ \text{k}\Omega - 2{,}247\ \text{k}\Omega = 0{,}128\ \text{k}\Omega$
$\Delta R = 128\ \Omega \mathrel{\hat{=}} 5{,}4\,\%$

Die Kennwerte von ohmschen Widerständen sind in weiten Bereichen unabhängig von Spannung, Frequenz oder sonstigen physikalischen Größen. Da je nach speziellen Einsatzgebieten aber zusätzliche Einflüsse entstehen können, sind in den Datenblättern häufig auch noch zusätzliche Kenndaten zu finden. Sie sind dann aber auch nur für das ganz spezielle Einsatzgebeit von Bedeutung.

3.7.2 Grenzwerte

Als Grenzwerte werden von den Herstellern die Daten angegeben, deren Überschreiten die Eigenschaft des Bauelementes nachhaltig verändert oder das Bauelement zerstört. Deshalb dürfen diese Grenzwerte nicht überschritten werden. Zu den Grenzwerten gehören insbesondere

die maximal zulässige Belastbarkeit P_{max}
die maximal zulässige Betriebsspannung U_{max} sowie
die maximal zulässige Temperatur ϑ_{max}.

3.7.3 Kennzeichnung von Festwiderständen

Die Kennzeichnung von Festwiderständen hängt z. T. von der Bauform ab und ist auch durch Normung festgelegt. Unterschieden wird im wesentlichen zwischen der Farbcode-Kennzeichnung und der Klartext-Kennzeichnung. Die Hersteller weichen aber häufig von genormten Angaben ab und verwenden firmeneigene Kennzeichnungen. Diese sind dann nur mit Hilfe von Herstellerunterlagen zu entschlüsseln.

3.7.3.1 Kennzeichnung durch Farbcode

Zur Kennzeichnung der Widerstandswerte aus Normreihen und deren zulässige Toleranz wird meistens der internationale Farbcode verwendet. Hierbei erfolgt die Kennzeichnung durch Farbringe, die auch bei kleinen Bauformen und auch bei eingebauten Widerständen aus allen Blickwinkeln gut erkennbar sind. Die Tabelle nach **Bild 3.22** zeigt den internationalen Farbcode.

Kennfarbe	Widerstandswert in Ω zählende Ziffern	 Multiplikator	Zulässige rel. Abweichung des Widerstandswertes
silber	–	10^{-2}	± 10 %
gold	–	10^{-1}	± 5 %
schwarz	0	10^{0}	–
braun	1	10^{1}	± 1 %
rot	2	10^{2}	± 2 %
orange	3	10^{3}	–
gelb	4	10^{4}	–
grün	5	10^{5}	± 0,5 %
blau	6	10^{6}	± 0,25 %
violett	7	10^{7}	± 0,1 %
grau	8	10^{8}	–
weiß	9	10^{9}	–
keine	–	–	± 20 %

Bild 3.22 Internationaler Farbcode zur Kennzeichnung von Festwiderständen

In Abhängigkeit von der Normreihe wird beim internationalen Farbcode mit zwei oder drei zählenden Ziffern gearbeitet. **Bild 3.23** zeigt die Bedeutung der einzelnen Ringe bei Angabe mit zwei und drei zählenden Ziffern.

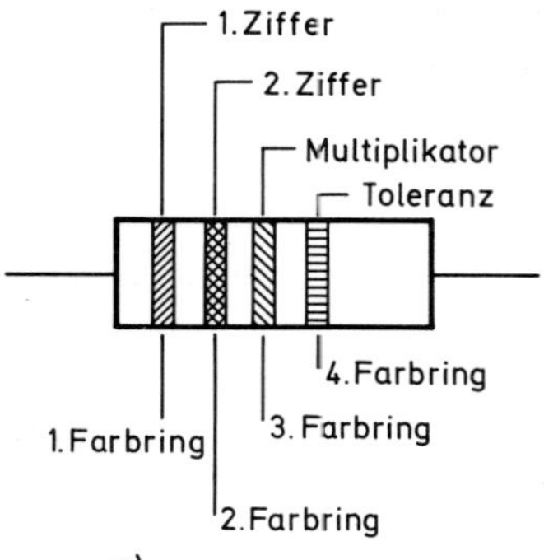

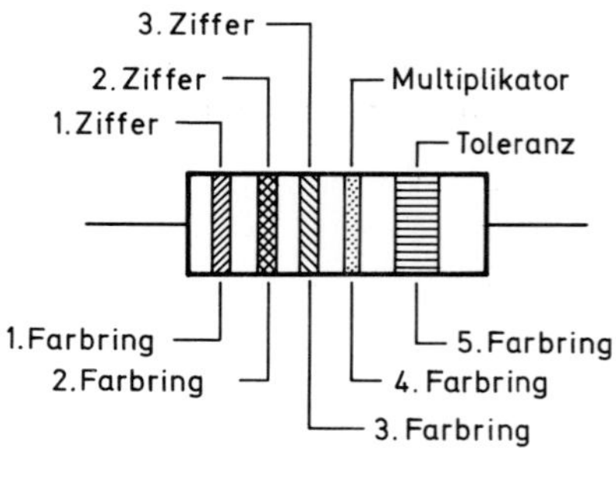

Bild 3.23 Bedeutung der Farbringe

Bei der Kennzeichnung mit zwei zählenden Ziffern ergeben sich je nach Toleranz drei oder vier Farbringe. Sie haben folgende Bedeutung:

der 1. Farbring gibt den Zahlenwert der 1. Ziffer an,
der 2. Farbring gibt den Zahlenwert der 2. Ziffer an,
der 3. Farbring gibt den Zahlenwert des Exponenten (Hochzahl) einer Zehnerpotenz an,
der 4. Farbring gibt die Toleranz in % an.
Bei Widerständen mit einer Toleranz von ± 20 % fehlt jedoch dieser Farbring.

Beispiel 1

Welche Widerstandswerte und Toleranzen haben die in **Bild 3.24** dargestellten Widerstände?

Bild 3.24 Beispiele zur Farbkennzeichnung mit zwei zählenden Ziffern

	Ziffern	Multiplikator	Toleranz	Widerstandswert
a)	2 7	10^0	± 5 %	$R = 27\ \Omega \pm 5\,\%$
b)	6 8	10^4	± 10 %	$R = 680\ \text{k}\Omega \pm 10\,\%$

Beispiel 2

Welchen Farbcode hat ein Widerstand $R = 39\ \text{k}\Omega \pm 5\,\%$?

1. Ring ≙ 1. Ziffer	orange ≙ 3
2. Ring ≙ 2. Ziffer	weiß ≙ 9
3. Ring ≙ Multiplikator	orange ≙ 10^3
4. Ring ≙ Toleranz	gold ≙ ± 5 %

Da der Farbring für die 1. Ziffer und der 4. Farbring für die Toleranz die gleichen Farben haben können, ist eine zusätzliche Information erforderlich, wo mit der Zählung der Farbringe begonnen werden muß. Dies erfolgt, indem entweder der 4. Farbring für die Toleranz erkennbar breiter ausgeführt ist oder die Anordnung der Farbringe auf dem Bauelement unsymmetrisch liegt. Die Zählung muß dann bei dem Farbring beginnen, der dem Anschlußdraht am nächsten liegt.
Ab der Normreihe E48 werden zur Angabe der Widerstandswerte 3 Ziffern benötigt. Dies führt zwangsläufig zur Ausführung von 5 Farbringen mit drei zählenden Ziffern.

Beispiel

Welche Widerstandswerte und welche Toleranzen haben die in **Bild 3.25** dargestellten Widerstände?

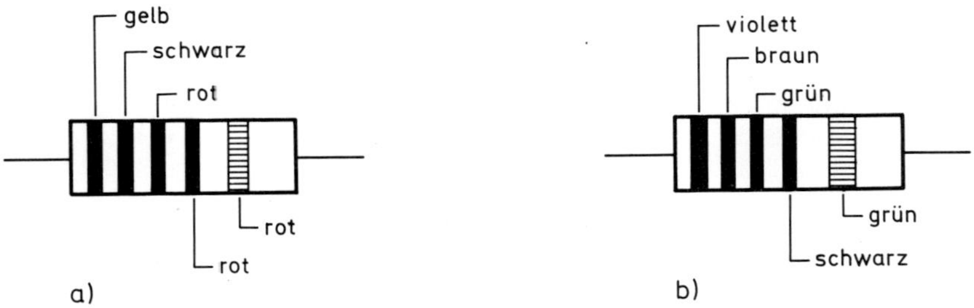

Bild 3.25 Beispiele zur Farbkennzeichnung mit drei zählenden Ziffern

	Ziffern	Multiplikator	Toleranz	Widerstandswert
a)	4 0 2	10^2	± 2 %	$R = 40{,}2\ \text{k}\Omega \pm 2\,\%$
b)	7 1 5	10^0	± 0,5 %	$R = 715\ \ \Omega \pm 0{,}5\,\%$

3.7.3.2 Kennzeichnung durch Klartext-Code

Die Verwendung des Farbcodes zur Kennzeichnung von Festwiderständen bietet eine Reihe von Vorteilen, verlangt vom Hersteller aber auch die Einhaltung von Normen. Bei Verwendung eines Klartext-Codes kann von den genormten Widerstandswerten abgewichen werden, und die Technik des Bedruckens ist einfacher. Damit die Ziffern noch lesbar sind, muß der Widerstand aber ausreichend große geometrische Abmessungen haben.
Bei der vollständigen Klartext-Kennzeichnung wird der Widerstandswert jeweils wie hier im Text, z. B. 390 Ω / 1 W 5 %, angegeben. Üblicher ist aber die Kennzeichnung nach dem RKM-Code oder dem MIL-Code. Diese beiden Klartext-Codes sind in **Bild 3.26** in Tabellenform angegeben.

Widerstandswert	RKM-Code	MIL
0,1 Ω	R 10	–
1,0 Ω	1 R0	1 RO
10 Ω	10 R	100
100 Ω	100 R	101
1000 Ω	1 K0	102
10 kΩ	10 K	103
0,1 MΩ	100 K	104
1,0 MΩ	1 M0	105
10,0 MΩ	10 M	106

Bild 3.26 Klartext-Codes

Bei dem RKM-Code werden die Einheiten Ω, kΩ und MΩ durch die Buchstaben R, K und M markiert. Tritt beim Widerstandswert ein Komma auf, so wird es durch den Großbuchstaben der Einheit ersetzt. Beim MIL-Code (Military-Code) werden die Werte ab 10 Ω durch eine weitere Ziffer gekennzeichnet. Diese letzte Ziffer gibt dann die Anzahl der nachfolgenden Nullen an.

Beispiel

Wie erfolgt die Kennzeichnung der Widerstandswerte
$R = 470\ \Omega$; $R = 8{,}2\ \text{k}\Omega$; $R = 234\ \text{k}\Omega$ und $R = 1{,}2\ \text{M}\Omega$ im RKM-Code und im MIL-Code?

Wert	RKM-Code	MIL-Code
470 Ω	470 R	471
8,2 kΩ	8K2	822
234 kΩ	234 K	2343
1,2 MΩ	1M2	125

Die Toleranz wird meistens unverschlüsselt angegeben, z. B. ±5 % oder 5 %. Verwendet wird aber auch ein Buchstabenschlüssel, der in **Bild 3.27** wiedergegeben ist.

Kennbuchstabe	B	C	D	F	G	H	J	K	M	N	W	Q	R	Y	T	S	U	Z	V
zulässige Abw. %	±0,1	±0,25 ±0,3	±0,5	±1	±2	±2,5	±5	±10	±20	±30	+20 0	+30 −10	+30 −20	+50 0	+50 −10	+50 −20	+80 0	+80 −20	+100 −10

Bild 3.27 Toleranzkennzeichnung durch Buchstaben

Die Angabe des Temperaturkoeffizienten erfolgt je nach Hersteller durch Buchstaben oder nach einem kombinierten Buchstaben-Zahlen-Code. In **Bild 3.28** sind einige Beispiele angeführt.

Temperaturkoeffizient $\frac{10^{-6}}{\text{K}}$	Buchstaben-Zahlen-Schlüssel	Buchstaben-Schlüssel	Farbschlüssel
100	T 0	G (oder K)	braun
50	T 2	H	rot
25	T 9	J	gelb
10	T 13		orange
5	T 16		violett

Bild 3.28 Kennzeichnung des Temperaturkoeffizienten

Für die Kennzeichnung des Temperaturkoeffizienten und die Toleranz sind viele unterschiedliche Kennzeichnungs-Codes zu finden. Genaue Informationen kann nur ein Datenblatt des jeweiligen Herstellers liefern. Ist, wie in den meisten Fällen, der Hersteller nicht bekannt, helfen nur umfangreiche Messungen von Widerständen, um die Codes gegebenenfalls zu entschlüsseln. In **Bild 3.29** sind 8 Beispiele einer Kennzeichnung von Festwiderständen in den verschiedenen Klartext-Codes zusammengefaßt.

1,8 K ± 5 %	$R = 1{,}8\ \text{k}\Omega \pm 5\,\%$	KH 19.050 68 Ω	$R = 68\ \Omega \pm 10\,\%$ 11 W aus Herstellerangabe mittels Typenbezeichnung KH 19.050
47 Ω ± 10 % 4 W	$R = 47\ \Omega \pm 10\,\%$ 4 Watt	680 K 2 H	$R = 680\ \text{k}\Omega \pm 2\,\%$; $\text{TK}\ 50 \cdot 10^{-6}\ \frac{1}{\text{K}}$
2K7 1 % T 9	$R = 2{,}7\ \text{k}\Omega \pm 1\,\%$ $TK = 25 \cdot 10^{-6}\ \frac{1}{\text{K}}$	RN 70 D 1001 F	$R = 1\ \text{k}\Omega \pm 1\,\%$ RN 70 D Typenbez. d. Herst. (Reihe E96; $TK = 100 \cdot 10^{-6}\ \frac{1}{\text{K}}$)
R 473	$R = 0{,}47\ \Omega \pm 5\,\%$	6E8 2 %	$R = 6{,}8\ \Omega \pm 2\,\%$ (E ≙ Ω)

Bild 3.29 Beispiele der Kennzeichnung von Festwiderständen in verschiedenen Klartext-Codes

3.7.4 Bauarten und Bauformen

Festwiderstände haben beim Einsatz in der Elektrotechnik und Elektronik unterschiedliche Aufgaben zu erfüllen. Zur optimalen Anpassung an diese Aufgaben werden die Festwiderstände aus unterschiedlichen Werkstoffen und mit unterschiedlichen Bauformen hergestellt. Am meisten eingesetzt werden Kohleschicht-Widerstände und Metallschicht-Widerstände sowie Drahtwiderstände für hohe Leistungen.

3.7.4.1 Kohleschicht-Widerstände

Bei den Kohleschicht-Widerständen wird Kohle als Widerstandswerkstoff verwendet. Sie wird in einer sehr dünnen Schicht auf einen zylindrischen Keramikkörper aufgebracht. Ausgangsmaterialien sind Glanzkohle, Graphit oder Rußgemische, die jeweils unterschiedliche spezifische Widerstände haben. Die gewünschten Widerstandswerte werden durch Wendeln der Kohleschicht erreicht. Zum Anschluß werden auf die Enden der Keramikkörper Metallkappen aufgepreßt und an diese Drähte angeschweißt. Bei den kappenlosen Bauarten sind die Anschlußdrähte eingepreßt oder in die mit Bohrungen versehenen metallisierten Stabenden eingelötet. Die Oberfläche wird zum Schutz gegen äußere Einflüsse und zur Isolation lackiert.
Kohlefestschicht-Widerstände haben für viele Einsatzbereiche ausreichend gute Eigenschaften und können preiswert hergestellt werden. Sie sind daher die in der Elektronik am häufigsten verwendeten Widerstände. Ihr Wertebereich reicht von etwa $R = 1\ \Omega$ bis $R = 10\ \text{M}\Omega$.
Für den Einsatz in elektronischen Schaltungen und um eine automatische Bestückung von Platinen zu ermöglichen, werden die Kohleschicht-Widerstände in Zylinder- oder Blockform ausgeführt. Die Anschlußdrähte können je nach Verwendungszweck vorgebogen sein. Größere Stückzahlen gleicher Widerstandswerte werden auch gegurtet geliefert. **Bild 3.30** zeigt einige Ausführungsformen von Kohleschicht-Widerständen.

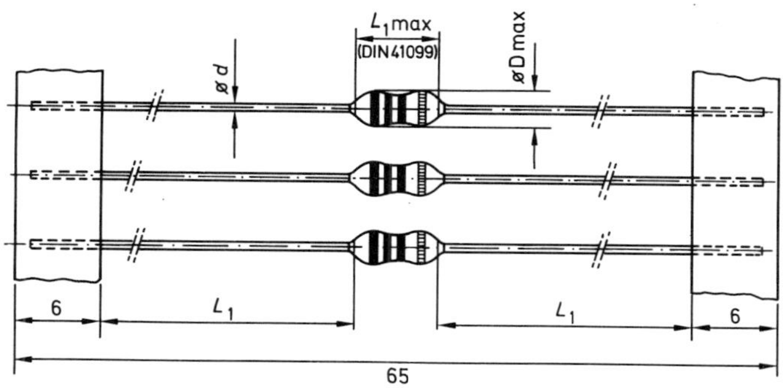

Widerstände gegurtet

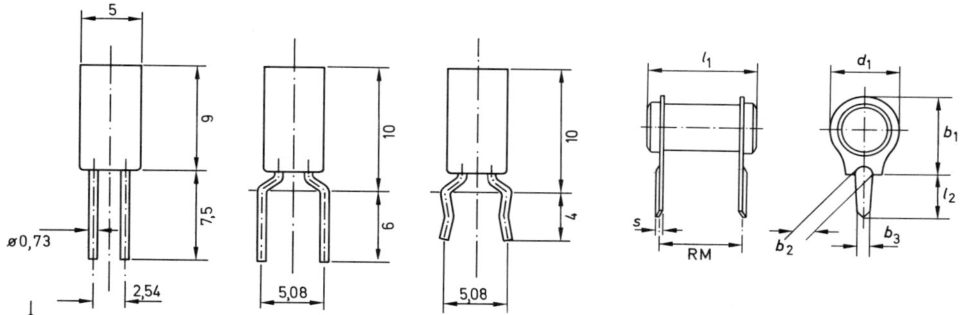

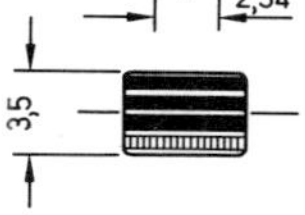

Schichtwiderstand (0,33 W)
für gedruckte Schaltungen

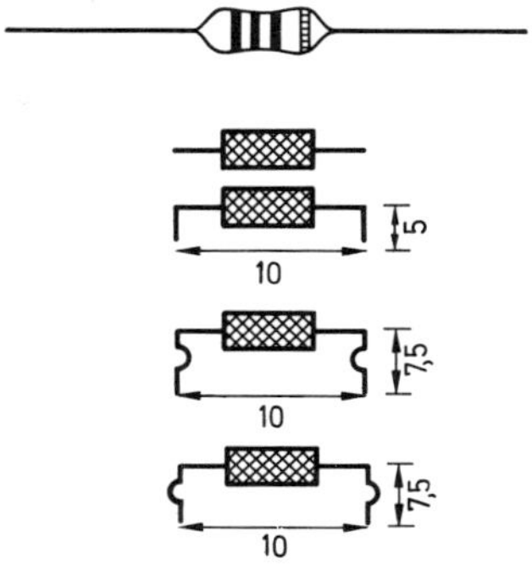

Kohleschicht-Widerstand (0,25 W) in verschiedenen Ausführungsformen

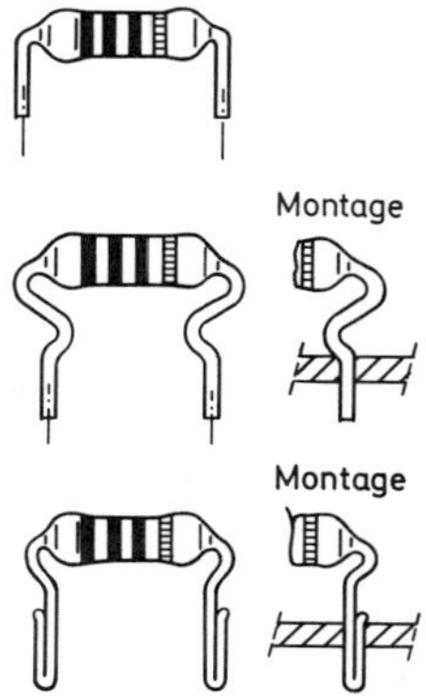

Vorgebogene Widerstände

Bild 3.30 Ausführungsformen von Kohleschicht-Widerständen *(Fortsetzung auf der nächsten Seite)*

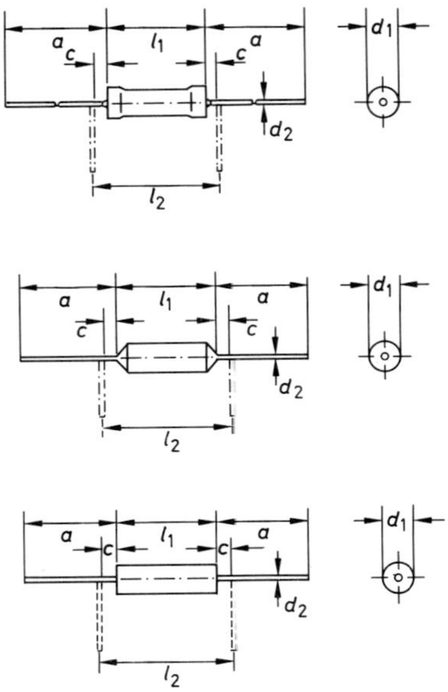

Widerstände unterschiedliche Gehäuse-Formen

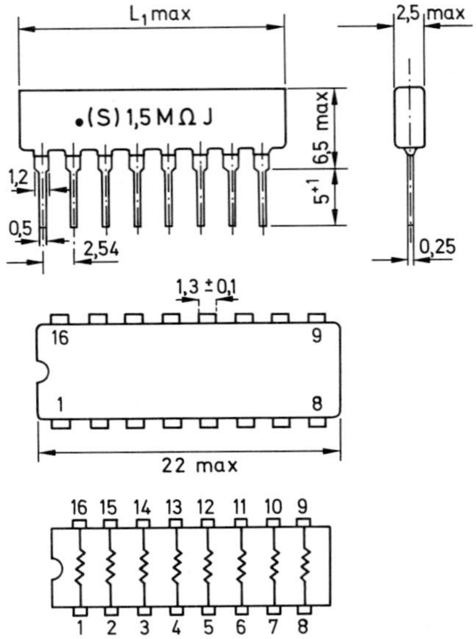

Widerstands-Netzwerk (0,125 W)
Werte nach Kundenwunsch Reihe E 24

Bild 3.30 Ausführungsformen von Kohleschicht-Widerständen *(Fortsetzung von voriger Seite)*

3.7.4.2 Metallschicht-Widerstände

Durch Weiterentwicklung der Fertigungsmethoden haben Metallschicht-Widerstände inzwischen ein breites Anwendungsgebiet gefunden. Sie haben bei gleicher Baugröße eine höhere Belastbarkeit als Kohleschicht-Widerstände und lassen sich mit geringeren Toleranzen fertigen. Ihre Herstellung erfolgt mit verschiedenen Ausgangsmaterialien und nach unterschiedlichen Herstellungsmethoden.
Bei den Metalloxid-Schichtwiderständen wird ein Metalloxid (z. B. Zinnoxid) auf einen Keramikkörper aufgebracht und dann gewendelt. Dadurch kann der Widerstandswert festgelegt werden.
Bei den Metallfilm-Widerständen wird auf einen Keramikkörper eine dünne Metallschicht als Widerstandsmaterial aufgedampft. Dieses Verfahren ermöglicht die Herstellung von Widerständen mit sehr kleinen Toleranzen bis zu etwa 0,01 % und kleinen TK-Werten. Daher werden Metallfilm-Widerstände meistens als Präzisionswiderstände besonders in der Meßtechnik verwendet.
Metallglasur-Widerstände sind auch unter der Bezeichnung Dickschicht-Widerstände bekannt. Das Widerstandsmaterial besteht hier aus einer Mischung von Metall, Metalloxid, Glaspulver und Keramik. Durch Brennen bei hohen Temperaturen entsteht eine harte Metallglasur mit einer guten Wärmeleitfähigkeit. Ein Harzüberzug isoliert den Widerstand elektrisch und schützt ihn gegen äußere Einflüsse. Metallglasur-Widerstände werden z. B. als Hochspannungs-Widerstände eingesetzt.
Die Bau- und Ausführungsformen der Metallschicht-Widerstände stimmen weitgehend mit den in Bild 3.30 dargestellten Ausführungsformen von Kohleschicht-Widerständen überein.

3.7.4.3 Drahtwiderstände

Bei den Drahtwiderständen wird Draht aus Metallegierungen auf ein Keramikröhrchen aufgewickelt und mit Anschlußkappen und -drähten versehen. Die Umhüllung ist meistens mit Lack, Keramik oder Siliconzement ausgeführt. Sie kann aber auch ganz oder teilweise fehlen, wenn zusätzliche Abgriffklemmen vorgesehen sind. **Bild 3.31** zeigt einige Bauformen.

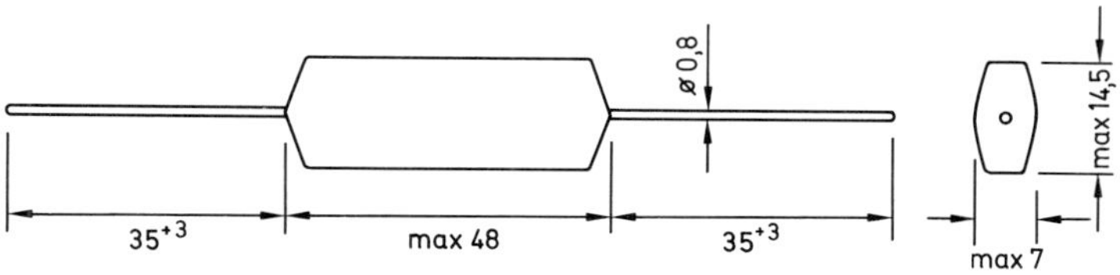

Drahtwiderstand glasiert mit axialen Drahtenden (15 W)

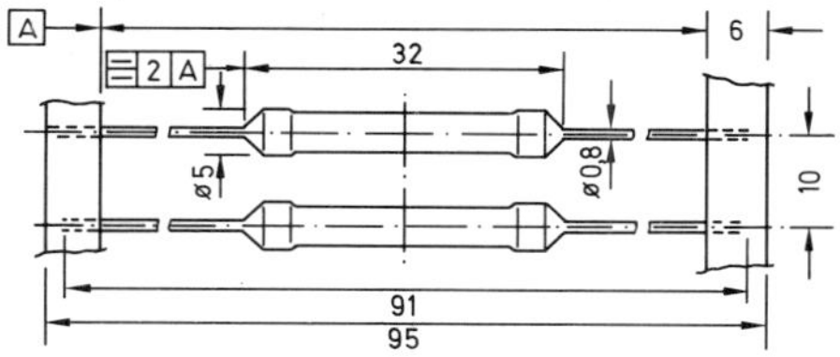

Drahtwiderstand (3 W) gegurtet

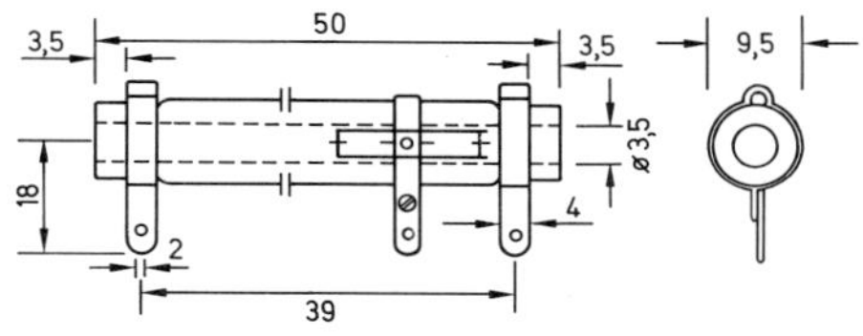

Drahtwiderstand glasiert
mit Schellen einstellbar (20 W)

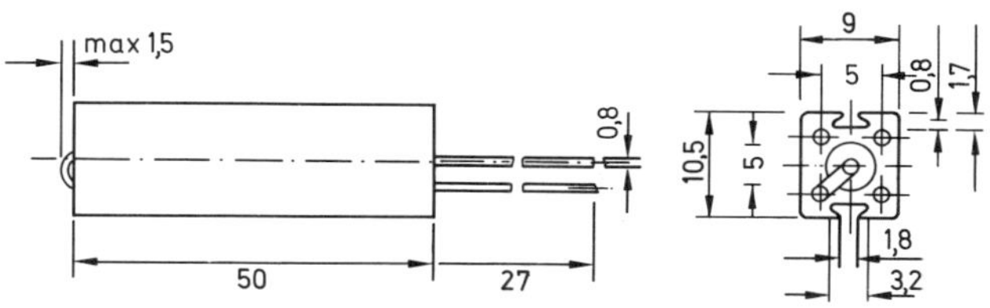

Drahtwiderstand im Keramikrohr für stehende Montage (11 W)

Bild 3.31 Bauformen von Drahtwiderständen

Drahtwiderstände werden meist als Hochlastwiderstände ausgeführt, weil sie aus hochtemperaturbeständigen Materialien bestehen und daher auch bei kleinen Abmessungen hoch belastbar sind. Die Belastbarkeit der lieferbaren Drahtwiderstände reicht von einigen Watt bis zu mehreren hundert Watt.
Wegen der meistens hohen Belastung und der damit verbundenen starken Wärmeentwicklung muß beim Einbau darauf geachtet werden, daß ein ausreichender Abstand zu anderen Bauelementen oder zum Befestigungsträger besteht. Um eine bessere Wärmeabstrahlung zu erreichen, erfolgt der Einbau oft stehend mit Wärmeleitblechen oder sogar auf besonderen Kühlkörpern.

4 Der erweiterte Stromkreis

4.1 Allgemeines

Ein Stromkreis besteht mindestens aus einer Spannungsquelle und einem Lastwiderstand. In elektronischen Schaltungen sind aber in der Regel mehrere Widerstände gleichzeitig an eine Spannungsquelle angeschlossen. Derartige Stromkreise werden als *erweiterte Stromkreise* bezeichnet.
Bei den erweiterten Stromkreisen ist zu unterscheiden zwischen *Parallelschaltungen, Reihenschaltungen* sowie *gemischten Schaltungen* von Widerständen. Bei einer Parallelschaltung liegen alle Widerstände an der gleichen Spannung und der von der Spannungsquelle zu liefernde Gesamtstrom ergibt sich aus der Summe der Einzelströme. Sind in einem derartigen Stromkreis die Spannung und der fließende Gesamtstrom bekannt, so kann daraus auch ein Gesamtwiderstand R_{ges} ermittelt werden, mit dem die Spannungsquelle belastet wird. Dieser Gesamtwiderstand wird auch als Ersatzwiderstand bezeichnet. Hierunter ist ein Einzelwiderstand zu verstehen, der anstelle der parallelgeschalteten Widerstände die gleiche Wirkung hat. Die Ermittlung dieses Ersatzwiderstandes ist bei der Berechnung oder Untersuchung von elektronischen Schaltungen eine häufig gestellte Aufgabe.
Bei einer Reihenschaltung werden alle Widerstände vom gleichen Strom durchflossen. Dabei treten an den hintereinandergeschalteten Widerständen jeweils Spannungsabfälle auf, deren Summe gleich der Spannung der Spannungsquelle ist. Auch hier können die Widerstände zu einem Ersatzwiderstand zusammengefaßt werden.
Die Anwendung des Ohmschen Gesetzes reicht aus, um alle Ströme, Spannungen und Ersatzwiderstände auch in erweiterten Stromkreisen zu berechnen. Die Zusammenhänge lassen sich aber auch mit allgemeiner Gültigkeit für alle Stromkreise durch die beiden Kirchhoffschen Gesetze angeben. Das 1. Kirchhoffsche Gesetz beschreibt die Zusammenhänge in Stromverzweigungspunkten, die auch als Stromknoten bezeichnet werden und liefert damit eine allgemein gültige Aussage für Parallelschaltungen. Es besagt, daß in einem Stromverzweigungspunkt die Summe der zufließenden Ströme gleich der Summe der abfließenden Ströme ist. Das 2. Kirchhoffsche Gesetz liefert eine Aussage über die Reihenschaltung von Spannungsquellen und Widerständen. Danach ist in einem geschlossenen Stromkreis die Summe aller Spannungen von Spannungsquellen gleich der Summe aller Spannungabfälle an den Verbrauchern. Die beiden Kirchhoffschen Gesetze haben, genau wie das Ohmsche Gesetz, eine grundsätzliche Bedeutung für alle elektrotechnischen und elektronischen Schaltungen.
In der Elektronik sind häufig Kombinationen von Reihen- und Parallelschaltungen erforderlich. Sie werden als gemischte Schaltungen bezeichnet. Einfache gemischte Schaltungen sind die Spannungsteiler. Unbelastete Spannungsteiler bestehen aus einer Reihenschaltung von Widerständen. Beim praktischen Einsatz tritt aber stets eine Belastung dieser Spannungsteiler auf, so daß dann gemischte Schaltungen vorliegen. Spannungsteiler können mit Festwiderständen oder veränderbaren Widerständen aufgebaut werden. Veränderbare Widerstände werden als Potentiometer bezeichnet, wenn sie von Hand einstellbar sind oder Trimmer genannt, wenn sie mit Werkzeug, z. B. einem

Schraubendreher einstellbar sind. Spannungsteiler mit Potentiometern oder Trimmern haben den Vorteil, daß die Ausgangsspannung je nach Schaltungsaufbau in größeren oder kleineren Bereichen einstellbar ist.
Potentiometer und Trimmer sind in verschiedenen Bauformen lieferbar. Am meisten eingesetzt werden Ausführungen mit einer Kohleschicht als Widerstandsbahn. Sie werden für Verlustleistungen von etwa 0,2 W bis 2 W gefertigt. Für größere Leistungen stehen Ausführungen mit Drahtwiderständen zur Verfügung. Auch für die Widerstandswerte von veränderbaren Widerständen gibt es Normreihen. Ihre Stufung ist aber nicht so fein unterteilt wie bei den Festwiderständen. Für fast alle Nennwerte gibt es Ausführungen mit linearer, positiv-logarithmischer und negativ-logarithmischer Kennlinie.
Umfangreiche Kombinationen von Widerständen werden als Widerstandsnetzwerke bezeichnet. Aus der Vielfalt von Möglichkeiten sind hier einige Beispiele ausgewählt. Für die Ermittlung des Ersatzwiderstandes oder einzelner Spannungs-, Strom- sowie Widerstandswerte lassen sich die Widerstandsnetzwerke schrittweise vereinfachen. Hierbei können in der Regel immer zwei oder mehrere Widerstände zu neuen Reihen- oder Parallelschaltungen zusammengefaßt werden, so daß sich letztlich ein Ersatzwiderstand ergibt, der die gleiche Wirkung wie das gesamte Netzwerk hat. Am Beispiel einer Kochplatte mit 7-Takt-Schalter wird die Möglichkeit aufgezeigt, wie mit nur drei Heizwiderständen durch Verwendung eines Umschalters sieben unterschiedliche Heizleistungen erreicht werden können.
Brückenschaltungen haben in der Meß- und Regelungstechnik eine große Bedeutung. Bei ihnen sind im einfachsten Fall 4 Widerstände in bestimmter Weise zu einem Widerstandsnetzwerk zusammengeschaltet. Ausgenutzt wird die zwischen zwei bestimmten Punkten einer Brückenschaltung auftretende Brückenspannung. Eine Brückenschaltung gilt als abgeglichen, wenn ihre Brückenspannung $U_{AB} = 0$ V beträgt.

4.2 Parallelschaltung von Widerständen

4.2.1 Parallelschaltung von 2 Widerständen

Bild 4.1 zeigt die Erweiterung eines einfachen Stromkreises zu einem erweiterten Stromkreis, bei dem zwei Widerstände in Parallelschaltung an eine Spannungsquelle angeschlossen sind.

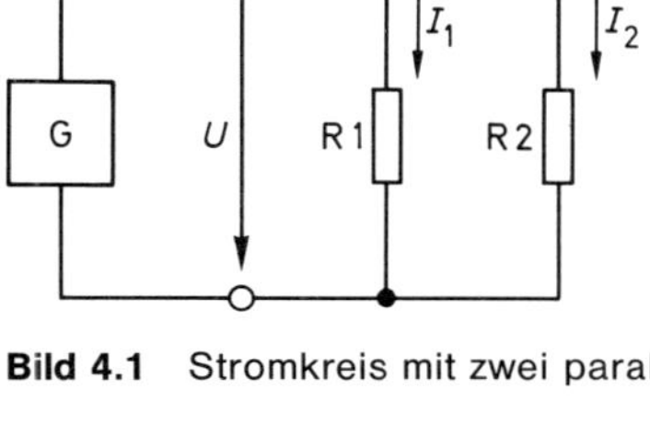

Bild 4.1 Stromkreis mit zwei parallelgeschalteten Widerständen

Der Widerstand R1 liegt an der Spannung U. Nach dem Ohmschen Gesetz fließt durch R1 der Strom

$$I_1 = \frac{U}{R_1}$$

Der Widerstand R2 liegt ebenfalls an der Spannung U. Nach dem Ohmschen Gesetz fließt durch R2 der Strom

$$I_2 = \frac{U}{R_2}$$

Die Spannungsquelle muß somit gleichzeitig einen Strom I_1 und einen Strom I_2 liefern. Bei einer Parallelschaltung von zwei Widerständen ergibt sich daher der Gesamtstrom aus der Summe der Einzelströme

$$I_{ges} = I_1 + I_2$$

Wenn in einem erweiterten Stromkreis die Spannung und der fließende Gesamtstrom bekannt sind, so läßt sich mit Hilfe des Ohmschen Gesetzes der vorhandene Gesamtwiderstand R_{ges} berechnen. Dieser Gesamtwiderstand wird auch als *Ersatzwiderstand* bezeichnet. Unter diesem Ersatzwiderstand ist ein Einzelwiderstand zu verstehen, der anstelle der parallelgeschalteten Widerstände die gleiche Wirkung hat.

$$R_{ges} = \frac{U}{I_{ges}}$$

Beispiel

In einem Stromkreis nach **Bild 4.2** sind die Widerstände $R_1 = 1{,}2\ \text{k}\Omega$ und $R_2 = 680\ \Omega$ an eine Spannungsquelle mit $U = 12$ V angeschlossen.

Wie groß sind die Einzelströme I_1 und I_2, der Gesamtstrom I_{ges} und der Ersatzwiderstand R_{ges} dieser Schaltung?

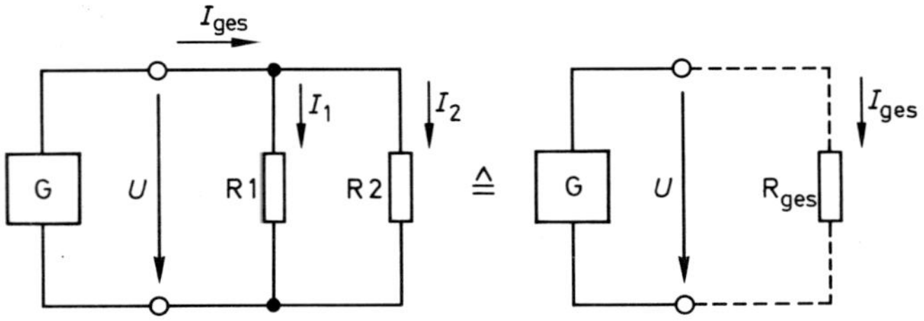

Bild 4.2 Parallelschaltung von zwei Widerständen und Ersatzwiderstand dieser Schaltung

$$I_1 = \frac{U}{R_1} = \frac{12\ \text{V}}{1{,}2 \cdot 10^3\ \Omega} = 10 \cdot 10^{-3}\ \text{A} = 10\ \text{mA}$$

$$I_2 = \frac{U}{R_2} = \frac{12\ \text{V}}{680\ \Omega} = 0{,}0176\ \text{A} = 17{,}6\ \text{mA}$$

$$I_{ges} = I_1 + I_2 = 10\ \text{mA} + 17{,}6\ \text{mA} = 27{,}6\ \text{mA}$$

$$R_{ges} = \frac{U}{I_{ges}} = \frac{12\ \text{V}}{27{,}6 \cdot 10^{-3}\ \text{A}} = 435\ \Omega$$

Der Gesamtwiderstand von zwei parallelgeschalteten Widerständen läßt sich aber auch auf folgendem Weg berechnen:

$$I_{ges} = I_1 + I_2\,.$$

Mit Hilfe des Ohmschen Gesetzes kann diese Gleichung umgeformt werden zu:

$$\frac{U}{R_{ges}} = \frac{U}{R_1} + \frac{U}{R_2}$$

Werden beide Seiten dieser Gleichung durch U geteilt, so lautet die neue Gleichung:

$$\frac{1}{R_{ges}} = \frac{1}{R_1} + \frac{1}{R_2}$$

Diese Gleichung kann umgestellt werden zu:

$$R_{ges} = \frac{1}{\frac{1}{R_1} + \frac{1}{R_2}}$$

Aus diesem Zusammenhang ergibt sich, daß der Gesamtwiderstand einer Parallelschaltung stets kleiner als der kleinste Einzelwiderstand ist.

Beispiel

In einem Stromkreis nach Bild 4.2 sind die Widerstände $R_1 = 1{,}2\ \text{k}\Omega$ und $R_2 = 680\ \Omega$ parallelgeschaltet.
Wie groß ist der Gesamtwiderstand dieser Schaltung?

$$\frac{1}{R_{ges}} = \frac{1}{R_1} + \frac{1}{R_2} = \frac{1}{1{,}2 \cdot 10^3\ \Omega} + \frac{1}{0{,}68 \cdot 10^3\ \Omega}$$

$$= 0{,}83 \cdot 10^{-3}\ \frac{1}{\Omega} + 1{,}47 \cdot 10^{-3} \cdot \frac{1}{\Omega}$$

$$\frac{1}{R_{ges}} = 2{,}3 \cdot 10^{-3} \cdot \frac{1}{\Omega}$$

$$R_{ges} = \frac{1}{2{,}3 \cdot 10^{-3}\ \frac{1}{\Omega}} = 0{,}435 \cdot 10^3\ \Omega$$

$$R_{ges} = 435\ \Omega$$

Dieser Rechenweg liefert das gleiche Ergebnis wie die Berechnung des Gesamtwiderstandes im vorhergehenden Beispiel.
Da zwischen Leitwert G und Widerstand R die Beziehung $G = \frac{1}{R}$ besteht, kann die Formel für die Berechnung des Gesamtwiderstandes

$$\frac{1}{R_{ges}} = \frac{1}{R_1} + \frac{1}{R_2}$$

umgeschrieben werden zu

$$G_{ges} = G_1 + G_2$$

Diese Formel besagt, daß bei der Parallelschaltung von zwei Widerständen der Gesamtleitwert gleich der Summe der Leitwerte der Einzelwiderstände ist.

Beispiel

In einem Stromkreis nach Bild 4.2 sind die Widerstände $R_1 = 1{,}2\ \text{k}\Omega$ und $R_2 = 680\ \Omega$ parallelgeschaltet.
Wie groß sind der Gesamtleitwert G_{ges} und der Gesamtwiderstand R_{ges} dieser Schaltung?

$$G_1 = \frac{1}{R_1} = \frac{1}{1{,}2 \cdot 10^3\ \Omega} = 0{,}83 \cdot 10^{-3}\ \text{S}$$

$$G_2 = \frac{1}{R_2} = \frac{1}{0{,}68 \cdot 10^3\ \Omega} = 1{,}47 \cdot 10^{-3}\ \text{S}$$

$$G_{ges} = G_1 + G_2 = 0{,}83 \cdot 10^{-3}\ \text{S} + 1{,}47 \cdot 10^{-3}\ \text{S} = 2{,}3 \cdot 10^{-3}\ \text{S}$$

$$R_{ges} = \frac{1}{G_{ges}} = \frac{1}{2{,}3 \cdot 10^{-3}\ \text{S}} = 435\ \Omega$$

Da die Berechnung der Kehrwerte bzw. der Leitwerte von Widerständen meistens etwas umständlich ist, wird in der Praxis eine andere Formel benutzt:

$$\frac{1}{R_{ges}} = \frac{1}{R_1} + \frac{1}{R_2} = \frac{R_2}{R_1 \cdot R_2} + \frac{R_1}{R_1 \cdot R_2} = \frac{R_1 + R_2}{R_1 \cdot R_2}$$

Daraus ergibt sich:

$$R_{ges} = \frac{R_1 \cdot R_2}{R_1 + R_2}$$

Diese Formel läßt sich bei überschlägigen Berechnungen ohne Taschenrechner besser anwenden.

Beispiel

Wie groß ist der Gesamtwiderstand R_{ges} einer Parallelschaltung von $R_1 = 1{,}2\ \text{k}\Omega$ und $R_2 = 680\ \Omega$?

$$R_{ges} = \frac{R_1 \cdot R_2}{R_1 + R_2} = \frac{1{,}2 \cdot 10^3\ \Omega \cdot 0{,}68 \cdot 10^3\ \Omega}{1{,}2 \cdot 10^3\ \Omega + 0{,}68 \cdot 10^3\ \Omega} = \frac{0{,}816 \cdot 10^6\ \Omega^2}{1{,}88 \cdot 10^3\ \Omega}$$

$$R_{ges} = 434\ \Omega$$

Werden Widerstände von einem Strom durchflossen, so tritt eine Verlustleistung P auf.

$$P = U \cdot I$$

Sind zwei Widerstände R1 und R2 parallelgeschaltet und an eine Spannungsquelle mit der Spannung U angeschlossen, so fließen die Ströme I_1 und I_2. Für die in den Widerständen auftretende Verlustleistungen gilt:

$$P_1 = U \cdot I_1$$
$$P_2 = U \cdot I_2$$

Die Gesamtverlustleistung ergibt sich entweder aus der Summe der einzelnen Verlustleistungen

$$P_{ges} = P_1 + P_2$$

oder aus der anliegenden Spannung U und dem Gesamtstrom I_{ges}

$$P_{ges} = U \cdot I_{ges}.$$

Beispiel

In einem Stromkreis nach Bild 4.2 sind die Widerstände $R_1 = 1{,}2\ \text{k}\Omega$ und $R_2 = 680\ \Omega$ parallelgeschaltet und an eine Spannungsquelle $U = 12$ V angeschlossen.
Wie groß sind die Verlustleistungen P_1 und P_2 sowie die Gesamtverlustleistung P_{ges}?

$$P_1 = U \cdot I_1 = U \cdot \frac{U}{R_1} = \frac{U^2}{R_1} = \frac{(12\ \text{V})^2}{1200\ \Omega} = 0{,}12\ \frac{\text{V}^2}{\Omega} = 120\ \text{mW}$$

$$P_2 = U \cdot I_2 = U \cdot \frac{U}{R_2} = \frac{U^2}{R_2} = \frac{(12\ \text{V})^2}{680\ \Omega} = 0{,}212\ \frac{\text{V}^2}{\Omega} = 212\ \text{mW}$$

$$P_{ges} = P_1 + P_2 = 120\ \text{mW} + 212\ \text{mW} = 332\ \text{mW}$$

Die Gesamtverlustleistung einer Parallelschaltung von zwei Widerständen läßt sich auch berechnen, wenn der Gesamtwiderstand bekannt ist.

$$P_{ges} = \frac{U^2}{R_{ges}}$$

Beispiel

Wie groß ist die Gesamtverlustleistung P_{ges}, wenn die Widerstände $R_1 = 1{,}2\ \text{k}\Omega$ und $R_2 = 680\ \Omega$ parallelgeschaltet und an eine Spannungsquelle $U = 12$ V angeschlossen sind?

$$R_{ges} = \frac{R_1 \cdot R_2}{R_1 + R_2} = \frac{1200\ \Omega \cdot 680\ \Omega}{1200\ \Omega + 680\ \Omega} = 434\ \Omega$$

$$P_{ges} = \frac{U^2}{R_{ges}} = \frac{12\ \text{V} \cdot 12\ \text{V}}{434\ \Omega} = 332\ \text{mW}$$

In der Tabelle nach **Bild 4.3** sind die wichtigsten Formeln für die Parallelschaltung von zwei Widerständen zusammengefaßt.

Gesamtspannung	U_{ges}	$U_{ges} = U$
Gesamtstrom	I_{ges}	$I_{ges} = I_1 + I_2$
Gesamtleistung	P_{ges}	$P_{ges} = P_1 + P_2$
Gesamtleitwert	G_{ges}	$G_{ges} = G_1 + G_2$
Gesamtwiderstand	R_{ges}	$\frac{1}{R_{ges}} = \frac{1}{R_1} + \frac{1}{R_2}$
		$R_{ges} = \frac{R_1 \cdot R_2}{R_1 + R_2}$

Bild 4.3 Formeln für den erweiterten Stromkreis mit Parallelschaltung von zwei Widerständen

Für die Berechnung einer Parallelschaltung von zwei Widerständen sind folgende Zusammenhänge oft hilfreich:

$$\frac{R_1}{R_2} = \frac{I_2}{I_1} \quad \text{und} \quad \frac{R_1}{R_2} = \frac{P_2}{P_1}$$

Diese Verhältnisgleichungen besagen, daß sich die Ströme und Verlustleistungen umgekehrt proportional zu den Widerstandswerten verhalten.

Beispiel

Die Widerstände $R_1 = 6{,}8\ \text{k}\Omega$ und $R_2 = 1\ \text{k}\Omega$ sind parallelgeschaltet und an eine Spannung $U = 10$ V angeschlossen. In welchem Verhältnis stehen die Ströme I_1 und I_2 sowie die Verlustleistungen P_1 und P_2 zueinander?

$$\frac{R_1}{R_2} = \frac{6{,}8 \cdot 10^3\ \Omega}{1 \cdot 10^3\ \Omega} = \frac{6{,}8}{1} = \frac{I_2}{I_1} = \frac{P_2}{P_1}$$

Aus dieser Proportionalität ist zu erkennen, daß der Strom I_2 bzw. die Verlustleistung P_2 um den Faktor 6,8 größer als der Strom I_1 bzw. die Verlustleistung P_1 ist.

4.2.2 Parallelschaltung von mehreren Widerständen

Bild 4.4 zeigt einen erweiterten Stromkreis mit beliebig vielen parallelgeschalteten Widerständen.

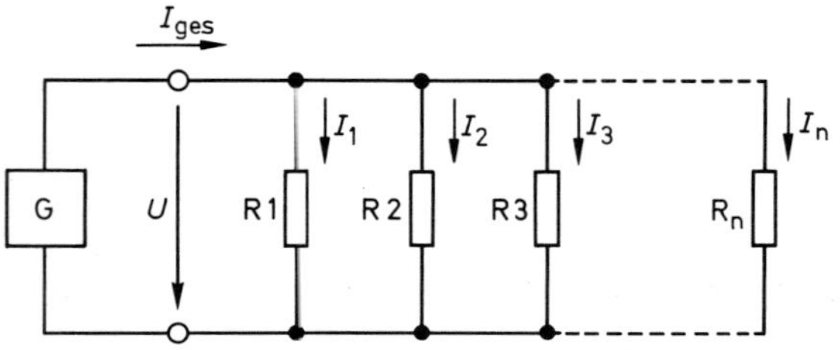

Bild 4.4 Parallelschaltung von beliebig vielen Widerständen

Die Darstellung in Bild 4.4 weist darauf hin, daß beliebig viele Widerstände an die gemeinsame Spannung U angeschlossen sein können. Zur Kennzeichnung wird der letzte Widerstand mit R_n bezeichnet. Bei dem Widerstand R_n kann es sich je nach Schaltung also um den fünften, zehnten oder hundertsten Widerstand handeln.
Ausgehend von den Formeln für zwei parallelgeschaltete Widerstände in Bild 4.3 können diese Formeln auf beliebig viele parallelgeschaltete Widerstände erweitert werden. Diese Formeln haben dann für die Parallelschaltung von Widerständen allgemeine Gültigkeit, da sie auch den Sonderfall mit zwei Widerständen erfassen. In der Tabelle nach **Bild 4.5** sind die entsprechenden Formeln zusammengefaßt.

Gesamtspannung	U_{ges}	$U_{ges} = U$
Gesamtstrom	I_{ges}	$I_{ges} = I_1 + I_2 + I_3 \ldots\ldots + I_n$
Gesamtleistung	P_{ges}	$P_{ges} = P_1 + P_2 + P_3 \ldots\ldots + P_n$
Gesamtleitwert	G_{ges}	$G_{ges} = G_1 + G_2 + G_3 \ldots\ldots + G_n$
Gesamtwiderstand	R_{ges}	$\frac{1}{R_{ges}} = \frac{1}{R_1} + \frac{1}{R_2} + \frac{1}{R_3} \ldots\ldots + \frac{1}{R_n}$

Bild 4.5 Formeln für den erweiterten Stromkreis mit Parallelschaltung von beliebig vielen Widerständen

Beispiel

In einem Stromkreis nach **Bild 4.6** sind fünf Widerstände $R_1 = 12\ \text{k}\Omega$, $R_2 = 1{,}2\ \text{k}\Omega$, $R_3 = 2{,}7\ \text{k}\Omega$, $R_4 = 680\ \Omega$ und $R_5 = 470\ \Omega$ parallelgeschaltet und an eine sinusförmige Wechselspannung mit dem Effektivwert $U = 100$ V angeschlossen.

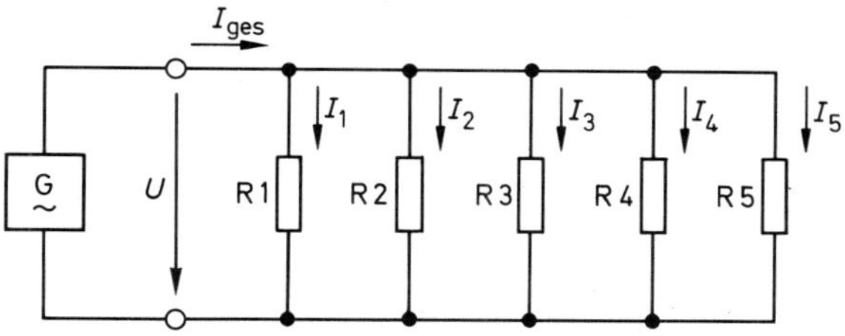

Bild 4.6 Schaltbild eines erweiterten Stromkreises mit fünf parallelgeschalteten Widerständen

Wie groß sind:
a) der Gesamtwiderstand R_{ges}
b) der Gesamtleitwert G_{ges}
c) der Gesamtstrom I_{ges}
d) die Einzelströme I_1, I_2, I_3, I_4 und I_5
e) die Gesamtleistung P_{ges}
f) die Teilleistungen P_1, P_2, P_3, P_4 und P_5

a) $\frac{1}{R_{ges}} = \frac{1}{R_1} + \frac{1}{R_2} + \frac{1}{R_3} + \frac{1}{R_4} + \frac{1}{R_5}$

$= \frac{1}{12 \cdot 10^3\ \Omega} + \frac{1}{1{,}2 \cdot 10^3\ \Omega} + \frac{1}{2{,}7 \cdot 10^3\ \Omega} + \frac{1}{0{,}68 \cdot 10^3\ \Omega} + \frac{1}{0{,}47 \cdot 10^3\ \Omega}$

$= 0{,}083 \cdot 10^{-3} \frac{1}{\Omega} + 0{,}833 \cdot 10^{-3} \frac{1}{\Omega} + 0{,}370 \cdot 10^{-3} \frac{1}{\Omega}$

$+ 1{,}471 \cdot 10^{-3} \frac{1}{\Omega} + 2{,}128 \cdot 10^{-3} \frac{1}{\Omega}$

$\frac{1}{R_{ges}} = 4{,}885 \cdot 10^{-3} \frac{1}{\Omega}$

$R_{ges} = \frac{1}{4{,}885 \cdot 10^{-3} \frac{1}{\Omega}} = 0{,}205 \cdot 10^3\ \Omega$

$R_{ges} = 205\Omega$

b) $G_{ges} = G_1 + G_2 + G_3 + G_4 + G_5$

$= \frac{1}{R_1} + \frac{1}{R_2} + \frac{1}{R_3} + \frac{1}{R_4} + \frac{1}{R_5}$

$= 0{,}083 \cdot 10^{-3}\ S + 0{,}833 \cdot 10^{-3}\ S + 0{,}370 \cdot 10^3\ S$
$+ 1{,}471 \cdot 10^{-3}\ S + 2{,}128 \cdot 10^{-3}\ S$

$G_{ges} = 4{,}885 \cdot 10^{-3}\ S$

c) $I_{ges} = \frac{U}{R_{ges}} = \frac{100\ V}{205\ \Omega} = 0{,}488\ A$

$I_{ges} = 488\ mA$

d) $I_1 = \frac{U}{R_1} = \frac{100\ V}{12000\ \Omega} = 8{,}3\ mA$; $I_2 = \frac{U}{R_2} = \frac{100\ V}{1200\ \Omega} = 83{,}3\ mA$;

$I_3 = \frac{U}{R_3} = \frac{100\ V}{2700\ \Omega} = 37\ mA$; $I_4 = \frac{U}{R_4} = \frac{100\ V}{680\ \Omega} = 147\ mA$;

$I_5 = \frac{U}{R_5} = \frac{100\ V}{470\ \Omega} = 213\ mA$;

Probe: $I_{ges} = I_1 + I_2 + I_3 + I_4 + I_5$
$I_{ges} = 488{,}6\ mA$

e) $P_{ges} = \frac{U^2}{R_{ges}} = \frac{(100\ V)^2}{205\ \Omega}$

$P_{ges} = 48{,}78\ W$

f) $P_1 = U \cdot I_1 = 100\ V \cdot 8{,}3 \cdot 10^{-3}\ A = 0{,}83\ W$
$P_2 = U \cdot I_2 = 100\ V \cdot 83{,}3 \cdot 10^{-3}\ A = 8{,}33\ W$
$P_3 = U \cdot I_3 = 100\ V \cdot 37 \cdot 10^{-3}\ A = 3{,}7\ W$
$P_4 = U \cdot I_4 = 100\ V \cdot 147 \cdot 10^{-3}\ A = 14{,}7\ W$
$P_5 = U \cdot I_5 = 100\ V \cdot 213 \cdot 10^{-3}\ A = 21{,}3\ W$

Probe: $P_{ges} = P_1 + P_2 + P_3 + P_4 + P_5$
$P_{ges} = 48{,}86$ W

Die geringen Abweichungen der Ergebnisse entstehen durch Auf- und Abrundungen.

4.2.3 1. Kirchhoffsches Gesetz

Zur Ermittlung der Formeln für die Parallelschaltung von Widerständen war nur das Ohmsche Gesetz erforderlich. Die Zusammenhänge lassen sich aber ganz allgemein und übergeordnet auch mit Hilfe des *1. Kirchhoffschen Gesetzes* angeben (Kirchhoff = deutscher Physiker). Es beschreibt die Zusammenhänge in Stromverzweigungspunkten und lautet:
»In einem Stromverzweigungspunkt ist die Summe der zufließenden Ströme gleich der Summe der abfließenden Ströme«.
Dieses Gesetz beruht auf der Tatsache, daß in einem Stromverzweigungspunkt keine Elektronen gespeichert werden, also ebenso viele Elektronen abfließen müssen wie zufließen. Dieser Fall tritt bei jeder Parallelschaltung auf.
Bild 4.7 zeigt die Umwandlung der zeichnerischen Darstellung einer Parallelschaltung von drei Widerständen in eine Darstellung mit Stromverzweigungspunkten, die auch als Stromknotenpunkte bezeichnet werden.

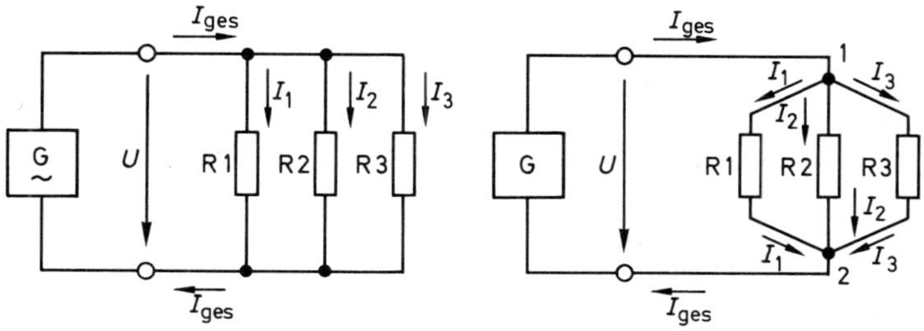

Bild 4.7 Stromverzweigungspunkte

Für den Stromverzweigungspunkt 1 in Bild 4.7 gilt
Zufließender Strom: I_{ges}
Abfließende Ströme: I_1, I_2 und I_3

Für den Stromverzweigungspunkt 2 in Bild 4.7 gilt
Zufließende Ströme: I_1, I_2 und I_3
Abfließender Strom: I_{ges}

Für beide Stromverzweigungspunkte gilt:

$$I_{ges} = I_1 + I_2 + I_3$$

Diese Aussage läßt sich verallgemeinern auf beliebige Stromknotenpunkte. In **Bild 4.8** sind die Zusammenhänge nochmals grafisch dargestellt.

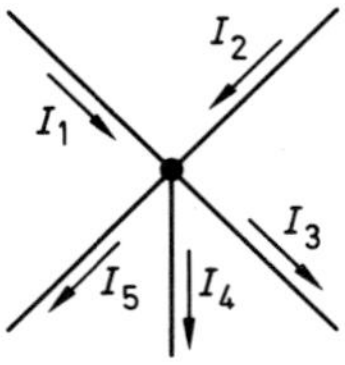

a)

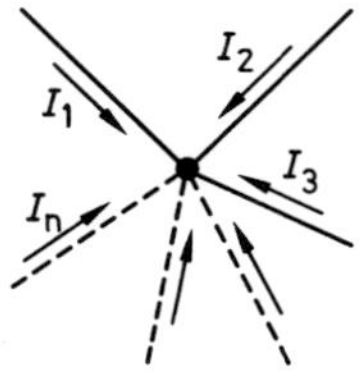

b)

Bild 4.8 Stromverzweigungspunkte

Für den Stromverzweigungspunkt nach Bild 4.8a sind zwei zufließende Ströme I_1 und I_2 sowie drei abfließende Ströme I_3, I_4 und I_5 eingezeichnet. Hierfür läßt sich nach dem 1. Kirchhoffschen Gesetz die Gleichung aufstellen:

$$I_1 + I_2 = I_3 + I_4 + I_5$$

Beispiel

In einem Stromverzweigungspunkt fließen die Ströme $I_1 = 100$ mA und $I_2 = 200$ mA hinein und die Ströme I_3, I_4 und I_5 heraus.
Wie groß ist I_4, wenn die Ströme $I_3 = 50$ mA und $I_5 = 80$ mA betragen?

$$I_1 + I_2 = I_3 + I_4 + I_5$$
$$I_4 = I_1 + I_2 - I_3 - I_5 = 100 \text{ mA} + 200 \text{ mA} - 50 \text{ mA} - 80 \text{ mA}$$
$$I_4 = 170 \text{ mA}$$

In umfangreichen Schaltungen ist bei den Stromverzweigungspunkten häufig nicht bekannt, ob ein unbekannter Strom hinein- oder herausfließt. Es wird dann zunächst eine beliebige Stromrichtung angenommen und hierfür die Gleichung aufgestellt. Im Beispiel nach Bild 4.8b erfolgte die auf keinen Fall richtige Annahme, daß alle Ströme in den Knotenpunkt hineinfließen. Liefert die Berechnung nach dem 1. Kirchhoffschen Gesetz für den unbekannten Strom einen negativen Wert, so ist die tatsächliche Stromrichtung umgekehrt.

Beispiel

In einem Stromverzweigungspunkt entsprechend **Bild 4.9** wurden folgende Ströme gemessen: $I_1 = 1000$ mA, $I_3 = 100$ mA, $I_4 = 500$ mA und $I_5 = 700$ mA.
I_1 fließt in den Knoten hinein, I_3, I_4 und I_5 aus dem Knoten heraus.
Welchen Wert hat I_2 und in welcher Richtung fließt er?

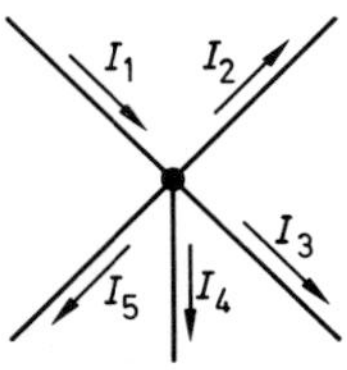

a)

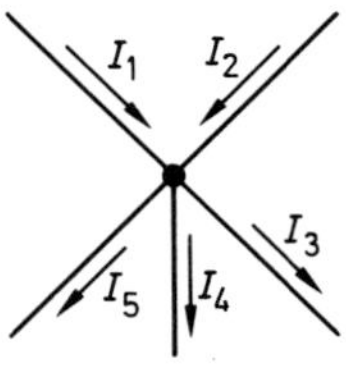

b)

Bild 4.9 Stromverzweigungspunkte zum Beispiel

Berechnung aufgrund der Annahme für I_2 in Bild 4.9a

$$I_1 = I_2 + I_3 + I_4 + I_5$$
$$I_2 = I_1 - I_3 - I_4 - I_5 = 1000 \text{ mA} - 100 \text{ mA} - 500 \text{ mA} - 700 \text{ mA}$$
$$I_2 = -\ 300 \text{ mA}$$

Als Ergebnis tritt ein Strom mit negativem Vorzeichen auf. Dieses negative Vorzeichen weist daraufhin, daß die zunächst angenommene Stromrichtung für I_2 falsch war. In Bild 4.9b sind aufgrund dieses Ergebnisses alle Ströme mit der richtigen Richtung eingezeichnet.

4.3 Reihenschaltung von Widerständen

4.3.1 Reihenschaltung von 2 Widerständen

Bild 4.10 zeigt die Erweiterung eines einfachen Stromkreises zu einem erweiterten Stromkreis, bei dem zwei Widerstände in Reihenschaltung an eine Spannungsquelle angeschlossen sind.

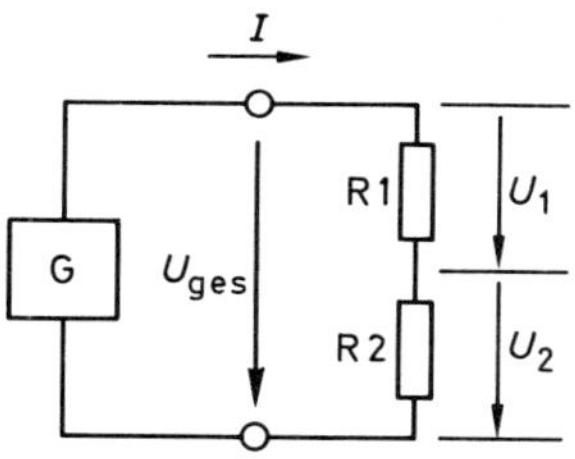

Bild 4.10 Stromkreis mit zwei in Reihe geschalteten Widerständen

Der Strom I fließt bei der Reihenschaltung nach Bild 4.10 durch beide Widerstände. Nach dem Ohmschen Gesetz muß an R1 die Spannung U_1 auftreten:

$$U_1 = I \cdot R_1$$

Der Strom I fließt auch durch den Widerstand R2. Daher tritt an R2 die Spannung U_2 auf:

$$U_2 = I \cdot R_2$$

Bei einer Reihenschaltung von zwei Widerständen wird die Gesamtspannung U_{ges} also aufgeteilt in zwei Teilspannungen U_1 und U_2:

$$U_{ges} = U_1 + U_2$$

Beispiel

In einem Stromkreis entsprechend Bild 4.10 sind die Widerstände $R_1 = 1\ \text{k}\Omega$ und $R_2 = 470\ \Omega$ an eine Spannungsquelle angeschlossen. An R1 wird eine Spannung $U_1 = 10$ V gemessen.
Wie groß sind der Strom I, die Spannung U_2 und die Gesamtspannung U_{ges}?

$$I = \frac{U_1}{R_1} = \frac{10 \text{ V}}{1 \cdot 10^3\ \Omega} = 10 \cdot 10^{-3} \text{ A} = 10 \text{ mA}$$

$$U_2 = I \cdot R_2 = 10 \cdot 10^{-3} \text{ A} \cdot 470\ \Omega = 4700 \cdot 10^{-3} \text{ V} = 4{,}7 \text{ V}$$

$$U_{ges} = U_1 + U_2 = 10 \text{ V} + 4{,}7 \text{ V} = 14{,}7 \text{ V}$$

Wenn in einem erweiterten Stromkreis die Gesamtspannung und der fließende Strom bekannt sind, so läßt sich mit Hilfe des Ohmschen Gesetzes der vorhandene Gesamtwiderstand R_{ges} berechnen.

$$R_{ges} = \frac{U_{ges}}{I}$$

Beispiel

In einem Stromkreis nach Bild 4.11 sind die Widerstände $R_1 = 1\ \text{k}\Omega$ und $R_2 = 470\ \Omega$ in Reihe geschaltet und an eine Spannung $U_{ges} = 14{,}7\ \text{V}$ angeschlossen. Dabei fließt ein Strom $I = 10\ \text{mA}$. Wie groß ist der Ersatzwiderstand dieser Schaltung?

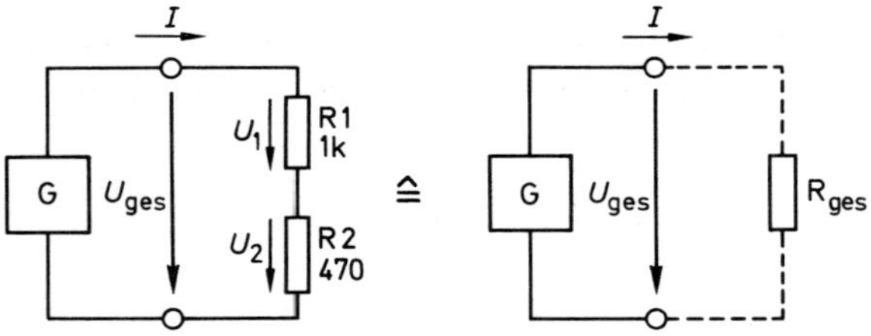

Bild 4.11 Reihenschaltung von zwei Widerständen und Ersatzwiderstand

$$R_{ges} = \frac{U_{ges}}{I} = \frac{14{,}7\ \text{V}}{10 \cdot 10^{-3}\ \text{A}} = 1{,}47 \cdot 10^{3}\ \Omega\ = 1{,}47\ \text{k}\Omega$$

Der Gesamtwiderstand von zwei in Reihe geschalteten Widerständen läßt sich auch auf folgendem Wege berechnen:

$$R_{ges} = \frac{U_{ges}}{I} = \frac{U_1 + U_2}{I} = \frac{U_1}{I} + \frac{U_2}{I}$$

$$R_{ges} = R_1 + R_2$$

Diese Formel besagt, daß bei einer Reihenschaltung von zwei Widerständen der Gesamtwiderstand gleich der Summe aus den Einzelwiderständen ist.

Beispiel

In einem Stromkreis nach Bild 4.11 sind die Widerstände $R_1 = 1\ \text{k}\Omega$ und $R_2 = 470\ \Omega$ in Reihe geschaltet.
Wie groß ist der Gesamtwiderstand?

$$R_{ges} = R_1 + R_2 = 1000\ \Omega + 470\ \Omega$$
$$R_{ges} = 1470\ \Omega\ = 1{,}47\ \text{k}\Omega$$

Dieser einfache Rechenweg liefert das gleiche Ergebnis wie die Berechnung des Gesamtwiderstandes im vorhergehenden Beispiel.

Werden Widerstände von einem Strom durchflossen, so tritt eine Verlustleistung P auf.

$$P = U \cdot I.$$

Sind zwei Widerstände R1 und R2 in Reihe geschaltet und an eine Spannungsquelle mit der Spannung U_{ges} angeschlossen, so fließt der Strom I durch beide Widerstände. Dadurch ergeben sich die Teilspannungen U_1 und U_2. Für die in den Widerständen auftretenden Verlustleistungen gilt:

$$P_1 = U_1 \cdot I$$
$$P_2 = U_2 \cdot I$$

Die Gesamtverlustleistung ergibt sich entweder aus der Summe der Verlustleistungen

$$P_{ges} = P_1 + P_2$$

oder aus der anliegenden Gesamtspannung U_{ges} und dem Strom I.

$$P_{ges} = U_{ges} \cdot I$$

Ist der Gesamtwiderstand R_{ges} bekannt, so läßt sich die Gesamtverlustleistung P_{ges} auch mit den Formeln

$$P_{ges} = I^2 \cdot R_{ges} = \frac{U_{ges}^2}{R_{ges}}$$

berechnen.

Beispiel

In einem Stromkreis nach **Bild 4.11** sind die Widerstände $R_1 = 1\ \text{k}\Omega$ und $R_2 = 470\ \Omega$ in Reihe geschaltet. Dabei fließt ein Strom $I = 10$ mA.
Wie groß sind die Verlustleistungen P_1 und P_2 sowie P_{ges}?

$$P_1 = U_1 \cdot I = I^2 \cdot R_1$$
$$= (10 \cdot 10^{-3}\ \text{A})^2 \cdot 1 \cdot 10^3\ \Omega$$
$$P_1 = 100 \cdot 10^{-3}\ \text{W} = 100\ \text{mW}$$
$$P_2 = U_2 \cdot I = I^2 \cdot R_2$$
$$= (10 \cdot 10^{-3}\ \text{A})^2 \cdot 0{,}47 \cdot 10^3\ \Omega$$
$$P_2 = 0{,}47 \cdot 10^{-3}\ \text{W} = 47\ \text{mW}$$
$$P_{ges} = P_1 + P_2 = 100\ \text{mW} + 47\ \text{mW}$$
$$P_{ges} = 147\ \text{mW}$$

Kontrolle:

$$R_{ges} = R_1 + R_2 = 1{,}47\ \text{k}\Omega$$
$$P_{ges} = I^2 \cdot R_{ges} = (10 \cdot 10^{-3}\ \text{A})^2 \cdot 1{,}47 \cdot 10^3\ \Omega$$
$$P_{ges} = 147\ \text{mW}$$

In der Tabelle nach **Bild 4.12** sind die wichtigsten Formeln für die Reihenschaltung von zwei Widerständen zusammengefaßt.

Gesamtspannung	U_{ges}	$U_{ges} = U_1 + U_2$
Gesamtstrom	I_{ges}	$I_{ges} = I$
Gesamtleistung	P_{ges}	$P_{ges} = P_1 + P_2$
Gesamtwiderstand	R_{ges}	$R_{ges} = R_1 + R_2$
Gesamtleitwert	G_{ges}	$\frac{1}{G_{ges}} = \frac{1}{G_1} + \frac{1}{G_2}$

Bild 4.12 Formeln für den erweiterten Stromkreis mit Reihenschaltung von zwei Widerständen

Für die Berechnung einer Reihenschaltung von zwei Widerständen sind folgende Zusammenhänge oft hilfreich:

$$\frac{R_1}{R_2} = \frac{U_1}{U_2} \quad \text{und} \quad \frac{R_1}{R_2} = \frac{P_1}{P_2}$$

Diese Verhältnisgleichungen besagen, daß sich bei einer Reihenschaltung die Teilspannungen und die Teilleistungen proportional zu den Widerstandswerten verhalten.

Beispiel

Die Widerstände $R_1 = 1\ \text{k}\Omega$ und $R_2 = 470\ \Omega$ sind in Reihe geschaltet und an eine Spannung $U = 14{,}7\ \text{V}$ angeschlossen.
In welchem Verhältnis stehen die Teilspannungen U_1 und U_2 sowie die Verlustleistungen P_1 und P_2 zueinander?

$$\frac{R_1}{R_2} = \frac{1000\ \Omega}{470\ \Omega} = \frac{2{,}128}{1} = \frac{U_1}{U_2} = \frac{P_1}{P_2}$$

Aus dieser Proportionalität ist zu erkennen, daß die Spannung U_1 bzw. die Verlustleistung P_1 um den Faktor 2,128 größer als U_2 bzw. P_2 sind.

Kontrolle:

$$U_1 = R_1 \cdot I = R_1 \cdot \frac{U_{ges}}{R_{ges}} = 1 \cdot 10^3\ \Omega \cdot \frac{14{,}7\ \text{V}}{1470\ \Omega} = 10\ \text{V}$$

$$U_2 = R_2 \cdot I = R_2 \cdot \frac{U_{ges}}{R_{ges}} = 0{,}47 \cdot 10^3\ \Omega \cdot \frac{14{,}7\ \text{V}}{1470\ \Omega} = 4{,}7\ \text{V}$$

$$\frac{U_1}{U_2} = \frac{10\ \text{V}}{4{,}7\ \text{V}} = \frac{2{,}128}{1}$$

4.3.2 Reihenschaltung von mehreren Widerständen

In **Bild 4.13** ist ein erweiterter Stromkreis mit beliebig vielen, in Reihe geschalteten Widerständen dargestellt.

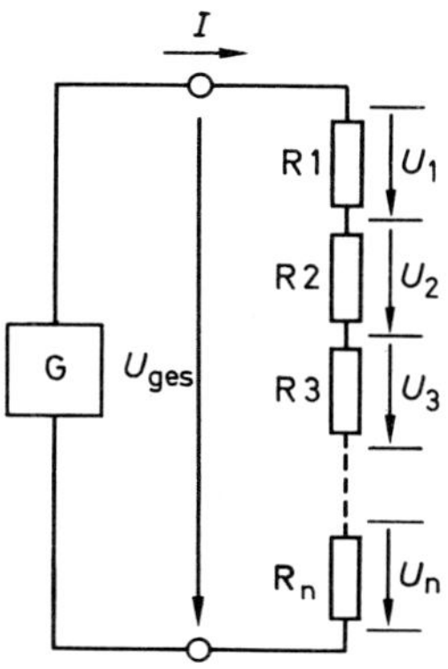

Bild 4.13 Reihenschaltung von mehreren Widerständen

Ausgehend von den Formeln für zwei in Reihe geschaltete Widerstände können diese Formeln auf beliebig viele in Reihe geschaltete Widerstände erweitert werden. Diese Formeln haben dann für die Reihenschaltung von Widerständen allgemeine Gültigkeit, da sie auch den Sonderfall mit zwei Widerständen erfassen. In der Tabelle nach **Bild 4.14** sind die entsprechenden Formeln zusammengefaßt.

Gesamtspannung	U_{ges}	$U_{ges} = U_1 + U_2 + U_3 \ldots + U_n$
Gesamtstrom	I_{ges}	$I_{ges} = I$
Gesamtleistung	P_{ges}	$P_{ges} = P_1 + P_2 + P_3 \ldots + P_n$
Gesamtwiderstand	R_{ges}	$R_{ges} = R_1 + R_2 + R_3 \ldots + R_n$
Gesamtleitwert	G_{ges}	$\frac{1}{G_{ges}} = \frac{1}{G_1} + \frac{1}{G_2} + \frac{1}{G_3} \ldots + \frac{1}{G_n}$

Bild 4.14 Formeln für den erweiterten Stromkreis mit Reihenschaltung von beliebig vielen Widerständen

Beispiel

In einem Stromkreis nach **Bild 4.15** sind fünf Widerstände $R_1 = 1{,}2\ \text{k}\Omega$, $R_2 = 1{,}2\ \text{k}\Omega$, $R_3 = 2{,}7\ \text{k}\Omega$, $R_4 = 680\ \Omega$ und $R_5 = 470\ \Omega$ in Reihe geschaltet und an eine sinusförmige Wechselspannung mit dem Effektivwert $U_{ges} = 100$ V angeschlossen.

Wie groß sind:

a) der Gesamtwiderstand R_{ges}
b) der Strom I
c) die Teilspannungen U_1, U_2, U_3, U_4 und U_5
d) die Verlustleistungen P_1, P_2, P_3, P_4 und P_5
e) die Gesamtverlustleistung P_{ges}

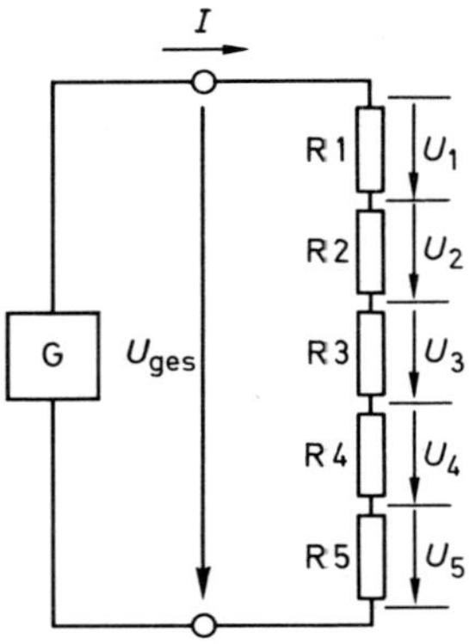

Bild 4.15 Schaltbild für einen erweiterten Stromkreis mit fünf in Reihe geschalteten Widerständen

a) $R_{ges} = R_1 + R_2 + R_3 + R_4 + R_5$

$= 1{,}2\ \text{k}\Omega + 1{,}2\ \text{k}\Omega + 2{,}7\ \text{k}\Omega + 0{,}680\ \text{k}\Omega + 0{,}470\ \text{k}\Omega$

$R_{ges} = 6{,}25\ \text{k}\Omega$

b) $I = \dfrac{U_{ges}}{R_{ges}} = \dfrac{100\ \text{V}}{6{,}25 \cdot 10^3\ \Omega} = 16 \cdot 10^{-3}\ \text{A}$

$I = 16\ \text{mA}$

c) $U_1 = I \cdot R_1 = 16 \cdot 10^{-3}\ \text{A} \cdot 1{,}2 \cdot 10^3\ \Omega = 19{,}2\ \text{V}$

$U_2 = I \cdot R_2 = 16 \cdot 10^{-3}\ \text{A} \cdot 1{,}2 \cdot 10^3\ \Omega = 19{,}2\ \text{V}$

$U_3 = I \cdot R_3 = 16 \cdot 10^{-3}\ \text{A} \cdot 2{,}7 \cdot 10^3\ \Omega = 43{,}2\ \text{V}$

$U_4 = I \cdot R_4 = 16 \cdot 10^{-3}\ \text{A} \cdot 0{,}68 \cdot 10^3\ \Omega = 10{,}88\ \text{V}$

$U_5 = I \cdot R_5 = 16 \cdot 10^{-3}\ \text{A} \cdot 0{,}47 \cdot 10^3\ \Omega = 7{,}52\ \text{V}$

Kontrolle

$U_{ges} = U_1 + U_2 + U_3 + U_4 + U_5$

$= 19{,}2\ \text{V} + 19{,}2\ \text{V} + 43{,}2\ \text{V} + 10{,}88\ \text{V} + 7{,}52\ \text{V}$

$U_{ges} = 100\ \text{V}$

d) $P_1 = I^2 \cdot R_1 = (16 \cdot 10^{-3}\ \text{A})^2 \cdot 1{,}2 \cdot 10^3\ \Omega = 307{,}2\ \text{mW}$

$P_2 = I^2 \cdot R_2 = (16 \cdot 10^{-3}\ \text{A})^2 \cdot 1{,}2 \cdot 10^3\ \Omega = 307{,}2\ \text{mW}$

$P_3 = I^2 \cdot R_3 = (16 \cdot 10^{-3}\ \text{A})^2 \cdot 2{,}7 \cdot 10^3\ \Omega = 691{,}2\ \text{mW}$

$P_4 = I^2 \cdot R_4 = (16 \cdot 10^{-3}\ \text{A})^2 \cdot 0{,}68 \cdot 10^3\ \Omega = 174{,}1\ \text{mW}$

$P_5 = I^2 \cdot R_5 = (16 \cdot 10^{-3}\ \text{A})^2 \cdot 0{,}47 \cdot 10^3\ \Omega = 120{,}3\ \text{mW}$

e) $P_{ges} = U_{ges} \cdot I = 100\ \text{V} \cdot 16 \cdot 10^{-3}\ \text{A}$

$P_{ges} = 1{,}6\ \text{W}$

Kontrolle

$P_{ges} = P_1 + P_2 + P_3 + P_4 + P_5$

$= 307{,}2\ \text{mW} + 307{,}2\ \text{mW} + 691{,}2\ \text{mW} + 174{,}1\ \text{mW} + 120{,}3\ \text{mW}$

$P_{ges} = 1600\ \text{mW}$

$P_{ges} = 1{,}6\ \text{W}$

4.3.3 2. Kirchhoffsches Gesetz

Das 2. Kirchhoffsche Gesetz lautet:
»In einem geschlossenen Stromkreis ist die Summe aller Spannungen von Spannungsquellen gleich der Summe aller Spannungsabfälle an den Verbrauchern«.
Dieses 2. Kirchhoffsche Gesetz liefert somit eine Aussage für die Reihenschaltung von Spannungsquellen und Widerständen.
Bild 4.16 zeigt einen geschlossenen Stromkreis, bei dem zwei Spannungsquellen G1 und G2 sowie drei Widerstände R1, R2 und R3 in Reihe geschaltet sind.

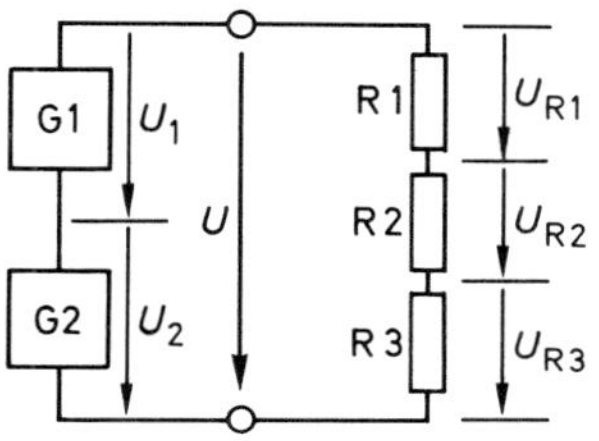

Bild 4.16 Reihenschaltung von Spannungsquellen und Widerständen

Auf der linken Seite des Schaltbildes 4.16 sind die beiden Spannungsquellen G1 und G2 mit den Spannungen U_1 und U_2 in Reihe geschaltet. Sie liefern die Gesamtspannung U, die an den Klemmen der Zusammenschaltung auftritt. Hierfür gilt:

$$U = U_1 + U_2 \, .$$

Auf der rechten Seite des Schaltbildes 4.16 sind als Verbraucher drei Widerstände in Reihe geschaltet. Es fließt ein Strom I, der die Spannungsabfälle U_{R1}, U_{R2} und U_{R3} an den Widerständen R1, R2 und R3 bewirkt. Nach dem 2. Kirchhoffschen Gesetz kann für den geschlossenen Stromkreis nach Bild 4.16 folgende Gleichung aufgestellt werden:

$$U_1 + U_2 = U_{R1} + U_{R2} + U_{R3} \, .$$

Sind vier dieser Größen bekannt, so läßt sich die fünfte durch Umstellung der Gleichung berechnen. Auch hier gilt wieder, daß die Spannungsrichtung der unbekannten Größe zunächst willkürlich angenommen werden kann. Liefert die Berechnung einen negativen Wert, so ist die tatsächliche Polarität der Spannung umgekehrt.

Beispiel

Für einen geschlossenen Stromkreis entsprechend Bild 4.16 sind die Spannungen $U_1 = 10$ V, $U_2 = 5$ V, $U_{R1} = 3$ V und $U_{R3} = 10$ V bekannt.
Welchen Wert und welche Richtung hat U_{R2}?
Nach dem 2. Kirchhoffschen Gesetz gilt:

$$\begin{aligned} U_{R2} &= U_1 + U_2 - U_{R1} - U_{R3} \\ &= 10\text{ V} + 5\text{ V} - 3\text{ V} - 10\text{ V} \\ U_{R2} &= 2\text{ V} \end{aligned}$$

Da kein negativer Wert auftritt, war die Annahme der Spannungsrichtung richtig.

Das 2. Kirchhoffsche Gesetz kann auf beliebig viele Spannungsquellen und Verbraucher erweitert werden und ist dann formelmäßig ganz allgemein gültig:

Spannungsquellen		Verbraucher
$U_1 + U_2 \ldots + U_n$	$=$	$U_{R1} + U_{R2} \ldots + U_{Rn}$

4.4 Gemischte Schaltungen

In der Elektronik sind häufig Kombinationen von Reihen- und Parallelschaltungen erforderlich. Sie werden als *gemischte Schaltungen* oder *Widerstandsnetzwerke* bezeichnet. **Bild 4.17** zeigt eine einfache gemischte Schaltung, bei der die Widerstände R1 und R2 in Reihe und die Widerstände R2 mit R3 parallelgeschaltet sind. Eine derartige Schaltung kann als belasteter Spannungsteiler betrachtet werden.

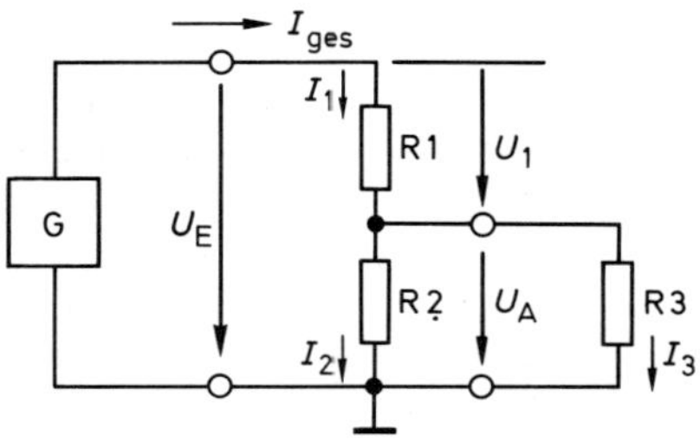

Bild 4.17 Gemischte Schaltung

4.4.1 Unbelastete Spannungsteiler

Bei den unbelasteten Spannungsteilern handelt es sich noch um Reihenschaltungen von Widerständen. Beim praktischen Einsatz in Schaltungen tritt aber stets eine Belastung dieser Spannungsteiler auf, so daß dann gemischte Schaltungen vorliegen. Um die Eigenschaften von Spannungsteilern besser erläutern zu können, werden zunächst nur unbelastete Spannungsteiler betrachtet.

4.4.1.1 Unbelastete Spannungsteiler mit Festwiderständen

Mit Hilfe einer Reihenschaltung von Widerständen kann die Spannung einer Spannungsquelle auf beliebig kleinere Werte heruntergeteilt werden. In **Bild 4.18** sind ein Spannungsteiler für eine Teilspannung sowie ein Spannungsteiler für drei Teilspannungen dargestellt.

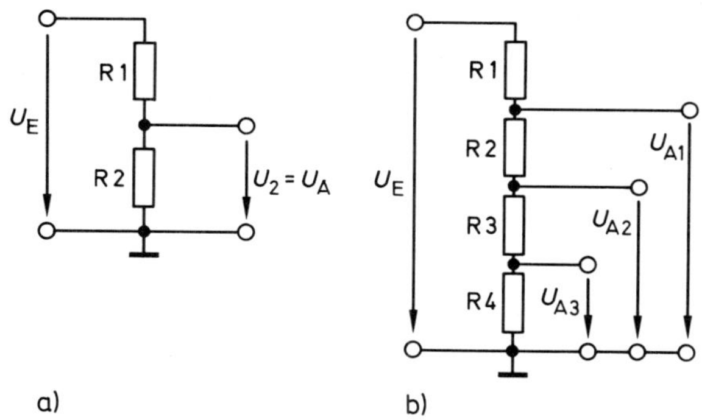

Bild 4.18 Spannungsteiler mit Festwiderständen

Die Spannungen verhalten sich wie die Widerstände, so daß bei einer Reihenschaltung die Verhältnisgleichung

$$\frac{U_1}{U_2} = \frac{R_1}{R_2}$$

aufgestellt werden kann. Dieser Sachverhalt gilt auch für das Verhältnis einer Teilspannung zur Gesamtspannung. Für die Schaltung nach Bild 4.18a gilt:

$$\frac{U_A}{U_E} = \frac{R_2}{R_1 + R_2}$$

Diese Gleichung besagt, daß sich bei einem Spannungsteiler eine Teilspannung zur Gesamtspannung verhält wie der zugehörige Teilwiderstand zum Gesamtwiderstand. Wird die Gleichung nach U_A aufgelöst, so ergibt sich:

$$U_A = U_E \cdot \frac{R_2}{R_1 + R_2}$$

Mit Hilfe dieser Gleichung kann bei vorgegebenen Widerstandswerten für R1 und R2 die Ausgangsspannung U_A berechnet werden. Zu erkennen ist aus dieser Gleichung auch, daß bei vorgegebenen Widerständen jede beliebige Eingangsspannung U_E immer im gleichen Verhältnis herabgeteilt wird.
Für die Schaltung nach Bild 4.18b lassen sich folgende Gleichungen aufstellen:

$$U_{A1} = U_E \cdot \frac{R_2 + R_3 + R_4}{R_1 + R_2 + R_3 + R_4} = U_E \cdot \frac{R_2 + R_3 + R_4}{R_{ges}}$$

$$U_{A2} = U_E \cdot \frac{R_3 + R_4}{R_1 + R_2 + R_3 + R_4} = U_E \cdot \frac{R_3 + R_4}{R_{ges}}$$

$$U_{A3} = U_E \cdot \frac{R_4}{R_1 + R_2 + R_3 + R_4} = U_E \cdot \frac{R_4}{R_{ges}}$$

Beispiel

Ein Spannungsteiler ist entsprechend Bild 4.18b mit den Widerständen $R_1 = 1\ \text{k}\Omega$, $R_2 = 2{,}2\ \text{k}\Omega$, $R_3 = 3{,}3\ \text{k}\Omega$ und $R_4 = 4{,}7\ \text{k}\Omega$ aufgebaut. Er wird an eine Eingangsspannung $U_E = 10$ V angeschlossen.
Wie groß sind die Spannungen U_{A1}, U_{A2} und U_{A3}?

$$R_{ges} = R_1 + R_2 + R_3 + R_4 = 1\ \text{k}\Omega + 2{,}2\ \text{k}\Omega + 3{,}3\ \text{k}\Omega + 4{,}7\ \text{k}\Omega$$
$$R_{ges} = 11{,}2\ \text{k}\Omega$$

$$U_{A1} = U_E \cdot \frac{R_2 + R_3 + R_4}{R_{ges}} = 10\ \text{V} \cdot \frac{2{,}2\ \text{k}\Omega + 3{,}3\ \text{k}\Omega + 4{,}7\ \text{k}\Omega}{11{,}2\ \text{k}\Omega} = 10\ \text{V} \cdot \frac{10{,}2\ \text{k}\Omega}{11{,}2\ \text{k}\Omega}$$

$$U_{A1} = 9{,}1\ \text{V}$$

$$U_{A2} = U_E \cdot \frac{R_3 + R_4}{R_{ges}} = 10\ \text{V} \cdot \frac{3{,}3\ \text{k}\Omega + 4{,}7\ \text{k}\Omega}{11{,}2\ \text{k}\Omega} = 10\ \text{V} \cdot \frac{8\ \text{k}\Omega}{11{,}2\ \text{k}\Omega}$$

$$U_{A2} = 7{,}14\ \text{V}$$

$$U_{A3} = U_E \cdot \frac{R_4}{R_{ges}} = 10\ \text{V} \cdot \frac{4{,}7\ \text{k}\Omega}{11{,}2\ \text{k}\Omega}$$

$$U_{A3} = 4{,}2\ \text{V}$$

Häufig ist die Aufgabe gestellt, eine vorhandene Spannung auf einen bestimmten Spannungswert herunterzuteilen. Die Berechnung der hierfür erforderlichen Widerstandswerte kann mit den vorher angegebenen Formeln erfolgen.

Beispiel

Für den Betrieb einer elektronischen Schaltung ist eine Wechselspannung $U_A = 4$ V erforderlich. Zur Verfügung steht nur eine Wechselspannung $U_E = 12{,}6$ V.
Welchen Wert muß der Widerstand R1 des Spannungsteilers nach **Bild 4.19** haben, damit eine derartige Spannungsteilung erreicht wird?

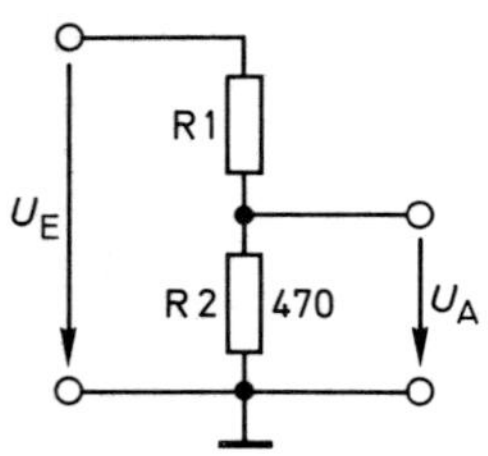

Bild 4.19 Spannungsteiler

$$\frac{U_A}{U_E} = \frac{R_2}{R_1 + R_2}$$

Diese Gleichung muß nach R_1 aufgelöst werden:

$$R_1 + R_2 = \frac{U_E}{U_A} \cdot R_2$$

$$R_1 = \frac{U_E}{U_A} \cdot R_2 - R_2$$

$$= \frac{12{,}6\ \text{V}}{4\ \text{V}} \cdot 470\ \Omega - 470\ \Omega$$

$$R_1 = 1010{,}5\ \Omega$$

Da es in den gebräuchlichen Normreihen E12 und E24 keine Widerstände mit dem Widerstandswert 1010,5 Ω gibt, muß für R1 ein Widerstand mit dem nächstliegenden Wert $R = 1\ \text{k}\Omega$ verwendet werden. Hierdurch ergibt sich dann eine geringfügige Abweichung von der gewünschten Ausgangsspannung.

Kontrolle

$$U_A = U_E \cdot \frac{R_2}{R_1 + R_2} = 12{,}6\ \text{V} \cdot \frac{470}{1470}$$

$$U_A = 4{,}03\ \text{V}$$

Die geringfügige Abweichung von 30 mV ist bei diesem Spannungsteiler durchaus vertretbar. Sie liegt ohnehin in dem Toleranzbereich, der durch die Verwendung von Normwiderständen vorgezeichnet ist.

4.4.1.2 Unbelastete Spannungsteiler mit veränderbaren Widerständen

Mit Festwiderständen lassen sich Spannungen nur stufenweise in größeren Schritten herunterteilen. Durch die Verwendung von veränderbaren Widerständen, die auch als Potentiometer bezeichnet werden, ist jedoch auch eine kontinuierlich veränderbare Spannungsteilung möglich. **Bild 4.20** zeigt einen Spannungsteiler mit Potentiometer und seine Ersatzschaltung.

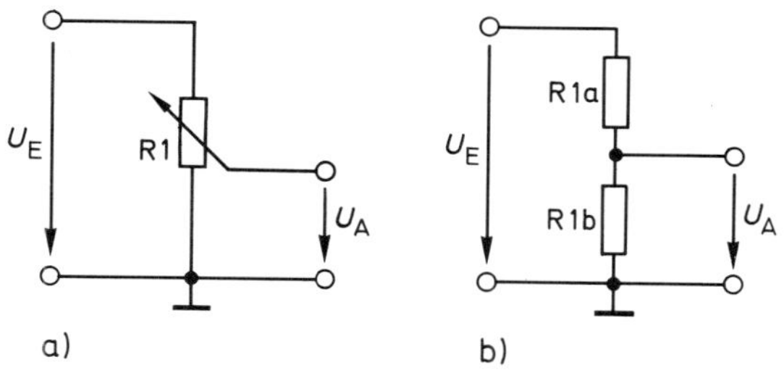

Bild 4.20 Unbelasteter Spannungsteiler mit veränderbarem Widerstand und seine Ersatzschaltung

Mit einer Schaltung nach Bild 4.20a ist es möglich, die Ausgangsspannung U_A zwischen $U_A = 0$ V und $U_A = U_E$ zu verändern. Bild 4.20b zeigt die zugehörige Ersatzschaltung, bei der der veränderbare Widerstand R1 in zwei Festwiderstände R1a und R1b aufgeteilt ist.

Je nach Schleiferstellung des Potentiometers ergibt sich ein anderes Verhältnis von R1a zu R1b und damit auch eine andere Ausgangsspannung U_A. **Bild 4.21** zeigt die normierte Einstellkurve eines Potentiometers.

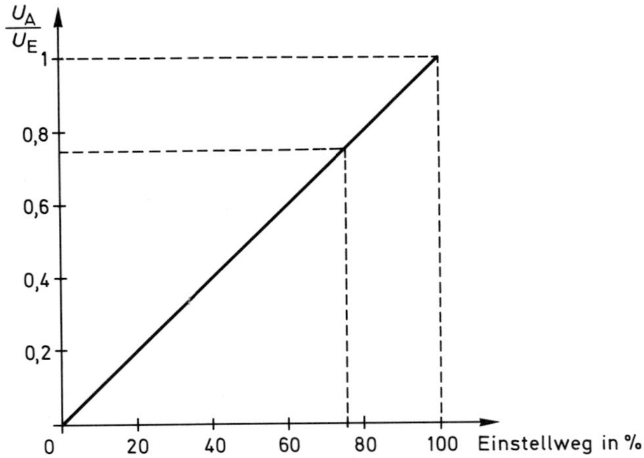

Bild 4.21 Normierte Einstellkurve eines Potentiometers

Bei der Einstellkurve nach Bild 4.21 sind in y-Richtung nicht die Ausgangsspannung U_A, sondern das Verhältnis von U_A / U_E und in x-Richtung nicht der Drehwinkel, sondern der Einstellweg in % aufgetragen. Eine solche Darstellung wird als *normierte Kennlinie* bezeichnet. Sie hat den Vorteil, daß sie für alle Widerstandswerte und alle Drehwinkel bzw. Einstellwege Gültigkeit hat. Unabhängig davon, welche Eingangsspannung wirklich vorliegt, ist der Quotient 0, wenn die Ausgangsspannung $U_A = 0$ V beträgt. Der Quotient U_A / U_E ist dagegen immer gleich 1, wenn $U_A = U_E$.

Beispiel

An ein Potentiometer nach Bild 4.21 mit $R = 1$ kΩ wird eine Eingangsspannung $U_E = 42$ V angelegt. Wie groß ist die Ausgangsspannung U_A, wenn das Potentiometer auf 75 % des Einstellweges eingestellt ist?

Aus dem Diagramm nach Bild 4.21 kann abgelesen werden, daß $\frac{U_A}{U_E} = 0{,}75$ beträgt. Damit wird

$$U_A = 0{,}75 \cdot U_E = 0{,}75 \cdot 42 \text{ V}$$
$$U_A = 31{,}5 \text{ V}$$

Diese Ausgangsspannung tritt auch auf, wenn ein Potentiometer mit einem anderen Widerstandswert verwendet wird.

In vielen Fällen ist es aber nicht notwendig, eine Ausgangsspannung im gesamten Bereich der Eingangsspannung zu verändern. Dann besteht die Möglichkeit, durch Reihenschaltung von Festwiderständen bestimmte Einstellbereiche festzulegen. **Bild 4.22** zeigt die drei Möglichkeiten.

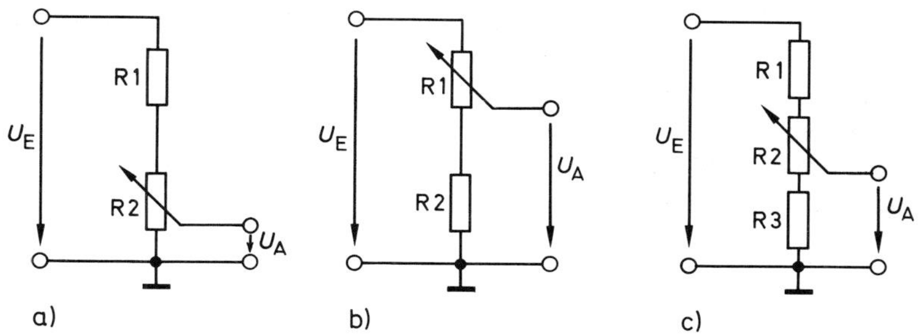

Bild 4.22 Schaltungsmöglichkeiten für Spannungsteiler mit veränderbaren Widerständen

Bei einer Schaltung nach Bild 4.22a kann die Ausgangsspannung von $U_A = 0$ V bis zu einem bestimmten Wert $U_A < U_E$ eingestellt werden. Bei der Schaltung nach Bild 4.22b läßt sich die Ausgangsspannung im Bereich von $U_A = U_E$ bis zu einem bestimmten Wert $U_A > 0$ V verändern. Mit der Schaltung nach Bild 4.22c kann die Ausgangsspannung zwischen zwei bestimmten Werten verändert werden. Die Einstellung von $U_A = 0$ V und $U_A = U_E$ ist hier aber nicht möglich.

Beispiel

In einen Spannungsteiler nach Bild 4.22c sind die Widerstände $R_1 = 1$ kΩ, $R_2 = 4{,}7$ kΩ und $R_3 = 2{,}2$ kΩ eingesetzt.
Wie groß sind die Spannungsabfälle an den drei Widerständen und in welchem Bereich läßt sich die Ausgangsspannung U_A verändern, wenn die Eingangsspannung $U_E = 10$ V beträgt?

$$U_{R1} = U_E \cdot \frac{R_1}{R_1 + R_2 + R_3} = 10\ \text{V} \cdot \frac{1\ \text{k}\Omega}{1\ \text{k}\Omega + 4{,}7\ \text{k}\Omega + 2{,}2\ \text{k}\Omega} = 10\ \text{V} \cdot \frac{1\ \text{k}\Omega}{7{,}9\ \text{k}\Omega}$$

$$U_{R1} = 1{,}27\ \text{V}$$

$$U_{R2} = U_E \cdot \frac{R_2}{R_1 + R_2 + R_3} = 10\ \text{V} \cdot \frac{4{,}7\ \text{k}\Omega}{7{,}9\ \text{k}\Omega}$$

$$U_{R2} = 5{,}95\ \text{V}$$

$$U_{R3} = U_E \cdot \frac{R_3}{R_1 + R_2 + R_3} = 10\ \text{V} \cdot \frac{2{,}2\ \text{k}\Omega}{7{,}9\ \text{k}\Omega}$$

$$U_{R3} = 2{,}78\ \text{V}$$

Kontrolle

$$U_E = U_{R1} + U_{R2} + U_{R3} = 1{,}27\ \text{V} + 5{,}95\ \text{V} + 2{,}78\ \text{V}$$
$$U_E = 10\ \text{V}$$

Der Einstellbereich der Ausgangsspannung liegt zwischen

$$U_{A\,min} = U_{R3} = 2{,}78\ \text{V} \quad \text{und}$$
$$U_{A\,max} = U_{R3} + U_{R2} = 2{,}78\ \text{V} + 5{,}95\ \text{V} = 8{,}73\ \text{V}.$$

Durch entsprechende Wahl der Widerstandswerte für die Spannungsteiler nach Bild 4.22 läßt sich jeder beliebige Einstellbereich der Ausgangsspannung festlegen. Bei den Spannungsteilern nach Bild 4.22 ist der Gesamtwiderstand unabhängig von der Schleiferstellung des Potentiometers stets gleich groß. In der Elektronik werden oft aber auch Spannungsteiler nach **Bild 4.23** eingesetzt. Hier ändert sich der Gesamtwiderstand in Abhängigkeit von der Einstellung des Potentiometers.

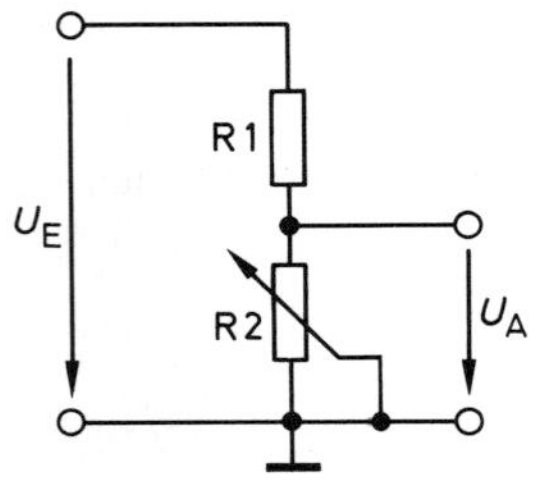

Bild 4.23 Spannungsteiler mit Potentiometer

Für den Spannungsteiler nach Bild 4.23 gilt:

$$\frac{U_{A\,max}}{U_E} = \frac{R_2}{R_1 + R_2}$$

oder

$$U_{A\,max} = U_E \cdot \frac{R_2}{R_1 + R_2}$$

Die minimale Ausgangsspannung $U_{A\,min}$ tritt auf, wenn der Widerstand R2 vollständig überbrückt ist, also $R_2 = 0\ \Omega$.

$$\frac{U_{A\,min}}{U_E} = \frac{0\ \Omega}{R_1}$$

$$U_{A\,min} = 0\ V$$

Zu beachten ist bei einem Spannungsteiler nach Bild 4.23, daß sich die in den Widerständen R1 und R2 auftretenden Verlustleistungen mit der Einstellung des Potentiometers ändern.

Beispiel

Ein Spannungsteiler nach Bild 4.23 ist mit den Widerständen $R_1 = 1{,}2\ k\Omega$ und $R_2 = 2{,}2\ k\Omega$ aufgebaut. Er wird an eine Eingangsspannung $U_E = 150\ V$ angeschlossen.

a) In welchem Bereich läßt dich die Ausgangsspannung verändern?
b) Welche Verlustleistungen treten in den Widerständen R1 und R2 auf, wenn das Potentiometer auf $R_2 = 2{,}2\ k\Omega$, $R_2 = 1\ k\Omega$, $R_2 = 100\ \Omega$ und $R_2 = 0\ \Omega$ eingestellt ist.

a) $U_{A\,min} = U_E \cdot \dfrac{0\ \Omega}{R_1} = 0\ V$

$$U_{A\,max} = U_E \cdot \frac{R_2}{R_1 + R_2} = 150\ V \cdot \frac{2{,}2\ k\Omega}{1{,}2\ k\Omega + 2{,}2\ k\Omega} = 150\ V \cdot \frac{2{,}2\ k\Omega}{3{,}4\ k\Omega}$$

$$U_{A\,max} = 97{,}06\ V$$

b) Die Berechnung für die vier Potentiometerstellungen erfolgt mit der Formel $P = I^2 \cdot R$ und wird am übersichtlichsten in Tabellenform **(Bild 4.24)** zusammengefaßt.

R_1	1200 Ω	1200 Ω	1200 Ω	1200 Ω
R_2	2200 Ω	1000 Ω	100 Ω	0 Ω
R_{ges}	3400 Ω	2200 Ω	1300 Ω	1200 Ω
I	$44{,}1 \cdot 10^{-3}$ A	$68{,}2 \cdot 10^{-3}$ A	$115{,}4 \cdot 10^{-3}$ A	$125 \cdot 10^{-3}$ A
P_1	2,3 W	5,6 W	16 W	18,8 W
P_2	4,3 W	4,7 W	1,3 W	0 W

Bild 4.24 Wertetabelle zum Beispiel

In der Tabelle nach Bild 4.24 ist deutlich zu erkennen, wie sich die Verlustleistungen der Widerstände R1 und R2 in Abhängigkeit von der Einstellung des Potentiometers ändern. Aus diesen Werten ist zu ersehen, daß für R1 ein Drahtwiderstand mit bereits recht großen Abmessungen erforderlich ist. Auch der veränderbare Widerstand R2 kann nur als Drahtwiderstand ausgeführt sein.

4.4.2 Bauformen von veränderbaren Widerständen

Bei den veränderbaren Widerständen wird bezüglich ihrer Betätigung unterschieden zwischen Schiebewiderständen und Drehwiderständen. **Bild 4.25** zeigt beide Bauformen in der Ausführung als Drahtwiderstände für größere Verlustleistungen.

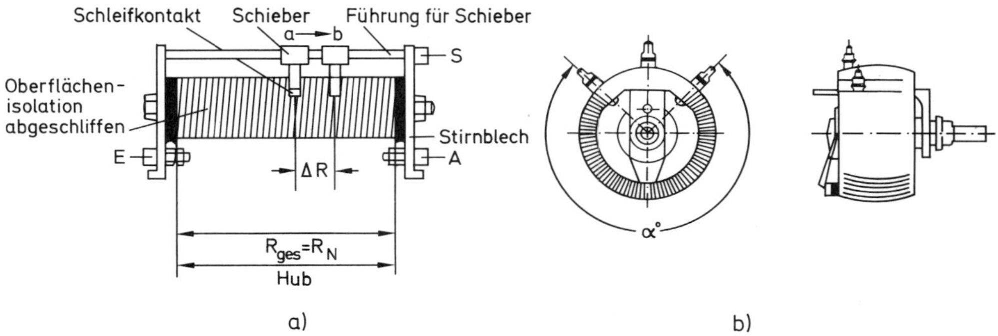

Bild 4.25 Bauformen von veränderbaren Drahtwiderständen

Bei dem veränderbaren Widerstand nach Bild 4.25a erfolgt die Einstellung des gewünschten Widerstandswertes durch eine lineare Verstellung des Schleifers. Eine derartige Ausführung wird auch Schiebewiderstand genannt. Bei der Ausführung nach Bild 4.25b wird die Einstellung durch eine Drehbewegung vorgenommen. Diese Ausführung wird als Potentiometer bezeichnet.

Veränderbare Widerstände in Drahtausführung für größere Leistungen werden in der Elektronik nur in Ausnahmefällen benötigt. Eingesetzt werden dagegen in großem Umfang Schichtwiderstände in Potentiometerausführung. Sie werden als Potentiometer (oder in Kurzform »Poti«) bezeichnet, wenn ihre Einstellung ohne Werkzeug von Hand erfolgen kann. Ist zu ihrer Einstellung ein Schraubendreher erforderlich, werden sie »Trimmer« genannt. Trimmer werden in elektronischen Schaltungen immer dann eingesetzt, wenn ihre Einstellung oder Veränderung nur durch den Fachmann oder Servicetechniker erfolgen soll. Ist eine Einstellung auch für den Bediener vorgesehen, z. B. die Lautstärkeeinstellung bei einem Rundfunkgerät, so erhält das Potentiometer einen Drehknopf und ist dann ohne besonderes Werkzeug einstellbar. In **Bild 4.26** sind verschiedene Bauformen von Trimmern und Potentiometern dargestellt.

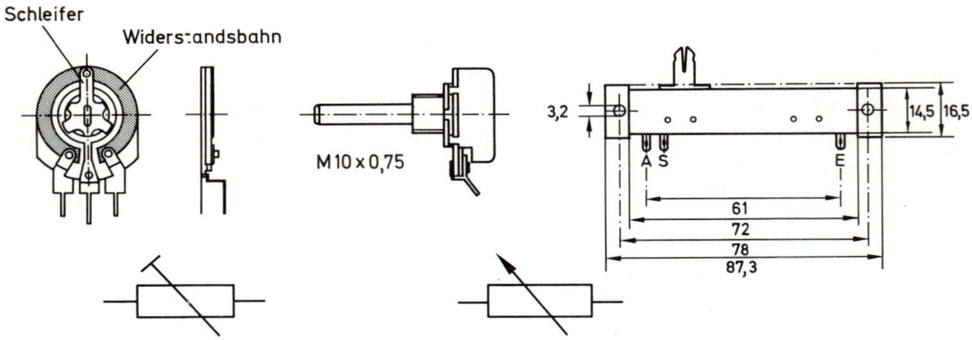

a) Trimmer b) Potentiometer

Bild 4.26 Bauformen und Schaltzeichen von Trimmern und Potentiometern

Die Widerstandsbahnen von Trimmern und Potentiometern bestehen wie bei den Festwiderständen aus einer Kohleschicht. Sie ist hier jedoch kreisförmig ausgeführt. Der Schleifer enthält ebenfalls einen kleinen Stift aus Kohle, der den Kontakt mit der Widerstandsbahn herstellt.

Potentiometer und Trimmer werden wie bei den Festwiderständen in Normreihen hergestellt. Die Stufung ist bei den veränderbaren Widerständen jedoch nicht so fein unterteilt. **Bild 4.27** zeigt die Nennwerte von Potentiometern und Trimmern. Üblich sind drei Werte je Dekade.

Nennwerte		Potentiometer
1 Ω	2,2 Ω	4,7 Ω
10 Ω	22 Ω	47 Ω
100 Ω	220 Ω	470 Ω
1 kΩ	2,2 kΩ	4,7 kΩ
10 kΩ	22 kΩ	47 kΩ
100 kΩ	220 kΩ	470 kΩ
1 MΩ	2,2 MΩ	4,7 MΩ
10 MΩ		

Bild 4.27 Nennwerte von Potentiometern und Trimmern

Anstelle der Stufungen 4,7; 47 und 470 sind in großem Umfang auch noch Stufungen mit den Werten 5; 50 und 500 zu finden. Lieferbar sind Schichtpotentiometer mit Widerstandswerten von etwa $R = 1\ \Omega$ bis etwa $R = 10\ \text{M}\Omega$.
Die Belastbarkeit wird bei Potentiometern stets bezogen auf den Nennwert angegeben. Sie gilt also für die gesamte Widerstandsbahn. Wird infolge der Einstellung des Schleifers nur ein Teil der Widerstandsbahn von Strom durchflossen, so darf die Belastung dieses Teiles den Nennwert der Belastbarkeit nicht überschreiten, d. h. der Strom in der Widerstandsbahn darf bei beliebiger Schleiferstellung nicht größer als $I_{max} = \sqrt{\frac{P_{Nenn}}{R_{Nenn}}}$ werden. Kohleschichtpotentiometer werden für Verlustleistungen von etwa 0,2 Watt bis 2 Watt gefertigt.

Beispiel

Ein Potentiometer mit $R = 10\ \text{k}\Omega$ soll an eine Spannung $U_E = 54{,}4$ V angeschlossen werden. Welche Verlustleistung muß das Potentiometer mindestens haben?

$$P = \frac{U^2}{R} = \frac{(54{,}4\ \text{V})^2}{10 \cdot 10^3\ \Omega} = 0{,}296\ \frac{\text{V}^2}{\Omega}$$

$$P_{min} \approx 0{,}3\ \text{W}$$

Potentiometer und Trimmer werden aber nicht nur mit linearen Widerstandskennlinien, sondern auch mit logarithmischen Kennlinien gefertigt. Bei ihnen folgt die Widerstandszunahme in Abhängigkeit vom Drehwinkel einem logarithmischen Gesetz. Steigt der Widerstand von der Nullstellung ausgehend zunächst nur langsam, mit zunehmendem Drehwinkel aber immer stärker an, so handelt es sich um eine positiv-logarithmische Kennlinie. Umgekehrt sind die Verhältnisse bei einer negativ-logarithmischen Kennlinie. **Bild 4.28** zeigt die verschiedenen Kennlinien für Potentiometer und Trimmer.

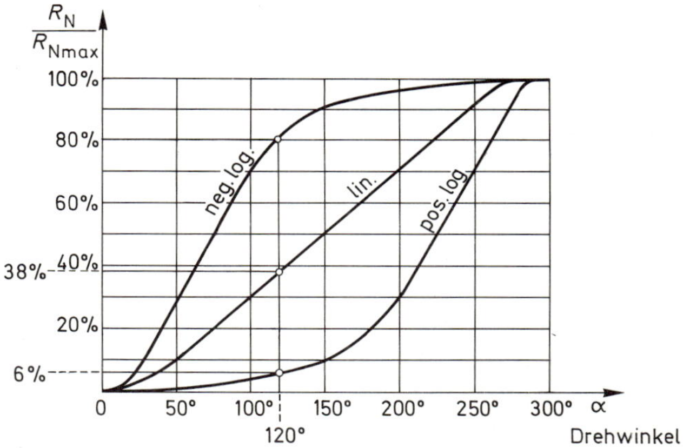

Bild 4.28 Kennlinien für Potentiometer und Trimmer

In dem Diagramm nach Bild 4.28 ist der Drehwinkel α in Grad auf der x-Achse aufgetragen. In y-Richtung ist dagegen das normierte Widerstandsverhältnis $R_N/R_{N\,max}$ in % angegeben. Dadurch hat dieses Diagramm für alle Nennwerte Gültigkeit.

Beispiel

Welche Widerstandswerte haben Potentiometer mit $R_{N\,max}$ = 10 kΩ mit linearer Kennlinie, neg-log-Kennlinie und pos-log-Kennlinie bei einem Drehwinkel von $\alpha = 120°$?

Aus dem Diagramm nach Bild 4.28 kann abgelesen werden

a) Potentiometer mit linearer Kennlinie
   $120° \mathrel{\hat{=}} 38\,\%$
   $R_{120°} = 0{,}38 \cdot 10\ \mathrm{k\Omega} = 3{,}8\ \mathrm{k\Omega}$

b) Potentiometer mit neg-log-Kennlinie
   $120° \mathrel{\hat{=}} 80\,\%$
   $R_{120°} = 0{,}8 \cdot 10\ \mathrm{k\Omega} = 8\ \mathrm{k\Omega}$

c) Potentiometer mit pos-log-Kennlinie
   $120° \mathrel{\hat{=}} 6\,\%$
   $R_{120°} = 0{,}06 \cdot 10\ \mathrm{k\Omega} = 600\ \Omega$

Bei manchen schaltungstechnischen Aufgaben muß der Teilwiderstand eines Potentiometers äußerst genau eingestellt werden. Hierfür wurden Spindelpotentiometer bzw. Spindeltrimmer entwickelt. **Bild 4.29** zeigt die Bauform eines Spindeltrimmers.

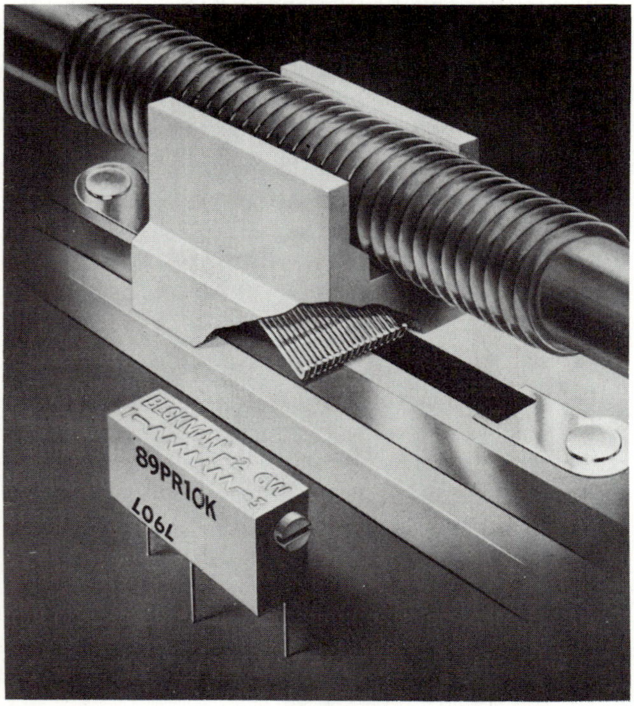

Bild 4.29 Spindeltrimmer

Bei dem Spindeltrimmer nach Bild 4.29 wird der Schleifer von einer Gewindespindel über die Widerstandsbahn geführt. Um den Schleifer über die Widerstandsbahn zu bewegen, sind dann je nach Ausführung der Spindel mehr oder weniger Umdrehungen erforderlich. Auf diese Weise lassen sich kleinste Verschiebungen des Schleifers auf der Kohlebahn erreichen und damit auch sehr genaue Einstellungen der gewünschten Widerstandswerte.

4.4.3 Belastete Spannungsteiler

Bei unbelasteten Spannungsteilern ist am Ausgang des Spannungsteilers kein Widerstand als Belastung angeschlossen. Es handelt sich hierbei um einen Idealfall, der in der Praxis nur selten auftritt. Bereits der Anschluß eines hochohmigen Meßinstrumentes zur Messung der Ausgangsspannung stellt eine Belastung des Spannungsteilers dar und führt zu einer Veränderung der Spannungs- und Stromverhältnisse.

4.4.3.1 Belasteter Spannungsteiler mit Festwiderständen

Bild 4.30 zeigt einen Spannungsteiler aus R1 und R2, an dessen Ausgang ein Widerstand R3 als Belastung angeschlossen ist.

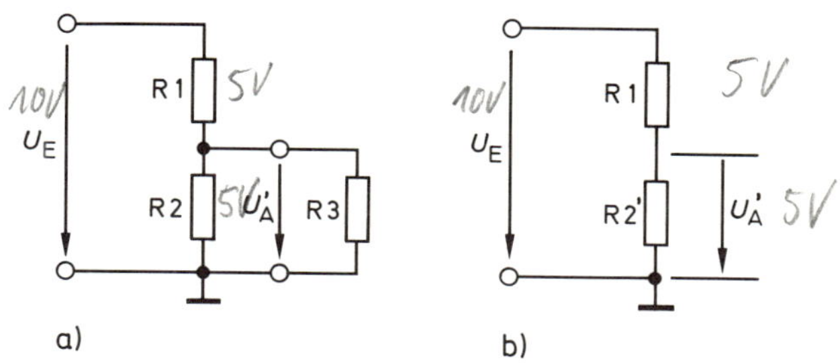

Bild 4.30 Belasteter Spannungsteiler und Ersatzschaltbild

Bei dem belasteten Spannungsteiler nach Bild 4.30 sind die Widerstände R2 und R3 parallelgeschaltet. Zu dieser Parallelschaltung liegt R1 in Reihe. Durch die Parallelschaltung von R3 ändert sich die Ausgangsspannung U_A gegenüber der Ausgangsspannung des unbelasteten Spannungsteilers. Sie wird in jedem Fall kleiner, weil auch der Ersatzwiderstand R_2' niederohmiger als R2 wird.

Für die Ausgangsspannung des unbelasteten Spannungsteilers gilt:

$$\frac{U_A}{U_E} = \frac{R_2}{R_1 + R_2} \longrightarrow U_A = U_E \cdot \frac{R_2}{R_1 + R_2}$$

Für die Ausgangsspannung des belasteten Spannungsteilers gilt:

$$\frac{U_A'}{U_E} = \frac{R_2'}{R_1 + R_2'} \longrightarrow U_A' = U_E \cdot \frac{R_2'}{R_1 + R_2'}$$

Der Widerstandswert von R_2' läßt sich nach den Gesetzen für die Parallelschaltung berechnen.

$$R_2' = R_2 \parallel R_3 = \frac{R_2 \cdot R_3}{R_2 + R_3}$$

Wird R_2' in die Gleichung für U_A' eingesetzt, so ergibt sich bereits eine recht komplizierte Formel.

$$U_A' = U_E \cdot \frac{\dfrac{R_2 \cdot R_3}{R_2 + R_3}}{R_1 + \dfrac{R_2 \cdot R_3}{R_2 + R_3}}$$

Es ist in solchen Fällen einfacher, zunächst R_2' zu berechnen und diesen Wert dann in die Gleichung für die Ausgangsspannung U_A' einzusetzen.

Beispiel

Ein Spannungsteiler nach Bild 4.30a ist mit den Widerständen $R_1 = R_2 = 1\ \text{k}\Omega$ aufgebaut. Er wird mit dem Widerstand $R_3 = 1\ \text{k}\Omega$ belastet.
Wie groß ist die Ausgangsspannung U_A des unbelasteten und die Ausgangsspannung U_A' des belasteten Spannungsteilers, wenn die Eingangsspannung $U_E = 10$ V beträgt?

a) **Unbelasteter Spannungsteiler**

$$U_A = U_E \cdot \frac{R_2}{R_1 + R_2} = 10\ \text{V} \cdot \frac{1\ \text{k}\Omega}{1\ \text{k}\Omega + 1\ \text{k}\Omega} = 10\ \text{V} \cdot \frac{1\ \text{k}\Omega}{2\ \text{k}\Omega}$$

$$U_A = 5\ \text{V}$$

b) **Belasteter Spannungsteiler**

$$R_2' = \frac{R_2 \cdot R_3}{R_2 + R_3} = \frac{1\ \text{k}\Omega \cdot 1\ \text{k}\Omega}{1\ \text{k}\Omega + 1\ \text{k}\Omega} = \frac{1 \cdot 10^6\ \Omega^2}{2 \cdot 10^3\ \Omega}$$

$$R_2' = 0{,}5 \cdot 10^3\ \Omega$$

$$U_A' = U_E \cdot \frac{R_2'}{R_1 + R_2'} = 10\ \text{V} \cdot \frac{0{,}5 \cdot 10^3\ \Omega}{1 \cdot 10^3\ \Omega + 0{,}5 \cdot 10^3\ \Omega} = 10\ \text{V} \cdot \frac{0{,}5 \cdot 10^3\ \Omega}{1{,}5 \cdot 10^3\ \Omega}$$

$$U_A' = 3{,}33\ \text{V}$$

Infolge der Belastung des Spannungsteilers sinkt die Ausgangsspannung von $U_A = 5$ V auf $U_A' = 3{,}33$ V ab.

Je kleiner bei einem Spannungsteiler nach Bild 4.30 das Verhältnis des Lastwiderstandes R3 zum Widerstand R2 ist, desto größer wird die Spannungsänderung infolge Belastung. Diese Zusammenhänge müssen unbedingt auch bei der Messung von Teilspannungen an einem Spannungsteiler beachtet werden, weil jedes Spannungsmeßgerät einen Innenwiderstand hat, mit dem der Spannungsteiler bei einer Messung belastet wird.

Beispiel

Die Ausgangsspannung U_A eines Spannungsteilers nach **Bild 4.31** wird nacheinander mit drei verschiedenen Spannungsmessern gemessen.
Welche Ausgangsspannungen U'_{A1}, U'_{A2} oder U'_{A3} werden angezeigt, wenn folgende Spannungsmesser
a) Elektronisches Vielfachmeßinstrument mit $R_i = 1\ \text{M}\Omega$
b) Hochohmiges Vielfachmeßinstrument mit $R_i = 100\ \text{k}\Omega$
c) Niederohmiges Vielfachmeßinstrument mit $R_i = 10\ \text{k}\Omega$
verwendet werden und wie groß sind die Meßfehler?

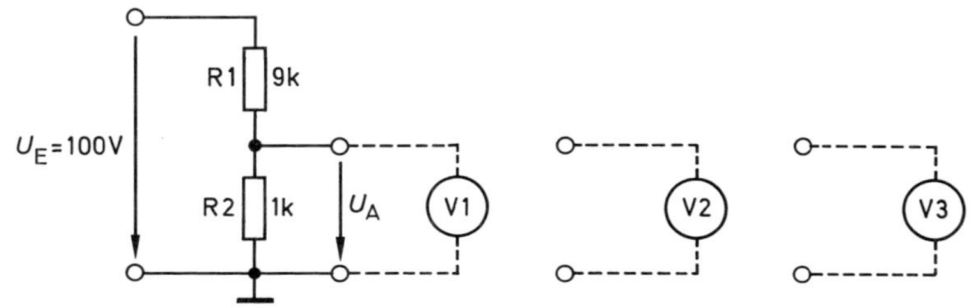

Bild 4.31 Schaltbild zum Rechenbeispiel

a) $$R'_2 = R_2 \parallel R_i = \frac{R_2 \cdot R_i}{R_2 + R_i} = \frac{1 \cdot 10^3\ \Omega \cdot 1 \cdot 10^6\ \Omega}{1 \cdot 10^3\ \Omega + 1000 \cdot 10^3\ \Omega} = \frac{1 \cdot 10^9\ \Omega^2}{1001 \cdot 10^3\ \Omega}$$

$$R'_2 = 999\ \Omega$$

$$U'_{A1} = U_E \cdot \frac{R'_2}{R'_2 + R_1} = 100\ \text{V} \cdot \frac{999\ \Omega}{9999\ \Omega}$$

$$U'_{A1} = 9{,}99\ \text{V}$$

b) $$R'_2 = R_2 \parallel R_i = \frac{1 \cdot 10^3\ \Omega \cdot 100 \cdot 10^3\ \Omega}{1 \cdot 10^3\ \Omega + 100 \cdot 10^3\ \Omega} = \frac{100 \cdot 10^6\ \Omega^2}{101 \cdot 10^3\ \Omega}$$

$$R'_2 = 990\ \Omega$$

$$U'_{A2} = U_E \cdot \frac{R'_2}{R'_2 + R_1} = 100\ \text{V} \cdot \frac{990\ \Omega}{9990\ \Omega}$$

$$U'_{A2} = 9{,}91\ \text{V}$$

c) $$R'_2 = R_2 \parallel R_i = \frac{1 \cdot 10^3\ \Omega \cdot 10 \cdot 10^3\ \Omega}{1 \cdot 10^3\ \Omega + 10 \cdot 10^3\ \Omega} = \frac{10 \cdot 10^6\ \Omega^2}{11 \cdot 10^3\ \Omega}$$

$$R'_2 = 909\ \Omega$$

$$U'_{A3} = U_E \cdot \frac{R'_2}{R'_2 + R_1} = 100\ \text{V} \cdot \frac{909\ \Omega}{9909\ \Omega}$$

$$U'_{A3} = 9{,}17\ \text{V}$$

Für den unbelasteten Spannungsteiler ergibt sich:

$$U_A = U_E \cdot \frac{R_2}{R_1 + R_2} = 100\ \text{V} \cdot \frac{1\ \text{k}\Omega}{10\ \text{k}\Omega}$$

$$U_A = 10\ \text{V}.$$

Die auftretenden Meßfehler werden entweder in Spannungswerten oder als prozentuale Meßfehler angegeben. Hierfür gilt:

$$\Delta U_A = U_A - U'_A \text{ in Volt bzw.}$$

$$\Delta U_A = \frac{U_A - U'_A}{U_A} \cdot 100 \text{ in } \%$$

Durch Verwendung von Spannungsmessern mit unterschiedlichen Innenwiderständen R_i treten folgende Meßfehler auf:

a) $\Delta U'_{A1} = U_A - U'_{A1} = 10\text{ V} - 9{,}99\text{ V} = 0{,}01\text{ V} = 10\text{ mV}$

oder

$$\Delta U'_{A1} = \frac{U_A - U'_{A1}}{U_A} \cdot 100 = \frac{0{,}01\text{ V}}{10\text{ V}} \cdot 100 = 0{,}1\,\%$$

b) $\Delta U'_{A2} = U_A - U'_{A2} = 10\text{ V} - 9{,}91\text{ V} = 0{,}09\text{ V} = 90\text{ mV}$

oder

$$\Delta U'_{A2} = \frac{U_A - U'_{A2}}{U_A} \cdot 100 = \frac{0{,}09\text{ V}}{10\text{ V}} \cdot 100 = 0{,}9\,\%$$

c) $\Delta U'_{A3} = U_A - U'_{A3} = 10\text{ V} - 9{,}17\text{ V} = 0{,}83\text{ V} = 830\text{ mV}$

oder

$$\Delta U'_{A3} = \frac{U_A - U'_{A3}}{U_A} \cdot 100 = \frac{0{,}830\text{ V}}{10\text{ V}} \cdot 100 = 8{,}3\,\%$$

Der Meßfehler im Fall c) ist mit 0,83 V ≙ 8,3 % bereits so groß, daß von einer Fehlmessung gesprochen werden muß.

Spannungsteiler werden häufig zur Erzeugung von Teilspannungen für den Betrieb elektronischer Bauelemente eingesetzt. Hier ist in den meisten Fällen nicht ein Lastwiderstand, sondern ein Laststrom I_{Last} bekannt, der sich in bestimmten Grenzen ändern kann. Dies entspricht dann einer Belastung mit unterschiedlichen Widerständen. Dabei soll die Teilspannung infolge der Stromänderungen nicht zu stark von dem erforderlichen Wert abweichen. Aus diesem Grunde wird der Querstrom I_q durch den Spannungsteiler etwa 10mal größer als der Laststrom I_{Last} gewählt.

$$I_q \approx 10 \cdot I_{Last}$$

In **Bild 4.32** ist ein derartiger Spannungsteiler dargestellt.

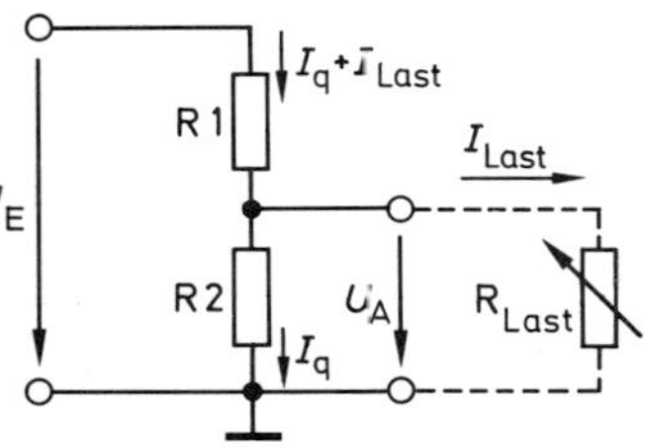

Bild 4.32 Spannungsteiler mit variablem Laststrom

Beispiel

Eine Eingangsspannung $U_E = 12$ V soll mit Hilfe eines Spannungsteilers entsprechend Bild 4.32 auf $U_A = 4$ V herabgesetzt werden. Die Belastung erfolgt durch einen Laststrom $I_{Last} = 4$ mA.

a) Welche Widerstände müssen für R1 und R2 gewählt werden, wenn $I_q \approx 10 \cdot I_{Last}$ werden soll?
b) In welchen Grenzen ändert sich die Ausgangsspannung U_A, wenn der Laststrom $I_{Last} = 4$ mA um $\pm$ 1 mA schwankt?

a) $I_q = 10 \cdot I_{Last} = 10 \cdot 4 \text{ mA} = 40 \text{ mA}$

$$R_2 = \frac{U_A}{I_q} = \frac{4 \text{ V}}{0{,}04 \text{ A}} = 100\ \Omega$$

$$P_2 = \frac{U_A^2}{R_2} = \frac{(4 \text{ V})^2}{100\ \Omega} = 0{,}16 \text{ W} = 160 \text{ mW}$$

Gewählt: $R_2 = 100\ \Omega / 0{,}2$ W (Normreihe E12)

$$R_1 = \frac{U_E - U_A}{I_q + I_{Last}} = \frac{12 \text{ V} - 4 \text{ V}}{0{,}04 \text{ A} + 0{,}004 \text{ A}} = \frac{8 \text{ V}}{0{,}044 \text{ A}} = 181\ \Omega$$

$$P_1 = \frac{U_{R1}^2}{R_1} = \frac{(8 \text{ V})^2}{181\ \Omega} = 0{,}354 \text{ W} = 354 \text{ mW}$$

Gewählt: $R_1 = 180\ \Omega / 0{,}5$ W (Normreihe E12)

Kontrolle

$$U_A = U_E - (I_q + I_{Last}) \cdot R_1$$
$$U_A = 12 \text{ V} - 0{,}044 \text{ A} \cdot 180\ \Omega = 12 \text{ V} - 7{,}92 \text{ V}$$
$$U_A = 4{,}08 \text{ V}$$

b) $U_{A\,max} = U_E - U_{R1\,min} = U_E - (I_q + I_{Last\,min}) \cdot R_1$
$= 12 \cdot \text{V} - (0{,}04 \text{ A} + 0{,}003 \text{ A}) \cdot 180\ \Omega = 12 \text{ V} - 0{,}043 \text{ A} \cdot 180\ \Omega$
$U_{A\,max} = 12 \text{ V} - 7{,}74 \text{ V} = 4{,}26 \text{ V}$

$U_{A\,min} = U_E - U_{R1\,max} = U_E - (I_q + I_{Last\,max}) \cdot R_1$
$= 12 \text{ V} - (0{,}04 \text{ A} + 0{,}005 \text{ A}) \cdot 180\ \Omega = 12 \text{ V} - 0{,}045 \text{ A} \cdot 180\ \Omega$
$U_{A\,min} = 12 \text{ V} - 8{,}1 \text{ V} = 3{,}9 \text{ V}$

$+\Delta U_A = U_{A\,max} - U_{A\,Nenn} = 4{,}26 \text{ V} - 4{,}08 \text{ V} = 180 \text{ mV}$
$-\Delta U_A = U_{A\,Nenn} - U_{A\,min} = 4{,}08 \text{ V} - 3{,}90 \text{ V} = 180 \text{ mV}$

$$U_A = 4{,}08 \text{ V} \pm 0{,}18 \text{ V}$$

4.4.3.2 Belasteter Spannungsteiler mit veränderbaren Widerständen

Bild 4.33 zeigt einen veränderbaren Widerstand R_N, der durch einen Widerstand R2 belastet wird. Infolge dieser Belastung tritt eine Veränderung des Kennlinienverlaufs des Potentiometers auf. Wie groß diese Änderung ist, hängt im wesentlichen vom Verhältnis des Widerstandes R_N zu R2 ab.

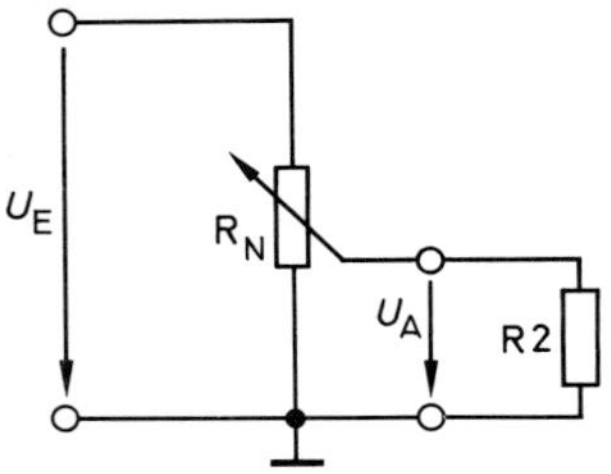

Bild 4.33 Belasteter Spannungsteiler mit veränderbarem Widerstand

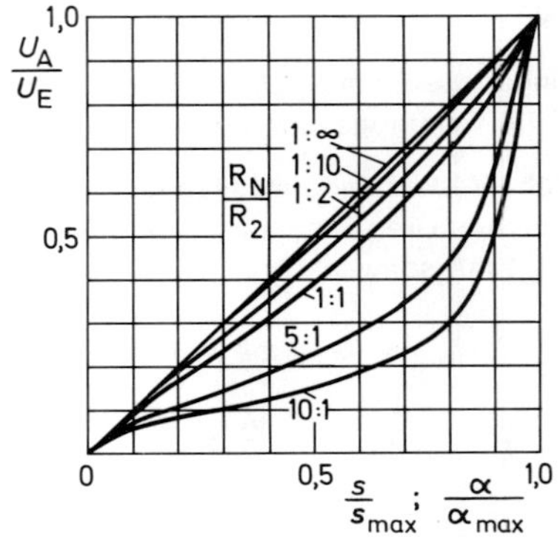

Bild 4.34 Normierte Belastungskennlinien für Potentiometer mit linearer Kennlinie

Der Verlauf der Ausgangsspannung U_A in Abhängigkeit vom eingestellten Widerstand bzw. vom Drehwinkel läßt sich auch mit großem Rechenaufwand nur schrittweise ermitteln. In dem Diagramm nach **Bild 4.34** sind daher normierte Kennlinien für die Belastung eines Potentiometers mit linearer Kennlinie angegeben. Auf der x-Achse ist der normierte Drehwinkel und auf der y-Achse das Verhältnis U_A zu U_E aufgetragen. Die verschiedenen Kennlinien gelten für unterschiedliche Verhältnisse von R_N zu R2.
In Bild 4.34 ist zu erkennen, daß die Abweichung von der Leerlaufkennlinie umso größer wird, je größer das Verhältnis von R_N zu R_2 ist. Für Potentiometer mit pos-log-Kennlinie oder neg-log-Kennlinie können ähnliche normierte Belastungskennlinien berechnet oder meßtechnisch ermittelt werden.

Beispiel

Ein Potentiometer mit linearer Kennlinie und $R_N = 10\ \text{k}\Omega$ wird mit einem Widerstand $R_2 = 10\ \text{k}\Omega$ belastet.
Wie groß ist die Ausgangsspannung U_A, wenn das Potentiometer mit einem maximalen Drehwinkel $\alpha_{max} = 270°$ auf $\alpha = 135°$ eingestellt ist und die Eingangsspannung $U_E = 10$ V beträgt?

$$\frac{\alpha}{\alpha_{max}} = \frac{135°}{270°} = 0{,}5$$

$$\frac{R_N}{R_2} = \frac{10\ \text{k}\Omega}{10\ \text{k}\Omega} = \frac{1}{1}$$

Aus dem Diagramm nach Bild 4.34 kann für $\frac{\alpha}{\alpha_{max}} = 0{,}5$ und $\frac{R_N}{R_2} = \frac{1}{1}$ abgelesen werden:

$$\frac{U_A}{U_E} = 0{,}4$$

$$U_A = 0{,}4 \cdot U_E = 0{,}4 \cdot 10\ \text{V}$$
$$U_A = 4\ \text{V}$$

Kontrolle

$$R_N = 10\ \text{k}\Omega;\ R_{Na} = 5\ \text{k}\Omega;\ R_{Nb} = 5\ \text{k}\Omega$$

$$R'_{Nb} = \frac{R_{Nb} \cdot R_2}{R_{Nb} + R_2} = \frac{5\ \text{k}\Omega \cdot 10\ \text{k}\Omega}{5\ \text{k}\Omega + 10\ \text{k}\Omega} = \frac{50\ (\text{k}\Omega)^2}{15\ \text{k}\Omega}$$

$$R'_{Nb} = 3{,}33\ \text{k}\Omega$$

$$U_A = U_E \cdot \frac{R'_{Nb}}{R_{Na} + R'_{Nb}} = 10\ \text{V} \cdot \frac{3{,}33\ \text{k}\Omega}{5\ \text{k}\Omega + 3{,}33\ \text{k}\Omega}$$

$$U_A = 4\ \text{V}$$

4.5 Widerstandsnetzwerke

Als Widerstandsnetzwerke werden umfangreiche Kombinationen von Widerständen bezeichnet. Auftreten können dabei kombinierte Reihen- und Parallelschaltungen unterschiedlichster Art. Ihre Berechnung erfolgt schrittweise mit Hilfe der Kirchhoffschen Gesetze. In den meisten Fällen sind für den Praktiker aber Widerstandsnetzwerke vorgegeben. Zu ermitteln sind dann bestimmte Spannungen, Ströme oder der Ersatzwiderstand des Netzwerkes. Dies erfolgt in der Regel durch ein schrittweises Zusammenfassen und Vereinfachen der Kombination.

4.5.1 Vereinfachen von Widerstandsnetzwerken

Bild 4.35 zeigt die Zusammenschaltung von 7 Widerständen zu einem Widerstandsnetzwerk. Um den Ersatzwiderstand zu bestimmen, erfolgt eine Zusammenfassung und Vereinfachung in vier Schritten.

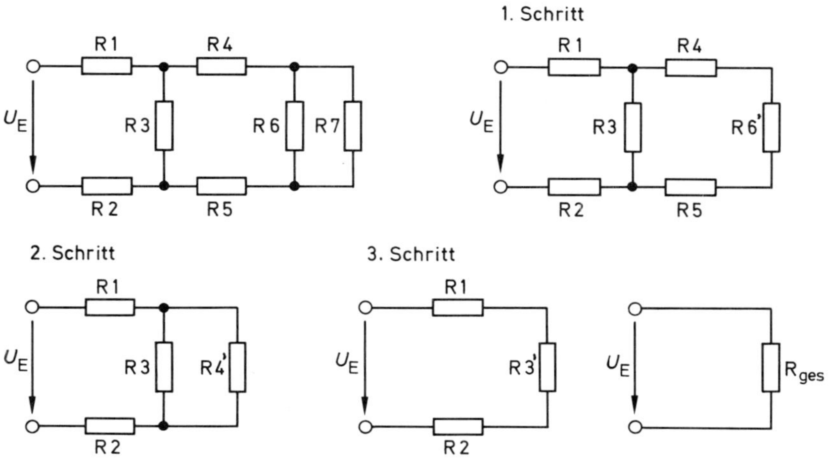

Bild 4.35 Schrittweises Vereinfachen eines Widerstandsnetzwerkes

1. Schritt: Zusammenfassung von R6 und R7 zum Ersatzwiderstand R_6' (Parallelschaltung)
2. Schritt: Zusammenfassung von R4, R5 und R_6' zu R_4' (Reihenschaltung)
3. Schritt: Zusammenfassung von R3 und R_4' zu R_3' (Parallelschaltung)
4. Schritt: Zusammenfassung von R1, R2 und R_3' zu R_{ges} (Reihenschaltung)

Wegen der Vielzahl der Kombinationsmöglichkeiten gibt es keine festen Regeln für das Vereinfachen von Widerstandsnetzwerken. Daher muß in jedem Schaltbild zunächst ein günstiger Weg für die Zusammenfassung der Widerstände erkannt werden.

Beispiel

Ein Widerstandsnetzwerk ist aus 9 Widerständen entsprechend **Bild 4.36** aufgebaut. Es wird an einer Eingangsspannung $U_E = 10$ V betrieben.
Wie groß sind
a) Der Ersatzwiderstand R_{ges} dieses Netzwerkes?
b) Der Strom I?
c) Die Spannung U_3?
d) Der Strom I_3?

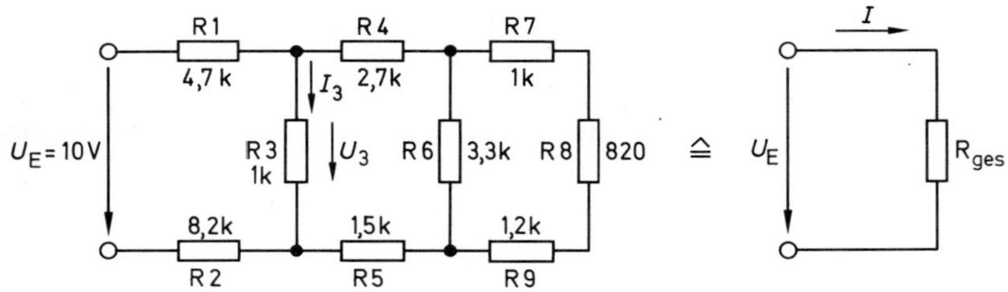

Bild 4.36 Widerstandsnetzwerk zum Beispiel

a) 1. Schritt: Reihenschaltung von R7, R8 und R9

$$R_7' = R_7 + R_8 + R_9 = 1 \cdot 10^3\ \Omega + 820\ \Omega + 1{,}2 \cdot 10^3\ \Omega$$
$$R_7' = 3020\ \Omega$$

2. Schritt: Parallelschaltung von R6 und R_7'

$$R_6' = \frac{R_6 \cdot R_7'}{R_6 + R_7'} = \frac{3300\ \Omega \cdot 3020\ \Omega}{3300\ \Omega + 3020\ \Omega}$$
$$R_6' = 1577\ \Omega$$

3. Schritt: Reihenschaltung von R4, R5 und R_6'

$$R_4' = R_4 + R_5 + R_6' = 2700\ \Omega + 1500\ \Omega + 1577\ \Omega$$
$$R_4' = 5777\ \Omega$$

4. Schritt: Parallelschaltung von R3 und R_4'

$$R_3' = \frac{R_3 \cdot R_4'}{R_3 + R_4'} = \frac{1000\ \Omega \cdot 5777\ \Omega}{1000\ \Omega + 5777\ \Omega}$$

$$R_3' = 852\ \Omega$$

5. Schritt: Reihenschaltung von R1, R2 und R_3'

$$R_{ges} = R_1 + R_2 + R_3' = 4700\ \Omega + 8200\ \Omega + 852\ \Omega$$

$$R_{ges} = 13752\ \Omega = 13{,}752\ \text{k}\Omega$$

b) $$I = \frac{U_E}{R_{ges}} = \frac{10\ \text{V}}{13{,}752 \cdot 10^3\ \Omega} = 0{,}727 \cdot 10^{-3}\ \text{A}$$

$$I = 727\ \mu\text{A}$$

c) $$\frac{U_3}{U_E} = \frac{R_3'}{R_1 + R_2 + R_3'}$$

$$U_3 = U_E \cdot \frac{R_3'}{R_1 + R_2 + R_3'} = 10\ \text{V} \cdot \frac{852\ \Omega}{13752\ \Omega}$$

$$U_3 = 0{,}62\ \text{V}$$

d) $$I_3 = \frac{U_3}{R_3} = \frac{0{,}62\ \text{V}}{1000\ \Omega}$$

$$I_3 = 0{,}62\ \text{mA}$$

4.5.2 Widerstandsnetzwerke mit Schaltern

Mit Hilfe von Umschaltern lassen sich aus nur wenigen Widerständen sehr unterschiedliche Widerstandsnetzwerke herstellen. Ein praktisches Beispiel hierfür sind z. B. Kochplatten mit 7-Takt-Schaltern. Die zugehörige Kochplatte besitzt nur drei Heizwicklungen. Sie werden durch verschiedene Schalterstellungen so kombiniert, daß sich sieben unterschiedliche Heizstufen für die Kochplatte ergeben. **Bild 4.37** zeigt die Schalterstellung sowie die zugehörige Zusammenschaltung der drei Heizwicklungen.

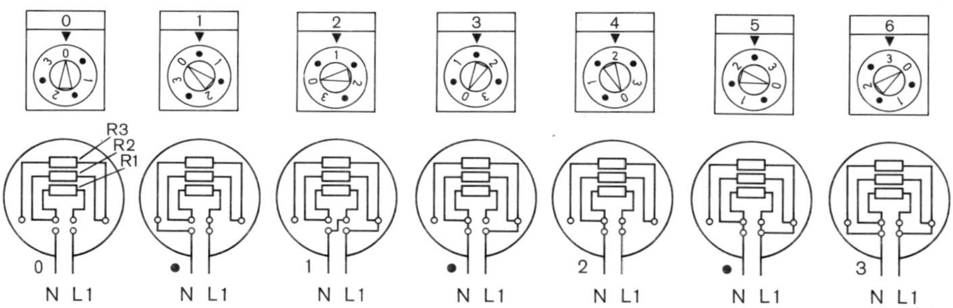

Bild 4.37 Kochplatte mit 7-Takt-Schalter

Beispiele:

Bei einem bestimmten Fabrikat haben die Heizwicklungen einer Kochplatte für den Anschluß an das 220 V-Netz die Widerstandswerte

$$R_1 = 93\ \Omega,\ R_2 = 202\ \Omega \text{ und } R_3 = 202\ \Omega$$

Schalterstellung 0: Es ist keine Wicklung angeschlossen.

$$R_{ges} = 0\ \Omega$$
$$P_{ges} = 0\ \text{W}$$

Schalterstellung 1: R1, R2 und R3 sind in Reihe geschaltet.

$$R_{ges} = R_1 + R_2 + R_3 = 93\ \Omega + 202\ \Omega + 202\ \Omega = 497\ \Omega$$

$$P_{ges} = \frac{U^2}{R_{ges}} = \frac{(220\ \text{V})^2}{497\ \Omega} = 97{,}4\ \text{W} \approx 100\ \text{W}$$

Schalterstellung 2: R1 und R2 sind in Reihe geschaltet.

$$R_{ges} = R_1 + R_2 = 93\ \Omega + 202\ \Omega = 295\ \Omega$$

$$P_{ges} = \frac{U^2}{R_{ges}} = \frac{(220\ \text{V})^2}{295\ \Omega} = 164\ \text{W}$$

Schalterstellung 3: Nur R2 ist eingeschaltet.

$$R_{ges} = R_2 = 202\ \Omega$$

$$P_{ges} = \frac{U^2}{R_{ges}} = \frac{(220\ \text{V})^2}{202\ \Omega} = 239{,}6\ \text{W} \approx 240\ \text{W}$$

Schalterstellung 4: Nur R1 ist eingeschaltet.

$$R_{ges} = R_1 = 93\ \Omega$$

$$P_{ges} = \frac{U^2}{R_{ges}} = \frac{(220\ \text{V})^2}{93\ \Omega} = 520\ \text{W}$$

Schalterstellung 5: R1 und R2 sind parallelgeschaltet.

$$R_{ges} = \frac{R_1 \cdot R_2}{R_1 + R_2} = \frac{93\ \Omega \cdot 202\ \Omega}{93\ \Omega + 202\ \Omega} = 63{,}7\ \Omega$$

$$P_{ges} = \frac{U^2}{R_{ges}} = \frac{(220\ \text{V})^2}{63{,}7\ \Omega} = 759{,}8\ \text{W} \approx 760\ \text{W}$$

Schalterstellung 6: R1 und R2 und R3 sind parallelgeschaltet.

$$\frac{1}{R_{ges}} = \frac{1}{R_1} + \frac{1}{R_2} + \frac{1}{R_3} = \frac{1}{93\ \Omega} + \frac{1}{202\ \Omega} + \frac{1}{202\ \Omega}$$

$$= 10{,}75 \cdot 10^{-3}\ \frac{1}{\Omega} + 4{,}95 \cdot 10^{-3}\ \frac{1}{\Omega} + 4{,}95 \cdot 10^{-3}\ \frac{1}{\Omega} = 20{,}63 \cdot 10^{-3}\ \frac{1}{\Omega}$$

$$R_{ges} = 48{,}4\ \Omega$$

$$P_{ges} = \frac{U^2}{R_{ges}} = \frac{(220\ \text{V})^2}{48{,}4\ \Omega} = 1000\ \text{W}$$

Die Abstufung der einzelnen Leistungen beruht auf Erfahrungswerten der Praxis. Auch Kochplatten mit 7-Takt-Schaltern für andere Maximalleistungen sind entsprechend aufgebaut.

4.5.3 Brückenschaltungen

Eine Sonderform von Widerstandsnetzwerken sind die Brückenschaltungen. Sie werden in großem Umfang in der Meßtechnik sowie in der Steuerungs- und Regelungstechnik eingesetzt. In ihrer einfachsten Form besteht eine Brückenschaltung aus zwei parallelgeschalteten Spannungsteilern mit insgesamt vier Widerständen. In **Bild 4.38** ist das Grundprinzip der Brückenschaltungen dargestellt.

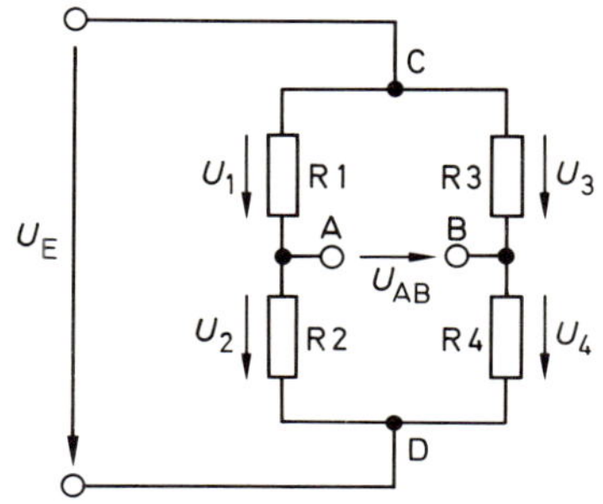

Bild 4.38 Grundprinzip der Brückenschaltungen

Bei der Brückenschaltung nach Bild 4.38 besteht der linke Spannungsteiler aus den Widerständen R1 und R2. Hierfür gilt:

$$\frac{U_1}{U_2} = \frac{R_1}{R_2}$$

Der rechte Spannungsteiler ist aus den Widerständen R3 und R4 aufgebaut. Hierfür gilt:

$$\frac{U_3}{U_4} = \frac{R_3}{R_4}$$

Die zwischen den Punkten A und B auftretende Spannung U_{AB} wird allgemein als Brückenspannung bezeichnet.
Ein Sonderfall liegt vor, wenn

$$U_1 = U_3 \quad \text{und damit auch} \quad U_2 = U_4$$

ist. Hierfür kann auch geschrieben werden:

$$\frac{U_1}{U_2} = \frac{U_3}{U_4}$$

In diesem Fall ist die Brückenspannung $U_{AB} = 0\,V$. Dieser Zustand wird als »abgeglichene Brücke« bezeichnet.
Aus der Proportionalität der Spannungen kann auch die zugehörige Proportionalität der Widerstände abgeleitet werden. Es gilt:

$$\frac{R_1}{R_2} = \frac{R_3}{R_4}$$

Diese Gleichung für die Widerstände liefert nur eine Aussage für die Verhältnisse der Widerstände zueinander. Die Widerstände R1 und R3 bzw. R2 und R4 können durchaus unterschiedliche Widerstandswerte haben.

Beispiel

Eine Brückenschaltung nach Bild 4.38 ist mit den Widerständen $R_1 = 10\ \text{k}\Omega$, $R_2 = 33\ \text{k}\Omega$ und $R_3 = 33\ \text{k}\Omega$ aufgebaut. Sie wird an einer Spannung $U_E = 12$ V betrieben.

a) Welchen Wert muß R4 haben, damit $U_{AB} = 0$ V, die Brücke also abgeglichen ist?

b) Wie groß sind die Spannungen U_1, U_2, U_3 und U_4?

c) Wie groß ist die Brückenspannung, wenn für den unter a) errechneten Wert ein Widerstand mit dem nächstliegenden Wert der Normreihe E12 verwendet wird?

a) $$\frac{R_1}{R_2} = \frac{R_3}{R_4}$$

$$R_4 = \frac{R_2 \cdot R_3}{R_1} = \frac{33 \cdot 10^3\ \Omega \cdot 33 \cdot 10^3\ \Omega}{10 \cdot 10^3\ \Omega}$$

$$R_4 = 108{,}9\ \text{k}\Omega$$

b) $$U_1 = U_E \cdot \frac{R_1}{R_1 + R_2} = 12\ \text{V} \cdot \frac{10 \cdot 10^3\ \Omega}{43 \cdot 10^3\ \Omega} = 2{,}79\ \text{V}$$

$$U_2 = U_E \cdot \frac{R_2}{R_1 + R_2} = 12\ \text{V} \cdot \frac{33 \cdot 10^3\ \Omega}{43 \cdot 10^3\ \Omega} = 9{,}21\ \text{V}$$

Probe: $U_E = U_1 + U_2 = 2{,}79\ \text{V} + 9{,}21\ \text{V} = 12\ \text{V}$
$U_3 = U_1 = 2{,}79$ V
$U_4 = U_2 = 9{,}21$ V

c) Berechnet wurde $R_4 = 108{,}9\ \text{k}\Omega$. Der nächstliegende Normwert der Reihe E12 beträgt 100 kΩ. Gewählt wird $R_4' = 100\ \text{k}\Omega$.

$$U_2 = U_E \cdot \frac{R_2}{R_1 + R_2} = 12\ \text{V} \cdot \frac{33 \cdot 10^3\ \Omega}{43 \cdot 10^3\ \Omega} = 9{,}21\ \text{V}$$

$$U_4' = U_E \cdot \frac{R_4'}{R_3 + R_4'} = 12\ \text{V} \cdot \frac{100 \cdot 10^3\ \Omega}{33 \cdot 10^3\ \Omega + 100 \cdot 10^3\ \Omega} = 9{,}02\ \text{V}$$

Der Brückenpunkt A hat, bezogen auf Punkt D, eine Spannung

$U_{AD} = 9{,}21$ V.

Der Brückenpunkt B hat, bezogen auf Punkt D, eine Spannung

$U_{BD} = 9{,}02$ V.

Daraus ergibt sich:

$$U_{AB} = U_{AD} - U_{BD} = 9{,}21\ \text{V} - 9{,}02\ \text{V} = 0{,}19\ \text{V}$$
$$U_{AB} = +\ 0{,}19\ \text{V}$$

Aus diesem Beispiel ist zu erkennen, daß durch den Aufbau einer Brücke nur mit Festwiderständen nicht immer ein Brückenabgleich, also $U_{AB} = 0$ V zu erreichen ist. Aus diesem Grund wird in Brückenschaltungen meistens anstelle eines Festwiderstandes ein veränderbarer Widerstand eingesetzt. Welcher der Widerstände durch ein Potentiometer ersetzt wird, hängt meistens von dem Einsatz der Brücke ab. **Bild 4.39** zeigt eine Brückenschaltung, bei der der Widerstand R3 ein Potentiometer ist. Mit Hilfe dieses Potentiometers ist es bei entsprechender Wahl der Widerstandsverhältnisse möglich, die Brücke abzugleichen.

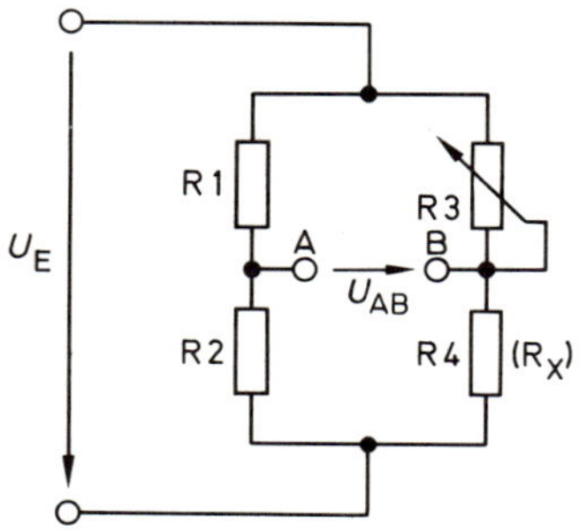

Bild 4.39 Brückenschaltung mit Potentiometer

Mit einer Brückenschaltung nach Bild 4.39 lassen sich Widerstandswerte von unbekannten Widerständen sehr genau ermitteln. Erforderlich hierfür ist, daß der Zusammenhang zwischen dem eingestellten Drehwinkel des Potentiometers und dem zugehörigen Widerstandswert für jeden Winkel bekannt und auf einer Skala angegeben ist. Die Messung des Widerstandswertes erfolgt, indem nach Anschluß des unbekannten Widerstandes R_X die Brücke durch das Potentiometer auf $U_{AB} = 0$ V eingestellt, die Brücke also abgeglichen wird.
Für diesen Fall gelten dann wieder die Beziehungen:

$$\frac{R_1}{R_2} = \frac{R_3}{R_X} \longrightarrow R_X = \frac{R_2 \cdot R_3}{R_1}$$

Beispiel

Eine Brücke ist nach Bild 4.39 mit den Widerständen $R_1 = 10$ kΩ, $R_2 = 10$ kΩ und $R_3 = 5$ kΩ aufgebaut.

a) Welchen Wert hat der unbekannte Widerstand R_X, wenn die Brücke bei Einstellung des Potentiometers auf $R_3 = 2{,}44$ kΩ abgeglichen ist?

b) In welchem Bereich muß der Widerstandswert von R_X liegen, damit bei dieser Brücke ein Nullabgleich möglich ist?

a) $$R_X = \frac{R_2 \cdot R_3}{R_1} = \frac{10 \cdot 10^3\ \Omega \cdot 2{,}44 \cdot 10^3\ \Omega}{10 \cdot 10^3\ \Omega}$$

$R_X = 2{,}44$ kΩ

b) $R_{3\,min} = 0\ \Omega$; $R_{3\,max} = 5$ kΩ

Daraus folgt, daß mit dieser Brücke Widerstände zwischen $0\ \Omega < R_X \leqq 5$ kΩ gemessen werden können.

Brücken werden zur genauen Messung von Widerstandswerten in Werkstatt und Labor eingesetzt. Sie haben stets mehrere Meßbereiche, die durch Umschalten der Widerstände R1 oder R2 auf andere Werte erreicht werden.
Brückenschaltungen haben aber nicht nur in der Meßtechnik, sondern auch in der Steuerungs- und Regelungstechnik eine erhebliche Bedeutung. Wird z. B. einer der vier Widerstände durch einen temperaturabhängigen Widerstand ersetzt, so liefert die Größe der Brückenspannung U_{AB} eine recht genaue Information über die Umgebungstemperatur oder deren Änderung.

5 Spannungsquellen

5.1 Allgemeines

Als Betriebsspannungen für elektronische Schaltungen werden überwiegend Gleichspannungen benötigt. Sie werden von Spannungsquellen geliefert, bei denen die Spannung zu jedem Zeitpunkt den gleichen Wert hat und die Polung an den Klemmen sich nicht ändert. Als wichtigste Gleichspannungsquellen für den Betrieb von elektronischen Schaltungen stehen Primärelemente, Sekundärelemente und elektronische Gleichspannungsquellen zur Verfügung.
Bei den Primär- und Sekundärelementen entsteht die Gleichspannung durch elektrochemische Vorgänge. In den Primärelementen kann der elektrochemische Vorgang nur in einer Richtung ablaufen. Sie werden durch die Stromentnahme entladen und dadurch unbrauchbar. Bekannteste Primärelemente sind die Taschenlampenbatterie und die Knopfzelle, die für den Betrieb von elektronischen Taschenrechnern und elektronischen Uhren verwendet werden.
Die beiden Elektroden von Primärelementen bestehen aus unterschiedlichen Materialien. Die Größe der erzeugten Spannung hängt von den Ausgangsmaterialien der beiden Elektroden ab. Sie kann aus der elektrochemischen Spannungsreihe ermittelt werden. So liefert z. B. eine Batterie mit Elektroden aus Zink und Kohle eine Spannung von 1,5 V. Zink ist hier das unedlere Material und wird bei der Stromentnahme zersetzt.
Bei den Sekundärelementen kann der elektrochemische Vorgang in zwei Richtungen ablaufen. Jedes Sekundärelement muß zunächst von einer anderen Gleichspannungsquelle aufgeladen werden. Dabei wird elektrische Energie in chemische Energie umgewandelt und diese gespeichert. Bei der Entladung wird die gespeicherte chemische Energie dann wieder in elektrische Energie umgewandelt. Wegen ihrer Speicherfähigkeit werden die Sekundärelemente häufig auch als Sammler oder Akkumulatoren bezeichnet. Bekanntestes Sekundärelement ist die Autobatterie. Es handelt sich hierbei der Bauart nach um einen Blei-Sammler. Als Elektrolyt dient verdünnte Schwefelsäure. Weitere Bauarten sind der Nickel-Eisen- und der Nickel-Cadmium-Sammler. Diese beiden Batterien werden auch als Stahl-Sammler bezeichnet. Als Elektrolyt wird verdünnte Kalilauge verwendet. Stahl-Sammler sind teurer als die Blei-Sammler, sie haben aber für bestimmte Aufgaben und Einsatzbereiche bessere Eigenschaften.
Wichtigste Kennwerte von Primär- und Sekundärelementen sind die Leerlaufspannung U_0, die Nennspannung U_{Nenn}, der Innenwiderstand R_i, die Klemmenspannung U, die Kapazität Q sowie bei den Akkumulatoren noch zusätzlich der Ladewirkungsgrad und der Energiewirkungsgrad.
Für den Betrieb von elektronischen Geräten haben heute die elektronischen Gleichspannungsquellen die größte Bedeutung. Sie sind zwar an das elektrische Versorgungsnetz gebunden, haben aber gegenüber den Primärelementen den Vorteil, daß sie nicht unbrauchbar werden. Gegenüber den Sekundärelementen besitzen sie den Vorteil, daß sie nicht aufgeladen werden brauchen. Elektronische Gleichspannungsquellen bestehen aus einem Transformator, der die Netzspannung von 220 V entsprechend der gewünschten Ausgangsgleichspannung herauf- oder herabtransformiert. Ein nachge-

schalteter Gleichrichter wandelt die Wechselspannung in Gleichspannung um, die dann noch durch eine elektronische Schaltung stabilisiert wird.
Elektronische Gleichspannungsquellen werden meistens als Netzgeräte bezeichnet. Sie stehen heute für nahezu alle erforderlichen Spannungen und Lastströme zur Verfügung. Die Ausgangsspannungen sind häufig in Bereichen umschalt- und einstellbar. Bereits ohne großen technischen Aufwand lassen sich Kennwerte und Eigenschaften erreichen, die wesentlich besser und günstiger sind, als die von elektrochemischen Gleichspannungsquellen. Bei den Konstantspannungsquellen ist der Innenwiderstand so niederohmig, daß die Klemmenspannung nahezu unabhängig vom Laststrom ist. Konstantstromquellen haben dagegen einen so hochohmigen Innenwiderstand, daß der Laststrom nahezu unabhängig vom Lastwiderstand ist.
Wichtigste Spannungsquelle für sinusförmige Wechselspannungen ist das 50 Hz-Wechselspannungsnetz. Der Effektivwert dieser Spannung beträgt 220 V. Sehr viele elektrische Geräte werden mit dieser Spannung, die an jeder Steckdose zu Verfügung steht, betrieben. Aber auch die für den Betrieb der meisten elektronischen Geräte erforderliche Gleichspannung wird über Netzgeräte aus dem Wechselspannungsnetz gewonnen.
In der Elektronik haben aber neben den sinusförmigen Wechselspannungen auch noch rechteckförmige und sägezahnförmige Wechsel- und Mischspannungen als Signalspannungen eine ganz wesentliche Bedeutung. Diese verschiedenen Spannungsformen werden mit Hilfe elektronischer Schaltungen erzeugt. Die entsprechenden Geräte werden dann als Sinus-, Rechteck-, Sägezahn- oder Dreieckgeneratoren bezeichnet. Liefern Geräte nicht nur eine, sondern zwei oder mehrere Spannungsformen, so werden sie Funktionsgeneratoren genannt. Funktionsgeneratoren stehen heute für fast alle Frequenzbereiche zur Verfügung.
Wird eine Spannungsquelle belastet, so ändert sich infolge des vorhandenen Innenwiderstandes R_i die Klemmenspannung. Unterschieden werden hierbei drei charakteristische Belastungsfälle. Beim Kurzschluß ist $R_L = 0\ \Omega$ und damit auch die Klemmenspannung $U = 0$ V. Eine Leistungsanpassung liegt vor, wenn der Innenwiderstand und der Lastwiderstand gleich groß sind. Die Klemmenspannung sinkt dabei auf die halbe Leerlaufspannung ab. In diesem Fall wird der Spannungsquelle die größtmögliche Leistung entnommen. Im Leerlauffall ist $R_L = \infty\ \Omega$. Die Klemmenspannung ist daher gleich der Leerlaufspannung. Zwischen diesen drei charakteristischen Belastungsfällen liegen alle anderen möglichen Belastungsfälle.
Bei den Primär- und Sekundärelementen ist die zur Verfügung stehende Spannung durch die elektrochemischen Vorgänge vorgegeben. Werden höhere Spannungen verlangt, so muß eine entsprechende Anzahl von Batterien in Reihe geschaltet werden. Zur Entnahme größerer Ströme ist eine Parallelschaltung von Batterien möglich. Hierbei muß aber unbedingt beachtet werden, daß nur Batterien mit gleichen Leerlaufspannungen, gleichen Kapazitätswerten und gleichen Innenwiderständen in Parallelschaltung betrieben werden dürfen, weil sonst interne Ausgleichsströme fließen. Auch gemischte Reihen- und Parallelschaltungen von Batterien sind möglich.
Wechselspannungen lassen sich ebenfalls zusammenschalten. Hierbei müssen aber noch eine Reihe zusätzlicher Bedingungen beachtet werden, wenn sich der Verlauf und die Frequenz der Gesamt-Ausgangsspannung nicht verändern soll.

5.2 Gleichspannungsquellen

Gleichspannungsquellen lassen sich unterteilen in Primärelemente, Sekundärelemente und elektronische Gleichspannungsquellen. Die Primär- und Sekundärelemente werden auch als Zellen, Galvanische Zellen oder Batterien bezeichnet. Bei ihnen entsteht eine Gleichspannung durch elektrochemische Vorgänge. Bei allen elektronischen Gleichspannungsquellen wird die Gleichspannung dagegen durch Gleichrichtung mit Hilfe elektronischer Bauelemente aus der Netzwechselspannung gewonnen. Für die elektronischen Gleichspannungsquellen wird in der Elektronik häufig die Bezeichnung *Netzgerät* verwendet.

5.2.1 Primärelemente

5.2.1.1 Allgemeine Eigenschaften

Werden zwei Elektroden aus unterschiedlichen Materialien in eine leitende Flüssigkeit, die auch als Elektrolyt bezeichnet wird, getaucht, so findet ein elektrochemischer Vorgang statt. Dabei wandern aus der jeweils unedleren Elektrode positive Metallionen in den Elektrolyt. Dadurch entsteht ein Überschuß an Elektronen in dieser Elektrode. Ein Elektronenüberschuß bedeutet aber eine negative Ladung. Die Elektrode aus dem unedleren Material wird somit zum Minuspol des galvanischen Elementes. **Bild 5.1** zeigt eine schematische Darstellung dieses Vorganges.

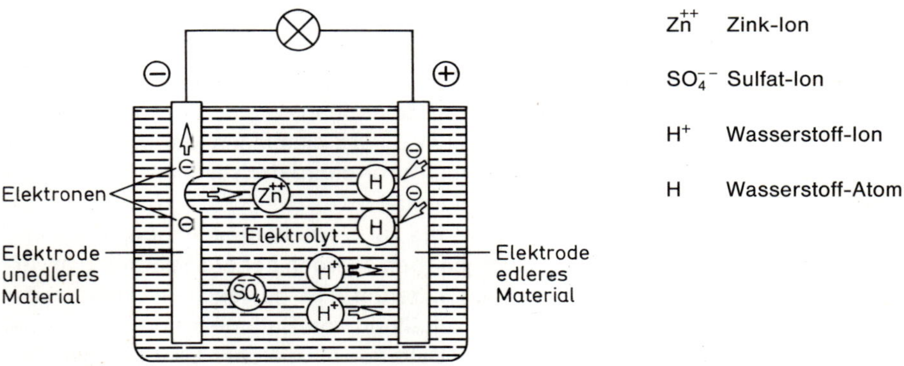

Bild 5.1 Spannungserzeugung in einem galvanischen Element

Andererseits wandern aber positive Ionen aus dem Elektrolyt zu der Elektrode aus dem edleren Material und nehmen dort Elektronen auf. Dadurch entsteht in dieser Elektrode ein Elektronenmangel, also eine positive Ladung. Die Elektrode aus dem edleren Material wird somit zum Pluspol des galvanischen Elementes.

Durch elektrochemische Vorgänge tritt zwischen den beiden Elektroden also eine Ladungsdifferenz, d. h. eine elektrische Spannung auf. Die Höhe dieser Spannung hängt im wesentlichen vom Ausgangsmaterial der beiden Elektroden ab. **Bild 5.2** zeigt die elektrochemische Spannungsreihe, aus der die Größe der auftretenden Spannung ermittelt werden kann. In der Tabelle sind die für die verschiedenen Materialien angegebenen Spannungen jeweils auf eine Wasserstoffelektrode (± 0,00 V) bezogen.

unedel	Kalium	– 2,92 V
	Calcium	– 2,76 V
	Natrium	– 2,71 V
	Magnesium	– 2,34 V
	Aluminium	– 1,67 V
	Mangan	– 1,07 V
	Zink	– 0,76 V
	Chrom	– 0,56 V
	Eisen	– 0,44 V
	Cadmium	– 0,40 V
	Nickel	– 0,23 V
	Zinn	– 0,14 V
	Blei	– 0,12 V
	Wasserstoff	± 0,00 V
edel	Kupfer	+ 0,35 V
	Kohle	+ 0,74 V
	Silber	+ 0,80 V
	Quecksilber	+ 0,81 V
	Platin	+ 0,86 V
	Gold	+ 1,40 V

Bild 5.2 Elektrochemische Spannungsreihe

Metalle oder Stoffe, die gegenüber einer Wasserstoffelektrode eine positive Spannung haben, werden hier als edle, diejenigen mit einer negativen Spannung gegenüber einer Wasserstoffelektrode dagegen als unedle Metalle oder Stoffe bezeichnet. Aus der elektrochemischen Spannungsreihe in Bild 5.2 kann für jede beliebige Kombination von Ausgangsmaterialien für die Elektroden die zu erwartende Spannung ermittelt werden. Für ein galvanisches Element mit einer Elektrode aus Kupfer und einer Elektrode als Zink ergibt sich eine Differenzspannung

$$U_{Diff} = U_{Kupfer} - U_{Zink} = +\,0{,}35\ \text{V} - (-\,0{,}76\ \text{V}) = +\,0{,}35\ \text{V} + 0{,}76\ \text{V}$$
$$U_{Diff} = 1{,}11\ \text{V}.$$

Da Kupfer des edlere Material ist, wird die Kupferelektrode zum Pluspol, die Zinkelektrode dagegen zum Minuspol dieser galvanischen Zelle.
Eine wesentlich größere Spannung $U_{Diff} = 4{,}32$ V würde z. B. auftreten, wenn eine Elektrode aus Gold (+ 1,4 V) und eine Elektrode aus Kalium (– 2,92 V) für ein Primärelement

verwendet würden. Hier stehen aber die Materialkosten in einem so ungünstigen Verhältnis zu dem Vorteil der höheren Spannung, daß derartige Elemente nicht hergestellt werden. Sehr preisgünstig herstellen lassen sich dagegen Batterien mit Elektroden aus Zink und Kohle.
So sind die handelsüblichen Taschenlampenbatterien aus einem Zinkbecher aufgebaut, der mit einem eingedickten Elektrolyt gefüllt ist. In der Mitte des Zinkbechers befindet sich ein Kohlestift. Kohle ist hier das edlere und Zink das unedlere Material. Entsprechend der elektrochemischen Spannungsreihe in Bild 5.2 entsteht in einem Zink-Kohle-Element eine Spannung

$$U_{\text{Diff}} = U_{\text{Kohle}} - U_{\text{Zink}} = +\,0{,}74\ \text{V} - (-\,0{,}76\ \text{V})$$
$$U_{\text{Diff}} = 1{,}5\ \text{V}.$$

Bild 5.3 zeigt ein Zink-Kohle-Element in schematischer Darstellung.

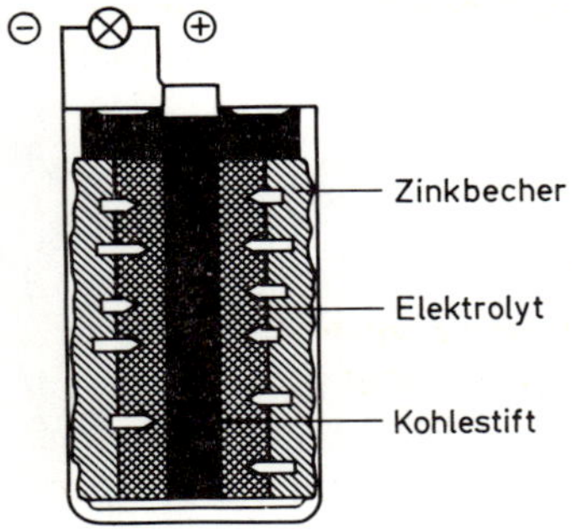

Bild 5.3 Schematische Darstellung eines Zink-Kohle-Elementes

In allen Primärelementen wird das unedlere Elektrodenmaterial, das positive Ionen an den Elektrolyt abgibt – also die negative Elektrode – bei einer Stromentnahme immer mehr zersetzt. Durch den fortlaufenden elektrochemischen Zersetzungsprozeß verschlechtern sich auch die Eigenschaften des Elektrolyten. Dieser Vorgang kann auch nicht wieder rückgängig gemacht werden. Der elektrochemische Vorgang läuft daher in einem Primärelement nur in einer Richtung ab.
Die an den Anschlußklemmen meßbare Spannung wird während der Betriebszeit immer kleiner, und der Batterie kann schließlich kein Strom mehr entnommen werden. Jedes Primärlelement wird dann durch die Stromentnahme unbrauchbar.
Wichtigste Kenndaten von Primärelementen sind die Leerlaufspannung U_0, die Nennspannung U_{Nenn}, die Klemmenspannung U, der Innenwiderstand R_i sowie die Kapazität Q.

Leerlaufspannung U_0

Die sich aufgrund der elektrochemischen Spannungsreihe einstellende Batteriespannung wird als Leerlaufspannung U_0 oder auch als Urspannung sowie Quellenspannung bezeichnet. Sie kann nur mit einem sehr hochohmigen Meßgerät ermittelt werden.

Nennspannung U_{Nenn}

Von den Herstellern wird in der Regel nicht die Leerlaufspannung U_0, sondern eine Nennspannung U_{Nenn} für die einzelnen Bauarten von Batterien angegeben. Es handelt sich hierbei um einen abgerundeten Wert, der immer etwas unter der Leerlaufspannung liegt. Beim Zink-Kohle-Element stimmen aber z. B. mit $U_{Nenn} = 1{,}5$ V Nennspannung und Leerlaufspannung überein.

Innenwiderstand R_i

Jede Spannungsquelle hat einen inneren Widerstand, der als Innenwiderstand R_i bezeichnet wird. Bei den Primärelementen wird er im wesentlichen gebildet durch den Widerstand, den der Elektrolyt der Bewegung der positiven Ionen entgegensetzt. Damit ist der Innenwiderstand auch vom Zustand des Elektrolyten abhängig. Da sich dieser Zustand während der Betriebsdauer verschlechtert, ist der Innenwiderstand von Primärelementen nicht konstant. Sein Wert wird mit zunehmender Entladung der Batterie größer. Bei neuen Primärelementen liegt der Innenwiderstand in der Größenordnung von etwa 1 Ω. Er weicht hiervon in Abhängigkeit von Bauart und Bauform der Batterie aber zum Teil erheblich ab.

Klemmenspannung U

Bei Belastung einer Batterie mit einem Verbraucher, z. B. einer Glühlampe oder einem ohmschen Widerstand, stellt sich an den Anschlußklemmen stets eine kleinere Spannung als die Leerlauf- oder Nennspannung ein. Diese Spannung im belasteten Zustand wird als Klemmenspannung U bezeichnet. Ursache für die Spannungsdifferenz zwischen der Leerlaufspannung U_0 im unbelasteten Zustand und der Klemmenspannung U ist ein Spannungsabfall am Innenwiderstand R_i der Batterie. **Bild 5.4** zeigt das Ersatzschaltbild einer Batterie mit einem angeschlossenen Lastwiderstand R_L.

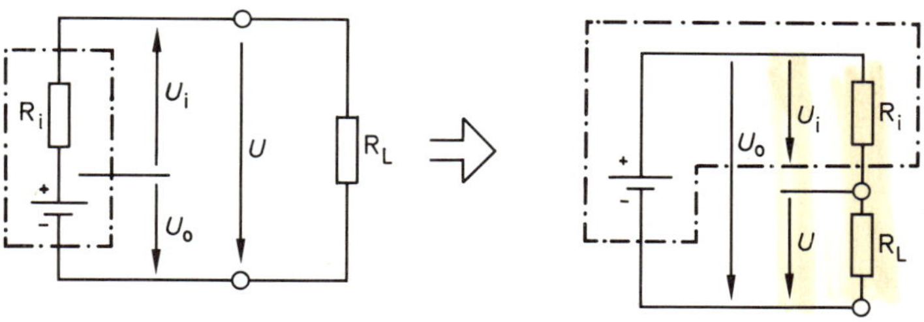

Bild 5.4 Ersatzschaltbild einer belasteten Batterie

Bei dem Ersatzschaltbild einer Batterie ist das Primärelement aufgeteilt in eine ideale Spannungsquelle mit der Leerlaufspannung U_0 und dem Innenwiderstand R_i. Wird ein Verbraucher an die Batterie angeschlossen, so fließt der Laststrom auch durch den Innenwiderstand R_i und es entsteht durch die Reihenschaltung von R_i und R_L eine Spannungsteilung der Leerlaufspannung. Diese Spannungsteilung hat zur Folge, daß die Klemmenspannung U stets kleiner als die Leerlaufspannung U_0 ist. In dem Ersatzschaltbild ist auch erkennbar, daß die Klemmenspannung U keinen konstanten Wert haben kann, sondern daß sie außer von der Leerlaufspannung U_0 auch von der Größe des Last-

stromes und dem Widerstandswert des Innenwiderstandes abhängt. Die zugehörigen Formeln lassen sich aus dem Ersatzschaltbild in Bild 5.4 ableiten.
Der Strom I hat die Größe:

$$I = \frac{U_0}{R_{ges}} = \frac{U_0}{R_i + R_L}$$

Der Spannungsabfall am Innenwiderstand R_i beträgt:

$$U_i = I \cdot R_i .$$

Für die Klemmenspannung U einer Batterie ergibt sich somit:

$$U = U_0 - U_i$$
$$U = U_0 - I \cdot R_i .$$

Beispiel

Eine Taschenlampenbatterie hat laut Herstellerangabe eine Leerlaufspannung U_0 = 4,5 V. Ermittelt wurde ein Innenwiderstand $R_i = 1\ \Omega$.
Wie groß ist die Klemmenspannung U, wenn eine Glühlampe mit einem Widerstand $R_L = 9\ \Omega$ angeschlossen wird?

$$I = \frac{U_0}{R_{ges}} = \frac{U_0}{R_i + R_L} = \frac{4{,}5\ \text{V}}{1\ \Omega + 9\ \Omega} = \frac{4{,}5\ \text{V}}{10\ \Omega}$$

$$I = 0{,}45\ \text{A}$$

$$U = U_0 - I \cdot R_i$$
$$U = 4{,}5\ \text{V} - 0{,}45\ \text{A} \cdot 1\ \Omega = 4{,}5\ \text{V} - 0{,}45\ \text{V}$$
$$U = 4{,}05\ \text{V}$$

Lebensdauer

Mit fortschreitendem Abbau der negativen Elektrode und des Elektrolyten wird der Wert des Innenwiderstandes einer Batterie immer größer. Als Folge davon wird die Klemmenspannung U auch bei gleichem Lastwiderstand immer kleiner. Zur Angabe der Lebensdauer einer Batterie wird von den Herstellern daher eine untere Spannungsgrenze festgelegt. Sie beträgt in der Regel 50 % der angegebenen Nennspannung.
Bild 5.5 zeigt zwei typische Entladekurven von Zink-Kohle-Elementen für zwei unterschiedliche Lastwiderstände. Deutlich erkennbar ist in diesem Diagramm, daß die Lebensdauer einer Batterie umso kleiner wird, je niederohmiger der Lastwiderstand, also je größer der Laststrom ist.

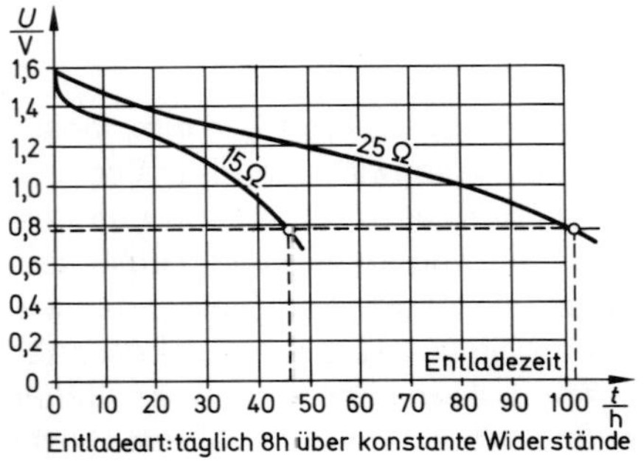

Bild 5.5 Entladekurven von Zink-Kohle-Batterien für zwei verschiedene Lastwiderstände

Kapazität Q

Der Energieinhalt eines Primärelementes wird als Kapazität Q bezeichnet. Aus der Angabe der Kapazität kann die einer Batterie entnehmbare Elektrizitätsmenge Q sowie die entnehmbare Energie W ermittelt werden. Hierfür gelten die Formeln:

$$Q = I_{mittel} \cdot t$$

Q = Kapazität in Ah
I_{mittel} = mittlerer Entladestrom in A
t = Entladezeit in h

und

$$W = Q \cdot U_{mittel}$$

W = Energie = gespeicherte Arbeit in Wh
U_{mittel} = mittlere Entladespannung in V.

Die Kapazität eines Primärelementes hängt wesentlich von seinem inneren Aufbau, seiner Baugröße, aber auch vom Entladestrom ab. So kann bei einem kleinen Entladestrom, also einer langsamen Entladung eine größere Elektrizitätsmenge (Ah) als bei einem größeren Entladestrom entnommen werden. Der gleiche Effekt tritt auch auf, wenn Entladepausen eingeschoben werden.
Aus diesen Gründen können von den Herstellern keine allgemein gültigen, sondern nur für genau festgelegte Belastungsfälle geltende Kapazitätswerte angegeben werden. In **Bild 5.6** sind als Beispiele die Entladekurven von Primärelementen mit gleicher Nennspannung und gleicher Belastung, aber unterschiedlichen Kapazitätswerten dargestellt.

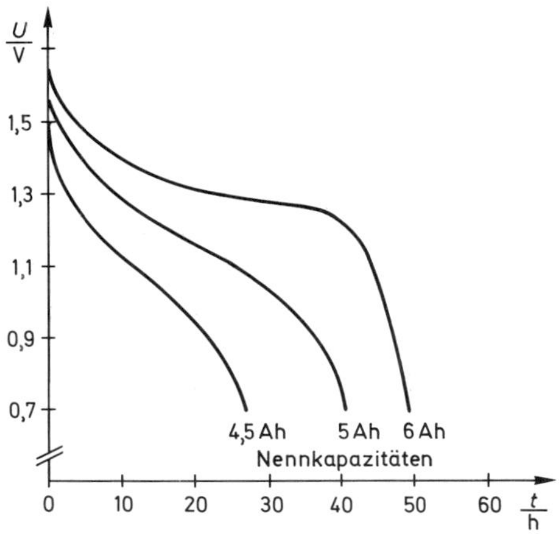

Bild 5.6 Entladekurven von Primärelementen mit unterschiedlichen Kapazitätswerten

Aus den genannten Gründen geben einige Hersteller keine Kapazitätswerte, sondern nur Kapazitätsbereiche und damit auch Einsatzbereiche für ihre Batterien an. Die Kennzeichnung dieser Einsatzbereiche erfolgt oft durch eine auffällige Farbgebung der Gehäuse. Um eine optimale Ausnutzung der Kapazität zu erreichen, sollten bei einem Auswechseln von Batterien stets nur die vom Hersteller des batteriebetriebenen Gerätes empfohlenen Typen verwendet werden. Weiterhin muß beim Einsetzen neuer Batterien unbedingt auf die richtige Polung geachtet werden, weil sonst eine unerwünschte selbständige Entladung auftreten kann. Bei einer Nachbestückung sollten auch stets sämtliche verbrauchten Batterien durch neue ersetzt werden. Es besteht nämlich die Gefahr, daß die verbliebenen alten Batterien zu stark entladen werden und dadurch Elektrolyt ausläuft. Da dieser sehr aggressiv ist, können Platinen und Bauelemente angegriffen werden und auf diese Weise schwerwiegende Folgen in elektrischen oder elektronischen Geräten auftreten.

Temperaturverhalten

Der bei jeder Stromentnahme in einer Batterie ablaufende elektrochemische Prozeß wird auch durch die Umgebungstemperatur beeinflußt. In **Bild 5.7** sind die Abhängigkeit der Nennspannung, der Klemmenspannung und des Kurzschlußstromes I_K von der Temperatur für einen bestimmten Batterietyp dargestellt. Die Klemmenspannung U ist hier für eine Belastung mit $R_L = 8\ \Omega$ aufgetragen. Als *Kurzschlußstrom* I_K wird der Strom bezeichnet, der fließt, wenn $R_L = 0\ \Omega$ beträgt, also die Anschlußklemmen kurzgeschlossen werden.

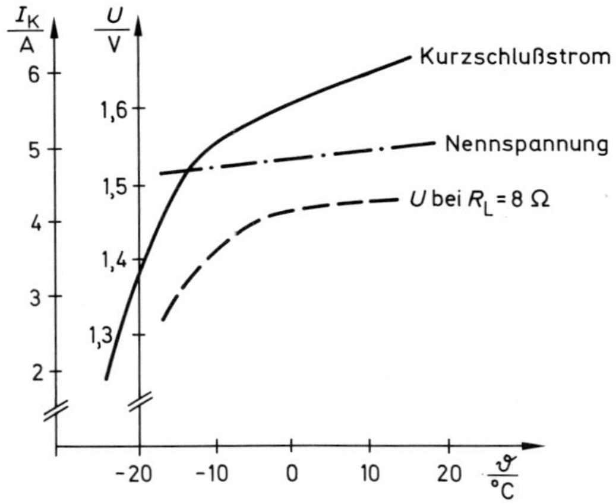

Bild 5.7 Abhängigkeit von U_{Nenn}, U und I_K von der Umgebungstemperatur

Aus den Kennlinien in Bild 5.7 ist zu ersehen, daß U_{Nenn}, U und I_K mit steigender Temperatur größer werden. Von Nachteil ist hierbei aber, daß die Lebensdauer von Primärelementen mit steigender Temperatur kleiner wird, weil die Selbstentladung zunimmt. Als günstiger Temperaturbereich für Zink-Kohle-Elemente werden meistens Werte von $-5\ °C$ bis $+20\ °C$ angegeben.
Eine besondere Wartung von Primärelementen ist weder erforderlich noch möglich. Wegen der stärkeren Selbstentladung sollte Betrieb und Lagerung von Batterien aber nicht bei zu hohen Temperaturen erfolgen. In **Bild 5.8** sind die wichtigsten Informationen über das Lager- und Betriebsverhalten von Zink-Kohle-Batterien für mehrere Temperaturbereiche zusammengefaßt.

Temperatur	Lagerung	Betrieb
unter – 20 °C	unbegrenzt, jedoch Vorsicht beim Auftauen	nicht möglich, Elektrolyt eingefroren
– 10 bis 0 °C	praktisch keine Verluste	Entladung mit verringertem Wirkungsgrad (ca. 50 % der Kapazität)
+ 10 bis + 20 °C	Verluste in erträglichen Grenzen	normale Entladung
+ 30 bis + 40 °C	Verluste bei längerer Lagerung	normale Entladung
über + 50 °C	starke Selbstentladung	Entladung noch möglich, jedoch Gefahr des Auslaufens, Undichtwerdens

Bild 5.8 Lager- und Temperaturverhalten von Zink-Kohle-Elementen für mehrere Temperaturbereiche

5.2.1.2 Bauarten und Bauformen

Bei allen Primärelementen entsteht die elektrische Spannung bereits während des Herstellungsprozesses. Ein Gleichstrom kann solange entnommen werden, wie der elektrochemische Umsetzungsprozeß abläuft. Da der Elektrolyt bei den Primärelementen meistens durch ein Bindemittel zu einer Paste eingedickt ist, werden diese Elemente auch als *Trockenbatterien* bezeichnet.
Trockenbatterien werden in verschiedenen Bauarten und mit unterschiedlichen Bauformen gefertigt. Wichtigste Bauarten sind die Zink-Kohle-Batterien, die Luftsauerstoff-Batterien, die Mangan-Alkali-Batterien, die Quecksilber-Oxid-Batterien, die Silberoxid-Zink-Batterien und die Lithium-Batterien. Jede dieser Bauarten hat ihre speziellen Eigenschaften wie z. B. Nennspannung und Lebensdauer.
In **Bild 5.9** sind die Entlade-Kennlinien von Zink-Kohle-Batterien, Mangan-Alkali-Batterien und Quecksilber-Oxid-Batterien gegenübergestellt. Zu erkennen ist deutlich, daß die Quecksilber-Oxid-Batterie während der gesamten Entladezeit eine nahezu konstante Spannung hat. Ihre Einsatzgebiete sind Hörgeräte, Taschenrechner, Filmkameras und Armband-Quarzuhren.
Jede dieser Bauarten hat ihre speziellen Einsatzgebiete. Dadurch bedingt ergeben sich unterschiedliche Bauformen wie Rundzellen, Flachzellen, Knopfzellen oder Blockzellen, die auch als prismatische Zellen bezeichnet werden.

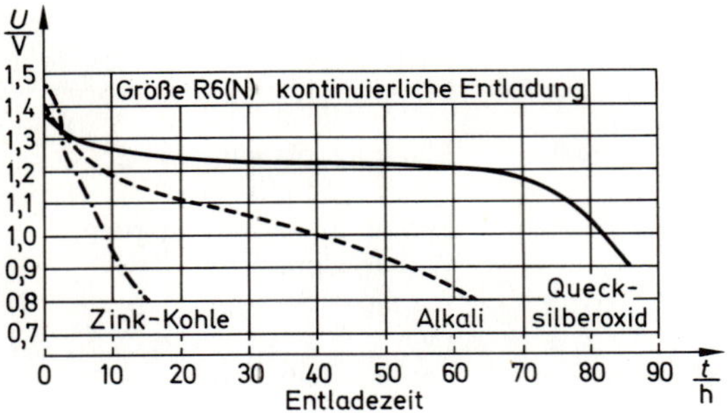

Bild 5.9 Entladekurven verschiedener Primärbatterien

Bild 5.10 gibt in Tabellenform eine Übersicht über den Aufbau, die wichtigsten Eigenschaften sowie über die Vor- und Nachteile der wichtigsten Bauarten von Primärelementen.

5.2.2 Sekundärelemente

5.2.2.1 Allgemeine Eigenschaften

Auch bei den Sekundärelementen handelt es sich um elektrochemische Elemente. Während jedoch bei den Primärelementen ein nicht umkehrbarer elektrochemischer Vorgang abläuft, ist dieser Vorgang bei den Sekundärelementen umkehrbar. Jedes Sekundärelement muß daher zunächst von einer anderen Gleichspannungsquelle aufgeladen werden. Dabei wird elektrische Energie in chemische Energie umgewandelt und gespeichert. Beim Anschluß eines Verbrauchers wird diese gespeicherte chemische Energie dann wieder in elektrische Energie zurückgewandelt und dabei das Element entladen. Wegen ihrer Speicherfähigkeit werden die Sekundärelemente auch als Akkumulatoren, Sammler oder – ohne Unterscheidung zu den Primärelementen – als Batterien bezeichnet. Lade- und Entladevorgänge können bei den Akkumulatoren bis zu mehreren tausendmal wiederholt werden. Bekanntestes Sekundärelement ist die Autobatterie. Sie wird während der Fahrt von der Lichtmaschine aufgeladen und liefert dann bei nicht laufendem Motor elektrische Energie für Anlasser, Beleuchtung und Autoradio.
Wichtigste Sekundärelemente sind der Blei-Sammler, der Nickel-Eisen-Sammler (Ni-Fe-Sammler) und der Nickel-Cadmium-Sammler (Ni-Cd-Sammler).
Blei-Sammler haben eine Zellenspannung von 2 V. Sie kann bei der Ladung bis auf 2,7 V ansteigen und bei der Entladung bis auf 1,8 V absinken. Als Elektrolyt wird verdünnte Schwefelsäure verwendet.

Primär-element	negative Elektrode	positive Elektrode	Elektrolyt	Leerlauf-spannung	Nenn-spannung	spez. Kapazität	Entlade-dauer	Vorteile	Nachteile
Zinkkohle	Zink	Kohle	Salmiak	1,6 V	1,5 V	25 . . 70 Ah/kg	50 . . . 100 h (bei 4–8 h/Tag)	billige Herstel-lungskosten	
Luftsauer-stoff	Zink	Aktivkohle	Salmiak-Magnesium-chlorid	1,5 V	1,4 V	130 . . 170 Ah/kg	3000 . . . 4000 h (bei 8–24 h/Tag)	gute Lager-fähigkeit lange Lebens-dauer bei geringer Strom-entnahme	Anstieg des Innenwider-standes während der Entladung
Mangan-Alkali	Zink-Paste	Mangan-dioxid	Kalilauge	1,4 V	1,4 V	50 . . 150 Ah/kg	100 . . . 200 h (bei 4–8 h/Tag)	über längere Zeit hohe Belastbarkeit	bei normaler Belastung zu teuer
Queck-silber-Oxid	Zink-amalgan	Queck-silber-Oxid	Kalilauge	1,4 V	1,2 V	50 . . 65 Ah/kg	50 . . . 100 h	Kleine Ab-messung konstante Spannung während der Entladung	nicht umwelt-freundlich
Silber-oxid-Zink	Zink	Silber-oxid	Kalilauge	1,85 V	1,45 V	ca. 100 Ah/kg	50 . . . 100 h (bei 8–24 h/Tag)	hohe Kapazität bei geringem Gewicht, kon-stante Ent-ladespannung	nicht umwelt-freundlich
Lithium	Lithium	verschied. Stoffe Silber-chromat	Salzlösung	3,4 V	3,0 V	100 Ah/kg	50 . . . 500 h (bei 8–24 h/Tag)	umwelt-freundlich	hohe Herstel-lungskosten

Bild 5.10 Übersicht über die wichtigsten Primärelemente

Nickel-Eisen- und *Nickel-Cadmium-Sammler* werden auch als *Stahl-Sammler* bezeichnet. Ihre Zellenspannung liegt zwischen etwa 1,5 V und 1,85 V. Sie kann bei Entladung auf 1,4 V bis 0,85 V absinken. Bei den Stahl-Akkus besteht der Elektrolyt aus Kalilauge. Für die Sekundärelemente wird das gleiche Schaltsymbol und die gleiche Ersatzschaltung wie für die Primärelemente in Bild 5.4 verwendet. Es wird hierbei also nicht zwischen Primär- und Sekundärelementen unterschieden. Entsprechend gelten auch die gleichen Formeln für den Zusammenhang zwischen *Leerlaufspannung* U_0, *Innenwiderstand* R_i und *Klemmenspannung* U wie bei den Primärelementen, nämlich:

$$U = U_0 - I \cdot R_i$$

Auch bei den Akkumulatoren wird zur Beschreibung der Speicherfähigkeit die *Kapazität* Q angegeben. Es gilt ebenfalls die gleiche Formel wie bei den Primärelementen:

$$Q = I_{mittel} \cdot t$$

Q = Kapazität in Ah
I_{mittel} = mittlerer Entladestrom in A
t = Entladezeit in h

Die Kapazität ist auch bei den Sekundärelementen kein konstanter Wert. Sie hängt im wesentlichen ab von
dem Entladestrom,
der Spannung am Ende der Entladung (Entladespannung)
der Temperatur sowie
der Konzentration des Elektrolyten.

Daher werden von den Herstellern Nennkapazitäten nur für genau festgelegte Bedingungen angegeben. So bedeutet z. B. die Angabe einer Nennkapazität Q_{20}, daß diese Kapazität vorhanden ist, wenn eine 20stündige Entladung mit einem mittleren Strom erfolgt.

Beispiel

Ein Bleiakku hat eine Nennkapazität $Q_{20} = 44$ Ah.
Welcher mittlere Entladestrom I_{mittel} kann entnommen werden?

$$Q_{20} = I_{mittel} \cdot t$$

$$I_{mittel} = \frac{Q_{20}}{t} = \frac{44\ \text{Ah}}{20\ \text{h}} = 2{,}2\ \text{A}$$

Wirkungsgrade η_{Ah} und η_{Wh}

Bevor einem Sekundärelement elektrische Energie entnommen werden kann, muß elektrische Energie zugeführt werden. Unterschieden wird hierbei zwischen einem *Ladungswirkungsgrad* η_{Ah} und einem *Energiewirkungsgrad* η_{Wh}.

$$\text{Ladungswirkungsgrad} = \frac{\text{entnommene Elektrizitätsmenge}}{\text{zugeführte Elektrizitätsmenge}}$$

$$\eta_{Ah} = \frac{Q_{ab}}{Q_{zu}}$$

$$\text{Energiewirkungsgrad} = \frac{\text{entnommene Energie}}{\text{zugeführte Energie}}$$

$$\eta_{Wh} = \frac{W_{ab}}{W_{zu}}$$

Der Ladungswirkungsgrad von Sekundärelementen liegt bei etwa 90 %. Demnach müssen stets etwa 110 % der entnommenen Ladung durch Aufladung wieder zugeführt werden. Als Energiewirkungsgrad werden von den Herstellern Werte zwischen 70 % und 75 % angegeben.

Die Aufladung von Akkumulatoren erfolgt mit Ladegeräten, die die erforderliche Ladespannung und den Ladestrom durch Gleichrichtung aus der Netzwechselspannung gewinnen. Ladegeräte für den Bleiakku sind relativ einfach aufgebaut. Insbesondere für den Nickel-Eisen-Akku ist aber eine elektronische Ladestrombegrenzung erforderlich, da sonst Schäden im Akku auftreten können.

Für den Ladevorgang geben die Hersteller genaue Vorschriften an, die unbedingt beachtet werden sollten. Unterschieden werden im wesentlichen drei verschiedene Ladeverfahren, die Normalladung, die Schnelladung und die Puffer- oder Erhaltungsladung.

Bei der *Normalladung* soll der Ladestrom so eingestellt sein, daß der Sammler in etwa 10 Stunden aufgeladen ist. Dies ist das schonendste Ladeverfahren.

Eine *Schnelladung* sollte nur in Ausnahmefällen vorgenommen werden. Sie ist auch nur für bestimmte Sammler zulässig. Die Schnelladung erfolgt mit einem so großen Ladestrom, daß die Aufladung in 1 bis 3 Stunden beendet ist.

Bei der *Puffer-* oder *Erhaltungsladung* ist die Batterie ständig an das Ladegerät angeschlossen. Die Ladung erfolgt dabei mit einem so kleinen Strom, daß die auch bei Sekundärlementen unvermeidbare Selbstentladung ständig ausgeglichen wird. Bei diesem Ladeverfahren sind die Sammler stets voll aufgeladen. Diese Ladungsart wird insbesondere bei den gasdichten Akkus angewendet, wenn elektronische Geräte sowohl am Netz als auch netzunabhängig betrieben werden sollen oder keine Betriebsstörung durch einen Netzausfall auftreten soll.

Alle Sekundärelemente mit einem flüssigen Elektrolyt bedürfen einer Wartung. So müssen in regelmäßigen Abständen der Ladezustand und die Konzentration des Elektrolyten überprüft werden. Auch dürfen Bleiakkus nur in voll aufgeladenem Zustand aufbewahrt werden, weil im entladenen Zustand elektrochemische Vorgänge auftreten, die zur Verschlechterung der Eigenschaften oder zu einer Zerstörung des Akkus führen können. Stahl-Sammler sind gegenüber den Blei-Sammlern wesentlich leichter und robuster. Sie können monatelang unaufgeladen aufbewahrt werden, ohne Schaden zu nehmen. Stahl-Akkus sind allerdings teurer als Bleiakkus.

Beim Laden von Akkumulatoren entstehen Gase, die bei den üblichen Ausführungen für größere Kapazitätswerte durch die Einfüllstutzen entweichen können. Insbesondere für den Einsatz in elektronischen Geräten sind aber auch *gasdichte Blei-* und *Stahlakkus* entwickelt worden. Bei ihnen wird das Entstehen von Gasen durch zusätzliche elektrochemische Reaktionen verhindert. Da hierbei aber Wärme entsteht, sind die Baugrößen von gasdichten Akkus begrenzt. Sie haben die großen Vorteile, daß sie wartungsfrei sind und in jeder Lage betrieben werden können. Daher werden sie trotz eines höheren Anschaffungspreises immer häufiger anstelle von Primärelementen für den netzunabhängigen Betrieb von elektronischen Geräten eingesetzt.

Beispiel

Ein Blei-Sammler mit einer Nennspannung $U = 2$ V und einer Nennkapazität $Q_{20} = 48$ Ah wurde 20 Stunden lang mit dem Nennstrom entladen. Die anschließende Aufladung erfolgte mit einem Ladestrom $I = 14$ A in 4 Stunden. Bei der Aufladung lag eine mittlere Ladespannung $U = 2{,}4$ V an der Batterie.

Zu ermitteln sind:

a) der Entlade-Nennstrom

b) der Ladungswirkungsgrad

c) die entnommene Energie

d) der Energiewirkungsgrad

a) Entlade-Nennstrom

$$I_{\text{mittel}} = \frac{Q_{20}}{t} = \frac{48\ \text{Ah}}{20\ \text{h}} = 2{,}4\ \text{A}$$

b) Ladungswirkungsgrad

$$\eta_{\text{Ah}} = \frac{Q_{\text{ab}}}{Q_{\text{zu}}} = \frac{2{,}4\ \text{A} \cdot 20\ \text{h}}{14\ \text{A} \cdot 4\ \text{h}} = 0{,}86 \mathrel{\hat{=}} 86\,\%$$

c) Entnommene Energie

$$W_{\text{ab}} = U \cdot I \cdot t = 2\ \text{V} \cdot 2{,}4\ \text{A} \cdot 20\ \text{h} = 96\ \text{Wh}$$

d) Energiewirkungsgrad

$$\eta_{\text{Wh}} = \frac{W_{\text{ab}}}{W_{\text{zu}}} = \frac{96\ \text{Wh}}{2{,}4\ \text{V} \cdot 14\ \text{A} \cdot 4\ \text{h}} = 0{,}71 \mathrel{\hat{=}} 71\,\%$$

5.2.2.2 Bauarten und Bauformen

Bleiakkumulatoren

Eine Zelle des Bleiakkumulators besteht aus positiven und negativen Platten, dem Elektrolyten, dem Gefäß sowie den erforderlichen Halte- und Anschlußteilen. Da die Zellenspannung 2 V beträgt, werden meistens 3 Zellen ≙ 6 V oder 6 Zellen ≙ 12 V hintereinander geschaltet. Der gemeinsame Behälter besteht aus säurefestem Isolierstoff und enthält durch Isolierplatten voneinander getrennte Bleigitter, die mit einer chemisch wirksamen Masse ausgefüllt sind. Als Elektrolyt wird verdünnte Schwefelsäure verwendet.

Da die positiven Platten an den chemischen Vorgängen weit stärker als die negativen Platten beteiligt sind, besteht Gefahr, daß sich die positiven Platten bei einseitiger Beanspruchung verziehen. Sie werden daher kammartig zwischen die negativen Platten eingebaut. **Bild 5.11** zeigt den Aufbau eines Bleiakkumulators mit 6 Zellen.

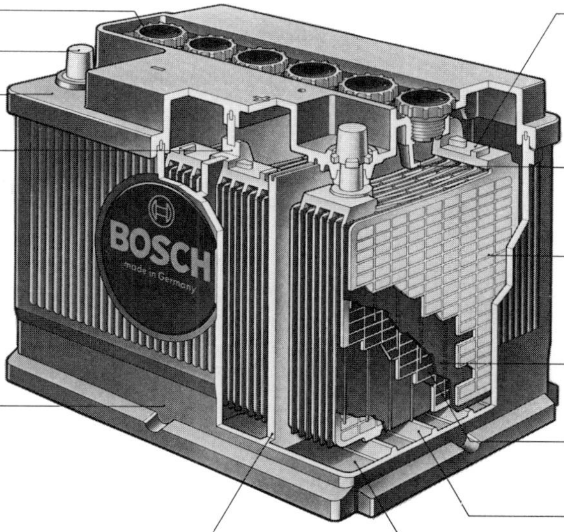

Bild 5.11 Aufbau eines Bleiakkumulators

Zur Aufladung wird der Akkumulator an eine Gleichspannungsquelle angeschlossen. Dabei muß unbedingt auf die richtige Polarität geachtet werden. Es gilt:

Pluspol der Ladespannung am Pluspol des Akkummulators
Minuspol der Ladespannung am Minuspol des Akkumulators.

Im ungeladenen Zustand bestehen beide Platten aus Bleisulfat. Beim Laden wird am Minuspol durch Zuführung von Elektronen das Bleisulfat in Blei umgewandelt. Am Pluspol entsteht dagegen aus Bleisulfat durch das Abziehen von Elektronen Bleidioxid. Durch diese Vorgänge wird elektrische Energie in chemische Energie umgewandelt. Beim Entladen erfolgt eine Rückwandlung von Blei zu Bleisulfat und von Bleidioxid zu Bleisulfat. Dadurch wird die gespeicherte chemische Energie als elektrische Energie wieder abgegeben. Welche genauen elektrochemischen Vorgänge sich dabei abspielen, ist für den Anwender ohne Bedeutung.
Beim Laden eines Akkumulators steigt die Konzentration (Säuredichte) der Schwefelsäure an, während sie beim Entladen wieder absinkt. Säuredichte des Elektrolyten und Ladezustand des Akkumulators stehen daher in einem festen Zusammenhang. Die

Messung der Säuredichte erfolgt mit einem Hebersäuremesser (Aräometer). Für Autobatterien wird von den Herstellern z. B. eine Säuredichte von 1,12 bis 1,13 kg/dm³ im entladenen und eine Säuredichte von 1,26 bis 1,28 kg/dm³ für den geladenen Zustand angegeben. Die Werte können auf der Skala des Aräometers abgelesen werden. Beim Auf- und Entladen von Akkumulatoren geht keine Schwefelsäure, sondern nur Wasser verloren. Daher muß gelegentlich destilliertes bzw. entmineralisiertes Wasser nachgefüllt werden. **Bild 5.12** zeigt den Verlauf der Lade- und Entladespannung einer Zelle eines Blei-Sammlers.

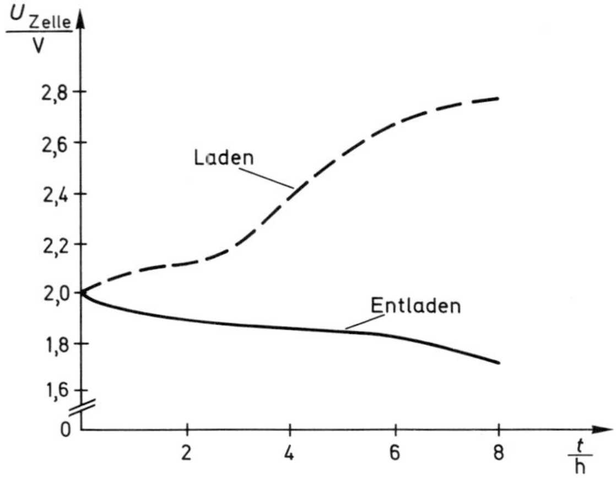

Bild 5.12 Lade- und Entladekennlinie eines Blei-Sammlers

Beim Laden eines Blei-Sammlers steigt die Zellenspannung von etwa 2 V bis auf etwa 2,8 V an. Ab ca. 2,4 V (Gasungsspannung) tritt eine verstärkte Zersetzung des Wassers auf. Dabei werden Wasserstoff und Sauerstoff frei, die Knallgas bilden, das beim Entzünden explosionsartig verbrennt. Deshalb muß beim Erreichen der Gasungsspannung die Ladestromstärke reduziert werden. Wegen des Knallgases darf in der Nähe von Ladestationen nicht mit offener Flamme gearbeitet werden. Räume, in denen Blei-Akkumulatoren aufgeladen werden, müssen stets gut belüftet sein.
Bei der Entladung darf die Zellenspannung von Blei-Akkumulatoren nicht unter 1,8 V absinken, weil sonst Schäden auftreten.
Der Ladezustand eines Blei-Sammlers kann auch durch Spannungsmessung überprüft werden. Die Messung muß dann aber bei Belastung erfolgen. Für Autobatterien gibt es spezielle Spannungsprüfer, bei denen ein Belastungswiderstand fest eingebaut ist.
Die Ladung eines Blei-Sammlers soll stets nach den Vorschriften des Herstellers erfolgen. Wichtig sind hierbei die Einhaltung der angegebenen Ladestromstärke und der Ladespannung. Schnelladungen mit höheren Stromstärken sollten nicht zu häufig erfolgen, weil sich das Plattenmaterial dadurch schneller verschlechtert.

Nickel-Eisen-Akkumulator

Beim Nickel-Eisen-Akkumulator besteht die negative Platte aus reinem Eisen, während als positive Platte Nickelhydroxid verwendet wird. Als Elektrolyt dient verdünnte Kalilauge. Die Spannung eines Ni-Fe-Sammlers ist mit etwa 1,5 V bis 1,85 V niedriger und während der Entladung weniger konstant als die des Blei-Sammlers. **Bild 5.13** zeigt die Entladekennlinien von Blei-Sammlern, Stahl-Sammlern und Trockenbatterien zum Vergleich.

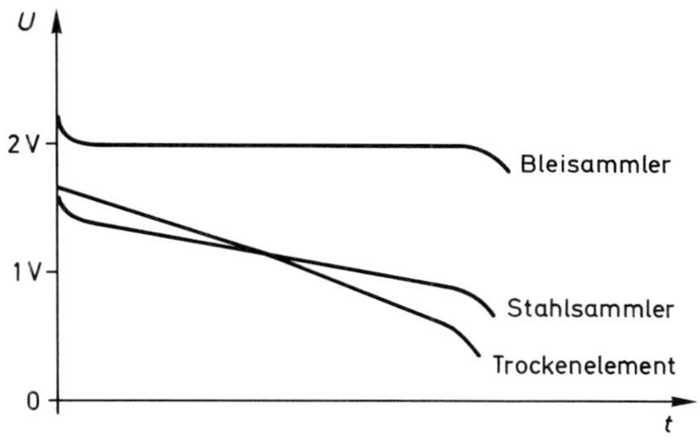

Bild 5.13 Entladespannungen von Blei-Sammlern, Stahl-Sammlern und Trockenbatterien

Für den Ni-Fe-Akku gelten

Ladespannung: 1,5 V ... 1, 85 V
Entladespannung: 1,4 V ... 0,85 V.

Die Ladung von Nickel-Eisen-Sammlern sollte nur mit Ladegeräten, die eine elektronische Ladestrombegrenzung haben, durchgeführt werden, da sonst eine Schädigung der Platten auftreten kann.

Nickel-Cadmium-Akkumulator

Bei diesen Sammlern wird als positive Platte ebenfalls Nickelhydroxid verwendet. Die negative Platte besteht aus Cadmiumhydroxid. Auch hier wird verdünnte Kalilauge als Elektrolyt verwendet. Ni-Cd-Sammler haben zwar eine höhere Kapazität als Ni-Fe-Sammler, sie sind jedoch teurer. Da die Gasentwicklung beim Laden sehr gering ist, eignen sich Ni-Cd-Zellen aber besser für gasdichte Ausführungen.

Gasdichte Akkumulatoren

Gasdichte Akkumulatoren werden zunehmend für den Betrieb von netzunabhängigen elektrischen Kleingeräten wie Elektrorasierer, Zahnbürsten usw. sowie für elektronische Geräte der verschiedensten Art eingesetzt. Gasdichte Akkus sind völlig wartungsfrei und können in jeder Lage und völlig gekapselt betrieben werden. Bei den meisten gasdichten Akkus handelt es sich um Nickel-Cadmium-Sammler, die als Knopfzellen, Rundzellen sowie prismatische oder Blockzellen gefertigt werden. Ihre Bauform und ihre Maße stimmen in vielen Fällen mit denen von Primärelementen überein, so daß ein Ersatz von Primärelementen möglich ist. Die Aufladung erfolgt dann mit speziellen Ladegeräten. Ist für ein Gerät der Betrieb mit gasdichten Zellen von vornherein vorgesehen, so ist das erforderliche Ladegerät meistens fest mit eingebaut.

Gasdichte Ni-Cd-Akkus arbeiten mit einer etwas eingedickten Kalilauge als Elektrolyt. Durch zusätzliche elektrochemische Vorgänge wird die Entstehung von Wasserstoff und Sauerstoff beim Laden verhindert. Da bei diesen Reaktionen Wärme erzeugt wird, stehen gasdichte Akkumulatoren nur in relativ kleinen Baugrößen zur Verfügung.
Unter der Firmenbezeichnung »dryfit« werden auch Bleiakkumulatoren in gasdichter Ausführung angeboten. Diese benötigen zur Erreichung des vollen Ladezustandes keine Überladung, so daß auch keine Wasserverluste während der Betriebszeit auftreten. Sofern durch eine unsachgemäße Ladung oder große Temperaturschwankungen ein zu hoher Gasdruck in der Batterie entsteht, kann das Gas durch kleine Sicherheitsventile entweichen. Die Ventile schließen sich danach sofort wieder. Sie sind zusätzlich so konstruiert, daß kein Austritt von Elektrolyt-Feuchtigkeit möglich ist. »dryfit«-Batterien werden für Nennkapazitäten von etwa 1 Ah bis 20 Ah gefertigt. Sie haben meistens eine Blockform.
Die Bauformen von gasdichten Blei- und Nickel-Cadmium-Akkumulatoren sind inzwischen so vielfältig, daß für ihr Lade- und Entladeverhalten stets die Datenblätter der Hersteller zu Rate gezogen werden sollten.

5.2.3 Elektronische Gleichspannungsquellen

Elektronische Gleichspannungsquellen sind an das elektrische Versorgungsnetz gebunden. Sie haben aber dadurch den Vorteil, daß sie bei Betrieb nicht unbrauchbar werden wie die Primärelemente oder ständig wieder aufgeladen werden müssen wie die Sekundärelemente.
Nach **Bild 5.14** besteht eine elektronische Gleichspannungsquelle aus einem Transformator, der die Netzspannung von 220 V entsprechend herauf- oder heruntertransformiert. Der nachgeschaltete Gleichrichter erzeugt aus der Wechselspannung eine Gleichspannung. Die anschließende elektronische Stabilisierungsschaltung hält die Ausgangsspannung oder den Ausgangsstrom auf dem gewünschten konstanten Wert.

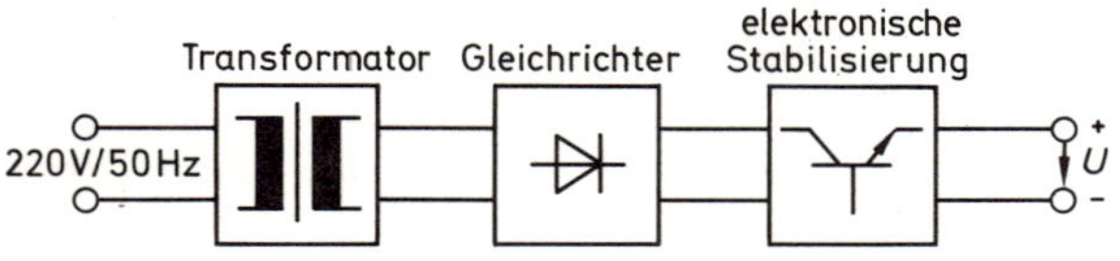

Bild 5.14 Blockschaltbild einer elektronischen Gleichspannungsquelle

Elektronische Gleichspannungsquellen werden meistens als Netzgeräte bezeichnet. Je nach Aufbau und Auslegung der elektronischen Regelschaltung kann die Ausgangsspannung oder der Ausgangsstrom konstant gehalten werden. Netzgeräte, die eine konstante Ausgangsspannung liefern, werden auch Konstantspannungsquellen genannt, Netzgeräte für einen konstanten Ausgangsstrom dementsprechend als Konstantstromquellen bezeichnet.

Bild 5.15 zeigt das Ersatzschaltbild einer elektronischen Gleichspannungsquelle. Die Leerlaufspannung U_0 wird hier von einer Gleichspannungsquelle geliefert, die durch ein Generatorsymbol dargestellt ist. Der Innenwiderstand R_i liegt wie bei dem Ersatzschaltbild für die galvanischen Elemente in Reihe. An die Klemmen ist ein veränderbarer Widerstand als Verbraucher angeschlossen.

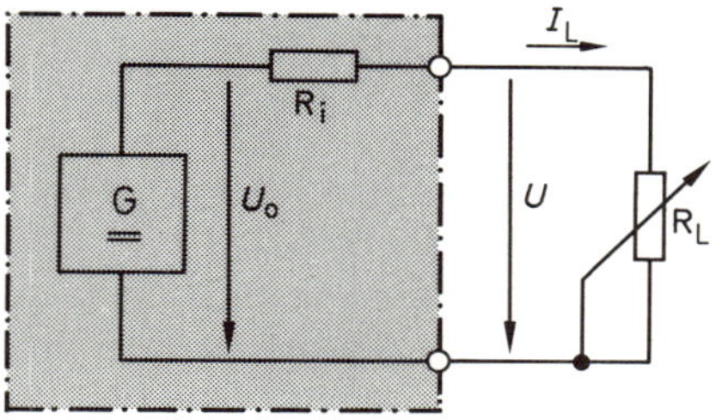

Bild 5.15 Ersatzschaltbild einer elektronischen Gleichspannungsquelle

Theoretisch betrachtet unterscheiden sich Konstantspannungsquellen und Konstantstromquellen nur durch die Größe ihrer Innenwiderstände.
So hat eine ideale Konstantspannungsquelle einen Innenwiderstand $R_i = 0\ \Omega$. Am Innenwiderstand kann daher kein Spannungsabfall auftreten. Die Klemmenspannung U und damit auch die Spannung am Lastwiderstand sind völlig unabhängig von der Größe des Laststromes. In **Bild 5.16a** werden diese Zusammenhänge in einem Diagramm dargestellt.

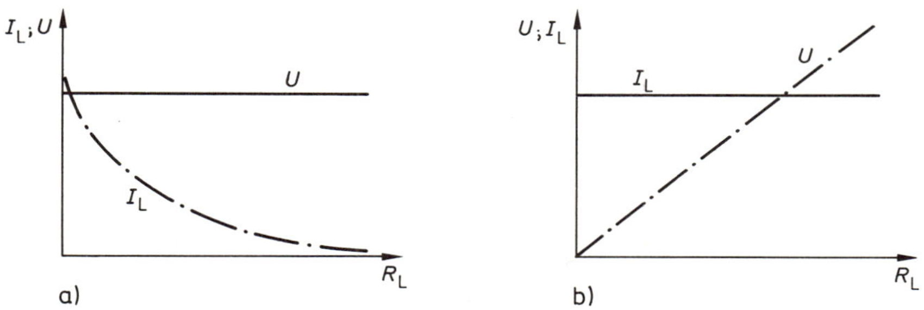

Bild 5.16 Kennlinien von idealen Konstantspannungs- und Konstantstromquellen

Im Gegensatz zu einer idealen Konstantspannungsquelle mit $R_i = 0\ \Omega$ hat eine ideale Konstantstromquelle einen Innenwiderstand $R_i = \infty\ \Omega$.
Mit realen Schaltungen können die idealen Innenwiderstände $R_i = 0\ \Omega$ für die Konstantspannungsquellen und $R_i = \infty\ \Omega$ für Konstantstromquellen nicht erreicht werden. Aber bereits mit recht einfachen elektronischen Regelschaltungen, deren Grundprinzip im Lehrbuch III behandelt wird, lassen sich Konstantstromquellen mit Innenwiderständen in der Größenordnung von etwa $R_i \approx 1\ \text{M}\Omega$ bis $R_i \approx 20\ \text{M}\Omega$ verwirklichen. Bei den Konstantspannungsquellen liegen die erreichbaren Werte in der Größenordnung von $R_i \approx 10\ \text{m}\Omega$ bis $R_i \approx 1\ \Omega$.
Bei der Schaltung nach Bild 5.15 ergibt sich der Laststrom I_L zu:

$$I_L = \frac{U_0}{R_i + R_L}$$

Da der Innenwiderstand R_i bei einer Konstantstromquelle meist wesentlich größer als der Lastwiderstand R_L ist, bestimmen Leerlaufspannung U_0 und Innenwiderstand R_i den Strom I_L:

$$I_L = \frac{U_0}{R_i + R_L} \approx \frac{U_0}{R_i}$$

Dieser Strom ist nahezu konstant, daher ist die Klemmenspannung

$$U = I_L \cdot R_L$$

proportional zum Lastwiderstand R_L. Die Zusammenhänge für eine Konstantstromquelle sind in **Bild 5.16b** dargestellt.

In zahlreichen elektronischen Geräten sind Konstantspannungsquellen und Konstantstromquellen fest eingebaut oder voll in die Schaltungen integriert. Sie sind dann jeweils so aufgebaut und dimensioniert, daß sie die geforderten technischen Daten optimal erfüllen. In Elektroniklabors und -werkstätten werden dagegen meistens vielseitig einsetzbare Netzgeräte verwendet. Sie haben als Labor-Netzgeräte häufig mehrere umschaltbare Spannungs- oder Strombereiche mit Grob- und Feineinstellungen. Zu beachten ist jedoch, daß die Lastwiderstände nicht beliebige Werte annehmen dürfen. So gilt die Einschränkung, daß bei den

Konstantstromquellen $R_L \ll R_i$ und bei den
Konstantspannungsquellen $R_L \gg R_i$

eingehalten werden soll. Die meisten modernen Labornetzgeräte haben feste oder einstellbare Strom- und Spannungsbegrenzungen, so daß die angeschlossenen Geräte oder die elektronischen Bauteile im Netzgerät vor Überlastungen geschützt werden.

Beispiel

Eine Konstantstromquelle entsprechend Bild 5.15 hat einen Innenwiderstand $R_i = 1\ \text{M}\Omega$ und eine Leerlaufspannung $U_0 = 10$ V.

Welcher Laststrom I_L und welche Ausgangsspannung U_A stellt sich ein, wenn der Lastwiderstand von $R_L = 1\ \text{k}\Omega$ auf $R_L = 0\ \Omega$ geändert wird?

Fall 1: $R_L = 1\ \text{k}\Omega$

$$I_L = \frac{U_0}{R_i + R_L} = \frac{10\ \text{V}}{1 \cdot 10^6\ \Omega + 1 \cdot 10^3\ \Omega} = \frac{10\ \text{V}}{1001 \cdot 10^3\ \Omega} = 9{,}99\ \mu\text{A}$$

$$U_A = U_0 - I_L \cdot R_i = 10\ \text{V} - 9{,}99 \cdot 10^{-6}\ \text{A} \cdot 1 \cdot 10^6\ \Omega$$
$$U_A = 10\ \text{V} - 9{,}99\ \text{V} = 0{,}01\ \text{V}$$
$$U_A = 10\ \text{mV}$$

Fall 2: $R_L = 0\ \Omega$

$$I_L = \frac{U_0}{R_i + R_L} = \frac{U_0}{R_i} = \frac{10\ \text{V}}{1 \cdot 10^6\ \Omega} = 10\ \mu\text{A}$$

$$U_A = U_0 - I_L \cdot R_i = 10\ \text{V} - 10 \cdot 10^{-6}\ \text{A} \cdot 1 \cdot 10^6\ \Omega$$
$$U_A = 10\ \text{V} - 10\ \text{V}$$
$$U_A = 0\ \text{V}$$

In **Bild 5.17** sind das Ersatzschaltbild sowie die Kennlinien für eine derartige Konstantstromquelle dargestellt.

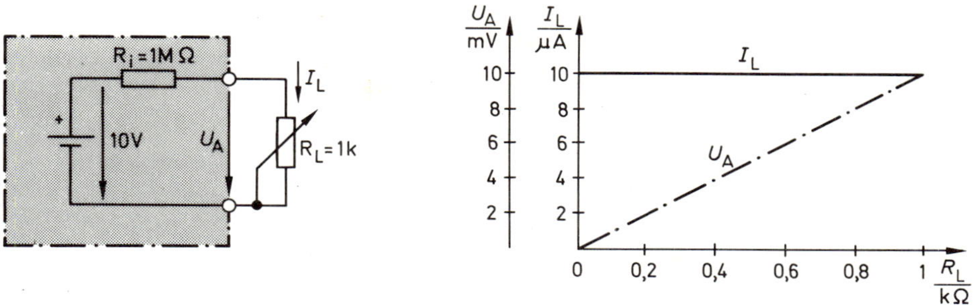

Bild 5.17 Ersatzschaltbild und Verlauf von Laststrom und Ausgangsspannung bei einer Konstantstromquelle mit $U_0 = 10$ V und $R_i = 1$ MΩ

Beispiel

Eine Konstantspannungsquelle entsprechend Bild 5.15 hat einen Innenwiderstand $R_i = 1\ \Omega$ und eine Leerlaufspannung $U_0 = 10$ V.
Welche Ausgangsspannung U_A und welcher Laststrom I_L stellen sich ein, wenn der Lastwiderstand von $R_L = 11$ kΩ auf $R_L = 1$ kΩ geändert wird?

Fall 1: $R_L = 11$ kΩ

$$I_L = \frac{U_0}{R_i + R_L} = \frac{10\ \text{V}}{1\ \Omega + 11\ \text{k}\Omega} = \frac{10\ \text{V}}{11{,}001 \cdot 10^3\ \Omega} = 909\ \mu\text{A}$$

$$U_A = U_0 - I_L \cdot R_i = 10\ \text{V} - 909 \cdot 10^{-6}\ \text{A} \cdot 1\ \Omega$$
$$= 10\ \text{V} - 909 \cdot 10^{-6}\ \text{V}$$
$$U_A \approx 9{,}99\ \text{V}$$

Fall 2: $R_L = 1$ kΩ

$$I_L = \frac{U_0}{R_i + R_L} = \frac{10\ \text{V}}{1\ \Omega + 1\ \text{k}\Omega} = \frac{10\ \text{V}}{1001\ \Omega} = 9{,}99\ \text{mA}$$

$$U_A = U_0 - I_L \cdot R_i = 10\ \text{V} - 9{,}99\ \text{mA} \cdot 1\ \Omega = 10\ \text{V} - 9{,}99 \cdot 10^{-3}\ \text{V}$$
$$U_A \approx 9{,}99\ \text{V}$$

Die Rechnung ergibt, daß die Ausgangsspannung U_A trotz unterschiedlicher Belastung praktisch konstant bleibt. In **Bild 5.18** sind die Kennlinien für eine derartige Konstantspannungsquelle dargestellt.

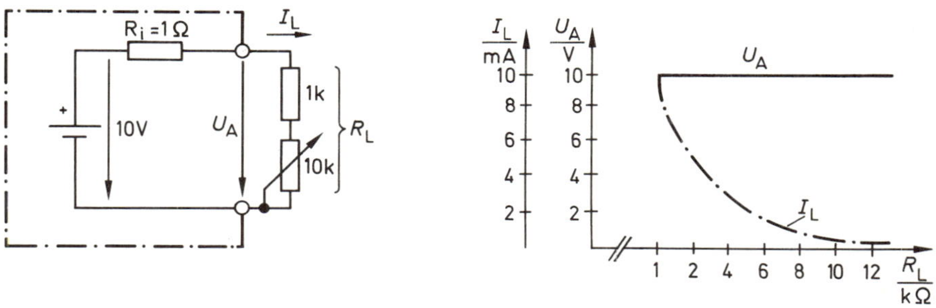

Bild 5.18 Ersatzschaltbild und Verlauf von Laststrom und Ausgangsspannung bei einer Konstantspannungsquelle mit $U_0 = 10$ V und $R_i = 1\ \Omega$

Um in Schaltbildern eine elektronische Gleichspannungsversorgung zu kennzeichnen, werden die in **Bild 5.19** dargestellten genormten Schaltzeichen benutzt.

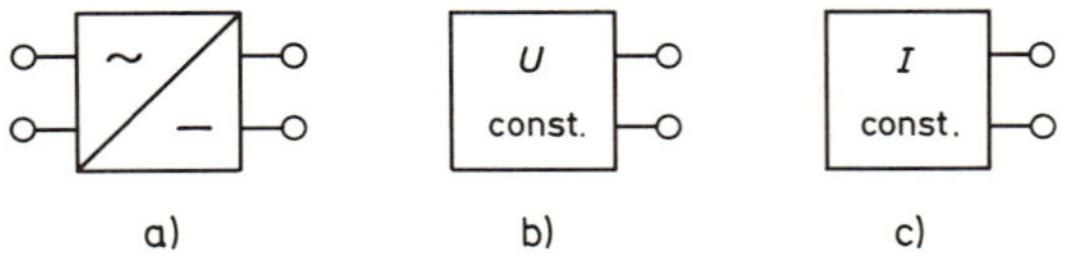

a) Elektronisches Netzgerät allgemein
b) Konstantspannungsquelle
c) Konstantstromquelle

Bild 5.19 Genormte Schaltzeichen für elektronische Gleichspannungsquellen

5.3 Wechselspannungsquellen

Spannungen, bei denen sich Polarität und Betrag fortlaufend ändern, werden als Wechselspannungen bezeichnet. Sie haben in der Elektrotechnik und Elektronik neben der Gleichspannung eine große Bedeutung. **Bild 5.20** zeigt die Verläufe von drei verschiedenen Wechselspannungen. In Bild 5.20a ist eine nicht-periodische Wechselspannung dargestellt. Sie besitzt in dem betrachteten Zeitraum zu jedem Zeitpunkt einen anderen Spannungswert. Der Spannungsverlauf in Bild 5.20b wird als periodisch bezeichnet, weil sich der Verlauf nach festen Zeitabständen jeweils wiederholt. Bei der Wechselspannung nach Bild 5.20c handelt es sich um einen sinusförmigen Verlauf. Hierbei ändern sich Spannungswerte und Polarität nach der mathematischen Gesetzmäßigkeit der Sinusfunktion.

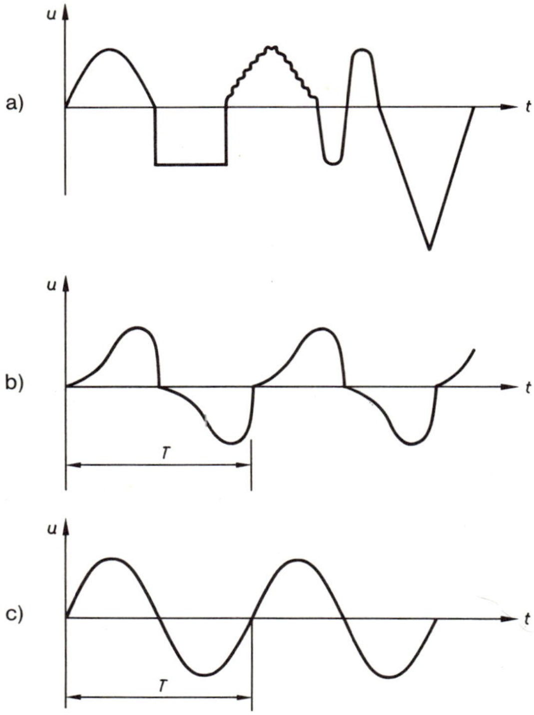

Bild 5.20 Verlauf von Wechselspannungen
a) nicht-periodische Wechselspannung
b) periodische Wechselspannung
c) sinusförmige Wechselspannung

In der Elektronik haben außer den in Bild 5.20 dargestellten Wechselspannungen auch noch die rechteckförmigen Wechselspannungen, die dreieckförmigen Wechselspannungen und die sägezahnförmigen Wechselspannungen eine große Bedeutung. Häufig tritt auch eine Überlagerung einer Gleichspannung mit verschiedenartigen Wechselspannungen auf. Solche Spannungen werden dann als Mischspannungen bezeichnet.

5.3.1 Sinusförmige Wechselspannungen

Bei der sinusförmigen Wechselspannung handelt es sich um eine periodische Wechselspannung, bei der sich Polarität und Betrag der Spannung fortlaufend entsprechend der Sinusfunktion ändert.
Die Dauer eines periodischen Spannungsverlaufes wird als

Periodendauer T mit der Einheit Sekunde (s)

bezeichnet. Weitaus häufiger wird aber die Anzahl der Schwingungen pro Sekunde als

Frequenz f mit der Einheit Hertz (Hz)

angegeben.
Periodendauer und Frequenz verhalten sich genau umgekehrt zueinander. Daher gilt:

$$f = \frac{1}{T} \quad \text{mit der Einheit } \frac{1}{\text{s}} = 1 \text{ Hz}$$

In **Bild 5.21** ist der Zusammenhang zwischen Frequenz und Periodendauer für zwei verschiedene Frequenzen in einem Liniendiagramm dargestellt.

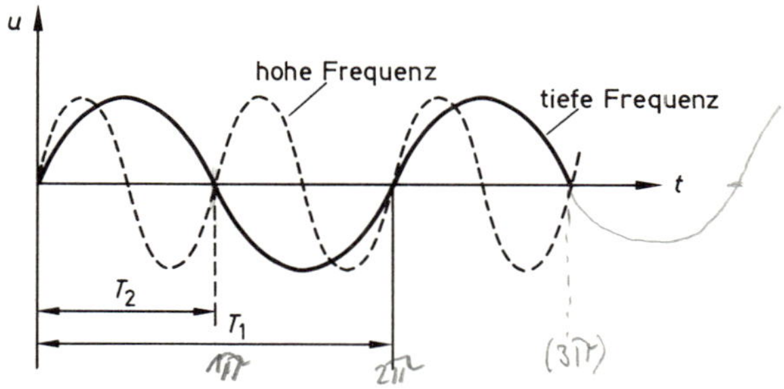

Bild 5.21 Zusammenhang zwischen Frequenz und Periodendauer bei sinusförmigen Wechselspannungen

In einer Reihe von Formeln zur Berechnung des Frequenzverhaltens von elektrischen und elektronischen Bauteilen muß jeweils die Kreisfrequenz ω (Omega) der sinusförmigen Wechselspannung eingesetzt werden. Als Kreisfrequenz ω ist festgelegt

$$\omega = 2\pi \cdot f \quad \text{mit der Einheit } \frac{1}{\text{s}} = 1 \text{ Hz}$$

oder

$$\omega = \frac{2\pi}{T} \quad \text{ebenfalls mit der Einheit } \frac{1}{\text{s}} = 1 \text{ Hz}$$

Diese Kreisfrequenz ergibt sich aus der mathematischen Darstellung einer Sinusfunktion. Wird z. B. ein Zeiger gegen den Uhrzeigersinn im Kreis gedreht und sein Endpunkt zu jedem Winkel bzw. zu jedem Augenblick in ein Liniendiagramm übertragen, so entsteht ein sinusförmiger Verlauf. In **Bild 5.22** ist die Entwicklung des Liniendiagrammes aus dem Zeigerdiagramm dargestellt.

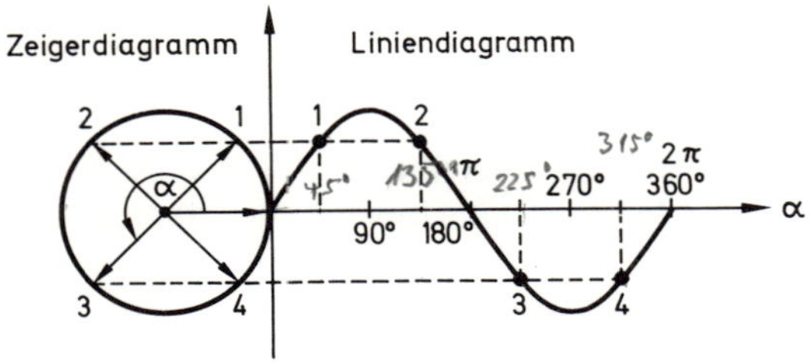

Bild 5.22 Entstehung eines sinusförmigen Verlaufes

Ein fester Zusammenhang zwischen Winkelgraden und Zeit entsteht, wenn der Zeiger mit gleichförmiger Geschwindigkeit gedreht wird. Dann legt die Zeigerspitze während einer Umdrehung in der Zeit T einen Weg zurück, der dem Kreisumfang von $U = 2\pi \cdot r$ entspricht. Für einen Radius $r = 1$ (Einheitskreis) ergibt sich die Zeigergeschwindigkeit ω zu:

$$\omega = \frac{2\pi}{T}$$

$$\omega = 2\pi \cdot f$$

Beispiel

Eine Wechselspannungsquelle liefert eine sinusförmige Wechselspannung mit der Frequenz $f = 1$ kHz.

Wie groß sind die Periodendauer T und die Kreisfrequenz ω dieser Wechselspannung?

$$T = \frac{1}{f} = \frac{1}{1\ \text{kHz}} = 1\ \text{ms}$$

$$\omega = 2\pi \cdot f = 2\pi \cdot 1\ \text{kHz} = 6283\ \text{Hz}$$

Elektrische Schwingungen breiten sich etwa mit Lichtgeschwindigkeit aus (Lichtgeschwindigkeit $c \approx 300\,000$ km/s). Bei einer Frequenz von z. B. $f = 100$ kHz treten 100 000 Schwingungen pro Sekunde auf. Damit verteilen sich 100 000 Perioden auf eine Strecke von 300 000 km.

Die Länge eines Schwingungszuges wird als

Wellenlänge λ (lambda)

bezeichnet.

$$\text{Wellenlänge} = \frac{\text{Ausbreitungsgeschwindigkeit}}{\text{Frequenz}}$$

$$\lambda = \frac{c}{f} = \frac{300\,000 \text{ km/s}}{f}$$

Beispiel

Welche Wellenlänge λ hat eine Schwingung mit der Frequenz $f = 100$ kHz?

$$\lambda = \frac{c}{f} = \frac{300\,000 \text{ km/s}}{100\,000 \text{ Hz}} = 3 \text{ km} = 3000 \text{ m}$$

Bei den sinusförmigen Wechselspannungen wird zwischen vier charakteristischen Spannungswerten unterschieden. Es sind

der Augenblickswert	u
der Spitzenwert	$u_S = \hat{u}$,
der Spitze-Spitzewert	u_{SS}
der Effektivwert	$U = \frac{\hat{u}}{\sqrt{2}}$

In **Bild 5.23** sind diese Werte besonders gekennzeichnet.

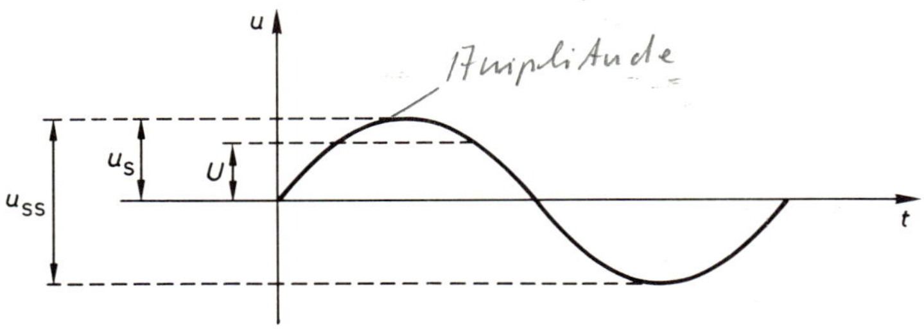

Bild 5.23 Spannungswerte bei sinusförmiger Wechselspannung

Der Augenblickswert u ist vom jeweiligen Zeitpunkt abhängig. Er läßt sich mit Hilfe der Formel

$$u = \hat{u} \cdot \sin(\omega \cdot t)$$

berechnen.

Der Spitze-Spitze-Wert u_{ss} ist bei der Spannungsmessung mit einem Oszilloskop von Bedeutung. Der Effektivwert ist entsprechend Abschnitt 3.5.4 ein wichtiger Wert für Wechselstromkreise.

Darüber hinaus kann es manchmal bei der Messung von Spannungen von Bedeutung sein, welchen Wert ein Gleichspannungsmeßwerk anzeigt. Dieser Wert wird dann als arithmetischer Mittelwert U_{arith} bezeichnet. Da die positive und negative Halbwelle bei sinusförmigen Wechselspannungen gleich groß sind, ist in diesem Fall $U_{arith} = 0$ V.

Beispiel

Eine Wechselspannungsquelle liefert eine sinusförmige Wechselspannung mit einer Frequenz $f = 100$ Hz und einem Spitzenwert $u_s = 24$ V.

a) Welchen Wert zeigt ein Wechselspannungsmeßgerät an?
b) Welchen Wert zeigt ein Oszilloskop an?
c) Welchen Wert zeigt ein Gleichspannungsmeßwerk an?
d) Welchen Augenblickswert u hat die Spannung bei $t = 2$ ms?

a) Ein Wechselspannungsmeßgerät zeigt den Effektivwert an.

$$U = \frac{\hat{u}}{\sqrt{2}} = \frac{24\ \text{V}}{\sqrt{2}} = 16{,}97\ \text{V}$$

b) Ein Oszilloskop zeigt den Spannungsverlauf an, aus dem der Spitze-Spitze-Wert ermittelt werden kann.

$$u_{ss} = u_s \cdot 2 = 24\ \text{V} \cdot 2 = 48\ \text{V}$$

c) Ein Gleichspannungsmeßwerk zeigt den arithmetischen Mittelwert an. Da die positive und negative Halbwelle gleich groß sind, ist

$$U_{\text{arith}} = 0\ \text{V}$$

d) Der Augenblickswert ergibt sich zu

$$u = \hat{u} \cdot \sin \omega t = \hat{u} \cdot \sin (2\,\pi\, f \cdot t)$$
$$u = 24\ \text{V} \cdot \sin (2\,\pi \cdot 100\ \text{Hz} \cdot 2\ \text{ms})$$

Taschenrechner-Eingabe:

2 [X] [π] [X] 100 [X] 2 [EE] [3] [+/−] [=] [RAD] [sin] [X] 24 [=]

Anzeige: 22.825356
$u = 22{,}8$ V

Wichtigste Spannungsquelle für eine sinusförmige Wechselspannung ist das 50-Hz-Wechselspannungsnetz. Der Effektivwert beträgt $U = 220$ V. Daraus ergibt sich ein Spitzenwert $\hat{u} = u_s = \sqrt{2} \cdot U = 311$ V. Die Frequenz beträgt $f = 50$ Hz. Eine derartige Spannung steht an jeder Steckdose zur Verfügung. Viele elektrische und elektronische Geräte werden mit dieser Netzspannung betrieben. So können entsprechend ausgelegte Heizgeräte, Lampen, Motoren usw. direkt an diese Netzspannung angeschlossen werden. Bei den meisten elektronischen Geräten wird dagegen die eigentliche Versorgungsspannung für die Schaltungen durch Gleichrichtung aus der Netzwechselspannung gewonnen.

5.3.2 Rechteckförmige Wechselspannungen

In der Elektronik haben Wechselspannungen und Mischspannungen mit einem rechteckförmigen Verlauf als Takt- oder Steuersignale eine ganz wesentliche Bedeutung. **Bild 5.24** zeigt eine rechteckförmige Wechselspannung sowie eine rechteckförmige Mischspannung.

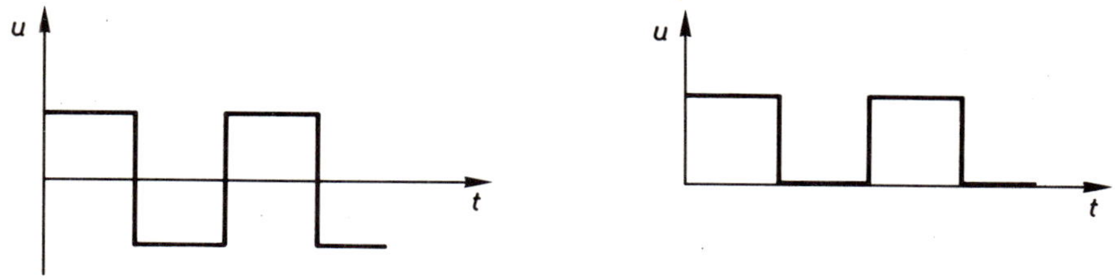

a) Wechselspannung b) Mischspannung

Bild 5.24 Rechteckförmige Wechsel- und Mischspannung

Auch bei den periodischen rechteckförmigen Wechselspannungen wird die Periodendauer bzw. die Frequenz angegeben. Hierbei gilt, genau wie bei den sinusförmigen Wechselspannungen, die Beziehung:

$$f = \frac{1}{T}$$

Bei den Spannungsangaben wird unterschieden zwischen:

Spitzenwert	$\hat{u} = u_S$
Spitzen-Spitzenwert	u_{SS}
Effektivwert	U
arithmetischer Mittelwert	U_{arith}

In **Bild 5.25** sind die wichtigsten Kennwerte einer rechteckförmigen, zur Nullinie symmetrischen Wechselspannung eingetragen.

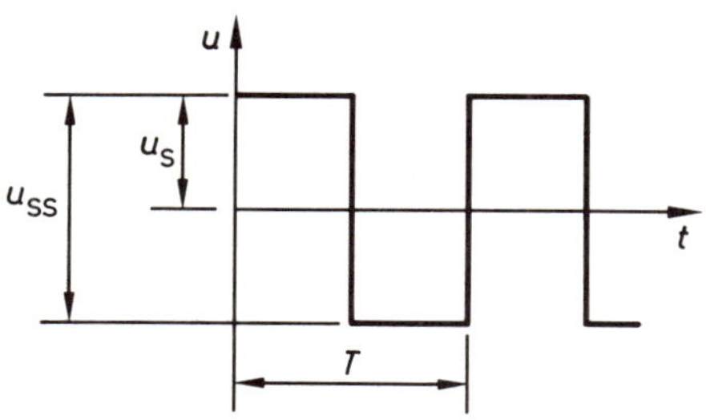

Bild 5.25 Rechteckförmige, zur Nullinie symmetrische Wechselspannung

Bei dem Spannungsverlauf nach Bild 5.25 ergibt sich als arithmetischer Mittelwert $U_{arith} = 0$ V. Der Effektivwert dieser Spannung beträgt dagegen $U = u_S$.

Beispiel

Eine rechteckförmige Wechselspannung hat eine Frequenz $f = 100$ kHz und einen Spitzenwert $\hat{u} = 3$ V.
Zu ermitteln sind:

a) die Periodendauer T
b) die Dauer des positiven Signals t_{pos}
c) der Effektivwert U
d) der Wert, den ein Gleichspannungsmeßwerk anzeigt
e) der Wert, den ein Oszilloskop anzeigt

a) Periodendauer T

$$T = \frac{1}{f} = \frac{1}{100\ \text{kHz}} = 10\ \mu\text{s}$$

b) Dauer des positiven Signals t_{pos}

$$t_{pos} = \frac{T}{2} = \frac{10\ \mu\text{s}}{2} = 5\ \mu\text{s}$$

c) Effektivwert U

$$U = \hat{u} = 3\ \text{V}$$

d) Anzeige eines Gleichspannungsmeßwerkes U_{arith}

$$U_{arith} = 0\ \text{V}$$

e) Ein Oszilloskop zeigt den Spannungsverlauf an, aus dem der Spitze-Spitze-Wert ermittelt werden kann.

$$u_{SS} = 2\ u_S = 2 \cdot 3\ \text{V} = 6\ \text{V}$$

Häufig wird statt mit rechteckförmigen Signalen, die symmetrisch zur Nullinie liegen, mit unsymmetrisch zur Nullinie liegenden rechteckförmigen Signalen entsprechend **Bild 5.26** gearbeitet.

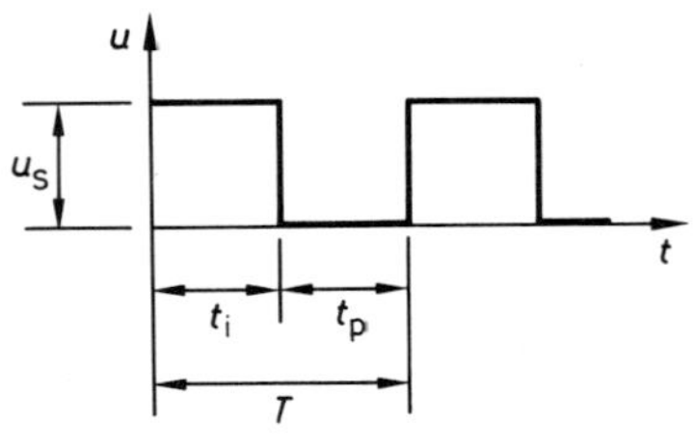

Bild 5.26 Rechteckförmige Mischspannung

Bei einer rechteckförmigen Mischspannung gemäß Bild 5.26 wird zusätzlich die

Impulsdauer t_i sowie die
Impulspause t_p

angegeben. Die Periodendauer ergibt sich zu:

$$T = t_i + t_p$$

Das Verhältnis t_i zu t_p wird als Impuls-Pausen-Verhältnis bezeichnet.

$$\frac{t_i}{t_p} = \text{Impuls-Pausen-Verhältnis}$$

Dieses Impuls-Pausen-Verhältnis hat in der Digitaltechnik eine große Bedeutung. Sind z. B. t_i und t_p gleich groß, so beträgt $t_i/t_p = 1$.
Für Spannungen entsprechend Bild 5.26 gilt:

$$U = \sqrt{u_S^2 \cdot \frac{t_i}{T}} \quad \text{sowie}$$

$$U_{arith} = u_S \cdot \frac{t_i}{T}$$

Beispiel

Eine rechteckförmige Mischspannung entsprechend Bild 5.26 hat eine Frequenz $f = 250$ kHz, eine Impulsdauer $t_i = 0{,}8$ µs und eine Amplitude $u_s = 5$ V.
Zu berechnen sind:

a) die Impulspause t_p
b) der Effektivwert U
c) der arithmetische Mittelwert U_{arith}

a) Impulspause t_p

$$T = \frac{1}{f} = \frac{1}{250\ \text{kHz}} = 4\ \mu\text{s}$$

$$t_p = T - t_i = 4\ \mu\text{s} - 0{,}8\ \mu\text{s}$$

$$t_p = 3{,}2\ \mu\text{s}$$

b) $$U = \sqrt{u_S^2 \cdot \frac{t_i}{T}} = \sqrt{(5\ \text{V})^2 \cdot 0{,}2} = 2{,}24\ \text{V}$$

c) $$U_{arith} = u_S \cdot \frac{t_i}{T} = 5\ \text{V} \cdot 0{,}2 = 1\ \text{V}$$

5.3.3 Sägezahnförmige Wechselspannungen

Sägezahnförmige Wechselspannungen entsprechend **Bild 5.27** werden hauptsächlich in der Meßtechnik benötigt.

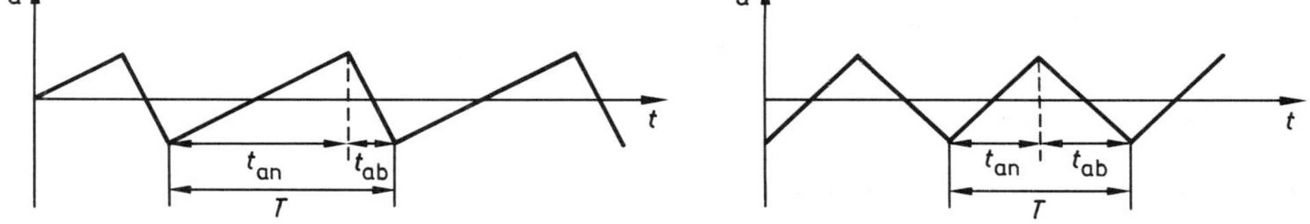

a) Sägezahnförmige Wechselspannung
b) Dreieckförmige Wechselspannung

Bild 5.27 Sägezahnförmige Wechselspannungen

In Bild 5.27a ist der charakteristische Sägezahnverlauf dargestellt. Der dreieckförmige Verlauf nach Bild 5.27b ergibt sich hieraus als Sonderfall. Zur eindeutigen Beschreibung eines sägezahnförmigen Verlaufes sind noch die

Anstiegszeit t_{an} und die
Abfallzeit t_{ab}

erforderlich. Entsprechend Bild 5.27 gilt dann für die Frequenz f bzw. die Periodendauer T:

$$T = t_{an} + t_{ab}$$

$$f = \frac{1}{T} = \frac{1}{t_{an} + t_{ab}}$$

Der Effektivwert und der arithmetische Mittelwert von sägezahnförmigen Wechselspannungen lassen sich nur mit Hilfe höherer Mathematik berechnen. Da es sich weiterhin bei diesen Spannungsverläufen meistens nur um Hilfsspannungen in der Meßtechnik handelt, wird hier nicht weiter auf die Berechnungsmethoden eingegangen.

Beispiel

Eine sägezahnförmige Spannung entsprechend Bild 5.27a hat eine Frequenz $f = 100$ Hz und eine Anstiegzeit $t_{an} = 8$ ms.
Wie groß sind die Periodendauer T und die Abfallzeit t_{ab}?

$$T = \frac{1}{f} = \frac{1}{100\ \text{Hz}} = 10\ \text{ms}$$

$$t_{ab} = T - t_{an} = 10\ \text{ms} - 8\ \text{ms} = 2\ \text{ms}$$

5.3.4 Funktionsgeneratoren

Das technische Versorgungsnetz liefert eine sinusförmige Wechselspannung mit $U = 220$ V und $f = 50$ Hz. Diese Spannung wird in den Kraftwerken mit Hilfe großer rotierender Generatoren erzeugt und über ein flächendeckendes Verteilernetz mit Kabeln oder Freileitungen zum Verbraucher geführt. Diesem Netz können fast beliebig große Leistungen entnommen werden.
In der Elektronik wird aber überwiegend mit Meß- und Signalspannungen anderer Frequenzen und häufig auch mit rechteck- oder sägezahnförmigen Spannungsverläufen gearbeitet. Sie werden heute nur mit Hilfe elektronischer Schaltungen erzeugt. Derartige Meßgeräte werden als Funktionsgeneratoren bezeichnet, wenn sie mehrere verschiedene Spannungsverläufe liefern. Wird nur ein Spannungsverlauf erzeugt, so werden die Geräte Sinusgeneratoren, Rechteckgeneratoren oder Sägezahngeneratoren genannt. Auf das technische Grundprinzip und die Schaltungstechnik der verschiedenen Signalgeneratoren wird in Lehrbuch III näher eingegangen. Funktions- bzw. Signalgeneratoren werden von zahlreichen Herstellern mit den unterschiedlichsten technischen Daten angeboten. Meistens lassen sich mehrere Frequenzbereiche durch Schalter oder Tasten umschalten. Innerhalb der einzelnen Frequenzbereiche ist eine Feineinstellung möglich. Weiterhin kann die Amplitude zwischen 0 V und einem Höchstwert beliebig eingestellt werden. Bei modernen Funktionsgeneratoren

besteht auch die Möglichkeit, durch eine Offset-Spannung den Verlauf der Signalspannung von der Nullinie aus zu verschieben und so eine Wechselspannung in eine Mischspannung zu verändern. Weiterhin können bei guten Generatoren auch das Impuls-Pausen-Verhältnis der Rechteckspannung sowie die Anstiegs- und Abfallzeiten bei Sägezahnspannungen variiert werden. **Bild 5.28** zeigt die wichtigsten Bedienungselemente eines modernen Funktionsgenerators.

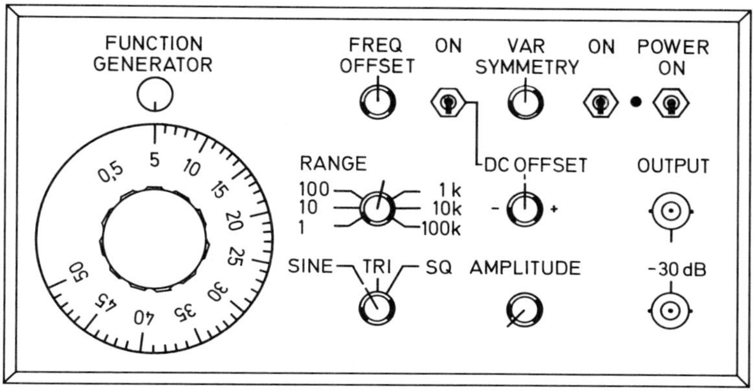

Bild 5.28 Bedienungselemente eines Funktionsgenerators

Neben dem Oszilloskop gehört der Funktionsgenerator zu den wichtigsten Geräten für den Elektroniker. Für den praktischen Einsatz ist außer dem Frequenzbereich und der Amplitude der erzeugten Signalspannung auch noch der Innenwiderstand R_i eines Funktionsgenerators von Bedeutung, weil von seinem Wert das Absinken der Amplitude bei Belastung des Generators abhängt. Je nach Haupteinsatzgebiet werden Funktionsgeneratoren mit unterschiedlichem Innenwiderstand gefertigt.
Auch in zahlreichen Elektronikgeräten und -schaltungen werden Signalgeneratoren benötigt. Sie sind dann meistens Teil einer umfangreichen Schaltung und liefern je nach Aufgabe Signalspannungen mit konstanter oder variabler Frequenz.
Die Schaltzeichen für Signalgeneratoren sind genormt. **Bild 5.29** zeigt die Schaltzeichen für verschiedene Signalgeneratoren als Wechselspannungsquellen.

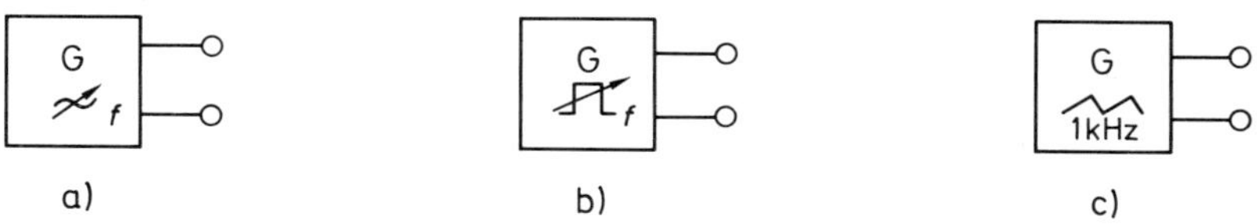

Bild 5.29 Genormte Schaltzeichen für Signalgeneratoren als Wechselspannungsquellen
a) Generator für variable sinusförmige Spannungen
b) Generator für variable rechteckförmige Spannungen
c) Generator für eine sägezahnförmige Spannung mit fester Frequenz

5.4 Belastung von Spannungsquellen

5.4.1 Innenwiderstand R_i

Jede Spannungsquelle hat einen Innenwiderstand R_i. Dadurch bedingt ist die Klemmenspannung U einer Spannungsquelle bei Belastung stets kleiner als die Leerlaufspannung U_0. **Bild 5.30** zeigt eine einfache Meßschaltung zur Ermittlung des Innenwiderstandes einer Spannungsquelle.

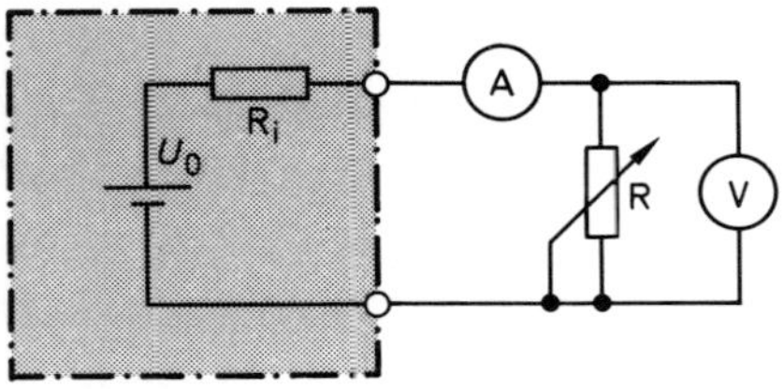

Bild 5.30 Meßschaltung zur Ermittlung des Innenwiderstandes einer Spannungsquelle

Die Ersatzschaltung besteht aus einer verlustfrei gedachten Spannungsquelle, die die konstante Leerlaufspannung U_0 liefert und dem in Reihe liegenden Innenwiderstand R_i. Bei Belastungsänderung durch den Lastwiderstand R ändert sich nicht nur der Strom, sondern infolge des Spannungsabfalls am Innenwiderstand R_i auch die Klemmenspannung U. Sowohl die Stromänderung ΔI als auch die dadurch hervorgerufene Änderung der Klemmenspannung ΔU können entsprechend Bild 5.30 mit Vielfachinstrumenten gemessen werden. Aus den Meßwerten ergibt sich der Innenwiderstand zu:

$$R_i = \frac{\Delta U}{\Delta I}$$

Die Innenwiderstände von Primär- und Sekundärelementen liegen in der Größenordnung von 1 Ω. Daher ist die meßtechnische Ermittlung von R_i mit der Schaltung nach Bild 5.30 meistens noch mit ausreichender Genauigkeit möglich. Elektronische Gleichspannungsquellen haben aber nur Innenwiderstände in der Größenordnung von 10 bis 100 mΩ. Daher ist die Änderung der Klemmenspannung bei Belastung so gering, daß nur mit anderen Meßmethoden die Bestimmung des Innenwiderstandes möglich ist.

5.4.2 Anpassung, Leerlauf und Kurzschlußbetrieb

Wird eine Spannungsquelle belastet, so hat der Laststrom entsprechend **Bild 5.31** die Größe von:

$$I = \frac{U_0}{R_i + R}$$

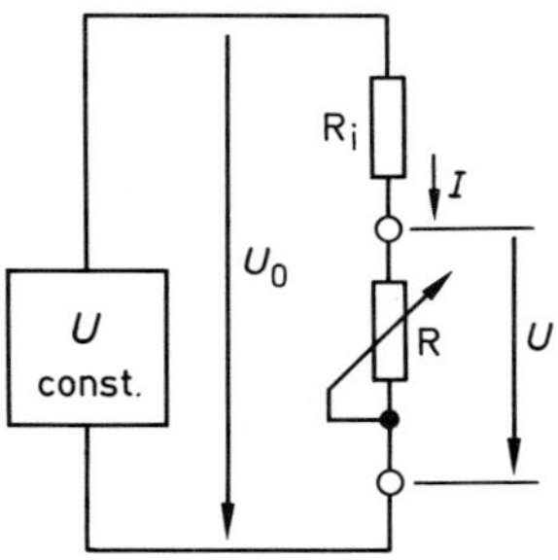

Bild 5.31 Belastete Spannungsquelle

Die an den Klemmen der Spannungsquelle liegende Klemmenspannung U hat den Wert:

$$U = U_0 - I \cdot R_i$$

Spannungsquellen können auf vielfältige Weise belastet werden. Es gibt aber zwei Extreme oder Grenzfälle:

$R = 0\ \Omega$ d. h. Kurzschluß
$R = \infty\ \Omega$ d. h. unbelastet = Leerlauf

Im Kurzschlußfall ($R = 0\ \Omega$) fließt als Kurzschlußstrom I_K der größte mögliche Strom. Er hängt nur ab von der Leerlaufspannung U_0 und dem Innenwiderstand R_i:

$$I_K = \frac{U_0}{R_i}$$

Die Klemmenspannung ist im Kurzschlußfall $U = 0$ V.

Im Leerlauffall ($R = \infty\ \Omega$) fließt dagegen kein Strom und an den Klemmen liegt die Leerlaufspannung U_0:

$$I = 0\ \text{A}$$
$$U = U_0$$

Eine Aussage über die zwischen diesen beiden Extremwerten liegenden Spannungs-, Strom- und Leistungsverhältnisse liefert das Diagramm entsprechend **Bild 5.32**.

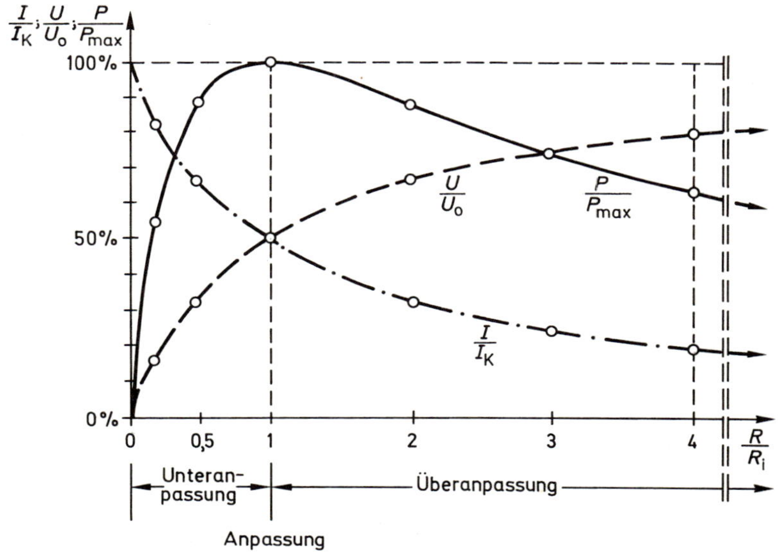

Bild 5.32 Verlauf von $\frac{P}{P_{max}}$, $\frac{U}{U_0}$ und $\frac{I}{I_K}$ in Abhängigkeit vom Verhältnis R/R_i

In Bild 5.32 ist der Verlauf von $\frac{P}{P_{max}}$, $\frac{U}{U_0}$ und $\frac{I}{I_K}$ in Abhängigkeit von dem Verhältnis R/R_i aufgetragen. Weiterhin sind auf der y-Achse die Spannungs-, Strom- und Leistungswerte in Prozent angegeben. Dadurch kann das Diagramm für alle denkbaren Fälle benutzt werden.

Aus dem Diagramm nach Bild 5.32 sind einige Werte entnommen und in die Tabelle in **Bild 5.33** übertragen.

$\frac{R}{R_i}$	$\frac{U}{U_0}$	$\frac{I}{I_K}$	$\frac{P}{P_{max}}$	η	Bemerkung
0	0	1	0	0	Kurzschluß
0,2 0,5	0,17 0,33	0,8 0,67	0,56 0,89	0,17 0,33	Unteranpassung
1	0,5	0,5	1	0,5	Leistungsanpassung
2 3	0,67 0,75	0,33 0,25	0,89 0,75	0,67 0,75	Überanpassung
∞	1	0	0	1	Leerlauf

Bild 5.33 Tabelle für verschiedene Belastungsfälle

Aus der Tabelle Bild 5.33 ergeben sich drei charakteristische Belastungsfälle:

Kurzschluß: $U = 0$ V
$R = 0\ \Omega$ $I = I_K$
$P = 0$ W
$\eta = 0$

Leistungsanpassung: $U = \frac{U_0}{2}$
$R = R_i$ $I = \frac{I_K}{2}$
$P = P_{max}$
$\eta = 0{,}5$

Leerlauf: $U = U_0$
$R = \infty\ \Omega$ $I = 0$ A
$P = 0$ W
$\eta = 1$ (P_{ab} und P_{zu} sind sehr klein. Damit wird $\eta \approx 1$.)

Bei *Leistungsanpassung*, d.h. $R = R_i$, kann einer Spannungsquelle die größtmögliche Leistung entnommen werden. Eine Leistungsanpassung wird vorwiegend in der Nachrichtentechnik angestrebt.

Eine *Spannungsanpassung* liegt vor, wenn der Lastwiderstand $R \gg R_i$ ist. Die Spannungsanpassung liegt im Bereich der Überanpassung und die Klemmenspannung U nähert sich der Leerlaufspannung U_0.

Eine *Stromanpassung* liegt vor, wenn der Lastwiderstand $R \ll R_i$ ist. Die Stromanpassung liegt im Bereich der Unteranpassung und der Strom I nähert sich dem Kurzschlußstrom I_K.

Beispiel

Eine Batterie hat eine Leerlaufspannung $U_0 = 12$ V. Bei einem Laststrom $I = 5$ A beträgt die Klemmenspannung $U = 11{,}2$ V.

Es ist zu ermitteln:

a) der Innenwiderstand R_i
b) die Klemmenspannung U bei einem Laststrom $I = 12$ A
c) der Kurzschlußstrom I_K
d) die maximale Leistung P_{max}, die diese Batterie abgeben kann
e) die Anpassungsart, die bei $I = 5$ A vorliegt

a) $R_i = \frac{\Delta U}{\Delta I} = \frac{12\ \text{V} - 11{,}2\ \text{V}}{5\ \text{A} - 0\ \text{A}} = \frac{0{,}8\ \text{V}}{5\ \text{A}} = 0{,}16\ \Omega$

b) $U = U_0 - R_i \cdot I = 12\ \text{V} - 0{,}16\ \Omega \cdot 12\ \text{A} = 10{,}08\ \text{V}$

c) $I_K = \frac{U_0}{R_i} = \frac{12\ \text{V}}{0{,}16\ \Omega} = 75\ \text{A}$

d) $P_{max} = \frac{U_0}{2} \cdot \frac{I_K}{2} = \frac{12\ \text{V}}{2} \cdot \frac{75\ \text{A}}{2} = 225\ \text{W}$

e) $R_{(5\,A)} = \frac{U_{(5\,A)}}{I} = \frac{11{,}2\ \text{V}}{5\ \text{A}} = 2{,}24\ \Omega$

$R \gg R_i$, d. h. Spannungsanpassung bzw. Überanpassung

5.5 Zusammenschaltung von Spannungsquellen

5.5.1 Zusammenschaltung von Gleichspannungsquellen

Gleichspannungsquellen können in Reihenschaltung, Parallelschaltung sowie in gemischten Schaltungen betrieben werden. **Bild 5.34** zeigt eine Reihenschaltung von drei Gleichspannungsquellen.

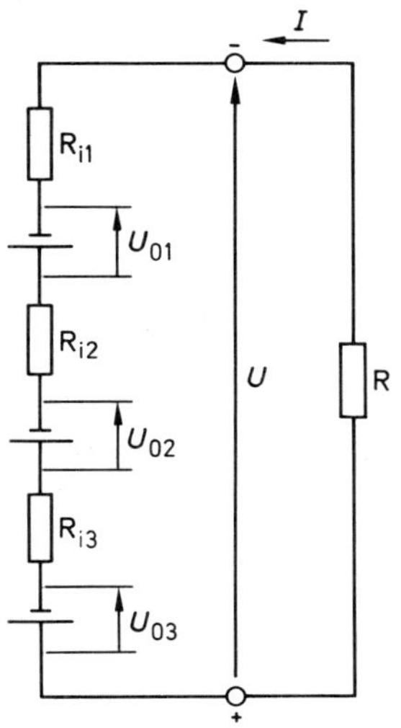

Bild 5.34 Reihenschaltung (Summenreihenschaltung) von drei Gleichspannungsquellen

In der *Summenreihenschaltung* nach Bild 5.34 sind jeweils die ungleichnamigen Pole der einzelnen Spannungsquellen verbunden. Die Gesamtleerlaufspannung U_0 ergibt sich aus der Summe der Einzelspannungen:

$$U_0 = U_{01} + U_{02} + U_{03}$$

Auch die Innenwiderstände sind in Reihe geschaltet:

$$R_i = R_{i1} + R_{i2} + R_{i3}$$

Für die Summenreihenschaltung von beliebig vielen Gleichspannungsquellen gilt daher ganz allgemein:

$$U_0 = U_{01} + U_{02} + \ldots + U_{0n}$$
$$R_i = R_{i1} + R_{i2} + \ldots + R_{in}$$

Bei einer Reihenschaltung von Gleichspannungsquellen können die einzelnen Quellen unterschiedliche Leerlaufspannungen und unterschiedliche Innenwiderstände haben.
Bei der *Gegenreihenschaltung* nach **Bild 5.35** sind die Batterien so zusammengeschaltet, daß sie den Strom nicht in die gleiche Richtung durch den Stromkreis treiben. Die Gesamtleerlaufspannung ergibt sich aus der Differenz der beiden Leerlaufspannungen U_{01} und U_{02}. Der Strom fließt dabei in die Richtung, in die ihn die größere der beiden Leerlaufspannungen treibt.

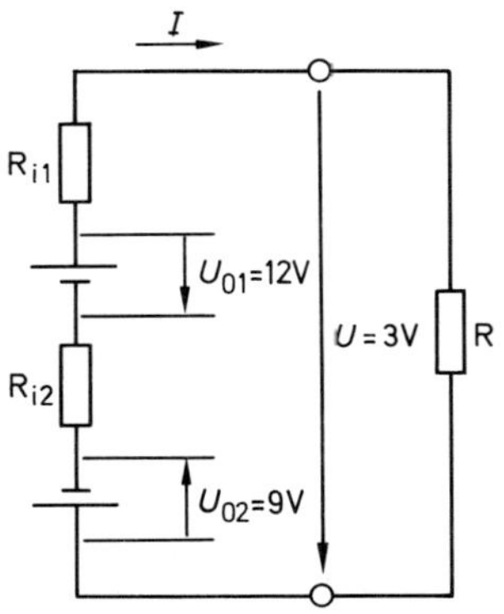

Bild 5.35 Reihenschaltung (Gegenreihenschaltung) von zwei Gleichspannungsquellen

Für die Gegenreihenschaltung nach Bild 5.35 gilt:

$$U_0 = U_{01} - U_{02}$$

Sind beide Leerlaufspannungen gleich groß, so fließt überhaupt kein Strom und es wird daher $U_0 = 0$ V.
Für den Gesamtinnenwiderstand einer Gegenreihenschaltung ergibt sich aber wie bei der Summenreihenschaltung

$$R_i = R_{i1} + R_2 .$$

Eine Gegenreihenschaltung von Gleichspannungsquellen tritt z. B. auf, wenn bei einem Transistorradio eine der vier oder sechs Monozellen nicht entsprechend der angegebenen Polarität eingesetzt wurde. Die Gesamtspannung beträgt dann trotz der vier Monozellen nur noch 3 V oder bei sechs Monozellen nur noch 6 V.

Beispiel

Für den Betrieb einer elektronischen Schaltung ist eine Betriebsspannung von $U_B = 12$ V erforderlich. Zur Verfügung stehen Monozellen mit $U_0 = 1{,}5$ V und $R_i = 0{,}7\ \Omega$.

a) Wieviel Batterien müssen in Reihe geschaltet werden?
b) Wie groß ist der Innenwiderstand R_i?
c) Wie groß ist die Klemmenspannung U, wenn der Spannungsquelle ein Strom $I = 50$ mA entnommen wird?

a) $n = \dfrac{U_B}{U_0} = \dfrac{12\text{ V}}{1{,}5\text{ V}} = 8$ Batterien
b) $R_i = R_{i1} + R_{i2} + .. + R_{i8} = 8 \cdot R_{i1} = 8 \cdot 0{,}7\ \Omega = 5{,}6\ \Omega$
c) $U = U_B - I \cdot R_i = 12\text{ V} - 0{,}05\text{ A} \cdot 5{,}6\ \Omega = 12\text{ V} - 0{,}28\text{ V} = 11{,}72\text{ V}$

Bei einer *Parallelschaltung* von Gleichspannungsquellen werden die gleichnamigen Pole der einzelnen Quellen zusammengeschaltet. **Bild 5.36** zeigt eine Parallelschaltung von drei Spannungsquellen.

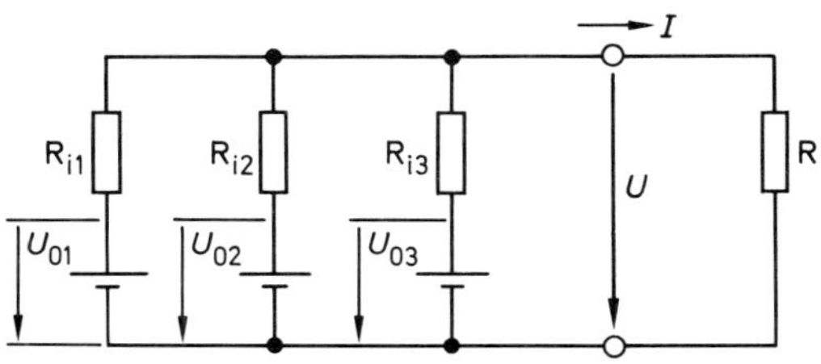

Bild 5.36 Parallelschaltung von drei Gleichspannungsquellen

Eine Parallelschaltung von Gleichspannungsquellen wird vorgenommen, wenn größere Stromstärken benötigt werden, dabei aber die Klemmenspannung nicht zu stark absinken darf.
Wichtig bei der Parallelschaltung ist, daß grundsätzlich nur Gleichspannungsquellen mit gleich großen Leerlaufspannungen und gleichen Innenwiderständen zusammengeschaltet werden dürfen. Bei ungleichen Leerlaufspannungen und Innenwiderständen können nämlich Ausgleichströme auftreten, durch die einzelnen Batterien entladen werden. Diese Ausgleichströme fließen auch dann, wenn kein Lastwiderstand angeschlossen ist.
Für die Parallelschaltung von Gleichspannungsquellen mit gleichen Leerlaufspannungen und gleichen Innenwiderständen gilt:

$$U_0 = U_{01} = U_{02} = .. = U_{0n}$$
$$\frac{1}{R_i} = \frac{1}{R_{i1}} + \frac{1}{R_{i2}} + .. + \frac{1}{R_{in}}$$
$$R_i = \frac{R_{i1}}{n}$$

Beispiel

Für den Betrieb einer elektronischen Schaltung stehen Monozellen mit $U_0 = 1{,}5$ V und $R_i = 0{,}7\ \Omega$ zur Verfügung. Es fließt ein Strom $I = 200$ mA in die Schaltung.

a) Auf welchen Wert sinkt die Betriebsspannung der Schaltung ab, wenn nur eine Batterie verwendet wird?
b) Wie groß sind die Ströme I_1 und I_2, wenn zwei Batterien parallelgeschaltet werden?
c) Auf welchen Wert sinkt die Betriebsspannung ab, wenn zwei Batterien parallelgeschaltet sind?

a) $U_B = U_0 - I \cdot R_i = 1{,}5\ \text{V} - 0{,}2\ \text{A} \cdot 0{,}7\ \Omega = 1{,}5\ \text{V} - 0.14\ \text{V} = 1{,}36\ \text{V}$

b) $I_1 = I_2 = \frac{1}{2} I = \frac{1}{2} \cdot 200\ \text{mA} = 100\ \text{mA}$

c) $U_B = U_0 - I \cdot \frac{1}{2} R_{i1} = 1{,}5\ \text{V} - 0{,}2\ \text{A} \cdot 0{,}35\ \Omega = 1{,}5\ \text{V} - 0.07\ \text{V} = 1{,}43\ \text{V}$

Bei den *gemischten Schaltungen* sind Gleichspannungsquellen in Reihe und parallelgeschaltet. Dabei gelten die gleichen Gesetze wie bei den reinen Reihen- und Parallelschaltungen. So darf eine Parallelschaltung mehrerer in Reihe geschalteter Spannungsquellen nur dann vorgenommen werden, wenn die Gesamtspannungen und die Gesamtinnenwiderstände der einzelnen Reihenschaltungen gleich groß sind. Aus einzelnen Monozellen oder Akkuzellen aufgebaute gemischte Schaltungen werden heute nur noch für spezielle Aufgaben eingesetzt, da elektronische Gleichspannungsquellen für nahezu beliebige Spannungen und Ströme zur Verfügung stehen.
Auch elektronische Gleichspannungsquellen können zusammengeschaltet werden. Eine Reihenschaltung ist hier weitgehend unproblematisch. Der zulässige maximale Laststrom wird durch den kleinsten zulässigen Laststrom der einzelnen Netzgeräte bestimmt. Eine Parallelschaltung von elektronischen Gleichspannungsquellen ist aber in der Regel nicht zulässig, weil hierbei so große Ausgleichsströme auftreten können, so daß die Stabilisierungsschaltungen überlastet und zerstört werden.

5.5.2 Zusammenschaltung von Wechselspannungsquellen

Beim Zusammenschalten von Wechselspannungsquellen müssen stets noch zusätzliche Bedingungen beachtet werden. So addieren sich bei einer Reihenschaltung die Augenblickswerte der Spannungen und bei einer Parallelschaltung die Augenblickswerte der Ströme der einzelnen Spannungsquellen. Dadurch können völlig andere Spannungs- und Stromverläufe auftreten, wenn nicht beachtet wird, daß die Frequenzen, die Nulldurchgänge und die zeitlichen Verläufe der Halbwellen völlig übereinstimmen. In **Bild 5.37** sind einige dieser Zusammenhänge dargestellt.

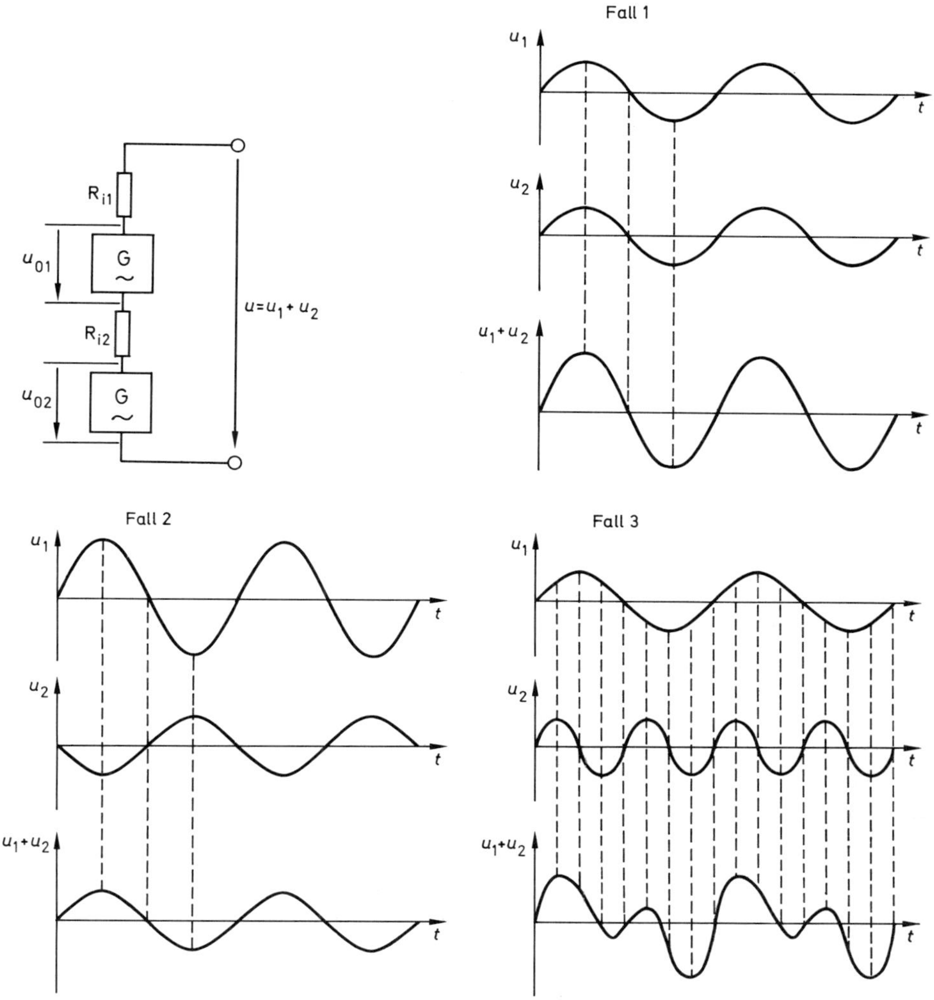

Bild 5.37 Reihenschaltung von Wechselspannungsquellen

Im Fall 1 haben die zwei Wechselspannungsquellen gleiche Frequenzen, gleiche Nulldurchgänge und zeitlich gleiche Halbwellen. Als Gesamtspannung ergibt sich $u_1 + u_2$. Im Fall 2 sind Frequenz und Nulldurchgänge gleich, aber die positiven und negativen Halbwellen stimmen nicht überein. Dadurch ist die Gesamtspannung die Differenz der Einzelspannungen. Im Fall 3 haben die Spannungsquellen unterschiedliche Frequenzen. Durch Addition der Spannungen ergibt sich als Summe keine sinusförmige Wechselspannung mehr.

In der Praxis werden Wechselspannungsquellen zur Erreichung größerer Amplituden oder größerer Ströme nie zusammengeschaltet. Funktionsgeneratoren sind daher bezüglich Innenwiderstand, Ausgangsamplitude und Ausgangsleistung so ausgelegt, daß eine Zusammenschaltung auch nicht erforderlich ist.

6 Das elektrische Feld

6.1 Allgemeines

Elektrische Ladungen erzeugen in dem sie umgebenden Raum ein elektrisches Feld. Um derartige Felder darstellen zu können, wurden Feldlinien eingeführt. Sie sind stets von der positiven zur negativen Ladung gerichtet und berühren sich nie. Elektrisch geladene Körper üben auch Kräfte aufeinander aus. Gleichartig geladene Körper stoßen sich ab, ungleichartig geladene Körper ziehen sich an.
Werden zwei voneinander isolierte Metallplatten mit einer Spannungsquelle verbunden, so wandern Elektronen vom Minuspol der Spannungsquelle auf die eine Platte, während freie Elektronen von der anderen Platte zum Pluspol der Spannungsquelle abfließen. Nach Abschluß dieses Ladevorganges haben beide Platten unterschiedliche Ladungen und es hat sich ein elektrisches Feld zwischen ihnen aufgebaut. Zum Aufbau dieses Feldes wird jedoch Energie benötigt. Sie ist im elektrischen Feld gespeichert und bleibt dort auch erhalten, wenn die Verbindung zur Spannungsquelle unterbrochen wird.
Die im elektrischen Feld gespeicherte Energie läßt sich wieder zurückgewinnen, wenn die beiden geladenen Metallplatten über einen Widerstand miteinander verbunden werden. Es fließt dann ein Ausgleichsstrom zwischen den beiden Platten. Dadurch wird das elektrische Feld abgebaut und im Lastwiderstand entsteht eine Verlustleistung, die zur Erwärmung führt. Die im elektrischen Feld gespeicherte Energie wird somit in Wärmeenergie umgewandelt.
Die Möglichkeit, elektrische Energie in einem elektrischen Feld zu speichern, wird in elektronischen Schaltungen vielfältig ausgenutzt. Die aus zwei elektrisch leitenden Platten aufgebauten Energiespeicher werden als Kondensatoren bezeichnet. Ihre Aufnahmefähigkeit für elektrische Ladungen hängt von den Abmessungen und dem Abstand der beiden Platten sowie vom Isolierstoff zwischen den Platten ab. Ein Maß für die Speicherfähigkeit von Kondensatoren ist ihre Kapazität C. Sie hat die Einheit *Farad* (1 F).

Kondensatoren werden in elektrischen und elektronischen Schaltungen als Bauelemente in großem Umfang eingesetzt. Für die zahlreichen Anwendungsgebiete wurden unterschiedliche Bauarten entwickelt. **Bild 6.1** gibt einen Überblick über die verschiedenen Bauarten und ihre Schaltzeichen.

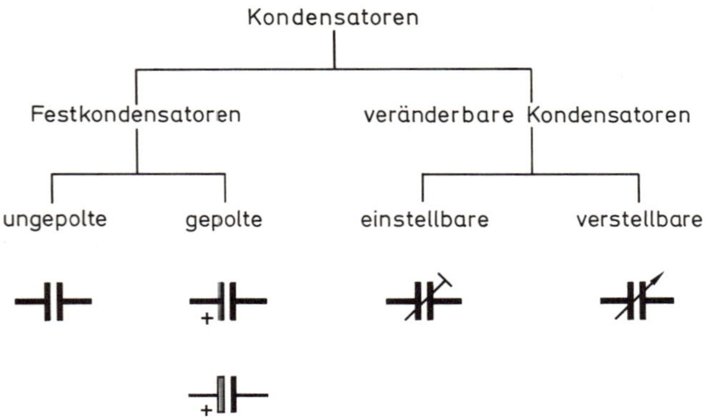

Bild 6.1 Bauarten von Kondensatoren und ihre Schaltzeichen

Ungepolte Kondensatoren werden am häufigsten verwendet. Die Typenvielfalt ist daher besonders groß. Sie sind als Folienkondensatoren oder Keramikkondensatoren aufgebaut. Größere Kapazitätswerte lassen sich mit Elektrolytkondensatoren erreichen. Sie gehören zu den gepolten Kondensatoren. Beim Anschluß von Elektrolytkondensatoren muß daher stets die Polarität beachtet werden. Kondensatoren mit veränderbaren Kapazitäten werden nur zur genauen Einstellung von Kapazitätswerten bei Meß- und Abstimmvorgängen verwendet.

Werden Kondensatoren an Gleichspannung angeschlossen, so fließt im ersten Augenblick ein großer Ladestrom. Mit zunehmender Aufladung steigt die Spannung am Kondensator und der Strom wird kleiner. Beide Vorgänge verlaufen nach einer e-Funktion. Sobald der Kondensator auf die Ladespannung aufgeladen ist, kann kein Ladestrom mehr fließen. Auch bei der Entladung eines Kondensators ändern sich Kondensatorspannung und Kondensatorstrom entsprechend einer e-Funktion.

Um den Lade- und Entladestrom zu begrenzen, erfolgt Ladung und Entladung von Kondensatoren in der Regel über Widerstände. Das Produkt aus Lade- bzw. Entladewiderstand und Kapazität wird als Zeitkonstante τ (tau) bezeichnet. Diese Zeitkonstante ist ein charakteristischer Wert für die Auflade- und Entladevorgänge bei Kondensatoren.

Bei Anschluß eines Kondensators an Wechselspannung ändert sich die Polarität der Spannungsquelle fortlaufend. Dadurch ändert sich auch die Bewegungsrichtung der Elektronen im Stromkreis und die beiden Platten des Kondensators werden abwechselnd positiv und negativ geladen. Obwohl kein Stromfluß durch den Isolator möglich ist, fließt in dem Stromkreis ein Wechselstrom. Der Kondensator wirkt hier wie ein Widerstand. Diese Eigenschaft wird als kapazitiver Widerstand oder Wechselstrom-Widerstand bezeichnet. Zur Unterscheidung von einem ohmschen Widerstand wird für den kapazitiven Widerstand das Kurzzeichen X_C verwendet. Die Größe des kapazitiven Widerstandes hängt von der Kapazität des Kondensators und der Frequenz der Wechselspannung ab. Je größer die Kapazität C und je größer die Frequenz f ist, desto kleiner wird der kapazitive Widerstand.

Während beim Betrieb eines ohmschen Widerstandes an Wechselspannung die Spannung am Widerstand und der Strom durch den Widerstand stets zu den gleichen Zeitpunkten ihre Nulldurchgänge oder Maxima haben, tritt beim Betrieb eines kapazitiven Widerstandes an Wechselspannung eine Verschiebung zwischen Spannung und Strom auf. Der Abstand zwischen zwei gleichsinnigen Nulldurchgängen wird dabei als Phasenverschiebungswinkel φ bezeichnet. Beim Kondensator beträgt der Phasenverschiebungswinkel zwischen Strom- und Spannung $\varphi = 90°$, wobei die Spannung stets dem Strom nacheilt.

Kondensatoren können wie die Widerstände in Reihe geschaltet oder parallelgeschaltet werden. Bei einer Parallelschaltung ergibt sich die Gesamtkapazität aus der Summe des Einzelkapazitäten. Bei der Reihenschaltung ist dagegen die Gesamtkapazität stets kleiner als die kleinste Einzelkapazität. Diese Zusammenhänge gelten in gleicher Weise für den Betrieb von Kondensatoren an Gleichspannung und an Wechselspannung.

Parallel $C_{ges} = C_1 + C_2 + \dots C_n$

Reihen $C_{ges} = \dfrac{1}{\frac{1}{C_1} + \frac{1}{C_2} + \dots \frac{1}{C_n}}$

6.2 Feldstärke im inhomogenen und homogenen elektrischen Feld

Elektrische Ladungen erzeugen in dem sie umgebenden Raum einen besonderen Zustand, der als elektrisches Feld bezeichnet wird. Um elektrische Felder besser beschreiben und zeichnerisch darstellen zu können, wurden Feldlinien eingeführt. Dabei ist festgelegt, daß diese Feldlinien stets von der positiven Ladung zur negativen Ladung verlaufen. Weiterhin treten sie stets senkrecht aus der Oberfläche des positiv geladenen Körpers aus und senkrecht in die Oberfläche des Körpers mit der weniger positiven bzw. negativen Ladung ein. Die einzelnen Feldlinien berühren oder schneiden sich aber niemals.

Bild 6.2 zeigt Kugeln, deren Abstand – entgegen der zeichnerisch möglichen Darstellung – groß gegenüber ihren Durchmessern sein soll. Die eine Kugel trägt eine positive, die andere eine gleich große, aber negative Ladung. Entsprechend der Festlegung verlaufen alle Feldlinien von der positiven zur negativen Ladung. Sie verlaufen aber nicht nur in der zeichnerisch dargestellten Bildebene, sondern auch räumlich zwischen den beiden Ladungen. In der Nähe der Verbindungslinie zwischen den beiden Ladungen sind die Feldlinien dicht zusammengedrängt. Hier ist die Feldstärke am größten.

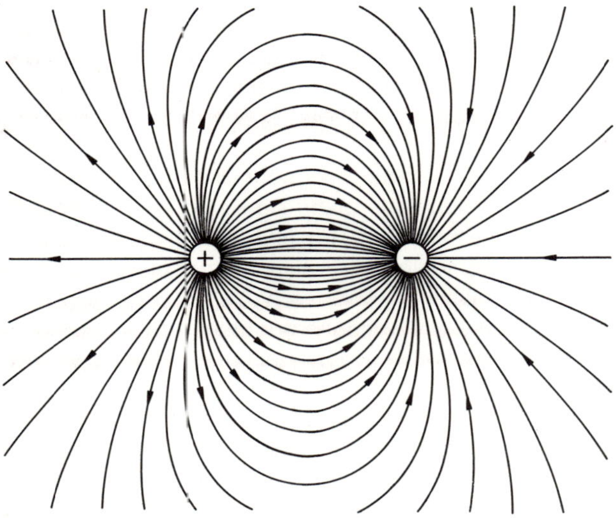

Bild 6.2 Elektrisches Feld zwischen zwei ungleichnamigen Ladungen

In **Bild 6.3** ist der Feldlinienverlauf in der unmittelbaren Nähe von zwei gleich großen, positiven Ladungen dargestellt. Die Feldlinien sind hier aus dem Bereich zwischen den Ladungen herausgedrängt.

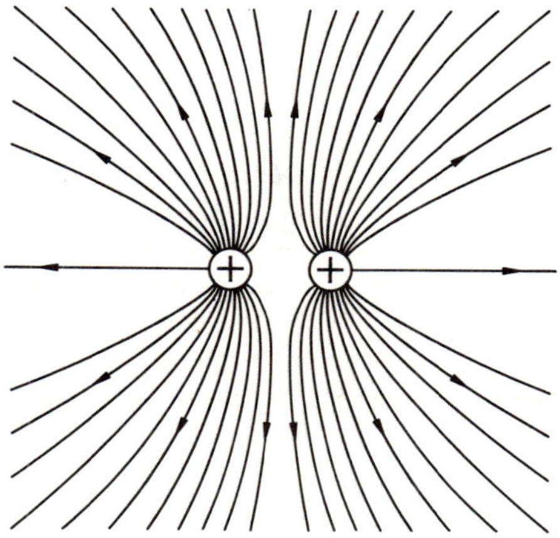

Bild 6.3 Elektrisches Feld zwischen zwei gleichnamigen Ladungen

Elektrische Felder bestehen nicht nur zwischen zwei geladenen kugelförmigen Körpern, sondern z. B. auch zwischen einer geladenen Kugel und einer Fläche. Als Fläche tritt häufig eine elektrisch leitfähige Platte auf, die mit Erde (bzw. Masse) verbunden ist. **Bild 6.4** zeigt eine derartige Anordnung.

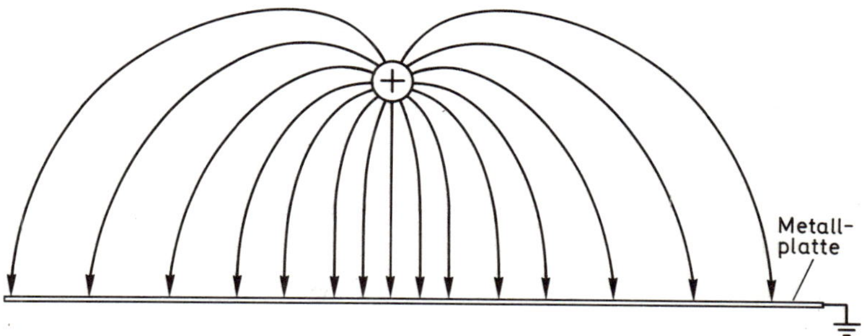

Bild 6.4 Elektrisches Feld zwischen einer geladenen Kugel und einer elektrisch leitenden Platte

Ein ähnliches elektrisches Feld wie in Bild 6.4 tritt auch auf, wenn ein elektrischer Leiter parallel zur Erde verläuft und der Leiter eine positive Spannung gegenüber der Erde hat. Da zwischen zwei Polen mit unterschiedlichen elektrischen Ladungen immer ein elektrisches Feld vorhanden ist, tritt ein solches Feld auch zwischen zwei Leitern auf, wenn eine Spannungsdifferenz vorhanden ist. **Bild 6.5** zeigt den Feldlinienverlauf einer derartigen Anordnung.

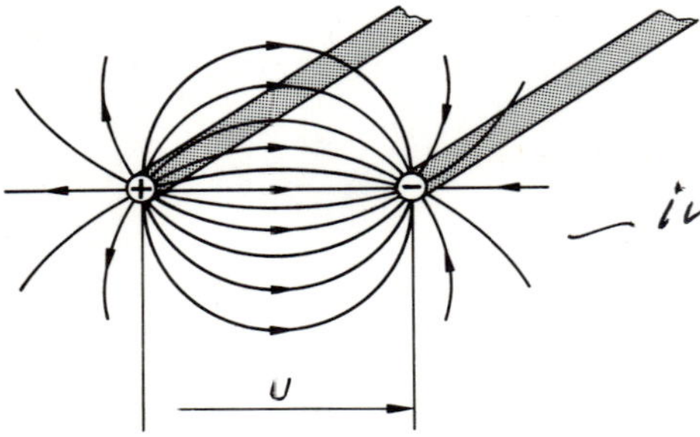

Bild 6.5 Elektrisches Feld zwischen zwei parallelen Leitern zwischen denen eine Spannung besteht.

Elektrische Ladungen üben aufeinander Kräfte aus. Bereits im Abschnitt 2.3.2 ist kurz erwähnt, daß sich ungleichnamige elektrische Ladungen anziehen, während sich gleichnamige Ladungen abstoßen. Auch diese Kraftwirkungen sind Ausdruck des elektrischen Feldes.

Elektrische Felder können sehr unterschiedliche Formen haben. Sind in den einzelnen Raumpunkten auch die Feldstärken unterschiedlich, so werden derartige Felder als *inhomogene elektrische Felder* (inhomogen = ungleichmäßig) bezeichnet. Bei den in den Bildern 6.2 bis 6.5 dargestellten Feldern handelt es sich um inhomogene Felder. Sie lassen sich nur mit Hilfe der höheren Mathematik genügend genau behandeln.

Elektrische Felder, bei denen die Feldstärke weitgehend gleich ist, werden *homogene elektrische Felder* genannt (homogen = gleichmäßig). In **Bild 6.6** ist ein weitgehend homogenes elektrisches Feld dargestellt. Es entsteht zwischen zwei sich parallel gegenüberstehenden Platten mit unterschiedlicher Ladung. Nur in den Randzonen fächern die Feldlinien auf und dieser Teil des Feldes wird dadurch inhomogen. Diese Randerscheinungen können aber meistens vernachlässigt werden.

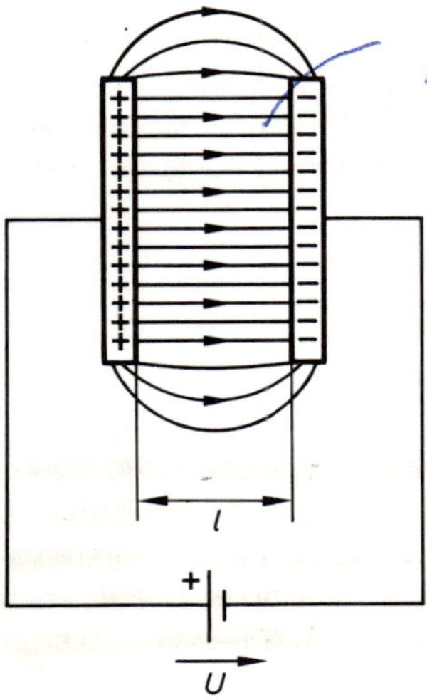

Bild 6.6 Homogenes elektrisches Feld zwischen zwei Platten

Die Feldstärke eines homogenen elektrischen Feldes läßt sich recht einfach aus der Spannung U zwischen den Platten und dem Abstand l der Platten berechnen. Es gilt:

$E = \frac{U}{l}$ Feldstärke im homogenen elektrischen Feld

mit E = elektrische Feldstärke in $\frac{\text{V}}{\text{m}}$

U = Spannung zwischen den Platten (Ladungsträgern) in V

l = Abstand der Platten (Ladungsträger) in m

Beispiel

Die Spannung zwischen zwei Platten beträgt $U = 100$ V. Sie befinden sich im Abstand $l = 1$ cm voneinander.

Wie groß ist die Feldstärke in dem homogenen elektrischen Feld?

$$E = \frac{U}{l} = \frac{100\ \text{V}}{1 \cdot 10^{-2}\ \text{m}} = 1 \cdot 10^{4}\ \frac{\text{V}}{\text{m}}$$

$$E = 10\,000\ \frac{\text{V}}{\text{m}}$$

6.3 Influenz und Dielektrische Polarisation

Wird ein elektrisch leitender Körper in ein elektrisches Feld eingebracht, so tritt in diesem Körper eine Ladungstrennung auf. Sie wird als Influenz bezeichnet. Besteht der eingebrachte Körper dagegen aus einem Isolator, so kann keine Ladungstrennung auftreten, weil keine frei beweglichen Elektronen vorhanden sind. Die Atome und Moleküle des Isolators werden aber durch die Kraftwirkung des elektrischen Feldes verformt. Diese Erscheinung wird Dielektrische Polarisation genannt.

6.3.1 Influenz

Bild 6.7 zeigt eine Anordnung von zwei Platten, zwischen denen sich infolge der anliegenden Spannung ein homogenes elektrisches Feld aufbaut. Zwischen diese beiden Platten ist eine weitere leitfähige Platte eingeschoben. Unter dem Einfluß des elektrischen Feldes wandern die in der mittleren Platte vorhandenen, frei beweglichen Elektronen in Richtung der positiv geladenen Platte. Dadurch tritt auf der anderen Plattenseite ein Elektronenmangel auf. Diese Ladungsverschiebung in der mittleren Platte wird als Influenz bezeichnet.

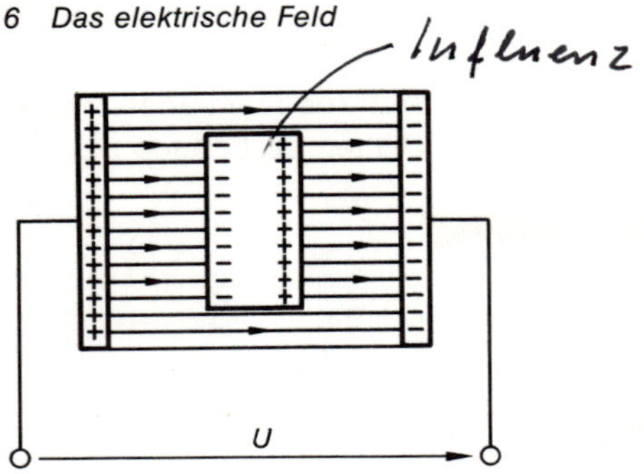

Bild 6.7 Ladungstrennung in einem elektrisch leitfähigen Körper, der sich in einem elektrischen Feld befindet

6.3.2 Dielektrische Polarisation

Wenn ein elektrisch nicht leitender Körper in ein elektrisches Feld gebracht wird, so übt dieses Feld ebenfalls eine Kraft auf die Ladungsträger in diesem Körper aus. Da jedoch in einem Isolator keine frei beweglichen Elektronen vorhanden sind, kann keine Ladungstrennung wie bei der Influenz auftreten. Infolge der Kraftwirkung des Feldes werden aber die Atome und Moleküle verformt, indem sich die negativen Elektronen etwas stärker in Richtung zur positiven Platte hin und die positiven Atomkerne etwas stärker zur negativen Platte hin orientieren. Dieser Vorgang wird als Dielektrische Polarisation bezeichnet. Er ist in **Bild 6.8** schematisch dargestellt.

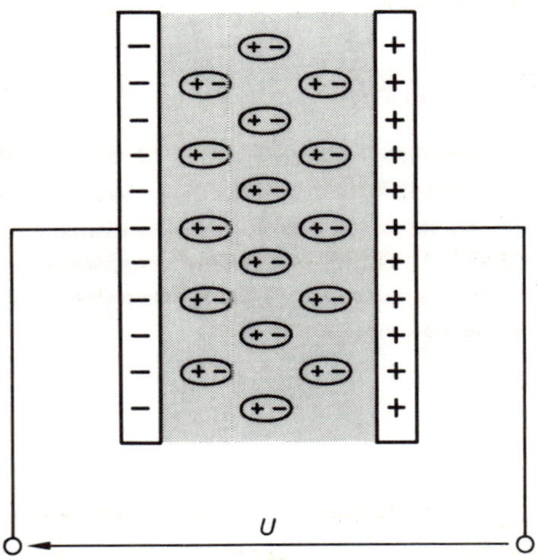

Bild 6.8 Dielektrische Polarisation

Die Dielektrische Polarisation ist Ursache für die dielektrischen Verluste, die bei Betrieb eines Kondensators an Wechselspannung auftreten. Hierauf wird in Abschnitt 6.6.4 noch näher eingegangen.

6.4 Kapazität und Energieinhalt des elektrischen Feldes

6.4.1 Kapazität von Kondensatoren

Zwei elektrisch leitfähige Platten, die sich in einem kleinen Abstand gegenüberstehen, werden als Kondensator bezeichnet. Die beiden Metallplatten in **Bild 6.9** sind durch den Schalter S an eine Spannungsquelle mit der Spannung U angeschlossen. Sofort nach Schließen des Schalters wandern Elektronen vom negativen Pol der Spannungsquelle zu der angeschlossenen unteren Platte. Gleichzeitig wandert die gleiche Anzahl der in der oberen Platte vorhandenen freien Elektronen zum positiven Pol der Spannungsquelle. Dadurch entsteht in der oberen Platte eine positive Ladung und in der unteren Platte eine negative Ladung, zwischen denen sich ein elektrisches Feld ausbildet.

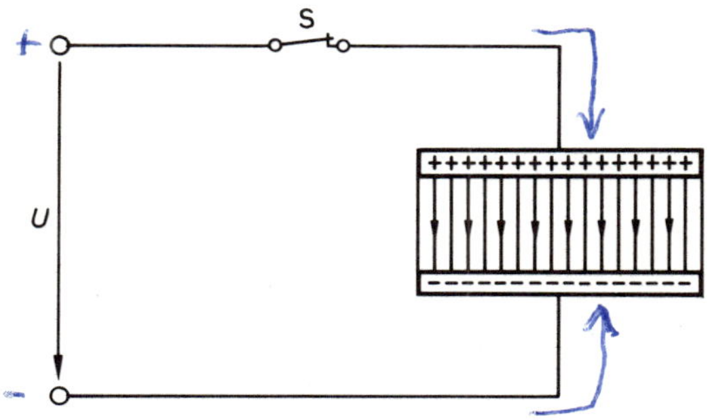

Bild 6.9 Aufbau eines elektrischen Feldes in einem Kondensator

Die Größe der Ladung auf den Kondensatorplatten hängt sowohl von den Abmessungen und dem Abstand der Platten als auch von der Größe der Spannung U ab. Es gilt:

$$Q = C \cdot U$$

mit Q = Ladungsmenge auf den Platten in As
C = Kapazität der Plattenanordnung in F (Farad) (nach Faraday = englischer Physiker)
U = Spannung zwischen den Platten in V

Der Faktor C wird als Kapazität (Aufnahmefähigkeit, Fassungsvermögen) der Plattenanordnung bezeichnet. In ihm sind die Einflüsse der Fläche und des Abstandes der Platten zusammengefaßt. Die Kapazität ergibt sich durch Umstellen der vorhergehenden Gleichung.

$$C = \frac{Q}{U} \quad \text{mit der Einheit } 1\ \text{F} = \frac{1\ \text{As}}{1\ \text{V}}$$

Daraus ist zu erkennen, daß die Kapazität C ein Maß für die von den Platten je Volt anliegender Spannung aufgenommene Ladung ist.

Praktisch ausgeführte Kondensatoren haben als Elektroden entweder dünne Metallplatten, Metallfolien oder einen aufgedampften Metallfilm. Der Isolierstoff zwischen den Elektroden wird als Dielektrikum bezeichnet. **Bild 6.10** zeigt zwei Ausführungen von Plattenkondensatoren. In Bild 6.10a wird Luft als Dielektrikum und in Bild 6.10b ein Isolierstoff als Dielektrikum verwendet.

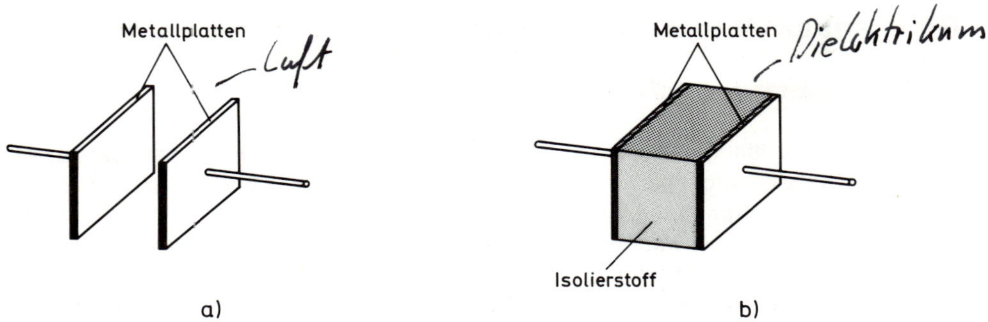

Bild 6.10 Aufbau von Plattenkondensatoren

Die Kapazität von Kondensatoren mit Luft als Dielektrikum läßt sich mit Hilfe folgender Gleichung berechnen:

$$C = \varepsilon_o \cdot \frac{A}{l}$$

mit C = Kapazität in F
A = Fläche der Platten in m^2
l = Abstand der Platten in m
ε_o = Feldkonstante für Luft oder Vakuum

$$\varepsilon_o = 8{,}85 \cdot 10^{-12}\ \frac{As}{Vm}$$

Beispiel

Ein Kondensator mit dem Dielektrikum Luft wird aus zwei Platten mit der Fläche $A = 10\ cm^2$ gebildet. Der Abstand der Platten beträgt 1 cm.
Wie groß ist die Kapazität dieses Kondensators?

$$C = \varepsilon_o \cdot \frac{A}{l} = 8{,}85 \cdot 10^{-12}\ \frac{As}{Vm} \cdot \frac{10 \cdot 10^{-4}\ m^2}{1 \cdot 10^{-2}\ m} = 8{,}85 \cdot 10^{-13}\ F$$

$C = 0{,}885\ pF$

Die Kapazität des Kondensators mit dem Dielektrikum Luft in dem vorhergehenden Beispiel ist recht klein. Sie könnte entsprechend der Formel $C = \varepsilon_o \cdot \frac{A}{l}$ nur durch Vergrößern der Fläche A oder durch Verringerung des Abstandes l erhöht werden. Beiden Möglichkeiten sind aber Grenzen gesetzt. So führt eine Vergrößerung der Plattenfläche schnell zu unbrauchbaren Ausmaßen. Bei kleinem Abstand der Platten kann leicht eine so große Feldstärke zwischen den Platten erreicht werden, daß ein Funke überspringt und dadurch eine Entladung auftritt.
Durch Verwendung geeigneter Isolierstoffe als Dielektrikum läßt sich die Kapazität von Plattenkondensatoren jedoch wesentlich erhöhen. Der Einfluß des Isolierstoffes auf die Kapazität wird durch einen zusätzlichen Faktor ε_r angegeben. Dieser Faktor ε_r wird als

Dielektrizitätszahl bezeichnet. Sie gibt an, wieviel mal größer die Kapazität eines Kondensators ist, wenn ein bestimmter Isolierstoff anstelle von Luft als Dielektrikum verwendet wird. Die Formel zur Berechnung der Kapazität eines Plattenkondensators lautet dann:

Luft

$$C = \varepsilon_r \cdot \varepsilon_o \cdot \frac{A}{l}$$

Isolierstoffes

mit C = Kapazität des Kondensators in F

ε_r = Dielektrizitätszahl (oder relative Dielektrizitätskonstante)

ε_o = Feldkonstante für Luft oder Vakuum in $\frac{\text{As}}{\text{Vm}}$

A = Fläche der Kondensatorelektrode in m^2

l = Abstand der Platten bzw. Stärke des Dielektrikums in m.

In der Tabelle nach **Bild 6.11** sind die Dielektrizitätszahlen ε_r für eine Reihe von Isolierstoffen angegeben, die in Kondensatoren als Dielektrikum verwendet werden. In der ersten Zeile ist auch die Dielektrizitätszahl von Luft oder Vakuum $\varepsilon_r = 1$ mit aufgeführt.

Werkstoff	Dielektrizitätszahl ε_r
Luft	1
Papier	1,6 ... 2,0
Hartpapier	5,5 ... 8,0
Glimmer	7
Thermoplastische Kunststoffe	2,0 ... 7,0
Keramische Stoffe	5,0 ... 7,0
Quarzglas	3,0 ... 4,5
Bariumtitanat	1000 ... 2000

Bild 6.11 Dielektrizitätszahlen ε_r für wichtige Dielektrika

Beispiel

Zwischen den Platten eines Kondensators mit der Fläche $A = 10\ \text{cm}^2$ befindet sich als Dielektrikum ein Hartpapier mit $\varepsilon_r = 6$. Die Stärke dieses Hartpapiers beträgt $l = 1$ mm.
Welche Kapazität hat dieser Kondensator?

$$C = \varepsilon_r \cdot \varepsilon_o \cdot \frac{A}{l} = 6 \cdot 8{,}85 \cdot 10^{-12}\ \frac{\text{As}}{\text{Vm}} \cdot \frac{10 \cdot 10^{-4}\ \text{m}^2}{1 \cdot 10^{-3}\ \text{m}} = 53{,}1 \cdot 10^{-12}\ \text{F}$$

$$C = 53{,}1\ \text{pF}$$

hier ist ein viel besseres ergebniss erziehlt worden gegenüber luft

Von praktischer Bedeutung ist aber nicht nur die Kapazität zwischen zwei parallelen Platten mit ihrem weitgehend homogenen elektrischen Feld. Auch jede beliebige Elektrodenanordnung mit inhomogenem elektrischen Feld hat eine Kapazität. Sie tritt also auch auf zwischen zwei parallelen Leitern eines Kabels, zwischen zwei parallelen Leiterbahnen auf einer Platine oder zwischen zwei benachbarten Anschlüssen eines integrierten Schaltkreises. In allen genannten Fällen ist die Kapazität jedoch meistens unerwünscht, da sie störende Effekte hervorrufen kann.

6.4.2 Energie des elektrischen Feldes

Um die Ladungsträger auf die Platten eines Kondensators zu bringen und damit ein elektrisches Feld aufzubauen, muß elektrische Energie aufgebracht werden. Sie ist anschließend in dem elektrischen Feld gespeichert. Die gespeicherte Energie hängt ab von der transportierten Ladung *Q* und der Spannung *U*. Für diesen Zusammenhang gilt:

$$W = \frac{Q \cdot U}{2}$$

mit W = Energieinhalt des elektrischen Feldes in Ws
Q = Ladung in As
U = Spannung zwischen den Platten in V

Ist die Kapazität einer Elektrodenanordnung bekannt, so kann die speicherbare Feldenergie *W* auch aus Kapazität *C* und Spannung *U* ermittelt werden.

$$W = \frac{Q \cdot U}{2} = \frac{C \cdot U \cdot U}{2}$$

$$W = \frac{1}{2}\, C \cdot U^2$$

Beispiel

Welche elektrische Energie *W* ist in einem Kondensator mit der Kapazität $C = 1\ \mu F$ gespeichert, wenn die anliegende Spannung $U = 100$ V beträgt?

$$W = \frac{1}{2}\, C \cdot U^2 = \frac{1}{2} \cdot 1 \cdot 10^{-6}\ F \cdot (100\ V)^2$$

$$W = 5 \cdot 10^{-3}\ Ws$$

6.5 Kondensatoren an Gleichspannung

6.5.1 Der Aufladevorgang

Wird ein ungeladener Kondensator direkt an eine Gleichspannungsquelle angeschlossen, so fließt im ersten Augenblick ein sehr großer Strom. Er wird nur begrenzt durch den Innenwiderstand R_i der Spannungsquelle. Ein ungeladener Kondensator stellt somit zunächst einen Kurzschluß für die Spannungsquelle dar. Je mehr Ladungsträger auf die eine Kondensatorplatte zuwandern und von der anderen abwandern, desto mehr steigt die Spannung u_C zwischen den Platten an. Dadurch wird die Spannungsdifferenz zwischen der Spannungsquelle und der Kondensatorspannung als treibende Spannung immer kleiner. Entsprechend nimmt auch der Ladestrom i_C ab. **Bild 6.12** zeigt die Ladeschaltung und den Verlauf der Spannung u_C und des Stromes i_C beim Aufladevorgang.

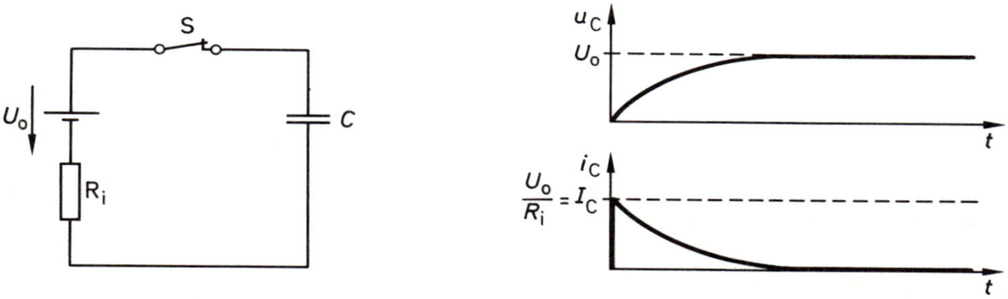

Bild 6.12 Ladeschaltung und Verlauf von u_C und i_C beim Aufladevorgang

Im Einschaltmoment ist der Strom i_C nur durch den Innenwiderstand R_i der Spannungsquelle begrenzt. Der Strom i_C nimmt dann nach einer e-Funktion immer mehr ab und nähert sich schließlich dem Wert $i_C \approx 0$ A. Ebenfalls nach einer e-Funktion steigt die Spannung u_C am Kondensator an und nähert sich schließlich dem Wert $u_C \approx U_0$, also der Leerlaufspannung der Spannungsquelle. Im geladenen Zustand hat der Kondensator dann den Widerstand unendlich.

Da Spannungsquellen in der Regel nur einen sehr kleinen Innenwiderstand R_i haben und ein Kondensator im Einschaltmoment einen Kurzschluß darstellt, können sehr große Ladeströme fließen. Dadurch kann eine Schädigung von Kondensator und Spannungsquelle auftreten. Um dies zu vermeiden, ist es zweckmäßig, stets einen Vorwiderstand R_V vorzusehen. **Bild 6.13** zeigt eine entsprechende Schaltung.

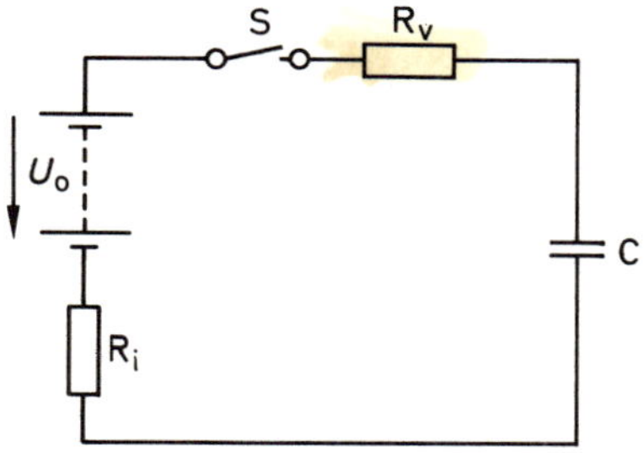

Bild 6.13 Ladeschaltung mit Vorwiderstand R_V

Beispiel

Zur Aufladung eines Kondensators steht eine Spannungsquelle mit $U_0 = 6$ V und einem Innenwiderstand $R_i = 10$ mΩ zur Verfügung.

a) Wie groß ist der Einschaltstrom I_C ohne Vorwiderstand R_V ($R_V = 0\ \Omega$)?
b) Welchen Widerstandswert muß der Vorwiderstand R_V haben, damit der Einschaltstrom auf $I'_C = 6$ A begrenzt wird?

a)
$$I_C = \frac{U_0}{R_i} = \frac{6\ \text{V}}{0{,}01\ \Omega} = 600\ \text{A}$$

b)
$$I'_C = \frac{U_0}{R_i + R_V} \rightarrow R_i + R_V = \frac{U_0}{I'_C}$$

$$R_V = \frac{U_0}{I'_C} - R_i = \frac{6\ \text{V}}{6\ \text{A}} - 0{,}01\ \Omega$$

$$R_V = 0{,}99\ \Omega$$

Als Vorwiderstand kann hier ein Normwiderstand $R = 1\ \Omega$ verwendet werden.

Die Aufladung eines Kondensators dauert bei gleicher Ladespannung umso länger, je größer sein Kapazitätswert ist, weil mehr Ladungsträger bewegt werden müssen. Die Bewegung der Ladungsträger wird aber auch durch die Reihenschaltung von R_i und R_V begrenzt. Beide Widerstände lassen sich zum Ladewiderstand R zusammenfassen. Das Produkt aus Ladewiderstand R und der Kapazität C wird als Zeitkonstante τ (tau) bezeichnet.

$$\tau = R \cdot C$$

mit τ = Zeitkonstante in s
R = Ladewiderstand in Ω
C = Kapazität in F

Die Zeitkonstante τ gibt die Zeit an, die erforderlich ist, bis ein Kondensator auf 63 % seiner Endspannung aufgeladen ist. Sie gibt weiterhin die Zeit an, die erforderlich ist, bis der Ladestrom um 63 %, also auf 37 % seines Anfangswertes I_C abgesunken ist. Nach Ablauf einer Zeit von $5\ \tau = 5 \cdot R \cdot C$ ist der Aufladevorgang praktisch abgeschlossen und die Spannung u_C am Kondensator hat die Spannung U_0 nahezu erreicht. Dagegen ist der Strom i_C nach Ablauf von $5\ \tau$ nahezu Null. **Bild 6.14** zeigt den Verlauf von u_C und i_C als Funktion der Zeit t.

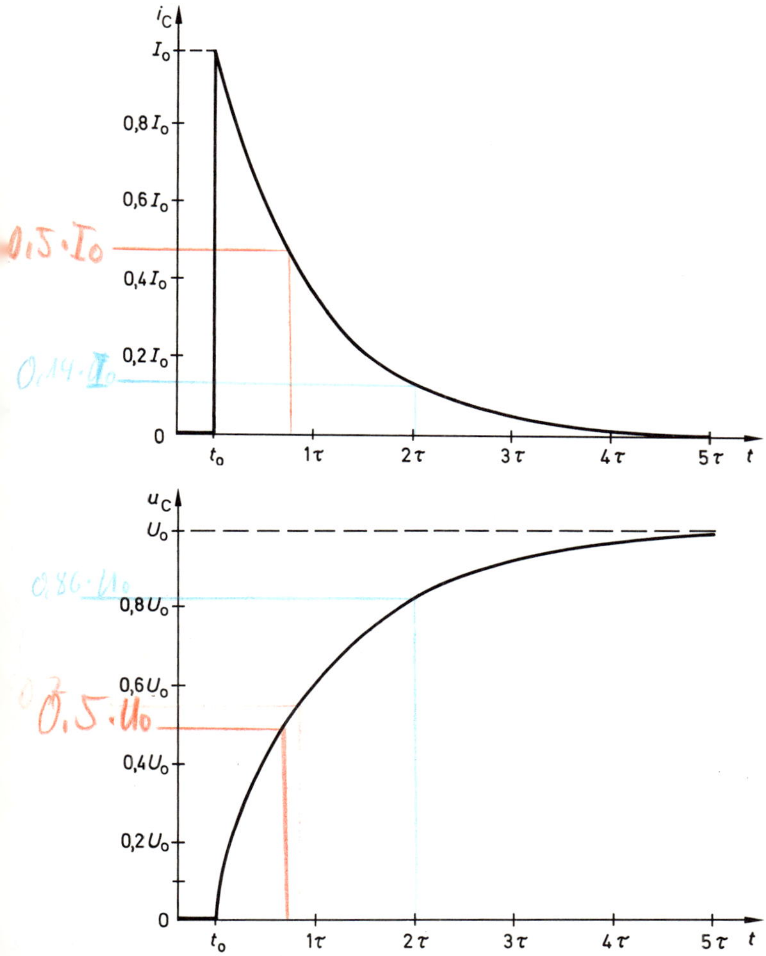

Bild 6.14 Ladestrom i_C und Ladespannung u_C als Funktion der Zeit t

Für eine überschlägige Betrachtung des Aufladevorganges sind die folgenden Werte für Ladespannung und Ladestrom von Bedeutung. In **Bild 6.15** sind die Werte in Tabellenform zusammengefaßt.

t	$0\,\tau$	$0{,}7\,\tau$	τ	$2\,\tau$	$3\,\tau$	$4\,\tau$	$5\,\tau$
u_C	0 V	$0{,}5 \cdot U_0$	$0{,}63 \cdot U_0$	$0{,}86 \cdot U_0$	$0{,}95 \cdot U_0$	$0{,}98 \cdot U_0$	$> 0{,}99 \cdot U_0$
i_C	I_0	$0{,}5 \cdot I_0$	$0{,}37 \cdot I_0$	$0{,}14 \cdot I_0$	$0{,}05 \cdot I_0$	$0{,}02 \cdot I_0$	$< 0{,}01 \cdot I_0$

Bild 6.15 Ladespannung und Ladestrom eines Kondensators

Wird die Spannung u_C oder der Strom i_C zu einem beliebigen Zeitpunkt benötigt, so lassen sich die Werte mit Hilfe folgender Formeln berechnen:

$$u_C = U_C \cdot (1 - e^{-\frac{t}{\tau}}) \qquad \text{mit } U_C = U_0 \text{ und } \tau = R \cdot C$$

$$i_C = I_C \cdot e^{-\frac{t}{\tau}} \qquad \text{mit } I_C = \frac{U_0}{R} \text{ und } \tau = R \cdot C$$

Der Buchstabe e steht für den Zahlenwert von näherungsweise 2,7183. Es handelt sich hierbei um eine mathematische Konstante ähnlich wie $\pi \approx 3{,}14$.
Die Berechnung beliebiger Augenblickswerte von u_C und i_C ist mit einem Taschenrechner möglich.

Beispiel

Ein Kondensator soll von einer Spannungsquelle mit $U_0 = 10$ V über einen Ladewiderstand $R = 1000\ \Omega$ aufgeladen werden. Die Zeitkonstante hat den Wert $\tau = 1$ s.
Die Werte von u_C und i_C für $t_1 = 0{,}5$ s, $t_2 = 1$ s und $t_3 = 1{,}5$ s sollen mit Hilfe eines Taschenrechners ermittelt werden.

Ladespannung u_C

$\underline{t_1 = 0{,}5\ \text{s}}$

$$u_C = U_C \cdot (1 - e^{-\frac{t}{\tau}}) = 10\ \text{V} \cdot (1 - e^{-\frac{0{,}5\ \text{s}}{1\ \text{s}}}) = 10\ \text{V} \cdot (1 - e^{-0{,}5})$$
$$u_C = 3{,}93\ \text{V}$$

Eingabe in Taschenrechner:

10 [X] [(] 1 [−] 0,5 [+/−] [e^x] [)] [=] Anzeige: 3,93

(Je nach verwendetem Taschenrechner kann auch eine andere Eingabe erforderlich sein, z. B. anstelle der Taste [e^x], [INV] [lnx])

$\underline{t_2 = 1\ \text{s}}$

$$u_C = 10\ \text{V} \cdot (1 - e^{-1}) = 6{,}32\ \text{V}$$

$\underline{t_3 = 1{,}5\ \text{s}}$

$$u_C = 10\ \text{V} \cdot (1 - e^{-1{,}5}) = 7{,}77\ \text{V}$$

Ladestrom i_C

$\underline{t_1 = 0{,}5\ \text{s}}$

$$i_C = I_0 \cdot e^{-\frac{t}{\tau}} = \frac{U_0}{R} \cdot e^{-\frac{t}{\tau}} = \frac{10\ \text{V}}{1000\ \Omega} \cdot e^{-0{,}5} = 0{,}01\ \text{A} \cdot 0{,}6$$
$$i_C = 6\ \text{mA}$$

Eingabe in Taschenrechner:

10 [÷] 1000 [X] [(] 0,5 [+/−] [e^x] [)] [=] Anzeige: 6,06 ... − 03

$t_2 = 1\ \text{s}$

$$i_C = \frac{10\ \text{V}}{1000\ \Omega} \cdot e^{-1} = 3{,}68\ \text{mA}$$

$t_3 = 1{,}5\ \text{s}$

$$i_C = \frac{10\ \text{V}}{1000\ \Omega} \cdot e^{-1{,}5} = 2{,}23\ \text{mA}$$

6.5.2 Der Entladevorgang

Nach dem Aufladen hat ein Kondensator die Ladung $Q = C \cdot U_0$ gespeichert. Er kann daher als Spannungsquelle dienen, indem er während eines kürzeren Zeitraumes die Ladungsträger wieder abgibt. Infolge des dabei auftretenden Ladungsträgerausgleiches sinken die Kondensatorspannung u_C und der Entladestrom i_C mit der Zeit ab. Ist der Ladungsausgleich abgeschlossen, so haben Spannung und Strom den Wert Null. **Bild 6.16** zeigt eine Schaltung zur Auf- und Entladung eines Kondensators.

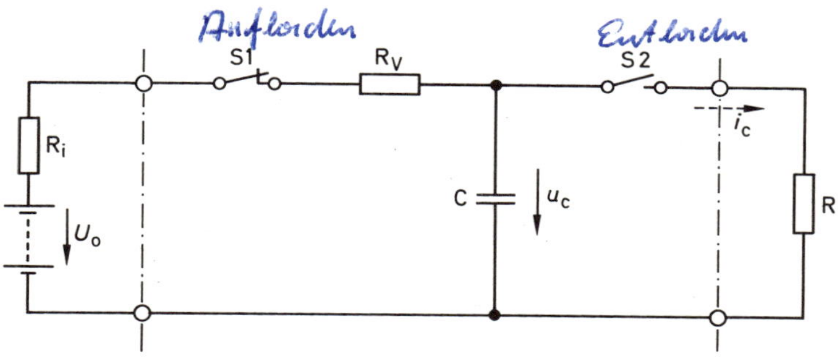

Bild 6.16 Schaltung zur Aufladung und Entladung eines Kondensators

Die Aufladung des Kondensators C erfolgt bei offenem Schalter S2, sobald Schalter S1 geschlossen wird. Sie verläuft wie in Abschnitt 6.5.1 beschrieben. Nach Abschluß der Aufladung wird der Schalter S1 geöffnet und der Schalter S2 geschlossen. Dadurch tritt eine Entladung des Kondensators über den Entladewiderstand R auf. Die Kondensatorspannung u_C und der Entladestrom i_C sinken dabei nach einer e-Funktion ab, bis schließlich $u_C = 0$ V und $i_C = 0$ A sind. Auch hierbei spielt die Zeitkonstante $\tau = R \cdot C$ wieder eine wesentliche Rolle. Sie gibt die Zeit an, die erforderlich ist, bis der Kondensator auf 37 % seiner Anfangsspannung abgesunken ist. Das gleiche gilt auch für den Entladestrom i_C. In **Bild 6.17** sind der Verlauf der Spannung u_C und des Entladestromes i_C aufgetragen. Daran können die Werte für die Zeitkonstante $\tau = 1$ bis $\tau = 5$ abgelesen werden.

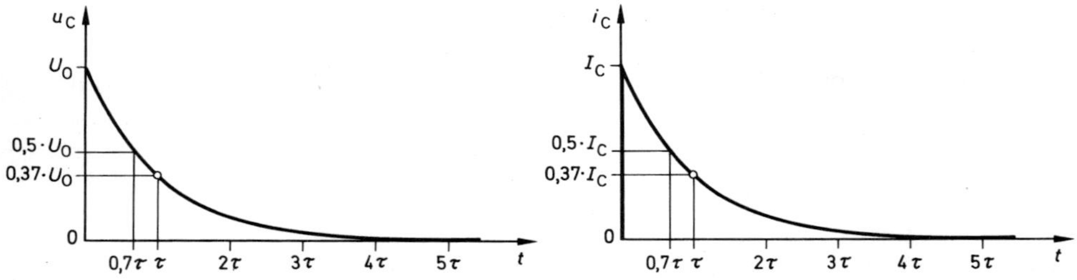

Bild 6.17 Entladespannung u_C und Entladestrom i_C als Funktion der Zeit t

Die in Bild 6.17 dargestellten Verläufe lassen sich auch mit Hilfe folgender Formeln ermitteln:

$$u_C = U_C \cdot e^{-\frac{t}{\tau}} \qquad \text{mit } U_C = U_0 \text{ und } \tau = R \cdot C$$

$$i_C = I_C \cdot e^{-\frac{t}{\tau}} \qquad \text{mit } I_C = \frac{U_0}{R} \text{ und } \tau = R \cdot C$$

Bei den Berechnungen ist zu beachten, daß beim Entladevorgang als Widerstand R der Entladewiderstand eingesetzt werden muß, der in der Regel nicht den gleichen Wert wie der Ladewiderstand R (= Vorwiderstand R_V) hat.

Beispiel

Ein Kondensator mit einer Kapazität $C = 1$ mF ist auf eine Spannung $U_C = U_0 = 100$ V aufgeladen. Wie groß ist die Kondensatorspannung u_C und welchen Wert hat der Entladestrom i_C nach Ablauf einer Zeit $t = 2{,}5$ s, wenn der Entladewiderstand einen Wert $R = 1$ kΩ hat?

$$\tau = R \cdot C = 1 \cdot 10^3\ \Omega \cdot 1 \cdot 10^{-3}\ \text{F}$$

$$\tau = 1 \cdot 10^3\ \frac{\text{V}}{\text{A}} \cdot 1 \cdot 10^{-3}\ \frac{\text{As}}{\text{V}}$$

$$\tau = 1\ \text{s}$$

$$\underline{t = 2{,}5\ \text{s}}$$

$$u_C = U_C \cdot e^{-\frac{t}{\tau}} = 100\ \text{V} \cdot e^{-\frac{2{,}5\ \text{s}}{1\ \text{s}}} = 100\ \text{V} \cdot e^{-2{,}5}$$

$$u_C = 8{,}2\ \text{V}$$

Eingabe in Taschenrechner:

100 [X] [(] 2,5 [+/−] [e^x] [)] [=] Anzeige: 8,208

$$\underline{t = 2{,}5\ \text{s}}$$

$$i_C = I_C \cdot e^{-\frac{t}{\tau}} = \frac{100\ \text{V}}{1000\ \Omega} \cdot e^{-\frac{2{,}5\ \text{s}}{1\ \text{s}}} = 0{,}1 \cdot e^{-2{,}5}$$

$$i_C = 8{,}2\ \text{mA}$$

6.5.3 Reihen- und Parallelschaltung von Kondensatoren

Kondensatoren können wie Widerstände zu Reihenschaltungen oder Parallelschaltungen zusammengeschaltet werden. Dabei sind auch alle beliebigen Kombinationen möglich. Es tritt jeweils eine Gesamtkapazität auf, die sich nach festen Regeln ermitteln läßt.

6.5.3.1 Reihenschaltung von Kondensatoren

Bild 6.18 zeigt die Reihenschaltung von zwei gleichartigen Kondensatoren mit jeweils gleichen Flächen *A*, gleicher Stärke *l* des Dielektrikums und gleichem Isolierstoff als Dielektrikum. Wird die Reihenschaltung an Spannung gelegt, so entspricht die Gesamtlänge der Feldlinien der Gesamtstärke 2 *l* des Dielektrikums. Da entsprechend der Formel $C = \varepsilon_r \cdot \varepsilon_o \cdot \frac{A}{l}$ die Kapazität bei Vergrößerung der Stärke des Dielektrikums aber kleiner wird, muß auch die Gesamtkapazität bei einer Reihenschaltung von Kondensatoren kleiner werden.

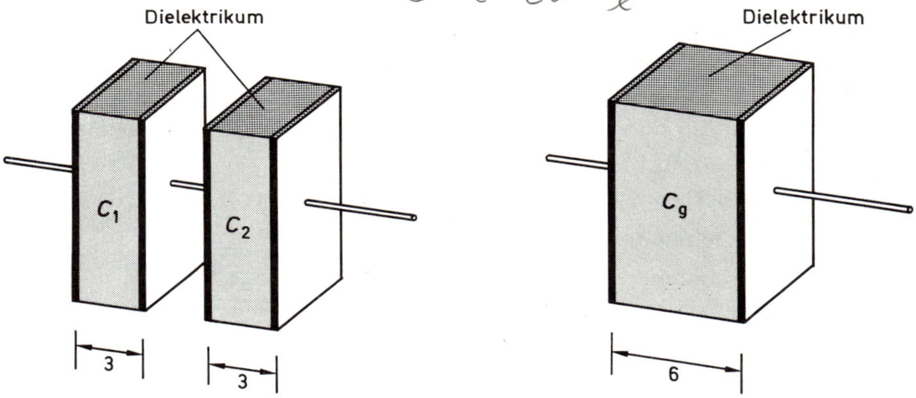

Bild 6.18 Reihenschaltung von zwei gleichen Kondensatoren

Entsprechend Bild 6.18 ergibt sich für die Reihenschaltung von n gleichen Kondensatoren mit der Kapazität *C* eine Gesamtkapazität von

$$C_g = \frac{C}{n}$$ Gesamtkapazität bei der Reihenschaltung gleicher Kondensatoren.

Beispiel

Drei Kondensatoren mit einer Kapazität $C_1 = C_2 = C_3 = C = 100$ nF werden in Reihe geschaltet. Wie groß ist die Gesamtkapazität der Reihenschaltung?

$$C_g = \frac{C}{n} = \frac{100 \text{ nF}}{3} = 33{,}3 \text{ nF}$$

Bild 6.19 zeigt eine Reihenschaltung von drei Kondensatoren, die beliebige Kapazitätswerte haben sollen. Die angelegte Spannung U muß sich auf die einzelnen Kondensatoren aufteilen, denn es gilt:

$$U = U_1 + U_2 + U_3$$

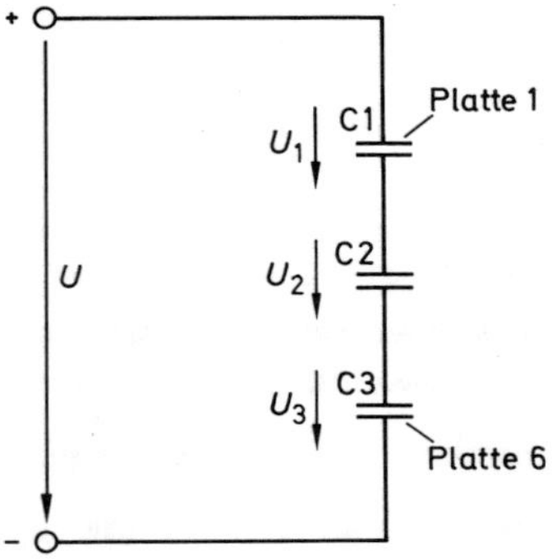

Bild 6.19 Reihenschaltung von drei Kondensatoren

Für jede Teilspannung in der Schaltung nach Bild 6.19 muß gelten:

$$U_1 = \frac{Q_1}{C_1}; \; U_2 = \frac{Q_2}{C_2}; \; U_3 = \frac{Q_3}{C_3}$$

Die Ladungen Q_1, Q_2 und Q_3 sind jedoch gleich groß, da von der Platte 1 gleich viele Elektronen zur Spannungsquelle abfließen wie Elektronen von der Spannungsquelle zur Platte 6 fließen und in jedem Kondensator ein Ladungsgleichgewicht bestehen muß. Daher kann

$$Q_1 = Q_2 = Q_3 = Q$$

gesetzt werden. Weiterhin gilt:

$$U = \frac{Q}{C_g}$$

Somit ergibt sich für die Schaltung nach Bild 6.19 die Gleichung:

$$\frac{Q}{C_g} = \frac{Q_1}{C_1} + \frac{Q_2}{C_2} + \frac{Q_3}{C_3}$$

Unter Berücksichtigung der Gleichheit der Ladungen kann hierfür geschrieben werden:

$$\frac{Q}{C_g} = \frac{Q}{C_1} + \frac{Q}{C_2} + \frac{Q}{C_3}$$

$$Q \cdot \frac{1}{C_g} = Q \cdot \left(\frac{1}{C_1} + \frac{1}{C_2} + \frac{1}{C_3}\right)$$

Da diese Gleichung durch Q gekürzt werden kann, ergibt sich für die Reihenschaltung von drei Kondensatoren:

$$\frac{1}{C_g} = \frac{1}{C_1} + \frac{1}{C_2} + \frac{1}{C_3}$$

Diese Gleichung kann auf die Reihenschaltung von beliebig vielen Kondensatoren erweitert werden:

$$\frac{1}{C_g} = \frac{1}{C_1} + \frac{1}{C_2} + \ldots + \frac{1}{C_n}$$

Die Gleichung besagt, daß bei einer Reihenschaltung von Kondensatoren der Kehrwert der Gesamtkapazität gleich der Summe der Kehrwerte der Einzelkapazitäten ist. Sie hat eine Ähnlichkeit mit der Gleichung für die Parallelschaltung von Widerständen.
Liegt eine Reihenschaltung von nur zwei Kondensatoren vor, so kann zur Ermittlung der Gesamtkapazität auch die Formel

$$C_g = \frac{C_1 \cdot C_2}{C_1 + C_2}$$

verwendet werden. Sie ergibt sich durch Umstellung aus der vorhergehenden Gleichung.
Aus den Formeln ergibt sich, daß die Gesamtkapazität einer Reihenschaltung von Kondensatoren grundsätzlich kleiner als die kleinste Einzelkapazität ist.
Da bei einer Reihenschaltung alle Kondensatoren die gleiche Ladung haben, verhalten sich die Teilspannungen umgekehrt wie die zugehörigen Kapazitäten. Daraus folgt für zwei Kondensatoren:

$$\frac{U_1}{U_2} = \frac{C_2}{C_1}$$

Beispiel

Zwei Kondensatoren mit den Kapazitäten $C_1 = 220$ pF und $C_2 = 470$ pF sind in Reihe geschaltet und liegen an einer Spannung $U = 10$ V.

a) Wie groß ist die Gesamtkapazität C_g?

b) Wie groß sind die Spannung U_1 am Kondensator C_1 und die Spannung U_2 am Kondensator C_2?

a)

$$C_g = \frac{C_1 \cdot C_2}{C_1 + C_2} = \frac{220\ \text{pF} \cdot 470\ \text{pF}}{220\ \text{pF} + 470\ \text{pF}}$$

$$C_g = 149{,}85\ \text{pF} \approx 150\ \text{pF}$$

b)

$$U_1 = \frac{Q}{C_1} \text{ und } U_2 = \frac{Q}{C_2}$$

$$Q = C_g \cdot U = 150\ \text{pF} \cdot 10\ \text{V}$$

$$Q = 1{,}5 \cdot 10^{-9}\ \text{As}$$

$$U_1 = \frac{Q}{C_1} = \frac{1{,}5 \cdot 10^{-9}\ \text{As}}{220\ \text{pF}}$$

$$U_1 = 6{,}81\ \text{V}$$

$$U_2 = \frac{Q}{C_2} = \frac{1{,}5 \cdot 10^{-9}\ \text{As}}{470\ \text{pF}}$$

$$U_2 = 3{,}19\ \text{V}$$

Probe:

$$U = U_1 + U_2$$

$$10\ \text{V} = 6{,}81\ \text{V} + 3{,}19\ \text{V}$$

sowie

$$\frac{U_1}{U_2} = \frac{C_2}{C_1}$$

$$\frac{6{,}81\ \text{V}}{3{,}19\ \text{V}} = \frac{470\ \text{pF}}{220\ \text{pF}}$$

$$2{,}13 = 2{,}13$$

6.5.3.2 Parallelschaltung von Kondensatoren

Bild 6.20 zeigt die Parallelschaltung von zwei gleichartigen Kondensatoren. Wird diese Parallelschaltung an Spannung gelegt, so ist die doppelte Fläche wirksam. Da entsprechend der Formel $C = \varepsilon_r \cdot \varepsilon_o \cdot \frac{A}{l}$ die Kapazität bei Vergrößerung der Fläche größer wird, muß auch die Gesamtkapazität bei einer Parallelschaltung von Kondensatoren größer werden.

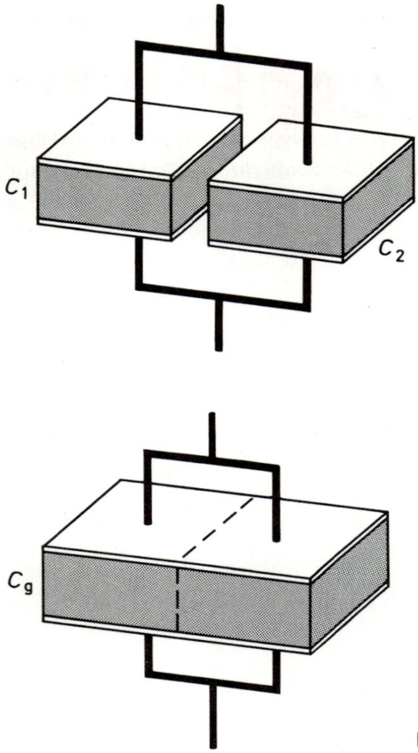

Bild 6.20 Paralellschaltung von zwei Kondensatoren

Bei der Parallelschaltung von zwei gleichen Kondensatoren ergibt sich die Gesamtkapazität C_g als Summe der Einzelkapazitäten:

$$C_g = C_1 + C_2$$

Bei einer Parallelschaltung von z. B. vier Kondensatoren – auch unterschiedlicher Kapazität – liegen alle Kondensatoren an der gleichen Spannung. Sie nehmen daher folgende Ladungen auf:

$$Q_1 = C_1 \cdot U;\ Q_2 = C_2 \cdot U;\ Q_3 = C_3 \cdot U;\ Q_4 = C_4 \cdot U$$

Die Gesamtladung Q_g ergibt sich dabei aus der Summe der Teilladungen:

$$Q_g = Q_1 + Q_2 + Q_3 + Q_4$$

Die Gesamtladung Q_g erfordert bei der gleichen Ladespannung U eine Gesamtkapazität C_g der Größe:

$$C_g = \frac{Q_g}{U}$$

Damit wird:

$$C_g \cdot U = C_1 \cdot U + C_2 \cdot U + C_3 \cdot U + C_4 \cdot U$$
$$C_g \cdot U = U\,(C_1 + C_2 + C_3 + C_4)$$
$$C_g = C_1 + C_2 + C_3 + C_4$$

Auch bei der Parallelschaltung von Kondensatoren mit beliebigen Kapazitätswerten ergibt sich die Gesamtkapazität als Summe der Einzelkapazitäten. Die Formel für die Parallelschaltung von n Kondensatoren lautet daher:

$$C_g = C_1 + C_2 + \ldots C_n$$

Beispiel

Zwei Kondensatoren mit den Kapazitätswerten $C_1 = 4700\ \mu F$ und $C_2 = 2200\ \mu F$ werden parallelgeschaltet.

a) Wie groß ist die Gesamtkapazität C_g?
b) Wie groß sind die Ladungen Q_1 und Q_2, wenn die Ladespannung $U = 12$ V beträgt?
c) Wie groß ist die Gesamtladung?

a)
$$C_g = C_1 + C_2 = 4700\ \mu F + 2200\ \mu F = 6900\ \mu F$$

b)
$$Q_1 = C_1 \cdot U = 4700 \cdot 10^{-6}\ F \cdot 12\ V = 56{,}4 \cdot 10^{-3}\ As$$
$$Q_2 = C_2 \cdot U = 2200 \cdot 10^{-6}\ F \cdot 12\ V = 26{,}4 \cdot 10^{-3}\ As$$

c)
$$Q_g = Q_1 + Q_2 = 56{,}4 \cdot 10^{-3}\ As + 26{,}4 \cdot 10^{-3}\ As$$
$$Q_g = 82{,}8 \cdot 10^{-3}\ As$$

6.6 Kondensatoren an Wechselspannung

Bei Wechselspannung ändert sich die Polarität der Spannungsquelle fortlaufend. Daher ändert sich in einem Wechselstromkreis auch die Richtung des Stromflusses, also die Bewegungsrichtung der Elektronen. Wird ein Kondensator an eine Wechselspannungsquelle angeschlossen, so werden die beiden Elektroden des Kondensators durch Zufluß bzw. Abfluß von Elektronen abwechselnd negativ bzw. positiv aufgeladen. In **Bild 6.21** ist dieser Vorgang schematisch dargestellt.

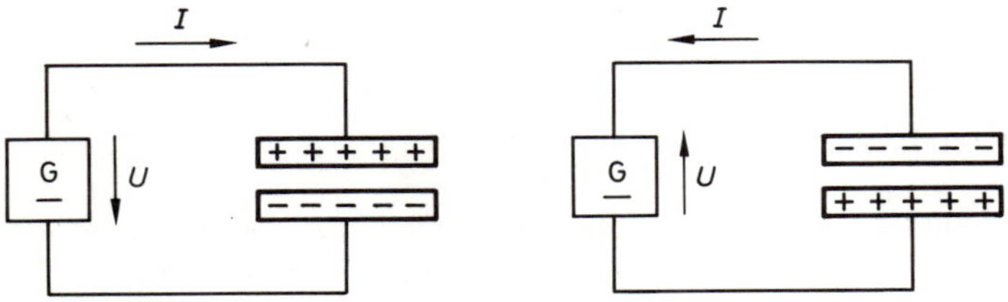

Bild 6.21 Umladungsvorgang bei Anschluß eines Kondensators an eine Wechselspannungsquelle

In dem Wechselstromkreis nach Bild 6.21 bewegen sich die Elektronen fortlaufend hin und her. Somit fließt auch ein Wechselstrom in dem Stromkreis. Bei der Auf- und Entladung erreicht die Kondensatorspannung aber zeitlich später als der Kondensatorstrom den Höchstwert.

In **Bild 6.22a** liegt ein Kondensator an einer rechteckförmigen Wechselspannung. Ein Generator, der eine rechteckförmige Wechselspannung abgibt, kann als eine fortlaufend umgepolte Gleichspannungsquelle betrachtet werden. Somit ergibt sich am Kondensator ein Spannungsverlauf, der dem Auf- und Entladeverlauf der Kondensatorspannung an Gleichspannung entspricht. Zwangsläufig muß nach **Bild 6.22b** die am Kondensator stehende Wechselspannung auch einen anderen Verlauf als die vom Generator ursprünglich gelieferte rechteckförmige Wechselspannung haben. Wie stark nun die Verformung wird, hängt von verschiedenen Größen ab, z. B. von der Kapazität des Kondensators, vom Innenwiderstand des Generators – also von der Zeitkonstanten τ –, von der Frequenz der rechteckförmigen Wechselspannung usw.

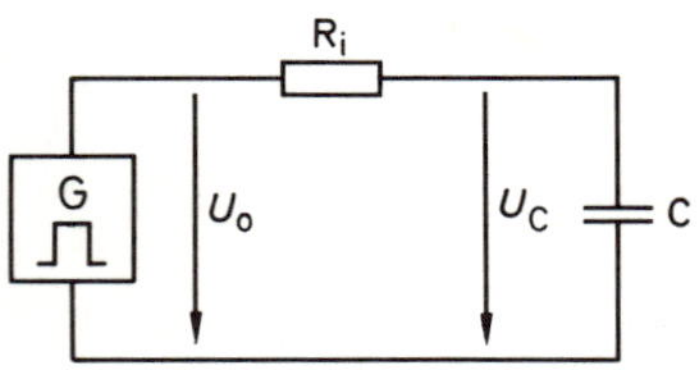

a)

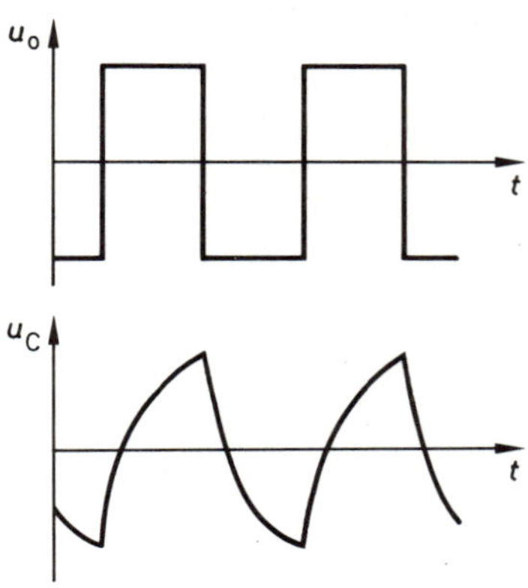

b)

Bild 6.22 Kondensator an einer rechteckförmigen Wechselspannung

Eine Verformung der Eingangsspannung tritt ebenfalls auf, wenn ein Kondensator entsprechend **Bild 6.23** an eine dreieckförmige Wechselspannung gelegt wird. Auch hier bestimmen verschiedene Einflußgrößen den Grad der Verformung. Der jeweilige Spannungsverlauf läßt sich jedoch nur mit großem mathematischen Aufwand ermitteln. Für den Praktiker kommt daher nur eine meßtechnische Untersuchung in Frage.

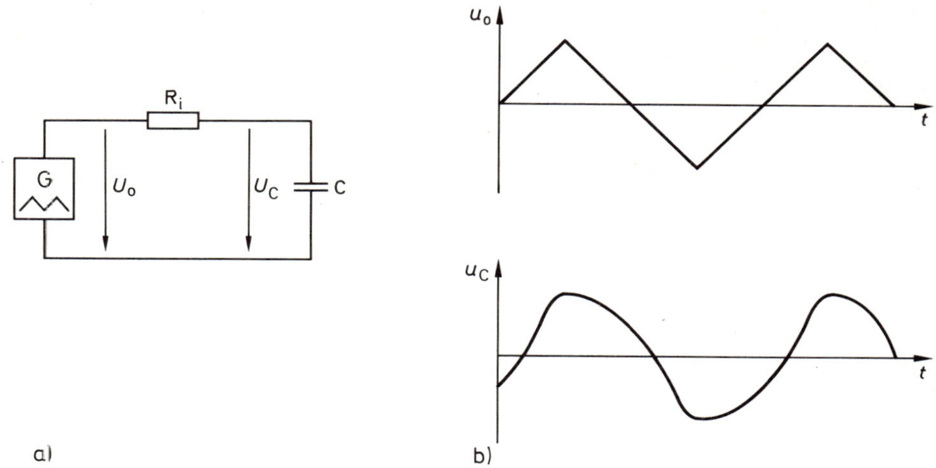

Bild 6.23 Kondensator an dreieckförmiger Wechselspannung

Wesentlich einfacher werden die Verhältnisse, wenn ein Kondensator an eine sinusförmige Wechselspannung gelegt wird. Hier tritt die Besonderheit auf, daß die Kondensatorspannung den sinusförmigen Verlauf beibehält. Damit werden die Betrachtungen und Berechnungen sehr viel einfacher. In den nächsten Abschnitten wird daher das Verhalten eines Kondensators im Wechselstromkreis stets nur bei sinusförmiger Spannung betrachtet, ohne daß jeweils noch besonders darauf hingewiesen wird.

6.6.1 Kapazitiver Blindwiderstand

Liegt ein Kondensator an einer sinusförmigen Wechselspannung, so fließt auch ein sinusförmiger Wechselstrom in dem Stromkreis. Ein Kondensator wirkt somit wie ein Widerstand in diesem Wechselstromkreis. Dieser Wechselstromwiderstand wird als kapazitiver Widerstand bezeichnet. Zur Unterscheidung von ohmschen Widerständen wird für die kapazitiven Widerstände das Kurzzeichen X_C verwendet.
Für den Feldaufbau im Kondensator ist Energie erforderlich. Sie wird jedoch beim Abbau des Feldes wieder an die Spannungsquelle zurückgegeben. Es entsteht also keine Verlustleistung, obwohl in dem Stromkreis ein Wechselstrom fließt. Zur Unterscheidung vom realen ohmschen Widerstand wird der Wechselstromwiderstand eines Kondensators auch als kapazitiver Blindwiderstand bezeichnet.

In **Bild 6.24** ist die Abhängigkeit des kapazitiven Blindwiderstandes X_C von der Frequenz dargestellt.

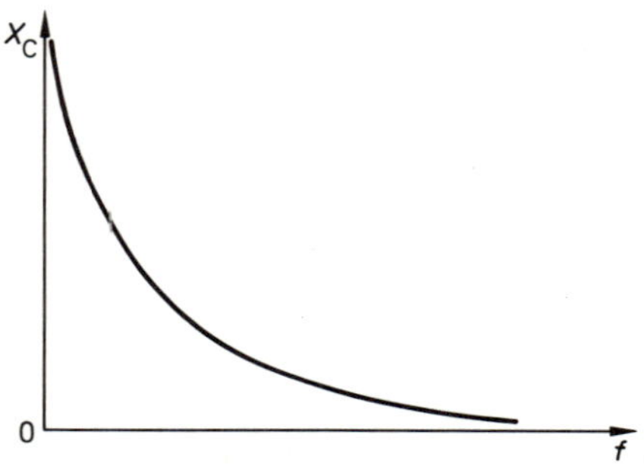

Bild 6.24 Abhängigkeit des kapazitiven Blindwiderstandes von der Frequenz

In dem Diagramm nach Bild 6.24 ist erkennbar, daß der kapazitive Blindwiderstand mit kleiner werdender Frequenz immer hochohmiger wird und dem Wert unendlich entgegenstrebt. Mit steigender Frequenz wird X_C dagegen immer niederohmiger und nähert sich dem Wert $X_C = 0\ \Omega$.
Die Größe des kapazitiven Blindwiderstandes X_C hängt von der Kapazität des Kondensators und von der Frequenz f der anliegenden Wechselspannung ab. Je größer die Kapazität C und je größer die Frequenz f ist, desto kleiner ist der kapazitive Widerstand. Für den kapazitiven Widerstand gilt:

$$X_C = \frac{1}{2\,\pi f \cdot C} = \frac{1}{\omega C}$$

mit X_C = Kapazitiver Widerstand in Ω

$\omega = 2\,\pi f$ = Kreisfrequenz in $\frac{1}{s}$ oder Hz

C = Kapazität des Kondensators in F

Für den kapazitiven Blindwiderstand gilt ebenfalls das Ohmsche Gesetz:

$$X_C = \frac{U}{I}$$

mit U = Effektivwert der Spannung
I = Effektivwert des Stromes.

Beispiel

Ein Kondensator mit der Kapazität $C = 50\ \mu F$ wird an eine sinusförmige Wechselspannung $U = 10\ V$; $f = 50\ Hz$ angeschlossen.
Wie groß sind der kapazitive Blindwiderstand X_C und der Strom I?

$$X_C = \frac{1}{2\,\pi\,f \cdot C} = \frac{1}{2\,\pi \cdot 50\ Hz \cdot 50 \cdot 10^{-6}\ F} = \frac{1}{2\,\pi \cdot 50 \cdot 50 \cdot 10^{-6}\,\frac{1}{s} \cdot \frac{As}{V}}$$

$$X_C = \frac{1}{2\,\pi \cdot 50 \cdot 50 \cdot 10^{-6}}\,\frac{V}{A} = 63{,}7\ \Omega$$

$$I = \frac{U}{X_C} = \frac{10\ V}{63{,}7\ \Omega} = 0{,}157\ A$$

Auch bei Betrieb an Wechselspannung gelten die im Abschnitt 6.5.3 angegebenen Formeln für die Reihen- und Parallelschaltung von Kondensatoren.

$$\frac{1}{C_g} = \frac{1}{C_1} + \frac{1}{C_2} + .. + \frac{1}{C_n} \quad \text{(Reihenschaltung von Kondensatoren)}$$

$$C_g = C_1 + C_2 + .. + C_n \quad \text{(Parallelschaltung von Kondensatoren)}$$

Bei der Berechnung der kapazitiven Blindwiderstände von Reihen- und Parallelschaltungen gelten die gleichen Gesetze wie für die Reihen- und Parallelschaltung von ohmschen Widerständen:

$$X_{Cg} = X_{C1} + X_{C2} + .. + X_{Cn} \quad \text{(Reihenschaltung von Kondensatoren)}$$

$$\frac{1}{X_{Cg}} = \frac{1}{X_{C1}} + \frac{1}{X_{C2}} + .. + \frac{1}{X_{Cn}} \quad \text{(Parallelschaltung von Kondensatoren)}$$

Bei einer Reihenschaltung von Kondensatoren verhalten sich die Teilspannungen wie die zugehörigen kapazitiven Blindwiderstände. Daraus folgt z. B. für zwei Kondensatoren

$$\frac{U_1}{U_2} = \frac{X_{C1}}{X_{C2}} = \frac{C_2}{C_1}$$

Beispiel

Zwei Kondensatoren $C_1 = 680$ nF und $C_2 = 1{,}5$ µF sind entsprechend **Bild 6.25** in Reihe geschaltet und an eine sinusförmige Spannung $U = 12$ V, $f = 1$ kHz angeschlossen.

Zu berechnen sind:
a) die kapazitiven Blindwiderstände X_{C1} und X_{C2}
b) der kapazitive Blindwiderstand X_{Cg}
c) die Gesamtkapazität der Anordnung C_g
d) der Strom I_C
e) die Spannungen U_{C1} und U_{C2}

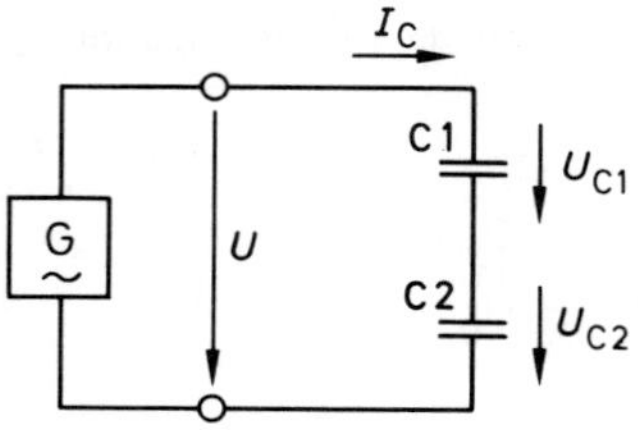

Bild 6.25 Reihenschaltung von zwei Kondensatoren

a)

$$X_{C1} = \frac{1}{2\,\pi\, f \cdot C_1} = \frac{1}{2\,\pi \cdot 1 \cdot 10^3\ \text{Hz} \cdot 680 \cdot 10^{-9}\ \text{F}} = 234\ \Omega$$

$$X_{C2} = \frac{1}{2\,\pi\, f \cdot C_2} = \frac{1}{2\,\pi \cdot 1 \cdot 10^3\ \text{Hz} \cdot 1{,}5 \cdot 10^{-6}\ \text{F}} = 106\ \Omega$$

b)

$$X_{Cg} = X_{C1} + X_{C2} = 234\ \Omega + 106\ \Omega = 340\ \Omega$$

c)

$$C_g = \frac{C_1 \cdot C_2}{C_1 + C_2} = \frac{680\ \text{nF} \cdot 1{,}5\ \mu\text{F}}{680\ \text{nF} + 1{,}5\ \mu\text{F}} = \frac{680 \cdot 10^{-9}\ \text{F} \cdot 1{,}5 \cdot 10^{-6}\ \text{F}}{680 \cdot 10^{-9}\ \text{F} + 1{,}5 \cdot 10^{-6}\ \text{F}}$$

$$C_g = 468\ \text{nF}$$

d)

$$I = \frac{U}{X_{Cg}} = \frac{12\ \text{V}}{340\ \Omega} = 35{,}3\ \text{mA}$$

e)

$$U_1 = I \cdot X_{C1} = 35{,}3\ \text{mA} \cdot 234\ \Omega = 8{,}26\ \text{V}$$
$$U_2 = I \cdot X_{C2} = 35{,}3\ \text{mA} \cdot 106\ \Omega = 3{,}74\ \text{V}$$

Probe:

$$U = U_1 + U_2 = 8{,}26\ \text{V} + 3{,}74\ \text{V} = 12\ \text{V}$$

oder

$$\frac{U_1}{U_2} = \frac{X_{C1}}{X_{C2}} \rightarrow \frac{8{,}26\ \text{V}}{3{,}74\ \text{V}} = \frac{234\ \Omega}{106\ \Omega} \rightarrow 2{,}208 = 2{,}208$$

6.6.2 Phasenverschiebung zwischen Strom und Spannung beim Kondensator

Bild 6.26 a zeigt den Verlauf von Spannung und Strom für einen ohmschen Widerstand bei Betrieb an einer sinusförmigen Wechselspannung. Spannung und Strom haben den gleichen sinusförmigen Verlauf und auch jeweils zu gleichen Zeitpunkten ihre Nulldurchgänge und Höchstwerte. Spannung und Strom sind in Phase.

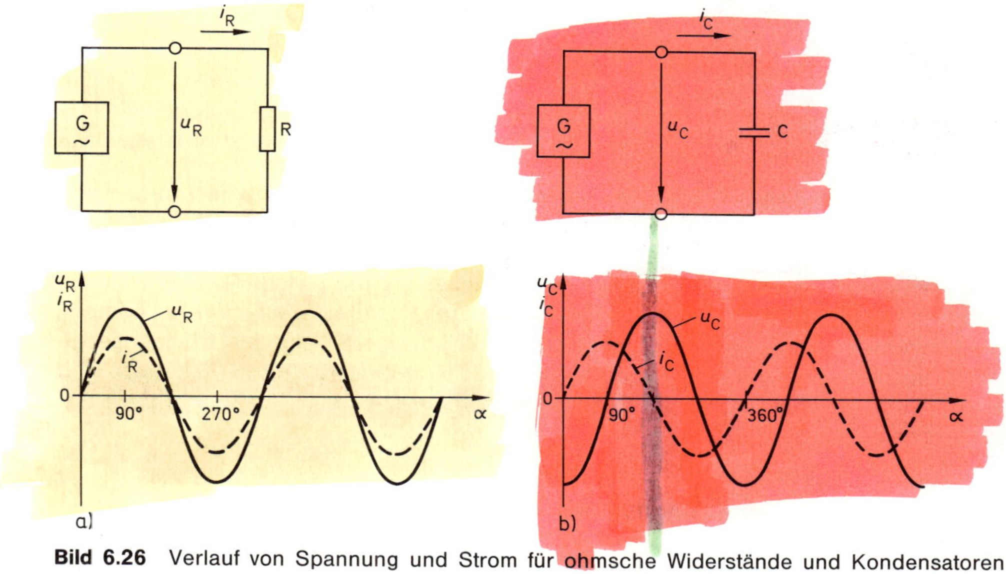

Bild 6.26 Verlauf von Spannung und Strom für ohmsche Widerstände und Kondensatoren bei Betrieb an sinusförmiger Wechselspannung

Wird ein Kondensator an eine Gleichspannung angeschlossen, so liegt zu Beginn der Aufladung am Kondensator die Spannung $u_C = 0$ V, aber es fließt der größte Strom $i_{C\,max}$. Sobald der Kondensator aufgeladen ist, liegt an ihm die größte Spannung $u_{C\,max}$, aber es fließt kein Strom mehr, also beträgt $i_C = 0$ A. Die gleichen Zusammenhänge treten auch auf, wenn ein Kondensator an eine Wechselspannung angeschlossen wird. Hier ändert sich die Polarität der Spannung in jeder Halbperiode, so daß der Kondensator fortlaufend umgeladen wird. In **Bild 6.26 b** sind der Verlauf von Spannung und Strom für einen Kondensator bei Betrieb an Wechselspannung dargestellt. Durch den Umladevorgang ergibt sich eine zeitliche Verschiebung zwischen angelegter Spannung und fließendem Strom. Dabei läuft der Strom i_C stets zeitlich früher durch die gleichsinnigen Nulldurchgänge als die Spannung u_C.
Der Abstand der gleichsinnigen Nulldurchgänge von Strom und Spannung wird als Phasenverschiebung bezeichnet, deren Größe durch den Phasenverschiebungswinkel φ angegeben wird. Ein Kondensator bewirkt eine Phasenverschiebung, die ein Viertel einer Periode beträgt. Da eine Periode einem Winkel von 360° entspricht, beträgt der Phasenverschiebungswinkel zwischen Strom und Spannung beim Kondensator 90°. In **Bild 6.27** ist die Phasenverschiebung beim Kondensator im Liniendiagramm und im Zeigerdiagramm dargestellt.

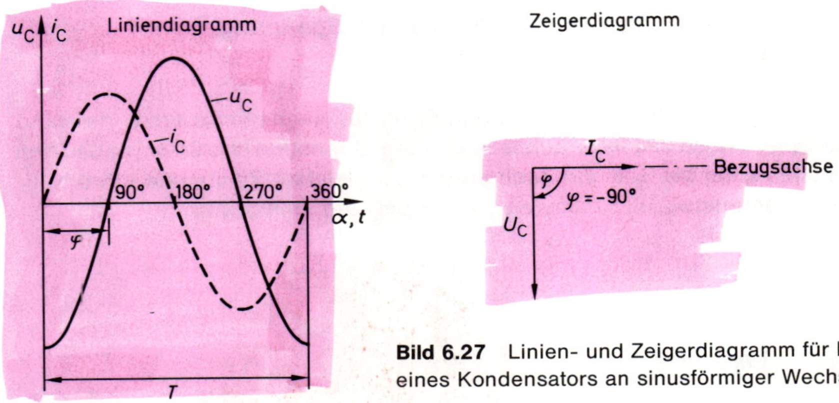

Bild 6.27 Linien- und Zeigerdiagramm für Betrieb eines Kondensators an sinusförmiger Wechselspannung

In Bild 6.27 wurde eine beliebige Periode nach Anschluß der Wechselspannung an den Kondensator betrachtet. In dem Liniendiagramm ist eindeutig zu erkennen, daß die Spannung dem Strom um $\varphi = 90°$ nacheilt. Der gleiche Zusammenhang ist auch im Zeigerdiagramm dargestellt. Der Zeiger des Stromes hat die gleiche Richtung wie die willkürlich gewählte Bezugsachse und wird somit zum Bezugszeiger für die Betrachtung der Phasenverschiebung. Bezogen auf diesen Stromzeiger I_C folgt der Spannungszeiger U_C bei Drehung gegen den Uhrzeigersinn um 90° nach. Der Phasenverschiebungswinkel zwischen dem Strom I_C als Bezugsgröße und der Spannung U_C am Kondensator beträgt demnach $\varphi = -90°$.

6.6.3 Leistung beim Kondensator

In **Bild 6.28** sind nochmals der Verlauf von Spannung und Strom beim Betrieb eines Kondensators an Wechselspannung dargestellt. Für jeden Augenblick läßt sich die Leistung als Produkt aus Spannung und Strom ermitteln. Daher gilt:

$$p = u_C \cdot i_C$$

Die mit Hilfe dieser Formel für jeden Zeitpunkt ermittelte Leistungskurve ist ebenfalls in das Liniendiagramm eingetragen.

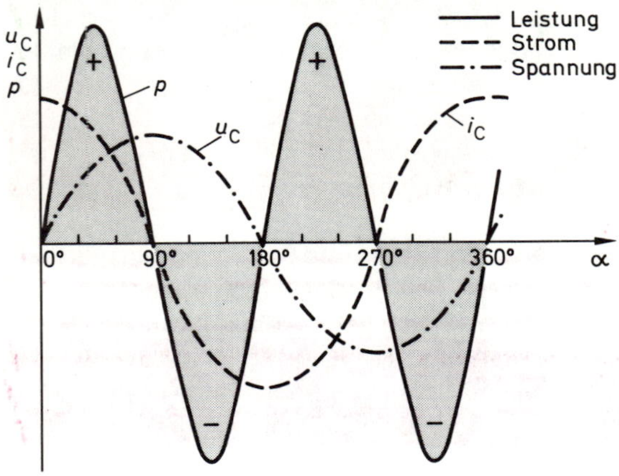

Bild 6.28 Kapazitive Blindleistung beim verlustfreien Kondensator

Entsprechend Kapitel 3.5.4 entspricht die Fläche unter dieser Leistungskurve der umgesetzten Energie. In der ersten Viertelperiode sind Strom und Spannung positiv, daher sind auch Leistung und Energie positiv. Es wird Energie aus der Spannungsquelle entnommen. In der zweiten Viertelperiode ist die Spannung weiterhin positiv, der Strom dagegen negativ, so daß auch Leistung und Energie negativ sind. Der Kondensator gibt also seine vorher der Spannungsquelle entnommene und gespeicherte Energie wieder an die Spannungsquelle zurück. In der dritten Viertelperiode sind Strom und Spannung negativ, Leistung und Energie somit positiv. In der vierten Viertelperiode sind beide wieder negativ, weil die Spannung negativ ist. Gemittelt über eine Periode sind die positiven und negativen Flächen unter der Leistungskurve gleich groß. Der Mittelwert der Leistung ist beim Kondensator gleich Null. Trotzdem wird – in Anlehnung an die Leistung beim ohmschen Widerstand – das Produkt

$$U_C \cdot I_C = Q_C$$

als kapazitive Blindleistung definiert.
Für die Blindleistung beim Kondensator gilt auch:

$$Q_C = \frac{U_C^2}{X_C} = I_C^2 \cdot X_C$$

mit Q_C = Blindleistung in W
(Zur besseren Unterscheidung zwischen Wirk- und Blindleistung erhält die Blindleistung die Einheit Volt-Ampere-reaktiv (var))

U_C = Effektivwert der Spannung
I_C = Effektivwert des Stromes
X_C = Kapazitiver Blindwiderstand

Beispiel

Ein Kondensator $C = 1\ \mu F$ ist an eine Wechselspannung $U = 220\ V/50\ Hz$ angeschlossen.
Wie groß sind der Strom I_C und die Blindleistung Q_C?

$$I_C = \frac{U_C}{X_C} = \frac{U_C}{\frac{1}{2\pi f \cdot C}} = U_C \cdot 2\pi \cdot f \cdot C = 220\ V \cdot 2\pi \cdot 50 \cdot \frac{1}{s} \cdot 1 \cdot 10^{-6}\ \frac{As}{V}$$

$$I_C \approx 69\ mA$$

$$Q_C = U_C \cdot I_C = 220\ V \cdot 69\ mA$$

$$Q_C = 15{,}2\ var$$

6.6.4 Verluste im Kondensator

In den vorangehenden Abschnitten sind die Kondensatoren stets als ideale, völlig verlustfreie Bauelemente betrachtet worden. Bei realen Kondensatoren treten durch die Verwendung von Isolierstoffen als Dielektrikum Verluste auf, die beim Einsatz in elektrischen oder elektronischen Schaltungen von Nachteil sind und gegebenenfalls berücksichtigt werden müssen.
So werden bei Betrieb eines Kondensators an Wechselspannung infolge der dielektrischen Polarisation die im Dielektrikum vorhandenen Atome und Moleküle fortlaufend verformt. Dies führt insbesondere bei hohen Frequenzen zu einer Erwärmung des Dielektrikums. Dabei wird elektrische Energie in Wärmeenergie umgesetzt, die hier als Verlustleistung unerwünscht ist. Weiterhin hat auch der beste Isolierstoff noch eine geringe Leitfähigkeit, so daß durch ihn noch ein kleiner Strom fließt. Auch die meistens als großflächige Metallfolien ausgebildeten Elektroden eines Kondensators haben einen ohmschen Widerstand, an dem eine Verlustleistung auftritt.
Alle diese Verluste im Kondensator können einem Verlustwiderstand zugeordnet werden. Da alle Verluste als Wärme auftreten, handelt es sich bei diesem Verlustwiderstand um einen Wirkwiderstand. Er kann als ein zu einem idealen Kondensator parallelgeschalteter ohmscher Widerstand berücksichtigt werden.
Infolge dieses Verlustwiderstandes beträgt der Phasenverschiebungswinkel zwischen Spannung und Strom bei einem realen Kondensator nicht mehr genau $-90°$, sondern er ist immer etwas größer (positiver) als $-90°$. Im Abschnitt 8.4.7 wird auf die Parallelschaltung eines Widerstandes mit einem Kondensator als Ersatzschaltung für einen verlustbehafteten Kondensator noch näher eingegangen.

6.7 Technische Ausführungen von Kondensatoren

Kondensatoren können elektrische Energie speichern und wieder abgeben. Wegen dieser Eigenschaften haben sie als Bauelemente in elektronischen Schaltungen eine große Bedeutung. Den unterschiedlichen Anforderungen, wie z. B. kleine Verluste, sehr große Kapazität oder hohe Spannungsfestigkeit, entsprechend, gibt es eine Reihe unterschiedlicher Bauformen. **Bild 6.29** gibt einen Überblick über die verschiedenen Ausführungen von Kondensatoren.

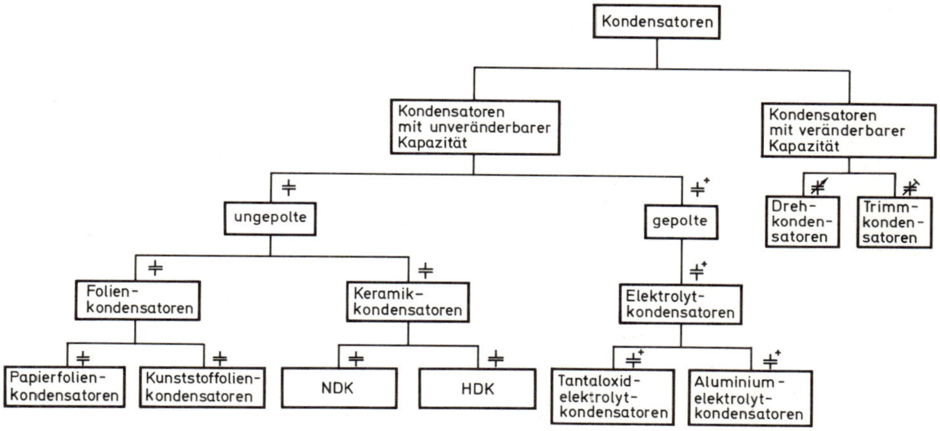

Bild 6.29 Einteilung der Kondensatoren

6.7.1 Eigenschaften und Kenngrößen von Kondensatoren

Je nach Einsatzbereich und Aufgabe werden unterschiedliche Anforderungen an die Kondensatoren gestellt. Die Beschreibung der wichtigsten Eigenschaften erfolgt durch eine Reihe von Kenngrößen. Wichtige Kenngrößen von Kondensatoren sind z. B.:

Nennkapazität C_N
Nennspannung U_N, Spitzenspannung, Wechselspannung
Isolationswiderstand R_{is}
Verlustfaktor $\tan \delta$
Temperaturkoeffizient α_{Ci}
Anwendungsklassen

Nennkapazität C_N

Als Nennkapazität C_N eines Kondensators wird die Kapazität angegeben, die sich aufgrund der konstruktiven Abmessungen und des Herstellungsverfahrens ergibt. Die Angabe der Nennkapazität erfolgt auf dem Bauelement mit einem Zahlenwert oder mit einem Farbcode. Wie bei den Widerständen sind die Nennwerte nach E-Reihen abgestuft. Bei Kondensatoren überwiegt die E12-Reihe. Bei großen Kapazitätswerten erfolgt die Stufung jedoch meistens nach der E6-Reihe. Die einzelnen Werte der E-Reihen können der Tabelle in Bild 3.19 entnommen werden.

Toleranzen

Wegen der unvermeidlichen Fertigungstoleranzen stimmen die tatsächlichen Kapazitätswerte in der Regel nicht exakt mit den angegebenen Nennwerten überein. Um den Anwender über mögliche Abweichungen zu informieren, geben die Hersteller die Toleranz mit einem zusätzlichen Buchstaben oder mit einer Farbmarkierung an. **Bild 6.30** zeigt einige Beispiele für die Toleranzangabe bei Kondensatoren.

Nennwerte gestuft nach	Kennbuchstabe	Toleranz in %	
E24	B	± 0,1	Für Nennwerte <10 pF in pF, >10 pF in %
	C	± 0,25	
	D	± 0,5	
	F	± 1	
	G	± 2	
	H	± 2,5	
	J	± 5	
E12	K	± 10	
E6	M	± 20	üblich bei Elektrolytkondensatoren
	R	+ 30 / − 20	
	S	+ 50 / − 20	
	Z	+ 80 / − 20	

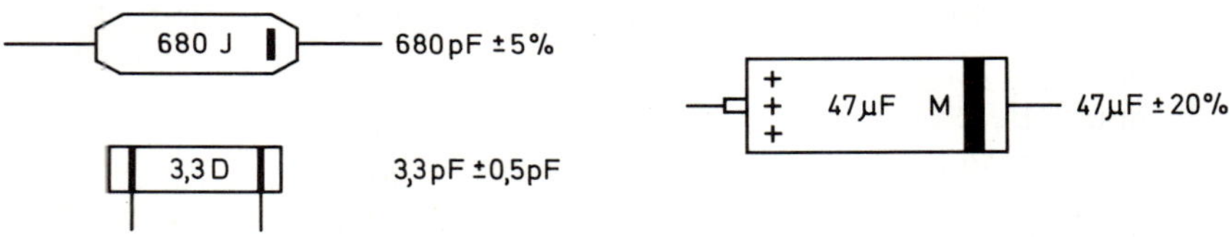

Bild 6.30 Toleranzangabe bei Kondensatoren

Leider verwenden nicht alle Hersteller einheitliche Zeichen für die Angabe der Toleranz. Eine genaue Identifizierung der Angaben ist daher oft nur anhand von Datenblättern des jeweiligen Herstellers möglich.

Für den Praktiker von Bedeutung ist noch, daß die angegebenen Toleranzwerte sich stets nur auf den Zeitpunkt der Herstellung beziehen. Durch lange Lagerung oder während des Betriebes sind Veränderungen möglich, die zu noch größeren Abweichungen zwischen Nennkapazität und tatsächlichem Kapazitätswert führen können. Ist eine ganz genaue Kenntnis des augenblicklichen Kapazitätswertes erforderlich, so muß eine Messung vorgenommen werden.

Nennspannung U_N, Spitzenspannung und Wechselspannung

Als *Nennspannung* U_N wird der Spannungswert bezeichnet, der über einen größeren Zeitraum ständig am Kondensator liegen darf, ohne daß eine Schädigung auftritt. Dabei darf die Umgebungstemperatur 40 °C nicht überschreiten. Müssen Kondensatoren bei höheren Temperaturen betrieben werden, so ist anstelle der Nennspannung U_N die *Dauergrenzspannung* U_G zu beachten. Der Wert von U_G ist stets kleiner als der Wert von U_N.

Die Nennspannung ist entweder als Zahlenwert auf dem Kondensator aufgedruckt, durch einen Kennbuchstaben angegeben oder an einer Farbcodierung erkennbar. In der Tabelle nach **Bild 6.31** sind übliche Nennspannungen mit ihrer jeweiligen Codierung aufgeführt.

Buchstaben	U_N in V	Farbe	U_N in V	U_N in V bei Tantalelektrolyt-kondensatoren
a	50_	schwarz	–	4
b	125_	braun	100	6
c	160_	rot	200	10
d	250_	orange	300	15
e	350_	gelb	400	20
f	500_	grün	500	25
g	700_	blau	600	35
h	1000_	violett	700	50
Betriebswechselspannung (Effektivwert)		grau	800	–
		weiß	900	–
		silber	1000	–
u	250~	gold	2000	–
v	350~	ohne Farbe	500	–
w	500~			

Bild 6.31 Nennspannungen und ihre Codierung

Bei den angegebenen Nennspannungen handelt es sich um Gleichspannungswerte. Liegt am Kondensator jedoch eine Mischspannung, so darf die Summe aus Gleichspannungsanteil und dem Scheitelwert der Wechselspannung nicht größer als die angegebene Nennspannung werden.

Als *Spitzenwert* wird in den Datenblättern der höchste Wert angegeben, der kurzzeitig auftreten darf, ohne daß eine Schädigung oder Veränderung des Kondensators eintritt. Ein Sonderfall liegt vor, wenn Kondensatoren nur an *reiner Wechselspannung* betrieben werden. So sind z. B. für den Anschluß an das 50 Hz-Netz spezielle Wechselspannungskondensatoren entwickelt worden. Werden die üblichen Gleichspannungskondensatoren an Wechselspannung betrieben, so beträgt der zulässige Wechselspannungswert nur ein Bruchteil des jeweiligen Nenn- oder Dauergrenzwertes. Genaue Werte können jeweils nur den Datenblättern entnommen werden.

Isolationswiderstand R_{is}

Als Isolationswiderstand R_{is} wird der Widerstand angegeben, der als ohmscher Widerstand zwischen den Elektroden auftritt. Er wird weitgehend durch die Dicke und die Fläche des Dielektrikums bestimmt. Die Isolationswiderstände von Kondensatoren sind in der Regel sehr hochohmig und liegen im Megaohm- oder Gigaohmbereich.
Der Isolationswiderstand eines Kondensators kann entsprechend **Bild 6.32** als Parallelwiderstand zur Kapazität betrachtet werden.

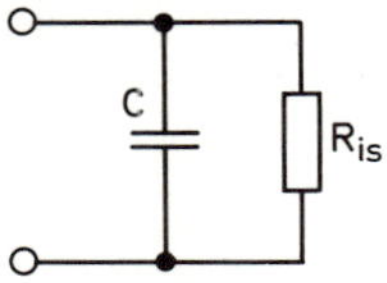

Bild 6.32 Ersatzschaltbild eines Kondensators zur Berücksichtigung des Isolationswiderstandes

Über den Isolationswiderstand des Kondensators kann ein Reststrom fließen. Er führt dazu, daß ein aufgeladener und dann von der Ladespannung abgetrennter Kondensator sich langsam entlädt. Dieser Vorgang wird als Selbstentladung bezeichnet.
Außer dem Isolationswiderstand ist in Datenblättern oft noch eine Entladezeitkonstante $\tau = R_{is} \cdot C$ für die auftretende Selbstentladung zu finden. Diese Entladezeitkonstante ist aber stark temperaturabhängig und wird daher meistens noch durch zusätzliche Kennlinien näher beschrieben.

Verlustfaktor tan δ

Bei Betrieb eines Kondensators an Wechselspannung ändert sich fortlaufend die Richtung des elektrischen Feldes im Dielektrikum. Dadurch entsteht jeweils eine Verformung der Atome und Moleküle des Dielektrikums, für die eine elektrische Arbeit aufgebracht werden muß. Die Berücksichtigung dieser Verluste kann im Ersatzschaltbild durch die Parallelschaltung eines ohmschen Widerstandes R_P zur idealen Kapazität C_{id} erfolgen. **Bild 6.33** zeigt das entsprechende Ersatzschalbild.

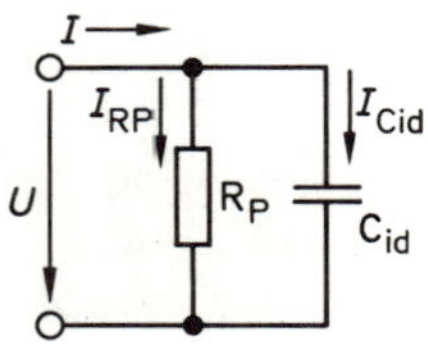

Bild 6.33 Ersatzschaltbild zur Berücksichtigung der Dielektrischen Polarisation

Je größer der Strom I_{RP} durch den Parallelwiderstand gegenüber dem Strom I_{Cid} durch den Kondensator wird, desto größer sind die Verluste. Sie werden durch den Verlustfaktor

$$\tan \delta = \frac{I_{RP}}{I_{Cid}}$$

angegeben. Der Verlustfaktor tan δ ist stark von der Frequenz der anliegenden Wechselspannung abhängig und wird daher meistens für mehrere Frequenzen angegeben.

Temperaturkoeffizient α_C

Auch der Kapazitätswert eines Kondensators ist temparaturabhängig. Diese Abhängigkeit wird durch den Temperaturkoeffizienten α_C angegeben. α_C ist positiv, wenn der Kapazitätswert mit ansteigender Temperatur größer wird. Nimmt der Kapazitätswert mit steigender Temperatur ab, dann ist α_C negativ. Der Kapazitätswert C_T bei einer von 20 °C abweichenden Umgebungstemperatur läßt sich mit Hilfe der Gleichung

$$C = C_{20}\,(1 + \alpha_C \cdot \Delta T)$$

berechnen. Anstelle des Kapazitätswertes C_{20} bei 20 °C kann auch der Nennwert C_N eingesetzt werden, wobei aber gegebenenfalls die Toleranz berücksichtigt werden muß.

Anwendungsklassen

Durch Umwelteinflüsse können sich die für den Ablieferungszustand garantierten Werte der Kondensatoren ändern. Daher wurde in Anwendungsklassen festgelegt, welchen Einflüssen ein Kondensator ausgesetzt werden darf, ohne daß seine Eigenschaften unzulässig verändert werden. In diesen Anwendungsklassen sind z. B. untere und obere Grenztemperaturen für Transport, Lagerung und Betrieb, zulässige Feuchtigkeitsbeanspruchungen, Betriebszuverlässigkeit und zulässige mechanische Beanspruchungen festgelegt. Für den Praktiker sind diese Anwendungsklassen aber meist von untergeordneter Bedeutung.

6.7.2 Bauarten und Bauformen

Entsprechend Bild 6.29 wird bei den Kondensatoren mit unveränderbarer Kapazität zwischen Folienkondensatoren, Keramikkondensatoren und Elektrolytkondensatoren unterschieden.

6.7.2.1 Folienkondensatoren

Bei den Folienkondensatoren bestehen die Elektroden aus dünnen Metallfolien. Als Dielektrikum werden dünne Isolierfolien verwendet. Beide Folien sind entsprechend **Bild 6.34** aufgewickelt, so daß relativ große Kapazitätswerte bei geringem Bauvolumen realisiert werden können.

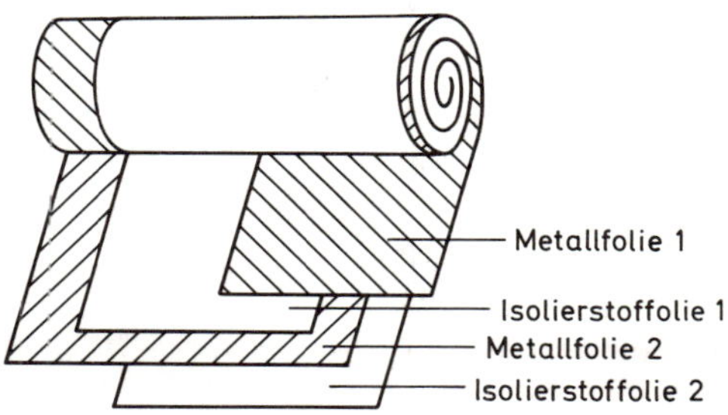

Bild 6.34 Aufbau eines Folienkondensators

Das Bauvolumen von Folienkondensatoren kann noch weiter verringert werden, wenn auf die Isolierfolie nur sehr dünne Metallschichten als Elektroden aufgedampft werden. Um den ohmschen Widerstand der Elektroden klein zu halten, sind alle Lagen der jeweiligen Elektrode an einer Stirnseite des Wickels verschweißt. Derartige Kondensatoren werden als dämpfungsarm bezeichnet und erhalten als Kennzeichen einen Kennbuchstaben »d«.
Da die verwendeten Folien feuchtigkeitsempfindlich sind, werden die Wickel durch zusätzliche Umhüllungen mit Gießharz oder durch abgedichtete Röhren und Becher aus Kunststoff, Aluminium oder Keramik geschützt. Die Anschlüsse sind dann als Drähte, Stifte oder Gewindebolzen ausgeführt. **Bild 6.35** zeigt verschiedene Bauarten von Folienkondensatoren. Der Anschluß der außen liegenden Elektrode ist auf dem Kondensator durch einen Strich oder Balken gekennzeichnet. Wird dieser Anschluß in einer Schaltung auf Massepotential gelegt, so ergibt sich eine Abschirmung.

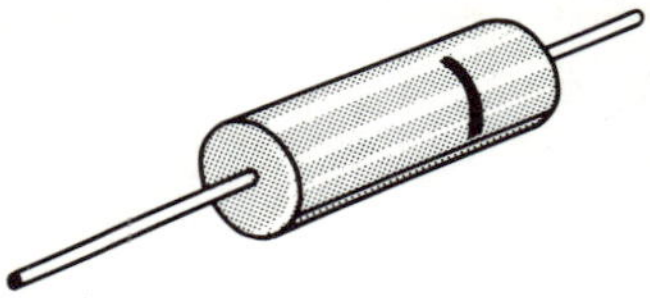

Rundwickel im Metallrohr mit zentrisch-axialen Anschlußdrähten

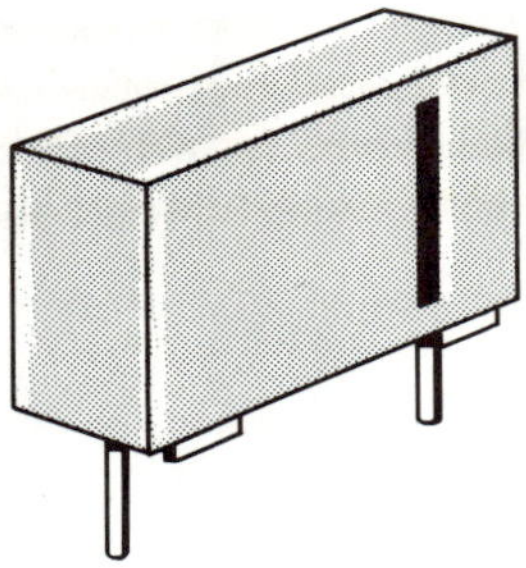

Flachwinkel im rechteckigen Kunststoffgehäuse mit Gießharz verschlossen, steckbare Anschlußstifte

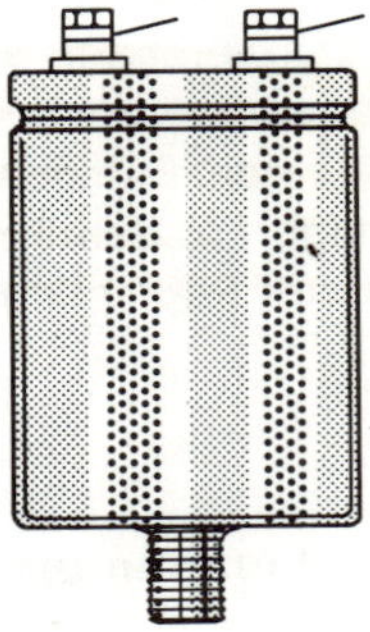

Rundbecher mit Lötanschlüssen und Gewindebolzen

Bild 6.35 Bauarten von Folienkondensatoren

Bei den *Papierkondensatoren* wird ein in Isolieröl oder Vaseline getränktes Spezialpapier als Dielektrikum verwendet. Ein sicherer Schutz gegen Feuchtigkeit läßt sich durch Einlöten in ein Keramikröhrchen erreichen. Papierkondensatoren werden mit etwa folgenden Kennwerten gefertigt:

Nennkapazität C_N:	1 nF bis 0,1 µF
Nennspannung U_N:	160 V bis 1000 V
Isolationswiderstand R_{is}:	$\geqq$ 6 GΩ
Verlustwinkel tan δ:	$\leqq 100 \cdot 10^{-4}$ bei 800 Hz
Temperaturkoeffizient α_C:	$\approx 2{,}5 \cdot 10^{-3} \frac{1}{K}$

Papierkondensatoren sind besonders preiswert und werden daher in großem Umfang eingesetzt.

Bei den *Metallpapierkondensatoren* (MP-Kondensatoren) sind die Elektroden als eine etwa 0,1 µm bis 1 µm dicke Metallschicht auf das Dielektrikum aufgedampft. Als Umhüllung werden meistens Metallrohre oder Metallbecher verwendet. MP-Kondensatoren sind selbstheilend. Wegen der geringen Dicke der Metallschicht verdampft der Belag bei einem Durchschlag in der Umgebung der Durchschlagstelle. Dadurch wird ein bleibender Kurzschluß zwischen den Belägen verhindert. Daher sind MP-Kondensatoren besonders zuverlässig. Wegen der sehr dünnen Elektroden lassen sich recht große Kapazitätswerte bei kleinem Bauvolumen herstellen. MP-Kondensatoren sind lieferbar mit etwa folgenden Kennwerten:

Nennkapazität C_N:	0,22 µF bis 47 µF
Nennspannung U_N:	160 V bis 630 V
Effektivwert der Wechselspannung:	20% bis 40% von U_N

Die übrigen Nennwerte entsprechen weitgehend denen von Papierkondensatoren. MP-Kondensatoren werden insbesondere bei Betrieb an Wechselspannungen verwendet.
Bei den *Kunststoffolienkondensatoren* wird zwischen Bauformen mit Elektrodenfolien (K) und Bauformen mit aufgedampften Elektroden (MK) unterschieden. Da sich Kunststoffolien dünner und gleichmäßiger herstellen lassen als imprägniertes Papier, ist ein noch kleineres Bauvolumen möglich. Kunststoffolienkondensatoren sind sehr zuverlässig und die MK-Ausführung sogar selbstheilend. Alle diese positiven Eigenschaften haben dazu geführt, daß auch diese Bauart in großem Umfang eingesetzt wird. Eine Unterteilung der Kunststoffolienkondensatoren erfolgt nach dem Werkstoff des Dielektrikums. Hierfür werden häufig die in der Tabelle nach **Bild 6.36** angegegebenen Kunststoffe verwendet.

Dielektrikum	Kennbuchstabe
Polycarbonat/Makrofol	C
Polypropylen/Hostalen	P
Polystyrol/Styroflex	S
Polyäthylenterepthalat/Hostaphan	T
Celluloseacetat/Trolit	U

Bild 6.36 Werkstoffe und Kennbuchstaben für Kunststoffolienkondensatoren

Durch Kombination der Kennbuchstaben für das Dielektrikum (C, P, S, T, U) und der Bauart der Folien (K, MK) ergeben sich die Kurzbezeichnungen von Kunststoffolienkondensatoren. So weist z. B. die Angabe MKU auf aufgedampfte Elektroden (MK) und Trolit (U) als Dielektrikum hin.
Kunststoffolienkondensatoren werden mit etwa folgenden Kennwerten gefertigt:

Nennkapazität C_N:	1 nF bis 1 µF
Nennspannung U_N:	25 V bis 2000 V
Isolationswiderstand R_{is}:	$> 10^{11}\ \Omega$
Verlustfaktor tan δ:	$< 2 \cdot 10^{-4}$
Temperaturkoeffizient α_C:	$\approx -150 \cdot 10^{-6}\ \frac{1}{K}$

6.7.2.2 Keramikkondensatoren

Bei den Keramikkondensatoren dient eine gepreßte und gesinterte Mischung aus Oxidkeramik als Dielektrikum. Auf diesen Grundkörper werden dann Metallelektroden aufgedampft. Durch dieses Verfahren läßt sich ein sehr kompakter Aufbau erreichen.
Je nach Art der verwendeten keramischen Ausgangsmaterialen wird bei den Keramikkondensatoren zwischen zwei Typen unterschieden.

Typ 1: ε_r ca. 10 bis 200; $R_{is} \approx 10^{10}$ MΩ; tan $\delta \approx 0{,}5 \cdot 10^{-3}$
Typ 2: ε_r bis 10000 ; $R_{is} \approx 10^{7}$ MΩ; tan $\delta \approx 1 \cdot 10^{-2}$

Wegen seiner kleineren Dielektrizitätskonstanten werden der Typ 1 als NDK (Niedrige Dielektrizitäts-Konstante) und der Typ 2 als HDK (Hohe Dielektrizitäts-Konstante) bezeichnet. **Bild 6.37** zeigt den Aufbau eines keramischen Rohrkondensators.

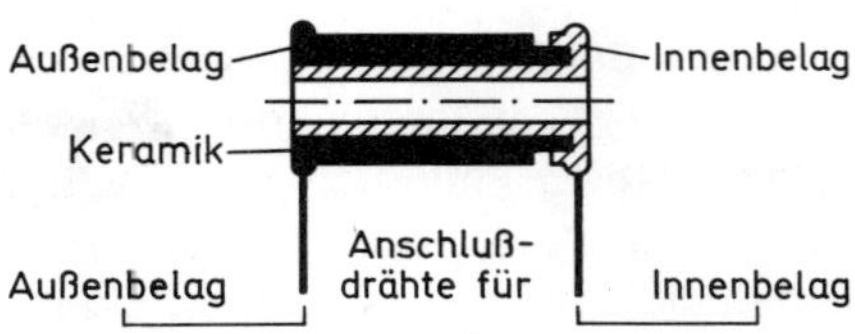

Bild 6.37 Schnittbild eines keramischen Rohrkondensators

In **Bild 6.38** sind einige weitere Bauformen von Keramikkondensatoren dargestellt.

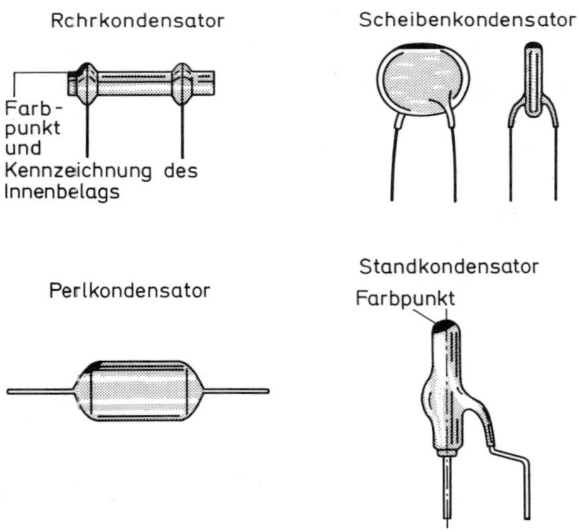

Bild 6.38 Verschiedene Bauformen von Keramikkondensatoren

Die Kennzeichnung von Keramikkondensatoren erfolgt meistens durch Farbpunkte. Bei den Rohrkondensatoren ist der Farbpunkt in der Nähe des Anschlusses für den Innenbelag angebracht. Zum Oberflächenschutz sind die Keramikkondensatoren meistens mit einem Überzug aus Lack oder Kunstharz versehen.

Keramikkondensatoren haben kleine Baugrößen. Sie werden gefertigt mit etwa folgenden Kennwerten:

Nennkapazität C_N: 1 pF bis 0,47 µF
Nennspannung U_N: 63 V bis 400 V (bzw. bis 15 kV)

Mit 10^7 MΩ bis 10^{10} MΩ weisen Keramikkondensatoren sehr hohe Isolationswiderstände auf. Die Verlustfaktoren liegen etwas höher als bei den Kunststoffolienkondensatoren. Die Temperaturkoeffizienten sind im wesentlichen vom jeweiligen Dielektrikum abhängig. Sie können sowohl positiv als auch negativ sein.

6.7.2.3 Elektrolytkondensatoren

Für eine Reihe von Anwendungen werden Kondensatoren mit großen Kapazitätswerten benötigt. Sie lassen sich mit den bisher beschriebenen Bauarten nicht mehr realisieren, weil zu große Abmessungen auftreten würden. Daher wurden für Werte im µF-Bereich die Elektrolytkondensatoren (Elkos) entwickelt. Sie bestehen aus einer Metallelektrode, die zur Bildung eines Dielektrikums oxidiert wird. Diese Oxidschichten sind sehr dünn, so daß große Kapazitätswerte bei kleinem Bauvolumen möglich sind. Die Gegenelektrode ist ein leitfähiger Elektrolyt, der unmittelbar an einen Metallbecher grenzt. Charakteristische Eigenschaft von Elektrolytkondensatoren ist die Polung der Elektroden. Die Metallelektrode ist stets der Pluspol, während der Elektrolyt den Minuspol bildet. Beim Einsatz in elektronischen Schaltungen muß diese Polarität unbedingt beachtet werden.
Bei den Elektrolytkondensatoren wird vom Aufbau her unterschieden zwischen den Aluminium- und den Tantalkondensatoren.
Bild 6.39 a zeigt den prinzipiellen Aufbau eines *Aluminium-Elektrolytkondensators* und in **Bild 6.39 b** sind verschiedene Bauformen dargestellt.

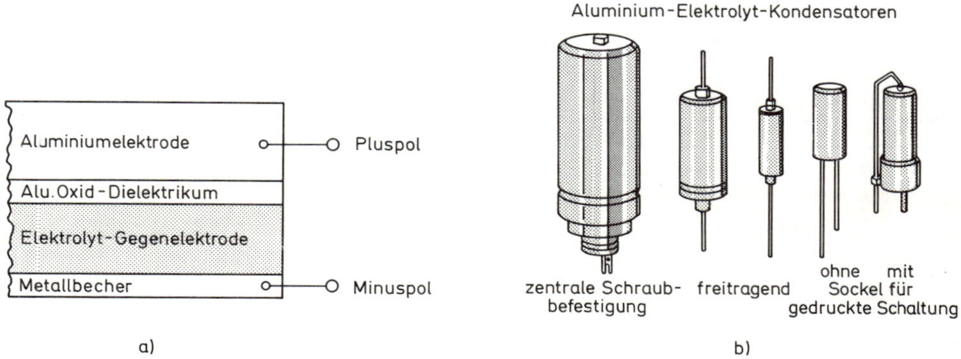

Bild 6.39 Prinzipaufbau und Bauformen von Aluminium-Elektrolytkondensatoren

Bei den Aluminium-Elektrolytkondensatoren wird im wesentlichen unterschieden zwischen Ausführungen für Dauerbetrieb und Ausführungen für normale Anforderungen. Weiterhin wird unterschieden zwischen Anwendungen, bei denen die Kondensatoren nur teilweise auf- und entladen werden und Anwendungen, bei denen meistens eine vollständige Auf- und Entladung im Betrieb erfolgt. Besonders kleine Bauformen lassen sich durch Aufrauhen der Belagfolien erreichen, weil dadurch die wirksame Oberfläche vergrößert wird.

Aluminium-Elektrolytkondensatoren arbeiten nur dann einwandfrei, wenn die oxidierte Elektrode am positiven Pol liegt und der Elektrolyt den Minuspol bildet. Bei Falschpolung wird die Oxidschicht zerstört und der Isolationswiderstand wird kleiner. Dadurch können dann so große Ströme durch den Kondensator fließen, daß häufig eine explosionsartige Zerstörung des Bauelementes auftritt.

Aluminium-Elektrolytkondensatoren sind nur begrenzt lagerfähig, weil die Oxidschicht im Laufe der Zeit vom Elektrolyt zerstört wird. Ist diese Zerstörung noch nicht zu weit fortgeschritten, so kann die Oxidschicht durch Anlegen einer Gleichspannung wieder regeneriert werden. Hergestellt werden Aluminium-Elektrolytkondensatoren für Nennwerte von etwa:

Nennkapazität C_N: 1 μF bis 100 000 μF
Nennspannung U_N: 6,3 V bis 450 V

Die Toleranzen sind bei dieser Bauart von Kondensatoren relativ groß, so daß erhebliche Abweichungen zwischen dem tatsächlichen Kapazitätswert und der Nennkapazität auftreten können. Der Temperaturkoeffizient ist positiv, er wird in den Datenblättern meistens nicht mit angegeben. Auch nähere Angaben über den Verlustfaktor und Isolationswiderstand sind in den Datenblättern nur selten zu finden.

Für den Betrieb an Wechselspannung werden Aluminium-Eleltrolytkondensatoren in ungepolter Ausführung geliefert. Sie bestehen aus zwei gegeneinandergeschalteten Elektrolytkondensatoren, von denen in jeder Halbwelle einer in Falschpolung betrieben wird, ohne daß eine Schädigung eintritt. Das Bauvolumen dieser ungepolten Elkos ist zwangsläufig doppelt so groß wie bei der gepolten Ausführung.

Eine weitere Bauform sind die *Tantal-Elektrolytkondensatoren*. Hier werden drei Ausführungen unterschieden:

Wickelkondensatoren (naß): Kennbuchstabe F
Sinterkondensatoren (naß): Kennbuchstabe S
Sinterkondensatoren (trocken): Kennbuchstgabe SF

Beim Wickelkondensator besteht die positive Elektrode aus einer glatten Tantalfolie (Tantal ist ein hartes, sehr zähes, elastisches Metall). Als negative Elektrode dient der Elektrolyt, mit dem ein Spezialpapier getränkt ist. Die Sinterkondensatoren haben als positive Elektrode einen Sinterkörper, auf dem eine Oxidschicht als Dielektrikum aufgebracht ist. Bei dem nassen Aufbau wird ein flüssiger Elektrolyt verwendet. Als Gehäuse dient ein Feinsilberbecher. Bei der trockenen Ausführung besteht der negative Pol aus einem halbleitenden Metalloxid mit Oxidationsschicht.

Tantal-Elkos werden mit etwa folgenden Werten geliefert:

Nennkapazität C_N: 1 μF bis 33 μF
Nennspannung U_N: 3 V bis 35 V

Tantal-Elektrolytkondensatoren sind sehr empfindlich gegen Falschpolung. Sie haben aber gegenüber den Aluminium-Elektrolytkondensatoren den Vorteil, daß ihre Eigenschaften sich auch bei langer Lagerung nicht verändern. Tantal-Elkos werden häufig in Tropfenform hergestellt. **Bild 6.40** zeigt eine derartige Bauform.

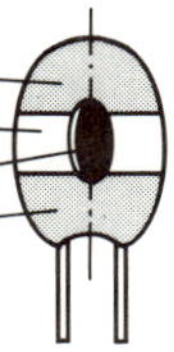

Bild 6.40 Tantal-Elektrolytkondensator in Tropfenform

Wegen der meistens sehr kleinen Bauformen lassen sich technische Daten nur mit Hilfe eines Farbcodes angeben, der in der Regel herstellerbezogen ist.

6.7.2.4 Veränderbare Kondensatoren

Bei einer Reihe von Meß- und Abstimmvorgängen in elektronischen Schaltungen muß der Kapazitätswert verändert oder auf einen ganz bestimmten Wert eingestellt werden können. Hierfür sind veränderbare Kondensatoren erforderlich. Sie werden als Drehkondensatoren oder Trimmkondensatoren gefertigt.
Drehkondensatoren bestehen aus einem Stator- und einem Rotorpaket von Metallplatten, die kammförmig ineinandergreifen. **Bild 6.41** zeigt den Prinzipaufbau eines Drehkondensators. Sie sind lieferbar für Kapazitätsänderungen von etwa $C_{min} \approx 25$ pF bis $C_{max} \approx 500$ pF.

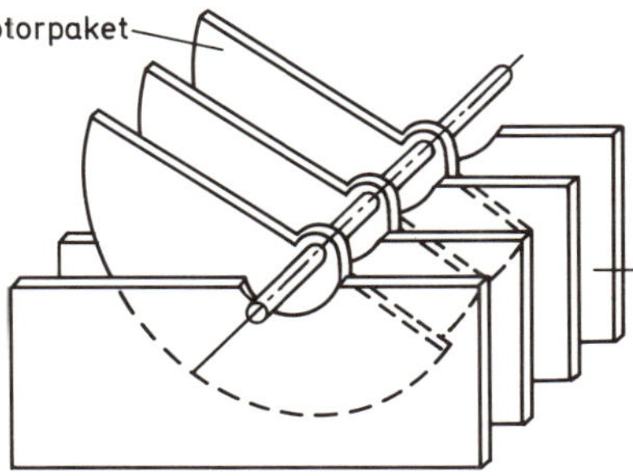

Bild 6.41 Prinzip eines Drehkondensators

Durch Drehen des Rotorpaketes werden die sich gegenüberstehenden, wirksamen Elektrodenflächen des Kondensators, verändert. Um größere Kapazitätswerte zu erhalten, sind jeweils die Platten des Rotorpaketes und des Statorpaketes leitend miteinander verbunden. Die meisten Drehkondensatoren sind für Luft als Dielektrikum ausgeführt. Die Kapazität verändert sich mit dem Drehwinkel, der in der Regel 180° beträgt. Durch eine entsprechende Plattenform läßt sich eine gewünschte Kapazitätsänderung als Funktion des Drehwinkels erreichen.
Bei den *Trimmkondensatoren*, auch Trimmer genannt, erfolgt die Einstellung mit einem Schraubendreher. Der Änderungsbereich von Trimmern ist relativ klein. Sie werden daher meistens nur zum Feinabgleich auf bestimmte Kapazitätswerte eingesetzt. Lufttrimmer sind im Prinzip wie kleine Drehkondensatoren mit Stator- und Rotorpaket ausgeführt. Bei den keramischen Scheibentrimmern sind zwei Keramikplättchen gegen-

einander verdrehbar angeordnet. Auf diesen Plättchen befinden sich Sektoren mit einer aufgedampften Silberschicht. Beim Drehen ändert sich die wirksame Fläche und damit auch die Kapazität. **Bild 6.42** zeigt den Aufbau eines keramischen Scheibentrimmers.

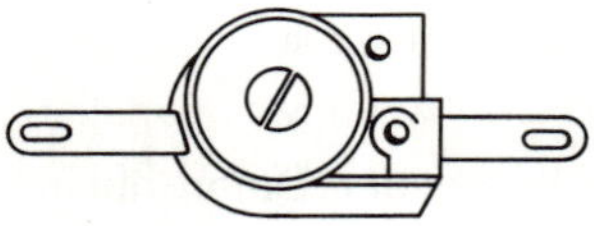

Bild 6.42 Keramischer Scheibentrimmer

Keramische Scheibentrimmer werden für Nennkapazitäten von etwa 3 pF bis 100 pF gefertigt. Es gibt noch einige weitere Bauarten von Trimmkondensatoren. Ihre Wirkungsweise beruht aber stets darauf, daß die wirksame Fläche verändert werden kann. Als Folge davon ändert sich die Kapazität.

7 Das magnetische Feld

7.1 Allgemeines

Der elektrische Strom erzeugt in dem ihn umgebenden Raum ein elektromagnetisches Feld. Seine Erscheinungen stimmen mit den Erscheinungen natürlicher Magnetfelder, wie z. B. dem Feld eines Dauermagneten oder dem Magnetfeld der Erde, völlig überein. Um Magnetfelder darstellen zu können, wurden – in gleicher Weise wie bei den elektrischen Feldern – Feldlinien eingeführt. Sie sind stets vom Nordpol zum Südpol des Magnetfeldes gerichtet und berühren sich nie. Während jedoch in einem elektrischen Feld die elektrischen Feldlinien strahlenförmig von der positiv geladenen Elektrode ausgehen und auf der negativ geladenen Elektrode enden, sind die magnetischen Feldlinien stets in sich geschlossen. Sie besitzen also weder Anfang noch Ende.
Ein weiterer wesentlicher Unterschied zwischen dem elektrischen Feld und dem magnetischen Feld besteht darin, daß ein Magnetfeld stets einen Polcharakter hat. Es ist daher nicht möglich, einen getrennten Nordpol oder Südpol zu schaffen.
Bezüglich der Kraftwirkungen zwischen verschiedenen Magneten ist ein ähnliches Verhalten wie bei elektrischen Ladungen zu beobachten. So stoßen sich gleichnamige Pole ab, während sich ungleichnamige Pole anziehen. Hierbei ist es gleichgültig, ob es sich um elektromagnetische oder durch Dauermagnete erzeugte Magnetpole handelt.
Zur Berechnung von magnetischen Kreisen sind eine Reihe von Feldgrößen erforderlich. So wurde für die Summe der Feldlinien der magnetische Fluß Φ eingeführt. Eine weitere wichtige Feldgröße ist die Flußdichte oder magnetische Induktion B.
Für die Praxis von Bedeutung sind die Magnetfelder von Leiterschleifen und insbesondere von Spulen, die als Reihenschaltung vieler Leiterschleifen betrachtet werden können. Diese Spulen haben in der Elektrotechnik und Elektronik als Bauelemente eine ähnlich große Bedeutung wie Widerstände und Kondensatoren. Der Zusammenhang zwischen dem Strom und der Anzahl von Spulenwindungen als Ursache des erzeugten magnetischen Feldes wird durch die elektrische Durchflutung Θ erfaßt. Sie wird oft mit der Spannung U – als Ursache des elektrischen Feldes – verglichen und als magnetische Spannung bezeichnet.
Ähnlich wie die Spannung U einen Strom bewirkt, baut die Durchflutung Θ einen magnetischen Fluß Φ auf. Dementsprechend kann auch ein magnetischer Widerstand R_m als Quotient von Durchflutung und Fluß definiert werden. Dieser Zusammenhang wird als das ohmsche Gesetz des magnetischen Kreises bezeichnet.
Bei vielen praktischen Anwendungen wird als Ursache des magnetischen Feldes jedoch nicht die Durchflutung Θ, sondern die magnetische Feldstärke H benutzt. Beide Größen sind einander proportional.
Einen erheblichen Einfluß auf den Verlauf von magnetischen Feldlinien haben ferromagnetische Werkstoffe wie Eisen, Nickel oder Kobalt. Wegen ihrer großen magnetischen Leitfähigkeit verlaufen die Feldlinien nämlich immer eine möglichst große Strecke zwischen Nordpol und Südpol in dem ferromagnetischen Werkstoff.
Ein einmal magnetisierter Eisenkern behält auch dann einen Restmagnetismus, wenn das elektromagnetische Feld nicht mehr vorhanden ist. Dieser Zustand wird als Remanenz bezeichnet. Durch Ummagnetisieren kann diese Remanenz wieder beseitigt

werden. Die dazu erforderliche magnetische Feldstärke wird Koerzitivkraft genannt. Je nach Remanenz und Koerzitivkraft wird zwischen magnetisch harten und magnetisch weichen Werkstoffen unterschieden. Dieser Zusammenhang läßt sich in der Hysteresekurve anschaulich darstellen.

Diese Kraftwirkungen von Magnetfeldern werden in der Technik vielfältig ausgenutzt. So handelt es sich bei allen Elektromagneten um Spulen mit einem Kern aus magnetisch weichem Eisen. Sie werden z. B. als Lasthebemagnete oder Spannmagnete eingesetzt. Ein weiterer bedeutsamer Einsatzbereich von Elektromagneten sind die elektromechanischen Schalter. Hierbei wird zwischen Schaltschützen und Relais unterschieden.

Auch bei allen Elektromotoren handelt es sich um eine Ausnutzung der Kraftwirkungen von elektromagnetischen Feldern. So entsteht durch das Zusammenwirken eines Erregerfeldes und eines Ankerfeldes eine Kraftwirkung, die den Rotor des Motors in eine Drehbewegung versetzt. Die Bewegungsrichtung läßt sich mit der »Linke-Hand-Regel« für das Motor-Prinzip ermitteln. Weitere praktische Ausnutzungen der Krafteinwirkungen von Magnetfeldern erfolgen beim Hallgenerator oder der Ablenkung des Elektronenstrahles in Bildröhren.

Während beim Motor elektrische Energie in mechanische Energie umgewandelt wird, läßt sich mit einem Generator mechanische Energie in elektrische Energie umwandeln. Wird nämlich ein Leiter in einem Magnetfeld so bewegt, daß er Feldlinien schneidet, so wird in ihm während der Bewegung eine Spannung induziert. Die Höhe der induzierten Spannung hängt dabei von der Größe des magnetischen Flusses, der Bewegungsgeschwindigkeit der Leiterschleifen sowie von deren Windungszahl ab. Diese physikalischen Zusammenhänge werden durch das Faradaysche Induktionsgesetz beschrieben.

Die Richtung des erzeugten Stromes kann mit der Generator-Regel bestimmt werden, die auch als »Rechte-Hand-Regel« bezeichnet wird. Gemäß der »Linke-Hand-Regel« erzeugt der nach dem Generatorprinzip erzeugte Strom aber eine Kraft, die dem Bewegungsvorgang entgegenwirkt. Dieser Effekt wird als »Lenzsche Regel« bezeichnet.

Wird eine Spule an eine Gleichspannung gelegt, so vergeht eine gewisse Zeit, bis das Magnetfeld auf seine volle Stärke aufgebaut ist. Bei einem derartigen Feldaufbau werden die Windungen der Spule von dem selbst erzeugten Magnetfeld durchdrungen. Durch diese Selbstinduktion wird eine Spannung induziert, die aufgrund der »Lenzschen Regel« der angelegten Spannung entgegenwirkt. Wegen dieser selbstinduzierten Gegenspannung kann der Strom nach dem Anlegen der Spannung U nicht sprunghaft auf seinen konstanten Endwert ansteigen. Ein Maß für den Stromanstieg bei einer Spule ist das Verhältnis L/R. Die Induktivität L einer Spule ist ein Proportionalitätsfaktor, in dem alle Einflußgrößen aus dem konstruktiven Aufbau der Spule zusammengefaßt sind. Der Widerstand R setzt sich aus dem ohmschen Widerstand der Spulenwicklung R_{Sp} und meistens auch aus einem Vorwiderstand R_V zusammen. Das Verhältnis L/R einer Spule wird als Zeitkonstante τ bezeichnet.

Beim Abschalten von Spulen mit Eisenkern und hoher Windungszahl ist größte Vorsicht geboten, weil beim schnellen Abbau des magnetischen Flusses so hohe Induktionsspannungen auftreten können, daß die Spule selbst oder andere Bauteile des Stromkreises beschädigt werden können.

Spulen können – genau wie Widerstände und Kondensatoren – in beliebiger Weise in Reihe oder parallel geschaltet werden. Bei einer Reihenschaltung ergibt sich die Gesamtinduktivität als Summe der Einzelinduktivitäten. Bei einer Parallelschaltung

von Spulen ist dagegen die Gesamtinduktivität stets kleiner als die kleinste Einzelinduktivität.
Wird eine Spule an eine sinusförmige Wechselspannung angeschlossen, so tritt außer dem ohmschen Spulenwiderstand noch ein Wechselstromwiderstand auf, der als induktiver Blindwiderstand X_L bezeichnet wird. Die Größe von X_L hängt von der Induktivität L der Spule und der Frequenz f der angelegten Spannung ab. Je größer L und je größer f sind, desto größer wird der induktive Widerstand.
Beim Betrieb eines ohmschen Widerstandes an sinusförmiger Wechselspannung haben die Spannung am Widerstand und der Strom durch den Widerstand stets zu gleichen Zeitpunkten ihre Nulldurchgänge oder Maxima. Beim Betrieb eines induktiven Widerstandes an der Wechselspannung tritt dagegen – wie beim Kondensator – eine Verschiebung zwischen Spannung und Strom auf. Während jedoch beim Kodensator die Spannung stets dem Strom nacheilt, eilt bei einer Spule der Strom der Spannung stets nach. Bei einer verlustfreien Spule beträgt der Phasenverschiebungswinkel $\varphi = 90°$.
Entsprechend dem Faradayschen Induktionsgesetz ist zur Spannungserzeugung lediglich eine Flußänderung erforderlich. Beim Transformator wird das von einer Primärspule erzeugte sinusförmige Wechselfeld über einen Eisenkern einer zweiten Spule zugeführt, in der dann wiederum eine sinusförmige Spannung induziert wird. Die Höhe der erzeugten Spannung hängt dabei im wesentlichen von dem Verhältnis der Windungszahl der Primärwicklung zur Sekundärwicklung ab. Auf diese Weise können in Abhängigkeit von den Windungszahlen Wechselspannungen herauf- oder heruntertransformiert werden, wobei sich die Primär- und Sekundärströme dann umgekehrt wie die Windungszahlen verhalten. Auch Widerstandswerte können mit Hilfe von Transformatoren transformiert werden. So läßt sich z. B. der Widerstand eines Verbrauchers an den Innenwiderstand einer Spannungsquelle anpassen. Transformatoren für diese Aufgaben werden in der Hochfrequenztechnik und Elektronik meistens als Übertrager bezeichnet.
Es gibt eine Vielzahl verschiedener elektromagnetischer Bauelemente. Die Schaltzeichen der wichtigsten elektromagnetischen Bauelemente sind in **Bild 7.1** dargestellt.

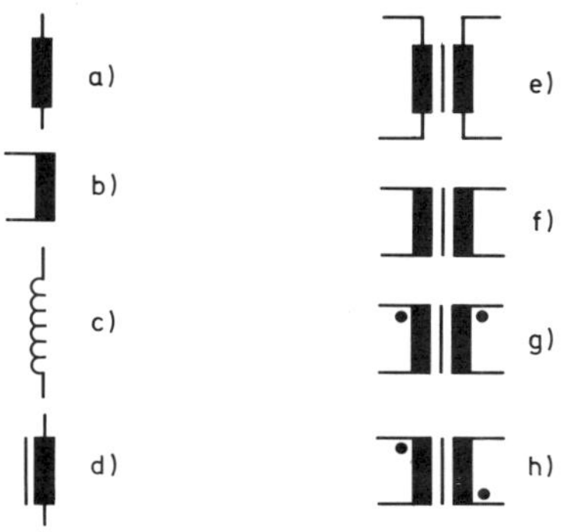

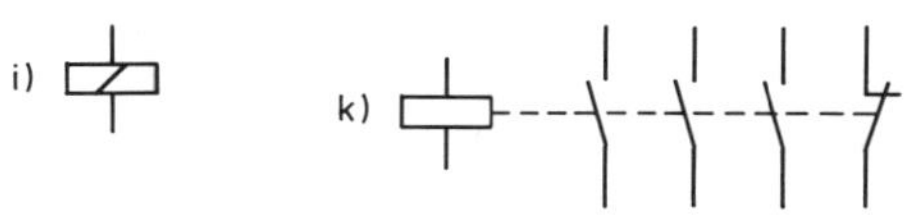

a) Spule
b) Spule (wahlweise Darstellung)
c) Spule (wahlweise Darstellung)
d) Spule mit Eisenkern
e) Transformator; Übertrager
f) Transformator (wahlweise Darstellung)
g) Transformator (Primär- und Sekundärwicklung gleichsinnig gewickelt)
h) Transformator (Primär- und Sekundärwicklung gegensinning gewickelt)
i) Relais (mit Angabe einer wirksamen Wicklung)
k) Relais (Schütz) mit drei Schließern und einem Öffner

Bild 7.1 Schaltzeichen von elektromagnetischen Bauelementen

Die Bauformen praktisch ausgeführter elektromagnetischer Bauelemente sind von ihrer Konstruktion, ihren elektrischen und magnetischen Daten und ihren Einsatzbereichen so vielseitig, daß zur genauen Information über bestimmte Bauelemente stets Datenblätter und Beschreibungen der Hersteller erforderlich sind.

7.2 Grundbegriffe und Größen des magnetischen Feldes

Bereits im Abschnitt 2.6 wurde kurz darauf hingewiesen, daß ein elektrischer Strom in seinem Umfeld ein magnetisches Feld aufbaut. Ebenso wie in einem elektrischen Feld treten auch in einem magnetischen Feld Kraftwirkungen auf, die in der Technik in vielfältiger Weise genutzt werden. Praktisch ausgenutzt werden die Kraftwirkungen in magnetischen Feldern z. B. in den Elektromotoren, den Relais, den Spann- oder Hebemagneten sowie in Drehspulmeßgeräten.

7.2.1 Magnetische Pole und Feldlinienbilder

Ein von elektrischem Strom erzeugtes Magnetfeld wird auch als elektromagnetisches Feld bezeichnet. Seine Erscheinungen stimmen aber mit den sogenannten natürlichen Magnetfeldern, wie z. B. dem Feld eines Dauermagneten oder dem Magnetfeld der Erde, völlig überein. Die Existenz eines elektromagnetischen Feldes läßt sich daher sehr gut mit kleinen, drehbar gelagerten Dauermagneten – den sogenannten Kompaßnadeln – nachweisen. **Bild 7.2** zeigt einen einfachen Versuch zum Nachweis eines elektromagnetischen Feldes.

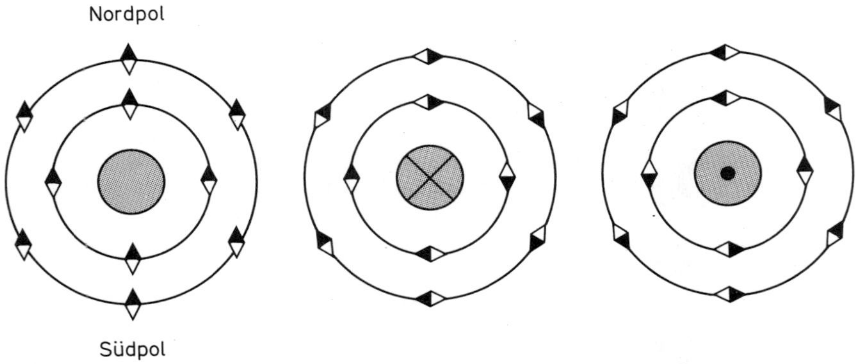

a) Leiter stromlos
b) stromdurchflossener Leiter
c) stromdurchflossener Leiter mit umgekehrter Stromflußrichtung gegenüber b)

Bild 7.2 Nachweis eines elektromagnetischen Feldes

In Bild 7.2 ist ein elektrischer Leiter senkrecht durch eine Platte geführt, auf der kreisförmig mehrere Kompaßnadeln angeordnet sind. In Bild 7.2a ist der Leiter stromlos. Wirksam ist hier nur das Magnetfeld der Erde. Alle Magnetnadeln richten sich daher parallel aus und zwar so, daß die schwarz gezeichnete Spitze zum Nordpol des Erdmagnetfeldes zeigt.
Sobald jedoch ein ausreichend großer Strom durch den Leiter fließt, werden die Magnetnadeln aus der Nord-Süd-Richtung abgelenkt und stellen sich auf konzentrische Kreise um den Leiter ein. In Bild 7.2b gibt das Kreuz im Querschnitt des Leiters an, daß ein elektrischer Strom (technische Stromrichtung) in den Leiter hineinfließt. Dabei stellen sich die Magnetnadeln so ein, daß sich ihre Nordpole jeweils im Uhrzeigersinn um den Leiter ausrichten. In Bild 7.2c ist durch einen Punkt im Leiterquerschnitt gekennzeichnet, daß der Strom (technische Stromrichtung) aus dem Leiter herausfließt. In diesem Fall orientieren sich die Nordpole der Magnetnadeln entgegen dem Uhrzeigersinn. Sobald der Strom abgeschaltet wird, stellen sich alle Magnetnadeln wieder in Richtung des Erdmagnetfeldes ein.
Da die Kraftwirkungen nicht nur von der Existenz des Stromes, sondern auch von seiner Flußrichtung abhängen, wird den Feldlinien eine Orientierung zugeordnet. Obwohl die Zuordnung willkürlich ist, hat sich in der Praxis die »Rechtsschraubenregel« bewährt. Für sie gilt folgende Festlegung:
»Wird – gedanklich – eine Schraube mit Rechtsgewinde in Stromflußrichtung (technische Stromrichtung) in den Leiter hineingedreht, so gibt die Drehrichtung der Schraube die Orientierung der Feldlinien an.«
In den Bildern 7.2b und 7.2c ist die Zuordnung nach der Rechtschraubenregel deutlich zu erkennen. Im Fall 7.2b fließt der Strom in den Leiter hinein, d. h. die gedachte Schraube wird in den Leiter hineingedreht. Die Nordpole der Magnetnadeln weisen daher alle in Drehrichtung der Schraube. Im Fall 7.2c wird die gedachte Schraube aus dem Leiter herausgedreht. Auch hier weisen die Nordpole aller Magnetnadeln in Drehrichtung der Schraube.

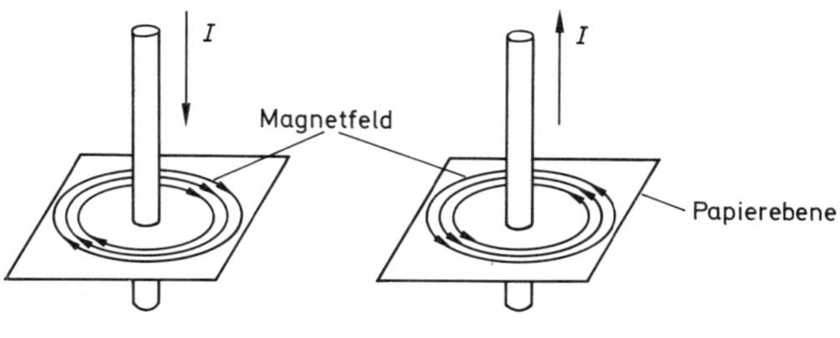

Bild 7.3 Abhängigkeit zwischen der Flußrichtung des elektrischen Stromes und der Richtung der magnetischen Feldlinien

In **Bild 7.3** ist auch der wesentliche Unterschied der Feldlinienbilder von magnetischen Feldern gegenüber den Feldlinienbildern von elektrischen Feldern (Bild 2.19) zu erkennen. Während in einem elektrischen Feld die elektrischen Feldlinien strahlenförmig von einer positiv geladenen Elektrode ausgehen und auf der negativ geladenen Elektrode auftreffen, sind die magnetischen Feldlinien stets in sich geschlossen. Sie besitzen also weder Anfang noch Ende.

Das Magnetfeld einzelner stromdurchflossener Leiter ist in der Elektronik nur in Sonderfällen von Interesse. Von wesentlich größerer Bedeutung sind dagegen die Magnetfelder von Leiterschleifen bzw. Spulen, die als Reihenschaltung vieler Leiterschleifen aufgefaßt werden können. Diese Spulen werden auch als Induktivitäten bezeichnet. Sie haben in der Elektrotechnik und Elektronik als Bauelemente eine ähnlich große Bedeutung wie Widerstände und Kondensatoren.

Bild 7.4a zeigt das Feldlinienbild einer Leiterschleife und **Bild 7.4b** das Feldlinienbild einer Spule. In beiden Bildern ist die Feldorientierung mit der Rechtsschraubenregel kontrollierbar.

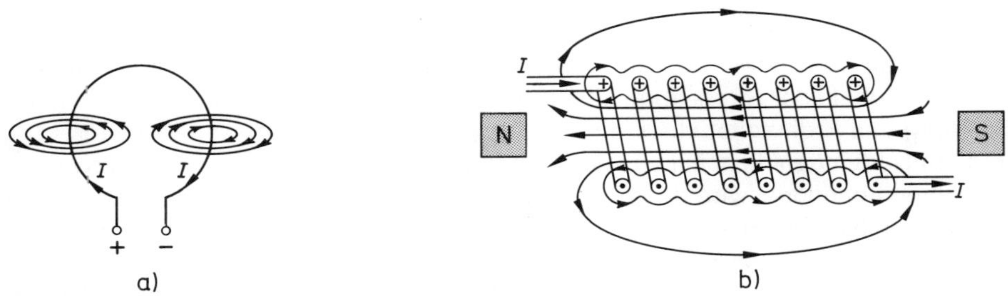

Bild 7.4 Feldlinienbilder einer Leiterschleife und einer Spule

Der unsymmetrische Feldlinienverlauf bei der Spule in Bild 7.4b entsteht, weil sich die einzelnen Feldlinienkreise jeweils zu einer resultierenden Feldlinienschleife vereinigen. Das Feldlinienbild der Zylinderspule nach Bild 7.4b stimmt daher weitgehend mit dem Feldlinienbild eines stabförmigen Dauermagneten überein. In **Bild 7.5** ist die Ähnlichkeit der Feldlinienbilder deutlich zu erkennen.

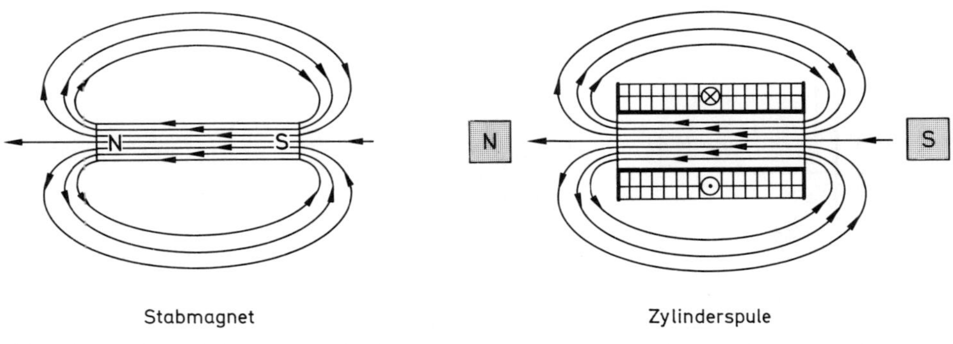

Bild 7.5 Feldlinienbilder eines stabförmigen Dauermagneten und einer Zylinderspule

Bei der Betrachtung des Magnetfeldes gilt generell die Festlegung, daß die magnetischen Feldlinien am Nordpol des jeweiligen Magneten austreten und am Südpol wieder eintreten. Daraus ergibt sich dann im Innern der Magnete stets ein Feldverlauf, der vom Südpol zum Nordpol gerichtet ist.

Werden Magnete in immer kleinere Einheiten aufgeteilt, so bildet sich auch bei den denkbar kleinsten Magnetteilchen immer wieder ein Nordpol und ein Südpol aus.

In **Bild 7.6** ist die Entstehung von vier Einzelmagneten aus einem Stabmagnet dargestellt.

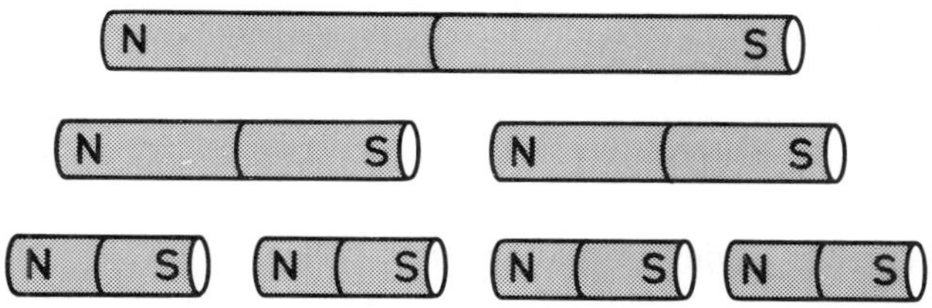

Bild 7.6 Bildung von Einzelmagneten aus einem stabförmigen Dauermagneten

Aus Bild 7.6 geht ein weiterer wesentlicher Unterschied zwischen dem elektrischen und dem magnetischen Feld hervor. Während im elektrischen Feld eine Ladungstrennung und damit die Erzeugung getrennter positiv und negativ geladener Elektroden möglich ist, hat die »magnetische Ladung« immer einen Polpaarcharakter. Es ist daher nicht möglich, einen getrennten Nordpol oder Südpol zu schaffen. In der Technik werden derartige Zweipole mit Polpaarcharakter auch als Dipole bezeichnet. Daher ist auch der Begriff »magnetischer Dipol« als Bezeichnung für Magnete zu finden.
Bezüglich der Kraftwirkungen zwischen verschiedenen Magneten ist ein ähnliches Verhalten wie bei den elektrischen Ladungen zu beobachten. So stoßen sich gleichnamige Pole ab, während sich ungleichnamige anziehen. In **Bild 7.7** sind drei Polkombinationen mit ihren Feldlinienbildern dargestellt. Die jeweilige Kraftwirkung kann dabei aus dem resultierenden Feldverlauf abgeleitet werden. Zu erkennen ist weiterhin, daß die gegenseitigen Beeinflussungen unabhängig davon auftreten, ob das Magnetfeld durch einen Dauermagneten oder durch eine Spule erzeugt wird.

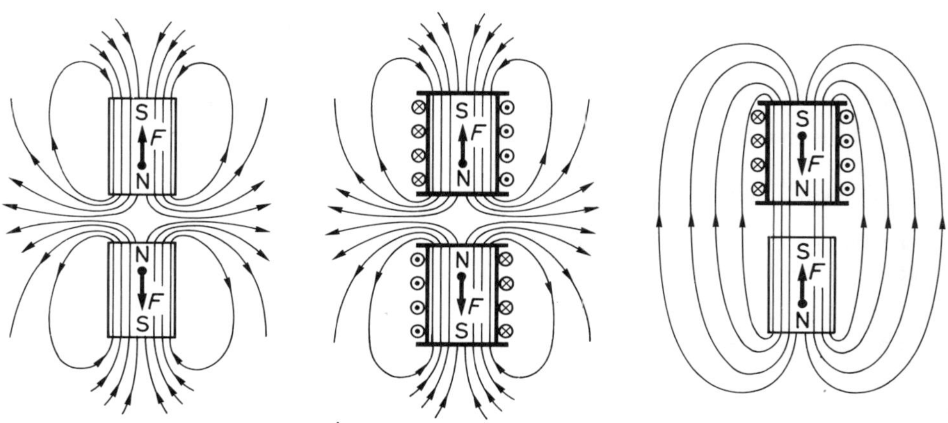

Bild 7.7 Feldlinienverläufe und Kraftwirkungen bei unterschiedlichen Magnetpol-Kombinationen

Stark vereinfacht kann man sich die magnetischen Feldlinien als gespannte Gummifäden vorstellen, die das Bestreben haben, einerseits möglichst weit von der nächsten Feldlinie zu verlaufen, andererseits aber die Strecke außerhalb des Magneten auf ein Minimum reduzieren möchten. In den Bildern 7.7a und 7.7b treffen viele Feldlinien gleicher Orientierung aufeinander. Das führt dazu, daß die Magnete auseinandergedrückt werden. In Bild 7.7c treffen dagegen ein Nordpol und ein Südpol aufeinander und die Feldlinien des Dauermagneten vereinigen sich mit den Feldlinien des Elektromagneten. Weil sie dabei das Bestreben haben, ihre Feldlinienlängen zu verkürzen, entsteht eine Kraftwirkung, die zur Annäherung der beiden Magnete führt.
Bisher wurden nur Spulen betrachtet, deren Feldlinien in Luft oder Vakuum verlaufen. In der Technik haben aber »Spulen mit Eisenkern« eine große Bedeutung, weil mit den sogenannten ferromagnetischen Stoffen wie Eisen, Nickel oder Kobalt der Feldlinienverlauf wesentlich beeinflußt werden kann. Auf diese Effekte wird im Abschnitt 7.2.3 noch näher eingegangen.

7.2.2 Magnetische Feldgrößen

Zur Berechnung von magnetischen Kreisen werden eine Reihe von Feldgrößen benötigt. Obwohl der Praktiker nur selten derartige Berechnungen anstellen muß, ist für das Verstehen elektromagnetischer Zusammenhänge eine Kenntnis der wichtigsten magnetischen Feldgrößen und Einheiten erforderlich.

7.2.2.1 Elektrische Durchflutung

Ein elektrischer Strom erzeugt stets ein elektromagnetisches Feld. Bei einer Spule ist aber noch die Anzahl der Spulenwindungen N von großer Bedeutung, da mit jeder weiteren Windung der Strom stärker wirken kann. Um diesen Zusammenhang zu erfassen, wurde als Oberbegriff für die Ursache des magnetischen Feldes die *elektrische Durchflutung* Θ eingeführt. Sie ergibt sich als Produkt aus Strom und Windungszahl.

Elektrische Durchflutung = elektrischer Strom × Windungszahl

$$\Theta = I \cdot N$$

mit der Einheit 1 A

Da die Windungszahl N eine dimensionslose Größe ist, hat die Durchflutung wie der elektrische Strom die Einheit Ampere.

7.2.2.2 Magnetischer Fluß und magnetische Flußdichte

Je größer der Strom durch eine Spule ist, desto stärker ist das magnetische Feld ausgeprägt und es entstehen mehr Feldlinien. Obwohl die Feldlinien keinem Strömungseffekt unterliegen, wurde für die Summe der Feldlinien der Begriff *magnetischer Fluß* Φ eingeführt.

Magnetischer Fluß Φ (Phi)
mit der Einheit 1 Vs = 1 Wb (1 Weber)
(Weber = deutscher Physiker).

Für die Praxis ist jedoch die *Flußdichte B* aussagekräftiger. Sie wird auch als *magnetische Induktion B* bezeichnet und ergibt sich als magnetischer Flusses Φ bezogen auf die Fläche, die von den Feldlinien durchsetzt wird. Dabei wird zunächst vorausgesetzt, daß alle Feldlinien die betrachtete Fläche unter einem Winkel von 90° durchdringen. Damit ergibt sich:

$$\text{Magnetische Flußdichte} = \frac{\text{Magnetischer Fluß}}{\text{magn. durchsetzte Fläche}}$$

$$B = \frac{\Phi}{A}$$

mit der Einheit $\frac{1\ \text{Vs}}{1\ \text{m}^2} = \frac{1\ \text{Wb}}{1\ \text{m}^2} = 1\ \text{T}$ (1 Tesla)
(Tesla = jugoslawischer Physiker).

Die magnetische Flußdichte B ist vergleichbar mit der Stromdichte S in einem elektrischen Leiter.

7.2.2.3 Das Ohmsche Gesetz des magnetischen Kreises

Um das Verständnis des magnetischen Feldes zu erleichtern, werden magnetische Größen oft mit entsprechenden Größen des elektrischen Feldes verglichen. So kann die elektrische Durchflutung Θ – als Ursache des elektromagnetischen Feldes – mit der Spannung U – als Ursache des elektrischen Feldes – verglichen werden. Daher wird die elektrische Durchflutung auch als *magnetische Spannung* bezeichnet.
Ähnlich wie die Spannung U einen Strom I bewirkt, baut die Durchflutung Θ den magnetischen Fluß Φ auf. Dementsprechend kann auch ein *magnetischer Widerstand* R_m als Quotient von Durchflutung und Fluß definiert werden.

$$\text{Magnetischer Widerstand} = \frac{\text{elektrische Durchflutung}}{\text{magnetischer Fluß}}$$

$$R_m = \frac{\Theta}{\Phi} \qquad \left(\text{entsprechend } R = \frac{U}{I}\right)$$

mit der Einheit $\frac{1\ \text{A}}{1\ \text{Vs}} = 1\ \frac{\text{A}}{\text{Vs}}$

Eine Berechnung des magnetischen Widerstandes einer Spule ist auch mit Hilfe der konstruktiven Größen möglich. So gilt in Anlehnung an die Gleichung $R = \frac{l}{\varkappa \cdot A}$ die Beziehung:

$$R_m = \frac{l_m}{\mu \cdot A}$$

In der Gleichung ist l_m die mittlere Feldlinienlänge im Innern der Spule und A die Fläche des Spulenquerschnittes. Für die in **Bild 7.8** dargestellte Ringspule lassen sich diese Größen relativ einfach bestimmen zu:

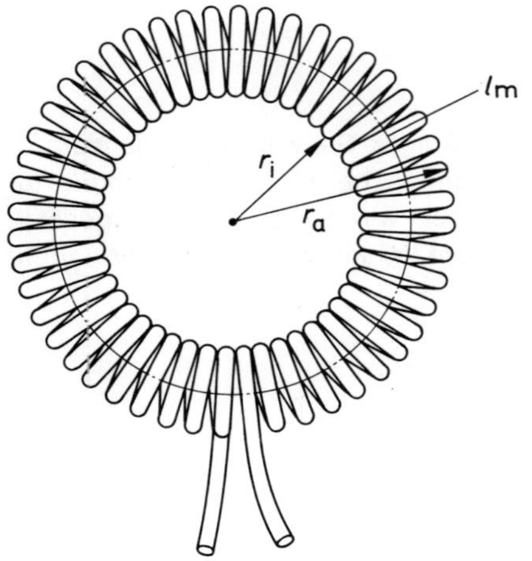

$$l_m = (r_a + r_i) \cdot \pi$$
$$A = (r_a - r_i)^2 \cdot \frac{\pi}{4}$$

Bild 7.8 Ringspule

Mit dem Faktor μ werden die magnetischen Eigenschaften des Stoffes im Innern der Spule berücksichtigt. Er entspricht der elektrischen Leitfähigkeit $\varkappa$. Daher wird der Faktor μ auch als *magnetische Leitfähigkeit* oder *Permeabilität* bezeichnet.
Ähnlich wie die Dielektrizitätskonstante $\varepsilon = \varepsilon_o \cdot \varepsilon_r$ setzt sich die Permeabilität aus den Faktoren μ_o und μ_r zusammen.

$$\mu = \mu_o \cdot \mu_r$$

Die Feldkonstante μ_o gilt für Spulen mit Luft bzw. Vakuum im Innern. Sie hat den Wert:

$$\mu_o = 1{,}257 \cdot 10^{-6} \, \frac{\text{Vs}}{\text{Am}}$$

Für den Faktor μ_r werden die Bezeichnungen *relative Permeabilität* oder *Permeabilitätszahl* verwendet. Er gibt an, um wieviel die magnetische Leitfähigkeit eines beliebigen Stoffes größer oder kleiner als die des Vakuums ist. Grundsätzlich werden dabei drei Stoffgruppen unterschieden:

$\mu_r < 1$: Diamagnetische Stoffe wie z. B. Blei, Kupfer, Zink
$\mu_r > 1$: Paramagnetische Stoffe wie z. B. Aluminium, Silizium
$\mu_r \gg 1$: Ferromagnetische Stoffe wie z. B. Eisen, Nickel, Kobalt

In der Elektrotechnik haben insbesondere die ferromagnetischen Stoffe eine große Bedeutung. Daher wird ihr Einfluß im Abschnitt 7.2.3 noch eingehender behandelt.

7.2.2.4 Magnetische Feldstärke

Bei vielen praktischen Anwendungen wird als Ursache des magnetischen Feldes nicht die Durchflutung Θ, sondern die *magnetische Feldstärke H* benutzt. Beide Größen sind einander proportional. In Anlehnung an das elektrische Feld gilt:

$$\text{Magnetische Feldstärke} = \frac{\text{Durchflutung}}{\text{mittlere Feldlinienlänge}}$$

$$H = \frac{\Theta}{l_m} = \frac{I \cdot N}{l_m}$$

mit der Einheit $1\,\frac{\mathrm{A}}{\mathrm{m}}$

Zwischen der Feldstärke H und der Flußdichte B besteht der Zusammenhang:

$$H = \frac{B}{\mu} \quad \text{oder} \quad B = \mu \cdot H$$

Diese beiden Gleichungen sagen aus, daß die magnetische Feldstärke H als Ursache und die magnetische Flußdichte B als Wirkung in jedem Punkt eines magnetischen Kreises zueinander proportional sind. Dieser Zusammenhang ist in **Bild 7.9** als Diagramm dargestellt.

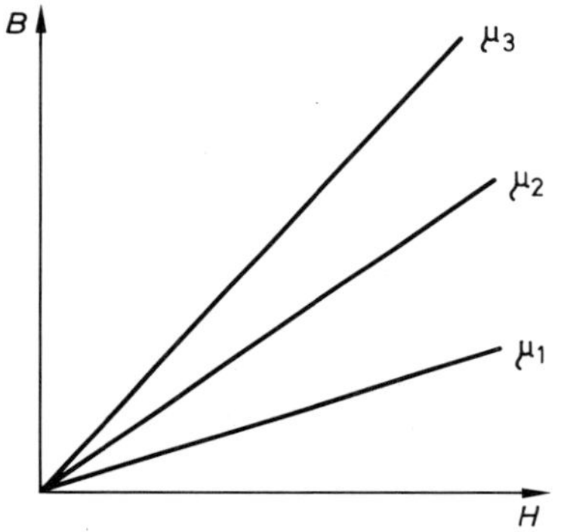

Bild 7.9 Flußdichte B als Funktion der Feldstärke H mit der Permeabilität μ als Parameter ($B = f(H)$; $\mu = \text{const.}$)

Für magnetische Kreise mit ferromagnetischen Stoffen gelten die linearen Zusammenhänge in dem Bild 7.9 jedoch nur bedingt, da bei höheren Feldstärken materialbedingte Nichtlinearitäten auftreten.

Beispiel

Eine Ringspule entsprechend Bild 7.8 wird von einem Strom $I = 1$ A durchflossen. Die Windungszahl beträgt $N = 100$. Der innere Radius hat $r_i = 45$ mm und der äußere Radius $r_a = 55$ mm. Wie groß sind:

a) die elektrische Durchflutung Θ
b) die magnetische Feldstärke H
c) die magnetische Flußdichte B?

a) $\Theta = I \cdot N = 1\ \mathrm{A} \cdot 100$
$\Theta = 100\ \mathrm{A}$

b) $$H = \frac{\Theta}{l_m} = \frac{\Theta}{(r_i + r_a) \cdot \pi}$$
$$= \frac{100\ \mathrm{A}}{(45\ \mathrm{mm} + 55\ \mathrm{mm}) \cdot \pi} = \frac{100\ \mathrm{A}}{0{,}314\ \mathrm{m}}$$
$$H = 318{,}5\ \frac{\mathrm{A}}{\mathrm{m}}$$

c) $B = \mu \cdot H = \mu_o \cdot \mu_r \cdot H = 1{,}257 \cdot 10^{-6}\ \frac{\mathrm{Vs}}{\mathrm{Am}} \cdot 1 \cdot 318{,}5\ \frac{\mathrm{A}}{\mathrm{m}}$ (Luftspule)

$$B = 4 \cdot 10^{-4}\ \frac{\mathrm{Vs}}{\mathrm{m}^2}$$

$$B = 0{,}4\ \mathrm{mT}$$

7.2.3 Magnetische Kreise mit ferromagnetischen Stoffen

Bei allen bisher betrachteten magnetischen Feldern von Dauermagneten oder Spulen verliefen die Feldlinien ausschließlich in Luft. In der Elektrotechnik und Elektronik sind aber gerade die magnetischen Kreise von Bedeutung, in denen die Feldlinien durch ferromagnetische Stoffe beeinflußt werden. Als ferromagnetische Stoffe (ferrum (lat) = Eisen) werden Materialien bezeichnet, deren relative Permeabilität $\mu \gg 1$ ist. Die wichtigsten ferromagnetischen Stoffe sind Eisen, Nickel und Kobalt.

7.2.3.1 Feldlinienbilder und Remanenz

In **Bild 7.10** ist der Einfluß eines ferromagnetischen Stoffes auf den Verlauf der Feldlinien zwischen einem Nordpol und einem Südpol dargestellt.

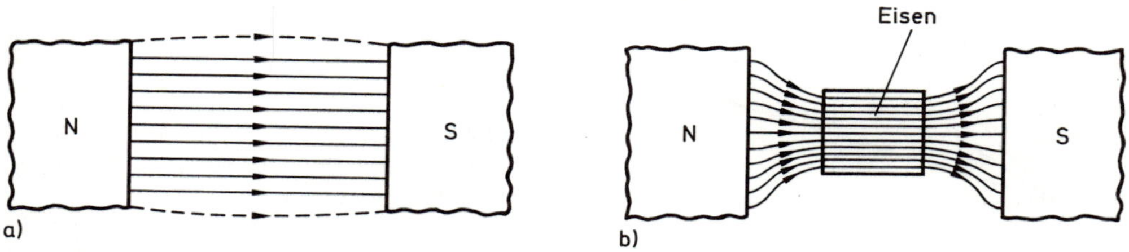

Bild 7.10 Beeinflussung des Feldverlaufes durch ferromagnetische Stoffe
a) Homogener Feldlinienverlauf in Luft
b) Inhomogener Feldlinienverlauf infolge eines Eisenwerkstückes

Weil das eingebrachte Eisenstück eine hohe magnetische Leitfähigkeit hat, verlaufen die Feldlinien eine möglichst große Strecke zwischen Nord- und Südpol im Eisen. Dies ist auch der Fall, wenn dadurch die Länge der einzelnen Feldlinien größer wird.
Wird das vorher unmagnetische Eisenstück wieder aus dem Feld entfernt, so bleibt in ihm ein Restmagnetismus zurück, der als *Remanenz* bezeichnet wird. Durch die verbleibende Restflußdichte B_r ist ein neuer Dauermagnet entstanden.
Dieser Effekt läßt sich durch sogenannte Molekularmagnete, die auch im unmagnetischen Eisen vorhanden sind, erklären. In **Bild 7.11** sind die Zusammenhänge schematisch dargestellt.

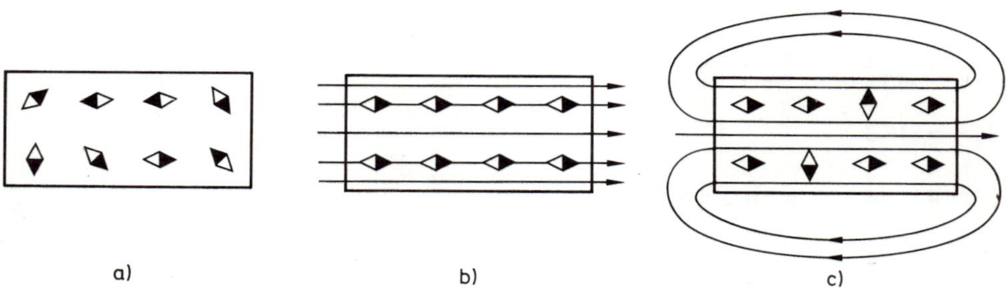

Bild 7.11 Lage der Molekularmagnete in einem Eisenstab

Bild 7.11a zeigt ein unmagnetisches Stück Eisen. Die vorhandenen Molekularmagnete haben keine bestimmte Orientierung. In Bild 7.11b sind dagegen die Molekularmagnete durch ein externes Magnetfeld alle in einer Richtung ausgerichtet. Nach Entfernen des externen Magnetfeldes behält jedoch eine größere Zahl von Molekularmagneten die vorher aufgezwungene Lage bei, so daß jetzt aufgrund dieser Remanenz ein eigenes Magnetfeld entstanden ist. Diesen Zustand zeigt Bild 7.11c.
Eine weitere Beeinflussung der Feldlinien durch ferromagnetische Stoffe ist in **Bild 7.12** dargestellt. Hier ist ein Zylinder mit kreisringförmigem Querschnitt in ein vorher homogen verlaufendes Feld eingebracht.

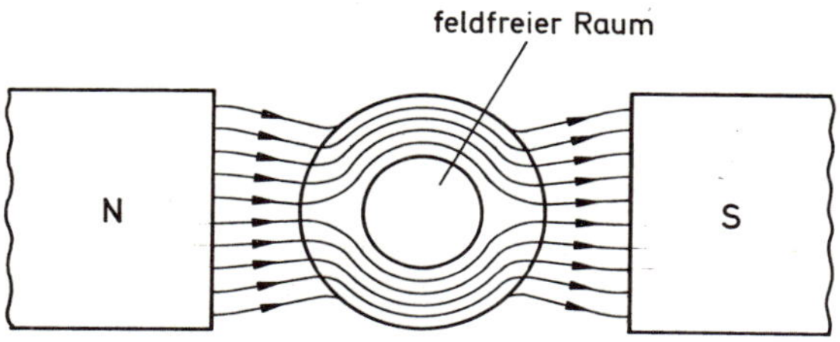

Bild 7.12 Feldfreier Raum durch Abschirmung

Wegen der hohen Permeabilität verlaufen auch hier die Feldlinien soweit wie möglich durch den ferromagnetischen Zylinder. Sie treten dabei stets unter einem Winkel von 90° in den Zylinder ein bzw. wieder aus. Zu erkennen ist, daß der lufterfüllte Raum im Innern des Zylinders für den neuen Feldlinienverlauf nicht beansprucht wird. Auf diese Weise ist zwischen dem Nord- und Südpol ein feldfreier Raum entstanden. Dieses Verfahren zur Erzeugung eines feldfreien Raumes wird als Abschirmung bezeichnet. Derartig abgeschirmte, feldfreie Räume werden in der Praxis z. B. für Prüf-, Eich- und Meßaufgaben benötigt.

7.2.3.2 Spule mit Eisenkern

Durch den Einbau von ferromagnetischen Kernen in das Spuleninnere wird bei gleicher Feldstärke H die Flußdichte B erheblich gesteigert.

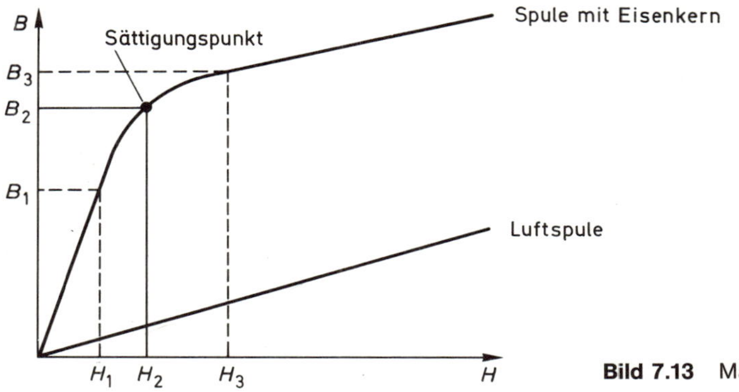

Bild 7.13 Magnetisierungskurven

Aus dem Diagramm in **Bild 7.13** ist zu erkennen, daß durch Verwendung eines Eisenkernes bereits bei geringer Feldstärke – z. B. H_1 – ein wesentlich stärkeres Magnetfeld als ohne Eisenkern erzeugt werden kann. Während aber für die Luftspule B und H im gesamten Bereich direkt proportional zueinander sind, tritt bei der Spule mit Eisenkern mit zunehmender Feldstärke eine Nichtlinearität auf. In Bild 7.13 wird der Kennlinienverlauf bei $H > H_2$ zunehmend flacher, weil hier ein Sättigungseffekt eintritt. Er beruht darauf, daß bei kleinen Feldstärken zunächst ein proportionaler Zusammenhang zwischen Feldstärke und Ausrichtung der ungeordneten Molekularmagnete besteht. Sobald aber der Sättigungspunkt erreicht und überschritten wird, ist für die Ausrichtung der restlichen ungeordneten Molekularmagnete eine immer größere Feldstärke erforderlich. Sobald nahezu alle Molekularmagnete ausgerichtet sind, läßt sich auch mit größten Feldstärken keine weitere Steigerung der magnetischen Flußdichte über die Verhältnisse bei der Luftspule hinaus mehr erreichen, da das ferromagnetische Material maximal ausgenutzt, d. h. gesättigt ist.

Wird die Feldstärke wieder reduziert und auf $H = 0\,\frac{\mathrm{A}}{\mathrm{m}}$ zurückgeführt, bleibt eine restliche Flußdichte B_R vorhanden, die Remanenz genannt wird. Durch eine Ummagnetisierung (Stromumkehr) kann diese Remanenz jedoch aufgehoben werden. Die dazu erforderliche Durchflutung bzw. Feldstärke wird als *Koerzitivfeldstärke* oder *Koerzitivkraft* H_K bezeichnet. In **Bild 7.14** sind die Zusammenhänge beim Auf-, Ent- und Ummagnetisieren eines ferromagnetischen Stoffes dargestellt. Der dargestellte Kennlinienverlauf wird als Hystereseschleife bezeichnet. Zusätzlich mit eingetragen ist auch die Neukurve, die nur beim erstmaligen Magnetisieren entsteht.

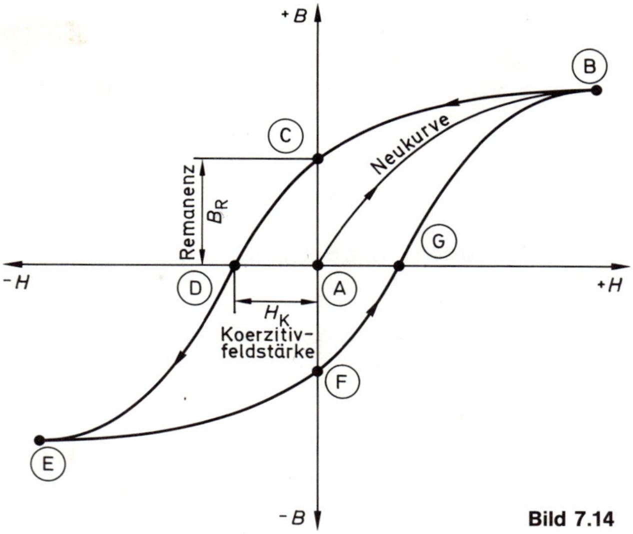

Bild 7.14 Hystereseschleife mit Neukurve

Der Bereich Ⓐ bis Ⓑ zeigt die Neukurve eines ferromagnetischen Materials. Im Punkt Ⓑ ist das Material fast vollständig gesättigt. Wird nun die magnetische Feldstärke wieder bis auf $H = 0\,\frac{\mathrm{A}}{\mathrm{m}}$ verringert, bleibt eine restliche magnetische Induktion B_R vorhanden

(Punkt Ⓒ). Sie wird erst durch die negative Koerzitivkraft $-H_K$ beseitigt (Punkt Ⓓ). Mit zunehmender negativer Durchflutung wird der Eisenkern ummagnetisiert (Drehung der Molekularmagnete um 180°), bis auch hier der Sättigungseffekt auftritt. Dies entspricht in Bild 7.14 dem Kennlinienbereich Ⓓ bis Ⓔ. Eine erneute Ummagnetisierung verläuft dann qualitativ von Punkt Ⓔ über Ⓕ und Ⓖ bis Ⓑ. Die Neukurve von Ⓐ nach Ⓑ wird dabei nicht mehr durchlaufen. Der vollständige Kurvenverlauf wird als Hystereseschleife (Hysterese = zurückbleiben) bezeichnet.

Je nach Form der Hystereseschleife wird zwischen magnetisch hartem und magnetisch weichem Werkstoff unterschieden. **Bild 7.15a** zeigt eine schmale Hystereseschleife. Sie ist charakteristisch für magnetisch weichen Werkstoff. Mit »weich« wird der Zustand bei $H = 0\,\frac{\mathrm{A}}{\mathrm{m}}$ beschrieben, bei dem nahezu alle Molekularmagnete in den ungeordneten Zustand zurückgefallen sind und daher nur eine geringe Restflußdichte B_R zurückbleibt.

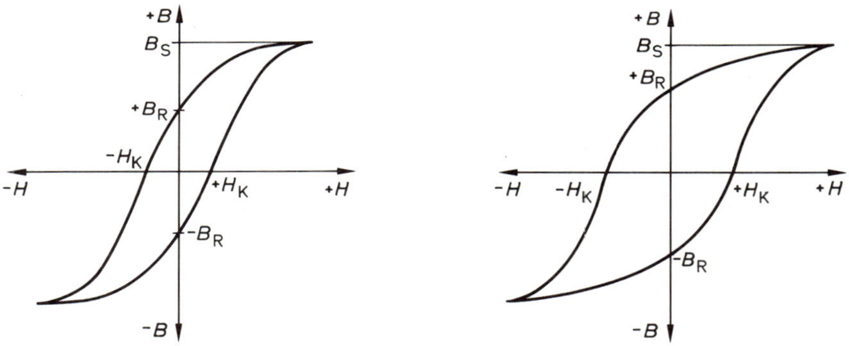

a) für magnetisch weiche Werkstoffe b) für magnetisch harte Werkstoffe

Bild 7.15 Hystereseschleifen

Bild 7.15b zeigt die Hystereseschleife für einen magnetisch harten Werkstoff. Hier ist die Restflußdichte B_R wesentlich größer als bei einem magnetisch weichen Werkstoff. Da der Flächeninhalt einer Hystereseschleife direkt proportional den Ummagnetisierungsverlusten ist, wird ein magnetisch weicher Werkstoff vorzugsweise dann eingesetzt, wenn eine häufige Ummagnetisierung erfolgt und die Verluste möglichst klein bleiben sollen. Dies ist z. B. der Fall bei Transformatoren, da hier die Ummagnetisierung entsprechend der anliegenden Wechselspannung erfolgt. Magnetisch harte Werkstoffe werden dagegen vorzugsweise zur Produktion von hochwertigen Dauermagneten eingesetzt, bei denen die Remanenz B_R nur geringfügig unter der Sättigungsflußdichte B_S liegt.

Bei der Konstruktion von elektromagnetischen Kreisen wird stets der Idealfall angestrebt, daß möglichst alle magnetischen Feldlinien im Eisenkern verlaufen. In vielen Fällen ist es aber nicht zu vermeiden, daß ein Luftspalt auftritt. So sind z. B. bei den Elektromotoren oder den Zeigerinstrumenten drehbar gelagerte Spulen im Luftspalt eines magnetischen Kreises angeordnet. In solchen Fällen kann der relativ lange Feldlinienverlauf im Eisen vernachlässigt werden, so daß die gesamte Durchflutung Θ zur Aufrechterhaltung des Feldes im Luftspalt erforderlich ist.

Beispiel

Ein Eisenring mit kreisförmigem Querschnitt entsprechend **Bild 7.16** ist so unterbrochen, daß ihm $\frac{1}{12}$ seiner ursprünglichen Länge fehlt. Die Wicklung hat $N = 100$ Windungen und soll von einem Strom $I = 500$ mA durchflossen werden. Die Radien betragen $r_i = 5$ cm und $r_a = 10$ cm.
Wie groß sind:

a) der magnetische Widerstand R_{mFe} der Eisenstrecke bei $\mu_r = 120\,000$?
b) der magnetische Widerstand R_{mLuft} des Luftspaltes?

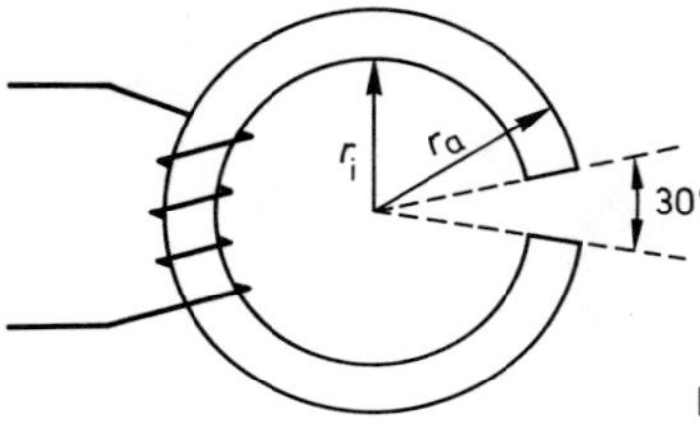

Bild 7.16 Magnetischer Kreis einer Ringspule mit Luftspalt

Mittlere Feldlinienlänge

$$l_m = (r_i + r_a) \cdot \pi = (5 \text{ cm} + 10 \text{ cm}) \cdot \pi = 0{,}471 \text{ m}$$

Feldlinienlänge im Eisen

$$l_{mFe} = l_m \cdot \frac{11}{12} = 0{,}471 \text{ m} \cdot \frac{11}{12} = 0{,}432 \text{ m}$$

Feldlinienlänge in Luft

$$l_{mLuft} = l_m \cdot \frac{1}{12} = 0{,}471 \text{ m} \cdot \frac{1}{12} = 0{,}039 \text{ m}$$

Fläche

$$A = (r_a - r_i)^2 \cdot \frac{\pi}{4} = (10 \text{ cm} - 5 \text{ cm})^2 \cdot \frac{\pi}{4}$$

$$A = 1{,}96 \cdot 10^{-3} \text{ m}^2$$

a) $$R_{mFe} = \frac{l_{mFe}}{\mu_o \cdot \mu_r \cdot A} = \frac{0{,}432 \text{ m}}{1{,}257 \cdot 10^{-6} \cdot \frac{\text{Vs}}{\text{Am}} \cdot 1{,}2 \cdot 10^5 \cdot 1{,}96 \cdot 10^{-3} \text{ m}^2}$$

$$R_{mFe} = 1{,}46 \frac{\text{kA}}{\text{Vs}}$$

b) $$R_{mLuft} = \frac{l_{mLuft}}{\mu_o \cdot A} = \frac{0{,}039 \text{ m}}{1{,}257 \cdot 10^{-6} \cdot \frac{\text{Vs}}{\text{Am}} \cdot 1{,}96 \cdot 10^{-3} \text{ m}^2}$$

$$R_{mLuft} = 15\,830 \frac{\text{kA}}{\text{Vs}}$$

Aus dem Beispiel ist zu ersehen, daß der magnetische Widerstand des Luftspaltes etwa 10 000mal größer als der magnetische Widerstand des Eisenkernes ist, obwohl der Luftspalt nur $\frac{1}{11}$ der Länge des Eisenkernes hat.
Mit guter Näherung gilt daher:

$$R_{\text{m ges}} = R_{\text{mLuft}} + R_{\text{mFe}} \approx R_{\text{mLuft}}$$

7.3 Kraftwirkungen des magnetischen Feldes

In jedem elektromagnetischen Feld treten Kraftwirkungen auf, die z. B. bei den Elektromotoren oder bei der Ablenkung eines Elektronenstrahls in der Bildröhre des Fernsehgerätes technisch ausgenutzt werden.

7.3.1 Elektromagnete

Bei den Elektromagneten handelt es sich grundsätzlich um Spulen mit einem Weicheisenkern, deren Magnetfelder physikalisch denen von Dauermagneten entsprechen. Gegenüber den Dauermagneten besitzen die Elektromagnete aber einige entscheidende Vorteile. So kann die Kraftwirkung von beliebigen Orten aus gesteuert werden. Weiterhin hängt die Kraftwirkung von der Größe des Stromes ab, und sie läßt sich daher in relativ einfacher Weise verändern.
Die Bauformen und auch die Einsatzmöglichkeiten der Elektromagnete sind sehr vielfältig. So werden sie einerseits als Lasthebemagnete oder Spannmagnete eingesetzt, andererseits aber auch als elektromechanische Schalter. Hierbei wird zwischen Schützen und Relais unterschieden. Elektromechanische Schalter für größere Schaltleistungen werden als Schütze bezeichnet. Ihre Schaltstücke werden durch den Anker eines Elektromagneten bewegt und in ihrer Einschaltstellung gehalten. Die mit dem Schaltstück direkt oder über Zwischenglieder verbundenen Schaltkontakte schließen oder öffnen die Stromkreise.
Relais sind ähnlich wie die Schütze aufgebaut, aber nur für kleinere Schaltleistungen ausgelegt. Sie werden daher vorwiegend zur Verknüpfung oder Auswertung von elektrischen Signalen eingesetzt. Relais haben maximal drei Schaltstellungen. In **Bild 7.17** ist das Grundprinzip eines Relais mit drei Schaltstellungen dargestellt.

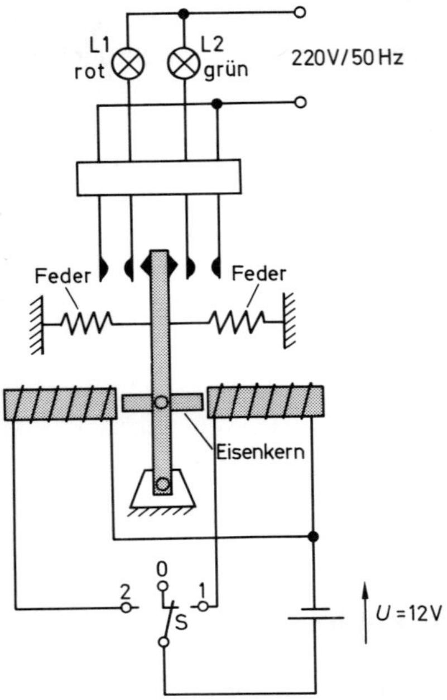

Bild 7.17 Grundprinzip eines Relais mit drei Schaltstellungen

In der Stellung 0 des Schalters S sind beide Spulen stromlos. Durch die Federkräfte wird der Magnetkern in seiner Mittelstellung gehalten, so daß keiner der beiden Kontakte im Signalkreis geschlossen ist und daher auch keine Lampe leuchtet. Wird der Schalter S in Stellung 1 gebracht, so fließt ein Strom durch die rechte Spule. Weil die Feldlinien der Spule einen möglichst kurzen Verlauf anstreben und diesen soweit wie möglich im Eisen vornehmen, wird der Eisenkern nach rechts in die Spule hineingezogen. Durch diesen Bewegungsvorgang erfolgt die Einschaltung der grünen Signallampe. In der Stellung 2 des Schalters S wird dagegen die linke Spule eingeschaltet und dadurch der Magnetkern von seiner Mittelstellung aus nach rechts bewegt. In diesem Fall leuchtet dann die rote Signallampe.

Durch die Entwicklungen auf dem Gebiet der Halbleitertechnik wurden zahlreiche elektromechanische Relais durch elektronische Schalter wie Dioden, Transistoren oder Thyristoren ersetzt. Insbesondere durch die Miniaturisierung von Relais sind aber auch eine Reihe neuer Bauformen entstanden, die den Relais zusätzliche Einsatzbereiche, auch in der Elektronik, eröffnet haben.

7.3.2 Motorprinzip

Bei allen Elektromotoren handelt es sich um Energiewandler, die elektrische Energie in mechanische Energie umwandeln. Das Grundprinzip des Motors läßt sich auf die Ablenkung eines stromdurchflossenen Leiters in einem Magnetfeld zurückführen. In **Bild 7.18** sind die Zusammenhänge zeichnerisch dargestellt.

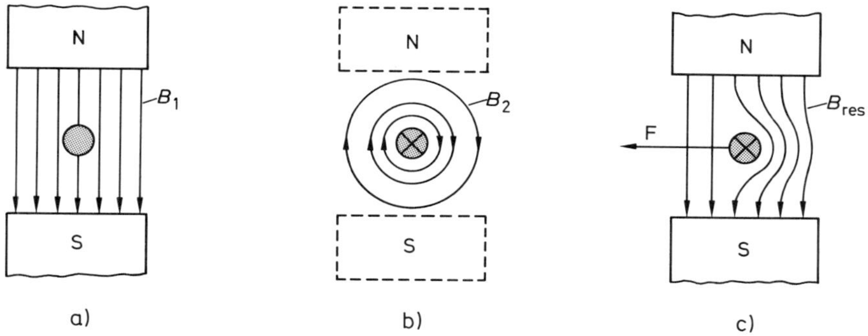

Bild 7.18 Zusammenwirken von Erregerfeld und Ankerfeld

In Bild 7.18a ruht der stromlose Leiter als unmagnetischer Werkstoff im Magnetfeld B_1, dem sogenannten Erregerfeld. In Bild 7.18b ist dagegen das Magnetfeld eines stromdurchflossenen Leiters dargestellt, wobei der Strom in die Papierebene hineinfließen soll. Dieses aus konzentrischen Feldlinien bestehende Magnetfeld B_2 wird als Ankerfeld bezeichnet. Durch Überlagerung der beiden Magnetfelder B_1 und B_2 entsteht ein resultierendes Magnetfeld B_{res} entsprechend Bild 7.18c. Durch die Feldlinienverdichtung auf der rechten Seite wird der Leiter in Richtung der feldschwächeren Seite bewegt.
Die dabei auftretende Kraft F ist dem Erregerfeld B_1, dem Leiterstrom und der wirksamen Länge l des Leiters direkt proportional. Daher gilt:

$$F = B_1 \cdot I \cdot l$$

mit F = Kraft in N (Newton)
B_1 = Magnetische Induktion in $\frac{\mathrm{Vs}}{\mathrm{m}^2}$
I = Strom in A
l = Leiterlänge in m

Die wirksame Länge l ist die Strecke, die der Leiter im homogenen Erregerfeld B_1 – unter einem Winkel von 90° zur Feldrichtung – verläuft.
Der Zusammenhang von Magnetfeldrichtung, Stromrichtung und Bewegungsrichtung kann mit der *Linke-Hand-Regel* ermittelt werden. Sie besagt:

1. Die offene linke Hand ist so in das Erregerfeld zu halten, daß die Feldlinien vom Nordpol aus auf die innere Handfläche auftreffen.
2. Die Hand ist so zu drehen, daß die Finger in Richtung des Stromflusses (technische Stromrichtung) weisen.
3. Der abgespreizte Daumen gibt die Richtung der Kraft und damit die Bewegungsrichtung des Leiters an.

In **Bild 7.19** ist diese Linke-Hand-Regel anschaulich dargestellt.

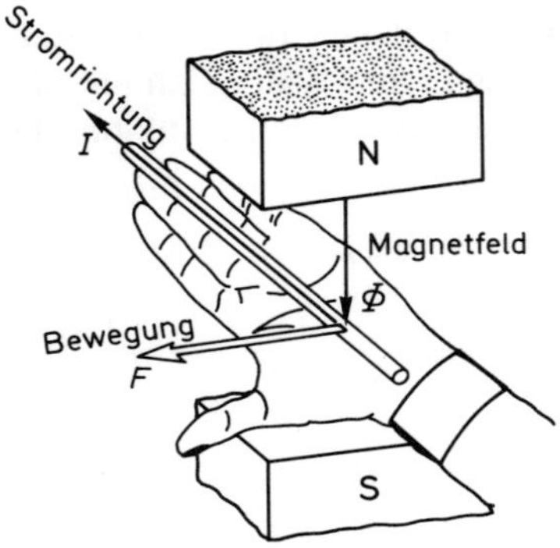

Bild 7.19 Linke-Hand-Regel für Motor-Prinzip

Während in Bild 7.18 nur ein Leiter betrachtet wurde, ist in **Bild 7.20** eine drehbar gelagerte Leiterschleife dargestellt. Diese drehbare Lagerung ist zusammen mit einem Stromwender (Kommutator) die Grundlage dafür, daß ein Gleichstrommotor überhaupt ein dauerndes Drehmoment aufbringen kann.

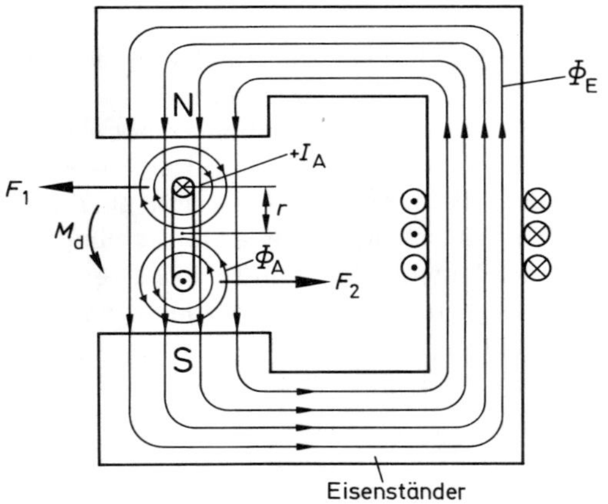

Bild 7.20 Kräftepaar einer stromdurchflossenen Leiterschleife in einem Magnetfeld

Da die Leiterschleife in beiden Teilabschnitten den gleichen Ankerstrom führt, ist bei homogenem Erregerfeld Φ_E die Kraft F_1 genau so groß wie die Kraft F_2. Das Drehmoment errechnet sich dann bei einem Abstand von $2r$ zwischen Hin- und Rückleiter zu:

$$M_d = F_1 \cdot r + F_2 \cdot r = 2\,F_1 \cdot r$$

Aus Bild 7.20 geht weiter hervor, daß das Drehmoment direkt eine Ursache des Erregerfeldes und des Ankerstromes ist, so daß die Proportion

$$M_d \sim I_A \cdot \Phi_E$$

gilt.

Auf weitere Zusammenhänge und die praktische Anwendung des Motorprinzips bei den Gleich- und Wechselstrommotoren wird erst im Fachlehrgang IV A »Leistungselektronik« eingegangen.

7.3.3 Halleffekt

Wird ein dünner, großflächiger, stromdurchflossener Leiter von einem Magnetfeld durchsetzt, so wirkt auf jedes bewegte Elektron eine Ablenkkraft. In **Bild 7.21** fließt ein Steuerstrom I_{St} durch eine Platte aus speziellem Halbleitermaterial, die sich in einem Magnetfeld befindet.

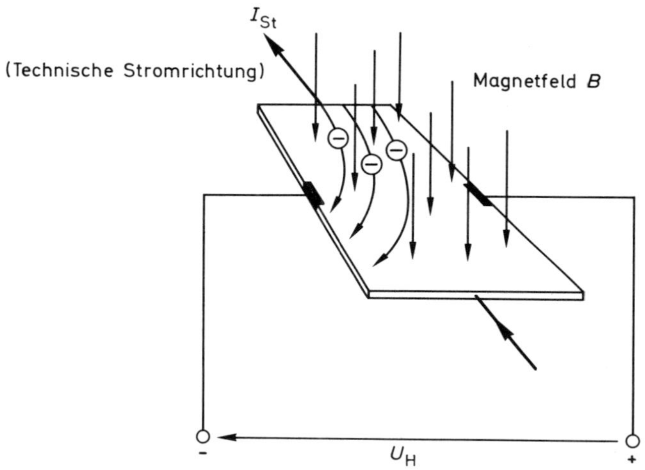

Bild 7.21 Entstehung einer Hallspannung

Gemäß der »Linke-Hand-Regel« werden die Ladungsträger des Steuerstromes I_{St} durch das Magnetfeld zur linken Plattenseite abgedrängt. Dadurch entsteht auf der rechten Seite ein Elektronenmangel, auf der linken Seite dagegen ein Elektronenüberschuß. Zwischen den beiden Anschlüssen tritt daher eine Spannung auf, die als Hallspannung U_H bezeichnet wird. Die Größe dieser Hallspannung hängt von der Größe des Steuerstromes, der Größe der magnetischen Flußdichte B und einem Materialfaktor ab.
Dieser Halleffekt wird insbesondere beim Hallgenerator ausgenutzt, der als elektronisches Bauelement zur Messung von Magnetfeldern eingesetzt wird. Die Wirkungsweise von Hallgeneratoren und die nach einem ähnlichen Prinzip arbeitenden Feldplatten wird in Band II »Bauelemente-Lehrbuch« näher erläutert.

7.3.4 Elektronenstrahlröhre

Das Zusammenwirken zweier Magnetfelder und die daraus resultierenden Kraftwirkungen werden u. a. auch bei den Bildröhren von Fernsehgeräten ausgenutzt, um den Elektronenstrahl und damit einen Bildpunkt gezielt abzulenken. **Bild 7.22** zeigt das Grundprinzip der Ablenkung eines Elektronenstrahles im Magnetfeld.

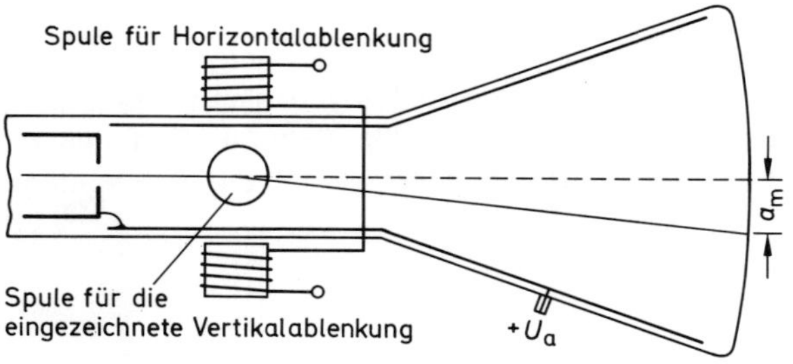

Vertikal-Ablenkung des Elektronenstrahls in der Bildröhre. Das Spulenpaar für diese Ablenkungsrichtung steht senkrecht auf der Bildebene.

Bild 7.22 Ablenkung eines Elektronenstrahles im Magnetfeld

Bei einer Elektronenstrahlröhre treten Elektronen aus der Katode aus und werden durch eine hohe Spannung in Richtung des Bildschirmes, der die Achse darstellt, bewegt. Die Elektronen durchfliegen dabei ein Magnetfeld. Durch dessen Richtung und Stärke wird eine Ablenkung der Elektronen erreicht, so daß sie nicht mehr im Mittelpunkt des Bildschirmes auftreffen.

7.4 Induktionsgesetz

7.4.1 Generatorprinzip

Im Gegensatz zum Motor wird bei einem Generator mechanische Energie in elektrische Energie umgewandelt. Wird nämlich ein Leiter in einem Magnetfeld so bewegt, daß er Feldlinien schneidet, dann wird in ihm während der Bewegung eine Spannung induziert (= erzeugt). Dieser Vorgang wird als *Induktion der Bewegung* bezeichnet. In **Bild 7.23** sind zwei Möglichkeiten schematisch dargestellt.

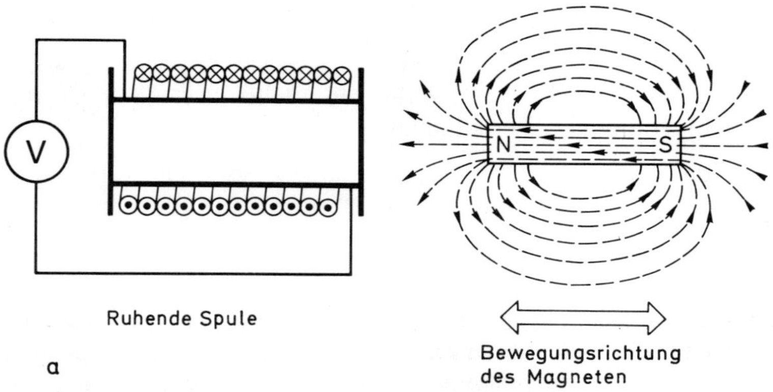

Bild 7.23 Induktionsvorgänge *(Fortsetzung auf der nächsten Seite)*

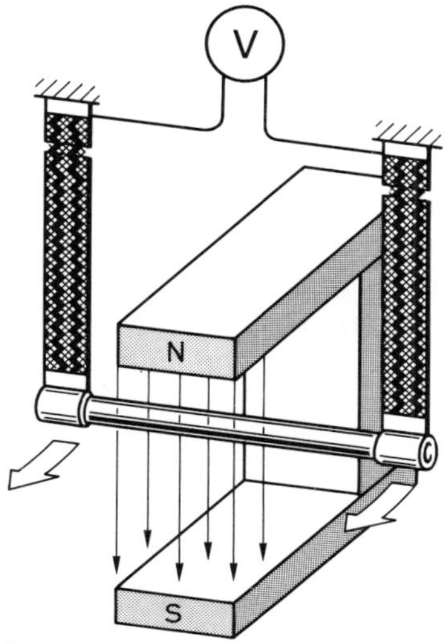

b
Ruhender Magnet
Bewegter Leiter

Bild 7.23 Induktionsvorgänge

Wird ein Stabmagnet entsprechend Bild 7.23a bewegt, schneiden die Feldlinien die Windungen der Spule und in ihr wird eine Spannung induziert. In Bild 7.23b pendelt ein Leiterstück im Feld eines Dauermagneten. Auch hierbei wird in dem Leiterstück eine Spannung induziert, weil Feldlinien geschnitten werden.
Die Spannungserzeugung erfolgt unabhängig davon, ob das Magnetfeld oder der Leiter bewegt wird. Der Induktionsvorgang ist daher nur von der Relativbewegung zwischen Erregerfeld und Leiter abhängig. Die Polarität der erzeugten Spannung hängt dabei jeweils von der Bewegungsrichtung der beweglichen Anordnung ab. So ändert sich die Polarität der erzeugten Spannung, wenn der Stabmagnet in die Spule eingeführt und wieder herausgezogen wird. Der gleiche Fall tritt ein, wenn die Leiterschleife in Bild 7.23b nach vorn oder nach hinten schwingt. Bei ständiger Hin- und Herbewegung des Stabmagneten oder der Leiterschleife entsteht somit zwangsläufig eine Wechselspannung.
Die Höhe der induzierten Spannung hängt von der Größe des magnetischen Flusses und der Bewegungsgeschwindigkeit des bewegten Teiles ab. Eine Erhöhung der Spannung kann bei einer Anordnung nach Bild 7.23a bei sonst unveränderten Bedingungen aber auch erreicht werden, wenn die Windungszahl N der Spule erhöht wird. Diese physikalischen Zusammenhänge beschreibt das *Induktionsgesetz*:

$$-u_0 = N \cdot \frac{\Delta \Phi}{\Delta t}$$

mit u_0 = induzierte Spannung in V
$\Delta \Phi$ = Änderung des Magnetflusses in Vs
Δt = Zeit, in der die Änderung abläuft in s
N = Windungszahl der Spule

Das Minuszeichen in der Formel ist für die praktische Spannungserzeugung ohne Bedeutung und braucht auch in Berechnungen nicht weiter berücksichtigt zu werden. Es berücksichtigt lediglich den physikalischen Zusammenhang zwischen der mechanischen Energie als Ursache und der induzierten elektrischen Energie als Wirkung.
Ist der Stromkreis geschlossen, so ruft die Induktionsspannung einen Strom hervor. Seine Richtung ist von der Bewegungsrichtung des Leiters und der Richtung des Magnetfeldes abhängig. Die Richtung des erzeugten Stromes kann mit der *Generator-Regel* bestimmt werden, die auch als *Rechte-Hand-Regel* bezeichnet wird.
In **Bild 7.24** ist diese Rechte-Hand-Regel anschaulich dargestellt.

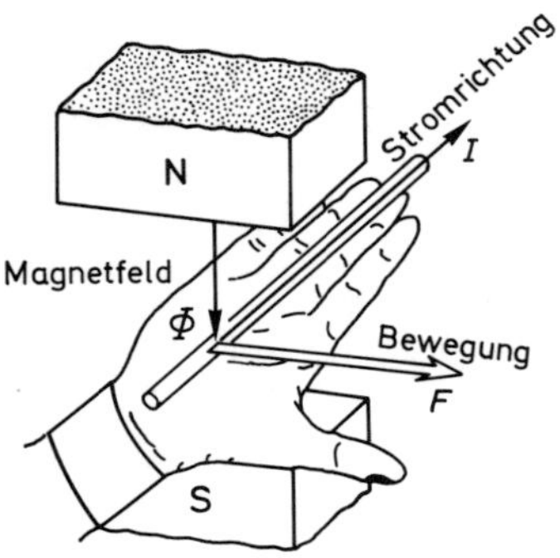

Bild 7.24 Rechte-Hand-Regel für Generator-Prinzip

Die in Bild 7.24 dargestellte Rechte-Hand-Regel veranschaulicht den Zusammenhang zwischen Magnetfeldrichtung, Stromrichtung und Bewegungsrichtung. Sie besagt:

1. Die offene rechte Hand ist so in das Erregerfeld zu halten, daß die Feldlinien vom Nordpol aus auf die innere Hand auftreffen.
2. Die Hand ist so zu drehen, daß der abgespreizte Daumen in die Bewegungsrichtung des Leiters zeigt.
3. Die ausgestreckten Finger geben die Richtung des Induktionsstromes an.

In **Bild 7.25** sind die Zusammenhänge nochmals schematisch dargestellt.

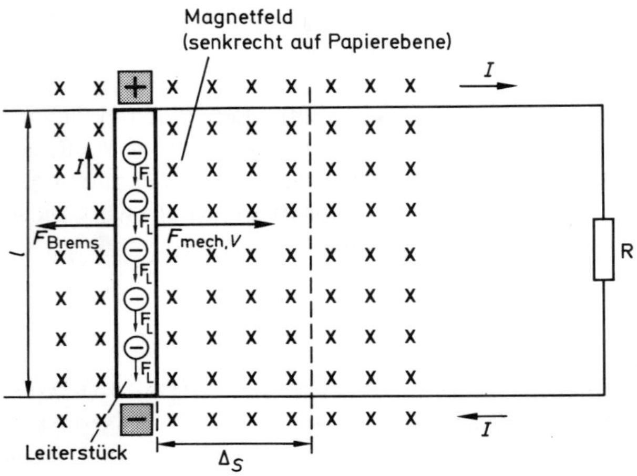

Bild 7.25 Induktionsvorgang, Lenzsche Regel

In Bild 7.25 wird ein Leiter der Länge l mit der Geschwindigkeit v durch ein Magnetfeld bewegt, dessen Feldlinien unter einem Winkel von 90° in die Papierebene eindringen. Auf die Elektronen in dem Leiterstück wirkt dabei eine Kraft F_L, so daß im Leiter eine Potentialdifferenz entsteht, wobei sich am oberen Leiterende ein Pluspol (Elektronenmangel) und am unteren Leiterende ein Minuspol (Elektronenüberschuß) ausbildet. Bei dem geschlossenen Stromkreis kann ein Strom I vom Pluspol über den Widerstand R zum Minuspol fließen. Gemäß der Linke-Hand-Regel verursacht dieser Strom aber eine Kraft F_{Brems}, die dem Bewegungsvorgang entgegenwirkt. Dieser Effekt wird in der Elektrotechnik als *Lenzsche Regel* bezeichnet.

Zur Ermittelung der Spannung bei einem Generatorsystem entsprechend Bild 7.25 ist das Induktionsgesetz in der Form $u = N \cdot \frac{\Delta \Phi}{\Delta t}$ wenig brauchbar. Ist die Flußdichte konstant, gilt:

$$u = N \cdot B \cdot l \cdot v$$

mit u = induzierte Spannung in V
N = Anzahl der Leiterschleifen
B = magnetische Induktion in $\frac{\text{Vs}}{\text{m}^2}$
l = die im Magnetfeld wirksame Leiterlänge in m
v = Geschwindigkeit des Leiters in $\frac{\text{m}}{\text{s}}$

Die in der Elektrotechnik besonders wichtige sinusförmige Wechselspannung wird erzeugt, indem Leiterschleifen kreisförmig in einem Magnetfeld bewegt werden.
Auch die Arbeitsweise von elektrodynamischen Mikrofonen beruht auf dem Induktionsprinzip. Entsprechend **Bild 7.26** wird hierbei durch akustische Energie (Schalldruckenergie) eine Membrane mit der daran befestigten Spule bewegt. Da die Spule im Luftspaltbereich eines Dauermagneten angeordnet ist, werden durch die Bewegungsvorgänge der Spule magnetische Feldlinien geschnitten. Durch die dadurch bedingte Flußänderung wird eine Spannung erzeugt. Ihr Verlauf hängt von der Geschwindigkeit der Schalldruckänderung ab. Auf diese Weise können aber nur relativ kleine Spannungen erzeugt werden. Sie liegen im mV-Bereich und werden in der Regel durch elektronische Verstärker noch erhöht, bevor sie in nachgeschalteten Geräten weiterverarbeitet werden.

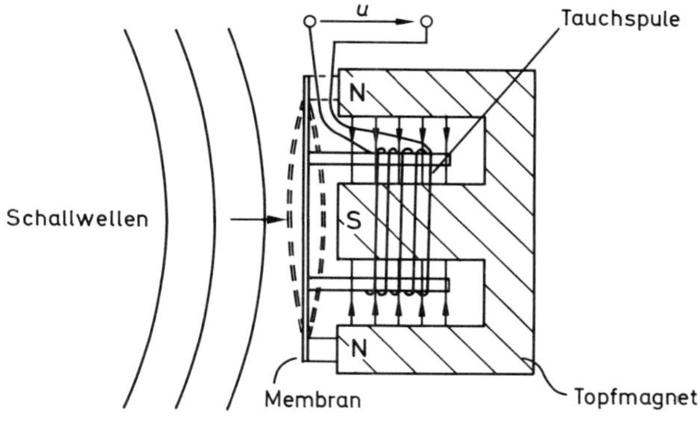

Bild 7.26 Grundprinzip des elektrodynamischen Mikrofons

7.4.2 Selbstinduktion

Nach dem Induktionsgesetz wird in jedem Leiter, der einer Flußänderung unterworfen ist, eine Spannung induziert. Solche Flußänderungen treten aber nicht nur in Generatoren, Mikrofonen oder Transformatoren auf, wo ganz gezielt Spannungen induziert werden sollen, sondern auch in Spulen, die lediglich ein konstantes Erregerfeld aufrecht erhalten sollen.
Alle bisherigen Betrachtungen gingen immer davon aus, daß ein konstanter Gleichstrom I ein Magnetfeld mit dem konstanten Fluß Φ aufrecht erhielt. Wird jedoch eine bisher abgeschaltete Spule an eine Gleichspannung gelegt, so vergeht stets eine gewisse Zeit, bis alle einzelnen Feldlinien zu einem resultierenden Magnetfeld herangewachsen sind. Bei einem derartigen Feldaufbau werden die Windungen der Spule von den selbst erzeugten Feldlinien durchdrungen. Bei dieser *Selbstinduktion* wird eine Spannung induziert, die als Selbstinduktions-Urspannung u_0 bezeichnet wird. Auch für sie gilt die Lenzsche Regel, wonach die induzierte Spannung u_0 der angelegten Spannung u als Verursacher entgegenwirkt. Bedingt durch diese selbstinduzierte Gegenspannung kann der Strom i nach dem Einschalten der Spannung u nicht sprunghaft seinen konstanten Endwert erreichen. Dieser konstante Endwert stellt sich nämlich erst ein, wenn keine weitere Feldänderung mehr auftritt. Ist dieser Zustand erreicht, d. h. im Dauerbetrieb oder stationären Zustand, dann gilt wieder das Ohmsche Gesetz:

$$I = \frac{U}{R}$$

mit I = Strom im stationären Zustand
U = Spannung
R = Widerstand des Lastkreises

Der Widerstand R setzt sich häufig aus dem ohmschen Widerstand der Spule R_{Sp} und einem Vorwiderstand R_V zusammen. Da die Spulenwicklungen üblicherweise aus Kupferdraht bestehen, ist ihr ohmscher Widerstand meistens gering. Daher kann bei idealisierter Betrachtungsweise $R_{Sp} = 0\ \Omega$ gesetzt werden. In diesem Fall würde die Spule ohne einen in Reihe geschalteten Vorwiderstand als Kurzschluß wirken.

Beispiel

Eine Zylinderspule mit $N = 200$ Windungen aus Kupfer mit einem Durchmesser von $d = 10$ cm soll von einem Erregerstrom $I = 1{,}2$ A durchflossen werden. Die Betriebsspannung beträgt $U = 12$ V.
Wie groß ist der Spulenwiderstand R_{sp}, wenn der Kupferdraht einen Querschnitt $A = 1\ \text{mm}^2$ hat, und welchen Wert muß der Vorwiderstand R_V haben?

$$R_{Sp} = \frac{N \cdot l}{\varkappa \cdot A} = \frac{N \cdot d \cdot \pi}{\varkappa \cdot A} = 200 \cdot \frac{0{,}1\ \text{m} \cdot \pi}{56\ \frac{\text{m}}{\Omega\ \text{mm}^2} \cdot 1\ \text{mm}^2}$$

$$R_{Sp} = 1{,}12\ \Omega$$

$$R = \frac{U}{I} = \frac{12\ \text{V}}{1{,}2\ \text{A}} = 10\ \Omega$$

$$R = R_{Sp} + R_V$$

$$R_V = R - R_{Sp} = 10\ \Omega - 1{,}12\ \Omega$$

$$R_V = 8{,}88\ \Omega$$

7.4.3 Induktivität und Energieinhalt des magnetischen Feldes

Die charakteristische Kenngröße einer Spule ist ihre Induktivität L. In ihr sind alle Einflußgrößen, die sich aus dem konstruktiven Aufbau einer Spule ergeben, zusammengefaßt. Für diesen Zusammenhang gilt:

$$L = N^2 \cdot \mu_o \cdot \mu_r \cdot \frac{A}{l_m}$$

mit L = Induktivität in $1 \frac{\text{Vs}}{\text{A}} = 1$ H (H = Henry, amerikanischer Physiker)
N = Windungszahl der Spule
μ_o = Feldkonstante
μ_r = Permeabilitätszahl
A = vom magnetischen Fluß durchsetzte Fläche
l_m = mittlere Feldlinienlänge

Damit läßt sich das Induktionsgesetz auch in der Form

$$u = L \cdot \frac{\Delta I}{\Delta t}$$

darstellen.
Danach hat eine Spule die Induktivität $L = 1$ H, wenn eine Stromänderung von $\Delta I = 1$ A in 1 s eine Selbstinduktionsspannung von 1 V erzeugt.
Mit Hilfe der Induktivität L läßt sich aber nicht nur der Zusammenhang zwischen elektrischen und magnetischen Spulengrößen herstellen, sondern auch die in einer Spule gespeicherte elektromagnetische Energie berechnen. Hierfür gilt:

$$W = \frac{1}{2} L \cdot I^2$$

mit W = Energieinhalt des magnetischen Feldes in Ws
L = Induktivität in H $= \frac{\text{Vs}}{\text{A}}$
I = Strom in A

Die Gleichung für den Energieinhalt eines magnetischen Feldes entspricht somit der Gleichung für den Energieinhalt eines elektrischen Feldes im Abschnitt 6.4.

Beispiel

In einer Spule mit der Induktivität L = 300 mH soll der Strom von I_1 = 2 A auf I_2 = 4 A erhöht werden.
Wie groß ist die in der Spule gespeicherte Energie bei I_1 = 2 A und bei I_2 = 4 A?

$$W_1 = \frac{1}{2} L \cdot I_1^2 = \frac{1}{2} \cdot 300 \text{ mH} \cdot (2 \text{ A})^2 = 600 \cdot 10^{-3} \frac{\text{Vs} \cdot \text{A}^2}{\text{A}}$$

$$W_1 = 0{,}6 \text{ Ws}$$

$$W_2 = \frac{1}{2} L \cdot I_2^2 = \frac{1}{2} \cdot 300 \text{ mH} \cdot (4 \text{ A})^2 = 2400 \cdot 10^{-3} \frac{\text{Vs} \cdot \text{A}^2}{\text{A}}$$

$$W_2 = 2{,}4 \text{ Ws}$$

7.5 Spulen an Gleichspannung

Beim Einschalten und Ausschalten von Spulen treten ähnliche Vorgänge wie beim Einschalten und Ausschalten von Kondensatoren auf.

7.5.1 Der Einschaltvorgang

Wird eine Spule direkt an eine Gleichspannung angeschlossen, so fließt im ersten Augenblick kein Strom, weil die Selbstinduktionsspannung genau so groß wie die Versorgungsspannung ist und dieser entgegenwirkt. Die Spule stellt somit im Augenblick des Einschaltens einen unendlich großen Widerstandswert dar. Danach steigt der Strom nach einer e-Funktion auf seinen Höchstwert I_{max} an. Dieser Höchstwert wird durch die Größe der Spannung U_0 und durch die Größe des im Stromkreis wirksamen Widerstandes $R = R_{Sp} + R_V$ bestimmt.

$$I_{max} = \frac{U_0}{R}$$

Da der Spulenwiderstand R_{Sp} in der Regel niederohmig ist, hängt der Strom I_{max} im wesentlichen von dem Vorwiderstand R_V ab. **Bild 7.27** zeigt das Schaltbild und den Verlauf von Induktionsspannung u_L und Spulenstrom i_L beim Einschaltvorgang.

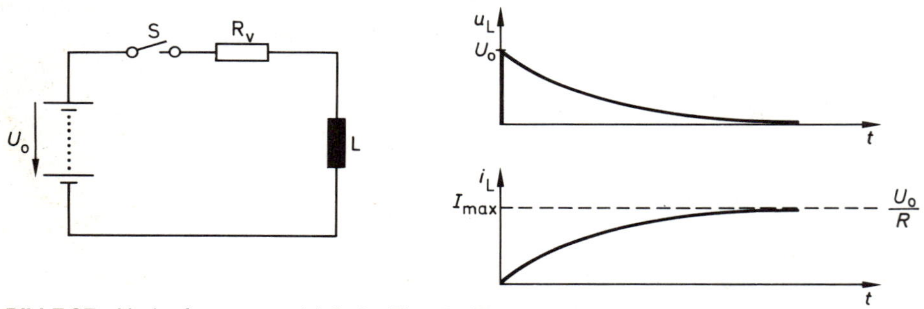

Bild 7.27 Verlauf von u_L und i_L beim Einschaltvorgang

Ein Maß für den Stromanstieg bei einer Spule ist das Verhältnis $\frac{L}{R}$. Dieses Verhältnis wird wieder als Zeitkonstante τ bezeichnet. Es gilt:

$$\tau = \frac{L}{R}$$

mit τ = Zeitkonstante in s
L = Induktivität in H
R = Gesamtwiderstand in Ω

Diese Zeitkonstante τ gibt die Zeit an, die erforderlich ist, bis der Strom von Null auf 63 % seines Höchstwertes I_{max} angestiegen ist. Dieser Höchstwert wird nach Ablauf von 5 τ annähernd erreicht. In **Bild 7.28** sind die Verläufe u_L und i_L als Funktion der Zeit t dargestellt.

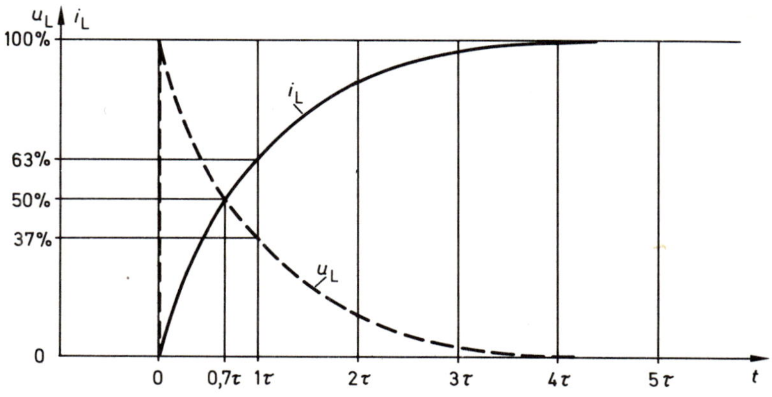

Bild 7.28 u_L und i_L als Funktion der Zeit

Die Induktionsspannung u_L und der Spulenstrom i_L lassen sich für jeden beliebigen Zeitpunkt mit Hilfe der Formeln

$$u_L = U_0 \cdot e^{-\frac{t}{\tau}} \text{ und}$$

$$i_L = I_L \cdot (1 - e^{-\frac{t}{\tau}})$$

mit $I_L = I_{max} = \frac{U_0}{R}$ und $\tau = \frac{L}{R}$

berechnen.

Beispiel

Durch einen Schaltvorgang wird in einem Stromkreis die Induktivität einer Spule von $L_1 = 50$ mH auf $L_2 = 100$ mH und der Widerstand von $R_1 = 0{,}5\ \Omega$ auf $R_2 = 0{,}67\ \Omega$ verändert.
Wie ändert sich die Zeitkonstante τ des Stromkreises?

$$\tau_1 = \frac{L_1}{R_1} = \frac{50 \text{ mH}}{0{,}5\ \Omega}$$

$$\tau_1 = 100 \text{ ms}$$

$$\tau_2 = \frac{L_2}{R_2} = \frac{100 \text{ mH}}{0{,}67\ \Omega}$$

$$\tau_2 = 149{,}3 \text{ ms}$$

Die Zeitkonstante τ vergrößert sich demnach um $\Delta\tau = 49{,}3$ ms $\triangleq + 49{,}3$ %.

7.5.2 Der Ausschaltvorgang

Wird in einem zunächst geschlossenen Stromkreis entsprechend Bild 7.27 der Schalter S wieder geöffnet, so wird das Magnetfeld abgebaut, weil der Strom aus der Spannungsquelle zu Null geworden ist. Die in der Spule gespeicherte magnetische Energie sorgt aber dafür, daß der Spulenstrom nicht plötzlich auf den Wert Null springt, sondern nach einer e-Funktion auf $i_L = 0$ A absinkt. In der Praxis sind dabei zwei Ausschaltsituationen von besonderer Bedeutung. Sie sind in **Bild 7.29** dargestellt.

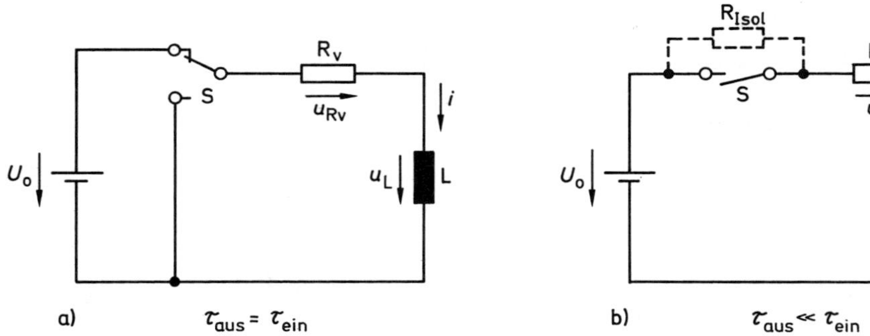

Bild 7.29 Ausschalten von Spulen

Bei der Schaltung nach Bild 7.29a wird die Spule beim Abschalten von der Spannungsquelle abgetrennt, gleichzeitig aber über den Vorwiderstand R_V kurzgeschlossen. Bei Vernachlässigung des Innenwiderstandes R_i der Spannungsquelle ergibt sich für den Ausschaltvorgang die gleiche Zeitkonstante wie beim Einschaltvorgang:

$$\tau_{aus} = \tau_{ein} = \frac{L}{R_V}$$

Meistens wird die Spule beim Abschalten aber lediglich von der Spannungsquelle getrennt. Dann gilt für den offenen Stromkreis die Zeitkonstante für den Ausschaltvorgang

$$\tau_{aus} = \frac{L}{R_V + R_{Isol}} \approx \frac{L}{R_{Isol}}$$

da $\quad R_V \ll R_{Isol}$.

Der Isolationswiderstand R_{Isol} zwischen den Schalterkontakten ist sehr hochohmig, so daß die Ausschaltzeitkonstante τ_{aus} sehr klein wird. Dies bedeutet physikalisch aber, daß die magnetischen Feldlinien in kürzester Zeit ($t \approx 0$ s) abgebaut werden. Diese sehr schnelle Flußänderung induziert in der Spule eine große Abschaltspannung, die durchaus im Kilovolt-Bereich liegen kann. Dabei wird oft die Isolationsstrecke des Schalters ionisiert, d. h. leitfähig, so daß ein Lichtbogen auftritt, bis die magnetische Energie der Spule abgebaut ist. **Bild 7.30a** zeigt die Spannungs- und Stromverläufe beim Ein- und Ausschalten einer Spule über R_V entsprechend Bild 7.29a. In **Bild 7.30b** sind dagegen die Verläufe dargestellt, die beim Abtrennen der Spule von der Spannungsquelle auftreten.

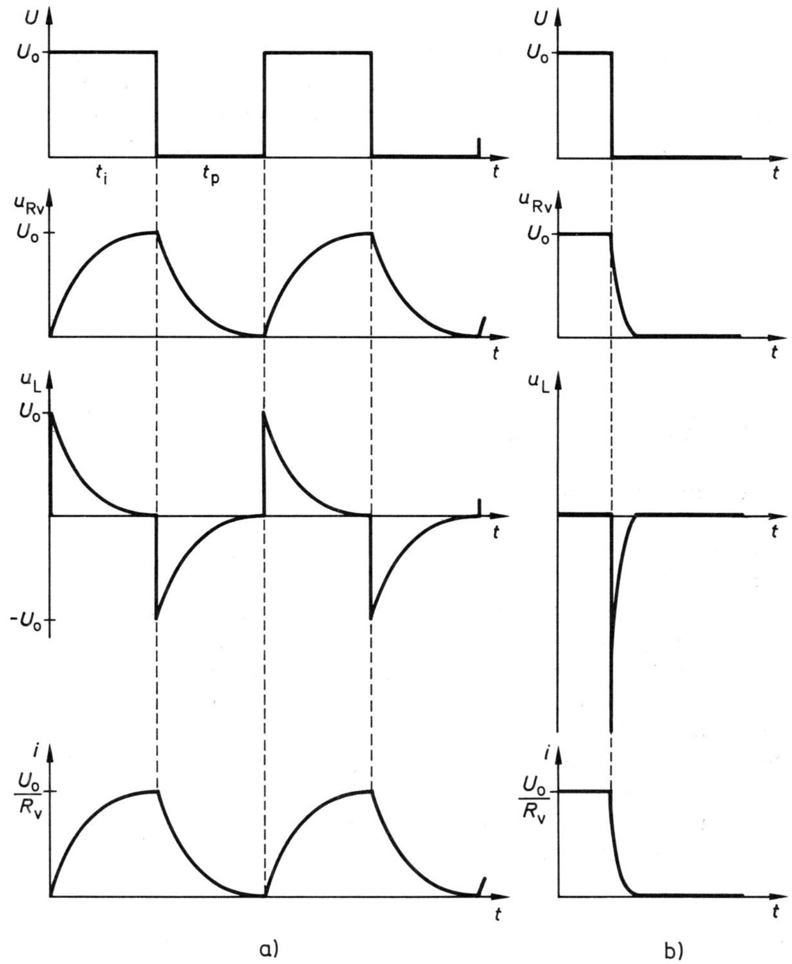

Bild 7.30 Spannungs- und Stromverläufe beim Ein- und Abschalten von Spulen
a) für Schaltung 7.29 a
b) für Schaltung 7.29 b

In Bild 7.30 b ist zu erkennen, daß beim Abschalten von Spulen hohe Induktionsspannungen auftreten können. Dadurch können andere Bauteile oder auch die Spule selbst beschädigt oder zerstört werden. Daher ist es insbesondere beim Schalten von Spulen mit elektronischen Schaltern erforderlich, besondere Schutzmaßnahmen zur »Überspannungsbegrenzung« vorzusehen.
Eine Berechnung dieser beim Abschalten von Induktivitäten entstehenden hohen Induktionsspannungen ist sehr schwierig, da mehrere Faktoren zusammenwirken, deren Größen bei den Spulen allgemein nicht bekannt sind und sich meßtechnisch auch nur schwer ermitteln lassen. Dazu gehören z. B. die Wicklungskapazität der Spule oder der Widerstandswert der Funkenstrecke, die beim Abschalten von Spulen am Schalter auftreten kann.

In der Elektronik sind diese hohen Induktionsspannungen meistens unerwünscht, und es müssen daher Schutzmaßnahmen vorgesehen werden. In der Elektrotechnik gibt es dagegen aber auch einige Schaltungen, bei denen gerade dieser Effekt ausgenutzt wird. Dies ist z. B. der Fall beim Zünden von Leuchtstofflampen oder beim Erzeugen der Zündspannung für Kraftfahrzeuge mit Benzinmotor, wo auf diese Weise Spannungen von etwa 15 bis 20 kV gewonnen werden.

7.6 Spulen an Wechselspannung

7.6.1 Induktiver Blindwiderstand

Wird eine Spule an eine sinusförmige Wechselspannung gelegt, so fließt auch sinusförmiger Wechselstrom. Er ist aber kleiner als der Strom, der sich aufgrund des immer vorhandenen ohmschen Widerstandes der Spule einstellen würde. Der größere Widerstand einer Spule beim Betrieb an Wechselspannung gegenüber dem Betrieb an Gleichspannung wird durch den *induktiven Blindwiderstand* X_L hervorgerufen. Dieser induktive Blindwiderstand einer Spule entsteht durch die Gegenspannung, die infolge der Selbstinduktion auftritt.
Die Größe des induktiven Blindwiderstandes X_L hängt von der Induktivität L der Spule und der Frequenz f der anliegenden Wechselspannung ab. Je größer die Induktivität L und je größer die Frequenz f sind, desto größer ist auch der induktive Blindwiderstand X_L. Für den induktiven Blindwiderstand gilt:

$$X_L = \omega \cdot L = 2\pi f \cdot L$$

mit X_L = induktiver Blindwiderstand in Ω

$\omega = 2\pi f$ = Kreisfrequenz in $\frac{1}{s}$ oder Hz

L = Induktivität einer Spule in H

Bild 7.31 zeigt die Abhängigkeit des induktiven Blindwiderstandes X_L von der Frequenz.

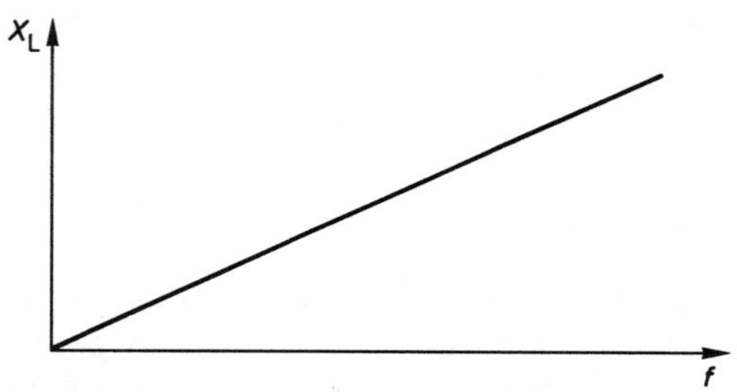

Bild 7.31 Abhängigkeit des induktiven Blindwiderstandes von der Frequenz

In dem Diagramm nach Bild 7.31 ist erkennbar, daß ein linearer Zusammmenhang zwischen dem induktiven Blindwiderstand und der Frequenz besteht. Bei $f = 0$ Hz, d. h. bei Gleichspannung, ist $X_L = 0\ \Omega$. Mit steigender Frequenz wird X_L immer größer.

Für den induktiven Blindwiderstand gilt ebenfalls das Ohmsche Gesetz:

$$X_L = \frac{U}{I}$$

mit U = Effektivwert der Spannung
I = Effektivwert des Stromes

Beispiel

Eine Spule mit der Induktivität $L = 200$ mH wird zunächst in einem 220 V/50 Hz-Netz und anschließend in einem 220 V/60 Hz-Netz eingesetzt.

Wie groß sind:
a) die induktiven Blindwiderstände $X_{L(1)}$ und $X_{L(2)}$?
b) die Ströme I_1 und I_2?

a)

$$X_{L(1)} = 2\ \pi f_1 \cdot L = 2\ \pi \cdot 50\ \text{Hz} \cdot 200\ \text{mH} = 2\ \pi \cdot 50 \cdot \frac{1}{\text{s}} \cdot 200 \cdot 10^{-3}\ \frac{\text{Vs}}{\text{A}}$$

$$X_{L(1)} = 62{,}8\ \Omega$$

$$X_{L(2)} = 2\ \pi f_2 \cdot L = 2\ \pi \cdot 60\ \text{Hz} \cdot 200\ \text{mH} = 2\ \pi \cdot 60 \cdot \frac{1}{\text{s}} \cdot 200 \cdot 10^{-3}\ \frac{\text{Vs}}{\text{A}}$$

$$X_{L(2)} = 75{,}4\ \Omega$$

b)

$$I_1 = \frac{U}{X_{L(1)}} = \frac{220\ \text{V}}{62{,}8\ \Omega}$$

$$I_1 = 3{,}5\ \text{A}$$

$$I_2 = \frac{U}{X_{L(2)}} = \frac{220\ \text{V}}{75{,}4\ \Omega}$$

$$I_2 = 2{,}92\ \text{A}$$

7.6.2 Reihen- und Parallelschaltung von Spulen

Spulen können wie Widerstände und Kondensatoren zu Reihen- oder Parallelschaltungen zusammengeschaltet werden. Dabei sind auch beliebige Kombinationen möglich. Es tritt jeweils eine Gesamtinduktivität auf, die sich nach festen Regeln berechnen läßt.

7.6.2.1 Reihenschaltung von Spulen

Bild 7.32 zeigt eine Reihenschaltung von zwei Spulen mit den Induktivitäten L_1 und L_2.

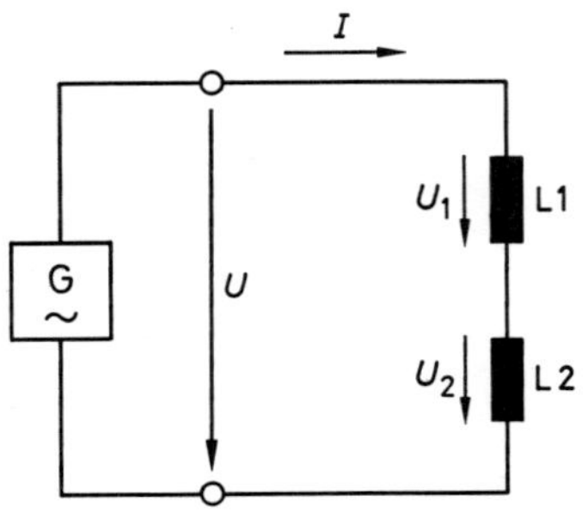

Bild 7.32 Reihenschaltung von zwei Spulen

Bei der Reihenschaltung von zwei Spulen entsprechend Bild 7.32 werden beide Spulen von demselben Strom I durchflossen. Gemäß dem 2. Kirchhoffschen Gesetz gilt:

$$U = U_{L1} + U_{L2}$$

$$I \cdot X_{Lg} = I \cdot X_{L1} + I \cdot X_{L2}$$

Da sich beide Seiten der Gleichung durch I kürzen lassen, ergibt sich:

$$X_{Lg} = X_{L1} + X_{L2}$$

$$\omega \cdot L_g = \omega L_1 + \omega L_2$$

$$L_g = L_1 + L_2 \quad \text{(Reihenschaltung von zwei Spulen)}$$

Die Formel läßt sich auf die Reihenschaltung von n Spulen erweitern. Es gilt dann:

$$L_g = L_1 + L_2 + \ldots + L_n \quad \text{(Reihenschaltung von } n \text{ Spulen)}$$

Diese Formel besagt, daß die Gesamtinduktivität bei einer Reihenschaltung von Spulen gleich der Summe der Einzelinduktivitäten ist. Sie hat Ähnlichkeit mit der Reihenschaltung von Widerständen.
Für die Reihenschaltung von induktiven Blindwiderständen gelten die gleichen Gesetze wie für die Reihenschaltung von ohmschen Widerständen.

$$X_{Lg} = X_{L1} + X_{L2} + \ldots + X_{Ln} \quad \text{(Reihenschaltung von induktiven Blindwiderständen)}$$

Beispiel

Drei Spulen mit den Induktivitäten $L_1 = 100$ mH, $L_2 = 60$ µH und $L_3 = 300$ mH sind in Reihe geschaltet.
Wie groß ist die Gesamtinduktivität?

$$L_g = L_1 + L_2 + L_3 = 100 \cdot 10^{-3}\ \text{H} + 0{,}06 \cdot 10^{-3} + 300 \cdot 10^{-3}\ \text{H}$$

$$L_g = 400{,}06\ \text{mH}$$

7.6.2.2 Parallelschaltung von Spulen

Bild 7.33 zeigt die Parallelschaltung von zwei Spulen mit den Induktivitäten L_1 und L_2.

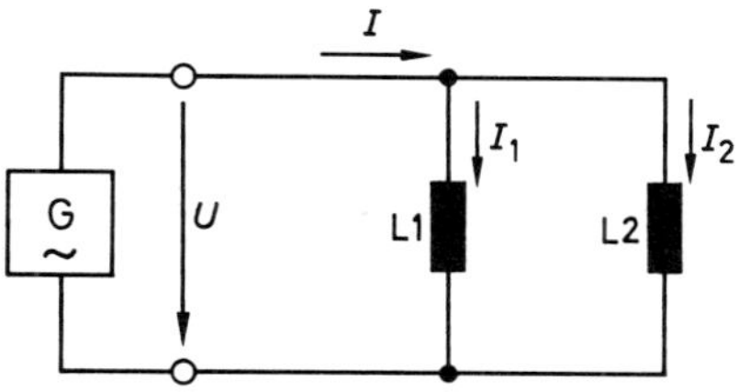

Bild 7.33 Parallelschaltung von zwei Spulen

Entsprechend dem 1. Kirchhoffschen Gesetz gilt:

$$I = I_1 + I_2$$

$$\frac{U}{X_{Lg}} = \frac{U}{X_{L1}} + \frac{U}{X_{L2}}$$

$$\frac{1}{X_{Lg}} = \frac{1}{X_{L1}} + \frac{1}{X_{L2}}$$

$$\frac{1}{\omega \cdot L_g} = \frac{1}{\omega \cdot L_1} + \frac{1}{\omega \cdot L_2}$$

$$\frac{1}{L_g} = \frac{1}{L_1} + \frac{1}{L_2} \quad \text{(Parallelschaltung von 2 Spulen)}$$

Auch diese Formel läßt sich auf die Parallelschaltung von *n* Spulen erweitern. Sie lautet dann:

$$\frac{1}{L_g} = \frac{1}{L_1} + \frac{1}{L_2} + \ldots + \frac{1}{L_n} \quad \text{(Parallelschaltung von } n \text{ Spulen)}$$

Diese Formel besagt, daß bei einer Parallelschaltung von Spulen der Kehrwert der Gesamtinduktivität gleich der Summe aus den Kehrwerten der Einzelinduktivitäten ist.
Liegt eine Parallelschaltung von nur zwei Spulen vor, so kann zur Ermittlung der Gesamtinduktivität auch die Formel

$$L_g = \frac{L_1 \cdot L_2}{L_1 + L_2}$$

verwendet werden. Sie entsteht durch Umstellung aus der vorhergehenden Gleichung.
Aus den Formeln für die Parallelschaltung von Spulen ergibt sich, daß die Gesamtinduktivität einer Parallelschaltung von Spulen stets kleiner als die kleinste Einzelinduktivität ist.
Für die Berechnung des induktiven Gesamtwiderstandes einer Parallelschaltung gelten die gleichen Gesetze wie für die Parallelschaltung von ohmschen Widerständen.

$$\frac{1}{X_{Lg}} = \frac{1}{X_{L1}} + \frac{1}{X_{L2}} + \ldots + \frac{1}{X_{Ln}} \quad \text{(Parallelschaltung von induktiven Blindwiderständen)}$$

Beispiel

Zwei Spulen $L_1 = 300$ mH und $L_2 = 500$ mH sind entsprechend **Bild 7.34** parallelgeschaltet und an eine sinusförmige Spannung $U = 12$ V; $f = 1$ kHz angeschlossen.
Zu berechnen sind:

a) die induktiven Blindwiderstände X_{L1} und X_{L2}
b) der induktive Blindwiderstand X_{Lg}
c) die Gesamtinduktivität L_g der Schaltung
d) die Ströme I_1 und I_2
e) der Strom I

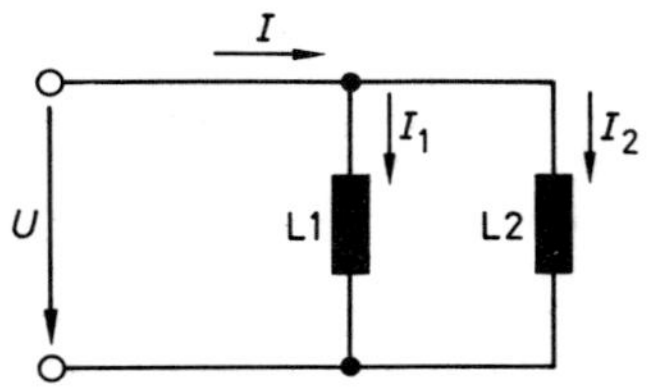

Bild 7.34 Parallelschaltung von zwei Spulen

a)

$$X_{L1} = 2\,\pi f \cdot L_1 = 2\,\pi \cdot 1\text{ kHz} \cdot 300\text{ mH} = 2\,\pi \cdot 1 \cdot 10^3\,\frac{1}{\text{s}} \cdot 300 \cdot 10^{-3}\,\frac{\text{Vs}}{\text{A}}$$

$$X_{L1} = 1885\ \Omega$$

$$X_{L2} = 2\,\pi f \cdot L_2 = 2\,\pi \cdot 1\text{ kHz} \cdot 500\text{ mH} = 2\,\pi \cdot 1 \cdot 10^3\,\frac{1}{\text{s}} \cdot 500 \cdot 10^{-3}\,\frac{\text{Vs}}{\text{A}}$$

$$X_{L2} = 3141{,}6\ \Omega$$

b)

$$X_{Lg} = \frac{X_{L1} \cdot X_{L2}}{X_{L1} + X_{L2}} = \frac{1885\ \Omega \cdot 3141{,}6\ \Omega}{1885\ \Omega + 3141{,}6\ \Omega} = \frac{5921916\ \Omega^2}{5026{,}6\ \Omega}$$

$$X_{Lg} = 1178{,}1\ \Omega$$

c)

$$L_g = \frac{L_1 \cdot L_2}{L_1 + L_2} = \frac{300\text{ mH} \cdot 500\text{ mH}}{300\text{ mH} + 500\text{ mH}}$$

$$L_g = 187{,}5\text{ mH}$$

d)

$$I_1 = \frac{U}{X_{L1}} = \frac{12\text{ V}}{1885\ \Omega} = 6{,}4\text{ mA}$$

$$I_2 = \frac{U}{X_{L2}} = \frac{12\text{ V}}{3141{,}6\ \Omega} = 3{,}8\text{ mA}$$

e)

$$I = I_1 + I_2 = 10{,}2\text{ mA}$$

7.6.3 Phasenverschiebung zwischen Strom und Spannung bei der Spule

Bild 7.35a zeigt den Verlauf von Spannung und Strom für einen ohmschen Widerstand an einer sinusförmigen Wechselspannung. Spannung und Strom sind in Phase. Wird jedoch eine Spule an eine sinusförmige Wechselspannung angeschlossen, so wird das Magnetfeld fortlaufend aufgebaut, abgebaut und umgepolt. Infolge der auftretenden Selbstinduktionsspannung tritt dabei eine Phasenverschiebung zwischen anliegender Spannung und dem fließenden Strom auf. In **Bild 7.35b** sind der Verlauf von Spannung und Strom für eine Spule bei Betrieb an sinusförmiger Wechselspannung dargestellt.

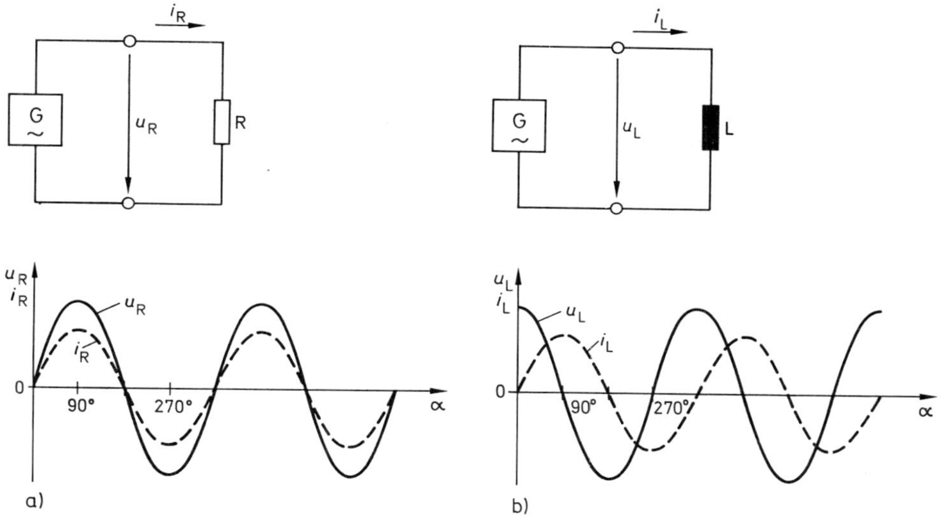

Bild 7.35 Verlauf von Spannung und Strom für ohmsche Widerstände und Spulen bei Betrieb an sinusförmiger Wechselspannung

In Bild 7.35 ist zu erkennen, daß die Spulenspannung u_L dem Spulenstrom i_L um 90° vorauseilt. Damit ergibt sich ein Phasenverschiebungswinkel von $\varphi = +90°$. Dieser tritt jedoch nur bei einer idealen Spule mit $R_{Sp} = 0\ \Omega$ auf.
In **Bild 7.36** sind die Zusammenhänge der Phasenverschiebung bei einer an sinusförmiger Wechselspannung betriebenen Spule nochmals im Linien- und Zeigerdiagramm dargestellt.

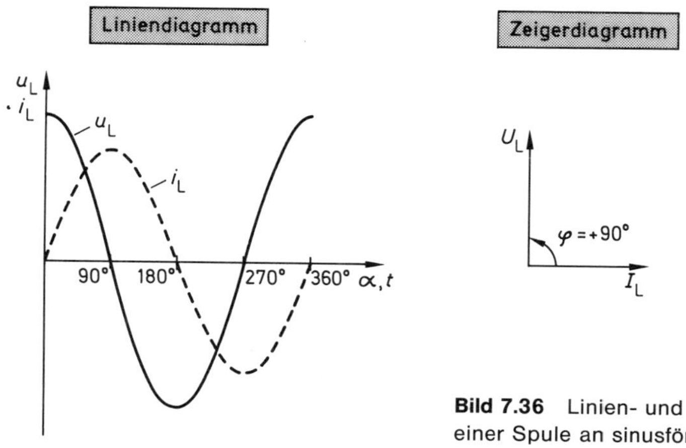

Bild 7.36 Linien- und Zeigerdiagramm für Betrieb einer Spule an sinusförmiger Wechselspannung

Als Bezugsgröße wird auch bei der Spule im Wechselstromkreis der Strom i_L gewählt. Entsprechend haben im Zeigerdiagramm nach Bild 7.36 die willkürlich gewählte Bezugsachse und der Stromzeiger I_L die gleiche Richtung.
Bezogen auf den Stromzeiger I_L eilt der Spannungszeiger U_L bei Drehung gegen den Uhrzeigersinn um 90° voraus. Der Phasenverschiebungswinkel zwischen dem Strom I_L als Bezugsgröße und der Spannung U_L an der Spule beträgt demnach $\varphi = 90°$.

7.6.4 Leistung bei der Spule

In **Bild 7.37** sind nochmals der Verlauf von Spannung und Strom beim Betrieb einer Spule an einer sinusförmigen Wechselspannung dargestellt. Genau wie beim ohmschen Widerstand und beim Kondensator läßt sich für jeden Augenblick die Leistung als Produkt aus Spannung und Strom ermitteln. Es gilt:

$$p = u_L \cdot i_L$$

Die mit Hilfe dieser Formel für jeden Zeitpunkt ermittelte Leistungskurve ist ebenfalls in das Liniendiagramm eingetragen.

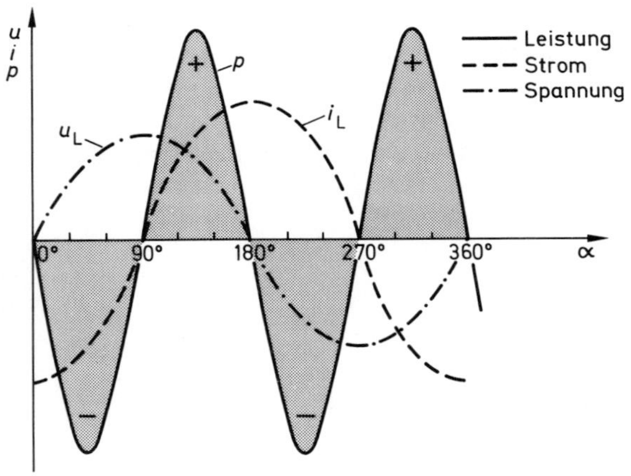

Bild 7.37 Induktive Blindleistung bei verlustfreier Spule

In Bild 7.37 entspricht die Fläche unter der Leistungskurve der umgesetzten Energie. In der ersten Viertelperiode ist die Spannung positiv und der Strom negativ. Daher ist auch die Leistung negativ, d. h. die Spule gibt die vorher in ihrem Magnetfeld gespeicherte Energie an die Spannungsquelle zurück. In der zweiten Viertelperiode sind Strom und Spannung positiv. Es wird also eine Energie aus der Spannungsquelle entnommen. In der dritten Viertelperiode ist der Strom positiv und die Spannung negativ und somit die Leistung wieder negativ, es wird wieder Energie an die Spannungsquelle zurückgeliefert. In der vierten Viertelperiode sind Strom und Spannung negativ und damit ist die Leistung positiv. Gemittelt über eine Periode sind die positiven und negativen Flächen unter der Leistungskurve gleich groß. Damit ist aber der Mittelwert der Leistung bei der Spule, genau wie beim Kondensator, gleich Null. Trotzdem wird in Anlehnung an die Leistung beim ohmschen Widerstand das Produkt aus

$$U_L \cdot I_L = Q_L$$

als induktive Blindleistung definiert.
Für diese induktive Blindleistung gilt auch:

$$Q_L = \frac{U_L^2}{X_L} = I_L^2 \cdot X_L$$

mit Q_L = Blindleistung in W oder var (var = Volt-Ampere-reaktiv)
U_L = Effektivwert der Spannung
I_L = Effektivwert des Stromes
X_L = induktiver Blindwiderstand

Beispiel

Eine Spule mit der Induktivität $L = 1$ H wird an eine Wechselspannung $U = 220$ V/50 Hz angeschlossen.
Wie groß sind der Spulenstrom I_L und die Blindleistung Q_L?

$$I_L = \frac{U_L}{X_L} = \frac{U_L}{2\,\pi f \cdot L} = \frac{220\ \text{V}}{2\,\pi \cdot 50 \cdot \frac{1}{\text{s}} \cdot 1\,\frac{\text{Vs}}{\text{A}}}$$

$$I_L = 0{,}7\ \text{A}$$

$$Q_L = U_L \cdot I_L = 220\ \text{V} \cdot 0{,}7\ \text{A}$$

$$Q_L = 154\ \text{var}$$

7.6.5 Verluste in der Spule

In den vorhergehenden Abschnitten wurden die Spulen als ideale, d. h. völlig verlustfreie Bauelemente betrachtet. Bei den realen Spulen tritt aber stets ein Spulenwiderstand auf, der sich aus dem ohmschen Widerstand des verwendeten Drahtes für die Wicklung ergibt. In **Bild 7.38** ist die Ersatzschaltung einer realen Spule als Reihenschaltung aus einer idealen Spule und einem ohmschen Widerstand dargestellt.

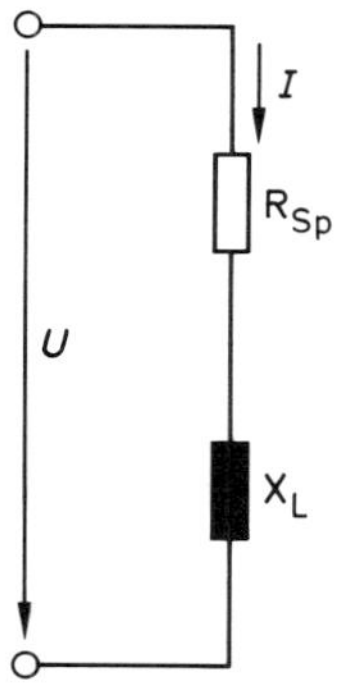

Bild 7.38 Ersatzschaltung für eine reale Spule

Bedingt durch die anteilige Widerstandskomponente R_{Sp} tritt bei einer Spule eine Verlustleistung $P_V = I^2 \cdot R_{Sp}$ auf. Sie führt zur Erwärmung der Spulenwicklung.
Infolge des Verlustwiderstandes R_{Sp} beträgt der Phasenverschiebungswinkel zwischen Spannung und Strom bei einer realen Spule nicht mehr genau 90°, sondern sie ist stets etwas kleiner als 90°. In Abschnitt 8.3.2.7 wird die Reihenschaltung eines ohmschen Widerstand mit einer Spule als Ersatzschaltung für eine verlustbehaftete Spule noch näher behandelt.

7.6.6 Transformatorprinzip

Eine sinusförmige Spannung bewirkt in einer Spule einen sinusförmigen Strom, der wiederum ein sinusförmiges magnetisches Wechselfeld erzeugt. Beim Transformator wird dieses magnetische Wechselfeld über einen Eisenkern einer zweiten Spule zugeführt. Durch die Flußänderung $\Delta\Phi$ wird in dieser zweiten Spule eine sinusförmige Spannung induziert. **Bild 7.39** zeigt das Grundprinzip eines Transformators.

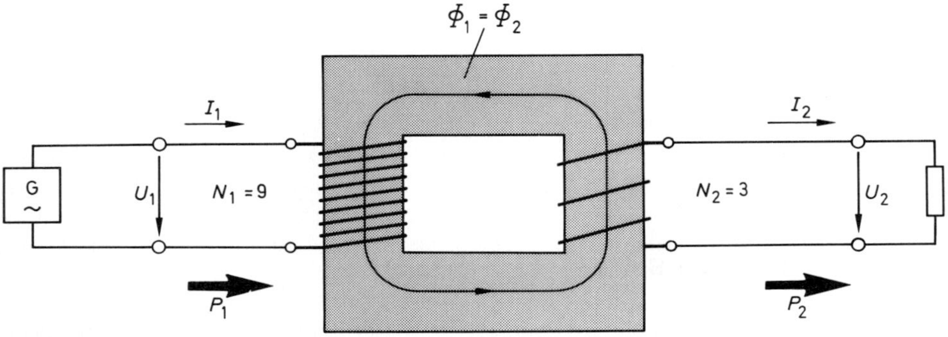

Bild 7.39 Grundprinzip des Transformators

Bei dem Transformator in Bild 7.39 wird von dem Idealfall ausgegangen, daß der in der Spule 1 aufgebaute Fluß Φ_1 verlustlos die Spule 2 erreicht. Unter dieser Voraussetzung gilt $\Phi_1 = \Phi_2$ und somit auch $\Delta\Phi_1 = \Delta\Phi_2$.
Aufgrund des Induktionsgesetzes ergibt sich:

$$u_1 = N_1 \cdot \frac{\Delta\Phi}{\Delta t} \quad \text{und} \quad u_2 = N_2 \cdot \frac{\Delta\Phi}{\Delta t}$$

Hieraus kann das Verhältnis der Spannungen u_1 und u_2 abgeleitet werden.

$$\frac{u_1}{u_2} = \frac{N_1 \cdot \dfrac{\Delta\Phi}{\Delta t}}{N_2 \cdot \dfrac{\Delta\Phi}{\Delta t}}$$

Da die zeitliche Flußänderung für beide Spulen gleich ist, kann die rechte Seite der Gleichung durch $\Delta\Phi/\Delta t$ gekürzt werden. Gleichzeitig lassen sich für die Spannungen die Effektivwerte einsetzen. Damit ergibt sich:

$$\frac{U_1}{U_2} = \frac{N_1}{N_2}$$

Diese Formel besagt, daß sich bei einem idealen Transformator die Spannungen an den Spulen 1 und 2 wie die zugehörigen Windungszahlen N_1 und N_2 verhalten. Das Verhältnis der Spannungen bzw. der Windungszahlen wird als Übersetzungsverhältnis ü bezeichnet.

$$\text{ü} = \frac{U_1}{U_2} = \frac{N_1}{N_2}$$

Beispiel

Ein Tansformator ist für die Nennspannungen $U_1 = 220$ V und $U_2 = 12{,}6$ V ausgelegt. Für die Wicklung auf der Primärseite ist eine Windungszahl $N_1 = 1200$ angegeben.
Wie groß sind das Übersetzungsverhältnis ü und die Windungszahl N_2 der Sekundärwicklung?

a)

$$\text{ü} = \frac{U_1}{U_2} = \frac{220\ \text{V}}{12{,}6\ \text{V}}$$

$$\text{ü} = 17{,}46$$

b)

$$\frac{N_1}{N_2} = \frac{U_1}{U_2} \rightarrow N_2 = N_1 \cdot \frac{U_2}{U_1} = 1200 \cdot \frac{12{,}6\ \text{V}}{220\ \text{V}}$$

$$N_2 = 69$$

Da die Energieübertragung zwischen den beiden Spulen über den Eisenkern erfolgt, besteht keine elektrische Verbindung zwischen den beiden Spulen. Eine derartige Trennung wird als *galvanische Trennung* bezeichnet. Weiterhin wird die Seite, auf der die Energieeinspeisung erfolgt, Primärseite (1) genannt, während die Seite, auf der die Energieabgabe erfolgt, als Sekundärseite (2) bezeichnet wird.
Haben die Primär- und Sekundärspule den gleichen Wicklungssinn, so tritt zwischen den Spannungen U_1 und U_2 ein Phasenverschiebungswinkel von $\varphi = 180°$ auf. Ist keine Phasenverschiebung erwünscht, so kann dies durch entgegengesetzten Wicklungssinn der Sekundärspule erreicht werden. Der Wicklungssinn von Transformatorwicklungen wird entsprechend **Bild 7.40** gekennzeichnet.

Bild 7.40 Wicklungssinn von Transformatorspulen

Der Wicklungssinn wird durch zwei Punkte im Schaltzeichen angegeben. In Bild 7.40a weisen die an den gleichen Enden der Wicklungen liegenden Punkte auf gleichen Wicklungssinn hin. Zwischen den Spannungen U_1 und U_2 besteht daher ein Phasenverschiebungswinkel von $\varphi = 180°$. In Bild 7.40b liegen die Punkte an den entgegengesetzten Wicklungsenden. Die beiden Wicklungen haben einen entgegengesetzten Wicklungssinn und der Phasenverschiebungswinkel zwischen U_1 und U_2 beträgt somit $\varphi = 0°$.
Transformatoren besitzen häufig aber nicht nur jeweils eine Primär- und Sekundärwicklung. So ist bei Netztransformatoren die Primärwicklung häufig in zwei gleiche Teile aufgeteilt. Dadurch ist dann ein Anschluß sowohl an das 220 V-Netz als auch an ein 110 V-Netz möglich, ohne daß sich die Sekundärspannung ändert.
Auch auf der Sekundärseite von Transformatoren sind häufig mehrere Wicklungen zu finden. Sie können unter Beachtung bestimmter Vorschriften in Reihe oder parallel geschaltet werden. So ist eine Parallelschaltung nur zulässig bei Wicklungen, die die gleiche Spannung liefern und auch die gleiche Belastbarkeit haben. Eine Reihenschaltung von Wicklungen ist dagegen immer möglich, wenn die maximale Strombelastbarkeit der einzelnen Wicklungen beachtet wird. Selbstverständlich ist in allen Fällen die Phasenlage der jeweiligen Sekundärspannungen zu beachten. In **Bild 7.41** sind einige Möglichkeiten der Zusammenschaltung von Transformatorwicklungen dargestellt.

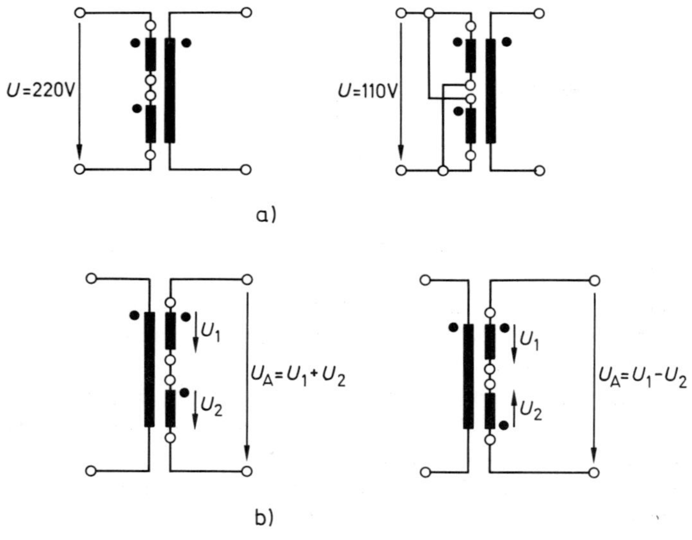

Bild 7.41 Zusammenschaltung von Transformatorwicklungen

Bild 7.41a zeigt eine Umschaltmöglichkeit der Primärwicklung von $U = 220$ V auf $U = 110$ V. In Bild 7.41b ist dagegen erkennbar, weshalb bei der Reihenschaltung von Wicklungen unbedingt der Wicklungssinn beachtet werden muß.
Bei einem idealen, d. h. verlustfreien Transformator ist die abgegebene Leistung P_2 genau so groß wie die zugeführte Leistung P_1. Der Wirkungsgrad beträgt $\eta = 1$, daher gilt:

$$P_1 = P_2$$

$$U_1 \cdot I_1 = U_2 \cdot I_2$$

$$\frac{U_1}{U_2} = \frac{I_2}{I_1} = ü$$

Diese Formel besagt, daß sich bei einem idealen Transformator die Ströme umgekehrt verhalten wie die zugehörigen Spannungen.
Insbesondere in der Hochfrequenztechnik und der Elektronik werden Transformatoren aber nicht nur zur Transformation von Spannungen, sondern auch von Widerständen eingesetzt. In diesem Fall werden Transformatoren dann meistens als Übertrager bezeichnet.
Die Transformation von Widerständen läßt sich aus **Bild 7.42** ableiten.

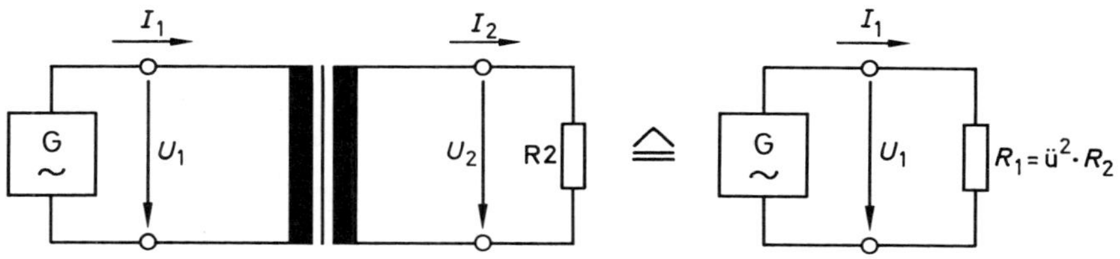

Bild 7.42 Transformation von Widerständen

Entsprechend Bild 7.42 gilt:

$$R_2 = \frac{U_2}{I_2}$$

Wird in diese Gleichung $U_2 = \frac{U_1}{ü}$ und $I_2 = ü \cdot I_1$ eingesetzt, ergibt sich

$$R_2 = \frac{U_1}{ü \cdot ü \cdot I_1} = \frac{1}{ü^2} \cdot R_1$$

$$ü^2 = \frac{R_1}{R_2} \quad \text{oder} \quad ü = \sqrt{\frac{R_1}{R_2}}$$

Diese Formeln besagen, daß bei einem Übertrager die Widerstände mit dem Quadrat des Übersetzungsverhältnisses transformiert werden. Ein auf der Sekundärseite angeschlossener Widerstand R_2 erscheint also auf der Primärseite als $R_1 = ü^2 \cdot R_2$.
Die Möglichkeit der Widerstandstransformation wird in der Elektronik häufig ausgenutzt, um eine Anpassung zwischen dem Verbraucher und dem Innenwiderstand eines Generators zu erreichen.

Beispiel

Ein Transformator mit einem Übersetzungsverhältnis ü = 20 hat eine Sekundärspannung $U_2 = 12$ V, an die ein Widerstand $R_2 = 56\ \Omega$ angeschlossen ist.
Welchen Wert hat der auf die Primärseite transformierte Widerstand R_1, wenn $\eta = 1$ angenommen wird?

$$R_1 = ü^2 \cdot R_2 = 20^2 \cdot 56\ \Omega$$

$$R_1 = 22{,}4\ \text{k}\Omega$$

Für den idealen Transformator wird angenommen, daß keinerlei Verluste auftreten. Tatsächlich fließt aber auch bereits bei einem unbelasteten Transformator in die Primärwicklung ein Magnetisierungsstrom durch den das erforderliche Wechselfeld aufgebaut wird. Es treten also auch im Leerlauf wegen der Hystereseschleife Ummagnetisierungsverluste auf. Sie werden als Eisenverluste P_{Fe} bezeichnet. Beim belasteten Transformator treten zusätzlich die Kupferverluste P_{Cu} auf, durch die die Wicklungen erwärmt werden. Damit ist die Ausgangsleistung P_2 stets kleiner als die Eingangsleistung P_1.
Somit gilt für den Wirkungsgrad des Transformators:

$$\eta = \frac{P_2}{P_1}$$

Bei Transformatoren liegt der Wirkungsgrad zwischen $\eta \approx 0{,}9 \ldots 0{,}98$.

Beispiel

Auf der Sekundärseite eines Transformators ist ein Widerstand $R_2 = 100\ \Omega$ angeschlossen, durch den ein Strom $I_2 = 1$ A fließt. Dabei nimmt der Transformator auf der Primärseite die Leistung $P_1 = 110$ W auf.
Welchen Wirkungsgrad hat der Transformator?

$$\eta = \frac{P_2}{P_1} = \frac{I_2^2 \cdot R_2}{P_1} = \frac{(1\text{A})^2 \cdot 100\ \Omega}{110\text{ W}}$$

$$\eta = 0{,}909 \approx 91\,\%$$

Wegen der beim realen Transformator meistens nicht genau bekannten und meßtechnisch auch nur schwer erfaßbaren Verluste, gelten die für den idealen Transformator angegebenen Übersetzungsverhältnisse immer nur näherungsweise.

$$\frac{U_1}{U_2} \approx \frac{N_1}{N_2}\,;\quad \frac{U_1}{U_2} \approx \frac{I_2}{I_1}\,;\quad \frac{R_1}{R_2} \approx \ddot{u}^2$$

7.7 Bauarten und Bauformen von Spulen

Der Einsatz von Spulen erfolgt in nahezu allen Bereichen der Elektronik. Bezüglich der Bauarten und Bauformen von Spulen kann im wesentlichen zwischen den eigentlichen Spulen, den Transformatoren und den Relais unterschieden werden.

7.7.1 Spulen

Zwei charakteristische Größen sind für alle Spulen von besonderer Bedeutung. So hängen die speicherbare magnetische Energie W und der Blindwiderstand X_L ganz wesentlich von der Induktivität L einer Spule ab. Die Spulengüte Q liefert dagegen eine Aussage, inwieweit die Spule dem Wert für eine ideale Spule mit dem Spulenwiderstand $R_{Sp} = 0\ \Omega$ nahekommt. Der Spulenwiderstand einer realen Spule kann in der Praxis nämlich häufig nicht mehr vernachlässigt werden.

Für die Spulengüte Q gilt:

$$Q = \frac{X_L}{R_{Sp}} = \frac{\omega L}{R_{Sp}}$$

Der Kehrwert der Spulengüte Q wird als Verlustfaktor $\tan\delta$ bezeichnet.

$$\tan\delta = \frac{1}{Q} = \frac{R_{Sp}}{X_L} = \frac{R_{Sp}}{\omega L}$$

Eine reale Spule kann als Reihenschaltung einer Induktivität L mit einem ohmschen Widerstand R_{Sp} betrachtet werden. Infolge des Spulenwiderstandes R_{Sp} beträgt der Phasenverschiebungswinkel zwischen Spannung und Strom nicht mehr $\varphi = 90°$, sondern er ist in Abhängigkeit von R_{Sp} stets kleiner. Diese Zusammenhänge lassen sich im Zeigerdiagramm der Spannungen und im Widerstandsdreieck anschaulich darstellen. Hierauf wird noch im Abschnitt 8.3.2.7 näher eingegangen.
Zur Berechnung der Induktivität einer Spule oder zur Ermittlung der erforderlichen Windungszahlen wird der Induktivitätsfaktor A_L verwendet.

$$A_L = \frac{L}{N^2} = \frac{\mu_0 \cdot \mu_r \cdot A}{l_m}$$

Dieser Induktivitätsfaktor A_L gibt die auf eine Windung ($N = 1$) bezogene Induktivität einer Spule an.
Da meist bei einem Schaltungsentwurf die erforderliche Induktivität L gegeben ist, läßt sich die Windungszahl mit Hilfe der Gleichung

$$N = \sqrt{\frac{L}{A_L}}$$

berechnen. Dabei kann der Induktivitätsfaktor A_L meistens als gegebene Größe angesehen werden, weil die Hersteller von Spulenkernen entsprechend dem jeweiligen Anwendungsfall bestimmte ferromagnetische Stoffe empfehlen und hierfür den Induktivitätsfaktor angeben.

Bei höheren Frequenzen werden aber anstelle von ferromagnetischen Werkstoffen Ferrite eingesetzt, weil diese bei höheren Frequenzen bessere magnetische und elektrische Eigenschaften besitzen.
Ferrite werden aus Metalloxiden hergestellt. Das Ausgangsmaterial wird gemahlen und gemischt, dann durch Pressen in die endgültige Form gebracht und bei ca. 1300 °C gesintert. Damit die verschiedenen Ferrite miteinander verglichen werden können, geben die Hersteller einen relativen Verlustfaktor an. Er ist das Verhältnis des Verlustfaktors tan δ zur Anfangspermeabilität μ_i des betreffenden Werkstoffes.

$$\text{Relativer Verlustfaktor} = \frac{\tan\,\delta}{\mu_i}$$

In **Bild 7.43** ist der relative Verlustfaktor verschiedener Werkstoffe der Fa. Siemens in Abhängigkeit von der Frequenz aufgetragen.

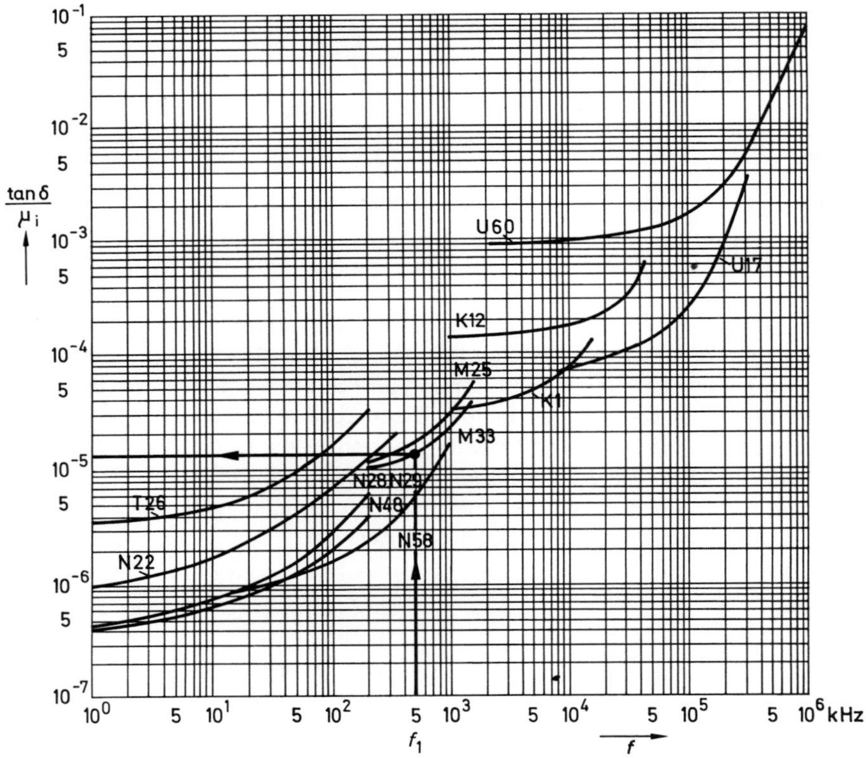

Bild 7.43 Relativer Verlustfaktor von Ferriten in Abhängigkeit von der Frequenz

Die Hersteller liefern heute eine Vielzahl von Spulenbauformen und Spulenkernen. Sie werden unterteilt in Zylinder-, Rohr-, Gewinde-, E-, U- und Schalenkerne, wobei für jede Bauart wieder noch zahlreiche Baugrößen angeboten werden. Die Berechnung einer Spule kann daher nur an einem Beispiel gezeigt werden, wo auf die Verwendung von Magnetwerkstoffen der Fa. Siemens zurückgegriffen wird.

Beispiel

Für den Einsatz in einer elektronischen Schaltung ist eine Spule mit der Induktivität $L = 640\ \mu H$ erforderlich. Die Betriebsfrequenz beträgt $f = 500$ kHz. Die Güte der Spule soll mindestens $Q_{min} = 100$ betragen.

Lösung

Für Spulen mit hoher Güte werden in der Regel Schalenkerne mit Luftspalt bevorzugt. **Bild 7.44** zeigt als Beispiel den Aufbau eines Schalenkernes der Fa. Siemens für gedruckte Schaltungen.

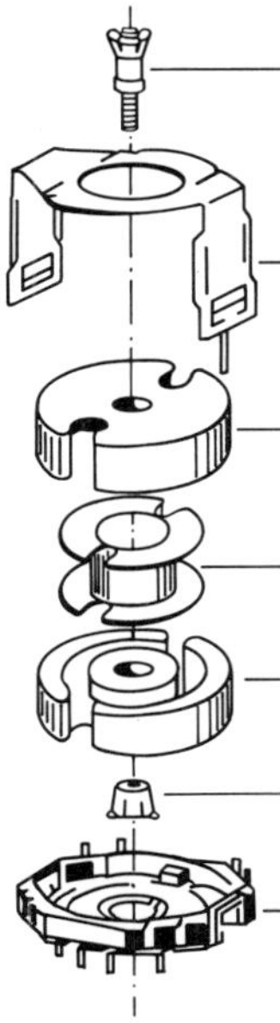

Bild 7.44 Schalenkern für gedruckte Schaltungen

In dem Diagramm Bild 7.43 ist zu erkennen, daß für die Betriebsfrequenz $f_1 = 500$ kHz der zu berechnenden Spule die Werkstoffe mit der Bezeichnung M25 und M33 geeignet sind. Da das Material M33 vom Hersteller als Vorzugswerkstoff gekennzeichnet ist, wird es für die weitere Berechnung zugrundegelegt. Aus dem Diagramm ergibt sich für $f_1 = 500$ kHz bei Verwendung des Werkstoffes M33 ein relativer Verlustfaktor:

$$\frac{\tan \delta}{\mu_i} \approx 1{,}2 \cdot 10^{-5}$$

Da der Werkstoff M33 laut Herstellerangabe eine Anfangspermeabilität $\mu_i = 700$ hat, folgt daraus:

$$\tan \delta \approx 1{,}2 \cdot 10^{-5} \cdot \mu_i = 1{,}2 \cdot 10^{-5} \cdot 700 = 8{,}4 \cdot 10^{-3}$$

$$Q = \frac{1}{\tan \delta} = \frac{1}{8{,}4 \cdot 10^{-3}}$$

$$Q = 119$$

Mit diesem Werkstoff läßt sich also die Forderung $Q_{min} = 100$ erfüllen.

Bild 7.45 zeigt einen Ausschnitt aus dem Datenbuch für Schalenkerne der Fa. Siemens.

Schalenkern 18 × 11

Schalenkerne nach DIN 41 293 bzw. IEC-Publikation 133

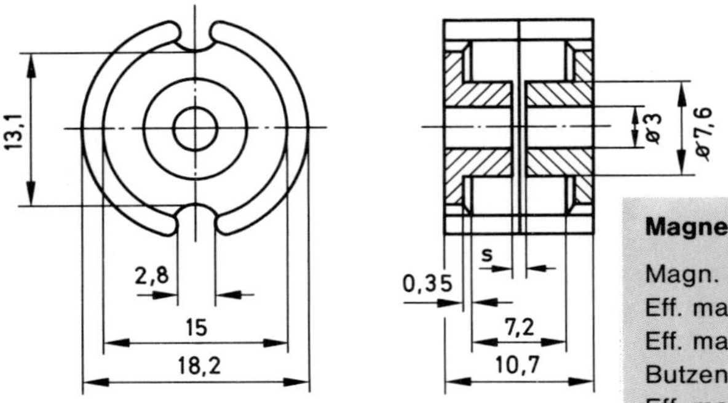

Magnetische Formkenngrößen

Magn. Formfaktor	$\Sigma l/A =$	0,60	mm^{-1}
Eff. magn. Weglänge	$l_o =$	25,9	mm
Eff. magn. Querschnitt	$A_o =$	43	mm^2
Butzenquerschnitt	$A_{min} =$	35	mm^2
Eff. magn. Volumen	$V_o =$	1120	mm^3

Satzgewicht ≈ 6,0 g

A_L-Wert nH	Toleranz	SIFERRIT-Werkstoff	Gesamtluftspalt s (≈) mm	effektive Permeabilität μ_o
mit Luftspalt				
25		K 12	2,35	12
25		K 1	3,1	12
40			1,6	19,2
40		M 33	2,0	19,2
63			1,1	30,2
100			0,6	47,9
250		N 58	0,18	120
315			0,14	151
160	± 3 % ≙ A	N 22	0,32	77
250		N 28	0,2	120
315			0,15	151
250		N 48	0,2	120
315			0,15	151
400			0,1	192
500			0,07	240
630	± 10 % ≙ K	T 26	0,05	302
ohne Luftspalt				
180		K 1		
2 800	$^{+30}_{-20}$ % ≙ R	T 26		
3 900		N 41		
5 600		N 30		
12 000	$^{+40}_{-30}$ % ≙ Y	T 38		

Bild 7.45 Technische Daten für Schalenkerne nach DIN

Für einen Schalenkern 18×11 ergibt sich aus der Tabelle für eine Luftspaltlänge $s = 0{,}6$ mm ein Wert $A_L = 100$ nH. Mit Hilfe dieses Wertes kann die erforderliche Windungszahl N berechnet werden.

$$N = \sqrt{\frac{L}{A_L}} = \sqrt{\frac{640\ \mu H}{100\ nH}}$$

$$N = 80$$

Um die geforderte Induktivität $L = 640\ \mu H$ zu erreichen, sind bei Verwendung des angegebenen Schalenkernes 80 Windungen erforderlich. In einer abschließenden Rechnung muß aber noch überprüft werden, ob bei der gewählten Leiterart die Wicklung auf dem Wickelkern des Schalenkernes untergebracht werden kann.
Ein passender Spulenkörper mit einer Kammer besitzt einen nutzbaren Wickelquerschnitt $A_N = 16\ mm^2$. Für eine Windung verbleibt dann ein Querschnitt

$$A_W = \frac{A_N}{N} = \frac{16\ mm^2}{80} = 0{,}2\ mm^2$$

Hieraus folgt, daß der maximale Durchmesser des verwendeten Drahtes einschließlich Isolation

$$d = \sqrt{A_W} = \sqrt{0{,}2\ mm^2} = 0{,}447\ mm$$

betragen darf. Verwendet werden kann hierfür z. B. eine Hochfrequenzlitze mit einem Durchmesser des Kupferdrahtes von $d_{cu} = 0{,}04$ mm, deren äußerer Durchmesser einschließlich einer Naturseideumspinnung $d_a \approx 0{,}44$ mm beträgt.

Bereits an diesem einen Beispiel ist zu erkennen, wie vielseitig und umfangreich die Ermittlung oder Berechnung einer geeigneten Spule mit bestimmten technischen Daten sein kann.
Von verschiedenen Herstellern werden auch Spulen angeboten, deren Bauform der von Widerständen ähnelt und deren Induktivitätswerte auch nach E-Reihen gestaffelt sind. Die Kennzeichnung der Induktivitätswerte in µH erfolgt nach dem Farbcode für Widerstände oder nach einem herstellerspezifischen Zahlen- und Buchstabencode.
Derartige Spulen besitzen ein- oder mehrlagige Wicklungen, die auf einen Isolierstoff-, Eisenpulver- oder Ferritkern aufgebracht sind. Die Spulen sind umpreßt oder mit einem Schrumpfschlauch überzogen und haben entweder radiale oder axiale Anschlüsse. Sie sind lieferbar mit Werten von etwa 0,1 µH bis 10 mH. Ihre Strombelastbarkeit und ihre Gleichstromwiderstände hängen von den Abmessungen und den Induktivitätswerten ab. Genauere Daten müssen jeweils den Datenblättern der Hersteller entnommen werden.

7.7.2 Transformatoren

In Abschnitt 7.6.6 wurden bereits das Transformatorenprinzip behandelt und die wichtigsten Transformatorformeln abgeleitet. In der Elektronik werden überwiegend Kleintransformatoren eingesetzt. Nach VDE 0550 werden Transformatoren mit Nennleistungen bis 16 kVA und Luftkühlung als Kleintransformatoren bezeichnet. Ihre Kerne sind im Normalfall aus einzelnen Blechen zusammengesetzt. Diese Bleche sind gegeneinander isoliert, um den elektrischen Widerstand des Kerns zu erhöhen. Auf diese Weise können dann auch die Wirbelstromverluste gering gehalten werden. Da die Bleche aus einer Fe-Si-Legierung bestehen, werden die auftretenden Wirbelstromverluste auch als Eisenverluste des Transformators bezeichnet.

Für den Aufbau von Kleintransformatoren gibt es verschiedene Kernformen. Die wichtigsten sind in **Bild 7.46** dargestellt.

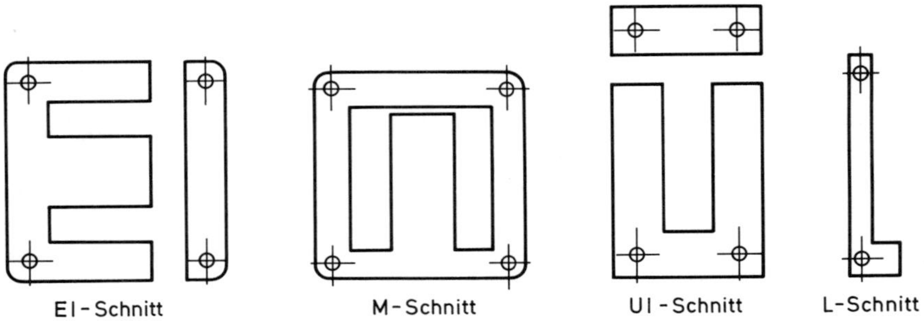

Bild 7.46 Kernformen für Kleintransformatoren

Die Kernformen nach Bild 7.46 sind montagefreundlich und die an den Stoßkanten auftretenden Luftspalte sind auf ein Minimum reduziert. Die Schichtung der einzelnen Bleche erfolgt wechselseitig.
Die Primärwicklungen von Transformatoren besitzen oft Anzapfungen ± 5 % oder ± 10 % zum Ausgleich von Netzspannungsschwankungen oder zur geringfügigen Änderung der Sekundärspannungen. **Bild 7.47** zeigt als Beispiel einen in der Elektronik häufig verwendeten Transformatortyp ET 3 mit den Daten:

$U_{prim} = 220 \text{ V} \pm 5\,\%$

$U_{sek} = 2 \times (10 - 12 - 15) \text{ V}$; $I_{sek\,max} = 2 \times 1 \text{A}$

Kerngröße = M65/35; Gewicht = 1,1 kg

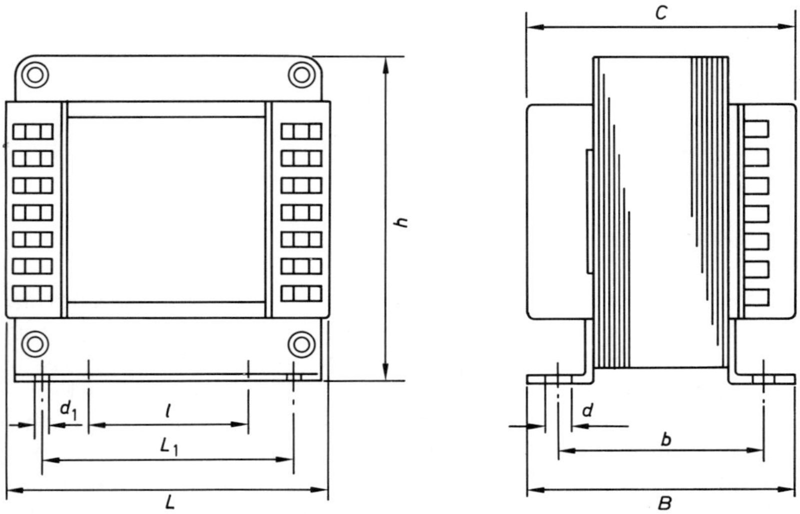

Bild 7.47 Abmessungen von Kleintransformatoren *(Fortsetzung auf der nächsten Seite)*

Abmessungen Maße in mm

Type	L	B	h	C	l	l_1	b	d	d_1
ET 1	60	45	59	44	27,5	43,5	34	5,2	3,2
ET 3	67	67	71	63		55	54	6,0	4,6
ET 7	85	63	90	63	50	72,5	49	6,8	4,3
ET 10	102	77	108	72	60	80,5	60	8	5,3
ET 71	85	63	90	63	50	72,2	49	6,8	4,3
ET 101	102	77	108	72	60	80,5	60	8	5,3

Bild 7.47 Abmessungen von Kleintransformatoren

Kleintransformatoren werden von zahlreichen Herstellern für nahezu alle erforderlichen Werte angeboten. Daher ist es nur in Ausnahmefällen notwendig, Transformatoren selbst zu berechnen, zu wickeln oder durch Verändern der Wicklungen bestimmten Daten anzupassen.

Für Transformatoren mit besonders hohem Wirkungsgrad werden Schnittbandkerne eingesetzt. Diese besitzen neben einer geringen magnetischen Streuung auch ein kleineres Volumen als Blechkerne bei gleicher Nennleistung. Die Schnittflächen der Schnittbandhälften sind poliert, um den Luftspalt so gering wie möglich zu halten. Trotz symmetrischer Bauform sind die beiden Kernhälften besonders gekennzeichnet, damit die Montage nur in bestimmter Weise erfolgt. Die beiden Kernhälften werden durch Metallbänder zusammengehalten und verspannt.

Bild 7.48 zeigt die Bauform eines Schnittbandkernes.

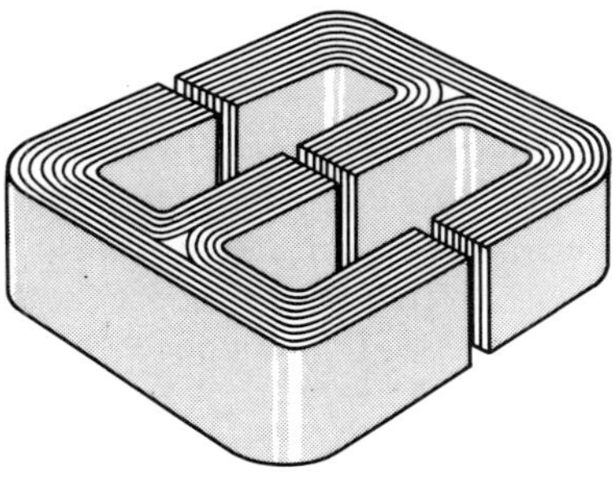

Bild 7.48 Schnittbandkern

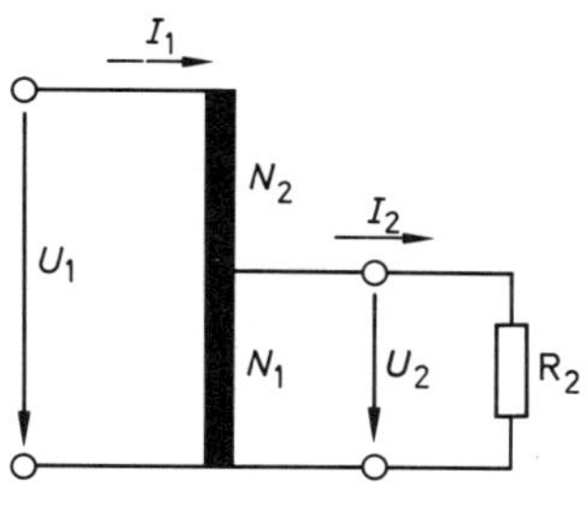

Bild 7.49 Spartransformator

Eine weitere Bauart von Transformatoren sind die Spartransformatoren. Sie besitzen im Gegensatz zu den üblichen Transformatoren mit Primär- und Sekundärwicklungen nur eine Wicklung mit einer oder mehreren Anzapfungen. **Bild 7.49** zeigt die symbolische Darstellung eines Spartransformators.

Spartransformatoren werden überwiegend zur Anpassung der Geräte-Nennspannung an die Netzspannung eingesetzt. Zu beachten ist dabei aber stets, daß eine leitende Verbindung zwischen der Primär- und der Sekundärseite besteht und somit keine galvanische Trennung wie bei Transformatoren mit getrennten Primär- und Sekundärwicklungen vorliegt.

Insbesondere in Labors und Lehrwerkstätten werden auch Ringstell-Transformatoren eingesetzt. Sie sind aus hochlegierten, ringförmigen Transformatorblechen aufgebaut. Nachdem eine hochwertige Isolierung aufgebracht ist, werden sie mit Kupferdraht bewickelt und anschließend mit Epoxidharz vergossen. Ein Dreharm mit Stromabnehmer ermöglicht eine stufenlose Einstellung der Sekundärspannung. **Bild 7.50** zeigt den mechanischen Aufbau eines Ringstell-Transformators, wie er z. B. als Steuertransformator für Elektromotore oder in Gleichrichteranlagen eingesetzt wird.

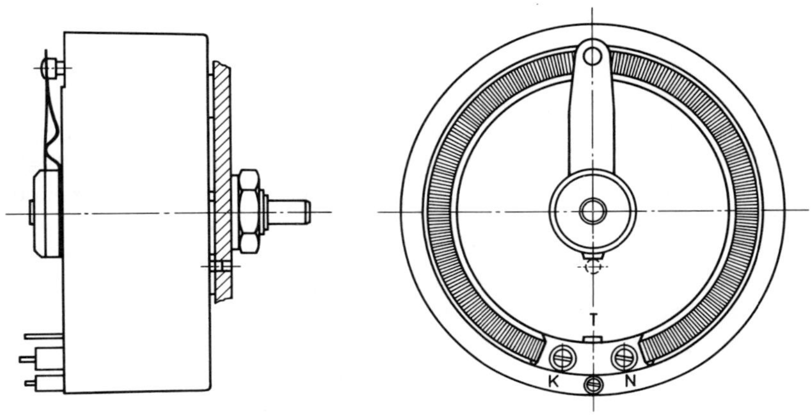

Bild 7.50 Stelltransformator mit Ringkern

Auch bei den Stelltransformatoren mit Ringkern handelt es sich um Spartransformatoren, d. h. es besteht keine galvanische Trennung zwischen Primär- und Sekundärseite. Daher müssen bei seinem Einsatz bestimmte Sicherheitsmaßnahmen beachtet werden, auf die in Abschnitt 10 noch näher eingegangen wird.
Eine weitere Bauart von Transformatoren sind die Meßwandler. Mit ihnen werden hohe Spannungen oder Ströme in einem festen Verhältnis auf kleinere Werte heruntertransformiert, die dann mit üblichen Meßgeräten gemessen werden können. In **Bild 7.51** sind die Prinzipschaltungen für Spannungs- und Stromwandler dargestellt. Genauere Festlegungen für diese Bauart von Transformatoren sind in den VDE-Bestimmungen 0414 zu finden.

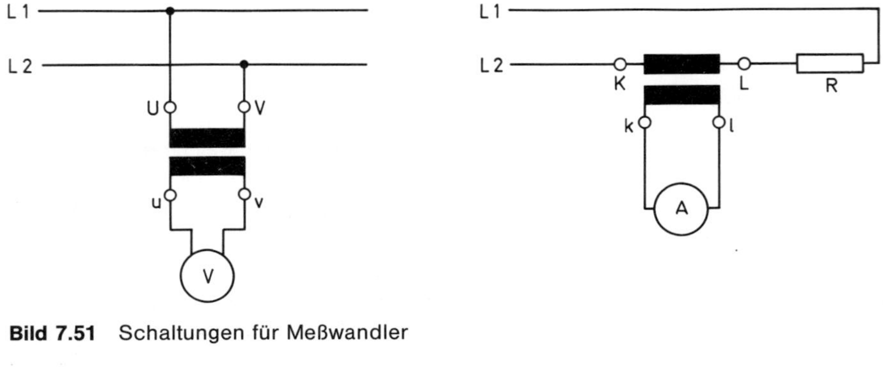

Bild 7.51 Schaltungen für Meßwandler

In der Nachrichtentechnik werden Transformatoren meistens als Übertrager bezeichnet. Sie haben dann die Aufgabe, die unterschiedlichsten Signale möglichst verzerrungsfrei zu übertragen oder eine Anpassung des Verbrauchers an den Innenwiderstand eines Generators vorzunehmen. Insbesondere in der Leistungselektronik werden auch speziell dimensionierte Impulsübertrager eingesetzt. Sie arbeiten ebenfalls nach dem Transformatorprinzip, sind aber als Breitbandübertrager zur Übertragung eines großen Frequenzspektrums ausgelegt.

7.7.3 Relais

Das Grundprinzip von elektromechanischen Relais wurde bereits in Abschnitt 7.3.1 behandelt. Relais lassen sich nach ihren Funktionsarten entsprechend **Bild 7.52** in vier große Gruppen einteilen.

Bezeichnung	Funktionsart
Monostabiles Relais	Relais fällt nach Abschalten des Erregerstromes in Ruhestellung zurück
Bistabiles Relais	Relais bleibt nach Abschalten des Erregerstromes in der zuletzt erreichten Schaltstellung stehen
Neutrales Relais	Der Schaltvorgang von Ruhe- in Arbeitsstellung ist unabhängig von der Richtung des Erregerstromes
Gepoltes Relais	Der Schaltvorgang von Ruhe- in Arbeitsstellung ist von der Richtung des Erregerstromes abhängig

Bild 7.52 Einteilung der Relais nach Funktionsarten

Eine weitere Unterscheidung erfolgt bei den Relais nach konstruktiven Maßnahmen. So sind *staubgeschützte Relais* in durchsichtigen Gehäusen untergebracht, um die Kontakte vor Beschädigungen und dem Eindringen von Staub oder sonstigen Verunreinigungen zu schützen. Als Beispiel für die vielfältigen Konstruktionen ist in **Bild 7.53** ein Kartenrelais im Schnitt dargestellt und die wichtigsten Kenndaten angegeben.

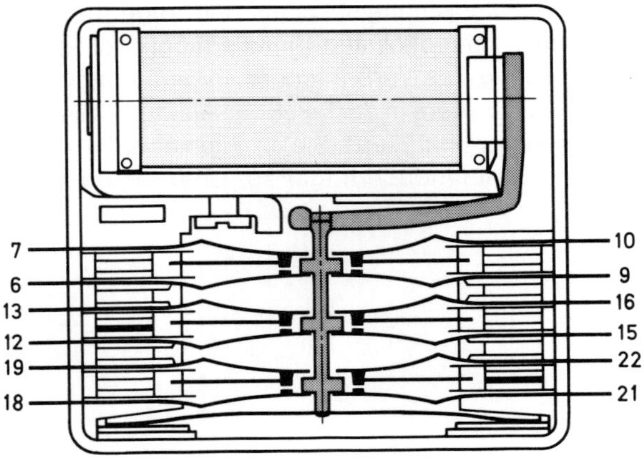

Kenndaten	
Nennspannung	bis 60 V_
Kontaktbestückung	bis 6 Wechslern
Kontaktbelastung:	
Schaltspannung max.	250 V
Schaltstrom max.	3 A
Schaltleistung max.	75 W
Abmessungen max.	39,7×37,4×10,2 mm
Gewicht	etwa 30 g

Bild 7.53 Staubgeschütztes Kartenrelais mit 6 Wechslern

In elektronischen Schaltungen werden häufig auch *hermetisch dichte Relais* eingesetzt. Bei dieser Bauart sind die Kontaktzungen von einer hermetisch dicht abschließenden Metallkappe oder einem Glasmantel umgeben. Der Innenraum ist entweder mit einem Schutzgas oder mit Luft gefüllt. **Bild 7.54** zeigt den konstruktiven Aufbau eines derartigen Relais mit Glasmantel, das auch als »Reed-Relais« bezeichnet wird.

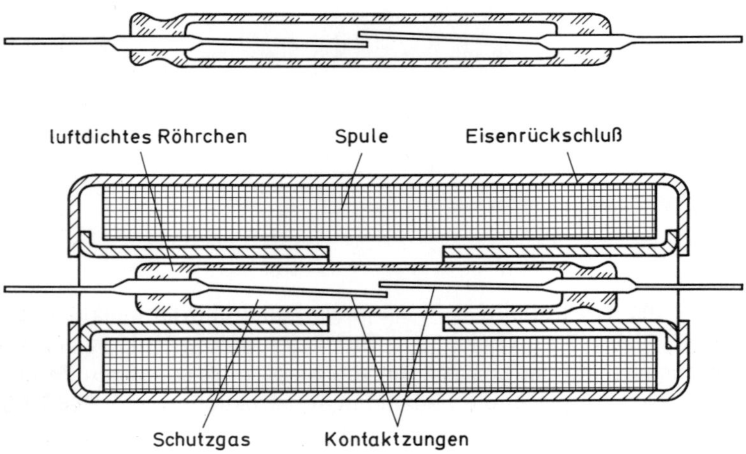

Bild 7.54 Aufbau eines Reed-Relais

Bei den Reed-Relais nach Bild 7.54 sind zwei Kontaktzungen aus ferromagnetischem Material in das mit Schutzgas gefüllte Glasröhrchen eingeschmolzen. Diese Kontaktzungen sind gleichzeitig Bestandteil des elektrischen Schaltstromkreises und des magnetischen Kreises. Wird die auf das Glasrohr aufgebrachte Spule von einem ausreichend hohen Stom durchflossen, schließt der Kontakt und stellt eine elektrische Verbindung her. Nach Abschalten des Erregerstromes öffnet der Kontakt wieder aufgrund der Federkraft der Kontaktzungen. Vom Prinzip her kann der Reed-Kontakt daher auch durch Annäherung und Entfernung eines Dauermagneten geschaltet werden.
Die Abmessungen der Glasröhrchen von Reed-Kontakten sind inzwischen so klein geworden, daß diese Relais auch in gedruckten Schaltungen eingesetzt werden können. **Bild 7.55** zeigt ein »DLR-Relais« in »Dual-in-line-Gehäuse«. Diese Gehäuse werden insbesondere für integrierte Schaltkreise (ICs) verwendet.

Reed-Relais im Dual-in-Line-Gehäuse
für Gleichspannung, neutral monostabil
für gedruckte Schaltungen, Anschlüsse in
Rasterteilung 2,54 mm nach DIN 40803
Gewicht etwa 2 g

Kontaktbestückung:	1 Schließer
Kontaktbelastung:	
Schaltspannung max.	100 V
Schaltstrom max.	0,5 A
Schaltleistung max.	10 W

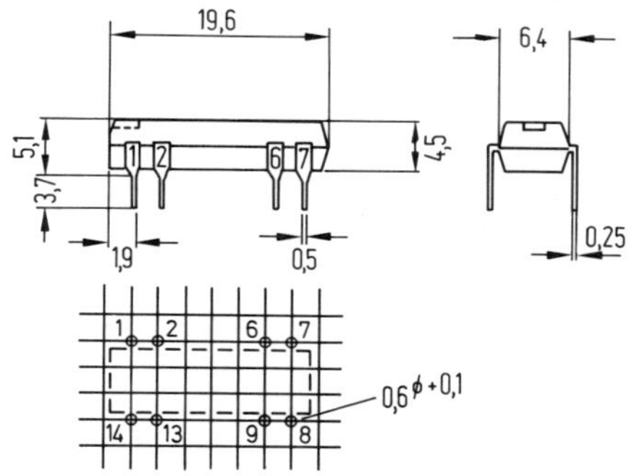

Anschlußbelegung und Relaisausführung

Relais (Grundausführung)	Relais mit elektrostatischer Abschirmung	Relais mit Funkenlösch- bzw. Dämpfungsdiode	Relais mit Funkenlösch- bzw. Dämpfungsdiode und elektrostatischer Abschirmung
Bestellbezeichng. Block 3 A	A1	A10	A11
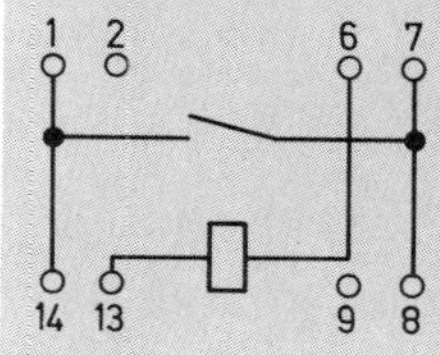	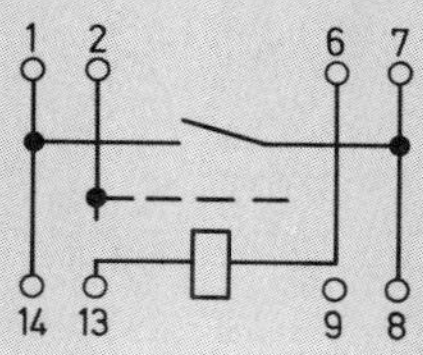	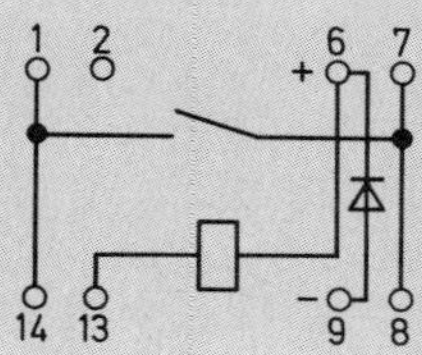	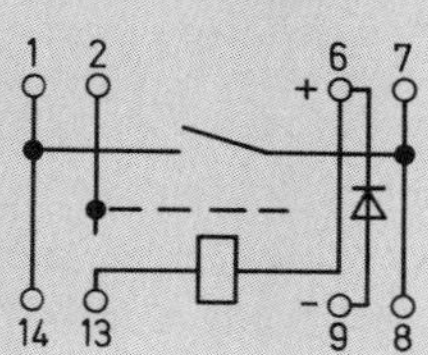

Bild 7.55 DLR-Relais

Bei den Vakuum-Relais, die nach dem Prinzip der Reed-Kontakte arbeiten, sind wegen der hohen Durchschlagsfestigkeit des Vakuums hohe Schaltspannungen bei relativ kleinen Abmessungen möglich. Da auch die Schaltmasse sehr klein ist, können hohe Schaltgeschwindigkeiten erreicht werden. Daher reicht das Einsatzgebiet von Vakuum-Relais von der Hochspannungstechnik bis zur Hochfrequenztechnik.
Die Zahl der Bauarten, Bauformen und Funktionsarten von Relais ist derartig groß, daß sich für jeden speziellen Anwendungsfall geeignete Ausführungen finden lassen. Technische Daten und besondere Eigenschaften müssen dabei jeweils den Datenblättern oder Datenbüchern der einzelnen Hersteller entnommen werden.

8 Zusammenwirken von Wirk- und Blindwiderständen

8.1 Allgemeines

Ohmsche Widerstände, Kondensatoren und Spulen sind wichtige Bauelemente der Elektrotechnik und Elektronik. Insbesondere in den elektronischen Schaltungen sind sie in den unterschiedlichsten Kombinationen und Schaltungsvarianten zu finden. Aber auch viele elektrische Geräte zeigen als Verbraucher ein Verhalten, das sich mit einer Ersatzschaltung von Widerständen, Kondensatoren und Spulen nachbilden läßt.
Das Verhalten dieser Bauelemente und ihr Zusammenwirken ist besonders bei Betrieb an sinusförmigen Spannungen von Bedeutung. Wird ein ohmscher Widerstand an eine sinusförmige Spannung angeschlossen, so sind Strom und Spannung stets in Phase. Bei einem Kondensator eilt die Spannung dem Strom um 90° nach, während bei einer Spule die Spannung dem Strom um 90° voreilt.
Die auftretenden Phasenverschiebungen lassen sich sowohl in Liniendiagrammen als auch in Zeigerdiagrammen darstellen. Für die Beschreibung des Zusammenwirkens von Wirk- und Blindwiderständen haben die Zeigerdiagramme für Spannungen, Ströme, Widerstände und Leistungen aber eine besondere Bedeutung. Hierbei tritt in jedem Zeigerdiagramm ein rechtwinkliges Dreieck auf, so daß sich mathematische Zusammenhänge mit Hilfe des Lehrsatzes des Pythagoras ableiten lassen. Er besagt, daß bei jedem rechtwinkligen Dreieck das Quadrat über der Hypotenuse so groß wie die Summe der beiden Kathetenquadrate ist. Als Hypotenuse wird in einem rechtwinkligen Dreieck stets die Seite bezeichnet, die dem rechten Winkel gegenüber liegt, während die beiden Seiten, die den rechten Winkel einschließen, Katheten genannt werden. Aber auch mit Hilfe der Winkelfunktionen Sinus, Cosinus und Tangens lassen sich die mathematischen Zusammenhänge in Zeigerdiagrammen und damit in Wechselstromkreisen beschreiben.
Bei einer Reihenschaltung von Wirk- und Blindwiderstand fließt durch alle Bauelemente der gleiche Strom I. Die Gesamtspannung U wird aufgeteilt in die Teilspannungen U_R und U_C bzw. U_R und U_L. Wegen der Phasenverschiebung stehen im Zeigerdiagramm die Wirkspannung U_R und die Blindspannungen U_C bzw. U_L aber stets senkrecht aufeinander. Ihre geometrische Addition ergibt dann die Gesamtspannung U, die an der Schaltung liegt.
Bei einer Parallelschaltung von Wirk- und Blindwiderstand liegt dagegen an allen Bauelementen die gleiche Spannung U. Der Gesamtstrom I wird aufgeteilt in die Teilströme I_R und I_C bzw. I_R und I_L. Wegen der Phasenverschiebung stehen im Zeigerdiagramm der Wirkstrom I_R und die Blindströme I_C bzw. I_L stets senkrecht aufeinander. Daher ergibt sich der Gesamtstrom I, der in die Schaltung fließt, stets nur durch eine geometrische Addition von Wirk- und Blindstrom.
Aus dem Zeigerdiagramm der Spannungen bei der Reihenschaltung und dem Zeigerdiagramm der Ströme bei der Parallelschaltung lassen sich wegen proportionaler Zusammenhänge die zugehörigen Widerstands- und Leitwertdreiecke sowie die Leistungsdreiecke direkt ableiten.
Die im ohmschen Widerstand umgesetzte Leistung wird als Wirkleistung P bezeichnet. Am Kondensator tritt dagegen eine kapazitive Blindleistung Q_C und an der Spule eine

induktive Blindleistung Q_L auf. Nur die Wirkleistung steht für eine direkt wirksame Nutzung zur Verfügung oder wird als Verlustleistung in Wärme umgewandelt. Die auftretende kapazitive oder induktive Blindleistung wird dagegen zum Aufbau des elektrischen bzw. des magnetischen Feldes benötigt und beim jeweiligen Abbau dieser Felder wieder in die Spannungsquelle zurückgespeist.
Die Resultierende aus der Wirkleistung P und der Blindleistung Q ist die Scheinleistung S. Sie ist das Produkt aus Gesamtspannung U und Gesamtstrom I:

$$S = U \cdot I$$

Die praktisch nutzbare Komponente der Scheinleistung S ist die Wirkleistung P. Sie läßt sich mit Hilfe des Leistungsfaktors $\cos \varphi$ aus der Scheinleistung ermitteln:

$$P = S \cdot \cos \varphi$$

Reihenschaltungen aus R und C oder R und L lassen sich als frequenzabhängige Spannungsteiler einsetzen. Ein besonderer Fall liegt vor, wenn in einer derartigen Schaltung der Blindwiderstand X_C oder X_L genauso so groß wird wie der Wirkwiderstand R. Die Frequenz, bei der dieser Fall eintritt, wird als Grenzfrequenz f_g des Spannungsteilers bezeichnet. Diese Grenzfrequenz hat in der Elektronik eine große Bedeutung für die Beurteilung von Schaltungseigenschaften.
Parallelschaltungen aus R und C oder R und L lassen sich dagegen als frequenzabhängige Stromteiler einsetzen. Auch hierbei kann der Sonderfall eintreten, daß die Wirk- und Blindkomponente die gleiche Größe haben. Die charakteristische Frequenz, bei der dieser Fall auftritt, wird auch hier als Grenzfrequenz f_g bezeichnet. Unabhängig davon, ob es sich um eine Reihenschaltung oder eine Parallelschaltung handelt, gelten für die Grenzfrequenz die Formeln:

$$f_g = \frac{1}{2\,\pi \cdot R \cdot C} \quad \text{oder} \quad f_g = \frac{1}{2\,\pi} \cdot \frac{R}{L}$$

Schaltungen, in denen ohmsche Widerstände R, kapazitive Widerstände X_C und induktive Widerstände X_L gleichzeitig vorhanden sind, werden als gemischte Schaltungen oder R-C-L-Schaltungen bezeichnet.
Bei den R-C-L-Schaltungen treten ebenfalls zwei Sonderfälle auf, und zwar wenn bei einer bestimmten Frequenz $X_C = X_L$ wird. Die Frequenz, bei der dieser Zustand eintritt, wird als Resonanzfrequenz f_0 bezeichnet. Bei dieser Resonanzfrequenz f_0 heben sich die Blindkomponenten in ihrer Wirkung nach außen hin auf. Dadurch wird das Verhalten nur noch durch den ohmschen Widerstand bestimmt. Die in den Blindwiderständen jeweils gespeicherte Energie pendelt zwischen Spule und Kondensator hin und her und dient zum abwechselnden Aufbau des elektrischen oder des magnetischen Feldes. R-C-L-Schaltungen werden aus diesem Grund je nach Schaltungsaufbau auch Reihenschwingkreise oder Parallelschwingkreise genannt. Für beide Arten von Schwingkreisen gilt für die Resonanzfrequenz:

$$f_0 = \frac{1}{2\,\pi \cdot \sqrt{L \cdot C}}$$

Diese Formel wird als Thomsonsche Schwingungsformel bezeichnet. Resonanzkreise haben eine besondere Bedeutung in der Elektronik und in der Nachrichtentechnik.
Eine weitere praktische Anwendung von R-C-L-Schaltungen ist die Kompensation. So zeigen viele Geräte und Anlagen, die am Wechselstromnetz betrieben werden, ein

Verhalten, das als gemischt-induktiv bezeichnet wird. Dabei tritt neben der Wirkkomponente noch eine induktive Blindkomponente auf. Sie führt zu einer Strombelastung der Zuleitungen, ohne daß die zwischen Verbraucher und Spannungsquelle hin- und herpendelnde Blindleistung nutzbar gemacht werden kann. Aus diesem Grund wird in Reihe oder parallel zum gemischt-induktiven Verbraucher ein Kondensator geschaltet. Die dadurch auftretende kapazitive Blindleistung kompensiert die unerwünschte induktive Blindleistung, so daß der Strom in den Zuleitungen kleiner wird. Wegen der Besonderheiten bei Resonanz wird in der Regel aber keine vollständige Kompensation durchgeführt. So ist eine Verbesserung des Leistungsfaktors auf $\cos\varphi \approx 0{,}8$ bis 0,9 ein guter Kompromiß zwischen technischer Verbesserung und wirtschaftlicher Vertretbarkeit.

Ein weiteres Beispiel für die Zusammenschaltung von Wirk- und Blindwiderständen ist der R-C-Phasenschieber, mit dem eine Phasenverschiebung zwischen $\varphi \approx 0°$ und $\varphi \approx 90°$ einstellbar ist. Wird eine Phasenverschiebung von $\varphi \approx 0°$ bis $\varphi \approx 180°$ verlangt, so ist dies mit einer Phasenschieberbrückenschaltung möglich. Beide Phasenschieber werden insbesondere in der Meßtechnik benötigt und eingesetzt.

Zusammenschaltungen von Wirk- und Blindwiderständen werden oft auch als Zwei- bzw. Vierpole bezeichnet. Diese Begriffe sind aus der Anzahl der jeweils vorhandenen Anschlußklemmen abgeleitet, die in diesem Zusammenhang auch als Pole bezeichnet werden. Durch die Rückführung auf Gebilde mit nur zwei oder vier Anschlußklemmen ergeben sich für eine allgemeine technische Beschreibung sowie für die Berechnung oder auch meßtechnische Untersuchung wesentliche Vorteile. So können auch dann genaue Aussagen über das Verhalten und die Funktion von Zwei- und Vierpolen gemacht werden, wenn ihr interner schaltungstechnischer Aufbau nicht näher bekannt ist.

Zweipole haben nur zwei Anschlußklemmen und sind daher vergleichsweise einfach zu untersuchende und zu beschreibende Gebilde. Grundsätzlich muß dabei unterschieden werden zwischen aktiven und passiven Zweipolen. Aktive Zweipole enthalten stets eine Spannungsquelle. **Bild 8.1** zeigt einfache Beispiele für einen aktiven und einen passiven Zweipol sowie die allgemeine Darstellungsform.

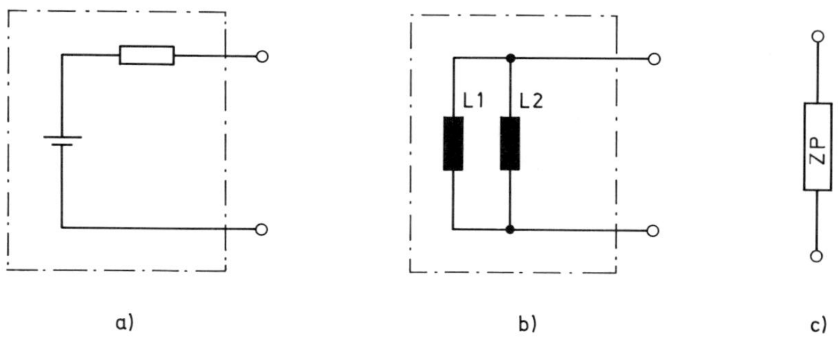

Bild 8.1 Beispiele für Zweipole

a) aktiver Zweipol (Spannungsquelle mit Innenwiderstand)
b) passiver Zweipol (Parallelschaltung von Spulen)
c) allgemeine Darstellungsform eines Zweipols

Bei den Bauelementen wie ohmsche Widerstände, Kondensatoren und Spulen handelt es sich um einfache, passive Zweipole. Durch Reihen- oder Parallelschaltung von Kondensatoren und Spulen mit ohmschen Widerständen ergeben sich neue Zweipole, die in ihrer Gesamtfunktion schon den Charakter komplexer Bauelemente haben. Hierzu gehören dann z. B. auch die realen, d. h. mit Verlusten behafteten Kondensatoren und Spulen.
Bauelemente, Schaltungsteile oder Schaltungen mit vier Anschlußklemmen werden als Vierpole bezeichnet. Die vier Klemmen sind jeweils aufgeteilt in zwei Eingangsklemmen und zwei Ausgangsklemmen. Hierbei tritt jedoch häufig der Fall ein, daß eine Eingangsklemme mit einer Ausgangsklemme direkt verbunden ist und dann für Eingang und Ausgang als gemeinsame Masse oder gemeinsamer Bezugspunkt dient. Auch bei den Vierpolen muß zwischen passiven und aktiven unterschieden werden. Aktive Vierpole enthalten verstärkende Bauelemente, die auch als Spannungs- oder Stromquellen betrachtet werden können. **Bild 8.2** zeigt einfache Beispiele für aktive und passive Vierpole sowie die allgemeine Darstellungsform eines Vierpoles.

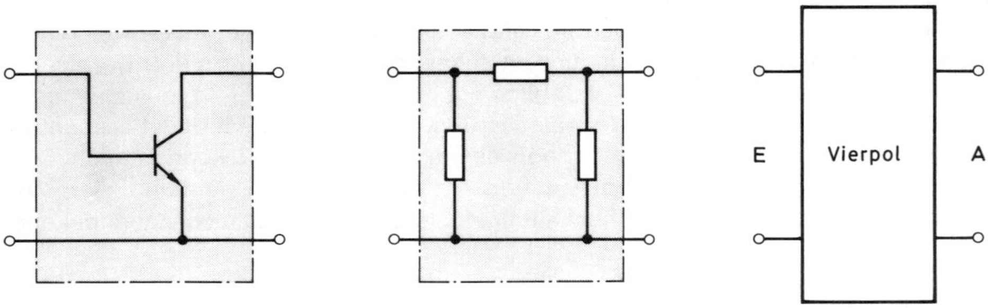

a) b) c)

Bild 8.2 Beispiele für einfache Vierpole

a) aktiver Vierpol (Transistor)
b) passiver Vierpol (π-Glied)
c) allgemeine Darstellungsform eines Vierpols

Zur mathematischen Erfassung und Berechnung von Vierpolen wurden spezielle Verfahren entwickelt, mit deren Hilfe die Funktion von Vierpolen in allgemeiner Form behandelt werden kann. Die praktische Anwendung dieser Vierpoltheorie mit ihren zugehörigen Vierpolgleichungen setzt aber bereits umfangreiche und spezielle mathematische Vorkenntnisse voraus. Daher wird auf die Vierpoltheorie nicht weiter eingegangen.
Auch die exakte meßtechnische Untersuchung von Vierpolen basiert auf den Gleichungen der Vierpoltheorie. So müssen zur Erfassung der einzelnen Vierpolparameter die Eingangs- und Ausgangsströme sowie die Eingangs- und Ausgangsspannungen jeweils unter fest vorgegebenen Bedingungen gemessen werden.
Die einfachsten passiven Vierpole lassen sich aber auch noch ohne die Methoden der Vierpoltheorie berechnen oder meßtechnisch untersuchen. Dieses gilt insbesondere für die in der Elektronik in großer Zahl eingesetzten Hochpässe und Tiefpässe. Sie

bestehen in ihrer Grundform lediglich aus der Reihenschaltung eines ohmschen Widerstandes mit einem Kondensator oder eines ohmschen Widerstandes mit einer Spule.
In **Bild 8.3** sind die vier schaltungstechnischen Möglichkeiten dargestellt.

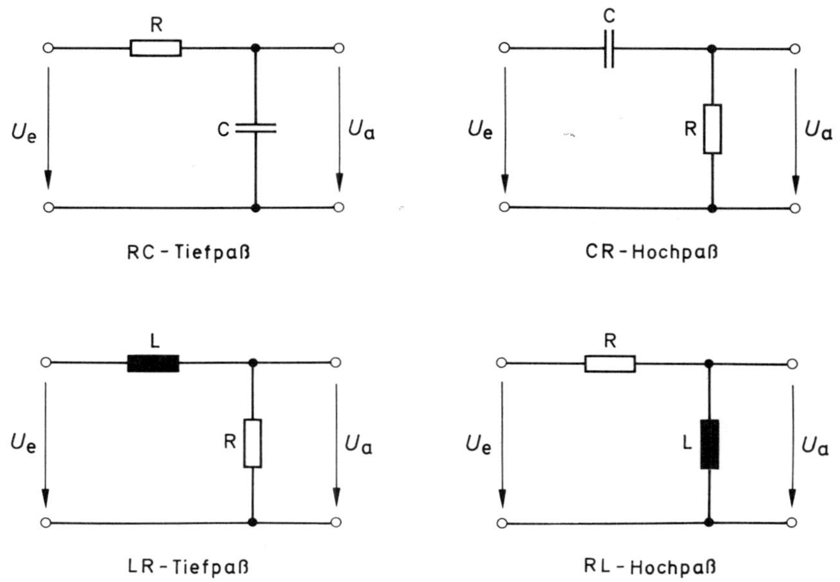

Bild 8.3 Einfachste Ausführungen von Tiefpässen und Hochpässen

Bei den dargestellten Hoch- und Tiefpässen handelt es sich um frequenzabhängige Spannungsteiler. Ein Tiefpaß dämpft Signale von 0 Hz bis zu seiner charakteristischen Frequenz, der Grenzfrequenz, nur unwesentlich. Alle Frequenzen, die höher als diese Grenzfrequenz sind, werden dagegen stark bedämpft. Ein Hochpaß hat die umgekehrten Eigenschaften. Alle Frequenzen unterhalb seiner Grenzfrequenz werden stark, Frequenzen oberhalb seiner Grenzfrequenz dagegen nur unwesentlich bedämpft. Die jeweilige Grenzfrequenz ist daher ein charakteristischer Kennwert von Hoch- und Tiefpässen. Sie läßt sich relativ einfach berechnen oder durch entsprechende Dimensionierung der beiden Bauelemente in weiten Grenzen variieren.
Die Abhängigkeit der Ausgangsspannung U_a von der Frequenz wird meistens in Form eines Diagrammes angegeben und als Frequenzgang des Hoch- oder Tiefpasses bezeichnet. In Abhängigkeit von der Frequenz tritt aber auch eine Phasenverschiebung zwischen der Ausgangs- und Eingangsspannung auf. Dieser Phasengang wird ebenfalls in Form eines Diagrammes dargestellt.
Insbesondere in der Nachrichtentechnik gibt es zahlreiche Anwendungsfälle, bei denen nur in einem bestimmten Frequenzbereich keine Dämpfung erwünscht ist, außerhalb dieses Bereiches aber eine starke Dämpfung erforderlich ist. Ein Vierpol mit derartigen Eigenschaften wird als Bandpaß bezeichnet. Eine Bandsperre zeigt ein

genau umgekehrtes Verhalten. Hier werden Signale innerhalb eines bestimmten Frequenzbandes stark, außerhalb dieses Bereiches aber nur geringfügig bedämpft. Auch Bandpässe und Bandsperren lassen sich in ihren einfachsten Formen lediglich aus zwei Widerständen und zwei Kondensatoren aufbauen.
Weitere Grundschaltungen von Vierpolen sind T-Glieder und π-Glieder, die jeweils aus mindestens drei Bauelementen aufgebaut sind. Durch sie können je nach verwendeten Bauelementen Eingangssignale frequenzabhängig oder frequenzunabhängig beeinflußt werden. Ihre Berechnung ist jedoch nur noch mit Hilfe der Vierpoltheorie möglich.
Wird an einen Tiefpaß anstelle einer sinusförmigen eine rechteckförmige Eingangsspannung gelegt, so steht der Verlauf der Ausgangsspannung in einem bestimmten mathematischen Zusammenhang mit dem Verlauf der Eingangsspannung. Entsprechend einer Rechenoperation der höheren Mathematik wird dieser Zusammenhang als »Integrieren« bezeichnet und daraus abgeleitet ein Tiefpaß in der Impulstechnik als Integrierglied bezeichnet.
Ein völlig anderes Verhalten zeigt ein Hochpaß, wenn auf seinen Eingang eine Rechteckspannung gegeben wird. Hier liegt ein mathematischer Zusammenhang vor, der nach einer Rechenoperation der höheren Mathematik als »Differenzieren« bezeichnet wird. Ein Hochpaß wird daher in der Impulstechnik Differenzierglied genannt. Sowohl beim Integrierglied als auch beim Differenzierglied hängt der Verlauf der Ausgangsspannung ganz wesentlich von der Zeitkonstanten τ und dem Impuls-Pausen-Verhältnis t_i/t_p der rechteckförmigen Eingangsspannung ab. Integrier- und Differenzierglieder haben in der Impuls- und Digitaltechnik eine wesentliche Bedeutung. Eine genaue Kenntnis ihrer Eigenschaften ist daher unbedingt erforderlich.

8.2 Mathematische Grundlagen für Zeigerdiagramme

Bei den elektrischen Größen Strom und Spannung in Wechselstromkreisen handelt es sich um zeitabhängige Größen, die wie Vektoren behandelt werden können. Ihre grafische Darstellung erfolgt häufig in Zeigerdiagrammen, aus denen dann auch mathematische Zusammenhänge abgeleitet werden können. Hierfür sind jedoch Kenntnisse einiger weiterer mathematischer Zusammenhänge im rechtwinkligen Dreieck erforderlich, auf die bisher noch nicht eingegangen wurde.
In einem rechtwinkligen Dreieck wird die längste Seite, die stets dem rechten Winkel gegenüberliegt, als Hypotenuse bezeichnet. Die beiden Seiten des Dreiecks, die den rechten Winkel einschließen, werden Katheten genannt. **Bild 8.4** zeigt ein rechtwinkliges Dreieck mit den zugehörigen Seitenbezeichnungen und dem Symbol für den rechten Winkel.

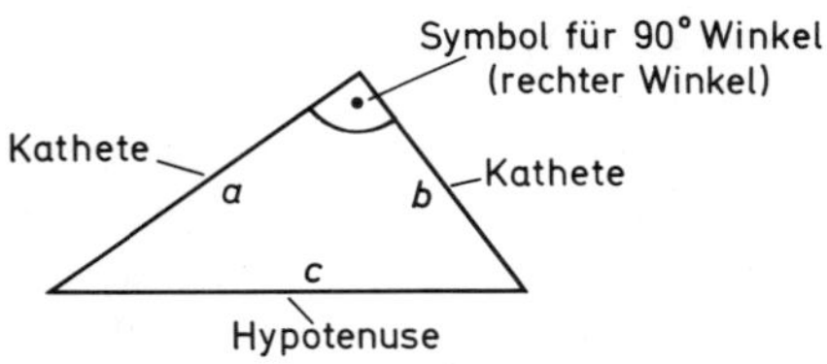

Bild 8.4 Rechtwinkliges Dreieck

Für jedes rechtwinklige Dreieck gilt der *Lehrsatz des Pythagoras* (= griechischer Mathematiker und Philosoph). Er besagt:

> Bei jedem rechtwinkligen Dreieck ist das Quadrat über der Hypotenuse so groß wie die Summe aus den beiden Kathetenquadraten.

Wenn die beiden Katheten mit a und b sowie die Hypotenuse mit c bezeichnet werden, lautet die Formel für den Lehrsatz des Pythagoras:

$$c^2 = a^2 + b^2$$

oder $c = \sqrt{a^2 + b^2}$

Durch Anwendung dieser Formeln läßt sich stets die dritte Seite eines rechtwinkligen Dreiecks berechnen, wenn die zwei anderen Seiten bekannt sind. Hiervon wird bei dem Zeigerdiagramm immer wieder Gebrauch gemacht.

Bild 8.5 zeigt an einem einfachen Beispiel die Anwendung des Lehrsatzes des Pythagoras.

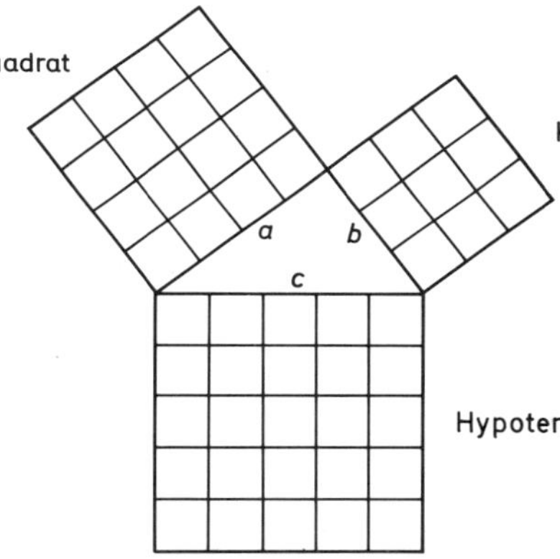

Bild 8.5 Beispiel für den Lehrsatz des Pythagoras

Hat die Kathete a eine Länge von 4 cm und die Hypotenuse c eine Länge von 5 cm, so muß die Kathete b eine Länge von 3 cm haben, denn es gilt:

$$c^2 = a^2 + b^2$$

$$b^2 = c^2 - a^2$$

$$b = \sqrt{c^2 - a^2} = \sqrt{(5\ \text{cm})^2 - (4\ \text{cm})^2} = \sqrt{(25 - 16\ \text{cm})^2} = \sqrt{9\ \text{cm}^2}$$

$$b = 3\ \text{cm}$$

Beispiel

Wie groß ist die Diagonale c in einem Rechteck entsprechend **Bild 8.6**, das die Seitenlängen $a = 6$ cm und $b = 8{,}5$ cm hat?

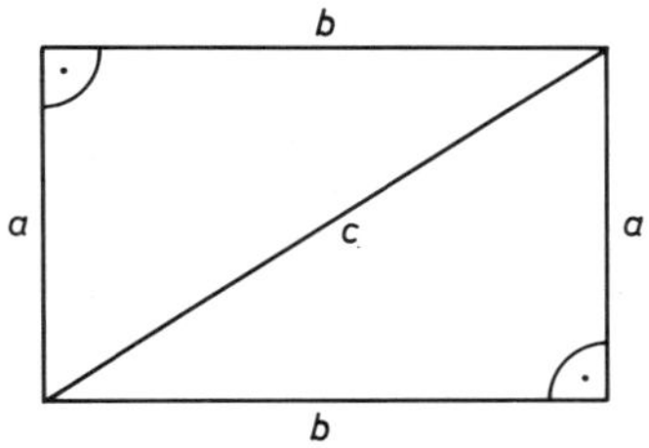

Bild 8.6 Zeichnung zum Rechenbeispiel

$$c^2 = a^2 + b^2 = (6\ \text{cm})^2 + (8{,}5\ \text{cm})^2$$
$$c^2 = 36\ \text{cm}^2 + 72{,}25\ \text{cm}^2 = 108{,}25\ \text{cm}^2$$
$$c = \sqrt{108{,}25\ \text{cm}^2}$$
$$c = 10{,}4\ \text{cm}$$

Auch mit Hilfe der Winkelfunktionen lassen sich in rechtwinkligen Dreiecken unbekannte Größen errechnen. Erforderlich ist hierbei jedoch eine genaue Kennzeichnung der Katheten. So wird die Kathete, die an dem betrachteten Winkel anliegt, als Ankathete bezeichnet, während die dem Winkel gegenüberliegende Kathete Gegenkathete genannt wird. In **Bild 8.7** sind die Winkel und die Bezeichnungen der Seiten eingetragen.

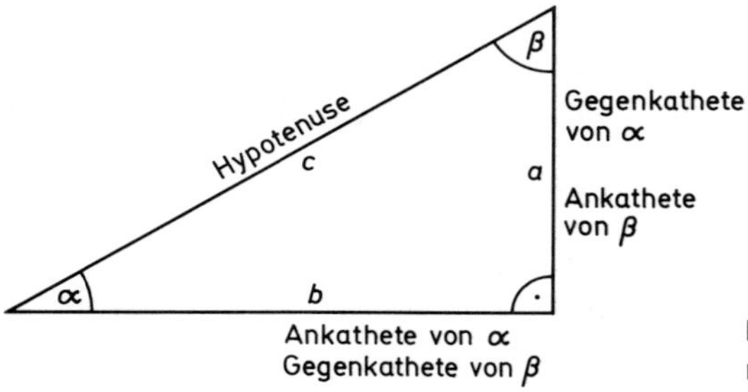

Bild 8.7 Rechtwinkliges Dreieck mit Bezeichnungen der Winkel und Seiten

Für ein rechtwinkliges Dreieck mit den Bezeichnungen entsprechend Bild 8.7 gelten die Winkelfunktionen:

$$\sin\alpha = \frac{\text{Gegenkathete}}{\text{Hypotenuse}} = \frac{a}{c}$$

$$\cos\alpha = \frac{\text{Ankathete}}{\text{Hypotenuse}} = \frac{b}{c}$$

$$\tan\alpha = \frac{\text{Gegenkathete}}{\text{Ankathete}} = \frac{a}{b}$$

Die gleichen Zusammenhänge gelten auch für den Winkel β in Bild 8.7:

$$\sin\beta = \frac{\text{Gegenkathete}}{\text{Hypotenuse}} = \frac{b}{c}$$

$$\cos\beta = \frac{\text{Ankathete}}{\text{Hypotenuse}} = \frac{a}{c}$$

$$\tan\beta = \frac{\text{Gegenkathete}}{\text{Ankathete}} = \frac{b}{a}$$

Diese Formeln für die Seitenverhältnisse in rechtwinkligen Dreiecken gelten unabhängig davon, wie die Winkel oder die Seiten bezeichnet werden. So treten in Diagrammen für Wechselstromkreise häufig der Phasenverschiebungswinkel φ sowie Spannungen, Ströme und Widerstände als Seiten auf.

Für die Werte der Winkelfunktionen sin, cos und tan gibt es umfangreiche Tabellen. Aber auch alle technisch-wissenschaftlichen Taschenrechner enthalten diese Winkelfunktionen, so daß Berechnungen dadurch sehr einfach geworden sind.

Beispiel

Wie groß ist der Winkel φ in einem rechtwinkligen Dreieck, wenn die Hypotenuse eine Länge $c = 5$ cm und die Ankathete des Winkels eine Länge $a = 4$ cm hat?

$$\cos\varphi = \frac{\text{Ankathete}}{\text{Hypotenuse}} = \frac{a}{c} = \frac{4\text{ cm}}{5\text{ cm}} = 0{,}8$$

Eingabe: [4] [÷] [5] [=] Anzeige: 0,8

$\cos\varphi = 0{,}8$

Eingabe: [0,8] [INV] [cos] Anzeige: 36.86989

$\varphi = 37°$

$\cos\varphi = 0{,}8 \Rightarrow \varphi = 37°$

8.3 Reihenschaltung von Wirk- und Blindwiderstand

8.3.1 Reihenschaltung von Widerstand und Kondensator

8.3.1.1 Zeigerdiagramm der Spannungen

Bild 8.8a zeigt eine Reihenschaltung von drei Widerständen und drei Kondensatoren. Durch alle Bauelemente fließt der gleiche Strom I. Die drei Widerstände R1, R2 und R3 können nach den Regeln für die Reihenschaltung von Widerständen zu einem Ersatzwiderstand R und die drei Kondensatoren C1, C2 und C3 nach den Regeln für die Reihenschaltung von Kapazitäten zu einer Ersatzkapazität C zusammengefaßt werden. Auf diese Weise entsteht aus der Schaltung nach Bild 8.8a mit sechs Bauelementen eine einfache Reihenschaltung von zwei Bauelementen entsprechend **Bild 8.8b**.

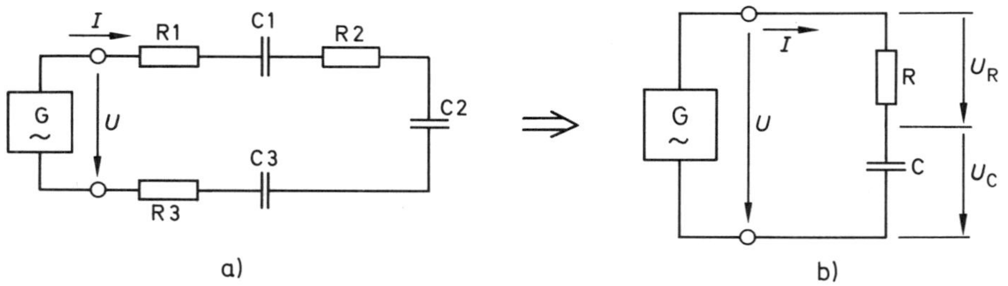

Bild 8.8 Reihenschaltung von Widerständen und Kondensatoren

In dem Wechselstromkreis nach Bild 8.8b treten als elektrische Größen die Gesamtspannung U, die Teilspannungen U_R und U_C, der Gesamtstrom I, der Widerstand R und der Blindwiderstand X_C des Kondensators auf. Weiterhin ist in diesem Wechselstromkreis noch der Phasenverschiebungswinkel φ von Bedeutung, durch den die Phasenverschiebung zwischen dem Strom I und der Spannung U beschrieben wird.
Die Darstellung der Zusammenhänge kann sowohl mathematisch als auch grafisch erfolgen. Bei der grafischen Darstellung werden Zeiger- oder Liniendiagramme verwendet. Hierbei muß unbedingt beachtet werden, daß es sich bei den darzustellenden

oder zu ermittelnden Größen stets um gerichtete Größen handelt. Sie haben immer einen Betrag und eine Richtung.
Die Vektoreigenschaften der elektrischen Größen eines Wechselstromkreises lassen sich besonders gut im Zeigerdiagramm erkennen. **Bild 8.9** zeigt das Zeigerdiagramm der Spannungen einer Reihenschaltung von Widerstand und Kondensator.

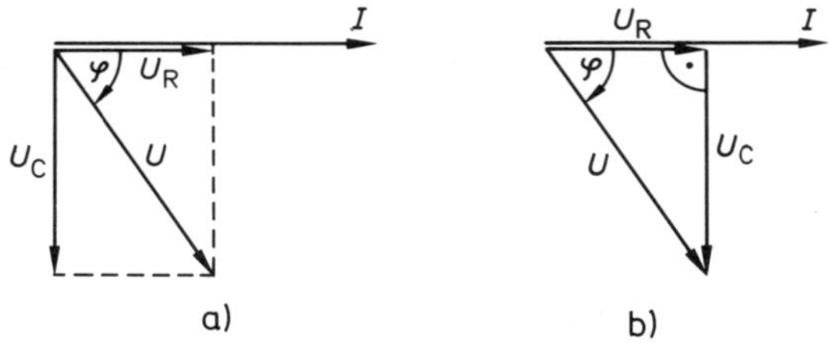

Bild 8.9 Zeigerdiagramm der Spannungen einer Reihenschaltung aus Widerstand R und Kondensator C

Der Strom I wird grundsätzlich als Bezugsgröße gewählt. Die Spannung U_R am Widerstand ist dem Strom direkt proportional und ergibt sich nach dem Ohmschen Gesetz zu:

$$U_R = I \cdot R$$

Da bei einem ohmschen Widerstand der Strom I und die an ihm abfallende Spannung U_R phasengleich sind, wird der Spannungswert als Spannungszeiger U_R im Zeigerdiagramm in gleicher Richtung wie der Strom I dargestellt. Er unterscheidet sich durch den gewählten Maßstab lediglich in seiner Länge vom Stromzeiger.
Die Spannung am Kondensator U_C läßt sich ebenfalls nach dem Ohmschen Gesetz berechnen. Hier gilt:

$$U_C = I \cdot X_C = I \cdot \frac{1}{\omega \cdot C} = I \cdot \frac{1}{2\,\pi f \cdot C}$$

Aus Abschnitt 6.6.2 ist bekannt, daß die Spannung am Kondensator dem Strom I um 90° nacheilt. Diese Phasenverschiebung wird im Zeigerdiagramm nach Bild 8.9 entsprechend berücksichtigt. Durch Parallelverschiebung des Spannungszeigers U_C und Verbinden des Anfangspunktes des Spannungszeigers U_C mit dem Endpunkt des Spannungszeigers U_R entsteht ein rechtwinkliges Dreieck.
Eine Kathete dieses Spannungsdreiecks ist die Teilspannung U_R. Sie wird als Wirkspannung bezeichnet. Die andere Kathete ist die Teilspannung U_C, die Blindspannung genannt wird. Die Gesamtspannung U ist die Hypotenuse des Spannungsdreiecks. Sie ergibt sich aus der geometrischen Addition der Teilspannungen U_R und U_C. Sie wird als Scheinspannung U bezeichnet.
Zwischen dem Strom I und der Gesamtspannung U besteht eine Phasenverschiebung, deren Phasenverschiebungswinkel vom Betrag her kleiner als 90° und vom Vorzeichen her negativ ist. Entsprechend gilt für den Phasenverschiebungswinkel einer Reihenschaltung von Widerstand und Kondensator:

$$0° > \varphi > -90°.$$

8.3.1.2 Liniendiagramm für die R-C-Reihenschaltung

Die Zusammenhänge zwischen dem Strom I, der Gesamtspannung U und den Teilspannungen U_R sowie U_C lassen sich auch im Liniendiagramm darstellen. **Bild 8.10** zeigt das Liniendiagramm einer R-C-Reihenschaltung entsprechend Bild 8.8b.

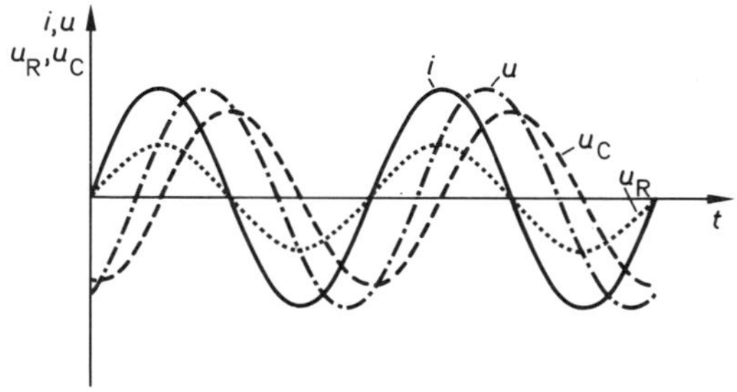

Bild 8.10 Liniendiagramm für Strom und Spannungen einer R-C-Reihenschaltung

Das Liniendiagramm entsprechend Bild 8.10 erscheint zunächst recht unübersichtlich. Erkennbar ist aber, daß die Spannung u_C am Kondensator dem Strom i um 90° nacheilt. Die Spannung u_R am Widerstand R ist dagegen in Phase mit dem Strom i und der Phasenverschiebungswinkel zwischen der Gesamtspannung u und dem Strom i liegt zwischen $\varphi = 0°$ und $\varphi = -90°$. Mit dem Oszilloskop kann der Phasenverschiebungswinkel zwischen der Gesamtspannung u und der Teilspannung u_R direkt ermittelt werden. Er ist identisch mit dem Phasenverschiebungswinkel zwischen u und i, da u_R und i immer phasengleich sind.

8.3.1.3 Mathematische Zusammenhänge für die Spannungen

Die mathematischen Zusammenhänge für die Spannungen lassen sich mit Hilfe der Zeigerdiagramme in Bild 8.9 ermitteln. Durch die geometrische Addition der Spannungen ergibt sich ein rechtwinkliges Dreieck, auf das sowohl der Lehrsatz des Pythagoras als auch die Winkelfunktionen angewandt werden können.
Für die Spannungen gilt bei Anwendung des Lehrsatzes des Pythagoras:

$$U^2 = U_R^2 + U_C^2 \Rightarrow U = \sqrt{U_R^2 + U_C^2}$$

$$U_R^2 = U^2 - U_C^2 \Rightarrow U_R = \sqrt{U^2 - U_C^2}$$

$$U_C^2 = U^2 - U_R^2 \Rightarrow U_C = \sqrt{U^2 - U_R^2}$$

Beispiel

An einer Reihenschaltung aus Widerstand und Kondensator werden mit einem Vielfachmeßinstrument die Teilspannungen $U_R = 151$ V und $U_C = 160$ V gemessen.
Wie groß ist die Gesamtspannung U, an die die Reihenschaltung angeschlossen ist?

$$U = \sqrt{U_R^2 + U_C^2} = \sqrt{151^2 \cdot V^2 + 160^2 \cdot V^2} = \sqrt{48401\ V^2}$$

$$U = 220\ V$$

Werden die Winkelfunktionen auf die Zeigerdiagramme in Bild 8.9 angewandt, so ergeben sich ohne Berücksichtigung des Vorzeichens des Phasenverschiebungswinkels – bei der Berechnung wird nur der Betrag des Phasenverschiebungswinkels $|\varphi|$ berücksichtigt – folgende Zusammenhänge:

$$\sin\varphi = \frac{U_C}{U} \Rightarrow U = \frac{U_C}{\sin\varphi}; \quad U_C = U \cdot \sin\varphi$$

$$\cos\varphi = \frac{U_R}{U} \Rightarrow U = \frac{U_R}{\cos\varphi}; \quad U_R = U \cdot \cos\varphi$$

$$\tan\varphi = \frac{U_C}{U_R} \Rightarrow U_R = \frac{U_C}{\tan\varphi}; \quad U_C = U_R \cdot \tan\varphi$$

Beispiel

Mit dem Oszilloskop wurde an einer Reihenschaltung von $R = 120\ \Omega$ und einem Kondensator C eine sinusförmige Wechselspannung $u_{R\,SS} = 18$ V und ein Phasenverschiebungswinkel $\varphi = -28°$ gegenüber der Gesamtspannung gemessen.
Wie groß sind die Spannung $u_{C\,SS}$ am Kondensator und der in die Reihenschaltung fließende Strom I?

$$U_R = \frac{u_{R\,SS}}{2 \cdot \sqrt{2}} = \frac{18\ \text{V}}{2 \cdot \sqrt{2}} = 6{,}36\ \text{V}$$

$$U_C = U_R \cdot \tan\varphi \quad \text{mit } \varphi = |-28°|$$

$$U_C = U_R \cdot \tan 28° = 6{,}36\ \text{V} \cdot 0{,}532 = 3{,}38\ \text{V}$$

$$U_{C\,SS} = U_C \cdot 2 \cdot \sqrt{2} = 9{,}56\ \text{V}$$

$$I = \frac{U_R}{R} = \frac{6{,}36\ \text{V}}{120\ \Omega} = 53\ \text{mA}$$

8.3.1.4 Widerstandsdreiecke

In Wechselstromkreisen gilt das Ohmsche Gesetz ebenso wie in Gleichstromkreisen. Daher gelten für die Reihenschaltung von Widerstand und Kondensator die Beziehungen:

$$U_R = I \cdot R \qquad \text{und} \quad U_C = I \cdot X_C$$

$$\text{bzw. } R = \frac{U_R}{I} = \frac{1}{I} \cdot U_R \quad \text{und} \quad X_C = \frac{U_C}{I} = \frac{1}{I} \cdot U_C$$

Die Widerstände und die zugehörigen Spannungen sind also proportional, wobei der durch beide Bauelemente fließende gleiche Strom als Proportionalitätsfaktor auftritt. Aufgrund dieses Zusammenhanges kann das Zeigerdiagramm der Spannungen in ein Widerstandsdreieck umgewandelt werden. **Bild 8.11** zeigt die Umwandlung des Zeigerdiagramms der Spannungen in das zugehörige Widerstandsdreieck.

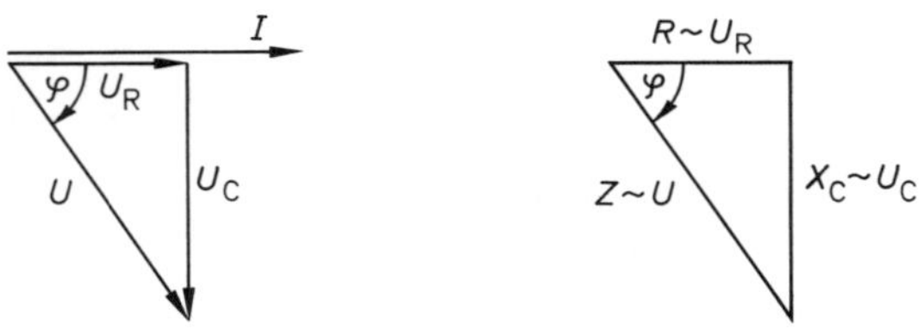

a) Zeigerdiagramm der Spannungen

b) Widerstandsdreieck

Bild 8.11 Umwandlung des Zeigerdiagramms der Spannungen in ein Widerstandsdreieck für eine R-C-Reihenschaltung

In dem Widerstandsdreieck ist zu erkennen, daß sich durch die geometrische Addition der Einzelwiderstandswerte R und X_C ein Gesamtwiderstand ergibt, der der Gesamtspannung U proportional ist. Dieser Gesamtwiderstand wird als *Scheinwiderstand Z* oder *Impedanz Z* bezeichnet. Aufgrund des Ohmschen Gesetzes gilt für den Scheinwiderstand Z:

$$U = I \cdot Z; \qquad Z = \frac{U}{I}$$

8.3.1.5 Mathematische Zusammenhänge für die Widerstände

Auch auf das Widerstandsdreieck können der Lehrsatz des Pythagoras und die Winkelfunktionen angewandt werden. Damit ergeben sich die Beziehungen:

$$Z = \sqrt{R^2 + X_C^2}\,; \quad R = \sqrt{Z^2 - X_C^2}\,; \quad X_C = \sqrt{Z^2 - R^2}$$

$$\sin\varphi = \frac{X_C}{Z}\,; \quad \cos\varphi = \frac{R}{Z}\,; \quad \tan\varphi = \frac{X_C}{R}$$

Beispiel

Die Reihenschaltung eines Widerstandes $R = 1{,}5\ \mathrm{k\Omega}$ und eines Kondensators $C = 220\ \mathrm{pF}$ ist an eine Wechselspannung $U = 2{,}4\ \mathrm{V}$; $f = 460\ \mathrm{kHz}$ angeschlossen.
Wie groß sind der Scheinwiderstand Z, der in der Reihenschaltung fließende Strom I, die Teilspannungen U_R und U_C sowie der Phasenverschiebungswinkel φ zwischen Strom und Spannung?

$$X_C = \frac{1}{2\,\pi\,f \cdot C} = \frac{1}{2\,\pi \cdot 460 \cdot 10^3 \cdot \mathrm{Hz} \cdot 220 \cdot 10^{-12}\ \mathrm{F}} = 1{,}57\ \mathrm{k\Omega}$$

$$\tan\varphi = \frac{X_C}{R} = \frac{1{,}57\ \mathrm{k\Omega}}{1{,}5\ \mathrm{k\Omega}} = 1{,}047 \Rightarrow \varphi = 46{,}3°;\ \text{da kapazitiv: } \varphi = -46{,}3°$$

$$\cos\varphi = \frac{R}{Z} \Rightarrow Z = \frac{R}{\cos\varphi} = \frac{1{,}5\ \mathrm{k\Omega}}{0{,}691} = 2{,}17\ \mathrm{k\Omega}$$

Kontrolle: $Z = \sqrt{R^2 + X_C^2} = \sqrt{1{,}5^2\ \mathrm{k\Omega^2} + 1{,}57^2\ \mathrm{k\Omega^2}} = 2{,}17\ \mathrm{k\Omega}$

$$I = \frac{U}{Z} = \frac{2{,}4\ \mathrm{V}}{2{,}17\ \mathrm{k\Omega}} = 1{,}1\ \mathrm{mA}$$

$$U_R = I \cdot R = 1{,}1\ \mathrm{mA} \cdot 1{,}5\ \mathrm{k\Omega} = 1{,}65\ \mathrm{V}$$

$$U_C = I \cdot X_C = 1{,}1\ \mathrm{mA} \cdot 1{,}57\ \mathrm{k\Omega} = 1{,}73\ \mathrm{V}$$

$$U = \sqrt{U_R^2 + U_C^2} = \sqrt{1{,}65^2\ \mathrm{V^2} + 1{,}73^2\ \mathrm{V^2}}$$

$$U = \sqrt{5{,}71\ \mathrm{V^2}}$$

$$U = 2{,}39\ \mathrm{V} \approx 2{,}4\ \mathrm{V}$$

8.3.1.6 Spannungsteiler aus R und C

Eine Reihenschaltung aus Widerstand und Kondensator kann als Spannungsteiler aufgefaßt werden. In der Elektronik werden derartige Spannungsteiler aus R und C sehr oft eingesetzt. In **Bild 8.12** sind die beiden Anwendungsmöglichkeiten dargestellt.

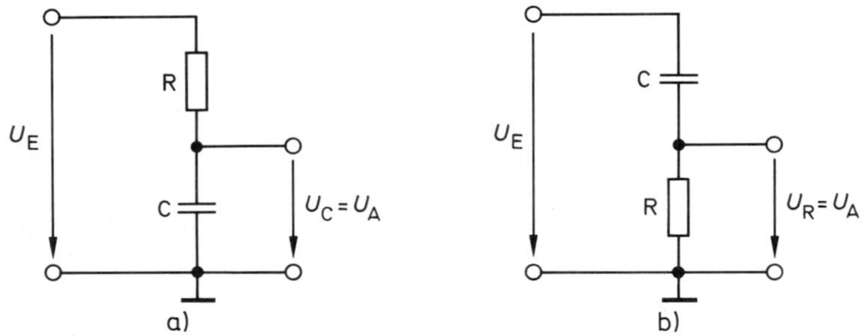

Bild 8.12 Spannungsteiler aus R und C

Für die beiden Spannungsteiler in Bild 8.12 gelten die gleichen Gesetzmäßigkeiten wie bei den Spannungsteilern nur mit ohmschen Widerständen. Beachtet werden muß bei den Spannungsteilern für Wechselspannungen aber stets, daß sich die Gesamtspannung aus der geometrischen Addition der Teilspannungen ergibt.
Für die Schaltung nach Bild 8.12a gilt:

$$\frac{U_A}{U_E} = \frac{X_C}{Z} = \frac{X_C}{\sqrt{R^2 + X_C^2}} \Rightarrow U_A = U_E \frac{X_C}{\sqrt{R^2 + X_C^2}}$$

Für die Schaltung nach Bild 8.12b ergibt sich dagegen:

$$\frac{U_A}{U_E} = \frac{R}{Z} = \frac{R}{\sqrt{R^2 + X_C^2}} \Rightarrow U_A = U_E \frac{R}{\sqrt{R^2 + X_C^2}}$$

Beispiel

Ein Spannungsteiler entsprechend Bild 8.12a hat eine Eingangsspannung $U_E = 4{,}2$ V/100 Hz. Wie groß ist die Ausgangsspannung U_A im Leerlauf, wenn $R = 3{,}9\ \Omega$ und $C = 470\ \mu F$ betragen?

$$X_C = \frac{1}{2\,\pi\, f \cdot C} = \frac{1}{2\,\pi \cdot 100\ \text{Hz} \cdot 470 \cdot 10^{-6}\ \text{F}} = 3{,}39\ \Omega$$

$$U_A = U_E \cdot \frac{X_C}{Z} = U_E \cdot \frac{X_C}{\sqrt{R^2 + X_C^2}} = 4{,}2\ \text{V} \cdot \frac{3{,}39\ \Omega}{\sqrt{3{,}9^2\ \Omega^2 + 3{,}39^2\ \Omega^2}}$$

$$U_A = 2{,}76\ \text{V}$$

In dem Beispiel ergibt sich aufgrund der geometrischen Addition, daß die Ausgangsspannung U_A größer als 50 % der Eingangsspannung U ist, obwohl der Blindwiderstand des Kondensators X_C kleiner als der ohmsche Widerstand R ist.
Ein besonderer Fall liegt bei den Spannungsteilern nach Bild 8.12 vor, wenn X_C und R gleiche Werte haben. In **Bild 8.13** sind das Zeigerdiagramm für die Spannungen und das Widerstandsdreieck für diesen Sonderfall dargestellt.

Bild 8.13 Zeigerdiagramm der Spannungen und Widerstandsdreieck einer R-C-Reihenschaltung für den Sonderfall $X_C = R$

Aus dem Widerstandsdreieck in Bild 8.13 ergibt sich für den Scheinwiderstand Z:

$$Z = \sqrt{R^2 + X_C^2} \quad \text{mit } R = X_C \;\Rightarrow\; Z = \sqrt{2 \cdot R^2} = \sqrt{2 \cdot X_C^2}$$

$$Z = \sqrt{2} \cdot R = \sqrt{2} \cdot X_C$$

Für die Spannung gilt analog dazu:

$$U = \sqrt{2} \cdot U_R = \sqrt{2} \cdot U_C$$

Bezüglich der Phasenbeziehung kann ermittelt werden:

$$\tan \varphi = \frac{X_C}{R} = 1 \;\Rightarrow\; \varphi = -45°$$

Dieser Sonderfall mit $X_C = R$ bei einem Spannungsteiler aus Widerstand und Kondensator hat in der Elektronik eine große Bedeutung für die Beurteilung von Schaltungseigenschaften. So wird die Frequenz, bei der der Blindwiderstand den gleichen Wert wie der Wirkwiderstand hat, als Grenzfrequenz f_g eines Spannungsteilers bezeichnet. Für die Spannungsteiler nach Bild 8.13 gilt:

$$R = X_C$$

$$R = \frac{1}{2\pi \cdot f_g \cdot C}$$

$$f_g = \frac{1}{2\pi \cdot R \cdot C}$$

Bei $f > f_g$ ist $X_C < R$ und bei $f < f_g$ ist $X_C > R$.

8.3.2 Reihenschaltung von Widerstand und Spule

8.3.2.1 Zeigerdiagramm der Spannungen

Bild 8.14a zeigt eine Reihenschaltung von zwei Widerständen und drei Spulen. Durch alle Bauelemente fließt der gleiche Strom I. Für die Widerstände R1 und R2 läßt sich ein Ersatzwiderstand R und für die Spulen L1, L2 und L3 eine Ersatzinduktivität L ermitteln. Daraus ergibt sich dann eine einfache Reihenschaltung entsprechend **Bild 8.14b**.

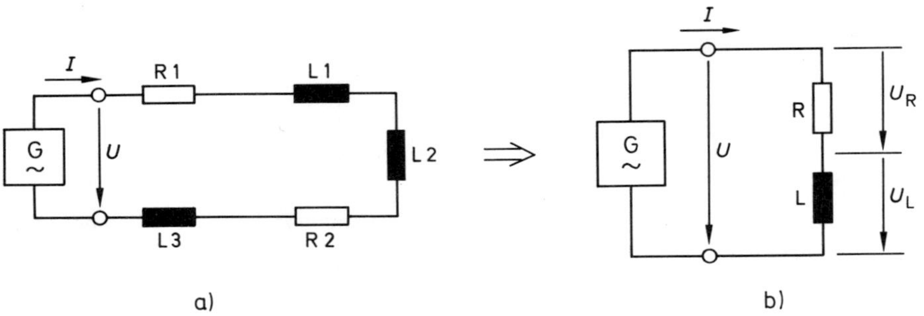

Bild 8.14 Reihenschaltung von Widerständen und Spulen

Bei der Reihenschaltung von Widerstand und Spule treten ähnliche Zusammenhänge wie bei der Reihenschaltung von Widerstand und Kondensator entsprechend Abschnitt 8.3.1 auf. So sind bei der Schaltung nach Bild 8.14b der Strom I und die Spannung U_R am Widerstand R stets in Phase. Zwischen dem Strom I und der Teilspannung U_L an der Spule tritt dagegen wieder ein Phasenverschiebungswinkel von $\varphi = 90°$ auf. Hier eilt die Spannung dem Strom voraus. In **Bild 8.15** ist das Zeigerdiagramm einer R-L-Reihenschaltung dargestellt.

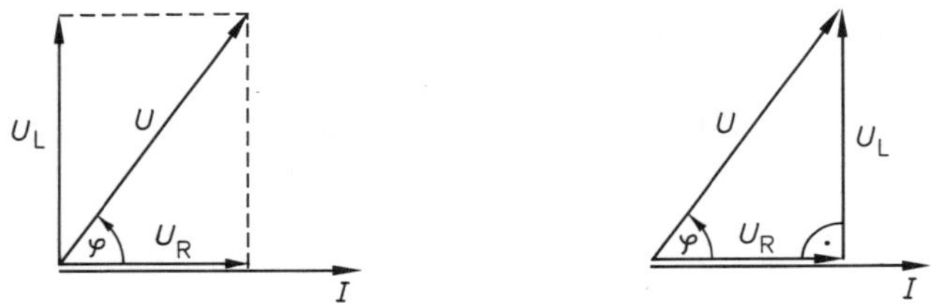

Bild 8.15 Zeigerdiagramm der Spannungen einer Reihenschaltung aus Widerstand R und Spule L

In dem Zeigerdiagramm nach Bild 8.15 ist wieder der Strom I als Bezugszeiger gewählt. Die Teilspannung U_R ist mit dem Strom I in Phase, während zwischen dem Strom I und der Teilspannung U_L ein Phasenverschiebungswinkel $\varphi = +90°$ besteht. Die Teilspannungen lassen sich wieder nach dem Ohmschen Gesetz ermitteln:

$$U_R = I \cdot R \text{ und } U_L = I \cdot X_L = I \cdot 2\pi \cdot f \cdot L$$

Die Größe der Wirkspannung U_R hängt nur von der Größe des Stromes I und dem Wert des Widerstandes R ab. Bei der Größe der induktiven Blindspannung U_L tritt neben der Abhängigkeit vom Strom I und der Induktivität L zusätzlich noch eine Abhängigkeit von der Frequenz f auf.
Durch geometrische Addition der Teilspannungen U_R und U_L ergibt sich die Gesamtspannung U. Zwischen dem Strom I und der Spannung U tritt – in Abhängigkeit von der Frequenz – ein Phasenverschiebungswinkel zwischen 0° und + 90° auf. Für die Reihenschaltung von Widerstand und Spule gilt daher:

$$0° < \varphi < +90°$$

8.3.2.2 Liniendiagramm für die R-L-Reihenschaltung

In **Bild 8.16** sind die zeitabhängigen, elektrischen Größen Strom i, Wirkspannung u_R, Blindspannung u_L und Gesamtspannung u gemeinsam dargestellt.

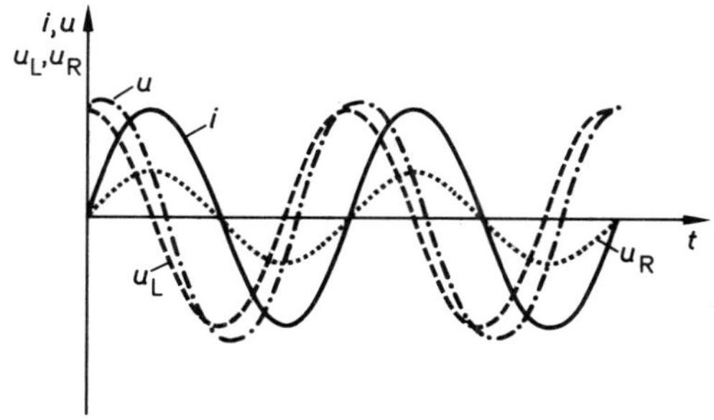

Bild 8.16 Liniendiagramm für Strom und Spannungen einer R-L-Reihenschaltung

Erkennbar ist in Bild 8.16, daß die Spannung u_L dem Strom i um 90° vorauseilt, die Spannung u_R phasengleich mit dem Strom i ist und zwischen der Gesamtspannung u und dem Strom i ein Phasenverschiebungswinkel zwischen 0° und 90° auftritt.

8.3.2.3 Mathematische Zusammenhänge für die Spannungen

Genau wie bei der R-C-Reihenschaltung müssen auch bei der R-L-Reihenschaltung die Teilspannungen U_R und U_L geometrisch zur Gesamtspannung U addiert werden. Nach dem Lehrsatz des Pythagoras gilt hierfür:

$$U = \sqrt{U_R^2 + U_L^2}\,; \quad U_R = \sqrt{U^2 - U_L^2}\,; \quad U_L = \sqrt{U^2 - U_R^2}$$

Werden die Winkelfunktionen auf das Zeigerdiagramm der Spannungen in Bild 8.15 angewandt, so ergibt sich:

$$\sin\varphi = \frac{U_L}{U} \Rightarrow U = \frac{U_L}{\sin\varphi}\,; \quad U_L = U \cdot \sin\varphi$$

$$\cos\varphi = \frac{U_R}{U} \Rightarrow U = \frac{U_R}{\cos\varphi}\,; \quad U_R = U \cdot \cos\varphi$$

$$\tan\varphi = \frac{U_L}{U_R} \Rightarrow U_R = \frac{U_L}{\tan\varphi}\,; \quad U_C = U_L \cdot \tan\varphi$$

Beispiel

Eine R-L-Schaltung ist an eine Wechselspannung mit der Frequenz $f = 400$ Hz angeschlossen und hat dabei eine Stromaufnahme $I = 82$ mA. Die Induktivität der Spule beträgt $L = 220$ mH und am Widerstand R wird eine Spannung $U_R = 14$ V gemessen.

Wie groß sind die Gesamtspannung U, an die die Reihenschaltung angeschlossen ist, sowie die Teilspannung U_L an der Spule und der Phasenverschiebungswinkel φ ?

$$X_L = 2\,\pi\, f \cdot L = 2\,\pi \cdot 400\text{ Hz} \cdot 0{,}22\text{ H} = 553\,\Omega$$

$$U_L = I \cdot X_L = 82\text{ mA} \cdot 553\,\Omega = 45{,}35\text{ V}$$

$$U = \sqrt{U_R^2 + U_L^2} = \sqrt{14^2\text{ V}^2 + 45{,}35^2\text{ V}^2} = 47{,}5\text{ V}$$

$$\tan\varphi = \frac{U_L}{U_R} = \frac{45{,}35\text{ V}}{14\text{ V}} = 3{,}24$$

$$\varphi = +72{,}8°,\text{ da induktiv}$$

8.3.2.4 Widerstandsdreiecke

Auch für die R-L-Reihenschaltung besteht eine Proportionalität zwischen den Spannungen und Widerständen.

$$R \sim U_R \qquad R = \frac{1}{I} \cdot U_R$$

$$X_L \sim U_L \qquad X_L = \frac{1}{I} \cdot U_L$$

Proportionalitätsfaktor ist wieder der Strom bzw. sein Kehrwert, weil er gemeinsame Größe für alle Bauteile ist. Daher läßt sich das Zeigerdiagramm der Spannungen direkt in das Widerstandsdreieck überführen. **Bild 8.17** zeigt das Zeigerdiagramm für die Spannungen und das zugehörige Widerstandsdreieck.

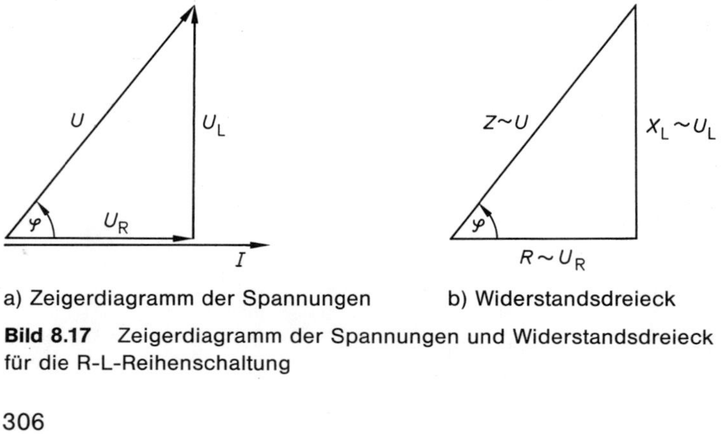

a) Zeigerdiagramm der Spannungen b) Widerstandsdreieck

Bild 8.17 Zeigerdiagramm der Spannungen und Widerstandsdreieck für die R-L-Reihenschaltung

8.3.2.5 Mathematische Zusammenhänge für die Widerstände

Die geometrische Addition der Widerstände R und X_L ergibt den Scheinwiderstand Z. Hierbei gelten die Zusammenhänge:

$$U = I \cdot Z\,; \quad Z = \frac{U}{I}$$

$$Z = \sqrt{R^2 + X_L^2}\,; \quad R = \sqrt{Z^2 - X_L^2}\,; \quad X_L = \sqrt{Z^2 - R^2}$$

$$\sin\varphi = \frac{X_L}{Z}\,; \quad \cos\varphi = \frac{R}{Z}\,; \quad \tan\varphi = \frac{X_L}{R}$$

Beispiel

Ein ohmscher Widerstand $R = 10\ \text{k}\Omega$ liegt mit einer Spule L in Reihe an einer Wechselspannung $U = 8$ V.
Welche Induktivität L muß die Spule haben, damit bei $f = 3{,}4$ kHz am Widerstand R eine Spannung $U_R = 4$ V liegt, und wie groß sind für diesen Betriebsfall der Strom I, die Teilspannung U_L und der Phasenverschiebungswinkel φ?

$$I = \frac{U_R}{R} = \frac{4\ \text{V}}{10\ \text{k}\Omega} = 0{,}4\ \text{mA}$$

$$Z = \frac{U}{I} = \frac{8\ \text{V}}{0{,}4\ \text{mA}} = 20\ \text{k}\Omega$$

$$X_L = \sqrt{Z^2 - R^2} = \sqrt{20^2\ \text{k}\Omega^2 - 10^2\ \text{k}\Omega^2} = 17{,}32\ \text{k}\Omega$$

$$X_L = 2\,\pi\,f \cdot L \;\Rightarrow\; L = \frac{X_L}{2\,\pi\,f} = \frac{17{,}32\ \text{k}\Omega}{2\,\pi \cdot 3{,}4\ \text{kHz}} = 810\ \text{mH}$$

$$U_L = I \cdot X_L = 0{,}4\ \text{mA} \cdot 17{,}32\ \text{k}\Omega = 6{,}93\ \text{V}$$

Kontrolle: $U = \sqrt{U_R^2 + U_L^2} = \sqrt{4^2\ \text{V}^2 + 6{,}93^2\ \text{V}^2} = 8\ \text{V}$

$$\cos\varphi = \frac{R}{Z} = \frac{10\ \text{k}\Omega}{20\ \text{k}\Omega} = 0{,}5$$

$\varphi = +60°$, da induktiv

8.3.2.6 Spannungsteiler aus R und L

Auch die Reihenschaltung von R und L kann als frequenzabhängiger Spannungsteiler betrachtet und eingesetzt werden. **Bild 8.18** zeigt die beiden möglichen Schaltungen.

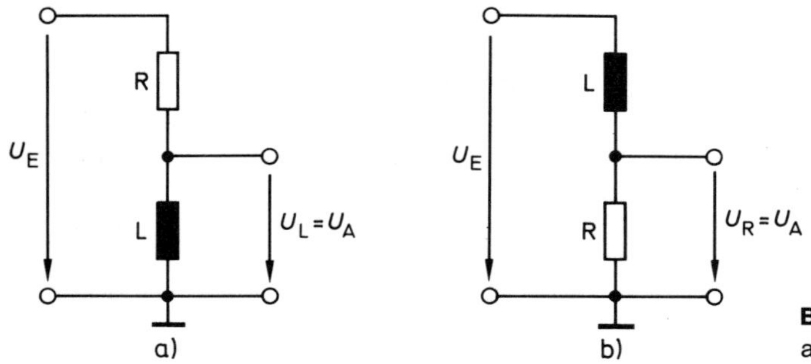

Bild 8.18 Spannungsteiler aus R und L

Durch Anwendung der Spannungsteilerregel ergibt sich unter Berücksichtigung der geometrischen Addition für die Schaltung nach Bild 8.18a:

$$\frac{U_A}{U_E} = \frac{X_L}{Z} = \frac{X_L}{\sqrt{R^2 + X_L^2}} \Rightarrow U_A = U_E \cdot \frac{X_L}{\sqrt{R^2 + X_L^2}}$$

und für die Schaltung nach Bild 8.18b:

$$\frac{U_A}{U_E} = \frac{R}{Z} = \frac{R}{\sqrt{R^2 + X_L^2}} \Rightarrow U_A = U_E \cdot \frac{R}{\sqrt{R^2 + X_L^2}}$$

Beispiel

Ein Spannungsteiler ist entsprechend Bild 8.18a mit $R = 560\ \Omega$ und $L = 68$ mH aufgebaut und an eine Wechselspannung $U_E = 12$ V angeschlossen.
Wie groß sind die Ausgangsspannungen U_{A1}, U_{A2} und U_{A3} bei den Frequenzen $f_1 = 100$ Hz, $f_2 = 1$ kHz und $f_3 = 10$ kHz?

$$X_{L1} = 2\,\pi\,f_1\,L = 2\,\pi \cdot 100\ \text{Hz} \cdot 68\ \text{mH} = 42{,}7\ \Omega$$

$$X_{L2} = 2\,\pi\,f_2\,L = 2\,\pi \cdot 1\ \text{kHz} \cdot 68\ \text{mH} = 427\ \Omega$$

$$X_{L3} = 2\,\pi\,f_3\,L = 2\,\pi \cdot 10\ \text{kHz} \cdot 68\ \text{mH} = 4{,}27\ \text{k}\Omega$$

$$U_A = U_E \cdot \frac{X_L}{\sqrt{R^2 + X_L^2}}$$

$$U_{A1} = 0{,}9\ \text{V}$$

$$U_{A2} = 7{,}3\ \text{V}$$

$$U_{A3} = 11{,}9\ \text{V}$$

In dem Beispiel ist deutlich zu erkennen, wie stark die Ausgangsspannung U_A von der Frequenz abhängt. So ist U_{A1} bei $f_1 = 100$ Hz nur sehr gering, während bei $f_3 = 10$ kHz die Ausgangsspannung U_{A3} fast so groß wie die Eingangsspannung U_E ist.

Auch für die R-L-Reihenschaltung ist der Sonderfall von Bedeutung, bei dem der Blindwiderstand X_L genau so groß wie der Wirkwiderstand R ist. Dieser Zusammenhang $X_L = R$ tritt bei einer Frequenz ein, die auch hier als Grenzfrequenz bezeichnet wird. Hierfür gilt:

$$X_L = R$$

$$2\,\pi\, f_g \cdot L = R$$

$$f_g = \frac{R}{2\,\pi\, L} = \frac{1}{2\,\pi} \cdot \frac{R}{L}$$

Bei $f > f_g$ ist $X_L > R$ und bei $f < f_g$ ist $X_L < R$.

Weitere Zusammenhänge für den Sonderfall $X_L = R$ lassen sich aus dem **Bild 8.19** entnehmen. Sie lauten:

$$Z = \sqrt{R^2 + X_L^2} \quad \text{mit } R = X_L \;\Rightarrow\; Z = \sqrt{2} \cdot R = \sqrt{2} \cdot X_L$$

$$U = \sqrt{2} \cdot U_R = \sqrt{2} \cdot U_L$$

$$\tan\varphi = \frac{X_L}{R} = 1 \;\rightarrow\; \varphi = 45°$$

Bild 8.19 Zeigerdiagramm der Spannungen und Widerstandsdreieck einer R-L-Reihenschaltung für den Sonderfall $X_L = R$

8.3.2.7 Verlustfaktor tan δ und Spulengüte Q

In der Praxis können bei vielen Spulen die auftretenden Verluste nicht vernachlässigt werden. Entsprechend Abschnitt 7.6.5 tritt bei jeder Spule ein Spulenwiderstand auf, der sich überwiegend aus dem ohmschen Widerstand des verwendeten Drahtes für die Wicklung ergibt. Die Ersatzschaltung einer realen Spule besteht daher aus der Reihenschaltung einer idealen Spule und eines ohmschen Widerstandes R_{Sp}. **Bild 8.20** zeigt das Ersatzschaltbild, das Zeigerdiagramm der Spannungen und das Widerstandsdreieck einer realen, d. h. verlustbehafteten Spule. Zusätzlich ist hier ein Winkel δ eingetragen. Hierfür gilt:

$$\delta = 90° - \varphi$$

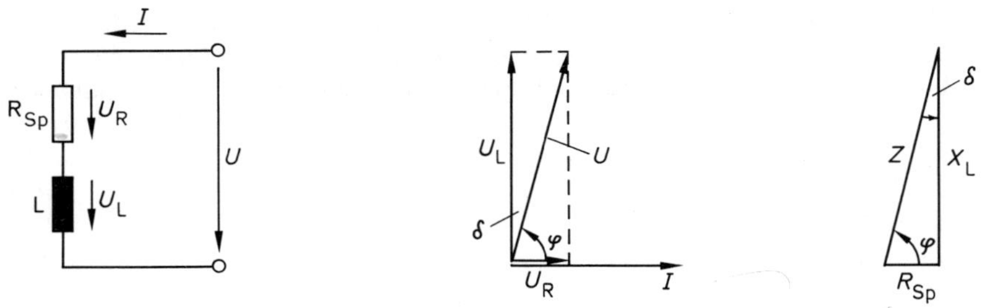

Bild 8.20 Ersatzschaltbild, Zeigerdiagramm der Spannungen und Widerstandsdreieck für eine reale Spule

Zur Beurteilung der Verluste einer realen Spule wird der Verlustfaktor $\tan\delta$ angegeben. Für diesen gilt:

$$\tan\delta = \frac{R_{Sp}}{X_L}$$

Je kleiner dieser Verlustfaktor ist, desto verlustärmer ist die Spule.
Der Kehrwert des Verlustfaktors $\tan\delta$ wird als Spulengüte Q bezeichnet.

$$\text{Spulengüte } Q = \frac{1}{\tan\delta} = \frac{X_L}{R_{Sp}}$$

Hieraus ergibt sich, daß die Spulengüte Q umso größer ist, je verlustärmer eine Spule ist.

Beispiel

Eine verlustbehaftete Spule hat die Werte $R_{Sp} = 31{,}4\ \Omega$ und $L = 100$ mH.
Wie groß sind der Verlustfaktor $\tan\delta$, der Phasenverschiebungswinkel φ und die Spulengüte Q, wenn die anliegende Spannung eine Frequenz $f = 1$ kHz hat?

$$\tan\delta = \frac{R_{Sp}}{X_L} = \frac{31{,}4\ \Omega}{2\,\pi \cdot 1 \cdot 10^3\,\frac{1}{\text{s}} \cdot 0{,}1\,\frac{\text{Vs}}{\text{A}}} = \frac{31{,}4\ \Omega}{628\ \Omega}$$

$$\tan\delta = 0{,}05 \Rightarrow \delta \approx 2{,}9°$$

$$\varphi = 90° - \delta \approx 87{,}1°$$

$$Q = \frac{1}{\tan\delta} = \frac{X_L}{R_{Sp}} = \frac{628\ \Omega}{31{,}4\ \Omega}$$

$$Q = 20$$

8.3.3 Leistungen bei R-C- und R-L-Reihenschaltungen

Der in einem Stromkreis fließende Strom *I* erzeugt in den Bauelementen eine Leistung. Sie ist eine zeitlich unabhängige Größe, sofern beim sinusförmigen Wechselstrom der Effektivwert zugrunde gelegt wird. Im Gegensatz dazu ergibt aber das Produkt der Augenblickswerte von Strom und Spannung die Momentanleistung. Die jeweils verrichtete Arbeit ist das Produkt aus Leistung und Zeit.
Bei der Betrachtung von Leistung und Arbeit im Wechselstromkreis muß beachtet werden, daß in Blindwiderständen auch nur eine Blindleistung *Q* und in Wirkwiderständen nur eine Wirkleistung *P* umgesetzt wird. Unter Berücksichtigung der Phasenverschiebung ergibt sich hieraus eine Gesamtleistung, die als Scheinleistung *S* bezeichnet wird.

8.3.3.1 Leistungsdreiecke und Liniendiagramme

Für die Leistung bei der R-C-Reihenschaltung sowie der R-L-Reihenschaltung gelten die Zusammenhänge:

$P = U_R \cdot I$	Wirkleistung in W
$Q_C = U_C \cdot I$	kapazitive Blindleistung in W oder var
$Q_L = U_L \cdot I$	induktive Blindleistung in W oder var
$S = U \cdot I$	Scheinleistung in W oder VA

Die Leistungen sind also den Spannungen direkt proportional, so daß sich Dreiecke für die Leistungen entsprechend **Bild 8.21** ergeben.

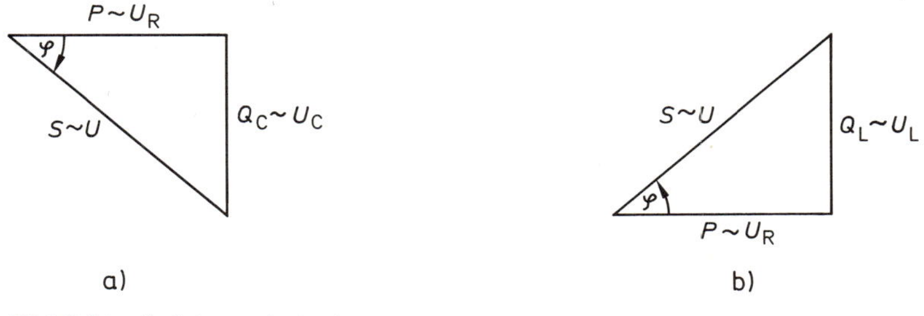

Bild 8.21 Leistungsdreiecke
a) für R-C-Reihenschaltung
b) für R-L-Reihenschaltung

Bei der R-C-Reihenschaltung eilt die kapazitive Blindleistung Q_C der Wirkleistung *P* um 90° nach. Damit ergibt sich eine Scheinleistung *S*, die der Wirkleistung *P* mit einem Phasenverschiebungswinkel zwischen 0° und −90° nacheilt.

Bei der R-L-Reihenschaltung eilt die induktive Blindleistung Q_L der Wirkleistung P um 90° voraus. Damit ergibt sich dann eine Scheinleistung S, die der Wirkleistung P mit einem Phasenverschiebungswinkel zwischen 0° und +90° vorauseilt.
In **Bild 8.22** sind der Strom i, die Spannung u und die momentane Leistung p im Liniendiagramm dargestellt.

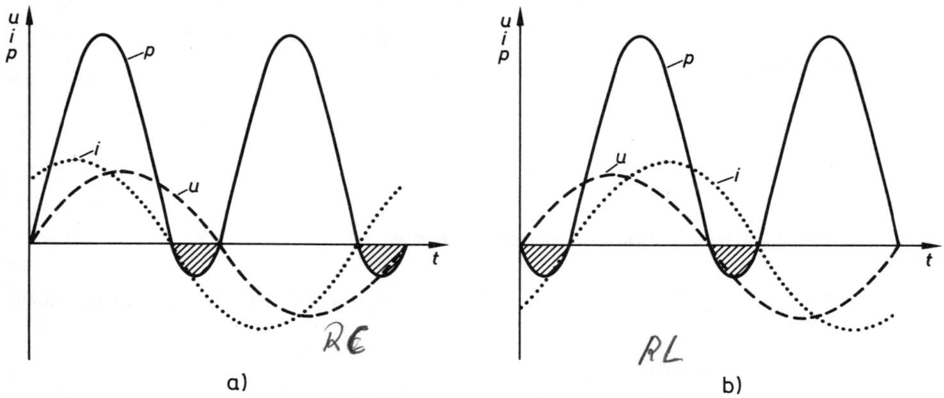

Bild 8.22 Liniendiagramm von Spannung, Strom und Leistung
a) für eine R-C-Reihenschaltung
b) für eine R-L-Reihenschaltung

In der Darstellung in Bild 8.22 ist zu erkennen, daß ein, allerdings nur kleiner Teil der Momentanleistung unter der Zeitachse t liegt, also negativ ist. Es ist somit eine Blindleistungskomponente vorhanden.

8.3.3.2 Mathematische Zusammenhänge für die Leistungen

Aus den Leistungsdreiecken in Bild 8.21 lassen sich die formelmäßigen Zusammenhänge für die Leistungen ableiten. Weiterhin haben die bisher verwendeten Formeln zur Berechnung der Leistungen aus Strom, Spannung und Widerstand unverändert Gültigkeit. In der Tabelle **Bild 8.23** sind die Formeln für die Berechnungen der Leistungen in R-C-Reihenschaltungen und R-L-Reihenschaltungen übersichtlich zusammengefaßt.

	Reihenschaltung aus R und C	Reihenschaltung aus R und L
Scheinleistung S	$S = U \cdot I = \frac{U^2}{Z} = I^2 \cdot Z$	$S = U \cdot I = \frac{U^2}{Z} = I^2 \cdot Z$
	$S = \sqrt{P^2 + Q_C^2}$	$S = \sqrt{P^2 + Q_L^2}$
	$S = \frac{Q_C}{\sin \varphi}$	$S = \frac{Q_L}{\sin \varphi}$
	$S = \frac{P}{\cos \varphi}$	$S = \frac{P}{\cos \varphi}$
Wirkleistung P	$P = U_R \cdot I = \frac{U_R^2}{R} = I^2 \cdot R$	$P = U_R \cdot I = \frac{U_R^2}{R} = I^2 \cdot R$
	$P = \sqrt{S^2 - Q_C^2}$	$P = \sqrt{S^2 - Q_L^2}$
	$P = S \cdot \cos \varphi$	$P = S \cdot \cos \varphi$
	$P = \frac{Q_C}{\tan \varphi}$	$P = \frac{Q_L}{\tan \varphi}$
Blindleistung Q_C und Q_L	$Q_C = U_C \cdot I = \frac{U_C^2}{X_C} = I^2 \cdot X_C$	$Q_L = U_L \cdot I = \frac{U_L^2}{X_L} = I^2 \cdot X_L$
	$Q_C = \sqrt{S^2 - P^2}$	$Q_L = \sqrt{S^2 - P^2}$
	$Q_C = S \cdot \sin \varphi$	$Q_L = S \cdot \sin \varphi$
	$Q_C = P \cdot \tan \varphi$	$Q_L = P \cdot \tan \varphi$

Bild 8.23 Mathematische Zusammenhänge für die Leistungen in R-C-Reihenschaltungen und R-L-Reihenschaltungen

Die Scheinleistung S einer an Wechselspannung angeschlossenen Schaltung oder eines Verbrauchers mit entsprechendem Verhalten ist maßgeblich für den Strom, den der Verbraucher aufnimmt und der somit auch in den Zuleitungen fließt.
Eine wichtige Komponente ist jedoch die Wirkleistung P, da nur sie in eine andere nutzbare Energie umgewandelt werden kann oder Verlustwärme erzeugt. Damit kommt dem Zusammenhang

$$P = S \cdot \cos \varphi$$

eine besondere Bedeutung zu. Der Faktor $\cos \varphi$ wird als Leistungsfaktor bezeichnet und ist ein Maß für den direkt nutzbaren Anteil der Scheinleistung S. Je größer der Leistungsfaktor $\cos \varphi$ ist, desto größer ist auch der Anteil der Wirkleistung P an der Scheinleistung S. Bei $\cos \varphi = 1$ wird $P = S$ und damit ausschließlich eine Wirkleistung erzeugt.
Die jeweils erzeugte Blindleistung kann nicht in eine nutzbare Leistung umgewandelt werden. Sie wird beim Aufbau des elektrischen oder des magnetischen Feldes aufgenommen und bei deren Abbau dann wieder in die speisende Quelle zurückgespeist.

Da der fließende Blindstrom aber die Zuleitung belastet, wird stets versucht, den Blindleistungsanteil möglichst gering zu halten. Auf schaltungstechnische Maßnahmen zur Kompensation der Blindleistung wird im Abschnitt 8.6 noch näher eingegangen.

Beispiel 1

Ein Verbraucher besteht aus einer R-C-Reihenschaltung und ist an eine Spannung $U = 50\ \text{V}/50\ \text{Hz}$ angeschlossen. Die Schaltung nimmt dabei einen Strom $I = 1$ A auf. Der Leistungsfaktor ist mit $\cos\varphi = 0{,}68$ angegeben.
Wie groß sind die Scheinleistung S, die Wirkleistung P, die Blindleistung Q_C und für welche maximale Spannung muß der Kondensator ausgelegt sein?

$$S = U \cdot I = 50\ \text{V} \cdot 1\ \text{A} = 50\ \text{VA}$$

$$P = S \cdot \cos\varphi = 50\ \text{VA} \cdot 0{,}68 = 34\ \text{W}$$

$$Q_C = \sqrt{S^2 - P^2} = \sqrt{50^2\ (\text{VA})^2 - 34^2\ \text{W}^2} = 36{,}7\ \text{var}$$

$$Q_C = U_C \cdot I \Rightarrow U_C = \frac{Q_C}{I} = \frac{36{,}7\ \text{var}}{1\ \text{A}} = 36{,}7\ \text{V}$$

Der Kondensator muß eine Spannungsfestigkeit von $U > 36{,}7$ V haben.

Beispiel 2

Eine Drossel mit einer Induktivität $L = 2{,}2$ H ist über einen Vorwiderstand $R = 470\ \Omega$ an $U = 220\ \text{V}/50\ \text{Hz}$ angeschlossen.
Wie groß sind die Scheinleistung S, die Wirkleistung P sowie die Blindleistung Q_L und welchen Leistungsfaktor $\cos\varphi$ hat die Schaltung?

$$X_L = 2\,\pi\, f \cdot L = 2\,\pi \cdot 50\ \text{Hz} \cdot 2{,}2\ \text{H} = 691\ \Omega$$

$$Z = \sqrt{R^2 + X_L^2} = \sqrt{470^2\ \Omega^2 + 691^2\ \Omega^2} = 836\ \Omega$$

$$I = \frac{U}{Z} = \frac{220\ \text{V}}{836\ \Omega} = 0{,}26\ \text{A}$$

$$S = U \cdot I = 220\ \text{V} \cdot 0{,}26\ \text{A} = 57{,}2\ \text{VA}$$

$$\cos\varphi = \frac{R}{Z} = \frac{470\ \Omega}{836\ \Omega} = 0{,}562 \Rightarrow \varphi = 55{,}8^\circ$$

$$P = S \cdot \cos\varphi = 57{,}2\ \text{VA} \cdot 0{,}562 = 32\ \text{W}$$

$$Q_L = S \cdot \sin\varphi = 57{,}2\ \text{VA} \cdot 0{,}827 = 47{,}3\ \text{var}$$

8.4 Parallelschaltung von Wirk- und Blindwiderstand

Neben der Reihenschaltung von Wirk- und Blindwiderstand ist auch die Parallelschaltung von Wirk- und Blindwiderstand eine noch relativ einfache und überschaubare Grundschaltung, bei der die Zusammenhänge der elektrischen Größen mit den bereits bekannten grafischen und mathematischen Verfahren ermittelt werden können. Daher werden in diesem Abschnitt die Betrachtungen der beiden möglichen Schaltungen zusammengefaßt.

8.4.1 Zeigerdiagramme der Ströme

Bild 8.24a zeigt die Parallelschaltung von Widerstand und Kondensator und **Bild 8.24b** die Parallelschaltung von Widerstand und Spule.

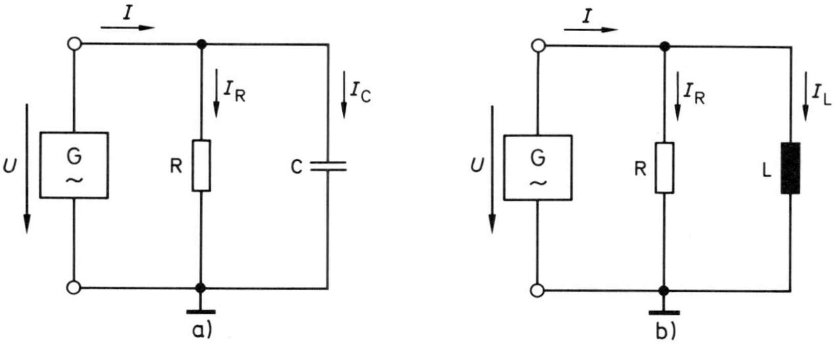

Bild 8.24 Parallelschaltung von R und C sowie R und L

Charakteristisch für die Parallelschaltung ist die gemeinsame Spannung U, die an allen Bauelementen liegt sowie die Aufteilung des Gesamtstromes in Teilströme. Bei der R-C-Parallelschaltung treten die Teilströme I_R und I_C auf, in der R-L-Parallelschaltung die Teilströme I_R und I_L.
Aufgrund der Phasenbeziehungen zwischen Spannung und Strom bei den einzelnen Bauelementen läßt sich die Aufteilung der Ströme wieder mit Hilfe von Zeigerdiagrammen am einfachsten darstellen. **Bild 8.25** zeigt die Zeigerdiagramme der Ströme für die beiden Parallelschaltungen.
Die angelegte Spannung U ist in beiden Schaltungen mit dem Wirkstrom I_R in Phase und wird deshalb im Zeigerdiagramm mit dem Zeiger I_R in gleicher Richtung aufgetragen.

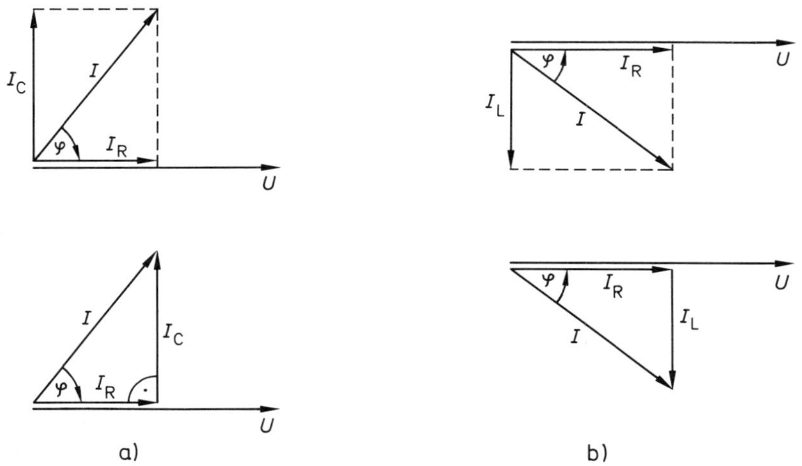

Bild 8.25 Zeigerdiagramme der Ströme für
a) Parallelschaltung von R und C
b) Parallelschaltung von R und L

Beim Kondensator besteht zwischen dem Strom I_C und der Spannung U eine Phasenverschiebung von 90°, wobei der Strom I_C der Spannung U voreilt. Die geometrische Addition der Teilströme I_R und I_C ergibt den Gesamtstrom I. Aus der Festlegung, daß für die Bestimmung des Phasenverschiebungswinkels der Gesamtstrom I als Bezugsgröße zu wählen ist, tritt ein Phasenverschiebungswinkel φ auf von:

$$0° > \varphi > -90° \qquad \text{(R-C-Parallelschaltung)}$$

Dieser Phasenverschiebungswinkel φ ergibt sich auch zwischen dem Gesamtstrom I und dem Wirkstrom I_R. Diese Zusammenhänge sind in Bild 8.25 a dargestellt.
Bei der Spule eilt der Strom I_L der Spannung U um 90° nach. Der Gesamtstrom I läßt sich durch geometrische Addition der Teilströme I_R und I_L ermitteln. Mit diesem Strom I als Bezugsgröße ergibt sich ein Phasenverschiebungswinkel φ zwischen dem Gesamtstrom I und der Spannung U von:

$$0° < \varphi < +90° \qquad \text{(R-L-Parallelschaltung)}$$

Dieser Phasenverschiebungswinkel φ tritt auch zwischen dem Gesamtstrom I und dem Wirkstrom I_R auf. Diese Zusammenhänge sind in Bild 8.25b wiedergegeben.

8.4.2 Liniendiagramme für die R-C- und R-L-Parallelschaltung

Auch in Liniendiagrammen können die Beziehungen zwischen Gesamtspannung u, Gesamtstrom i und den Teilströmen i_C und i_L erkennbar dargestellt werden. **Bild 8.26** zeigt die Liniendiagramme für die beiden Parallelschaltungen.

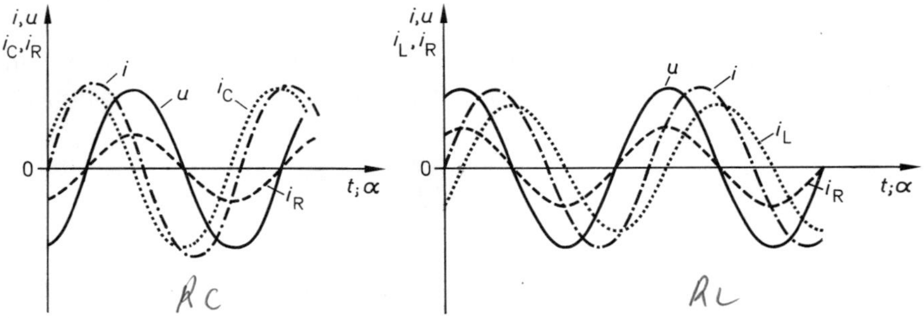

Bild 8.26 Liniendiagramm der Ströme und der Spannung
a) für eine R-C-Parallelschaltung
b) für eine R-L-Parallelschaltung

In den Diagrammen nach Bild 8.26 ist zu erkennen, daß zwischen der Spannung u und den Strömen i_C und i_L der Phasenverschiebungswinkel 90° beträgt. Zwischen dem Gesamtstrom i und der Spannung u tritt ein Phasenverschiebungswinkel auf, dessen Betrag zwischen 0° und 90° liegt. Bei der R-C-Parallelschaltung ist der Phasenverschiebungswinkel φ negativ, weil die Spannung u dem Strom i nacheilt. Bei der R-L-Parallelschaltung eilt die Spannung u dem Strom i voraus, so daß der Phasenverschiebungswinkel φ positiv ist. Seine Größe hängt wesentlich von den Werten der Bauelemente, vor allem aber von der Frequenz ab.

8.4.3 Mathematische Zusammenhänge für die Ströme

Aufgrund der Zeigerdiagramme in Bild 8.25 lassen sich die mathematischen Zusammenhänge der Ströme wieder mit Hilfe des Lehrsatzes des Pythagoras und der Winkelfunktionen ermitteln. Die sich für die Parallelschaltung ergebenden Formeln sind in der Tabelle **Bild 8.27** zusammengefaßt.

	Parallelschaltung aus R und C	Parallelschaltung aus R und L
Gesamtstrom I	$I = \sqrt{I_R^2 + I_C^2}$	$I = \sqrt{I_R^2 + I_L^2}$
	$I = \dfrac{I_C}{\sin\varphi}$	$I = \dfrac{I_L}{\sin\varphi}$
	$I = \dfrac{I_R}{\cos\varphi}$	$I = \dfrac{I_R}{\cos\varphi}$
Teilstrom I_R (Wirkstrom)	$I_R = \sqrt{I^2 - I_C^2}$	$I_R = \sqrt{I^2 - I_L^2}$
	$I_R = I \cdot \cos\varphi$	$I_R = I \cdot \cos\varphi$
	$I_R = \dfrac{I_C}{\tan\varphi}$	$I_R = \dfrac{I_L}{\tan\varphi}$
Teilströme I_C und I_L (Blindströme)	$I_C = \sqrt{I^2 - I_R^2}$	$I_L = \sqrt{I^2 - I_R^2}$
	$I_C = I \cdot \sin\varphi$	$I_L = I \cdot \sin\varphi$
	$I_C = I_R \cdot \tan\varphi$	$I_L = I_R \cdot \tan\varphi$

Bild 8.27 Mathematische Zusammenhänge der Ströme für R-C- und R-L-Parallelschaltung

Beispiel

Eine Parallelschaltung von R und C nimmt bei Betrieb an einer Spannung $U = 10\ \text{V}/100\ \text{Hz}$ einen Strom $I = 65{,}3\ \text{mA}$ auf. Der ohmsche Widerstand hat einen Wert $R = 560\ \Omega$.
Wie groß sind der Strom I_C und der Phasenverschiebungswinkel φ?

$$I_R = \frac{U}{R} = \frac{10\ \text{V}}{560\ \Omega} = 17{,}9\ \text{mA}$$

$$I_C = \sqrt{I^2 - I_R^2} = \sqrt{65{,}3^2\ (\text{mA})^2 - 17{,}9^2\ (\text{mA})^2} = 62{,}8\ \text{mA}$$

$$\cos\varphi = \frac{I_R}{I} = \frac{17{,}9\ \text{mA}}{65{,}3\ \text{mA}} = 0{,}274$$

$$\varphi = 74{,}1^\circ,\ \text{da kapazitiv},\ \varphi = -74{,}1^\circ$$

Kontrolle

$$I = \frac{I_C}{\sin\varphi} = \frac{62{,}8\ \text{mA}}{0{,}962} = 65{,}3\ \text{mA}$$

8.4.4 Leitwertdreiecke

Für die Teilströme I_R, I_C und I_L in Bild 8.24 gilt nach dem Ohmschen Gesetz:

$$I_R = \frac{U}{R} = U \cdot \frac{1}{R}$$

$$I_C = \frac{U}{X_C} = U \cdot \frac{1}{X_C}$$

$$I_L = \frac{U}{X_L} = U \cdot \frac{1}{X_L}$$

In den Gleichungen ist erkennbar, daß die Teilströme den Kehrwerten der Widerstände, also den Leitwerten proportional sind. Der Leitwert eines ohmschen Widerstandes wird als Wirkleitwert G, der Leitwert des kapazitiven Blindwiderstandes mit B_C und der Leitwert des induktiven Blindwiderstandes mit B_L bezeichnet. Daraus ergeben sich die Gleichungen:

$$I_R = G \cdot U \quad \text{mit} \quad G = \frac{1}{R}$$

$$I_C = B_C \cdot U \quad \text{mit} \quad B_C = \frac{1}{X_C} = \frac{1}{\frac{1}{\omega \cdot C}} = \omega \cdot C$$

$$I_L = B_L \cdot U \quad \text{mit} \quad B_L = \frac{1}{X_L} = \frac{1}{\omega \cdot L}$$

Aufgrund dieser Proportionalitäten können die Zeigerdiagramme der Ströme in die Leitwertdreiecke überführt werden. Der Zusammenhang ist in **Bild 8.28** dargestellt.

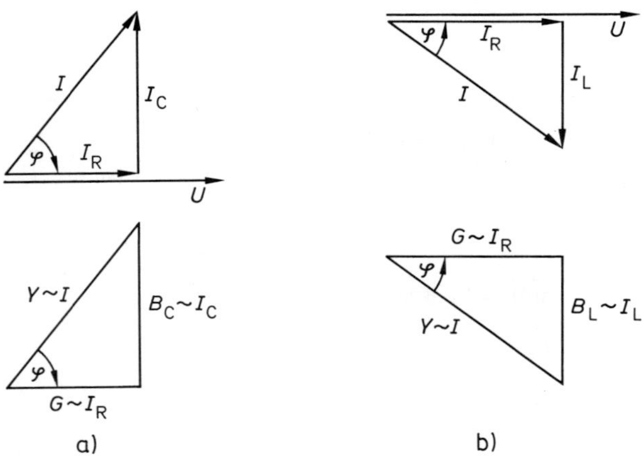

Bild 8.28 Zeigerdiagramme der Ströme und Leitwertdreiecke
a) für R-C-Parallelschaltung
b) für R-L-Parallelschaltung

Die geometrische Addition von Wirkleitwert G und Blindleitwert B_C bzw. B_L ergibt den Gesamtleitwert, der als Scheinleitwert Y bezeichnet wird.

8.4.5 Mathematische Zusammenhänge für die Leitwerte

Bei Anwendung der mathematischen Regeln sowie der Gesetze der Elektrotechnik ergeben sich für die Leitwerte eine Reihe von Formeln, die in der Tabelle **Bild 8.29** zusammengefaßt sind.

	Parallelschaltung aus R und C	Parallelschaltung aus R und L
Scheinleitwert Y	$Y = \frac{1}{Z} = \frac{I}{U}$	$Y = \frac{1}{Z} = \frac{I}{U}$
	$Y^2 = G^2 + B_C^2$	$Y^2 = G^2 + B_L^2$
	$Y^2 = \left(\frac{1}{R}\right)^2 + (\omega C)^2$	$Y^2 = \left(\frac{1}{R}\right)^2 + \left(\frac{1}{\omega L}\right)^2$
	$Y = \sqrt{G^2 + B_C^2}$	$Y = \sqrt{G^2 + B_L^2}$
	$Y = \sqrt{\left(\frac{1}{R}\right)^2 + (\omega C)^2}$	$Y = \sqrt{\left(\frac{1}{R}\right)^2 + \left(\frac{1}{\omega L}\right)^2}$
	$Y = \frac{B_C}{\sin\varphi}$	$Y = \frac{B_L}{\sin\varphi}$
	$Y = \frac{G}{\cos\varphi}$	$Y = \frac{G}{\cos\varphi}$
Leitwert G	$G = \frac{1}{R} = \frac{I_R}{U}$	$G = \frac{1}{R} = \frac{I_R}{U}$
	$G = \sqrt{Y^2 - B_C^2}$	$G = \sqrt{Y^2 - B_L^2}$
	$G = Y \cdot \cos\varphi$	$G = Y \cdot \cos\varphi$
	$G = \frac{B_C}{\tan\varphi}$	$G = \frac{B_L}{\tan\varphi}$
Blindleitwerte B_C und B_L	$B_C = \frac{1}{X_C} = \omega C = \frac{I_C}{U}$	$B_L = \frac{1}{X_L} = \frac{1}{\omega L} = \frac{I_L}{U}$
	$B_C = \sqrt{Y^2 - G^2}$	$B_L = \sqrt{Y^2 - G^2}$
	$B_C = Y \cdot \sin\varphi$	$B_L = Y \cdot \sin\varphi$
	$B_C = G \cdot \tan\varphi$	$B_L = G \cdot \tan\varphi$

Bild 8.29 Mathematische Zusammenhänge der Leitwerte bei R-C- und R-L-Parallelschaltungen

In elektronischen Schaltungen sind meistens die Werte der Bauelemente R, C und L gegeben. Damit die verwendeten Formeln noch übersichtlich bleiben und die Berechnung mit dem Taschenrechner noch in einfacher Weise durchführbar bleibt, ist es zweckmäßig, die Leitwerte G, B_C und B_L zunächst als Zwischenschritte zu berechnen und diese Werte dann in die einfacheren Formeln einzusetzen.

Beispiel

Ein Widerstand $R = 1{,}2\ \text{k}\Omega$ liegt parallel zu einer Spule $L = 33$ mH an einer Wechselspannung $U = 1{,}2\ \text{V}/16\ \text{kHz}$.

Wie groß sind der Scheinleitwert Y, der Scheinwiderstand Z, der Gesamtstrom I und die Teilströme I_R und I_L sowie der Phasenverschiebungswinkel φ?

$$I_R = \frac{U}{R} = \frac{1{,}2\ \text{V}}{1{,}2\ \text{k}\Omega} = 1\ \text{mA}$$

$$X_L = 2\,\pi\,f \cdot L = 2\,\pi \cdot 16\ \text{kHz} \cdot 33\ \text{mH} = 3{,}32\ \text{k}\Omega$$

$$G = \frac{1}{R} = 0{,}83\ \text{mS}$$

$$B_L = \frac{1}{X_L} = 0{,}3\ \text{mS}$$

$$Y = \sqrt{G^2 + B_L^2} = \sqrt{(0{,}83\ \text{mS})^2 + (0{,}3\ \text{mS})^2}$$

$$Y = 0{,}88\ \text{mS}$$

$$Z = \frac{1}{Y} = \frac{1}{0{,}88\ \text{mS}} = 1{,}13\ \text{k}\Omega$$

$$I = \frac{U}{Z} = \frac{1{,}2\ \text{V}}{1{,}13\ \text{k}\Omega} = 1{,}06\ \text{mA}$$

$$I_L = \frac{U}{X_L} = \frac{1{,}2\ \text{V}}{3{,}22\ \text{k}\Omega} = 0{,}36\ \text{mA}$$

$$\tan\varphi = \frac{B_L}{G} = \frac{0{,}3\ \text{mS}}{0{,}83\ \text{mS}} = 0{,}36$$

$$\varphi = +19{,}9°, \text{ da induktiv}$$

8.4.6 R-C- und R-L-Parallelschaltungen als Stromteiler

Auch die Parallelschaltungen von Wirk- und Blindwiderständen lassen sich wie die Parallelschaltungen von ohmschen Widerständen zur Stromteilung einsetzen. Wegen der Frequenzabhängigkeit der Blindwiderstände sind die Stromteiler aus R-C- und R-L-Parallelschaltungen ebenfalls frequenzabhängig. **Bild 8.30** zeigt die beiden möglichen Schaltungen zur Stromteilung.

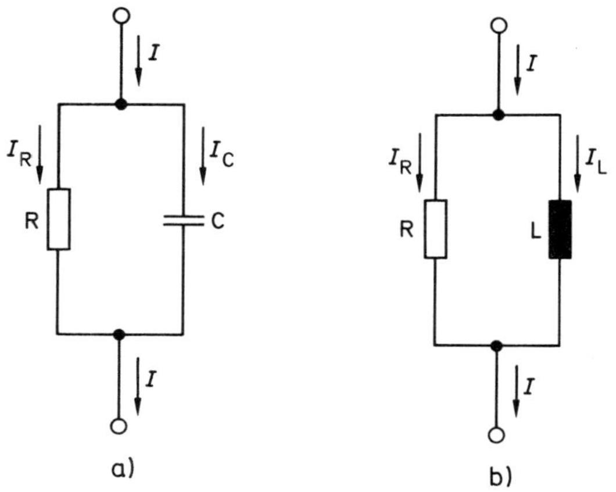

Bild 8.30 Frequenzabhängige Stromteiler aus Parallelschaltungen
a) von R und C
b) von R und L

Bei Anwendung der Regeln für die Stromteilung ergibt sich für die Schaltung nach Bild 8.30a:

$$\frac{I_R}{I} = \frac{G}{Y} = \frac{Z}{R}; \quad \frac{I_C}{I} = \frac{B_C}{Y} = \frac{Z}{X_C}$$

und für die Schaltung nach Bild 8.30b:

$$\frac{I_R}{I} = \frac{G}{Y} = \frac{Z}{R}; \quad \frac{I_L}{I} = \frac{B_L}{Y} = \frac{Z}{X_L}$$

Die Ströme sind den Leitwerten direkt und den Widerständen umgekehrt proportional. Der größere Strom fließt somit durch den Widerstand mit dem kleineren Widerstandswert.

Beispiel

Ein Stromteiler ist aus einem Widerstand $R = 470\ \Omega$ und einem Kondensator C entsprechend **Bild 8.31** aufgebaut. Bei der Frequenz $f = 20$ Hz beträgt der kapazitive Blindstrom I_C 70 % des eingespeisten Stromes $I = 30$ mA.

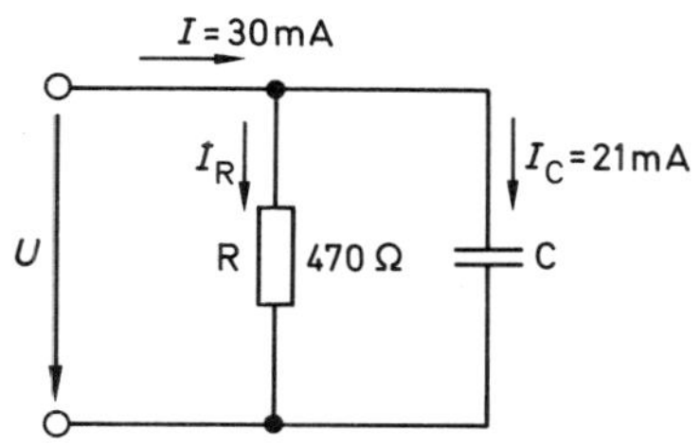

Bild 8.31 Schaltbild zum Beispiel

a) Wie groß ist die anliegende Spannung U?
b) Welche Kapazität hat der Kondensator?
c) Wie groß sind die Ströme I_C, I_R und I,
wenn bei unveränderter Spannung U die Frequenz auf $f = 1$ kHz erhöht wird?

a) $I_C = 0{,}7 \cdot I = 0{,}7 \cdot 30\ \text{mA} = 21\ \text{mA}$

$I_R = \sqrt{I^2 - I_C^2} = \sqrt{(30^2 - 21^2) \cdot (\text{mA})^2} = 21{,}42\ \text{mA}$

$U = I_R \cdot R = 21{,}42\ \text{mA} \cdot 470\ \Omega$

$U = 10\ \text{V}$

b) $X_C = \dfrac{U}{I_C} = \dfrac{10\ \text{V}}{21\ \text{mA}} = 476\ \Omega$

$C = \dfrac{1}{2\,\pi\,f \cdot X_C} = \dfrac{1}{2\,\pi \cdot 20\ \text{Hz} \cdot 476\ \Omega}$

$C = 16{,}7\ \mu\text{F}$

c) $X_{C\,(1\,\text{kHz})} = \dfrac{1}{2\,\pi\,f \cdot X_C} = \dfrac{1}{2\,\pi \cdot 1 \cdot 10^3\ \text{Hz} \cdot 16{,}7 \cdot 10^{-6}\ \text{F}}$

$X_{C\,(1\,\text{kHz})} = 9{,}5\ \Omega$

$I_C = \dfrac{U}{X_C} = \dfrac{10\ \text{V}}{9{,}5\ \Omega}$

$I_C = 1{,}05\ \text{A} \qquad I_R = 21{,}42\ \text{mA (a))}$

$I = \sqrt{I_R^2 + I_C^2} = \sqrt{(0{,}0214^2 + 1{,}05^2) \cdot \text{A}^2}$

$I \approx I_C = 1{,}05\ \text{A},$
da I_R gegenüber I_C vernachlässigbar klein ist.

Auch bei der Parallelschaltung von Wirk- und Blindwiderstand tritt ein Sonderfall auf, wenn

$G = B_C$ bzw. $R = X_C$ oder
$G = B_L$ bzw. $R = X_L$

wird. Unter Berücksichtigung der geometrischen Addition ergeben sich hierfür die Beziehungen:

$$Y = \sqrt{G^2 + B_C^2} = \sqrt{2 \cdot G^2} = \sqrt{2 \cdot B_C^2} = \sqrt{2} \cdot G = \sqrt{2} \cdot B_C$$

$$Z = \frac{1}{Y} = \frac{1}{\sqrt{2} \cdot G} = \frac{R}{\sqrt{2}} = \frac{1}{\sqrt{2} \cdot B_C} = \frac{X_C}{\sqrt{2}}$$

oder

$$Y = \sqrt{G^2 + B_L^2} = \sqrt{2 \cdot G^2} = \sqrt{2} \cdot G = \sqrt{2 \cdot B_L^2} = \sqrt{2} \cdot B_L$$

$$Z = \frac{1}{Y} = \frac{1}{\sqrt{2} \cdot G} = \frac{R}{\sqrt{2}} = \frac{1}{\sqrt{2} \cdot B_L} = \frac{X_L}{\sqrt{2}}$$

In **Bild 8.32** sind die Leitwertdreiecke für die Sonderfälle dargestellt.

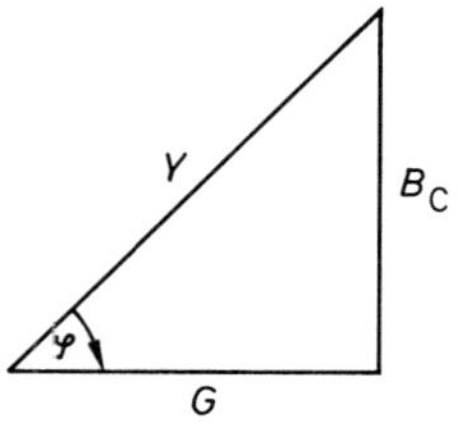

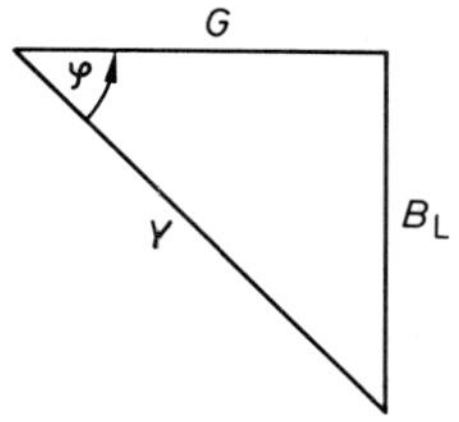

Bild 8.32 Leitwertdreiecke für die Sonderfälle der Parallelschaltung
a) $G = B_C$
b) $G = B_L$

In beiden Sonderfällen haben die Wirk- und Blindkomponenten die gleiche Größe. Sie sind um den Faktor $\sqrt{2}$ kleiner als der Scheinleitwert und betragen somit 70,7 % des Scheinleitwertes. In beiden Fällen tritt eine Phasenverschiebung von 45° auf. Für die Ströme gilt entsprechend:

$$I = \sqrt{2} \cdot I_R = \sqrt{2} \cdot I_C \quad \text{oder} \quad I = \sqrt{2} \cdot I_R = \sqrt{2} \cdot I_L$$

Da die Blindwiderstände frequenzabhängige Größen sind, tritt dieser Sonderfall bei jeder Parallelschaltung von Wirk- und Blindwiderstand bei einer bestimmten Frequenz auf. Diese charakteristische Frequenz wird auch hier als Grenzfrequenz f_g bezeichnet. Für sie gilt:

$$B_C = G \qquad\qquad B_L = G$$

$$2\,\pi \cdot f_g \cdot C = G \qquad\qquad \frac{1}{2\,\pi \cdot f_g \cdot L} = G$$

$$f_g = \frac{G}{2\,\pi \cdot C} \qquad\qquad f_g = \frac{1}{2\,\pi \cdot L \cdot G}$$

$$f_g = \frac{1}{2\,\pi \cdot R \cdot C} \qquad\qquad f_g = \frac{1}{2\,\pi} \cdot \frac{R}{L}$$

Ein Vergleich mit den entsprechenden Sonderfällen für die R-C- und R-L-Reihenschaltung in den Abschnitten 8.3.1.6 und 8.3.2.6 zeigt, daß die Grenzfrequenz f_g sowohl bei der Reihenschaltung als auch bei der Parallelschaltung von Wirk- und Blindwiderstand mit Hilfe der gleichen Formeln berechnet werden kann.

Beispiel

Eine Spule $L = 0{,}68$ H liegt parallel zu einem Widerstand $R = 4{,}3$ kΩ.
Bei welcher Frequenz tritt der Fall ein, daß der Blindstrom I_L genau so groß wie der Wirkstrom I_R ist?

$$I_L = I_R \Rightarrow B_L = G$$

$$f = f_g = \frac{1}{2\,\pi} \cdot \frac{R}{L} = \frac{1}{2\,\pi} \cdot \frac{4{,}3 \cdot 10^3\ \Omega}{0{,}68\ \text{H}}$$

$$f = 1006\ \text{Hz}$$

8.4.7 Verlustfaktor tan δ und Kondensatorgüte Q

In Abschnitt 6.6.4 sowie in Abschnitt 6.7.1 wurde bereits auf die in einem Kondensator auftretenden Verluste hingewiesen. Die Berücksichtigung dieser Verluste kann im Ersatzschaltbild durch die Parallelschaltung eines ohmschen Widerstandes R_P zu einem idealen Kondensator C erfolgen. Durch diese Verluste ist der Phasenverschiebungswinkel φ zwischen dem Strom I_C und der Spannung U nicht mehr genau $-90°$, sondern größer, der Betrag des Winkels also kleiner als 90°.
Bild 8.33 zeigt das Ersatzschaltbild, das Zeigerdiagramm der Ströme und das Leitwertdreieck eines realen Kondensators.

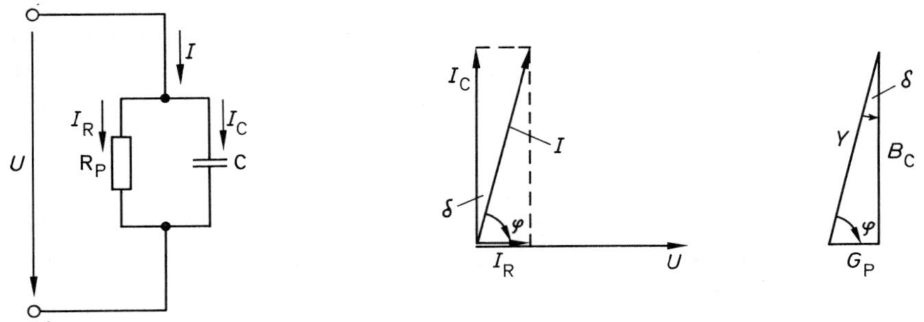

Bild 8.33 Ersatzschaltbild, Zeigerdiagramm der Ströme und Leitwertdreieck für einen realen Kondensator

Der Tangens des Winkels δ wird auch beim Kondensator als Verlustfaktor bezeichnet. Es gilt:

$$\tan\delta = \frac{I_R}{I_C} = \frac{\frac{U}{R_P}}{\frac{U}{X_C}} = \frac{X_C}{R_P} = \frac{\frac{1}{\omega C}}{R_P}$$

$$\tan\delta = \frac{1}{\omega C \cdot R_P}$$

Der Verlustfaktor ist von der Frequenz abhängig. Er kann bei guten Kondensatoren aber meistens vernachlässigt werden. Je kleiner tan δ ist, desto verlustärmer ist der Kondensator.
Genau wie bei der Spule wird auch beim Kondensator der Kehrwert des Verlustfaktors als Güte Q bezeichnet und angegeben:

$$Q = \frac{1}{\tan\delta} = \omega C \cdot R_P \quad \text{(Güte)}$$

Je größer die Güte Q eines Kondensators, desto besser, d. h. verlustärmer, ist der Kondensator.

Beispiel

Ein Keramikkondensator $C = 100$ pF hat laut Datenblatt ein $\tan\delta = 2 \cdot 10^{-4}$ bei $f = 10$ kHz.
Wie groß sind
a) der Verlustwinkel δ
b) die Güte Q
c) der Verlustwiderstand R_P?

a) $\tan\delta = 2 \cdot 10^{-4}$

$$\delta = 0{,}0115°$$

b) $$Q = \frac{1}{\tan\delta} = \frac{1}{2 \cdot 10^{-4}}$$

$$Q = 5000$$

c) $$\tan\delta = \frac{1}{\omega C \cdot R_P}$$

$$R_P = \frac{1}{\omega C \cdot \tan\delta} = \frac{1}{2\,\pi \cdot 10\text{ kHz} \cdot 100\text{ pF} \cdot 2 \cdot 10^{-4}}$$

$$R_P = 796\text{ M}\Omega$$

8.4.8 Leistungen bei R-C- und R-L-Parallelschaltungen

Für die Leistungen in R-C- und R-L-Parallelschaltungen gelten sinngemäß die gleichen Zusammenhänge wie in Abschnitt 8.3.3 für die Reihenschaltungen. Daher führen die Berechnungen der Leistungen als Produkt aus Strom und Spannung zu ähnlichen Formeln. Es gilt für die Parallelschaltungen:

$P = U^2 \cdot G$	Wirkleistung in W
$Q_C = U^2 \cdot B_C$	kapazitive Blindleistung in W oder var
$Q_L = U^2 \cdot B_L$	induktive Blindleistung in W oder var
$S = U^2 \cdot Y$	Scheinleistung in W oder VA

Die Leistungen sind also den Leitwerten direkt proportional, so daß sich Leistungsdreiecke entsprechend **Bild 8.34** ergeben.

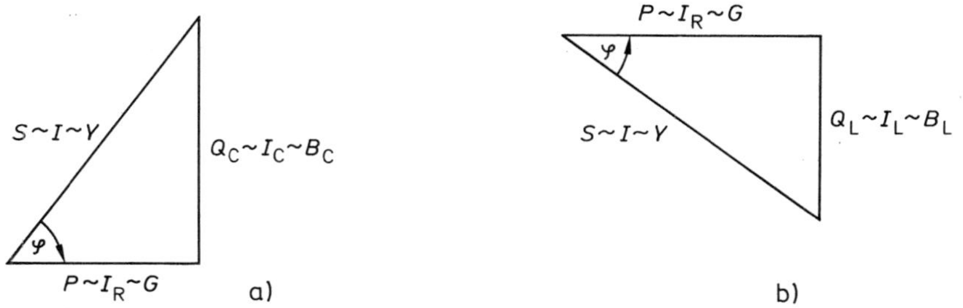

Bild 8.34 Leistungsdreiecke
a) für R-C-Parallelschaltung
b) für R-L-Parallelschaltung

Die Liniendiagramme für die Leistungen in den Parallelschaltungen von Wirk- und Blindwiderstand sind identisch mit denen für die Reihenschaltungen in Bild 8.22.
Aus den Leitwertdreiecken in Bild 8.34 lassen sich die formelmäßigen Zusammenhänge für die Leistungen ableiten. In der Tabelle **Bild 8.35** sind die Formeln für die Berechnung der Leistungen in R-C-Parallelschaltungen und R-L-Parallelschaltungen übersichtlich zusammengefaßt.

	Parallelschaltung aus R und C	Parallelschaltung aus R und L
Scheinleistung S	$S = U \cdot I = U^2 \cdot Y = \frac{I^2}{Y}$	$S = U \cdot I = U^2 \cdot Y = \frac{I^2}{Y}$
	$S = \sqrt{P^2 + Q_C^2}$	$S = \sqrt{P^2 + Q_L^2}$
	$S = \frac{Q_C}{\sin\varphi}$	$S = \frac{Q_L}{\sin\varphi}$
	$S = \frac{P}{\cos\varphi}$	$S = \frac{P}{\cos\varphi}$
Wirkleistung P	$P = U \cdot I_R = U^2 \cdot G = \frac{I_R^2}{G}$	$P = U \cdot I_R = U^2 \cdot G = \frac{I_R^2}{G}$
	$P = \sqrt{S^2 - Q_C^2}$	$P = \sqrt{S^2 - Q_L^2}$
	$P = S \cdot \cos\varphi$	$P = S \cdot \cos\varphi$
	$P = \frac{Q_C}{\tan\varphi}$	$P = \frac{Q_L}{\tan\varphi}$
Blindleistung Q_C und Q_L	$Q_C = U \cdot I_C = U^2 \cdot B_C = \frac{I_C^2}{B_C}$	$Q_L = U \cdot I_L = U^2 \cdot B_L = \frac{I_L^2}{B_L}$
	$Q_C = \sqrt{S^2 - P^2}$	$Q_L = \sqrt{S^2 - P^2}$
	$Q_C = S \cdot \sin\varphi$	$Q_L = S \cdot \sin\varphi$
	$Q_C = P \cdot \tan\varphi$	$Q_L = P \cdot \tan\varphi$

Bild 8.35 Mathematische Zusammenhänge für die Leistungen in R-C-Parallelschaltungen und R-L-Parallelschaltungen

Beispiel

Ein ohmscher Verbraucher nimmt an einer Spannung $U = 12$ V/50 Hz eine Leistung $P = 36$ W auf. Welche Leistung muß die Spannungsquelle abgeben, wenn ein kapazitiver Verbraucher $C = 470$ µF parallelgeschaltet wird, und welcher Strom I fließt dann in die Schaltung?

$$X_C = \frac{1}{2\,\pi \cdot f \cdot C} = \frac{1}{2\,\pi \cdot 50\ \text{Hz} \cdot 470 \cdot 10^{-6}\ \text{F}} = 6{,}8\ \Omega$$

$$Q_C = \frac{U^2}{X_C} = \frac{12^2\ \text{V}^2}{6{,}8\ \Omega} = 21{,}2\ \text{var}$$

$$S = \sqrt{P^2 + Q_C^2} = \sqrt{(36^2 + 21{,}2^2) \cdot (\text{VA})^2}$$

$$S = 41{,}8\ \text{VA}$$

$$S = U \cdot I \Rightarrow I = \frac{S}{U} = \frac{41{,}8\ \text{VA}}{12\ \text{V}} = 3{,}5\ \text{A}$$

8.5 R-C-L-Schaltungen

In den Abschnitten 8.3 und 8.4 bestanden die Reihen- und Parallelschaltungen nur jeweils aus einem Wirkwiderstand sowie einem kapazitiven oder induktiven Blindwiderstand. Es ist aber nicht in allen Fällen möglich, Schaltungen auf so einfache Ersatzschaltungen zurückzuführen. In der Elektronik treten nämlich häufig auch Schaltungen auf, die gleichzeitig ohmsche, kapazitive und induktive Widerstände enthalten. **Bild 8.36** zeigt als Beispiel eine derartige Schaltung.

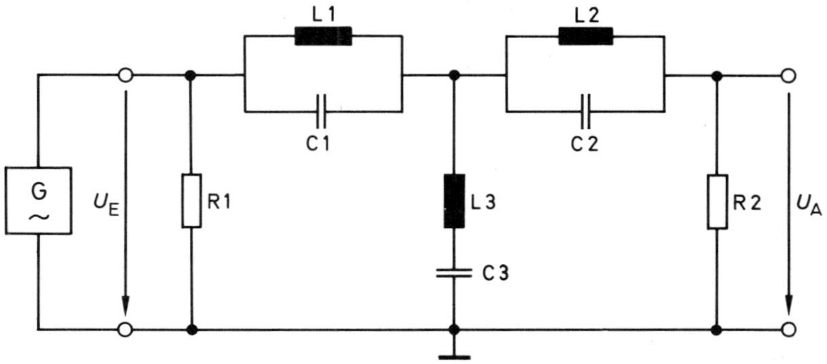

Bild 8.36 Gemischte R-C-L-Schaltung

Die Berechnung einer Schaltung entsprechend Bild 8.36 erfordert bereits umfangreiche mathematische Kenntnisse. Auch wird die Darstellung mit Hilfe von Zeigerdiagrammen immer schwieriger, je umfangreicher und komplexer die Schaltungen werden. Es gibt jedoch Sonderfälle, die in der Elektrotechnik und Elektronik eine besondere Bedeutung haben und daher nachfolgend behandelt werden.

8.5.1 Reihenschaltung von Widerstand, Kondensator und Spule

8.5.1.1 Zeigerdiagramme und mathematische Zusammenhänge

In **Bild 8.37** ist eine Reihenschaltung aus Widerstand, Kondensator und Spule dargestellt. Sie besteht somit aus einem Wirkwiderstand und zwei Blindwiderständen.

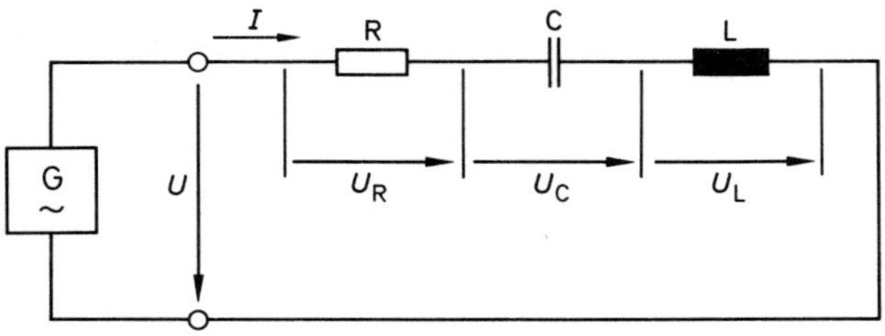

Bild 8.37 Reihenschaltung von R, C und L

Auch für die Schaltung nach Bild 8.37 läßt sich ein Zeigerdiagramm zeichnen. Bezugszeiger ist wieder der Strom I. Da die Spannung U_R am Widerstand R mit dem Strom I in Phase ist, liegt der Spannungszeiger für U_R parallel zum Bezugszeiger für den Strom I. Die Spannung U_L an der Spule eilt dem Strom um 90° voraus, die Spannung U_C am Kondensator eilt dagegen dem Strom um 90° nach. Daher beträgt die Phasenverschiebung zwischen den beiden Blindkomponenten 180°. **Bild 8.38 a** zeigt diese Zusammenhänge.

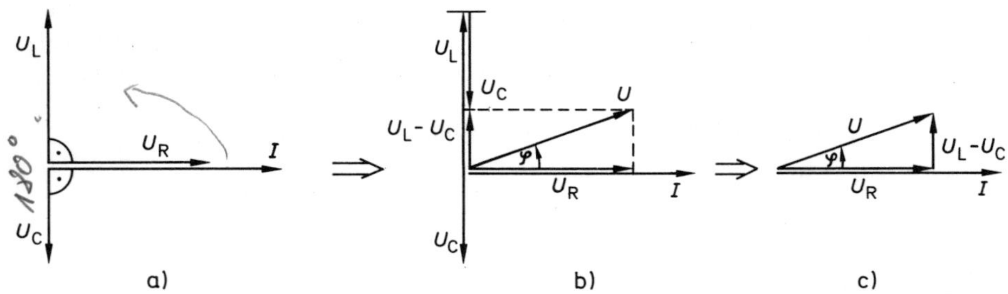

Bild 8.38 Zeigerdiagramme der Spannungen einer Reihenschaltung aus R, C und L für $U_L > U_C$

Die geometrische Addition der beiden Blindspannungen U_C und U_L ergibt in **Bild 8.38 b** einen resultierenden Blindspannungsanteil $U_L - U_C$. Er ist in seiner Wirkung induktiv. Die geometrische Addition dieses Blindspannungsanteils $U_L - U_C$ und der Wirkspannung U_R führt zur Gesamtspannung U. Aus dem Spannungsdreieck in **Bild 8.38 c** lassen sich die formelmäßigen Zusammenhänge ermitteln.

$$U = \sqrt{U_R^2 + (U_L - U_C)^2}$$

$$\sin\varphi = \frac{U_L - U_C}{U} \; ; \quad \cos\varphi = \frac{U_R}{U} \; ; \quad \tan\varphi = \frac{U_L - U_C}{U_R}$$

Diese Formeln gelten jedoch nur, wenn $U_L > U_C$ ist. Es kann aber auch der Fall eintreten, daß der kapazitive Anteil größer als der induktive Anteil ist, also $U_C > U_L$. Dann ergeben sich Zeigerdiagramme entsprechend **Bild 8.39**.

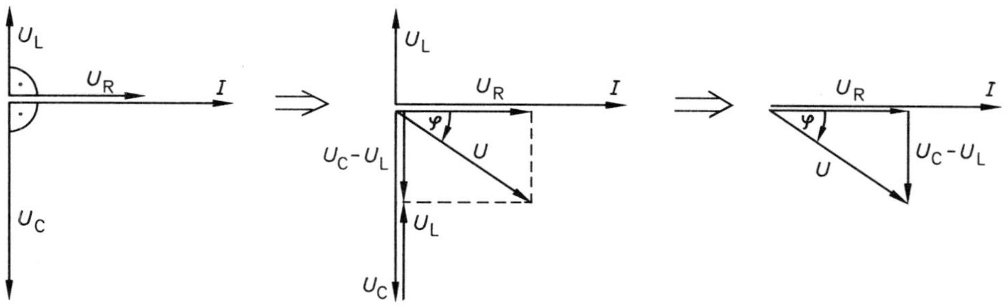

Bild 8.39 Zeigerdiagramme der Spannungen einer Reihenschaltung aus R, C und L für $U_C > U_L$

In den Zeigerdiagrammen nach Bild 8.39 ist die kapazitive Blindspannung U_C größer als die induktive Blindspannung U_L. Die Differenz beider Komponenten ergibt den resultierenden Blindanteil $U_C - U_L$, der in seiner Wirkung kapazitiv ist. Für diesen Fall gilt:

$$U = \sqrt{U_R^2 + (U_C - U_L)^2}$$

$$\sin\varphi = \frac{U_C - U_L}{U} \; ; \quad \cos\varphi = \frac{U_R}{U} \; ; \quad \tan\varphi = \frac{U_C - U_L}{U_R}$$

Wegen der Proportionalität zwischen den Spannungen und den zugehörigen Widerständen lassen sich die Zeigerdiagramme der Spannungen direkt in die Widerstandsdreiecke überführen. Die Widerstandsdreiecke für die beiden Fälle sind in **Bild 8.40** dargestellt.

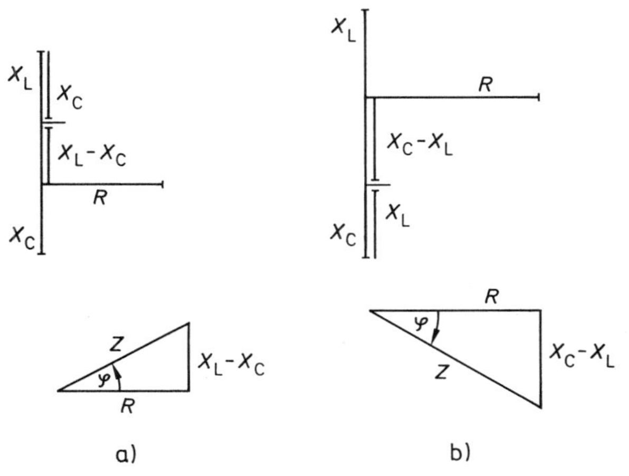

Bild 8.40 Diagramme zu einer Reihenschaltung aus R, C und L
a) für $X_L > X_C$
b) für $X_C > X_L$

Aus den Widerstandsdreiecken in Bild 8.40 können einige wichtige mathematische Zusammenhänge ermittelt werden. Sie sind in der Tabelle **Bild 8.41** zusammengefaßt.

Reihenschaltung aus R, C und L	
$X_L > X_C$	$X_C > X_L$
$Z = \sqrt{R^2 + (X_L - X_C)^2}$	$Z = \sqrt{R^2 + (X_C - X_L)^2}$
$\sin\varphi = \frac{X_L - X_C}{Z}$	$\sin\varphi = \frac{X_C - X_L}{Z}$
$\cos\varphi = \frac{R}{Z}$	$\cos\varphi = \frac{R}{Z}$
$\tan\varphi = \frac{X_L - X_C}{R}$	$\tan\varphi = \frac{X_C - X_L}{R}$

Bild 8.41 Mathematische Zusammenhänge für Reihenschaltungen aus R, C und L

Beispiel

Eine Spannung $U = 2{,}4\ \text{V}/1{,}5\ \text{kHz}$ liegt an einer Reihenschaltung aus $R = 100\ \Omega$, $C = 0{,}15\ \mu\text{F}$ und $L = 100\ \text{mH}$.

Wie groß sind der Scheinwiderstand Z, der Gesamtstrom I, die Teilspannungen U_R, U_C und U_L sowie der Phasenverschiebungswinkel φ?

$$X_C = \frac{1}{2\pi \cdot f \cdot C} = \frac{1}{2\pi \cdot 1{,}5\ \text{kHz} \cdot 0{,}15\ \mu\text{F}} = 707{,}4\ \Omega$$

$$X_L = 2\pi \cdot f \cdot L = 2\pi \cdot 1{,}5\ \text{kHz} \cdot 100\ \text{mH} = 942{,}5\ \Omega$$

Für $X_L > X_C$ gilt:

$$Z = \sqrt{R^2 + (X_L - X_C)^2} = \sqrt{100^2\ \Omega^2 + (942{,}5 - 707{,}4)^2\ \Omega^2}$$

$$Z = \sqrt{100^2\ \Omega^2 + 235{,}1^2\ \Omega^2} = 255{,}5\ \Omega$$

$$I = \frac{U}{Z} = \frac{2{,}4\ \text{V}}{255{,}5\ \Omega} = 9{,}4\ \text{mA}$$

$$U_R = I \cdot R = 9{,}4\ \text{mA} \cdot 100\ \Omega = 0{,}94\ \text{V}$$
$$U_C = I \cdot X_C = 9{,}4\ \text{mA} \cdot 707{,}4\ \Omega = 6{,}65\ \text{V}$$
$$U_L = I \cdot X_L = 9{,}4\ \text{mA} \cdot 942{,}5\ \Omega = 8{,}86\ \text{V}$$

Kontrolle: $U = \sqrt{U_R^2 + (U_L - U_C)^2} = \sqrt{0{,}94^2 \cdot \text{V}^2 + 2{,}21^2 \cdot \text{V}^2}$

$$U = 2{,}4\ \text{V}$$

$$\cos\varphi = \frac{U_R}{U} = \frac{0{,}94\ \text{V}}{2{,}4\ \text{V}} = 0{,}392$$

$$\varphi = +67°, \text{ da induktiv}$$

Da $U_L > U_C$, wirkt die Schaltung mit induktivem Blindanteil, so daß die Spannung dem Strom um 67° vorauseilt.

8.5.1.2 Reihenresonanz

Das vorhergehende Beispiel liefert für die Blindspannungen U_C und U_L Werte, die größer als die der insgesamt anliegenden Spannung U sind. Dies ist möglich, da sich die Blindspannungsanteile teilweise kompensieren. Eine vollständige Kompensation, d. h. gegenseitige Aufhebung tritt jedoch ein, wenn die induktiven und kapazitiven Spannungen U_L und U_C gleich groß sind. Wegen der Frequenzabhängigkeit der Bauelemente L und C ist dieser Fall aber nur bei einer ganz bestimmten Frequenz möglich. Diese Frequenz wird als *Resonanzfrequenz* f_0 bezeichnet. **Bild 8.42** zeigt die Zeigerdiagramme für die Spannungen und Ströme im Resonanzfall.

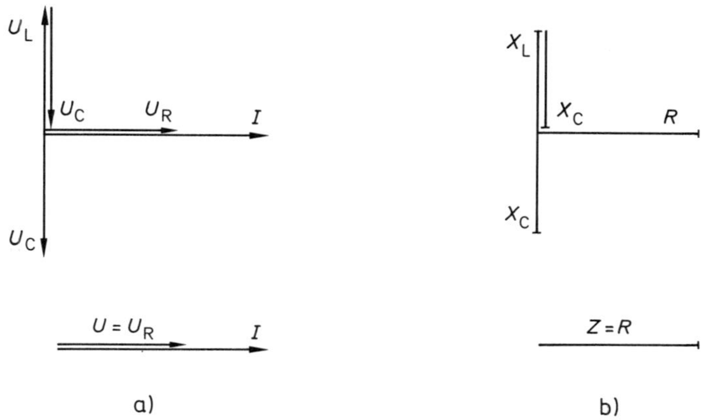

Bild 8.42 Diagramme zu einer Reihenschaltung aus R, C und L bei Resonanz
a) für die Spannungen
b) für die Widerstände

Da die Spannungen U_L und U_C gleich groß sind, ergibt die geometrische Addition Null. Daher ist nach außen keine Blindspannung wirksam. Entsprechend Bild 8.42a besteht die Gesamtspannung U nur aus der Teilspannung U_R. Daher gilt im Resonanzfall:

$$U = U_R; \quad \varphi = 0°$$

In gleicher Weise ergibt sich für die Widerstände entsprechend Bild 8.42b bei $X_L - X_C = 0$:

$$Z = R; \quad \varphi = 0°$$

Die R-L-C-Reihenschaltung hat somit im Resonanzfall ihren kleinsten Widerstandswert. Er besteht nur noch aus dem ohmschen Widerstand R. Dies bedeutet aber, daß der durch die Reihenschaltung fließende Strom bei Resonanz ein Maximum hat. Für die an den beiden Blindwiderständen X_L und X_C auftretende Spannung gilt:

$$U_L = U_C = I \cdot X_L = I \cdot X_C$$

Die beiden Teilspannungen U_L und U_C sind im wesentlichen vom Strom abhängig und haben bei der Resonanzfrequenz f_0 ebenfalls ihr Maximum.

Die Resonanzfrequenz läßt sich direkt aus den Bauteilgrößen L und C ermitteln. Es gilt:

$$X_L = X_C$$

$$2\,\pi\, f_0 \cdot L = \frac{1}{2\,\pi\, f_0 \cdot C}$$

$$f_0^2 = \frac{1}{(2\,\pi)^2 \cdot L \cdot C}$$

$$f_0 = \frac{1}{2\,\pi \cdot \sqrt{L \cdot C}}$$

Diese Formel für die Resonanzfrequenz wird auch als *Thomsonsche Schwingungsformel* (Thomson = engl. Physiker) bezeichnet.

Beispiel

Eine Reihenschaltung aus $R = 10\ \Omega$, $C = 2{,}7\ \mu F$ und $L = 26$ mH liegt an einer Wechselspannung $U = 4$ V, deren Frequenz veränderbar ist.
Wie groß sind die Resonanzfrequenz f_0 sowie der Strom I, der Scheinwiderstand Z und die Teilspannungen U_R, U_L und U_C im Resonanzfall?

$$f_0 = \frac{1}{2\,\pi \cdot \sqrt{L \cdot C}} = \frac{1}{2\,\pi \cdot \sqrt{26 \cdot 10^{-3}\ H \cdot 2{,}7 \cdot 10^{-6}\ F}}$$

$$f_0 = 600\ Hz$$

$$Z = R = 10\ \Omega$$

$$I = \frac{U}{Z} = \frac{4\ V}{10\ \Omega} = 0{,}4\ A$$

$$U_R = U = 4\ V$$

$$U_L = I \cdot X_L = I \cdot 2\,\pi \cdot f_0 \cdot L = 0{,}4\ A \cdot 2\,\pi \cdot 600\ Hz \cdot 26\ mH$$

$$U_L = 39{,}2\ V$$

$$U_C = U_L = 39{,}2\ V$$

Kontrolle: $U_C = I \cdot X_C = \dfrac{I}{2\,\pi \cdot f_0 \cdot C} = \dfrac{0{,}4\ A}{2\,\pi \cdot 600\ Hz \cdot 2{,}7 \cdot 10^{-6}\ F}$

$$U_C = 39{,}3\ V$$

Das Beispiel zeigt, daß die Teilspannungen an L und C bei Resonanz fast um den Faktor 10 größer als die angelegte Spannung U werden. Diese Spannungsüberhöhung wird umso größer, je niederohmiger der Wirkwiderstand R ist. In einem derartigen Reihenresonanzkreis oder Reihenschwingkreis kann also gegebenenfalls die Gefahr auftreten, daß Kondensator und Spule durch zu hohe Spannungen beschädigt oder zerstört werden.

Die elektrischen Größen U, I und Z des Reihenschwingkreises werden häufig als Funktion der Frequenz in Form von Diagrammen dargestellt.
Bild 8.43 zeigt als Beispiel die Resonanzkurve des Scheinwiderstandes $Z = f(f)$ für einen Reihenschwingkreis mit der Resonanzfrequenz $f_o = 600$ Hz.

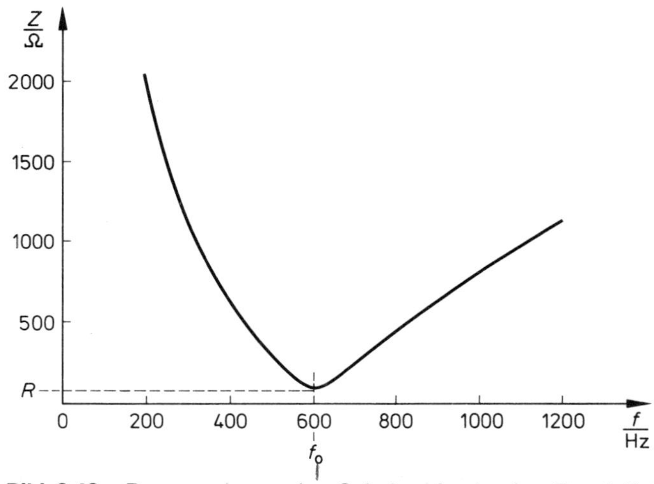

Bild 8.43 Resonanzkurve des Scheinwiderstandes $Z = f(f)$ für einen Reihenschwingkreis mit $f_o = 600$ Hz

Bei der Resonanzfrequenz f_o hat die Kurve in Bild 8.43 und damit der Scheinwiderstand Z ein Minimum. Die Blindwiderstände X_L und X_C sind bei f_o vom Betrage her zwar gleich groß, sie heben sich in ihrer Wirkung nach außen aber auf, so daß der Scheinwiderstand Z real wird und den Wert $Z = R$ annimmt. Im Resonanzfall ist also nur noch ein ohmscher Widerstand R wirksam. Bei Frequenzen kleiner f_o ist $X_C > X_L$, und der Schwingkreis wirkt kapazitiv. Bei Frequenzen größer f_o ist $X_L > X_C$, und er wirkt induktiv.
Wird der Reihenschwingkreis von einem Frequenzgenerator mit kleinem Innenwiderstand gespeist, ist die Klemmenspannung des Schwingkreises im gesamten Frequenzbereich trotz des sehr unterschiedlichen Scheinwiderstandes konstant. Unter dieser Voraussetzung führt die frequenzabhängige Änderung des Scheinwiderstandes Z zu einer ebenfalls frequenzabhängigen, aber umgekehrt proportionalen Stromänderung. Sie ist in **Bild 8.44** dargestellt. Bei konstanter Klemmenspannung ist also der Strom I umgekehrt proportional zum Scheinwiderstand Z.
Da der Scheinwiderstand Z bei der Resonanzfrequenz ein Minimum hat, tritt bei Resonanz ein Maximum des Stromes I auf. Im Resonanzfall gilt daher:

$$I = \frac{U}{Z} = \frac{U}{R} \qquad \text{(bei Resonanzfrequenz } f_o\text{)}$$

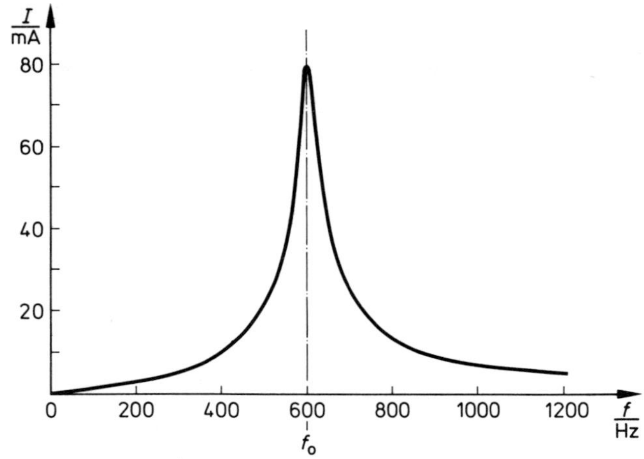

Bild 8.44 Resonanzkurve $I = f\,(f)$ für einen Reihenschwingkreis mit $f_o = 600$ Hz bei konstanter Klemmenspannung

Der in einem Reihenschwingkreis auftretende Höchstwert des Stromes wird also ausschließlich durch die Größe des ohmschen Widerstandes R und den als Verlustwiderstand von Spule und Kondensator auftretenden Wirkwiderstandes R_V bestimmt. Durch den großen Strom bei Resonanz entstehen an Spule und Kondensator große Spannungen, denn es gilt:

$$U_L = I \cdot X_L$$

$$U_C = I \cdot X_C$$

Diese Teilspannungen sind bei Resonanz wesentlich größer als die an den Klemmen des Zweipols eingespeiste Spannung U. Sie können die Bauteile gefährden oder sogar zerstören. Weil an Spule und Kondensator eine Spannungsüberhöhung auftritt, wird beim Reihenschwingkreis auch von einer Spannungsresonanz gesprochen.
Bild 8.45 zeigt die Verläufe der Teilspannungen U_L, U_C und U_R eines Reihenschwingkreises in Abhängigkeit von der Frequenz.
Die Maximalwerte des Stromes I und damit auch der Teilspannungen U_L und U_C hängen nur von der Größe des Wirkwiderstandes des Reihenschwingkreises ab. Ein direktes Maß für die Spannungsüberhöhung bei Resonanz ist der Gütefaktor Q des Schwingkreises. Er ist das Verhältnis von Blindspannung zu Wirkspannung im Resonanzfall.

$$Q = \frac{U_L}{U_R} = \frac{U_C}{U_R} \qquad \text{(bei Resonanzfrequenz } f_o\text{)}$$

Da die Widerstände den Spannungen proportional sind, folgt daraus:

$$Q = \frac{X_L}{R} = \omega_o \cdot \frac{L}{R}\,; \qquad Q = \frac{X_C}{R} = \frac{1}{\omega_o \cdot R \cdot C}$$

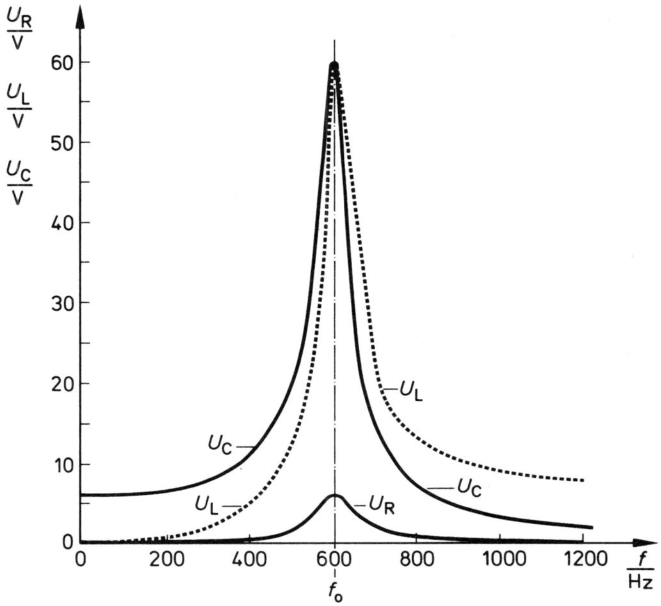

Bild 8.45 U_L, U_C und $U_R = f\,(f)$ für einen Reihenschwingkreis mit $f_o = 600$ Hz

Wird die Thomsonsche Schwingungsgleichung nach ω_o aufgelöst, also

$$\omega_o = \frac{1}{\sqrt{L \cdot C}}$$

und in die beiden Gleichungen für den Gütefaktor Q eingesetzt, so ergibt sich:

$$Q = \frac{1}{\sqrt{L \cdot C}} \cdot \frac{L}{R} \qquad = \qquad \frac{1}{R} \cdot \sqrt{\frac{L}{C}} \qquad \text{oder}$$

$$Q = \frac{1}{\frac{1}{\sqrt{L \cdot C}} \cdot \mathrm{R} \cdot \mathrm{C}} \qquad = \qquad \frac{1}{R} \cdot \sqrt{\frac{L}{C}}$$

Der Gütefaktor Q eines Reihenresonanzkreises läßt sich aus den Werten der drei in Reihe geschalteten Bauelemente berechnen. Ist dieser Gütefaktor Q ermittelt, so kann die auftretende Spannungsüberhöhung bei Resonanz mit Hilfe der folgenden Gleichungen berechnet werden:

$$U_L = I \cdot X_L \qquad = \qquad \frac{U}{R} \cdot X_L \qquad = \qquad \frac{X_L}{R} \cdot U \qquad = \qquad Q \cdot U$$

und

$$U_C = I \cdot X_C \qquad = \qquad \frac{U}{R} \cdot X_C \qquad = \qquad \frac{X_C}{R} \cdot U \qquad = \qquad Q \cdot U$$

Der Gütefaktor Q eines Reihenschwingkreises gibt somit an, wieviel mal größer bei Resonanz die Spannung an der Spule oder am Kondensator als die angelegte Klemmenspannung ist. **Bild 8.46** zeigt den charakteristischen Verlauf der Resonanzkurven des Stromes für verschiedene Gütefaktoren.

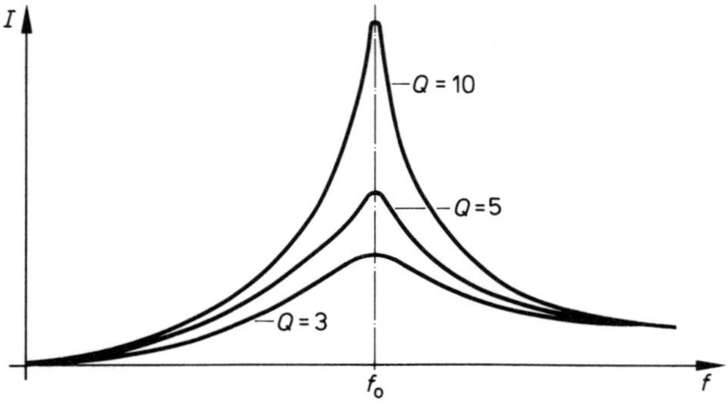

Bild 8.46 Einfluß des Gütefaktors Q auf den Verlauf der Resonanzkurve $I = f(f)$

Zur besseren Beurteilung und exakten Beschreibung des Verlaufes der Resonanzkurven wurden die Begriffe untere Grenzfrequenz f_{gu} und obere Grenzfrequenz f_{go} eingeführt. Als Grenzfrequenz ist die Frequenz festgelegt, bei der $X = R$ wird.
Für die untere Grenzfrequenz f_{gu} ergibt sich

$$R = X = X_C - X_L$$

und für die obere Grenzfrequenz f_{go}

$$R = X = X_L - X_C$$

Aus den Darstellungen in Bild 8.41 kann abgeleitet werden, daß diese beiden Fälle jeweils bei einem Phasenverschiebungswinkel $\varphi = 45°$ auftreten. Bei der unteren Grenzfrequenz zeigt der Schwingkreis ein kapazitives Verhalten und damit wird $\varphi = -45°$. Bei der oberen Grenzfrequenz hat der Schwingkreis jedoch ein induktives Verhalten und somit wird $\varphi = +45°$.

Bei einem Phasenverschiebungswinkel $\varphi = -45°$ oder $\varphi = +45°$ ist der Scheinwiderstand um den Faktor $\sqrt{2}$ größer als der Wirkwiderstand R.

$$Z = \sqrt{2} \cdot R \quad \text{(bei } f_{gu} \text{ und } f_{go}\text{)}$$

Da bei konstanter Klemmenspannung der Scheinwiderstand Z und der Strom I umgekehrt proportional zueinander sind, gilt für den Strom I bei den beiden Grenzfrequenzen:

$$I_{(f_{gu};\, f_{go})} = \frac{U}{Z} = \frac{U}{\sqrt{2} \cdot R} = \frac{1}{1{,}414} \cdot \frac{U}{R} = 0{,}707 \cdot \frac{U}{R}$$

Bei der unteren Grenzfrequenz f_{gu} und bei der oberen Grenzfrequenz f_{go} ist also der Strom I auf 70,7 % des Maximalwertes, der bei Resonanz auftritt, abgesunken. In **Bild 8.47** sind die beiden Grenzfrequenzen des Reihenresonanzkreises eingetragen. Die Differenz zwischen oberer und unterer Grenzfrequenz wird als Bandbreite b bezeichnet:

$$b = f_{go} - f_{gu}$$

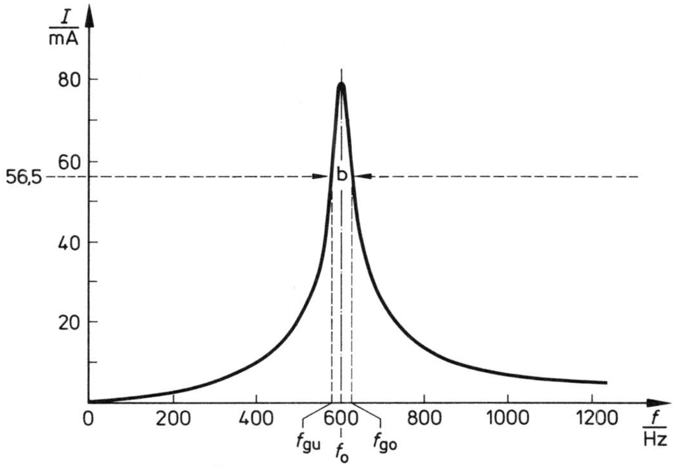

Bild 8.47 Grenzfrequenzen beim Reihenschwingkreis

Bei größeren Gütefaktoren Q verläuft die Resonanzkurve im Bereich der Resonanzfrequenz im kapazitiven und induktiven Bereich nahezu symmetrisch. Daher kann näherungsweise angenommen werden:

$$f_{go} - f_o = \frac{b}{2} \text{ bzw. } f_o - f_{gu} = \frac{b}{2}$$

Mit einigem rechnerischen Aufwand läßt sich daraus eine weitere Gleichung für die Bandbreite b eines Reihenschwingkreises ermitteln, und zwar

$$b = \frac{f_o}{Q}$$

Aus dieser Gleichung ist zu erkennen, daß die Bandbreite eines Schwingkreises umso kleiner wird, je größer sein Gütefaktor Q ist.

Beispiel

Die Bauelemente eines Reihenschwingkreises haben die Werte $L = 1$ mH, $C = 100$ nF und $R = 10\ \Omega$. Wie groß sind f_o, Q, $Z_{(f_o)}$, $Z_{(f_{gu})}$, $Z_{(f_{go})}$, b, f_{go} und f_{gu}?

$$f_o = \frac{1}{2\pi\sqrt{L \cdot C}} = \frac{1}{2\pi \cdot \sqrt{1 \cdot 10^{-3}\ \text{Vs/A} \cdot 100 \cdot 10^{-9}\ \text{As/V}}} = 15{,}90\ \text{kHz}$$

$$Q = \frac{1}{R} \cdot \sqrt{\frac{L}{C}} = \frac{1}{10\ \Omega} \cdot \sqrt{\frac{1 \cdot 10^{-3}\ \text{Vs/A}}{100 \cdot 10^{-9}\ \text{As/V}}} = 10$$

$$Z_{(f_o)} = R = 10\ \Omega$$

$$Z_{(f_{gu})} = Z_{(f_{go})} = \sqrt{2} \cdot R = \sqrt{2} \cdot 10\ \Omega = 14{,}14\ \Omega$$

$$b = \frac{f_o}{Q} = \frac{15{,}9 \cdot 10^3\ \text{Hz}}{10} \approx 1{,}6\ \text{kHz}$$

$$f_{go} = f_o + \frac{b}{2} = 15{,}9 \cdot 10^3\ \text{Hz} + 0{,}8 \cdot 10^3\ \text{Hz} = 16{,}7\ \text{kHz}$$

$$f_{gu} = f_o - \frac{b}{2} = 15{,}9 \cdot 10^3\ \text{Hz} - 0{,}8 \cdot 10^3\ \text{Hz} = 15{,}1\ \text{kHz}$$

8.5.2 Parallelschaltung von Widerstand, Kondensator und Spule

8.5.2.1 Zeigerdiagramme und mathematische Zusammenhänge

Parallelschaltungen von Widerstand, Kondensator und Spule entsprechend **Bild 8.48** haben sowohl in der Nachrichtentechnik als auch in der Energietechnik eine große Bedeutung.

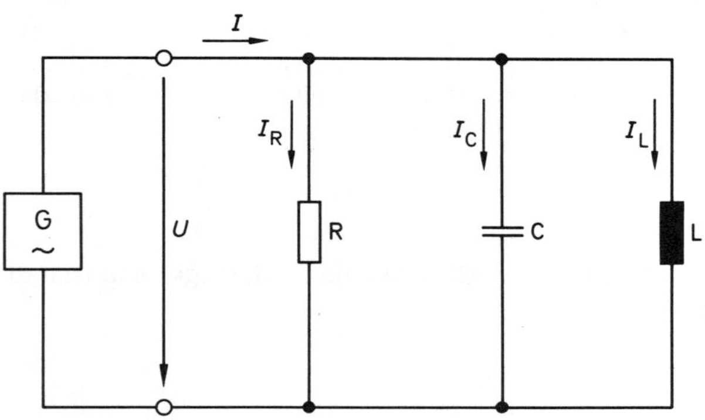

Bild 8.48 Parallelschaltung von R, C und L

Gemeinsame Bezugsgröße bei der Parallelschaltung von R, C und L ist die anliegende Spannung U. Sie ist in den Diagrammen in **Bild 8.49** wieder in gleicher Richtung aufgetragen wie der Strom I_R.

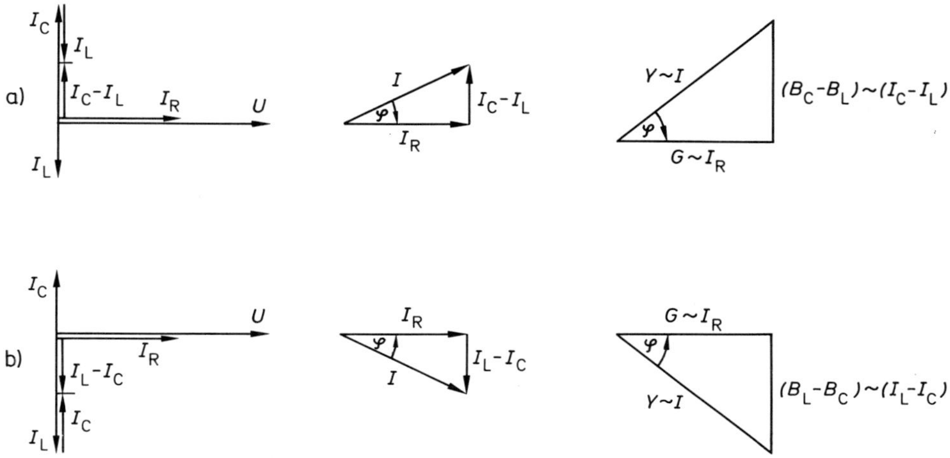

Bild 8.49 Zeigerdiagramm der Ströme und Leitwertdreiecke einer Parallelschaltung von R, C und L
a) für $I_C > I_L$
b) für $I_L > I_C$

In Bild 8.49a ist der kapazitive Strom I_C größer als der induktive Strom I_L. Daher überwiegt die kapazitive Komponente. In Bild 8.49b ist dagegen I_L größer als I_C und es überwiegt die induktive Komponente. Wegen der Proportionalität zwischen den einzelnen Strömen und den Leitwerten kann das Zeigerdiagramm der Ströme direkt in das Leitwertdreieck überführt werden. Die sich aus den Diagrammen ergebenden mathematischen Zusammenhänge sind in der Tabelle **Bild 8.50** übersichtlich zusammengefaßt.

	Parallelschaltung aus R, C und L $I_C > I_L$	$I_L > I_C$
Strom I	$I = \sqrt{I_R^2 + (I_C - I_L)^2}$	$I = \sqrt{I_R^2 + (I_L - I_C)^2}$
	$I = \frac{I_C - I_L}{\sin \varphi}$	$I = \frac{I_L - I_C}{\sin \varphi}$
	$I = \frac{I_R}{\cos \varphi}$	$I = \frac{I_R}{\cos \varphi}$
Scheinleitwert Y	$Y = \sqrt{G^2 + (B_C - B_L)^2}$	$Y = \sqrt{G^2 + (B_L - B_C)^2}$
	$Y = \frac{B_C - B_L}{\sin \varphi}$	$Y = \frac{B_L - B_C}{\sin \varphi}$
	$Y = \frac{G}{\cos \varphi}$	$Y = \frac{G}{\cos \varphi}$

Bild 8.50 Mathematische Zusammenhänge bei der Parallelschaltung von R, C und L

Beispiel

An das Wechselspannungsnetz $U = 220$ V/50 Hz sind als Verbraucher eine Glühlampe mit $P = 300$ W, ein Kondensator $C = 66$ µF und eine Spule $L = 0{,}22$ H angeschlossen.

Wie groß sind der Wirkwiderstand R, die Ströme I, I_R, I_C und I_L, die Scheinleistung S und die Blindleistung Q sowie der Phasenverschiebungswinkel φ?

$$B_L = \frac{1}{2\pi \cdot f \cdot L} = \frac{1}{2\pi \cdot 50\ \text{Hz} \cdot 0{,}22\ \text{H}} = 14{,}5\ \text{mS}$$

$$I_L = U \cdot B_L = 220\ \text{V} \cdot 14{,}5\ \text{mS} = 3{,}19\ \text{A}$$

$$B_C = 2\pi \cdot f \cdot C = 2\pi \cdot 50\ \text{Hz} \cdot 66\ 10^{-6}\ \text{F} = 20{,}7\ \text{mS}$$

$$I_C = U \cdot B_C = 220\ \text{V} \cdot 20{,}7\ \text{mS} = 4{,}55\ \text{A}$$

$$I_R = \frac{P}{U} = \frac{300\ \text{W}}{220\ \text{V}} = 1{,}36\ \text{A}$$

$$I = \sqrt{I_R^2 + (I_C - I_L)^2} = \sqrt{1{,}36^2\ \text{A}^2 + 1{,}36^2\ \text{A}^2}$$

$$I = 1{,}92\ \text{A}$$

$$S = U \cdot I = 220\ \text{V} \cdot 1{,}92\ \text{A} = 422{,}4\ \text{VA}$$

$$Q = Q_C - Q_L = \sqrt{S^2 - P^2} = \sqrt{(422{,}4^2 - 300^2) \cdot (\text{VA})^2}$$

$$Q = 297{,}4\ \text{var}$$

Diese Blindleistung ist kapazitiv, da $I_C > I_L$ ist.

$$\cos \varphi = \frac{P}{S} = \frac{300\ \text{W}}{422{,}4\ \text{VA}} = 0{,}71$$

$$\varphi = -44{,}7°$$

Dieses Beispiel zeigt, daß die Berechnung der Leistungen in gleicher Weise wie bei einer Parallelschaltung von Widerstand und Kondensator oder Widerstand und Spule erfolgt. Zu beachten ist hierbei lediglich, daß der Blindstrom als resultierender Strom aus I_C und I_L bzw. der Blindleitwert als resultierender Leitwert aus B_C und B_L eingesetzt wird. Es tritt dann entweder eine Blindleistung mit kapazitivem oder induktivem Verhalten auf und daher auch eine entsprechende Scheinleistung.

8.5.2.2 Parallelresonanz

Auch bei einer Parallelschaltung von Widerstand, Kondensator und Spule entsprechend Bild 8.48 kann der Fall eintreten, daß bei einer bestimmten Frequenz der kapazitive Strom I_C und der induktive Strom I_L gleich groß werden und sich wegen ihrer Phasenverschiebung von $\varphi = 180°$ gegenseitig aufheben. Dieser Fall wird auch bei der Parallelschaltung von R, C und L als Resonanzfall und die Frequenz, bei der dieser Resonanzfall auftritt, als Resonanzfrequenz f_0 bezeichnet. Für die Parallelschaltung gilt:

$$I_C = I_L; \quad B_C = B_L; \; X_C = X_L$$

In **Bild 8.51** sind die Zeigerdiagramme der Ströme und das Leiterwertdreieck bei Parallelresonanz dargestellt.

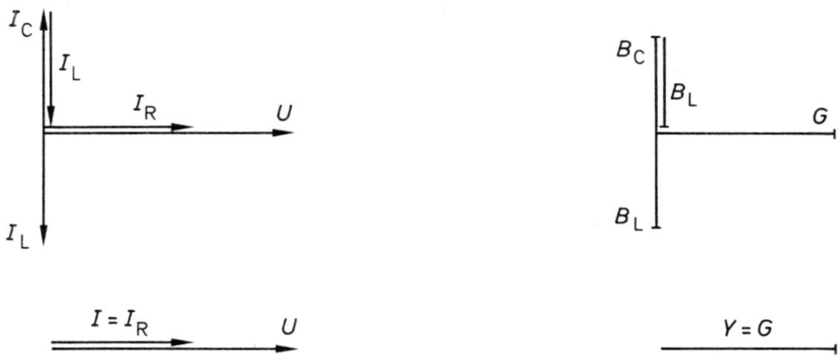

Bild 8.51 Diagramme der Ströme und der Leitwerte bei Parallelresonanz

Für den Parallelschwingkreis gilt mit $X_C = X_L$ die gleiche Resonanzbedingung wie für den Reihenschwingkreis. Daher läßt sich die Resonanzfrequenz f_0 auch mit der gleichen Formel berechnen. Für den Parallelschwingkreis hat somit die Thomsonsche Schwingungsformel Gültigkeit:

$$f_0 = \frac{1}{2\,\pi\,\sqrt{L \cdot C}}$$

Weitere Beziehungen lassen sich aus Bild 8.51 ableiten. Für den Resonanzfall gilt:

$$I = I_R; \quad Y = G; \quad Z = R; \quad \varphi = 0°$$

Auch beim Parallelschwingkreis kompensieren sich die Blindwiderstände im Resonanzfall in ihren Wirkungen, so daß dann nur noch der Widerstand R wirksam ist. Damit hat ein Parallelschwingkreis bei der Resonanzfrequenz f_0 seinen größten Widerstand R

bzw. seine größte Impedanz Z. Hat der speisende Generator einen hohen Innenwiderstand ($R_i \gg R$), so wird der Schwingkreis mit einem konstanten Strom I gespeist. Die dabei auftretende Frequenzabhängigkeit von Y, Z und U ist in **Bild 8.52** dargestellt.

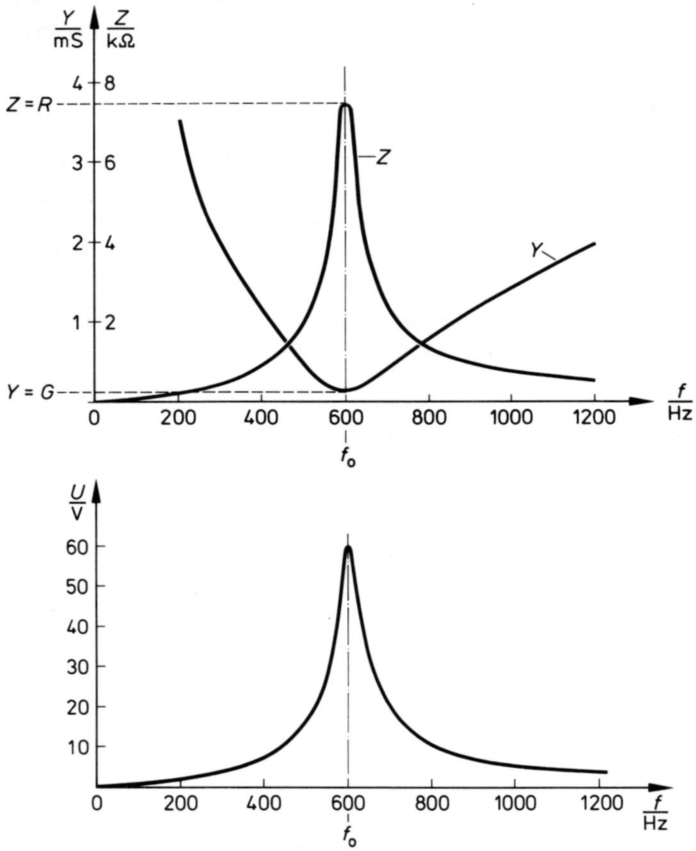

Bild 8.52 Resonanzkurven für einen Parallelresonanzkreis bei I = const.

Die maximale Spannung U hängt vom speisenden Strom, insbesondere aber vom Widerstand R ab. Dieser Widerstand R ist in Parallelschwingkreisen häufig nicht als konkretes Bauelement vorhanden, sondern wird lediglich aus den Verlustwiderständen der realen Spulen und Kondensatoren gebildet. Dieser Ersatzwiderstand kann daher in Parallelschwingkreisen hohe Werte haben.

Die dadurch auftretende hohe Klemmenspannung bewirkt größere Ströme in den Blindwiderständen, und zwar unabhängig vom eingespeisten konstanten Strom. Die Energie pendelt ständig zwischen den beiden Blindwiderständen hin und her. Wegen dieser großen Ströme im Resonanzfall wird beim Parallelschwingkreis auch von einer Stromresonanz gesprochen. Für die Ströme gilt:

$$I_C = \frac{U}{X_C}; \qquad I_L = \frac{U}{X_L}; \qquad I_R = \frac{U}{R}$$

Bild 8.53 zeigt den charakteristischen Verlauf der Teilströme in einem Parallelschwingkreis als Funktion der Frequenz.

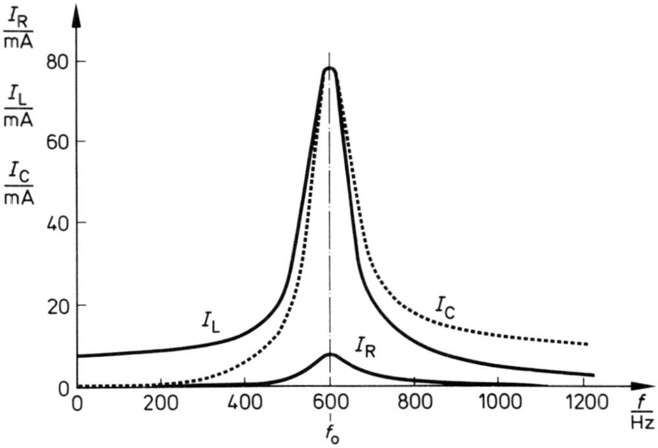

Bild 8.53 I_C, I_L und $I_R = f(f)$ für einen Parallelschwingkreis mit $f_o = 600$ Hz

Ein direktes Maß für die auftretende Stromüberhöhung ist auch hier wieder die Güte Q des Kreises, die sich aus dem Verhältnis von Blindstrom zu Wirkstrom im Resonanzfall ergibt.

$$Q = \frac{I_L}{I_R} = \frac{I_C}{I_R}$$

Da die Ströme den Widerständen umgekehrt proportional sind, folgt daraus:

$$Q = \frac{B_L}{G} = \frac{R}{X_L} = \frac{R}{\omega_o L}$$

oder

$$Q = \frac{B_C}{G} = \frac{R}{X_C} = \omega_o \cdot R \cdot C$$

Wird die nach ω_o aufgelöste Thomsonsche Schwingungsgleichung eingesetzt, so ergibt sich:

$$Q = \frac{R}{\frac{1}{\sqrt{L \cdot C}} \cdot L} = R \cdot \sqrt{\frac{C}{L}}$$

oder

$$Q = \frac{1}{\sqrt{L \cdot C}} \cdot R \cdot C = R \cdot \sqrt{\frac{C}{L}}$$

Diese Gleichung für die Güte Q eines Parallelschwingkreises enthält zwar dieselben Faktoren, unterscheidet sich aber doch wesentlich von der entsprechenden Gleichung für den Reihenschwingkreis.
Ist die Güte eines Parallelschwingkreises bekannt, so kann die Stromüberhöhung mit folgenden Gleichungen berechnet werden:

$$I_L = \frac{U}{X_L} = \frac{I \cdot R}{X_L} = \frac{R}{X_L} \cdot I = Q \quad I$$

$$I_C = \frac{U}{X_C} = \frac{I \cdot R}{X_C} = \frac{R}{X_C} \cdot I = Q \cdot I$$

Die Güte Q gibt bei einem Parallelschwingkreis also an, wievielmal größer bei Resonanz der Strom durch die Spule und durch den Kondensator als der in den Zweipol eingespeiste Strom ist. **Bild 8.54** zeigt den charakteristischen Verlauf der Resonanzkurven für die Klemmspannung U bei verschiedener Güte.

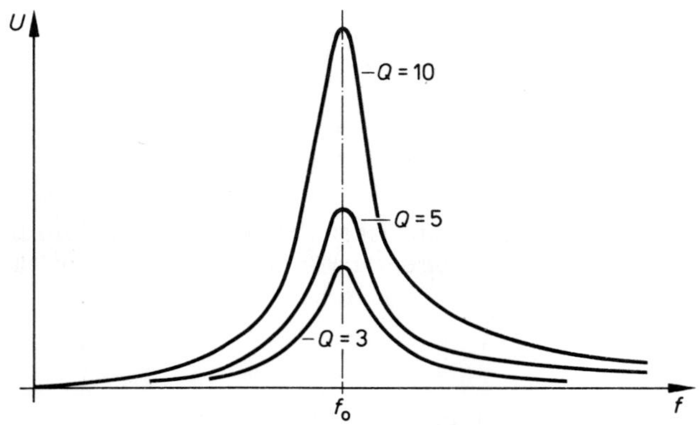

Bild 8.54 Einfluß der Güte Q auf den Verlauf der Resonanzkurve $U = f\,(f)$

Auch beim Parallelschwingkreis sind zur Beurteilung des Verlaufes der Resonanzkurve die obere Grenzfrequenz f_{go} und die untere Grenzfrequenz f_{gu} festgelegt. Es sind jeweils die Frequenzen, bei denen $B = G$ wird.
Für die untere Grenzfrequenz f_{gu} gilt:

$$G = B = B_L - B_C; \quad \varphi = +45°; \quad Y = \sqrt{2}\,G$$

Für die obere Grenzfrequenz f_{go} gilt:

$$G = B = B_C - B_L; \quad \varphi = -45°; \quad Y = \sqrt{2}\,G$$

Die Differenz zwischen f_{go} und f_{gu} wird wieder als Bandbreite b bezeichnet:

$$b = f_{go} - f_{gu}$$

Für Bandbreite, Resonanzfrequenz und Güte bestehen beim Parallelschwingkreis die gleichen Zusammenhänge wie beim Reihenschwingkreis:

$$b = \frac{f_o}{Q}$$

Beispiel

Die Bauelemente eines Parallelschwingkreises haben die Werte $L = 1\,\text{mH}$, $C = 100\,\text{nF}$, $R = 10\,\text{k}\Omega$.
Wie groß sind f_o, Q, $Z_{(f_o)}$, $Z_{(f_{gu})}$, $Z_{(f_{go})}$, b, f_{go} und f_{gu}?

$$f_o = \frac{1}{2\pi\sqrt{L \cdot C}} = \frac{1}{2\pi \cdot \sqrt{1 \cdot 10^{-3}\,\text{Vs/A} \cdot 100 \cdot 10^{-9}\,\text{As/V}}} = 15{,}9\,\text{kHz}$$

$$Q = R \cdot \sqrt{\frac{C}{L}} = 10 \cdot 10^3\,\Omega \cdot \sqrt{\frac{100 \cdot 10^{-9}\,\text{As/V}}{1 \cdot 10^{-3}\,\text{Vs/A}}} = 100$$

$$Z_{(f_o)} = R = 10\,\text{k}\Omega$$

$$Z_{(f_{gu})} = Z_{(f_{go})} = \frac{R}{\sqrt{2}} = \frac{10 \cdot 10^3\,\Omega}{\sqrt{2}} = 7{,}07\,\text{k}\Omega$$

$$b = \frac{f_o}{Q} = \frac{15{,}9 \cdot 10^3\,\text{Hz}}{100} \approx 160\,\text{Hz}$$

$$f_{go} = f_o + \frac{b}{2} = 15\,900\,\text{Hz} + 80\,\text{Hz} = 15{,}98\,\text{kHz}$$

$$f_{gu} = f_o - \frac{b}{2} = 15\,900\,\text{Hz} - 80\,\text{Hz} = 15{,}82\,\text{kHz}$$

Parallelschwingkreise haben in der Elektronik und Nachrichtentechnik eine größere Bedeutung als Reihenschwingkreise. So werden sie z. B. als frequenzbestimmende Glieder in Frequenzgeneratoren oder in Filterschaltungen eingesetzt.

8.6 Anwendungsbeispiele

Zusammenschaltungen von Wirk- und Blindwiderständen sind in den unterschiedlichsten Ausführungen und Aufgaben im gesamten Bereich der Elektrotechnik und Elektronik zu finden. Aber auch viele Bauelemente der Elektronik, insbesondere Halbleiterbauelemente, zeigen oft ein elektrisches Verhalten, das sich mit Hilfe von Ersatzschaltungen aus Wirk- und Blindwiderständen beschreiben oder erklären läßt. Aus der Vielzahl von technischen Anwendungen wurden einige Anwendungsbeispiele ausgewählt. Insbesondere werden Vierpole und ihre Eigenschaften bei Betrieb an sinusförmiger Wechselspannung sowie rechteckförmiger Spannung untersucht.

8.6.1 Kompensation durch Reihen- oder Parallelschaltungen von Blindwiderständen

Elektrische Verbraucher mit einem Blindwiderstand entnehmen dem speisenden Netz Blindenergie bzw. Blindleistung. Sie belasten daher mit ihrer Blindstromkomponente das Leitungsnetz und zwingen die Energieversorgungsunternehmen zur Bereitstellung dieser Energie, obwohl die üblichen Arbeitszähler nur die Wirkarbeit, nicht aber die Blindarbeit registrieren. Es wird daher versucht, diese Blindanteile zu reduzieren und sie durch geeignete Maßnahmen möglichst gering zu halten.
Viele Geräte, insbesondere Motoren und Leuchtstofflampen, sind gemischt-induktive Verbraucher. Sie haben also einen Wirk- und einen Blindanteil. Eine wesentliche Aussage über ihr Verhalten liefert der Leistungsfaktor $\cos\varphi$. Zur Kompensation der auftretenden induktiven Blindleistung wird ein Kondensator in Reihe oder parallel zum Verbraucher geschaltet. **Bild 8.55** zeigt die beiden Kompensationsschaltungen.

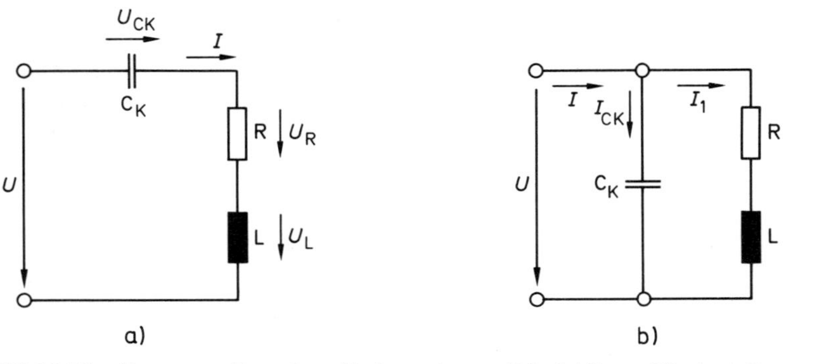

Bild 8.55 Kompensation eines Verbrauchers mit induktivem Blindanteil
a) durch Reihenschaltung eines Kompensationskondensators
b) durch Parallelschaltung eines Kompensationskondensators

Eine Reihenkompensation entsprechend Bild 8.55a erfolgt z. B. bei den Leuchtstofflampen. Dabei muß berücksichtigt werden, daß auch am Kompensationskondensator eine Spannung abfällt, die dann für den eigentlichen Verbraucher, die Reihenschaltung aus R und L, nicht mehr zur Verfügung steht.

Bei der Parallelkompensation nach Bild 8.55b ist dies nicht der Fall. Hier muß der Kompensationskondensator eine Spannungsfestigkeit in Höhe der Netzspannung haben, was höhere Kosten verursacht.
Wird eine Schaltung entsprechend Bild 8.55a ohne den Kompensationskondensator C_K betrieben, so ergeben sich die Diagramme für die Spannung und Leistung gemäß **Bild 8.56**.

Bild 8.56 Diagramme von Verbrauchern mit induktivem Blindanteil

Bei der Reihenkompensation kann der Kondensator C_K so bemessen werden, daß der kapazitive Spannungsanteil U_{CK} gleich dem induktiven Spannungsanteil U_L wird. Sie heben sich dann wegen der Phasenverschiebung von 180° in ihrer Wirkung gegenseitig auf und der Leistungsfaktor wird zu $\cos\varphi = 1$. In diesem Fall liegt eine Reihenresonanz vor, bei der die auftretende Spannungsüberhöhung die Bauelemente gefährden kann. Daher wird in der Regel auf eine vollständige Kompensation mit $\cos\varphi = 1$ verzichtet und nur ein Leistungsfaktor von $\cos\varphi \approx 0{,}8$ bis 0,9 angestrebt. Dabei ergibt sich dann auch ein guter Kompromiß zwischen Wirtschaftlichkeit und technischer Realisierung.
Da der unkompensierte Verbraucher infolge der Kompensation nicht mehr an der Netzspannung liegt, ist eine Reihenkompensation meist nur dann möglich, wenn sie Bestandteil des elektrischen Verbrauchers ist.
Bei der Parallelschaltung nach Bild 8.55b kann der Phasenverschiebungswinkel φ in einfacher Weise ermittelt werden. Aufgabe des Kompensationskondensators ist es, die induktive Blindleistung des Verbrauchers aus R und L durch eine kapazitive Blindleistung zu kompensieren. Daher gilt:

$$Q_{CK} = Q_L$$

Aus dieser Gleichung läßt sich die Formel für die Berechnung der Kapazität des Kompensationskondensators ableiten:

$$Q_{CK} = U^2 \cdot B_{CK}$$

$$Q_{CK} = U^2 \cdot 2\,\pi \cdot f \cdot C_K$$

$$C_K = \frac{Q_{CK}}{2\,\pi \cdot f \cdot U^2}$$

Bei einer vollständigen Kompensation mit $\cos\varphi = 1$ befindet sich die Parallelschaltung in Resonanz. Auch hier wird daher in der Regel eine Kompensation auf $\cos\varphi \approx 0{,}8$ bis 0,9 vorgenommen.

Beispiel

Ein Wechselstrommotor hat bei Betrieb am Wechselstromnetz $U = 220$ V/50 Hz eine Leistungsaufnahme $P = 1{,}8$ kW bei einem Leistungsfaktor $\cos\varphi = 0{,}78$.
Durch Parallelkompensation soll
a) eine vollständige Kompensation mit $\cos\varphi = 1$ und
b) eine Kompensation mit $\cos\varphi = 0{,}9$
erreicht werden.

Wie groß sind in den Fällen a) und b) die Scheinleistung S, die Blindleistung Q, der Gesamtstrom I und die erforderliche Kapazität C_K des Kompensationskondensators?

unkompensiert:

$$S = \frac{P}{\cos\varphi} = \frac{1{,}8\text{ kW}}{0{,}78} = 2{,}3\text{ kVA}$$

$$I = \frac{S}{U} = \frac{2{,}3\text{ kVA}}{220\text{ V}} = 10{,}5\text{ A}$$

$$\cos\varphi = 0{,}78 \Rightarrow \varphi = 38{,}7°$$

$$Q_L = P \cdot \tan\varphi = 1{,}8\text{ kW} \cdot 0{,}802 = 1{,}4\text{ kvar}$$

kompensiert a) $\cos\varphi = 1 \Rightarrow \varphi = 0°$

$$I = \frac{P}{U} = \frac{1{,}8\text{ kW}}{220\text{ V}} = 8{,}2\text{ A}$$

$$Q_{CK} = Q_L = 1{,}4\text{ kvar}$$

$$S = P = 1{,}8\text{ kW}$$

$$C_K = \frac{Q_{CK}}{2\,\pi \cdot f \cdot U^2} = \frac{1{,}4 \cdot 10^3\text{ var}}{2\,\pi \cdot 50\text{ Hz} \cdot 220^2\text{ V}^2}$$

$$C_K = 92\ \mu\text{F}$$

kompensiert b) $\cos\varphi = 0{,}9 \Rightarrow \varphi = 25{,}84°$

$$S = \frac{P}{\cos\varphi} = \frac{1{,}8\text{ kW}}{0{,}9} = 2\text{ kVA}$$

$$I = \frac{S}{U} = \frac{2\text{ kVA}}{220\text{ V}} = 9{,}1\text{ A}$$

$$Q = P \cdot \tan\varphi = 1{,}8\text{ kW} \cdot 0{,}484 = 871\text{ var}$$

$$Q_{CK} = Q_L - Q = 1400\text{ var} - 871\text{ var} = 529\text{ var}$$

$$C_K = \frac{Q_{CK}}{2\,\pi \cdot f \cdot U^2} = \frac{529\text{ var}}{2\,\pi \cdot 50\text{ Hz} \cdot 220^2\text{ V}^2}$$

$$C_K = 34{,}8\ \mu\text{F}$$

Die Ergebnisse dieses Beispieles zeigen, daß bei einer Kompensation auf $\cos\varphi = 0{,}9$ der Strom in den Zuleitungen um $I = 1{,}4$ A reduziert wird. Die erforderliche Kapazität ist mit $C_K = 34{,}8\ \mu$F aber erheblich kleiner als bei einer vollständigen Kompensation mit $C_K \approx 92\ \mu$F.

Die meisten Geräte, die als Verbraucher an das Wechselspannungsnetz angeschlossen werden, haben induktive Blindanteile und werden durch Kondensatoren kompensiert. Bei Verbrauchern mit kapazitiver Blindleistung ist aber auch eine Kompensation durch Spulen möglich. Nur lassen sich Spulen mit großen Induktivitäten technisch schwer realisieren.

8.6.2 R-C-Phasenschieber

Bei bestimmten Aufgaben ist ein definierter oder einstellbarer Phasenverschiebungswinkel erforderlich oder erwünscht. Wird ein einstellbarer Phasenverschiebungswinkel $\varphi = 0°$ bis $90°$ zwischen Strom und Spannung verlangt, so läßt sich dies mit einer Schaltung nach **Bild 8.57** erreichen.

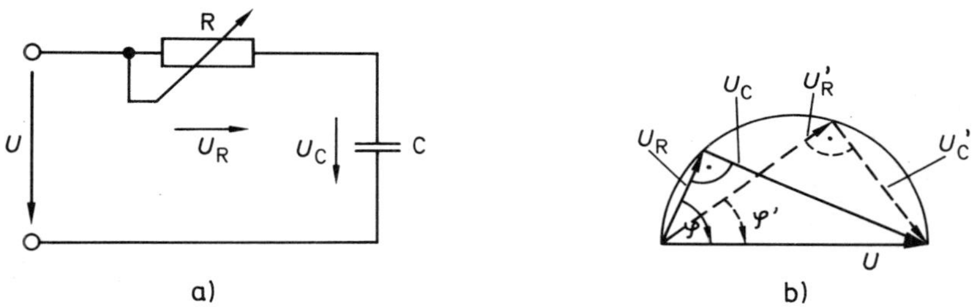

Bild 8.57 R-C-Reihenschaltung als Phasenschieber

Bei der Schaltung nach Bild 8.57a handelt es sich um eine Reihenschaltung eines Wirkwiderstandes R mit einem Kondensator C, wobei R als veränderbarer Widerstand ausgelegt ist. Ist sein Widerstandswert wesentlich größer als der Wert des Blindwiderstandes X_C, so kann das Spannungsteilerverhältnis fast von $U_R = 0$ V bis $U_R = U$ variiert werden. Bild 8.57b zeigt das zugehörige Zeigerdiagramm, wobei zwei verschiedene Fälle dargestellt sind.
Die Gesamtspannung U ist hier in Richtung der x-Achse aufgetragen. Die Teilspannungen U_R und U_C stehen stets senkrecht aufeinander und ihre geometrische Addition führt zur Gesamtspannung U. Bei Veränderung der Einstellung von R ändert sich der Phasenverschiebungswinkel φ zwischen der Teilspannung U_R und der Gesamtspannung U. Der rechte Winkel liegt dabei stets auf einem Halbkreis um den Spannungszeiger U. Mit einem Phasenschieber nach Bild 8.57 kann der Betrag des Phasenverschiebungswinkels φ daher kontinuierlich von $\varphi = 0°$ bis $\varphi = 90°$ eingestellt werden.
Sollen Phasenverschiebungswinkel mit einem Betrag zwischen $\varphi = 0°$ und $\varphi = 180°$ einstellbar sein, so kann dies mit einer Phasenschieberbrücke nach **Bild 8.58a** erreicht werden.

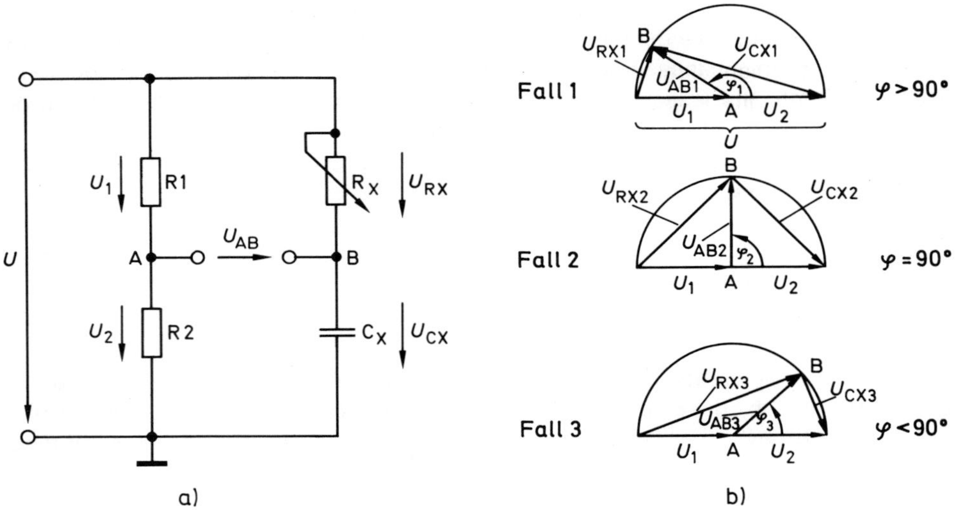

Bild 8.58 Phasenschieberbrücke

Bild 8.58b zeigt die zugehörigen Zeigerdiagramme für drei verschiedene Fälle. Die Gesamtspannung U wird zunächst durch den Brückenzweig der Wirkwiderstände R_1 und R_2 in die Teilspannungen U_{R1} und U_{R2} aufgeteilt. Beide Teilspannungen sind gleichphasig und gleich groß, wenn $R_1 = R_2$ ist. Der rechte Brückenzweig entspricht einem R-C-Phasenschieber nach Bild 8.57a.
Die Brückenspannung U_{AB} ist in die Zeigerdiagramme eingetragen. Zu erkennen ist, daß zwischen der Brückenspannung U_{AB} und einer der Teilspannungen U_1 oder U_2 ein Phasenverschiebungswinkel mit einem Betrag zwischen $\varphi \approx 0°$ und $\varphi \approx 180°$ möglich ist. Dies gilt allerdings nur mit der Einschränkung, daß $R_X \gg X_{CX}$ werden kann. Phasenverschiebungswinkel größer 90° lassen sich sonst nur durch Zusammenschalten mehrerer R-C-Glieder erreichen.

8.6.3 Vierpole

8.6.3.1 Grundprinzip der Vierpoltheorie

Vierpole sind Schaltungsteile oder Schaltungen mit zwei Eingangsklemmen und zwei Ausgangsklemmen, also mit insgesamt vier Anschlußklemmen. Für ihre mathematische Behandlung wurde die Vierpoltheorie entwickelt. Sie betrachtet jeden Vierpol als eine »Black Box«, also als einen unzugänglichen »Kasten« mit vier herausgeführten Anschlußklemmen. Dabei ist es ohne Bedeutung, welchen internen schaltungstechnischen Aufbau dieses Gebilde hat. Vierpole dieser Art können nur von außen her über die Anschlußklemmen meßtechnisch untersucht werden. Die Beschreibung der tech-

nischen Eigenschaften von Vierpolen erfolgt durch festgelegte Kenngrößen, die auch als Vierpolparameter bezeichnet werden.
Bild 8.59 zeigt einen allgemeinen Vierpol mit den eingetragenen Zählpfeilen von Spannungen und Strömen. Die Eingangsgrößen erhalten jeweils den Index 1, die Ausgangsgrößen den Index 2. Außerdem wird bei den Strömen zunächst immer angenommen, daß sie in den Vierpol hineinfließen. Fließt bei einem realen Vierpol dann ein Strom aus den Klemmen heraus, so wird er mit $-i_1$ bzw. $-i_2$ bezeichnet.

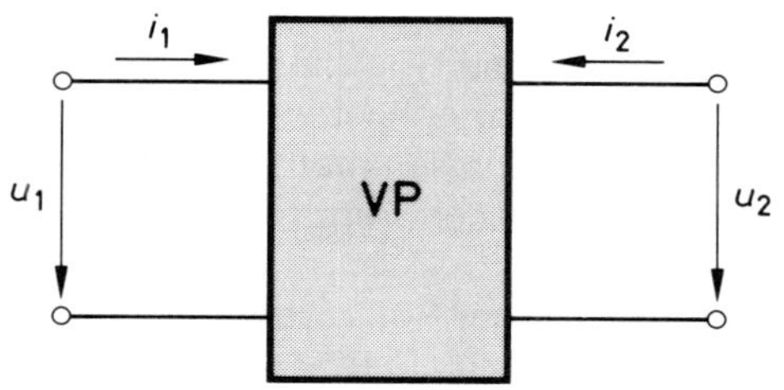

Bild 8.59 Spannungen und Ströme beim allgemeinen Vierpol

Das Verhalten von Vierpolen läßt sich mit Hilfe der Vierpoltheorie mathematisch beschreiben. Dazu werden Gleichungssysteme aufgestellt, deren Kenngrößen die sogenannten Vierpolparameter bzw. Vierpolkoeffizienten sind. Sie lassen sich aus den Eingangs- und Ausgangsgrößen eines Vierpols auf verschiedene Weise ermitteln. Dabei treten als Vierpolkoeffizienten Widerstände, Leitwerte oder Faktoren auf.
Wird aus Eingangsspannung und Eingangsstrom der Quotient u_1/i_1 sowie aus der Ausgangsspannung und dem Ausgangsstrom der Quotient u_2/i_2 gebildet, so ergeben sich Widerstandsparameter (r-Parameter). Diese Vierpolgleichungen werden dann als Widerstandsform bezeichnet.
Die Kehrwerte der Widerstandsparameter, also die Quotienten i_1/u_1 und i_2/u_2, führen zu Leitwerten und damit zu Leitwertparametern (y-Parameter). Diese Form der Vierpolgleichungen wird als Leitwertform bezeichnet.
Eine weitere Möglichkeit ergibt sich, wenn die Quotienten u_1/u_2 und i_1/i_2 gebildet werden. Es treten dann reine Faktoren auf, also dimensionslose Größen.
Von praktischer Bedeutung ist eine Mischform aus Widerstandsparameter, Leitwertparameter und Faktoren. Sie wird als Hybridform (hybrid = Mischling) bezeichnet und dementsprechend wird von Hybridparametern (h-Parameter) gesprochen.
Die Bestimmung der Vierpolparameter eines unbekannten Vierpols erfolgt durch Messung der Ströme und Spannungen und Bildung der gewünschten Quotienten. Mit Hilfe spezieller mathematischer Verfahren lassen sich dann die Eigenschaften eines unbekannten Vierpols bestimmen. Zur Lösung solcher Vierpolgleichungen sind jedoch erhebliche mathematische Kenntnisse erforderlich, so daß hier auf eine weitere Behandlung dieser Zusammenhänge verzichtet werden muß.
In der Elektronik gibt es aber eine Reihe wichtiger Vierpole, deren Eigenschaften sich bei Kenntnis des Schaltungsaufbaues auch mit geringerem mathematischen Aufwand bestimmen lassen. Derartige Vierpole werden nachfolgend behandelt.

8.6.3.2 Tief- und Hochpässe

Bei den Tief- und Hochpässen handelt es sich um frequenzabhängige Spannungsteiler. Sie bestehen in ihren einfachsten Ausführung aus der Reihenschaltung eines ohmschen Widerstandes mit einer Spule oder einem Kondensator. An dieser Reihenschaltung liegt die Eingangsspannung U_e. Die Ausgangsspannung wird dagegen je nach erwünschter Funktion am Wirkwiderstand oder am Blindwiderstand abgegriffen, so daß insgesamt ein Vierpol vorliegt.
Derartige Vierpole werden aber nur dann als Tiefpaß oder Hochpaß bezeichnet, wenn sinusförmige Eingangsspannungen anliegen. Ein Tiefpaß läßt alle Signale mit Frequenzen, die kleiner als die Grenzfrequenz sind, nahezu unbedämpft »passieren«, alle höheren Frequenzen werden dagegen stark bedämpft. Bei einem Hochpaß werden dagegen alle Signale oberhalb der Grenzfrequenz nur wenig, alle Signale unterhalb der Grenzfrequenz dagegen stark bedämpft. Der Übergang im Bereich der Grenzfrequenz ist aber stets fließend.
Durch Kombination eines ohmschen Widerstandes mit einer Spule oder einem Kondensator ergeben sich vier verschiedene Vierpole, die auch als RC-Glied, CR-Glied, RL-Glied und LR-Glied bezeichnet werden. Die Bezeichnungen sind dabei jeweils so gewählt, daß das Bauelement, an dem die Ausgangsspannung abgegriffen wird, an zweiter Stelle steht. Auf diese Weise ist unabhängig von der Funktion als Hochpaß oder Tiefpaß ein eindeutiger Hinweis auf den schaltungstechnischen Aufbau des Vierpols gegeben.

RC-Tiefpaß

Bild 8.60 zeigt einen RC-Tiefpaß. Der Wirkwiderstand R und der Blindwiderstand X_C sind in Reihe geschaltet und liegen an der Eingangsspannung U_e. Die Ausgangsspannung wird an X_C abgegriffen.

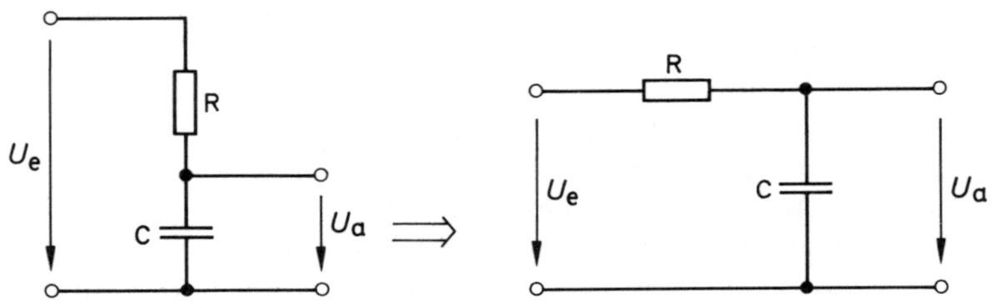

Bild 8.60 RC-Tiefpaß

Die wichtigsten Zusammenhänge lassen sich aus dem Zeigerdiagramm für den RC-Tiefpaß ableiten. In **Bild 8.61** ist das Zeigerdiagramm der Spannungen und das Widerstandsdreieck angegeben.

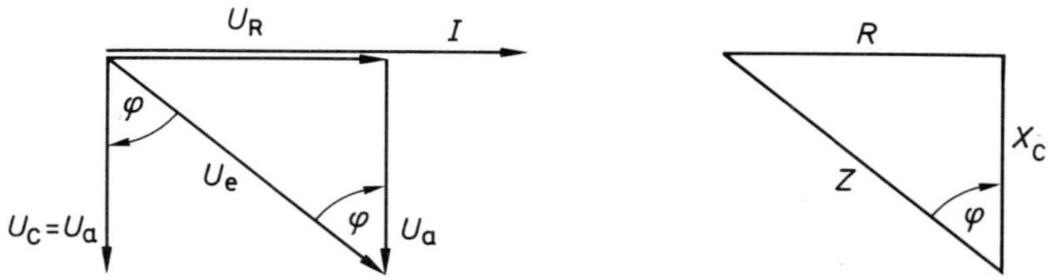

Bild 8.61 Zeigerdiagramm und Widerstandsdreieck für den RC-Tiefpaß

Bisher wurde bei den Zeigerdiagrammen für das Zusammenwirken von Wirk- und Blindwiderständen stets die Phasenverschiebung zwischen Spannung und Strom betrachtet und hierbei der Strom I grundsätzlich als Bezugsgröße gewählt.
Entsprechend war auch der Phasenverschiebungswinkel φ festgelegt. Abweichend hiervon wird aber bei den hier betrachteten Vierpolen als Phasenverschiebung der Phasenverschiebungswinkel φ zwischen der Eingangsspannung U_e und der Ausgangsspannung U_a festgelegt, wobei die Eingangsspannung U_e grundsätzlich als Bezugsgröße gewählt wird.
Aus den Darstellungen in Bild 8.61 ergeben sich folgende formelmäßige Zusammenhänge für den RC-Tiefpaß:

$$\frac{U_a}{U_e} = \frac{X_C}{Z} = \frac{\frac{1}{\omega C}}{\sqrt{R^2 + \left(\frac{1}{\omega C}\right)^2}} = \frac{X_C}{\sqrt{R^2 + X_C^2}} \Rightarrow U_a = U_e \cdot \frac{X_C}{\sqrt{R^2 + X_C^2}}$$

$$-\cos\varphi = \frac{U_a}{U_e}; \quad -\tan\varphi = \frac{U_R}{U_a} = \frac{R}{X_C}$$

Das negative Vorzeichen bei den Winkelfunktionen berücksichtigt bereits die allgemein gültige Festlegung für positive und negative Winkel.
Da X_C mit zunehmender Frequenz niederohmiger wird, wird der Faktor für U_e und damit die Ausgangsspannung U_a mit zunehmender Frequenz kleiner. Dieser Zusammenhang wird meistens in Form eines Diagrammes $\frac{U_a}{U_e} = f(f)$ dargestellt und dieser Kurvenverlauf als Frequenzgang bezeichnet.

Bild 8.62 zeigt den Frequenzgang eines RC-Tiefpasses in linear-logarithmischem Maßstab.

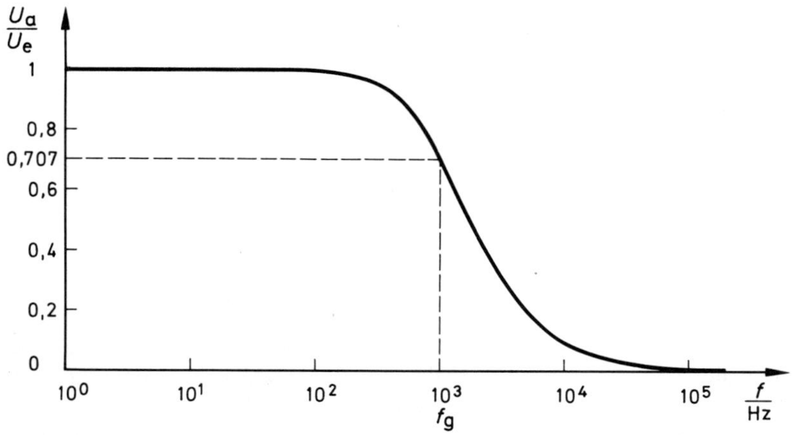

Bild 8.62 Frequenzgang eines RC-Tiefpasses

In Bild 8.62 ist auf der *Y*-Achse das Verhältnis U_a zu U_e aufgetragen. Sind U_a und U_e gleich groß, so ergibt sich das Verhältnis 1 ≙ 100 %. Wie aus dem Frequenzgang zu ersehen ist, sind bei tiefen Frequenzen (bis etwa 100 Hz) die Ausgangs- und Eingangsspannungen etwa gleich groß. Mit steigender Frequenz nimmt U_a immer stärker ab und nähert sich dem Wert Null.
Zur Beurteilung eines Tiefpasses reicht eine so allgemeine Aussage nicht aus. Notwendig ist hier eine exaktere Aussage über den Frequenzbereich, in dem die Ausgangsspannung U_a stärker abnimmt. Daher wurde auch bei den Tief- und Hochpässen die Grenzfrequenz definiert. Danach hat ein Tiefpaß dort seine obere Grenzfrequenz, wo das Verhältnis U_a/U_e auf den Faktor $1/\sqrt{2} = 0{,}707$ abgesunken ist. Bei der Grenzfrequenz ist also die Ausgangsspannung U_a auf 70,7 % der Eingangsspannung U_e abgesunken. In Bild 8.62 ist die Grenzfrequenz bereits eingetragen.
Wird das Zeigerdiagramm für den Fall der Grenzfrequenz aufgezeichnet, so ergibt sich, daß

$$U_a = U_C = U_R = \frac{U_e}{\sqrt{2}} \quad \text{und somit}$$

$$R = X_C$$

ist. Aufgrund dieser Beziehung kann die Grenzfrequenz f_g aus den Werten der beiden vorhandenen Bauteile ermittelt werden.

$$R = X_C = \frac{1}{2\pi \cdot f_g \cdot C}$$

$$f_g = \frac{1}{2\pi \cdot R \cdot C} \qquad \text{(RC-Tiefpaß)}$$

Beispiel

Ein RC-Tiefpaß soll die obere Grenzfrequenz $f_g = 100$ Hz erhalten.
Wie groß muß der Widerstand R gewählt werden, wenn ein Kondensator $C = 150$ nF verwendet wird?

$$f_g = \frac{1}{2\pi \cdot R \cdot C} \quad \rightarrow \quad R = \frac{1}{2\pi \cdot f_g \cdot C}$$

$$R = \frac{1}{2\pi \cdot 100\,\text{Hz} \cdot 150 \cdot 10^{-9}\,\text{As/V}}$$

$R = 10{,}61\,\text{k}\Omega$; gewählt: $R = 10\,\text{k}\Omega$

Beim RC-Tiefpaß ist die Ausgangsspannung stets kleiner als die Eingangsspannung, es liegt also eine Dämpfung des Eingangssignals vor. Ein Maß für diese Dämpfung ist der Dämpfungsfaktor D.

$$D = \frac{U_e}{U_a} \quad \text{(Dämpfungsfaktor)}$$

Es ist aber nicht üblich, direkt mit dem Dämpfungsfaktor D zu arbeiten, sondern mit seinem Logarithmus. Dabei wird dann ein logarithmisches Maß verwendet und die Dämpfung (a) in Dezibel (dB) angegeben.
Definitionsgemäß gilt hierfür:

$$a = 20 \lg \frac{U_e}{U_a} \quad \text{(Dämpfung } a \text{ in dB)}$$

Auf den Fall der Grenzfrequenz bezogen ergibt sich dann:

$$U_a = 0{,}707 \cdot U_e \quad \rightarrow \quad \frac{U_e}{U_a} = \frac{1}{0{,}707} = 1{,}414$$

$$a = 20 \lg \frac{U_e}{U_a} = 20 \lg 1{,}414$$

$$a = 3\,\text{dB}$$

Bei der Grenzfrequenz beträgt der Dämpfungsfaktor $a = 3$ dB. Die Ausgangsspannung ist gegenüber tiefen Frequenzen ($a \approx 0$ dB) bei der Grenzfrequenz um den Faktor $a = 3$ dB abgesunken.
Häufig wird die Dämpfung jedoch als negativer Wert einer Verstärkung angegeben. Aus der Definition der Verstärkung $V = U_a/U_e$ ergibt sich dann für die Grenzfrequenz:

$$V = 20 \lg \frac{U_a}{U_e} = 20 \lg 0{,}707 = -3\,\text{dB}.$$

Im Fall der Grenzfrequenz liegt somit eine Verstärkung mit dem Verstärkungsfaktor $V = -3$ dB vor.
Neben dem Frequenzgang $\frac{U_a}{U_e} = f\,(f)$ ist die Phasenverschiebung zwischen U_a und U_e als Funktion der Frequenz von Bedeutung. Dieser Zusammenhang $\varphi = f\,(f)$ wird als Phasengang des RC-Tiefpasses bezeichnet. Auch er läßt sich mit Hilfe des Zeigerdiagrammes für jede Frequenz grafisch ermitteln. Für den RC-Tiefpaß gilt:

$$-\tan \varphi = \frac{R}{X_C} = R \cdot \omega C$$

Bild 8.63 zeigt den Phasengang eines RC-Tiefpasses mit $f_g = 1$ kHz.

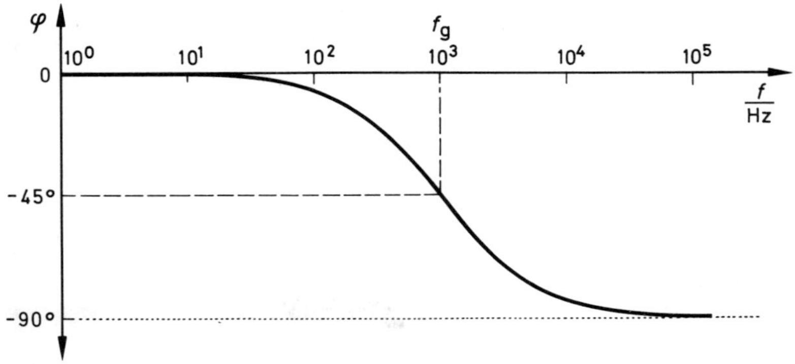

Bild 8.63 Phasengang eines RC-Tiefpasses mit $f_g = 1$ kHz

Als Bezugsgröße für den Phasenverschiebungswinkel φ bei Vierpolen ist die Eingangsspannung U_e festgelegt. Daher wird der Winkel φ negativ. Da bei der Grenzfrequenz der Zusammenhang $R = X_C$ besteht, ergibt sich für den Phasenverschiebungswinkel φ:

$$-\tan\varphi = \frac{R}{X_C} = \frac{R}{R} = 1$$

$$\varphi_{(f_g)} = -45^\circ \quad \text{(RC-Tiefpaß bei Grenzfrequenz } f_g\text{)}$$

LR-Tiefpaß

Bild 8.64 zeigt einen LR-Tiefpaß, das zugehörige Zeigerdiagramm der Spannungen und das Widerstandsdreieck.

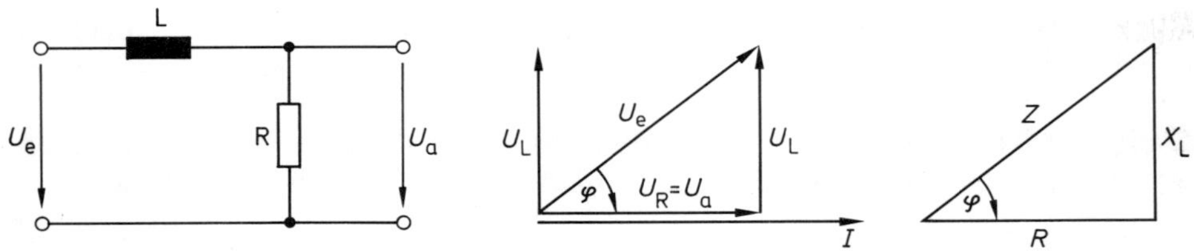

Bild 8.64 LR-Tiefpaß mit zugehörigem Zeigerdiagramm der Spannungen und Widerstandsdreieck

Folgende mathematische Zusammenhänge für die Ausgangsspannung und den Phasenverschiebungswinkel φ lassen sich aus Bild 8.64 ableiten:

$$\frac{U_a}{U_e} = \frac{R}{Z} = \frac{R}{\sqrt{R^2 + X_L^2}} \Rightarrow U_a = U_e \cdot \frac{R}{\sqrt{R^2 + X_L^2}}$$

$$-\cos\varphi = \frac{U_a}{U_e}; \quad -\tan\varphi = \frac{X_L}{R}$$

Für die obere Grenzfrequenz eines LR-Tiefpasses gilt folgender Zusammenhang:

$$R = X_L = 2\pi \cdot f_g \cdot L$$

$$f_g = \frac{1}{2\pi \cdot \frac{L}{R}}$$

Aus dem Zeigerdiagramm nach Bild 8.64 kann der Phasenverschiebungswinkel ermittelt werden

$$-\tan\varphi = \frac{X_L}{R} = \frac{R}{R} = 1$$

$$\varphi_{(fg)} = -45° \quad \text{(LR-Tiefpaß bei Grenzfrequenz } f_g\text{)}$$

Frequenzgang und Phasengang des LR-Tiefpasses haben ähnliche Verläufe wie beim RC-Tiefpaß. Sie sind in der Zusammenfassung in Bild 8.70 nochmals dargestellt.

CR-Hochpaß

Ein zu den Tiefpässen entgegengesetztes Verhalten zeigen die Hochpässe, die in ihrer einfachsten Form wiederum Schaltungen aus Wirk- und Blindwiderständen sind.
Ein CR-Hochpaß besteht aus einer Reihenschaltung von Kondensator und Widerstand. Die Ausgangsspannung wird hierbei am Widerstand abgegriffen.
Bild 8.65 zeigt die Schaltung eines CR-Hochpasses.

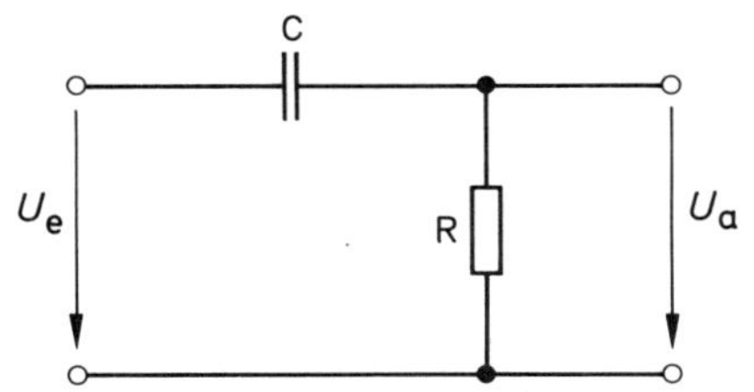

Bild 8.65 CR-Hochpaß

Das Zeigerdiagramm der Spannungen und das Widerstandsdreieck eines CR-Hochpasses sind in **Bild 8.66** zusammengefaßt.

Bild 8.66 Zeigerdiagramm und Widerstandsdreieck des CR-Hochpasses

Aus Bild 8.66 kann für den CR-Hochpaß abgeleitet werden:

$$\frac{U_a}{U_e} = \frac{R}{Z} = \frac{R}{\sqrt{R^2 + X_C^2}} \Rightarrow U_a = U_e \cdot \frac{R}{\sqrt{R^2 + X_C^2}} \qquad \text{(CR-Hochpaß)}$$

Bild 8.67 zeigt den Frequenzgang eines CR-Hochpasses mit einer Grenzfrequenz $f_g = 1$ kHz. Bei hohen Frequenzen wird $U_a \approx U_e$. Die Dämpfung dieses Vierpols ist also bei hohen Frequenzen gering, sie wird jedoch mit kleiner werdender Frequenz größer.

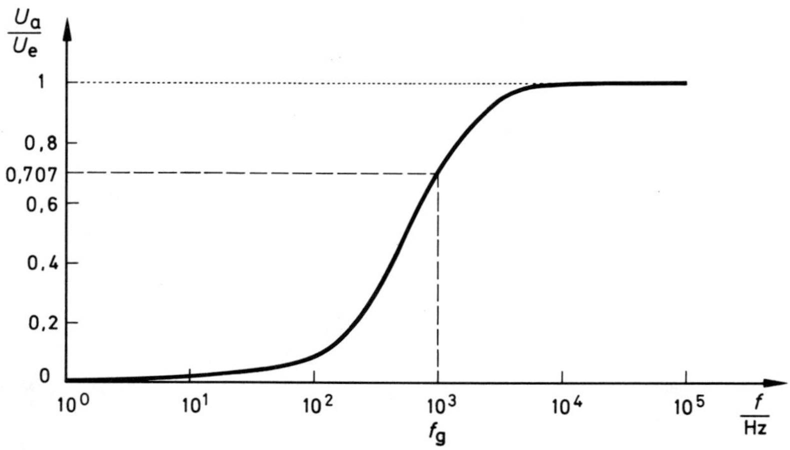

Bild 8.67 Frequenzgang eines CR-Hochpasses mit $f_g = 1$ kHz

Auch beim Hochpaß ist die Grenzfrequenz ein charakteristischer Wert für den Frequenzgang. Die Ermittlung von f_g erfolgt wie beim Tiefpaß.

$$R = X_C \rightarrow R = \frac{1}{2\,\pi \cdot f_g \cdot C}$$

$$f_g = \frac{1}{2\,\pi \cdot R \cdot C} \qquad \text{(CR-Hochpaß)}$$

Bei der Grenzfrequenz hat die Dämpfung den Wert $a = 3$ dB bzw. die Verstärkung beträgt $V = -3$ dB.

Beim CR-Hochpaß eilt die Ausgangsspannung U_a, entsprechend dem Zeigerdiagramm in Bild 8.66, der Eingangsspannung U_e voraus, so daß sich, bezogen auf U_e, stets ein positiver Phasenverschiebungswinkel φ ergibt. Für einen CR-Hochpaß gilt dann allgemein:

$$\tan \varphi = \frac{X_C}{R} = \frac{1}{R \cdot \omega C} \qquad \text{(CR-Hochpaß bei Grenzfrequenz } f_g\text{)}$$

Da bei der Grenzfrequenz $R = X_C$ ist, beträgt der Phasenverschiebungswinkel bei f_g

$$\varphi_{(f_g)} = +45° \qquad \text{(CR-Hochpaß)}$$

In **Bild 8.68** ist der Phasengang für einen CR-Hochpaß mit einer Grenzfrequenz $f_g = 1$ kHz dargestellt.

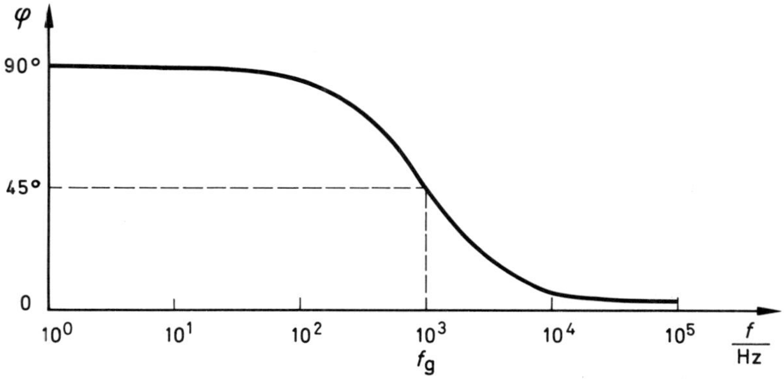

Bild 8.68 Phasengang eines CR-Hochpasses mit $f_g = 1$ kHz

Beispiel

Ein CR-Hochpaß ist aus einem Kondensator $C = 100$ nF und einem Widerstand $R = 1$ kΩ aufgebaut.
Wie groß ist seine Grenzfrequenz f_g und der Phasenverschiebungswinkel φ bei $f = 1$ kHz?

$$f_g = \frac{1}{2\pi \cdot R \cdot C} = \frac{1}{2\pi \cdot 1 \cdot 10^3\,\Omega \cdot 100 \cdot 10^{-9}\,\text{As/V}}$$

$$f_g = 1{,}59\ \text{kHz}$$

$$\tan\varphi = \frac{X_C}{R} = \frac{1}{R \cdot \omega C}$$

$$\tan\varphi_{(f = 1\,\text{kHz})} = \frac{1}{1 \cdot 10^3\,\Omega \cdot 2\pi \cdot 10^3\,\text{Hz} \cdot 100 \cdot 10^{-9}\,\text{As/V}} = 1{,}59$$

$$\varphi_{(f = 1\,\text{kHz})} = 58°$$

RL-Hochpaß

Auch eine Reihenschaltung aus Spule und ohmschem Widerstand zeigt Hochpaßverhalten, wenn die Ausgangsspannung U_a an der Spule abgegriffen wird.
In **Bild 8.69** sind Schaltbild, zugehöriges Zeigerdiagramm und Widerstandsdreieck dargestellt.

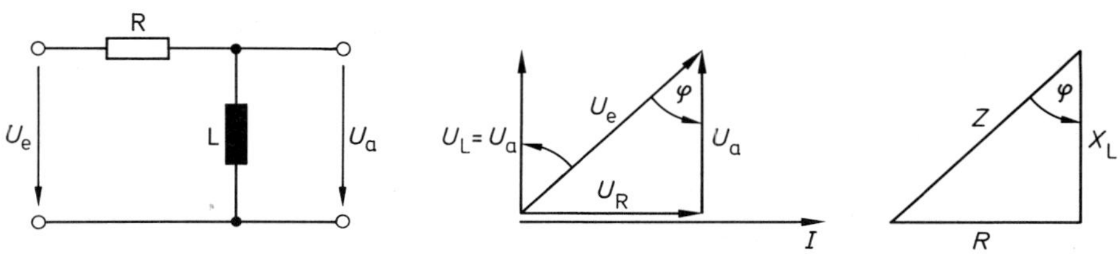

Bild 8.69 Schaltbild, Zeigerdiagramm und Widerstandsdreieck eines RL-Hochpasses

Für die Ausgangsspannung U_a und den Phasenverschiebungswinkel φ ergeben sich folgende Zusammenhänge:

$$\frac{U_a}{U_e} = \frac{X_L}{Z} = \frac{X_L}{\sqrt{R^2 + X_L^2}} \Rightarrow U_a = U_e \cdot \frac{X_L}{\sqrt{R^2 + X_L^2}}$$

$$\cos \varphi = \frac{U_a}{U_e}; \ \tan \varphi = \frac{R}{X_L}$$

Mit $R = X_L$ bei der Grenzfrequenz ergibt sich:

$$f_g = \frac{1}{2\,\pi \cdot \frac{L}{R}} \qquad \text{(RL-Hochpaß)}$$

Bei der Grenzfrequenz beträgt der Phasenverschiebungswinkel $\varphi = +45°$.

$$\varphi_{(f_g)} = +45° \qquad \text{(RL-Hochpaß)}$$

Frequenzgang und Phasengang des RL-Hochpasses haben ähnliche Verläufe wie beim CR-Hochpaß. Sie sind in der Zusammenfassung in Bild 8.70 nochmals dargestellt.

Beispiel

Ein RL-Hochpaß ist mit einem Widerstand $R = 1{,}5\ \text{k}\Omega$ und einer Spule $L = 100$ mH aufgebaut. Wie groß sind die Grenzfrequenz f_g und der Phasenverschiebungswinkel φ bei $f = 5$ kHz?

$$f_g = \frac{1}{2\,\pi \cdot \frac{L}{R}} = \frac{R}{2\,\pi\,L} = \frac{1{,}5 \cdot 10^3\ \Omega}{2\,\pi \cdot 100 \cdot 10^{-3}\ \text{Vs/A}}$$

$$f_g = 2{,}38\ \text{kHz}$$

$$\tan \varphi_{(f = 5\ \text{kHz})} = \frac{R}{\omega L} = \frac{1{,}5 \cdot 10^3\ \Omega}{2\,\pi \cdot 5 \cdot 10^3\ \text{Hz} \cdot 100 \cdot 10^{-3}\ \text{Vs/A}} = 0{,}477$$

$$\varphi_{(f = 5\ \text{kHz})} = 25{,}5°$$

Zusammenfassung

In der Tabelle nach **Bild 8.70** sind die einfachsten frequenzabhängigen, passiven Vierpole mit ihren wichtigsten Gleichungen und Kennwerten noch einmal zusammengefaßt. Bei der Darstellung von Frequenz- und Phasengang hat die Frequenzachse eine logarithmische Teilung.

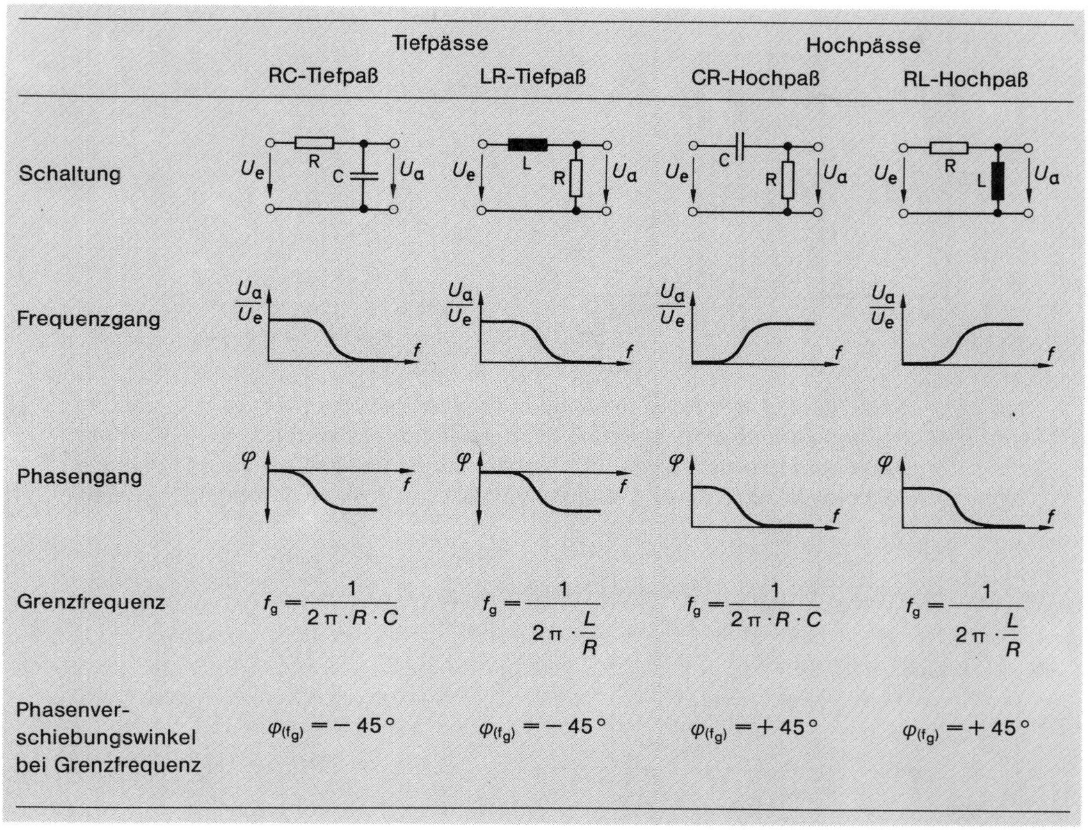

Bild 8.70 Gleichungen und Kennwerte für einfache Tief- und Hochpässe

8.6.3.3 Bandpaß und Bandsperre

Tiefpässe dämpfen Signale von 0 Hz bis zur Grenzfrequenz nur unwesentlich. Hochpässe verhalten sich umgekehrt, weil nur alle Frequenzen oberhalb der Grenzfrequenz fast unbedämpft übertragen werden. Es gibt in der Elektronik aber auch zahlreiche Anwendungsfälle, bei denen in einem bestimmten Frequenzbereich, einem Frequenzband, keine oder nur eine geringe Dämpfung erwünscht ist. Signalfrequenzen außerhalb dieses Frequenzbandes sollen dagegen stark bedämpft werden. Ein Vierpol, der diese Eigenschaften aufweist, wird als Bandpaß bezeichnet.
Bild 8.71 zeigt den Frequenzgang eines idealen Bandpasses, dessen Durchlaßfrequenzen zwischen 100 Hz und 10 kHz liegen.
Das in Bild 8.71 dargestellte ideale Verhalten läßt sich mit einfachen passiven Vierpolen nicht realisieren. Ist das zu übertragende Frequenzband klein, können jedoch auch Schwingkreise als Bandpässe verwendet werden. Bei manchen Anwendungsfällen ist

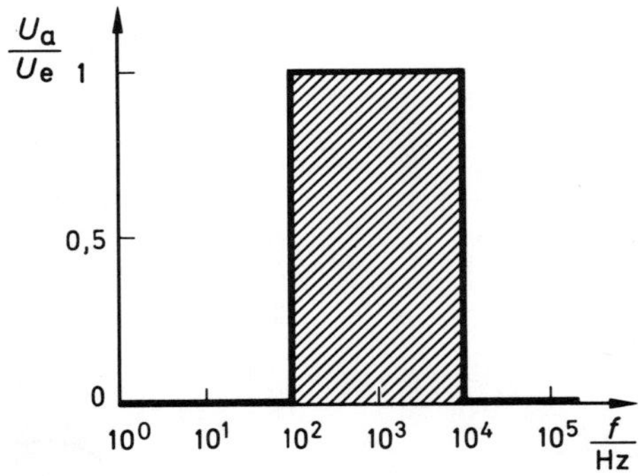

Bild 8.71 Frequenzgang eines idealen Bandpasses

ein sehr steiler Verlauf des Frequenzbandes an den Bandgrenzen nicht unbedingt erforderlich. Dann können auch einfache Bandpässe nur aus Widerständen und Kondensatoren aufgebaut werden. Es handelt sich im Prinzip um die Zusammenschaltung eines CR-Hochpasses mit einem RC-Tiefpaß. **Bild 8.72** zeigt einen derartigen Bandpaß.

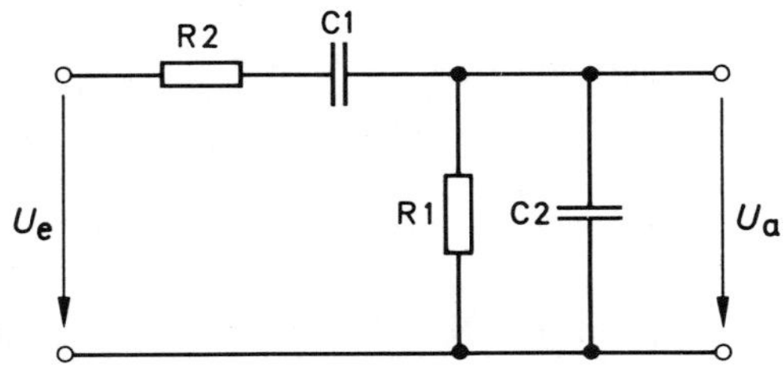

Bild 8.72 Einfacher Bandpaß

Durch den CR-Hochpaß mit den Bauelementen C1 und R1 wird die untere Grenzfrequenz festgelegt. Die Bauelemente R2 und C2 bilden dagegen einen RC-Tiefpaß, durch den die obere Grenzfrequenz bestimmt wird. **Bild 8.73** zeigt den Frequenzgang eines derartigen Bandpasses und **Bild 8.74** den Phasengang. Dabei ist zu erkennen, daß Frequenzgang und Phasengang jeweils aus den entsprechenden Verläufen eines Hochpasses und eines Tiefpasses zusammengesetzt sind.

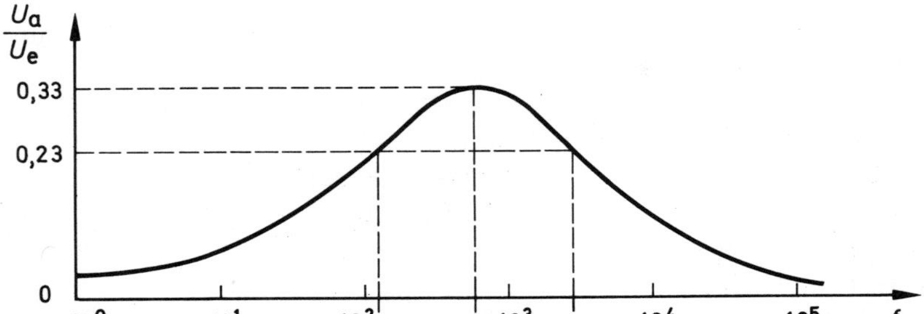

Bild 8.73 Frequenzgang eines Bandpasses nach Bild 8.72

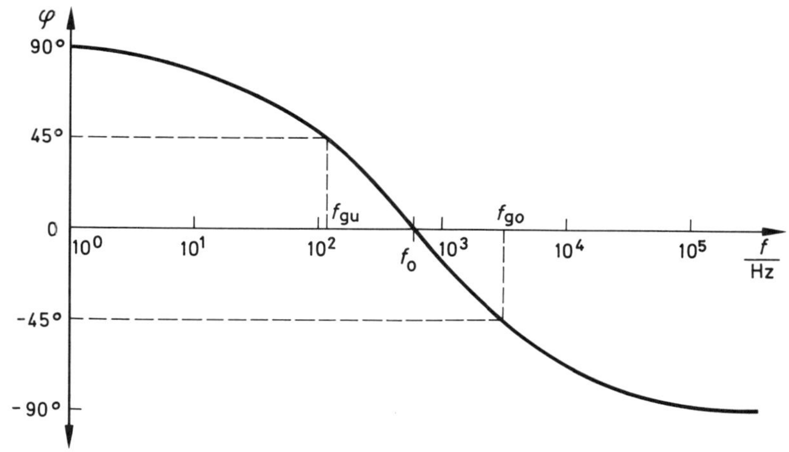

Bild 8.74 Phasengang eines Bandpasses nach Bild 8.72

Bei der Mittenfrequenz f_o erreicht die Ausgangsspannung ihr Maximum. Der Phasenverschiebungswinkel zwischen Ausgangs- und Eingangsspannung beträgt $\varphi = 0°$.

Die Grenzfrequenzen f_{gu} und f_{go} sind bei $\frac{U_a}{U_e} = 23\,\%$ bzw. bei $\varphi = \pm 45°$ erreicht.

Bei einem symmetrisch aufgebauten Bandpaß ist $R_1 = R_2 = R$ und $C_1 = C_2 = C$. Damit ergibt sich die Mittenfrequenz:

$$f_o = \frac{1}{2\pi \cdot R \cdot C}$$

Soll ein Signal innerhalb eines bestimmten Frequenzbandes möglichst stark und außerhalb dieses Frequenzbandes nicht oder nur geringfügig gedämpft werden, so werden Bandsperren eingesetzt. In **Bild 8.75** ist der Frequenzgang einer idealen Bandsperre dargestellt.

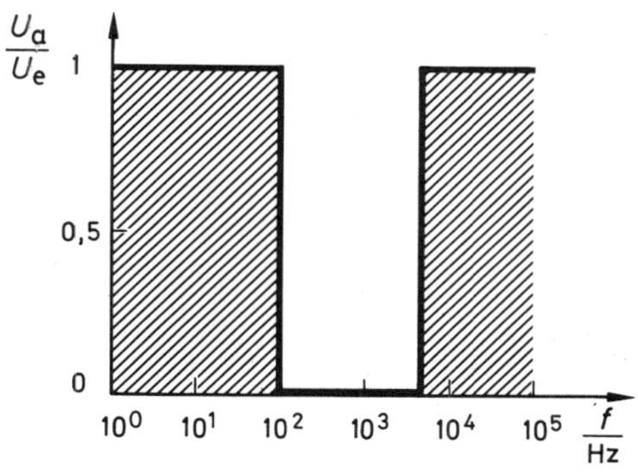

Bild 8.75 Frequenzgang einer idealen Bandsperre

Eine Bandsperre, die nur aus Widerständen und Kondensatoren aufgebaut ist, ist in **Bild 8.76** angegeben. Diese Schaltung ist unter dem Namen Wien-Robinson-Brücke bekannt.

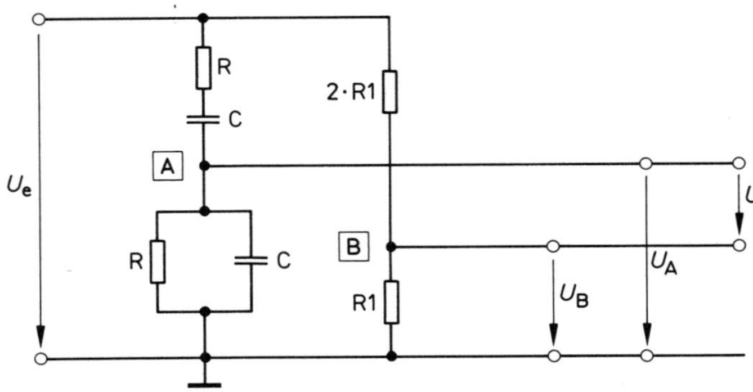

Bild 8.76 Wien-Robinson-Brücke als Bandsperre

Der linke Brückenzweig besteht aus einem Bandpaß entsprechend Bild 8.72. Die Dimensionierung erfolgt in der Regel mit gleich großen Widerständen und gleich großen Kondensatoren. Der rechte Brückenzweig ist als ohmscher Spannungsteiler mit einem Teilerverhältnis 2 : 1 aufgebaut. Die Spannung am Brückenpunkt B bezogen auf Masse ist frequenzunabhängig und beträgt

$$U_B = \frac{1}{3}\,U_e = \text{const.}$$

Die Spannung U_A ist dagegen frequenzabhängig entsprechend dem Frequenzgang in Bild 8.73. Bei der Mittenfrequenz f_o steigt die Spannung U_A auf $U_A = \frac{1}{3}\,U_e$ an, so daß die Brückenspannung $U_a = 0$ wird. **Bild 8.77** zeigt den Frequenzgang einer als Wien-Robinson-Brücke ausgebildeten Bandsperre.

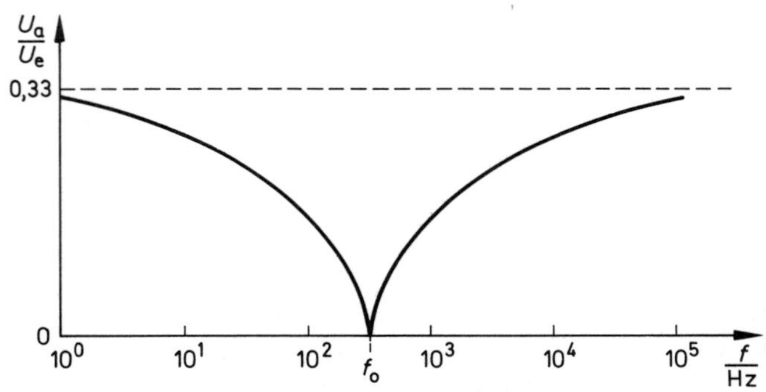

Bild 8.77 Frequenzgang einer Wien-Robinson-Brücke

8.6.3.4 T-Glieder und π-Glieder

Bei den bisher behandelten Vierpolen lag eine Frequenzabhängigkeit der Ausgangsspannung vor. Vierpole lassen sich aber auch nur mit ohmschen Widerständen aufbauen. Es besteht keine Frequenzabhängigkeit und diese Glieder lassen sich dann zur frequenzunabhängigen Anpassung von Signalpegeln verwenden. In **Bild 8.78** sind die typischen Grundschaltungen derartiger Vierpole angegeben. Sie werden entsprechend ihrer zeichnerischen Darstellung als T-Glied oder als π-Glied bezeichnet.

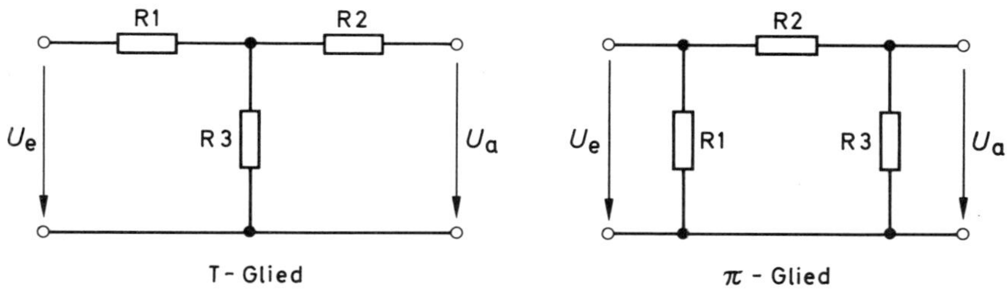

Bild 8.78 Frequenzunabhängige Vierpol-Grundglieder

Ist eine Frequenzabhängigkeit gefordert, so lassen sich die in Bild 8.78 angegebenen T-Glieder und π-Glieder in vielfacher Weise durch die Verwendung von Spulen und Kondensatoren abwandeln. In **Bild 8.79** sind nur zwei einfache Möglichkeiten dargestellt. In Beispiel a) handelt es sich um einen Tiefpaß in T-Glied-Ausführung und im Beispiel b) um einen Hochpaß in π-Glied-Ausführung.

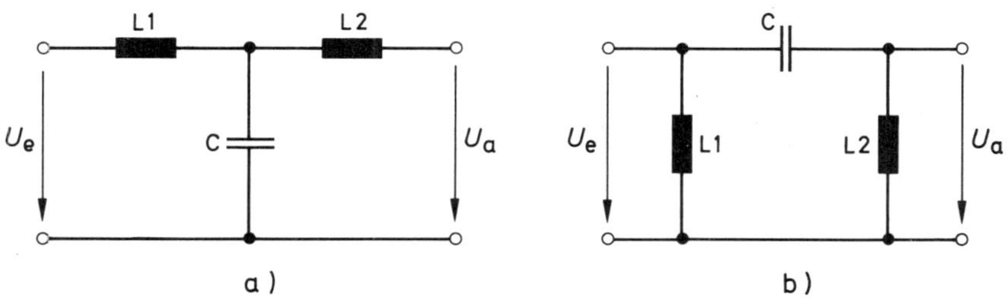

Bild 8.79 **a**) Tiefpaß in T-Glied-Ausführung **b**) Hochpaß in π-Glied-Ausführung

Die Berechnung der in Bild 8.79 angegebenen und der zahlreichen, sich daraus ergebenden Abwandlungen von T-Gliedern und π-Gliedern ist nur noch mit Hilfe der Vierpoltheorie möglich. Soll daher der Frequenzgang solcher Schaltungen ermittelt werden, so empfiehlt sich eine meßtechnische Untersuchung. Dabei muß aber gegebenenfalls beachtet werden, daß die Meßergebnisse durch Einflüsse des speisenden Generators oder des Innenwiderstandes des Meßgerätes verfälscht werden können.

8.6.3.5 Impulsformer

Bei allen bisher behandelten Vierpolen wurde grundsätzlich davon ausgegangen, daß die Eingangsspannungen einen sinusförmigen Verlauf haben. In der Elektronik wird aber nicht nur mit sinusförmigen Signalspannungen gearbeitet. So treten insbesondere in der gesamten Digitaltechnik überwiegend rechteckförmige Signalspannungen auf.
Wird anstelle einer Sinusspannung eine Rechteckspannung auf den Eingang eines Tiefpasses gegeben, so entsteht eine Verformung des Rechtecksignals. Dieser Vorgang wird in Anlehnung an eine Rechenoperation der höheren Mathematik als »Integrieren« und daraus abgeleitet ein Tiefpaß in der Impulstechnik als Integrierglied bezeichnet.
Eine wesentlich andere Verformung tritt dagegen auf, wenn eine Rechteckspannung auf den Eingang eines Hochpasses gegeben wird. Hier liegt ein Zusammenhang vor, der, ebenfalls in Anlehnung an eine Rechenoperation der höheren Mathematik, »Differenzieren« genannt wird. Daher wird ein Hochpaß in der Impulstechnik als Differenzierglied bezeichnet. Von Bedeutung als Differenzierglied ist das CR-Glied und als Integrierglied das RC-Glied. Daher werden hier auch nur diese beiden Arten von Impulsformern behandelt.

RC-Integrierglied

Bild 8.80 zeigt die Schaltung eines RC-Integriergliedes.

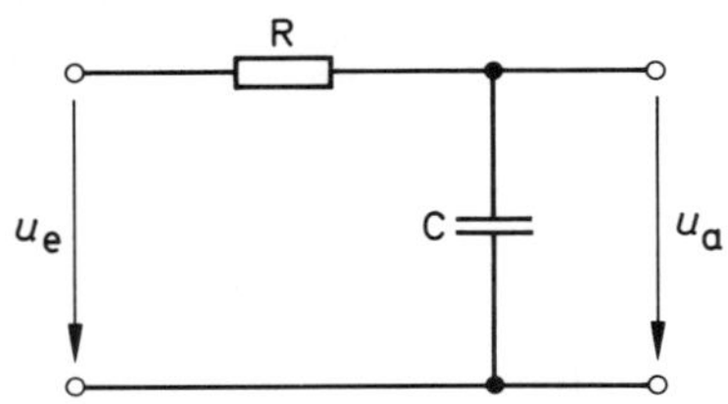

Bild 8.80 RC-Integrierglied

Wird an den Eingang eines RC-Integriergliedes nach Bild 8.80 eine Rechteckspannung gelegt, so tritt eine Verformung dieser Rechteckspannung auf. In **Bild 8.81** sind die Zusammenhänge für eine unsymmetrische rechteckförmige Eingangsspannung dargestellt.
Zum Zeitpunkt t_0 steigt die Eingangsspannung u_e in Bild 8.81 sprunghaft an. Weil der Kondensator zum Zeitpunkt t_0 einen Kurzschluß darstellt, ist in diesem Augenblick auch $u_a = 0$ V.
Im Bereich von t_0 bis t_1 ist die Amplitude der Eingangsspannung konstant. Die Schaltung verhält sich jetzt so, als ob sie an eine Gleichspannung angeschlossen ist. Daher wird der Kondensator nach einer e-Funktion aufgeladen. Die Aufladezeit hängt vom Widerstand R und von der Kapazität C ab. Ihre Zeitkonstante $\tau = R \cdot C$ ist definiert als die Zeit, die vergeht, bis die Spannung am Kondensator auf 63 % der Maximalspannung angestiegen ist. Diese Maximalspannung, auf die der Kondensator hier aufgeladen werden kann, beträgt $\hat{u}_e$. Sie wird angenähert nach Ablauf von 5 τ erreicht.

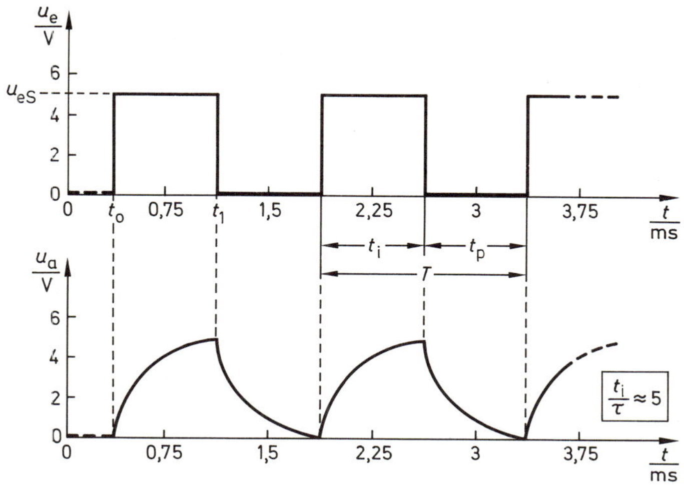

Bild 8.81 Verformung einer Rechteckspannung durch ein Integrierglied

Zum Zeitpunkt t_1 springt die Eingangsspannung auf $u_e = 0$ V. Der Eingang ist jetzt unter der Voraussetzung, daß der Innenwiderstand R_i des Generators viel niederohmiger als der Widerstand R des Integriergliedes ist, nahezu kurzgeschlossen. Der auf u_{eS} aufgeladene Kondensator wird über den Widerstand R entladen. Auch dieses geschieht nach einer e-Funktion, bis nach ebenfalls etwa 5 τ die Ausgangsspannung $u_a = 0$ wird. Während der Zeitdauer jedes weiteren Impulses t_i wird der Kondensator neu aufgeladen und während der nachfolgenden Impulspausen t_p jeweils wieder entladen.
Aus Bild 8.81 ist zu ersehen, daß bei vorgegebenen Werten für R und C und damit einer festliegenden Zeitkonstanten τ des Integriergliedes der Verlauf der Ausgangsspannung u_a nicht nur von der Periodendauer T der Eingangsspannung, sondern auch vom Impuls-Pausen-Verhältnis t_i/t_p abhängen muß. Ist z. B. $t_i < 5\,\tau$, so kann der Kondensator während der Impulsdauer nicht auf den Maximalwert von u_{eS} aufgeladen werden. Ist dagegen $t_p < 5\,\tau$, so kann keine Entladung mehr bis auf $u_a = 0$ V erfolgen. Um auch diese Zusammenhänge besser zu erfassen, wird das Verhältnis von Impulsdauer zur Zeitkonstanten t_i/τ als Kennwert für die auftretende Verformung angegeben. Zur Vereinfachung der Betrachtungen wird hier grundsätzlich davon ausgegangen, daß die rechteckförmige Eingangsspannung mit t_i/t_p stets symmetrisch ist, also das Verhältnis $t_i/t_p = 1$ beträgt.
In **Bild 8.82** ist der Verlauf der Ausgangsspannung eines Integriergliedes für verschiedene typische Fälle des Verhältnisses t_i/τ dargestellt.
In Bild 8.82 ist deutlich zu erkennen, daß die Verformung des rechteckförmigen Eingangssignals umso stärker wird, je kleiner das Verhältnis t_i/τ ist. Bei $t_i/\tau \approx 20$ sind nur die Anstiegs- und Abfallflanken etwas verschliffen. Bei $t_i/\tau = 1$ ist aus der rechteckförmigen Eingangsspannung fast schon ein dreieckförmiger Verlauf entstanden und bei $t_i/\tau \approx 1/5$ nähert sich die Ausgangsspannung bereits einer Gleichspannung. Die Übergänge zwischen diesen drei als Beispiel gewählten Verhältnissen sind fließend. Mit kleiner werdendem Verhältnis t_i/τ wird aber auch die Amplitude der Ausgangsspannung kleiner. Bei sehr kleinen Werten für t_i/τ liegt am Ausgang fast eine Gleichspan-

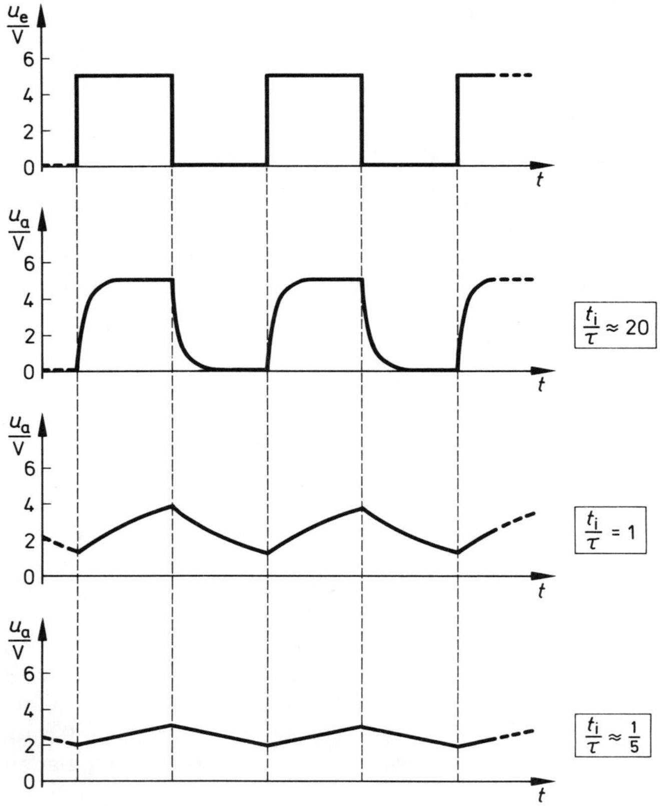

Bild 8.82
Impulsverformung durch Integrierglied

nung, deren Amplitude etwa $\frac{1}{2}\, u_{eS}$ beträgt. Es stellt sich dann also angenähert der arithmetische Mittelwert der Eingangsspannung am Ausgang ein.
In **Bild 8.83** ist der Zusammenhang für ein sehr kleines Verhältnis t_i/τ nochmals dargestellt.

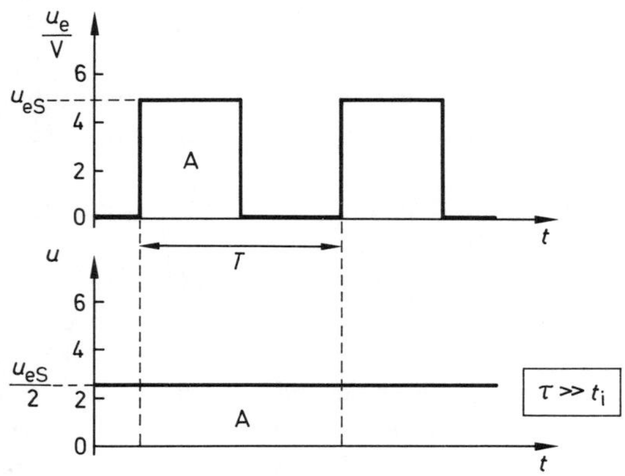

Bild 8.83 Bildung des arithmetischen Mittelwertes mit einem Integrierglied

In Bild 8.83 hat sich die Amplitude der Ausgangsspannung so eingestellt, daß die beiden Flächen *A* gleich groß sind. Auch bei der mathematischen Integration handelt es sich um die Ermittlung von Flächeninhalten, so daß hieraus ein Zusammenhang für die Bezeichnung »Integrierglied« abgeleitet wurde. Ein RC-Glied kann unter bestimmten Voraussetzungen Ergebnisse liefern, die näherungsweise der mathematischen Operation des Integrierens entsprechen.

CR-Differenzierglied

Bild 8.84 zeigt ein CR-Differenzierglied. Es ist schaltungstechnisch genauso wie ein CR-Hochpaß aufgebaut.

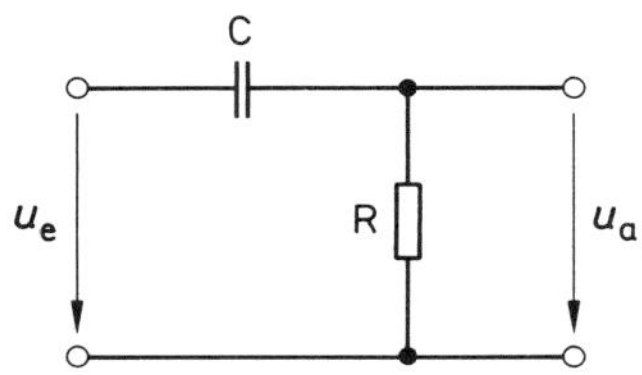

Bild 8.84 Differenzierglied

Wird an den Eingang eines Differenziergliedes eine Rechteckspannung gelegt, so tritt ebenfalls eine Verformung der Rechtecke auf. Diese Verformung folgt aber anderen Gesetzmäßigkeiten als beim Integrierglied. In **Bild 8.85** sind die Zusammenhänge von Eingangs- und Ausgangsspannung für einen bestimmten Fall dargestellt.

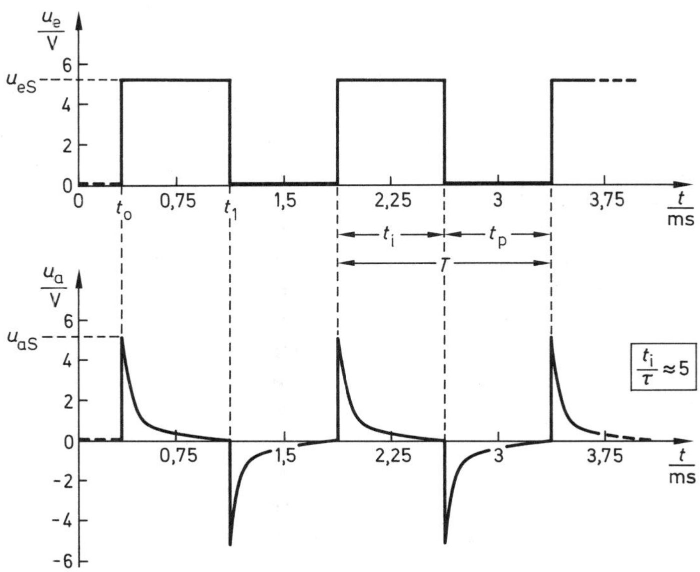

Bild 8.85 Verformung eines Rechteckimpulses durch ein Differenzierglied

Zum Zeitpunkt t_0 steigt die Eingangsspannung u_e sprunghaft an. Der Kondensator stellt daher einen Kurzschluß für u_e dar, so daß die Eingangsspannung direkt auf den Ausgang übertragen wird. Daher ist $u_{aS} = u_{eS}$.
Während der Zeit zwischen t_0 und t_1 liegt das Differenzierglied an der Gleichspannung u_{eS} und der Kondensator wird nach einer e-Funktion aufgeladen. Maßgebend hierfür ist die Zeitkonstante $\tau = R \cdot C$. Als Folge der Kondensatoraufladung sinkt die Spannung am Widerstand und damit die Ausgangsspannung u_a nach einer e-Funktion ab. Nach Ablauf der Zeitkonstanten τ ist die Ausgangsspannung auf $u_a = 0{,}37\ u_{eS}$ (37 %) und nach Ablauf von etwa 5 τ auf $u_a \approx 0$ V abgesunken. Voraussetzung ist dabei, daß der Innenwiderstand des Rechteckgenerators sehr viel niederohmiger als der Widerstand R ist.
Zum Zeitpunkt t_1 ändert sich die Eingangsspannung sprunghaft auf $u_e = 0$ V. Da der Kondensator aber voll aufgeladen war und an ihm die Spannung $u_c = u_{eS}$ liegt, wirkt er wie eine Spannungsquelle für den Widerstand R. In **Bild 8.86** sind die Zusammenhänge für diesen Zeitpunkt angegeben.

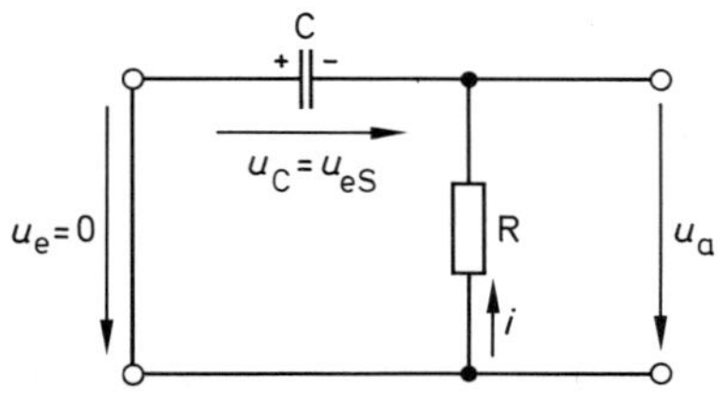

Bild 8.86 Verhalten des Differenziergliedes zum Zeitpunkt t_1

Vom Zeitpunkt t_1 ab entlädt sich der Kondensator über den Widerstand R. Die Stromrichtung ist jetzt aber gegenüber dem Aufladevorgang umgekehrt. Daher tritt als Ausgangsspannung ebenfalls eine entgegengesetzte, also negative Spannung auf. Sie verläuft von $u_a = -u_{eS}$ nach einer e-Funktion gegen $u_a = 0$ V.
Auch bei der Impulsverformung durch Differenzierglieder ist das Verhältnis t_i/τ von Bedeutung. In **Bild 8.87** sind als Beispiel wieder drei typische Fälle dargestellt. Zur Vereinfachung wird wieder angenommen, daß $t_i = t_p$ ist, also eine symmetrische Rechteckspannung vorliegt.
Bei einem Differenzierglied wird die Impulsverformung umso größer, je größer das Verhältnis t_i/τ wird. Bei $t_i/\tau \approx 1/20$ zeigt sich die Verformung nur in einem leichten Abfall der positiven und negativen Ausgangsspannung. Bei $t_i/\tau \approx 10$ treten dagegen nur noch schmale Nadelimpulse auf. Durch entsprechende Wahl des Verhältnisses t_i/τ läßt sich jede andere Übergangsform zwischen den beiden aufgeführten Extremen erreichen. Besonders bemerkenswert beim Differenzierglied ist die Tatsache, daß trotz einer positiven Rechteckspannung am Eingang, am Ausgang der Schaltung negative Spannungen auftreten. Dadurch wird der arithmetische Mittelwert des Ausgangssignals immer Null. Gleichspannungsanteile der Eingangsspannung werden beim Differenzierglied also nicht auf den Ausgang übertragen.

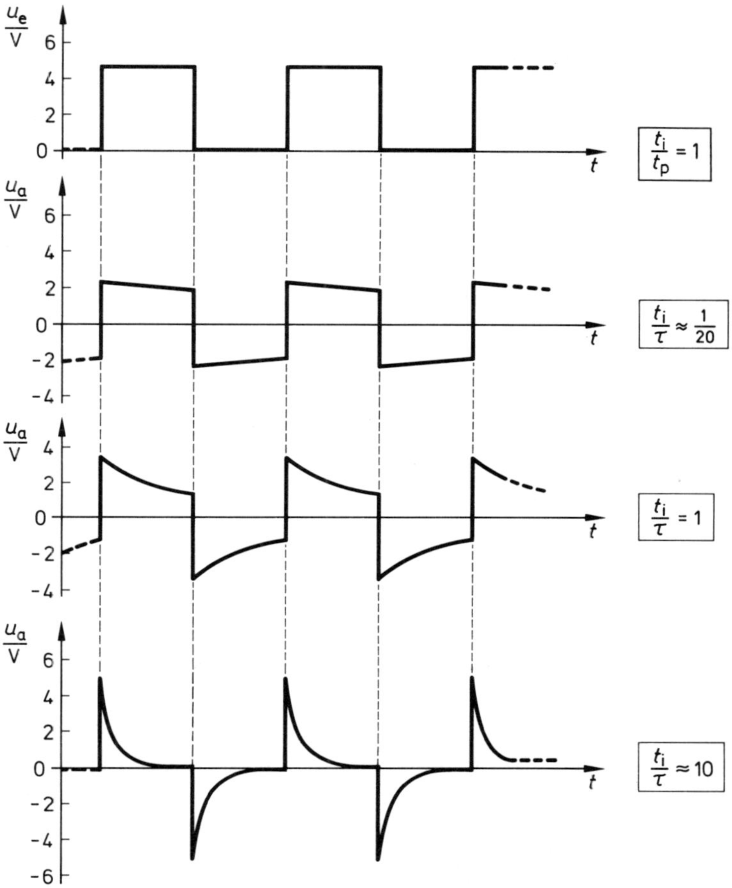

Bild 8.87 Impulsverformung durch Differenzierglied

Beispiel

Eine symmetrische Rechteckspannung mit der Frequenz $f = 5$ kHz soll mit Hilfe eines Differenziergliedes so verformt werden, daß am Ausgang nur noch Nadelimpulse mit einer maximalen Impulsbreite von 10 µs entsprechend **Bild 8.88** auftreten.
Welche Kapazität muß der Kondensator haben, wenn ein Widerstand $R = 180\,\Omega$ verwendet werden soll?

$10\,\mu s \approx 5\tau = 5 \cdot R \cdot C$

$$C \approx \frac{10\,\mu s}{5\,R} = \frac{10 \cdot 10^{-6}\,s}{5 \cdot 180\,\Omega}$$

$C \approx 11{,}1$ nF; gewählt: $C = 10$ nF

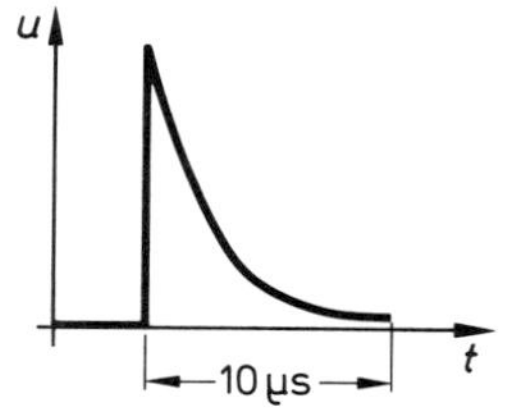

Bild 8.88 Im Beispiel geforderte Impulsbreite

In Bild 8.87 ist auch zu erkennen, daß immer nur die sprunghaften Änderungen der Eingangsspannung unverändert auf den Ausgang übertragen werden, und zwar unabhängig vom Verhältnis t_i/τ. Aufgrund dieser Eigenschaft besteht ein Zusammenhang des CR-Gliedes mit der Rechenoperation des Differenzierens und daraus abgeleitet die Bezeichnung Differenzierglied.
Ein besonderer Betriebsfall liegt vor, wenn die Eingangsspannung eines Differenziergliedes eine zur Nullinie symmetrische Rechteckspannung ist. In **Bild 8.89** ist der dabei vorhandene Zusammenhang zwischen Eingangs- und Ausgangsspannung dargestellt.

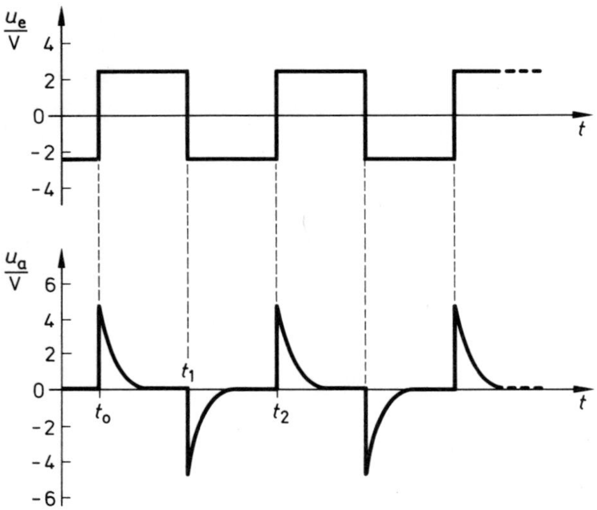

Bild 8.89 $u_a = f(t)$ bei einer zur Nullinie symmetrischen Rechteckspannung

Liegt eine zur Nullinie symmetrische Rechteckspannung am Eingang und ist das Differenzierglied so dimensioniert, daß $t_i \gg \tau$ ist, so erreicht die Ausgangsspannung den doppelten Wert der Eingangsspannung, und es gilt

$$u_{aS} = 2 \cdot u_{eS}$$

Dieses Verhalten ergibt sich, weil bei dem Spannungssprung von $+u_{eS}$ nach $-u_{eS}$ die Signalspannungsquelle und der auf die Spannung u_{eS} aufgeladene Kondensator in Reihe geschaltet sind.
Bild 8.90 zeigt diesen Zusammenhang.

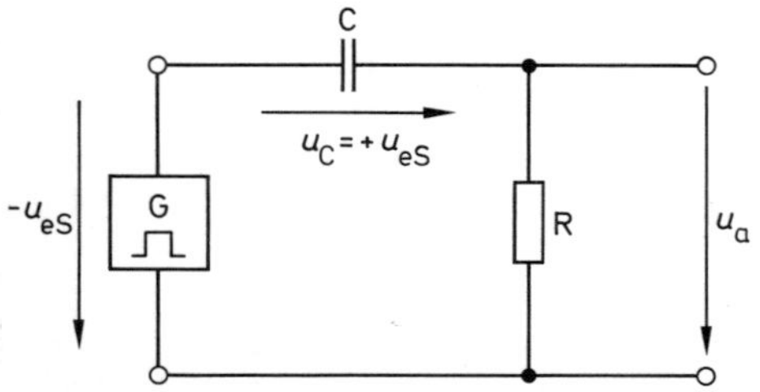

Bild 8.90 Spannungsverhältnisse zum Zeitpunkt t_1 in Bild 8.89

Nach der Kirchhoff'schen Regel ergibt sich für einen Maschenumlauf zum Zeitpunkt t_1:

$$-u_{eS} - u_a - u_C = 0$$
$$-u_{eS} - u_a - u_{eS} = 0$$
$$-u_a = -2\,u_{eS}$$

Zum Zeitpunkt t_2 erfolgt ein Spannungssprung von $-u_{es}$ nach $+u_{eS}$. Hier ist der Kondensator auf die Spannung $-u_{es}$ aufgeladen. Zum Zeitpunkt t_2 lautet die Maschengleichung:

$$+u_{eS} - u_a + u_C = 0$$
$$+u_{eS} - u_a + u_{eS} = 0$$
$$u_a = 2 \cdot u_{eS}$$

Der genaue Verlauf der Ausgangsspannungen von Differenziergliedern und Integriergliedern läßt sich nur näherungsweise berechnen. Wird in der Praxis eine bestimmte Impulsformung verlangt, so werden die Werte für die erforderlichen Widerstände und Kondensatoren zweckmäßigerweise durch Versuche ermittelt. Dabei läßt sich zunächst anhand der Bilder 8.82 und 8.87 grob klären, welches Verhältnis t_i/τ vorliegen muß. Bei vorgegebener Frequenz bzw. Impulsdauer t_i kann dann die erforderliche Zeitkonstante $\tau = R \cdot C$ bestimmt werden. Mit Hilfe dieser Zeitkonstanten τ lassen sich daraus geeignete Werte für R und C finden. Zu beachten ist beim Entwurf oder bei der meßtechnischen Untersuchung von Integrier- und Differenziergliedern aber stets, daß sich der Innenwiderstand R_i des Signalgenerators auf den Kurvenverlauf der Ausgangsspannung auswirken kann.

9 Meßtechnik

9.1 Allgemeines

Messen heißt: Feststellen, wie oft in der zu messenden Größe ihre Grundeinheit vorhanden ist. Beim Messen einer elektrischen Spannung muß also ermittelt werden, wie oft die Grundeinheit 1 Volt in der zu messenden Spannung enthalten ist. Die eigentliche Meßaufgabe besteht dann darin, diesen Zahlenwert so genau wie erforderlich oder möglich zu ermitteln.
Mit unseren Sinnesorganen lassen sich elektrische Größen nicht erfassen. Es wurde daher eine Vielzahl von Meßgeräten und Meßverfahren entwickelt. Die meisten von ihnen sind aber nur für wissenschaftliche Institute und Forschungslabors interessant und von Bedeutung. Für den Praktiker in Werkstatt und Service reicht dagegen in der Regel die Kenntnis nur weniger Meßgeräte und Meßverfahren aus. Aus Zeit- und Kostengründen gilt hier der Grundsatz, daß nicht genauer gemessen wird als erforderlich. Vor jeder Meßaufgabe muß daher überlegt werden, welche Genauigkeit für das Meßergebnis unbedingt erforderlich ist. So hat es z. B. wenig Sinn, mit einem Präzisionsmeßgerät den Wert der an einer Steckdose liegenden Netzspannung exakt zu messen, wenn lediglich festgestellt werden soll, ob die Stromkreissicherung ausgelöst hat. Hierfür reicht schon der Einsatz eines einfachen Phasenprüfers aus.
Andererseits ist es aber auch nicht möglich, sich einen Überblick über die jeweils erforderliche Meßgenauigkeit zu verschaffen, wenn die auftretenden Meßfehler nicht bekannt sind. Diese Meßfehler können durch die eingesetzten Meßgeräte, durch das gewählte Meßverfahren und durch Ablesefehler auftreten.
Bei den Meßgeräten wird heute zwischen den analogen und den digitalen Geräten unterschieden. Analoge Meßgeräte sind die klassischen elektrischen Meßgeräte. Bei ihnen erfolgt die Anzeige auf einer Skala durch einen Zeiger. Digitale Meßgeräte geben dagegen das Meßergebnis als Ziffernfolge an. Das Meßergebnis kann dadurch besonders leicht abgelesen werden. Die Umformung der Meßgröße in den angezeigten Meßwert erfolgt bei den digitalen Meßgeräten mit Hilfe von elektronischen Schaltungen, die heute überwiegend als integrierte Schaltungen ausgeführt sind. In **Bild 9.1** sind die unterschiedlichen Anzeigeeinrichtungen bei analogen und digitalen Meßgeräten deutlich zu erkennen.

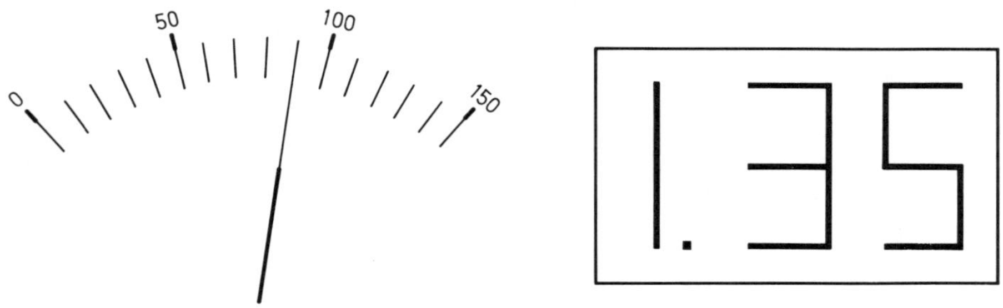

Bild 9.1 Anzeigeeinrichtungen bei analogen und digitalen Meßgeräten

Als Meßgerät wird die gesamte Einrichtung bezeichnet, die zur Durchführung einer Meßaufgabe erforderlich ist. Das Meßinstrument umfaßt dagegen das Gehäuse mit allen eingebauten Bauelementen. Wichtigstes Bauteil aller analogen Meßinstrumente ist das Meßwerk. Am häufigsten werden Drehspulmeßwerke eingesetzt. Bei ihnen befindet sich eine drehbare Spule im homogenen Feld eines Dauermagneten. Sobald durch die Spule ein Strom fließt, erfolgt eine Drehung der Spule, die über einen Zeiger auf der Skala angezeigt wird. Drehspulmeßwerke können nur Gleichströme anzeigen, wobei die Richtung des Zeigerausschlags von der Stromrichtung abhängt. Bei den elektrodynamischen Meßwerken ist der Dauermagnet durch eine feststehende Magnetspule ersetzt. Die Dreheisenmeßgeräte besitzen dagegen eine feststehende Spule, in deren Inneren zwei weichmagnetische Eisenplättchen angeordnet sind. Fließt ein Strom durch die Spule, so tritt eine Abstoßung zwischen den Eisenplättchen auf und die Auslenkung des beweglich angeordneten Plättchens wird über einen Zeiger auf die Skala übertragen. Weitere Meßwerke sind z. B. das Quotientenmeßwerk, das elektrostatische Meßwerk, der Zungenfrequenzmesser sowie die Hitzdraht- und Bimetall-Meßwerke. Sie haben aber für den Elektroniker nur eine geringe Bedeutung.

Zur Anzeige eines Meßwertes benötigt jedes elektrische Meßgerät Energie. Sie muß dem Meßobjekt entnommen werden. Um die dadurch entstehenden Meßfehler klein zu halten, soll der Eigenverbrauch eines Meßgerätes möglichst gering bleiben. Als ein Qualitätsmerkmal wird bei hochwertigen Meßgeräten die Empfindlichkeit angegeben. Sie ist festgelegt als Verhältnis der Ausschlagänderung zur Änderung der Meßgröße. Bei Strom- und Spannungsmessern mit mehreren Meßbereichen wird dagegen ein Kennwiderstand in Ω/V genannt. Daraus läßt sich dann der Innenwiderstand für die verschiedenen Meßbereiche und damit die Belastung des Meßobjektes ermitteln.

Zur Erfassung von fertigungstechnischen Fehlern sind die elektrischen Meßgeräte in Genauigkeitsklassen eingeteilt. Hierbei wird im wesentlichen unterschieden zwischen Feinmeßinstrumenten und Betriebsmeßinstrumenten. Die Angabe des zulässigen Anzeigefehlers bezieht sich immer auf den Skalenendwert und wird daher als absoluter Fehler bezeichnet. Fehler, die bei Meßwerten unterhalb des Meßbereichsendwertes auftreten, werden dagegen relative Fehler genannt.

Damit bei der Auswahl und beim Einsatz eines Meßgerätes wesentliche Eigenschaften auch ohne Nachlesen der Betriebsanleitung erkennbar sind, werden die wichtigsten Informationen durch Symbole auf der Skala von analogen Meßgeräten angegeben. Diese Symbole sind genormt und der Praktiker muß die wichtigsten von ihnen unbedingt kennen.

In Werkstatt und Service werden heute fast nur noch Vielfachmeßgeräte eingesetzt. Sie haben den großen Vorteil, daß mit nur einem einzigen Meßgerät Spannungen, Ströme und Widerstände jeweils in mehreren Meßbereichen gemessen werden können. Derartig vielseitig einsetzbare Meßgeräte werden als Multimeter bezeichnet. Eine Weiterentwicklung der klassischen analogen Multimeter sind die elektronischen Multimeter. Sie enthalten zusätzlich Meßverstärker in integrierter Schaltungstechnik. Der besondere Vorteil der elektronischen Multimeter ist ihr sehr hochohmiger Eingangswiderstand in den Spannungsbereichen. Sie belasten also das Meßobjekt nur noch ganz unwesentlich. Zunehmend eingesetzt werden heute aber auch digitale Multimeter. Sie sind zwar teurer als analoge Multimeter, haben für den praktischen Einsatz aber auch eine Reihe von Vorteilen.

Mit Hilfe von Einzelmeßgeräten oder Multimetern lassen sich Spannungen und Ströme

direkt messen. Es gibt aber auch zahlreiche elektrische und physikalische Größen, die nur indirekt durch Spannungs- oder Strommessungen ermittelt werden können. Hierzu gehört z. B. die Ermittlung von Widerstandswerten, für die es eine ganze Reihe verschiedener Meßverfahren gibt. Genaueste Ergebnisse liefern die Meßbrücken. Häufig ist es auch erforderlich, den Innenwiderstand von Spannungsquellen und Generatoren zu kennen. Ein relativ einfaches Verfahren ist die Methode des halben Ausschlages. Sie ist aber nur unter bestimmten Voraussetzungen anwendbar. Das Kompensationsverfahren zur Bestimmung von Innenwiderständen ist zwar sehr genau, erfordert aber bereits einigen meßtechnischen Aufwand.
Aufgrund ihrer technischen Konstruktion sind elektrodynamische Meßwerke zur direkten Messung elektrischer Leistung geeignet. Liegt an der einen Spule die Spannung und fließt durch die andere Spule der Laststrom, so entspricht der Zeigerausschlag dem Produkt $U \cdot I = P$. Angezeigt wird stets aber nur die Wirkleistung. Die Messung kleiner Wirkleistungen, wie sie in der Elektronik und Nachrichtentechnik auftreten, kann auch mit den Methoden der Drei-Spannungsmessung oder der Drei-Strommessung erfolgen.
Zur Messung von Scheinwiderständen gibt es ein recht einfaches Meßverfahren. Erforderlich sind lediglich ein Sinusgenerator sowie ein Strom- und ein Spannungsmesser. Bei bekannter Meßfrequenz kann aus den gemessenen Strom- und Spannungswerten der Scheinwiderstand Z berechnet werden. Das gleiche Meßverfahren läßt sich auch zur Messung von Kapazitäten und Induktivitäten verwenden. Bei der Messung von Spulen muß aber beachtet werden, daß der tan δ wegen des ohmschen Spulenwiderstandes und der magnetischen Verluste nicht mehr vernachlässigbar klein ist. Wesentlich einfacher, schneller und genauer lassen sich jedoch Widerstände, Scheinwiderstände, Kapazitäten und Induktivitäten mit RLC-Meßbrücken messen. Sie arbeiten in den neuesten Ausführungen vollelektronisch und haben eine Digitalanzeige.
Das wichtigste und am vielseitigsten einsetzbare Meßgerät für den Elektroniker ist das Oszilloskop. Es zeigt nicht nur Meßwerte sondern auch deren zeitlichen Verlauf. Bei den Oszilloskopen handelt es sich vom Aufbau und den internen Funktionen her um sehr komplizierte elektronische Meßgeräte. Eine Vielzahl elektronischer Schaltungen muß exakt aufeinander abgestimmt sein und ihre technischen Daten dürfen sich auch über einen längeren Zeitraum nicht verändern. Für den Anwender ist aber eine genaue Kenntnis der internen Schaltungen nicht erforderlich. Unabdingbar für den sinnvollen Einsatz des Oszilloskops ist dagegen die genaue Kenntnis der Funktion der zahlreichen Bedienungselemente, die auf der Frontplatte angeordnet sind.
Die Zahl dieser Bedienungselemente sowie ihre Anordnung auf der Frontplatte kann je nach Hersteller und Typ sehr unterschiedlich sein. Bezüglich der wichtigsten Bedienungselemente und ihrer Funktionen bestehen aber bei allen modernen Oszilloskopen große Übereinstimmungen. So gibt es eine Reihe von Bedienungselementen für die Einstellung der Elektronenstrahlröhre, auf deren Bildschirm das gemessene Signal sichtbar gemacht wird. Eine weitere Gruppe von Bedienungselementen gehört zur Vertikal- oder Y-Ablenkung. Sie bewirkt die Ablenkung des Leuchtfleckes in senkrechter Richtung. Für die Ablenkung in waagerechter Richtung ist die Horizontal- oder X-Ablenkung zuständig. Auch ihre Bedienungselemente sind zu einer Gruppe zusammengefaßt. Damit ein ruhig stehendes Bild auf dem Bildschirm erscheint, hat jedes Oszilloskop auch eine Triggerung. Sie sorgt dafür, daß der Elektronenstrahl auf dem Bildschirm immer wieder an der gleichen Stelle der periodischen Signalspannung startet.

Bei den meisten Oszilloskopen handelt es sich heute um Zweikanal-Oszilloskope, mit denen sich gleichzeitig zwei Signale darstellen lassen. Sie haben zwar eine normale Einstrahl-Elektronenröhre, die Ablenkung an der Y-Platte kann aber durch einen elektronischen Schalter fortlaufend von einem Signal auf das andere umgeschaltet werden. Hierbei sind zwei verschiedene Betriebsarten möglich.
Mit Oszilloskopen lassen sich nicht nur Spannungen, sondern auch Ströme, Periodendauern, Frequenzen und Phasenwinkel messen. Die richtige und optimale Einstellung des Oszilloskops bei jeder Messung kann aber nur durch praktische Übung und kritische Beurteilung der Meßwerte erlernt werden.
Neben der Messung elektrischer Größen gewinnt auch die elektrische Messung nichtelektrischer Größen in der Steuerungs- und Regelungstechnik immer mehr an Bedeutung. So gibt es inzwischen zahlreiche Arten von Meßgrößenumformern, die physikalischen Größen wie z. B. Länge, Winkel, Druck, Temperatur, Kraft, Drehmoment usw. in elektrische Größen – meistens Spannungswerte – umwandeln. Diese Spannungswerte können dann relativ leicht auch über größere Strecken übertragen und in elektronischen Schaltungen weiterverarbeitet werden. Auf die elektrische Messung nichtelektrischer Größen kann jedoch erst näher in dem Band IV B »Meß- und Regelungstechnik-Lehrbuch« eingegangen werden.

9.2 Analoge Meßgeräte

Als Meßgerät wird jeweils die gesamte Einrichtung bezeichnet, die zur Durchführung einer Messung erforderlich ist. Im allgemeinen besteht ein Meßgerät aus dem Meßinstrument und dem Zubehör. Das Meßinstrument umfaßt dagegen das Gehäuse mit allen darin fest eingebauten Bauelementen. Dazu gehören als wichtigstes Bauelement das Meßwerk sowie die erforderlichen Vorwiderstände, Umschalter, Sicherungen und Gleichrichter. Das Meßwerk ist das anzeigende Organ. Es hat als bewegliche Teile die Dreheinrichtung mit dem Zeiger und als feststehende Teile Lager, Dämpfungseinrichtung und Skala.
Bei den analogen Meßgeräten erfolgt die Anzeige des Meßwertes durch den Ausschlag eines Zeigers. Daher ist zur Ablesung des Meßwertes stets eine Skala erforderlich. Weil der Zeiger sich auf dieser Skala auf jeden Zwischenwert der Skalenteilung einstellen kann, sind unendlich viele Anzeigewerte möglich.

9.2.1 Meßwerke

Wichtigstes Bauteil eines jeden analogen Meßgerätes ist das Meßwerk. Art, Aufbau und Funktionsprinzip des Meßwerkes bestimmen die elektrischen Größen, die direkt gemessen werden können. Von der Art des Meßwerkes hängen die Zusatzeinrichtungen ab, die zur Messung bestimmter Größen erforderlich sind. Bei allen klassischen Meßwerken handelt es sich um Analogmeßwerke. Es gibt eine Vielzahl von Konstruktionen, von denen hier nur die wichtigsten beschrieben werden können.

9.2.1.1 Drehspulmeßwerk

Das Drehspulmeßwerk besteht aus einer Spule, die in dem homogenen Magnetfeld eines Dauermagneten drehbar gelagert ist. Sobald durch die Spule ein Strom fließt, erfolgt durch die Kraftwirkung in den Magnetfeldern von Spule und Dauermagnet eine Auslenkung der Spule. Die dabei auftretende Drehbewegung wird durch den mit der Spule fest verbundenen Zeiger auf einer Skala angezeigt. Als notwendige Gegenkraft wirken Federn oder Spannbänder, die die Spule halten und über die gleichzeitig auch die Stromzufuhr erfolgt. Infolge der Federkraft wird der Zeiger der Spule immer wieder auf den Nullpunkt der Skala zurückgestellt, wenn kein Strom mehr fließt.
Die Größe der Auslenkung des Zeigers aus seiner Ruhestellung ist beim Drehspulmeßwerk dem fließenden Strom proportional. Die Skala eines Drehspulmeßwerks hat daher eine lineare Teilung. Die Richtung der Auslenkung hängt von der Stromrichtung ab. **Bild 9.2** zeigt den Prinzipaufbau eines Drehspulmeßwerkes.

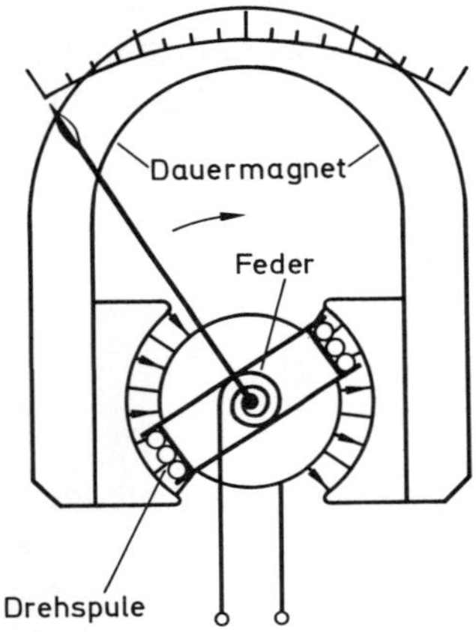

Bild 9.2 Prinzipaufbau eines Drehspulmeßwerkes

Wegen der Richtungsabhängigkeit der Drehbewegung von der Stromrichtung ist das Drehspulmeßwerk nur zur Messung von Gleichströmen und Gleichspannungen geeignet. Da die Ruhestellung der Spule meistens eine einseitige Begrenzung bei der Stellung des Zeigers am linken Skalenende hat, muß beim Anschließen eines Drehspulmeßwerkes stets die Stromrichtung bzw. die Polarität der zu messenden Spannung beachtet werden.
Zur direkten Messung von Wechselströmen oder Wechselspannungen ist das Drehspulmeßwerk nicht geeignet, weil die Spule wegen ihrer trägen Masse dem ständigen Stromrichtungswechsel und dem damit verbundenen Drehrichtungswechsel nicht folgen kann. So erfolgt bei einer symmetrischen Wechselspannung mit einer Frequenz von z. B. 50 Hz keine Auslenkung der Spule. Obwohl ein Wechselstrom fließt, zeigt das Meßwerk Null an.

9.2.1.2 Elektrodynamisches Meßwerk

Auch bei den elektrodynamischen Meßwerken wird die Kraftwirkung von zwei Magnetfeldern ausgenutzt. Die drehbare Spule ist hier aber nicht im Magnetfeld eines Dauermagneten, sondern im Magnetfeld einer weiteren, feststehenden Spule angeordnet. Die

Größe des auftretenden Drehmomentes ist abhängig von der Größe der Ströme I_1 *und* I_2 durch die einzelnen Spulen:

$$M_d \sim I_1 \cdot I_2$$

Bei Reihenschaltung werden die beiden Spulen vom gleichen Strom I durchflossen. Für das Drehmoment gilt dann:

$$M_d \sim I \cdot I = I^2$$

Das Quadrat des Stromes ergibt immer einen positiven Wert. Das elektrodynamische Meßwerk ist daher nicht nur zur Messung von Gleichströmen, sondern auch zur Messung von Wechselströmen geeignet. Weil zwischen dem fließenden Strom und dem Zeigerausschlag ein quadratischer Zusammenhang besteht, hat die Skala eines elektrodynamischen Meßwerkes keine lineare Teilung. Wegen der Proportionalität zwischen Drehmoment und dem Quadrat des Stromes kann das elektrodynamische Meßwerk aber auch direkt zur Messung der Leistung eingesetzt werden. **Bild 9.3** zeigt den Prinzipaufbau eines elektrodynamischen Meßwerkes.

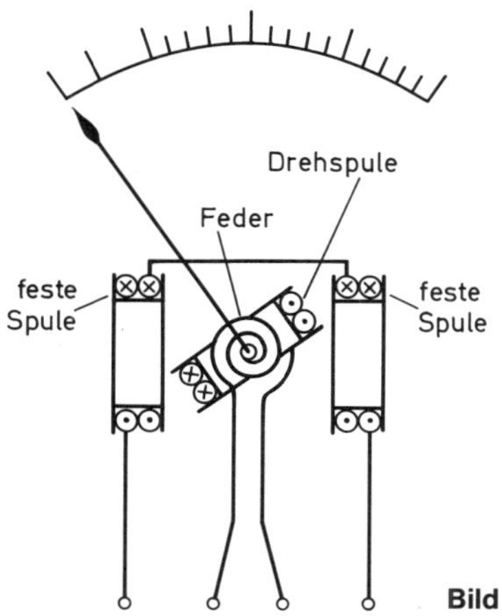

Bild 9.3 Prinzipaufbau eines elektrodynamischen Meßwerkes

9.2.1.3 Dreheisenmeßwerk

Das Dreheisenmeßwerk hat eine feststehende Spule, in derem Inneren zwei weichmagnetische Eisenplättchen angeordnet sind. Eines dieser Plättchen ist feststehend, das andere drehbar gelagert. In Ruhestellung stehen sich beide Eisenplättchen gegenüber. Fließt durch die Spule ein Strom, so werden beide Plättchen gleichsinnig magnetisiert und stoßen sich ab. Dabei vollführt das drehbar gelagerte Eisenplättchen eine Drehbewegung, die über einen Zeiger auf der Skala als Meßwert angezeigt wird. Die Richtung des fließenden Stromes ist für die Drehbewegung ohne Bedeutung, da bei einer Änderung der Stromrichtung zwar auch die Richtung des Magnetfeldes umgepolt wird, dabei aber die Richtung der Abstoßungskraft der beiden Plättchen erhalten bleibt. In **Bild 9.4** ist der Prinzipaufbau eines Dreheisenmeßwerkes dargestellt.

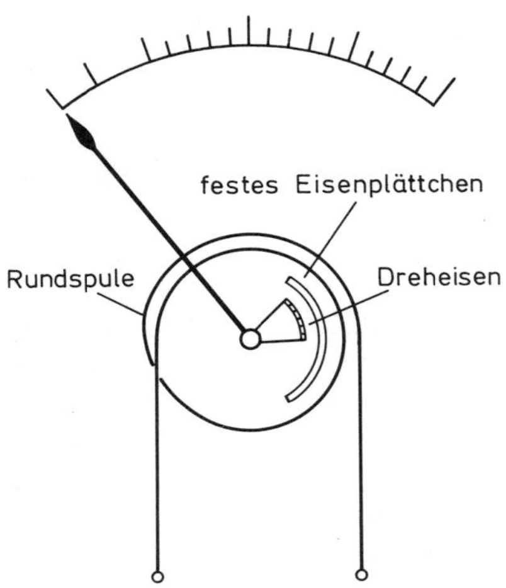

Bild 9.4 Prinzipaufbau eines Dreheisenmeßwerkes

Aufgrund ihrer Wirkungsweise sind Dreheisenmeßwerke zur Messung von Gleich- und Wechselströmen geeignet. Sie sind besonders robust und werden vorwiegend für Schalttafel-Meßinstrumente und Betriebsmeßgeräte für rauhen Einsatz verwendet.

9.2.1.4 Spezielle Meßwerke

Außer den am häufigsten verwendeten Drehspulmeßwerken, elektrodynamischen Meßwerken und Dreheisenmeßwerken gibt es noch eine Reihe weiterer Meßwerke, die für spezielle Messungen entwickelt wurden.
Das *elektrodynamische Quotientenmeßwerk* oder *Kreuzspulenmeßwerk* hat zwei Drehspulen, die im Winkel von 90° zueinander angeordnet sind. Dadurch ergeben sich zwei Meßstromkreise, deren Ströme miteinander verglichen werden. Eingesetzt werden diese Quotientenmeßwerke für Vergleichsmessungen zur Bestimmung von Widerstandswerten, Temperaturen oder mechanischen Größen nach Umwandlung in elektrische Größen.
Bei den *elektrostatischen Meßwerken* oder *Elektrometern* werden die Kraftwirkungen in einem elektrischen Feld ausgenutzt. Das Meßwerk ist ähnlich einem Kondensator aus zwei Platten aufgebaut. Die eine Platte ist feststehend, die andere beweglich angeordnet. Aufgrund der Kraftwirkung im elektrischen Feld ändert sich der Abstand der Platten in Abhängigkeit von der Größe der anliegenden Spannung. Diese Abstandsänderung wird über ein angebautes Zeigersystem als Meßwert der Spannung angezeigt. Elektrostatische Meßwerke können nur zur Messung von Spannungen verwendet werden. Sie sind einsetzbar zur Messung von Spannungen bis in den Hochfrequenzbereich und zur Messung sehr kleiner Spannungswerte.
Bei dem *Zungenfrequenzmesser* handelt es sich um ein Vibrationsmeßwerk. Eine Reihe kleiner Metallplättchen, sogenannte Zungen, sind so angeordnet, daß sie durch elektrostatische oder elektromagnetische Wirkungen in Schwingung versetzt werden. Sie schwingen dann jeweils in Eigenresonanz. Auf einer entsprechend ausgebildeten Skala kann die Frequenz der Zunge abgelesen werden, die den größten Ausschlag hat. Zungenfrequenzmesser werden aber nur noch zur Überwachung der Netzfrequenz eingesetzt.

Die bekanntesten *thermischen Meßwerke* sind das *Hitzdrahtmeßwerk* und das *Bimetallmeßwerk*. Beim Hitzdrahtmeßwerk wird die Längenänderung des Drahtes bei Erwärmung durch einen Strom zur Anzeige eines Meßwertes ausgenutzt. Beim Bimetallmeßwerk sind dagegen 2 Metallplättchen mit unterschiedlichen Ausdehnungskoeffizienten spiralförmig aufgewickelt. Durch den Meßstrom wird das Bimetall erwärmt, und es entsteht eine Drehbewegung der Spirale, die auf einen Zeiger übertragen und auf einer Skala angezeigt wird. Mit beiden thermischen Meßwerken können sowohl Temperaturen als auch elektrische Größen wie Ströme und Leistungen gemessen werden. Sie haben heute aber keine große praktische Bedeutung mehr, da moderne elektronische Meßgeräte die gleichen Aufgaben wesentlich präziser erfüllen.

9.2.2 Eigenschaften

Bereits sehr frühzeitig wurden Qualitätsmerkmale für analoge Meßgeräte festgelegt. Heute erfolgt eine Einstufung der Meßgeräte nach ihren Kenndaten entsprechend der VDE-Bestimmungen oder DIN-Normen. Eine Vielzahl von Kriterien ist aber nur in besonderen Fällen von Bedeutung. Für den Praktiker sind daher nur einige Kenndaten wie Eigenverbrauch und Meßfehler wichtig.

9.2.2.1 Eigenverbrauch

Zur Anzeige eines Meßwertes benötigt jedes elektrische Meßgerät Energie. Diese Energie muß dem Meßobjekt entnommen werden. Daher wird bei jeder Messung das Meßobjekt mit dem Energieverbrauch des Meßgerätes belastet. Die dadurch entstehenden Meßfehler können oft nicht mehr vernachlässigt werden.
Es wird angestrebt, den Eigenverbrauch, also die Energieaufnahme des Meßgerätes, so gering wie möglich zu halten. Der Eigenverbrauch eines Meßgerätes ist somit bereits ein Qualitätsmerkmal. Drehspulmeßwerke haben einen Eigenverbrauch von wenigen Milliwatt. Bei den Dreheisenmeßwerken liegt der Eigenverbrauch bereits zwischen etwa 0,5 bis 5 W bzw. 0,5 bis 5 VA. Durch den Einsatz elektronischer Meßverstärker läßt sich die Belastung des Meßobjektes jedoch wesentlich verringern.
Bei hochwertigen Meßgeräten wird als weiteres Qualitätsmerkmal die *Empfindlichkeit* angegeben. Sie ist definiert als Verhältnis der Ausschlagänderung in mm zur Änderung der Meßgröße. Die Angabe 5 mm/µA besagt, daß sich bei einer Stromänderung von 1 µA die Zeigerstellung um 5 mm auf der Skala ändert. Die Empfindlichkeit eines Meßgerätes steht aber in keinem direkten Zusammenhang mit seiner Genauigkeit.
Bei Strom- und Spannungsmessern mit mehreren Meßbereichen oder bei Vielfachmeßinstrumenten wird als Qualitätsmerkmal häufig auch ein *Kennwiderstand* genannt. Es handelt sich hierbei um eine bezogene Größe, die in Ω/V angegeben wird. Mit Hilfe dieses Kennwiderstandes läßt sich der Innenwiderstand des Meßgerätes für die verschiedenen Meßbereiche ermitteln. Es gilt:

$$\text{Innenwiderstand } R_i = \text{Kennwiderstand} \times \text{Spannungsendwert des Meßbereiches}$$

Der Kehrwert des Kennwiderstandes ergibt den Strom, der bei Vollausschlag durch dieses Meßwerk fließt.

Beispiel

Ein Spannungsmesser mit mehreren Meßbereichen hat einen Kennwiderstand von 5000 $\frac{\Omega}{V}$.
Wie groß sind der Innenwiderstand R_i und der Strom I_{max} für Vollausschlag

a) bei einem eingestellten Meßbereich von 25 V,
b) bei einem eingestellten Meßbereich von 500 V?

a) $R_i = 25\ V \cdot 5000\ \frac{\Omega}{V} = 125\ k\Omega$

$$I_{max} = \frac{1}{\text{Kennwiderstand}} = \frac{1\ V}{5000\ \Omega} = 0{,}2 \cdot 10^{-3}\ A = 0{,}2\ mA$$

b) $R_i = 500\ V \cdot 5000\ \frac{\Omega}{V} = 2{,}5\ M\Omega$

$$I_{max} = \frac{1}{\text{Kennwiderstand}} = \frac{1\ V}{5000\ \Omega} = 0{,}2 \cdot 10^{-3}\ A = 0{,}2\ mA$$

9.2.2.2 Meßfehler

Bei jeder Messung muß kritisch geprüft werden, ob der ermittelte Meßwert nicht so große Fehler enthält, daß gegebenenfalls die gesamte Messung infrage gestellt werden muß. Bei den Meßfehlern wird unterschieden zwischen subjektiven und objektiven Fehlern. Die subjektiven Fehler sind weitgehend vom Benutzer abhängig und entstehen u. a. durch ungenaues oder fehlerhaftes Ablesen des Meßinstrumentes. Sie lassen sich nie genau erfassen und können nur durch größte Sorgfalt und entsprechende Sachkenntnis beim Ablesen der Skala klein gehalten werden.
Die objektiven Meßfehler entstehen durch fertigungstechnische Unzulänglichkeiten. Sie beruhen z. B. auf Lagerreibung, ungenaue Skalenausführung und Fertigungstoleranzen. Zur Erfassung dieser Fehler werden die elektrischen Meßgeräte in Genauigkeitsklassen eingeteilt. **Bild 9.5** zeigt eine Übersicht über diese Genauigkeitsklassen.

	Klassenzeichen	zulässige Anzeigefehler
Feinmeßinstrumente	0,1	± 0,1 %
	0,2	± 0,2 %
	0,5	± 0,5 %
Betriebsmeßinstrumente	1	± 1 %
	1,5	± 1,5 %
	2,5	± 2,5 %
	5	± 5 %

Bild 9.5 Genauigkeitsklassen von Meßgeräten

Das jeweilige Klassenzeichen gibt an, wie groß die maximale prozentuale Abweichung bezogen auf den Meßbereichsendwert des Meßgerätes sein kann. Dabei kann durch den Fehler eine positive oder negative Abweichung auftreten, die durch die Vorzeichen ± gekennzeichnet werden. Der durch das Meßgerät hervorgerufene Fehler – hier als absoluter Fehler bezeichnet – ergibt sich zu

$$\text{Absoluter Fehler} = \frac{\text{zulässiger Anzeigefehler}}{100\,\%} \times \text{Meßbereichsendwert}$$

Beispiel

Zur Messung einer Spannung wird ein Meßinstrument der Klasse 0,5 mit einem Skalenendwert von 30 V eingesetzt.
Wie groß ist der absolute Fehler?

Zulässiger Anzeigefehler ≙ Klassenzeichen: 0,5 ≙ ± 0,5 %

$$\text{Absoluter Fehler} = \frac{\pm 0{,}5\,\% \cdot 30\ \text{V}}{100\,\%} = \pm 0{,}15\ \text{V}$$

Entsprechend dem Beispiel darf der Meßfehler ± 0,15 V bei einem Meßbereichsendwert von 30 V bei Verwendung eines Meßgerätes der Klasse 0,5 betragen. Dieser Fehler kann aber nicht nur beim Meßbereichsendwert, sondern in gleicher Größe über den gesamten Meßbereich auftreten. Wird von einem Meßgerät der Klasse 0,5 und einem Meßbereichsendwert von 30 V z. B. eine Spannung von 1 V angezeigt, so kann der wahre Spannungswert zwischen 0,85 V und 1,15 V liegen.
Hieraus läßt sich ein relativer Fehler ermitteln, der die maximale prozentuale Abweichung zwischen angezeigtem Meßwert und tatsächlichem Meßwert angibt. Hierfür gilt:

$$\text{Relativer Fehler in Prozent} = \frac{\text{absoluter Fehler}}{\text{angezeigter Meßwert}} \cdot 100\,\%$$

$$= \frac{\text{zulässiger Anzeigefehler} \cdot \text{Meßbereichsendwert}}{\text{angezeigter Meßwert}}$$

Der tatsächliche Wert kann oberhalb oder unterhalb des angezeigten Wertes liegen. Dies wird durch das Vorzeichen des relativen Fehlers berücksichtigt.

Beispiel

Ein Strommesser der Klasse 1,5 hat einen Meßbereichsendwert von 100 mA.
Wie groß sind

a) der absolute Fehler
b) die relativen Fehler bei 75 mA, 50 mA, 25 mA, 10 mA und 5 mA?

a) $\text{absoluter Fehler} = \frac{\pm 1{,}5\,\% \cdot 100\ \text{mA}}{100\,\%} = \pm 1{,}5\ \text{mA}$

b)

angezeigter Meßwert	tatsächlicher Wert min	tatsächlicher Wert max	relativer Fehler in %
75 mA	73,5 mA	76,5 mA	$\frac{\pm 1{,}5\ \text{mA} \cdot 100\,\%}{75\ \text{mA}} = \pm 2\,\%$
50 mA	48,5 mA	51,5 mA	$\frac{\pm 1{,}5\ \text{mA} \cdot 100\,\%}{50\ \text{mA}} = \pm 3\,\%$
25 mA	23,5 mA	26,5 mA	$\frac{\pm 1{,}5\ \text{mA} \cdot 100\,\%}{25\ \text{mA}} = \pm 6\,\%$
10 mA	8,5 mA	11,5 mA	$\frac{\pm 1{,}5\ \text{mA} \cdot 100\,\%}{10\ \text{mA}} = \pm 15\,\%$
5 mA	3,5 mA	6,5 mA	$\frac{\pm 1{,}5\ \text{mA} \cdot 100\,\%}{5\ \text{mA}} = \pm 30\,\%$

In diesem Beispiel ist deutlich zu erkennen, daß der relative Fehler zum unteren Skalenbereich hin stark zunimmt. Daher sollte eine Messung möglichst immer so durchgeführt werden, daß im oberen Drittel der Skala abgelesen werden kann.
Über die subjektiven und objektiven Meßfehler hinaus können aber noch weitere Fehler auftreten. Sie werden als Einflußfehler bezeichnet und können vielfältiger Art sein. So sind viele Meßgeräte von der Lagerung ihrer beweglichen Teile her für eine bestimmte Gebrauchslage konstruiert. Wird diese Lage bei einer Messung nicht eingehalten, kann z. B. durch eine höhere Reibung in den Lagern der Anzeigefehler erhöht und damit die Klassengenauigkeit überschritten werden. Daher wird zur Kennzeichnung der Gebrauchslage auf der Skala oft ein entsprechendes Symbol angegeben.
Bei allen Meßgeräten, die auf elektromagnetischen Kraftwirkungen beruhen, können weiterhin starke magnetische Fremdfelder zu Fehlern führen. Gegebenenfalls ist bei derartigen Messungen eine besondere Abschirmung des Meßgerätes erforderlich.
Den subjektiven Meßfehlern zuzurechnen ist noch der Parallaxenfehler bei der Ablesung eines Meßwertes auf der Skala. So kann durch den Abstand zwischen Zeiger und Skala bei schräger Blickrichtung ein Ablesefehler entstehen, der im ungünstigsten Fall einige Prozent des Meßwertes beträgt und daher als erheblich angesehen werden muß. Zur Vermeidung dieses Parallaxenfehlers haben höherwertige Meßgeräte eine spiegelunterlegte Skala. Bei richtigem Blickwinkel sind der Zeiger und sein Spiegelbild deckungsgleich. Bei schrägem Blickwinkel sind dagegen im Bereich des Spiegels zwei Zeiger zu sehen.

9.2.2.3 Skalensymbole

Damit bei der Auswahl und dem Einsatz eines Meßgerätes wesentliche Eigenschaften auch ohne jeweiliges Nachlesen in der Betriebsanleitung erkennbar sind, werden die wichtigsten Eigenschaften und Gebrauchsanweisungen durch Symbole auf der Skala des Meßgerätes angegeben. Die wichtigsten dieser Symbole für Meßgeräte-Skalen sind in der Tabelle **Bild 9.6** zusammengefaßt.
Aus der symbolhaften Angabe des Meßwerkes und der Genauigkeitsklasse können bereits die entscheidenden Hinweise für den praktischen Einsatz des jeweiligen Meßgerätes entnommen werden. Weitere Symbole geben die Gebrauchslage oder die Art der zu messenden Größen wie z. B. Gleich-, Wechsel- oder Drehstrom an. Auch Hinweise auf Zusatzeinrichtungen wie Gleichrichter oder Thermoumformer sind als Symbole zu finden.
Die VDE-Bestimmung 0410 schreibt für Meßgeräte eine Sicherheitsprüfung vor. Dies geschieht unter festgelegten Bedingungen mit einer bestimmten Prüfspannung. Auch sie wird auf der Skala angegeben, und zwar durch einen fünfeckigen Stern, in dem der Wert der Prüfspannung in kV steht. Fehlt eine Angabe der Prüfspannung, so weist dies auf eine Prüfspannung von 500 V hin.

Sinnbild	Art des Meßwerkes
	Drehspul-Meßwerk mit Dauermagnet
	Drehspul-Quotientenmeßwerk
	Drehmagnet-Meßwerk
	Dreheisen-Meßwerk
	Elektrodynamisches Meßwerk
	Eisengeschlossenes, elektrodynamisches Meßwerk
	Elektrodynamisches Quotientenmeßwerk
	Eisengeschlossenes, elektrodynamisches Quotientenmeßwerk
	Induktions-Meßwerk
	Bimetall-Meßwerk
	Elektrostatisches Meßwerk
	Vibrations-Meßwerk
	Thermoumformer allgemein
	Drehspul-Meßwerk mit Thermoumformer
	Isolierter Thermoumformer
	Gleichrichter
	Drehspul-Meßwerk mit Gleichrichter
	Meßwerk mit magnet. Schirm (Sinnbild für den Schirm)
	Meßwerk mit elektrostatischem Schirm (Sinnbild für den Schirm)
ast	Astatisches Meßwerk
—	Gleichstrominstrument
~	Wechselstrominstrument
	Gleich- und Wechselstrom-instrument
	Drehstrominstrument mit einem Meßwerk
	Drehstrominstrument mit zwei Meßwerken
	Drehstrominstrument mit drei Meßwerken
	Senkrechte Gebrauchslage
	Waagerechte Gebrauchslage
60°	Schräge Gebrauchslage mit Angabe des Neigungswinkels
	Zeigernullstellvorrichtung
	Prüfspannungszeichen Die Ziffer im Stern bedeutet die Prüfspannung in kV (Stern ohne Ziffer 500 V Prüfspannung)
	Achtung! (Gebrauchsanweisung beachten)
	Instrument entspricht bezüglich Prüfspannung nicht den Regeln

Bild 9.6 Symbole für Meßgeräte-Skalen

Beispiel

Auf der Skala eines Meßinstrumentes sind die in **Bild 9.7** dargestellten Symbole zu finden.

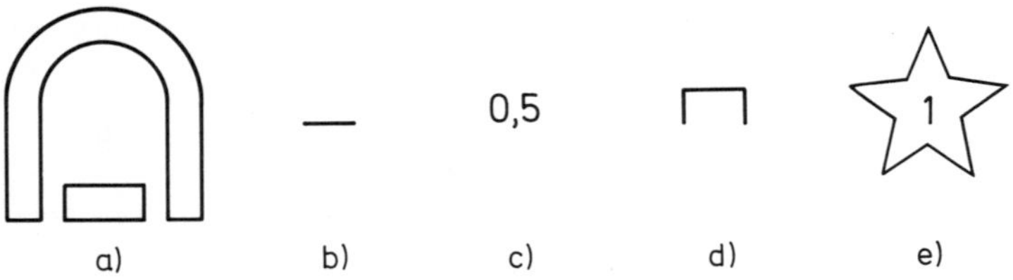

Bild 9.7 Symbole auf der Skala eines Meßinstrumentes

Was bedeuten die Symbole a) bis e)?

a) Drehspulmeßwerk
b) Gleichstrominstrument
c) Genauigkeitsklasse 0,5
d) Waagerechte Gebrauchslage
e) Prüfspannung 1000 V

9.2.3 Vielfachmeßgeräte

In Werkstatt und Service werden heute fast nur noch Vielfachmeßgeräte eingesetzt. Sie haben den großen Vorteil, daß mit nur einem einzigen Meßgerät Spannungen, Ströme und Widerstandswerte jeweils in mehreren Meßbereichen gemessen werden können. Trotz ihrer Robustheit und Vielseitigkeit haben sie eine ausreichend hohe Genauigkeit. Sie sind leicht bedienbar und ihre Anzeigenskala ist noch recht übersichtlich. Moderne Vielfachmeßgeräte haben darüber hinaus eine hohe Belastbarkeit und einen wirksamen Überlastschutz. Eingebaut sind in der Regel Drehspulmeßwerke.

9.2.3.1 Spannungsmessung mit Vielfachmeßgeräten

Mit Vielfachmeßgeräten lassen sich sowohl Gleichspannungen als auch Wechselspannungen messen. Zur Mesung von Gleichspannungen ist das eingebaute Drehspulmeßwerk ohne Zusatzeinrichtung geeignet. Bei der Messung von Gleichspannungen muß jedoch die Polarität beachtet werden.
Das Drehspulmeßwerk ist so ausgelegt, daß bereits bei einer relativ kleinen Spannung, z. B. 0,6 V, ein Vollausschlag auftritt. Höhere Meßspannungen müssen durch einen Spannungsteiler auf den entsprechenden Wert herabgesetzt werden. **Bild 9.8** zeigt das Grundprinzip der Meßbereichserweiterung für die Spannungsmessung bei einem Vielfachmeßgerät.

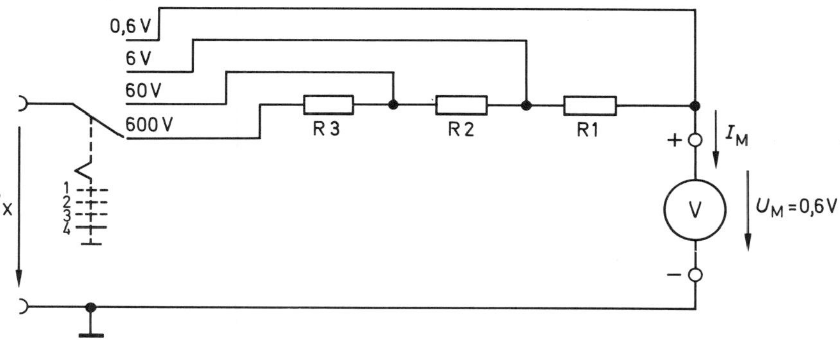

Bild 9.8 Meßbereichserweiterung für Spannungsmessung

Bei der Schaltung nach Bild 9.8 wird in der Schalterstellung 1 die Eingangsbuchse für die Meßspannung direkt mit dem Meßwerk verbunden. Da das verwendete Meßwerk bei 600 mV Vollausschlag hat, wird dieser Meßbereich als der 600 mV-Meßbereich gekennzeichnet. In Schalterstellung 2 ist der Vorwiderstand R1 angeschlossen. Er ist so dimensioniert, daß bei einer Meßspannung $U_x = 6$ V Vollausschlag auftritt. In Schalterstellung 3 sind R1 und R2 als Vorwiderstände wirksam und der Vollausschlag erfolgt in diesem Bereich bei $U_x = 60$ V. Durch Zuschalten von R3 in Schalterstellung 4 entsteht der 600 V-Meßbereich.
Für die vier Meßbereiche der Schaltung nach Bild 9.8 ergeben sich entsprechend der Spannungsteilerregel folgende Zusammenhänge:

Bereich 1: $U_x = 0{,}6$ V; $U_M = 0{,}6$ V
Bereich 2: $U_x = 6$ V; $U_M = 0{,}6$ V; $U_{R1} = 5{,}4$ V
Bereich 3: $U_x = 60$ V; $U_M = 0{,}6$ V; $U_{R1} = 5{,}4$ V; $U_{R2} = 54$ V
Bereich 4: $U_x = 600$ V; $U_M = 0{,}6$ V; $U_{R1} = 5{,}4$ V; $U_{R2} = 54$ V; $U_{R3} = 540$ V

In den einzelnen Meßbereichen sind die Vorwiderstände R1, R2 und R3 in Reihe mit dem Innenwiderstand des Meßwerkes geschaltet. Durch alle Vorwiderstände fließt der jeweils für Vollausschlag konstante Meßwerkstrom I_M. Da die Meßbereichsendwerte hier um den Faktor 10 gestuft sind, haben auch die Vorwiderstände eine Stufung mit dem gleichen Faktor. Die Berechnung der erforderlichen Widerstandswerte erfolgt mit Hilfe des Ohmschen Gesetzes und des 2. Kirchhoffschen Gesetzes.

Beispiel

Ein Drehspulmeßwerk mit $U_M = 100$ mV; $I_M = 50$ µA soll für eine Spannungsmessung bis $U_x = 3$ V benutzt werden.
Welchen Wert muß der Vorwiderstand R_v haben, damit bei $U_x = 3$ V Vollausschlag auftritt?

$$R_v = \frac{U_x - U_M}{I_M} = \frac{3\ \text{V} - 0{,}1\ \text{V}}{50\ \mu\text{A}} = \frac{2{,}9\ \text{V}}{50 \cdot 10^{-6}\ \text{A}} = 58\ \text{k}\Omega$$

Die erforderlichen Vorwiderstände für Vielfachmeßgeräte lassen sich nach dem gleichen Prinzip wie in dem vorhergehenden Beispiel ermitteln. Durch einen oder mehrere Vorwiderstände ist es möglich, ein vorhandenes Drehspulmeßwerk so zu erweitern, daß ein beliebiger Spannungswert für den Endausschlag möglich ist.
Um Meßfehler klein zu halten, werden in den Vielfachmeßgeräten als Vorwiderstände Ausführungen der Normreihe E 48 oder E 96 verwendet. In höherwertigen Meßgeräten werden aber auch spezielle Meßwiderstände mit besonders geringen Temperatur- und Alterungstoleranzen eingebaut.
Die Meßbereichserweiterung durch Vorwiderstände gilt sowohl für die Messung von Gleichspannungen als auch von Wechselspannungen. Die direkte Messung von Wechselspannungen ist mit einem Drehspulmeßwerk nicht möglich, weil immer nur der arithmetische Mittelwert einer Spannung angezeigt wird. Der arithmetische Mittelwert ist aber bei einer symmetrischen Wechselspannung stets Null.
Um auch mit einem Drehspulmeßwerk Wechselströme und -spannungen messen zu können, wird dem Meßwerk ein Gleichrichter vorgeschaltet. Dadurch kann der Meßstrom nur noch in einer Richtung durch die Spule fließen. Es tritt ein Ausschlag auf, weil der arithmetische Mittelwert der Stromhalbwellen jetzt nicht mehr Null ist. Ein größerer Ausschlag wird erreicht, wenn eine Gleichrichter-Brückenschaltung verwendet wird, weil dann beide Halbwellen an der Bildung des arithmetischen Mittelwertes beteiligt sind. In **Bild 9.9** sind die Zusammenhänge dargestellt.

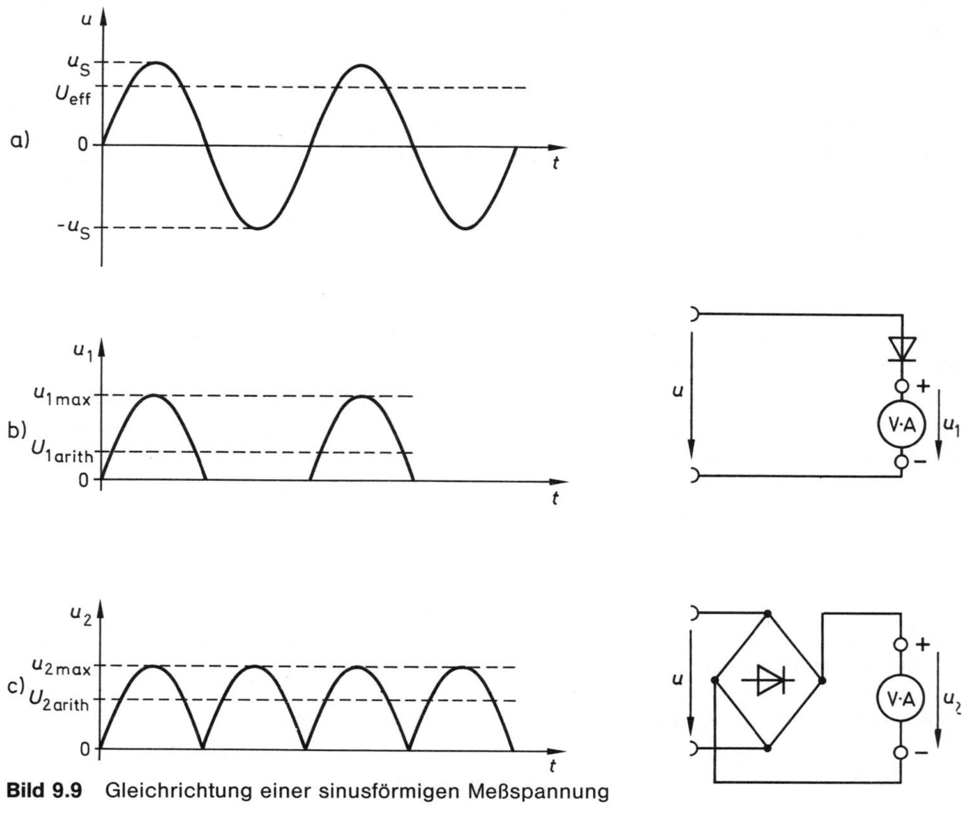

Bild 9.9 Gleichrichtung einer sinusförmigen Meßspannung

Der arithmetische Mittelwert einer nach Bild 9.9b gleichgerichteten, sinusförmigen Wechselspannung beträgt:

$$U_{1\,\mathrm{arith}} = 0{,}318 \cdot u_{1\,\mathrm{max}}$$

Dieser Wert wird bei der Messung mit einer Schaltung nach Bild 9.9b vom Drehspulmeßwerk angezeigt. Für den Praktiker von weitaus größerer Bedeutung ist aber der Effektivwert der Wechselspannung. Zwischen dem arithmetischen Mittelwert einer durch Einwegschaltung gleichgerichteten sinusförmigen Wechselspannung und dem Effektivwert besteht jedoch ein linearer Zusammenhang. Es gilt:

$$U_{1\,\mathrm{eff}} = 1{,}57 \cdot U_{1\,\mathrm{arith}}$$

Mit Hilfe des Multiplikators 2,22 – der auch als Formfaktor bezeichnet wird – ist es möglich, die Skala eines Drehspulmeßwerkes so zu beschriften, daß der Effektivwert der zu messenden Spannung direkt abgelesen werden kann.
Wird eine Brückenschaltung nach Bild 9.9c zur Gleichrichtung verwendet, so ändert sich zwangsläufig auch der Multiplikator. Für eine Meßschaltung nach Bild 9.9c gilt:

$$U_{2\,\mathrm{arith}} = 0{,}637 \cdot u_{2\,\mathrm{max}} \text{ und } U_{2\,\mathrm{eff}} = 1{,}11 \cdot U_{2\,\mathrm{arith}}$$

Auf die Wirkungsweise der zur Gleichrichtung verwendeten Halbleiterdioden sowie auf die Einweg- und Brückengleichrichterschaltungen wird erst im Band II »Bauelemente der Elektronik-Lehrbuch« näher eingegangen.
Welche der Gleichrichterschaltungen in einem Vielfachmeßgerät verwendet wird, ist für den Anwender ohne Bedeutung, da die Skalenbeschriftung entsprechend vorgenommen wird. Wegen des arithmetischen Mittelwertes und der Formfaktoren besteht häufig ein Unterschied zwischen der Gleichspannungsskala und der Wechselspannungsskala. Da beide Skalen jeweils dicht untereinander liegen, muß das Ablesen eines Meßwertes besonders sorgfältig erfolgen. Bei einer Reihe von Meßgeräten ist durch konstruktive Maßnahmen im Meßwerk jedoch nur eine Skala erforderlich.
Aus dem Zusammenhang zwischen dem arithmetischen Mittelwert und dem Effektivwert kann auch abgeleitet werden, daß ein Vielfachmeßgerät im Wechselspannungs- bzw. -strombereich nur dann den richtigen Effektivwert anzeigt, wenn eine sinusförmige Spannung oder ein sinusförmiger Strom gemessen wird. Jede Abweichung der Meßspannung oder des Meßstromes von der Sinusform führt zwangsläufig zu einem Meßfehler. Dies muß insbesondere beim Einsatz von Vielfachmeßgeräten zur Messung in elektronischen Schaltungen beachtet werden, weil hier besonders häufig nichtsinusförmige Spannungs- und Stromverläufe vorliegen.
Durch Gleichrichter entstehen Nichtlinearitäten. Sie verringern insbesondere im Bereich kleiner Spannungswerte die Genauigkeit des Meßgerätes. Außerdem ist der Frequenzbereich begrenzt, für den die angegebene Genauigkeit des Meßgerätes gültig ist. So können die meisten Vielfachmeßgeräte nur zur Messung von Spannungen oder Strömen mit einer Frequenz bis zu einigen Kilohertz eingesetzt werden. Die Genauigkeitsklasse dieser Meßgeräte ist daher in den Wechselspannungsbereichen meistens niedriger als in den Gleichspannungsbereichen.

9.2.3.2 Strommessung mit Vielfachmeßgeräten

Die Vielfachmeßgeräte besitzen auch mehrere Meßbereiche für Gleich- und Wechselströme. Bei Verwendung eines Drehspulmeßwerkes wird ein Gleichstrom vom Meßwerk direkt angezeigt. Bei der Messung eines Wechselstromes erfolgt dagegen wieder die Messung des arithmetischen Mittelwertes. Daher werden auch nur sinusförmige Wechselströme mit Frequenzen bis zu einigen Kilohertz richtig angezeigt. Auch die Skalen für die Wechselströme sind in Effektivwerten kalibriert, d. h. bei dem abgelesenen Meßwert handelt es sich um den Effektivwert des fließenden Stromes. Meist sind die Skalen für Wechselstrom und Wechselspannung identisch.
Die verschiedenen Meßbereiche für Gleich- und Wechselströme lassen sich durch Parallelschalten von Widerständen zum Meßwerk erreichen. Derartige Widerstände werden in der Meßtechnik als Nebenwiderstände oder Shunts bezeichnet. **Bild 9.10** zeigt die Prinzipschaltung eines Strommessers für mehrere Meßbereiche.

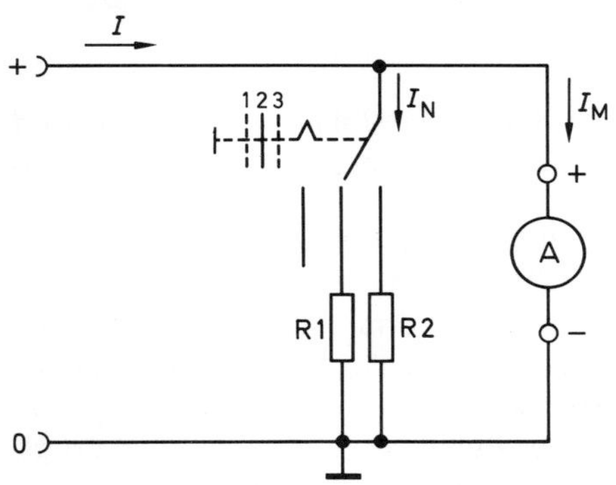

Bild 9.10 Meßbereichserweiterung für Strommessung

Bei der Schaltung nach Bild 9.10 fließt in der Schalterstellung 1 der Gesamtstrom I durch das Meßwerk. Dieser Meßbereich entspricht dem Stromwert, der für einen Vollausschlag des Meßwerkes erforderlich ist. In Schalterstellung 2 wird der Widerstand R1 parallel zum Meßwerk geschaltet. Der zu messende Strom I wird daher in einen Strom I_M und einen Strom I_N aufgeteilt. Der Widerstand R1 muß so dimensioniert sein, daß durch das Meßwerk maximal der Strom fließt, der zum Vollausschlag führt. Durch eine entsprechende Wahl des Widerstandswertes von R1 kann also der Meßbereichsendwert festgelegt werden. Daher ergibt sich in der Schalterstellung 3 ein weiterer Meßbereich.

Beispiel

Ein Drehspulmeßwerk mit $U_M = 50$ mV und $I_M = 50$ µA soll als Strommesser mit den Meßbereichsendwerten 50 µA, 1 mA und 10 mA entsprechend Bild 9.10 aufgebaut werden.
Welche Werte müssen die Nebenwiderstände R1 und R2 haben?

50 µA-Bereich

Das Meßwerk wird ohne Nebenwiderstand betrieben.

1 mA-Bereich

$$R_1 = \frac{U_M}{I_{N1}} = \frac{U_M}{I - I_M} = \frac{50\ \text{mV}}{1\ \text{mA} - 50\ \mu\text{A}} = \frac{50 \cdot 10^{-3}\ \text{V}}{950 \cdot 10^{-6}\ \text{A}}$$

$$R_1 = 52{,}63\ \Omega$$

10 mA-Bereich

$$R_2 = \frac{U_M}{I_{N2}} = \frac{U_M}{I - I_M} = \frac{50\ \text{mV}}{10\ \text{mA} - 50\ \mu\text{A}} = \frac{50 \cdot 10^{-3}\ \text{V}}{9950 \cdot 10^{-6}\ \text{A}}$$

$$R_2 = 5{,}025\ \Omega$$

Die im Beispiel berechneten Werte für die Nebenwiderstände entsprechen keiner Normreihe. Sie werden daher in der Regel als Drahtwiderstände speziell für den Einsatz in einem Vielfachmeßgerät hergestellt. Sie müssen neben dem exakten Widerstandswert auch eine geringe Temperaturabhängigkeit aufweisen. Zur Messung größerer Ströme werden Shunts als Zubehör zu den Vielfachmeßgeräten angeboten. Diese Shunts werden dann extern an die Anschlußklemmen angeschlossen.
Bei den Vielfachmeßgeräten erfolgt die Meßbereichserweiterung für den Strombereich jedoch meistens durch eine Kombination von Reihen- und Parallelschaltung. Eine derartige Ringschaltung zeigt **Bild 9.11**.

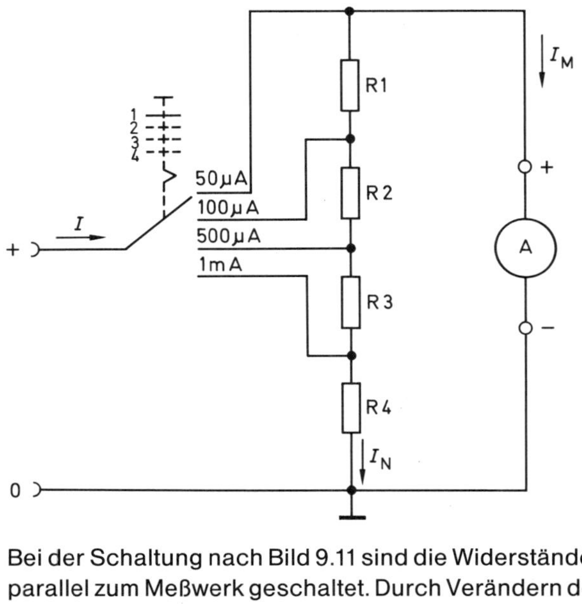

Bild 9.11 Prinzipschaltung eines Strommessers für mehrere Bereiche

Bei der Schaltung nach Bild 9.11 sind die Widerstände R1 bis R4 in Reihe und insgesamt parallel zum Meßwerk geschaltet. Durch Verändern der Stromeinspeisung wird erreicht, daß jeweils der maximal zulässige Strom I_M durch das Meßwerk fließt. Der übrige Stromanteil fließt dann als Strom I_N durch die parallelgeschalteten Widerstände. Die Berechnung der hierfür erforderlichen Widerstandswerte ist etwas komplizierter, da ab der Schalterstellung 2 der Meßwerkstrom I_M auch durch die Nebenwiderstände fließt und dort einen zusätzlichen Spannungsabfall erzeugt. Dieser darf bei der Berechnung nicht vernachlässigt werden. Näherungsrechnungen sind hier nicht zulässig, da sie direkte Auswirkungen auf die Genauigkeit des Meßgerätes haben.

9.2.3.3 Widerstandsmessung mit Vielfachmeßgeräten

Neben den verschiedenen Meßbereichen für Gleich- und Wechselspannungen sowie Gleich- und Wechselströme haben die meisten Vielfachmeßgeräte auch noch ein oder mehrere Meßbereiche für die Messung von Widerstandswerten. Erforderlich hierfür ist eine zusätzliche Spannungsquelle, die einen Strom durch die Reihenschaltung eines bekannten Vorwiderstandes und des unbekannten, zu messenden Widerstandes treibt. **Bild 9.12** zeigt die Prinzipschaltung für die Widerstandsmessung mit einem Vielfachmeßgerät.

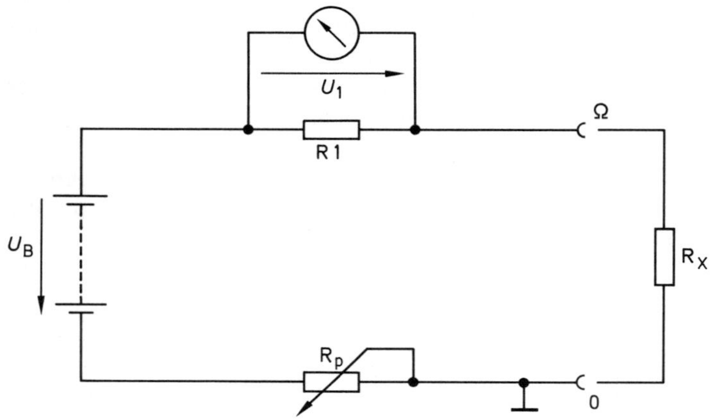

Bild 9.12 Prinzipschaltung für die Widerstandsmessung mit einem Vielfachmeßgerät

Bei der Schaltung nach Bild 9.12 wird an dem bekannten Widerstand R1 der Spannungsabfall U_1 gemessen. Dieser Spannungsabfall ist bei konstanter Betriebsspannung U_B abhängig vom Widerstandswert des zu messenden Widerstandes R_x. U_1 und R_x sind umgekehrt proportional:

$$U_1 \sim \frac{1}{R_x}$$

Es besteht kein linearer Zusammenhang zwischen dem Widerstandswert und seiner Anzeige. Daher ist zur Anzeige der Widerstandswerte eine weitere Skala erforderlich. Sie ist in Ohmwerten kalibriert und läuft gegensinnig zur Skala für die Spannungswerte, hat also am rechten Skalenrand den Wert $R_x = 0\ \Omega$ und am linken Skalenrand den Wert $R_x = \infty\ \Omega$. **Bild 9.13** zeigt eine Skala für die Ablesung von Widerstandswerten bei einem Vielfachmeßgerät.

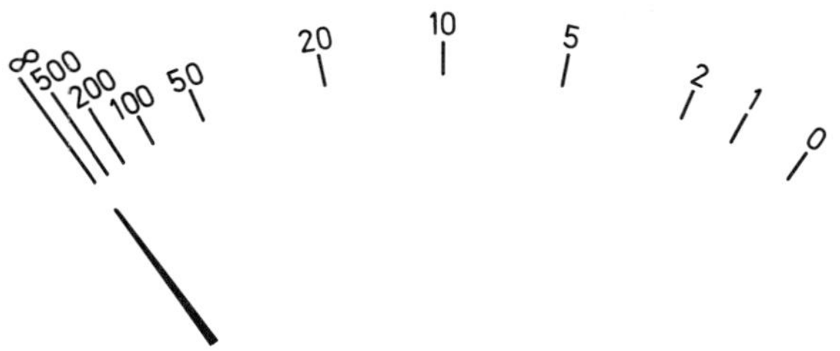

Bild 9.13 Widerstandsskala für die Direktanzeige bei einem Vielfachmeßgerät

Der Wert $R_x = 0\ \Omega$ bedeutet, daß ein Kurzschluß zwischen den Klemmen besteht. In diesem Fall läßt sich das Meßgerät leicht mit Hilfe des Potentiometers R_P so einstellen, daß genau $R_x = 0\ \Omega$ angezeigt wird. Auf diese Weise können auch Änderungen der Betriebsspannung ausgeglichen werden, die z. B. durch Verbrauch oder Alterung der für die Widerstandsmessung zusätzlich in das Vielfachmeßgerät einzusetzenden Batterien auftritt. Ist kein Widerstand R_x an die Klemmen angeschlossen, so fließt auch kein Strom und an R1 fällt keine Spannung ab. Das Meßwerk zeigt daher bei $R_x = \infty\ \Omega$ keinen Ausschlag und steht im Nullpunkt der Spannungsskala. Durch Umschalten oder Zuschalten weiterer Widerstände zu R1 lassen sich verschiedene Meßbereiche erreichen, die für die Genauigkeit der Messungen von Vorteil sein können. Die in Bild 9.12 dargestellte Schaltung zur Messung von Widerstandswerten wird als direktanzeigendes Verfahren bezeichnet.

9.2.4 Multimeter

Handelsübliche Vielfachmeßgeräte werden oft als Multimeter bezeichnet. Sie enthalten ein Drehspulmeßwerk mit den zugehörigen Bauelementen und Schaltungen zur Meßbereichserweiterung für die Spannungs- und Strommessung. Dabei sind die Meßbereichsendwerte häufig in einer Zehner- und Dreierteilung ausgelegt, so daß z. B. die Meßbereiche 0,1 V; 0,3 V; 1 V; 3 V usw. vorhanden sind. Es gibt aber auch eine Reihe von Multimetern mit Fünfer-, Fünfzehner- oder Sechserstufung. Multimeter haben häufig getrennte Skalen für die Messung von Gleichspannungen und Wechselspannungen bzw. von Gleich- und Wechselströmen. Mindestens eine weitere Skala ist für die Messung von Widerstandswerten vorhanden.
Die einzelnen Meßbereiche werden mit Hilfe von Dreh- oder Schiebeschaltern gewählt. Bei einer Messung soll der Meßbereich stets so gewählt werden, daß die Anzeige im letzten Drittel der Skala erfolgt. **Bild 9.14** zeigt ein analoges Multimeter, das in dieser oder in einer ähnlichen Ausführung in Werkstätten und im Service ständig benötigt und eingesetzt wird.

Bild 9.14 Analoges Multimeter

Entscheidend für den Einsatz eines Multimeters und der gewählten Meßmethode ist häufig der Innenwiderstand des Meßgerätes. Dieser Innenwiderstand ist abhängig vom Widerstand des Meßwerkes und der vorhandenen Vor- und Nebenwiderstände. Da diese Vor- und Nebenwiderstände in jedem Meßbereich andere Widerstandswerte haben, ergibt sich für jeden Meßbereich auch ein anderer Innenwiderstand. Für die Spannungsmeßbereiche geben die Hersteller daher einen auf die Einheit V bezogenen Wert, z. B. 10 kΩ/V an und bezeichnen diese Angabe als »Eingangswiderstand«, obwohl es sich dabei physikalisch nicht um einen Widerstand handelt. Der tatsächliche Eingangswiderstand kann durch Multiplikation des Meßbereichsendwertes mit dem bezogenen Wert ermittelt werden.

Beispiel

Für ein Multimeter mit einem Gleichspannungsbereich 60 mV sowie den Gleich- und Wechselspannungsbereichen 12 V; 60 V; 300 V und 600 V gibt der Hersteller einen Eingangswiderstand von 1,66 kΩ/V an.

Wie groß sind die Eingangswiderstände in den einzelnen Bereichen, mit denen das Meßobjekt jeweils belastet wird?

Bereich	Eingangswiderstand
60 mV	$1{,}66\ \text{k}\Omega/\text{V} \cdot 60\ \text{mV} \approx 100\ \Omega$
12 V	$1{,}66\ \text{k}\Omega/\text{V} \cdot 12\ \text{V} \approx 20\ \text{k}\Omega$
60 V	$1{,}66\ \text{k}\Omega/\text{V} \cdot 60\ \text{V} \approx 100\ \text{k}\Omega$
300 V	$1{,}66\ \text{k}\Omega/\text{V} \cdot 300\ \text{V} \approx 500\ \text{k}\Omega$
600 V	$1{,}66\ \text{k}\Omega/\text{V} \cdot 600\ \text{V} \approx 1\ \text{M}\Omega$

Für die Strombereiche werden meistens die Spannungsabfälle angegeben, die am Strommesser auftreten. Aus dem Meßbereichsendwert und dem angegebenen Spannungsabfall kann dann ebenfalls der Innenwiderstand für die einzelnen Meßbereiche ermittelt werden.

Beispiel

Im 100 mA-Bereich eines Multimeters beträgt bei Vollausschlag der Spannungsabfall an den Anschlußklemmen 270 mV.
Wie groß ist der Innenwiderstand in diesem Meßbereich?

$$R_i = \frac{U}{I} = \frac{270\ \text{mV}}{100\ \text{mA}} = 2{,}7\ \Omega$$

Für die Widerstandsmessung wird ein Widerstand bei Skalenmitte angegeben. Er dient zur Abschätzung möglicher Fehler bei der Messung von Widerstandswerten, die hiervon wesentlich abweichen.
Die heute verwendeten Multimeter sind oft noch mit zusätzlichen Funktionen versehen. So besitzen einige Multimeter für die Durchgangsprüfung von Leitungen zusätzlich optische oder akustische Signalgeber, durch die eine niederohmige Verbindung zwischen zwei Meßpunkten gemeldet wird. Bei verschiedenen Multimetern sind auch Zusatzeinrichtungen zu finden, mit deren Hilfe einfache Funktionsprüfungen von Halbleiter-Bauelementen wie Dioden und Transistoren möglich sind.
Reichhaltig ist das Zubehör, das zu den Multimetern geliefert werden kann. Es reicht von der einfachen Gummimanschette als mechanischem Schutz für die Geräte bis zu verschiedenen Shunts für die Messung großer Ströme oder Tastköpfen zur Messung von Hochspannungen bis zu mehreren Kilovolt.
Entsprechend vielfältig sind auch die Bedienungselemente der Multimeter. So sind oft mehrere Eingangsbuchsen für die Spannungs-, Strom- und Widerstandsmessung oder weitere besondere Buchsen für die Messung großer Ströme und Spannungen, z. B. 10 A; 1000 V vorhanden.
Einige Typen verfügen über zusätzliche Polaritätsumschalter und Kontrolleinrichtungen für die Batterien, die zur Widerstandsmessung erforderlich sind. Der Schutz gegen Überlastung erfolgt in der Regel durch Feinsicherungen, teilweise durch superflinke Feinsicherungen. Aber auch ein thermischer Überlastschutz mit Relais ist in einigen Multimetertypen eingebaut.

9.2.5 Elektronische Multimeter

Für den praktischen Einsatz von Multimetern ist nicht nur ihre Genauigkeit, sondern auch ihr Innenwiderstand von großer Bedeutung. Zur Verringerung von Meßfehlern soll der Innenwiderstand in den Spannungsmeßbereichen möglichst hochohmig, in den Strommeßbereichen dagegen möglichst niederohmig sein. Durch den Einsatz elektronischer Meßverstärker können die Eigenschaften von klassischen Multimetern wesentlich verbessert werden. **Bild 9.15** zeigt das vereinfachte Blockschaltbild eines elektronischen Multimeters.

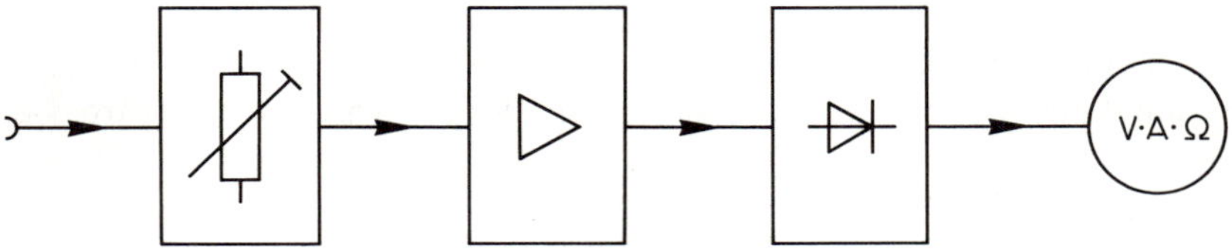

Bild 9.15 Vereinfachtes Blockschaltbild eines elektronischen Multimeters

Entsprechend Bild 9.15 besitzen elektronische Multimeter in der Eingangsstufe Teilerwiderstände für die verschiedenen Meßbereiche. Die Ausgangsspannung dieses Eingangsteilers gelangt auf den Eingang eines Meßverstärkers, der zunächst mit Transistoren aufgebaut war, heute aber fast nur noch in integrierter Schaltungstechnik hergestellt wird. Die Eigenschaften dieses Meßverstärkers bestimmen im wesentlichen die Eigenschaften des elektronischen Multimeters. Zur Messung und Anzeige von Wechselgrößen sind Meßgleichrichter eingebaut. Die Anzeige erfolgt mit hochwertigen Drehspulmeßwerken.

Ein besonderer Vorteil von elektronischen Multimetern ist ihr sehr hochohmiger Eingangswiderstand. Es werden Werte von 1 MΩ bis 100 MΩ, teilweise auch darüber, erreicht, so daß die Belastung der Meßobjekte sehr gering ist. Der hohe Eingangswiderstand ist vor allem in den unteren Meßbereichen von Bedeutung, weil hier alle klassischen Meßinstrumente und Multimeter einen relativ niederohmigen Eingangswiderstand haben. Häufig ist auch der Eingangswiderstand von elektronischen Multimetern in allen Meßbereichen, zumindest aber in den Meßbereichsgruppen, konstant.

Je nach technischem Aufwand bei dem Meßverstärker können Signale über einen breiten Frequenzbereich gemessen oder es kann selektiv auch nur ein schmales Frequenzband erfaßt werden. Bei der Messung von Spannungen mit hoher Frequenz ist aber nicht nur der ohmsche Eingangswiderstand von Bedeutung, sondern die Eingangsimpedanz. Sie wird gebildet aus dem ohmschen Eingangswiderstand und einer parallelgeschalteten Kapazität, bei der es sich meistens nur um die unvermeidliche Schaltungskapazität handelt. Eine typische Angabe für die Eingangsimpedanz lautet z.B. 10 MΩ/30 pF.

Durch eine entsprechende Auslegung des Meßverstärkers kann auch erreicht werden, daß für alle Gleich- und Wechselgrößen nur eine Skala erforderlich ist. Dies vereinfacht das Ablesen der Meßwerte ganz erheblich und hilft, Ablesefehler zu vermeiden.

Eine wesentliche Bedienungsvereinfachung ergibt sich auch durch eine automatische Polaritätsumschaltung. In diesem Fall ist es nicht mehr notwendig, die Polarität der Meßgröße beim Anschließen des Meßgerätes zu beachten. Durch die interne Schaltung ist nämlich sichergestellt, daß der Ausschlag des Drehspulmeßwerkes stets nur in die vorgegebene Richtung erfolgt. Die Polarität der Meßgröße wird dann durch eine Leuchtdiode oder ein zusätzliches kleines Zeigermeßwerk als Indikator angezeigt.

Bei der Messung ohmscher Widerstände fließt ein konstanter Strom durch den zu messenden Widerstand R_x. Auf diese Weise kann erreicht werden, daß die Spannung an R_x direkt proportional dem Widerstand ist. Wegen dieses linearen Zusammenhanges hat dann auch die Widerstandsskala eine lineare Teilung, die meistens identisch mit der Strom- und Spannungsskala ist. Bei offenen Klemmen, d.h. bei einer Messung des

Widerstandswertes $R_x = \infty\ \Omega$, zeigt das elektronische Multimeter einen Vollausschlag bis zur mechanischen Zeigerbegrenzung.
Zur Spannungsversorgung des Meßverstärkers ist eine zusätzliche Spannungsquelle erforderlich. Verwendet wird häufig eine 9-Volt-Blockbatterie, die im Gehäuse des Multimeters untergebracht ist. Vor einer Messung sollte jeweils überprüft werden, ob die eingesetzte Batterie noch eine ausreichende Spannung für den Meßverstärker liefert. Die Anzeige der Batteriespannung erfolgt oft in einer zusätzlichen Schaltstellung des Multimeters.
Es gibt inzwischen eine große Typenvielfalt elektronischer Multimeter. Ihre teilweise sehr unterschiedlichen Eigenschaften und ihre speziellen technischen Ausstattungen können nur aus den Prospekten der Hersteller entnommen und dann miteinander verglichen werden.

9.3 Digitale Multimeter

Bei den digitalen Multimetern wird das Meßergebnis nicht durch einen Zeiger auf der Skala angezeigt, sondern durch eine Ziffernfolge. Der Meßwert kann daher wesentlich leichter abgelesen werden. **Bild 9.16** zeigt das vereinfachte Blockschaltbild eines digitalen Multimeters.

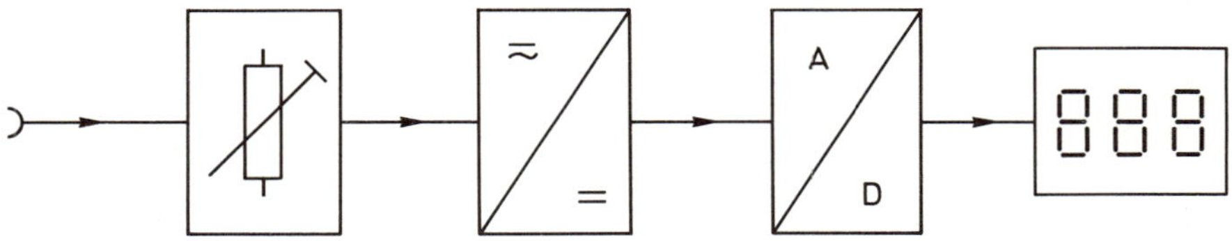

Bild 9.16 Vereinfachtes Blockschaltbild eines digitalen Multimeters

Wie bei jedem anderen Multimeter werden die zu messenden Größen zunächst über einen Widerstands-Eingangsteiler soweit herabgesetzt, daß sie von den nachfolgenden elektronischen Schaltungen einwandfrei verarbeitet werden können. In dem zweiten Block erfolgt eine Gleichrichtung der Wechselspannung oder eine Umwandlung von Wechselspannungswerten in Gleichspannungswerte durch eine elektronische Schaltung.
Wichtigste Baustufe eines jeden digitalen Multimeters ist der Analog-Digital-Wandler, der in Kurzform als A/D-Wandler bezeichnet wird. Er hat die Aufgabe, die an seinem Eingang in analoger Form liegenden Signale in digitale Daten umzusetzen. Diese werden dann zur Anzeige des Meßwertes als Ziffernfolge weiterverarbeitet. Bei den A/D-Wandlern handelt es sich um integrierte elektronische Schaltungen, auf die erst in Band IV D »Digitale Steuerungstechnik-Lehrbuch« näher eingegangen wird.
Die Anzeige der Ziffern erfolgt durch 7-Segment-LED- oder -LCD-Anzeigen, wie sie von elektronischen Uhren oder Taschenrechnern her bekannt sind. Die üblichen Digitalmultimeter besitzen 3½- oder 4½stellige Anzeigen. Die Anzeigeeinheiten haben dann 4 oder 5 Ziffern. Aufgrund des Umsetzungsverfahrens lassen sich in der werthöchsten

Stelle allerdings nur die Ziffern 0 und 1 darstellen. Daher ergibt sich für die einzelnen Meßbereiche der Digitalmultimeter eine Zweierteilung der Meßbereiche wie z. B. 200 mV; 2 V; 20 V; 200 V und 2000 V. Der größte Spannungswert, der mit einem derartigen Meßgerät gemessen werden kann, beträgt dann 1999 V. Die Ziffer 2 an der 1. Stelle ist nicht möglich. **Bild 9.17** zeigt ein digitales Multimeter, das zwei Sondermeßbereiche besitzt.

Bild 9.17 Digitales Multimeter

Überschreitet die Meßspannung den eingestellten Bereich, so erfolgt bei den meisten Geräten eine automatische Umschaltung auf den nächst höheren Meßbereich oder die Überschreitung wird durch Blinken der Anzeige bzw. durch ein anderes optisches Signal angezeigt.

Die Genauigkeit und die auftretenden objektiven Fehler eines digitalen Multimeters sind von verschiedenen Faktoren abhängig. Neben der Toleranz der Widerstände im Eingangsteiler hängt die Genauigkeit insbesondere von dem A/D-Wandler ab. Die Hersteller geben meist Fehlergrenzen in Prozent vom Meßwert an sowie eine Abweichung der Anzeige in Digits.

So bedeutet z. B. die Angabe ± 0,2 % + 1 digit, daß der Fehler ± 0,2 % vom Meßwert und zusätzlich + 1 der niederwertigsten Anzeigestelle betragen kann.

Beispiel

Für ein 4½stelliges Digitalmultimeter gibt der Hersteller die Fehlergrenzen ± 0,5 % + 10 digit an. In welchem Bereich liegt der wahre Meßwert, wenn eine Spannung U= 22,47 V angezeigt wird?

a) $U_{min} = 22{,}47\ \text{V} - 0{,}005 \cdot 22{,}47\ \text{V}$
$U_{min} = 22{,}36\ \text{V}$

b) $U_{max} = 22{,}47\ \text{V} + 0{,}005 \cdot 22{,}47\ \text{V} + 10\ \text{digit} \cdot \dfrac{0{,}01\ \text{V}}{\text{digit}}$
$U_{max} = 22{,}68\ \text{V}$

Digitale Multimeter sind im Wechselspannungsbereich bis ca. 500 Hz mit guter Genauigkeit verwendbar. Bei höheren Frequenzen werden die Fehlergrenzen größer. Als weitere Kenngröße wird bei den digitalen Multimetern die Auflösung angegeben. Es handelt sich hierbei um die Meßwertänderung, die im jeweiligen Meßbereich noch anzeigemäßig erfaßt wird. So beträgt z. B. die Auflösung eines 3½stelligen Multimeters im 200 mV-Bereich 100 µV, während sie bei einem 4½stelligen, vergleichbaren Typ 10 µV beträgt.
Der Eingangswiderstand von digitalen Multimetern ist grundsätzlich sehr hochohmig und wie bei den analogen elektronischen Multimetern in allen Meßbereichen konstant.
Auch bei den Digitalmultimetern gibt es inzwischen eine große Typenvielfalt. Steht der Einsatz eines analogen oder eines digitalen Multimeters zur Wahl, so müssen einige Entscheidungskriterien beachtet werden. Digitale Meßgeräte bieten den Vorteil hoher Genauigkeit und Auflösung, fehlerfreier Ablesung des angezeigten Meßwertes, einfache Handhabung und großen Bedienungskomfort. Sie lassen sich wegen des bereits digitalisierten Signals einfacher in größere, mikroprozessorgesteuerte Meßsysteme integrieren.
Analoge Multimeter haben demgegenüber aber Vorteile bei der Messung schnell wechselnder Größen, weil durch die Trägheit des Anzeigesystems eine zu schnelle Änderung der Zeigerstellung gedämpft wird. Bei langsamer Zeigeränderung können Änderungstendenzen besser erkannt und abgelesen werden als bei Digitalanzeigen.
Besonders auch bei Überwachungseinrichtungen mit vielen Instrumenten werden Analoggeräte aus größerer Entfernung und vom Beobachter auch unbewußt leichter registriert. Meistens sind analoge Multimeter heute noch preiswerter als digitale Multimeter. Es muß daher in jedem Einzelfall entschieden werden, ob der Kauf bzw. der Einsatz eines analogen oder digitalen Multimeters zweckmäßiger ist.

9.4 Meßverfahren

Mit Hilfe von Einzelmeßgeräten oder Multimetern lassen sich Spannungen und Ströme direkt messen. Es gibt aber auch zahlreiche elektrische und physikalische Größen, die indirekt durch Spannungs- oder Strommessungen ermittelt werden können. Daher wurden eine Vielzahl von Meßverfahren für den Einsatz von Spannungs- und Strommeßgeräten entwickelt.

9.4.1 Spannungsrichtige und stromrichtige Messungen

Insbesondere beim Durchführen von Meßreihen ist es zweckmäßig, den Strom durch den Verbraucher und den Spannungsabfall am Verbraucher gleichzeitig zu messen. In **Bild 9.18** sind die beiden möglichen Schaltungen angegeben.

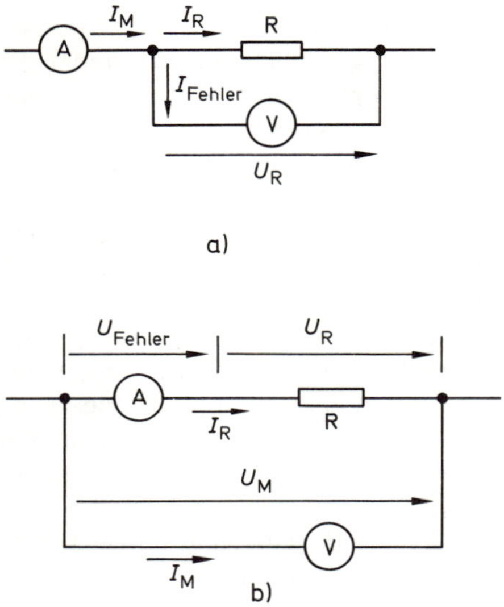

Bild 9.18 Gleichzeitige Messung von Strom und Spannung

Bei der Schaltung nach Bild 9.18a wird die Spannung U_R am Meßobjekt direkt abgegriffen. Der gemessene Strom I_M ergibt sich aus der Summe der Ströme I_R durch das Meßobjekt und I_{Fehler} durch den Spannungsmesser. Da bei dieser Meßschaltung der gemessene Strom größer als der zu ermittelnde Strom durch den Verbraucher ist, wird diese Meßschaltung als »spannungsrichtige Messung« oder als »falsche Strommessung« bezeichnet.

Bei der Schaltung nach Bild 9.18b wird der Strom durch den Spannungsmesser zwar nicht mitgemessen, dafür aber der Spannungsabfall am Strommesser vom Spannungsmesser mit angezeigt. Hier ist also die Spannungsmessung fehlerhaft und die Meßschaltung wird daher als »stromrichtige Messung« oder als »falsche Spannungsmessung« bezeichnet.

Die Größe der Meßfehler hängt von der Wahl der verwendeten Meßgeräte unter Berücksichtigung des Meßobjektes ab. Meßgeräte mit sehr unterschiedlichen Daten stehen aber meistens nur in einem Labor zur Verfügung, in der Werkstatt und im Service muß stets mit den gerade vorhandenen Multimetern gemessen werden. Hier ist dann lediglich erforderlich, etwa die Größenordnung der durch die angewandte Meßschaltung verursachten Meßfehler zu kennen. Beim Einsatz moderner Meßgeräte bleibt der auftretende Meßfehler oft so klein, daß er noch geringer als die Genauigkeit der verwendeten Meßgeräte ist.

Die spannungsrichtige Messung eignet sich besser für Messungen bei großen Strömen, weil der Strom durch den Spannungsmesser vernachlässigbar klein wird. Dies gilt insbesondere für Spannungsmesser mit hochohmigem Innenwiderstand, also für elektronische analoge oder digitale Multimeter.

Beispiel

In einer Schaltung nach Bild 9.18a wird ein Strom $I_M = 10$ mA gemessen. Das verwendete Spannungsmeßgerät hat einen Innenwiderstand $R_i = 10$ MΩ und zeigt eine Spannung $U_R = 10$ V an. Mit welchem Fehler ist der Strom durch das Meßobjekt behaftet?

$$I_{Fehler} = \frac{U_R}{R_i} = \frac{10\ \text{V}}{10\ \text{M}\Omega} = 1 \cdot 10^{-6}\ \text{A}$$

$$I_{Fehler} = 1\ \mu\text{A}$$

$$\frac{I_{Fehler}}{I_M} \cdot 100\,\% = \frac{1\ \mu\text{A}}{10\ \text{mA}} \cdot 100\,\% = 1 \cdot 10^{-4} \cdot 100\,\%$$

$$I_{Fehler} = 0{,}01\,\% \cdot I_M$$

Die Schaltung nach Bild 9.18b ist besser für eine Messung bei hochohmigem Verbraucher geeignet. In diesem Fall wird der Spannungsabfall am Verbraucher groß und der relativ kleine Spannungsabfall am Strommesser ist vernachlässigbar.

Beispiel

In einer Schaltung nach Bild 9.18 b wird eine Spannung $U_M = 10$ V und ein Strom $I_R = 1$ mA gemessen. Laut Herstellerangabe beträgt der Spannungsabfall am Strommesser $U_{Fehler} = 100$ mV. Mit welchem Fehler ist die gemessene Spannung am Verbraucher behaftet?

$$\frac{U_{Fehler}}{U_R} \cdot 100\,\% = \frac{U_{Fehler}}{U_M - U_{Fehler}} \cdot 100\,\% = \frac{100\ \text{mV}}{10\ \text{V} - 100\ \text{mV}} \cdot 100\,\% = \frac{100\ \text{mV}}{9{,}9\ \text{V}} \cdot 100\,\% \approx 1\,\%$$

$$U_{Fehler} = 1\,\% \cdot U_R$$

Ist für eine genaue Messung eine Berücksichtigung der Fehler erforderlich, so ist die Schaltung nach Bild 9.18a zweckmäßiger, weil der Innenwiderstand eines Spannungsmessers häufiger bekannt ist als der Innenwiderstand eines Strommessers. Von Vorteil ist dabei aber auch, daß der Temperatureinfluß bei Spannungsmessern geringer als bei Strommessern ist.
Grundsätzlich gilt aber die Regel, daß nie genauer als erforderlich gemessen werden soll. Bei vielen Betriebsmessungen reicht es durchaus aus, den ungefähren Wert der Spannung oder des Stromes zu ermitteln. Hier ist es dann nicht erforderlich, einen besonderen meßtechnischen Aufwand wie z. B. bei Präzisionsmessungen in einem Labor zu treiben.

9.4.2 Messung von Widerstandswerten

In Abschnitt 9.2.3.3 ist bereits die Widerstandsmessung mit Vielfachmeßgeräten beschrieben. Diese Widerstandsmessung mit direkter Anzeige reicht für viele Betriebsfälle völlig aus. Hier kommt es oft nur darauf an zu wissen, ob ein Widerstand noch im Toleranzbereich seines aufgedruckten Widerstandswertes liegt. Derartige Überprüfungen lassen sich dann sehr schnell mit Multimetern ausführen.

Ein weiteres, relativ einfaches Verfahren ist die *Widerstandsmessung durch Vergleich*. Erforderlich hierfür sind Widerstände, deren Widerstandswerte genau bekannt sind. **Bild 9.19** zeigt zwei Schaltungen für dieses Verfahren.

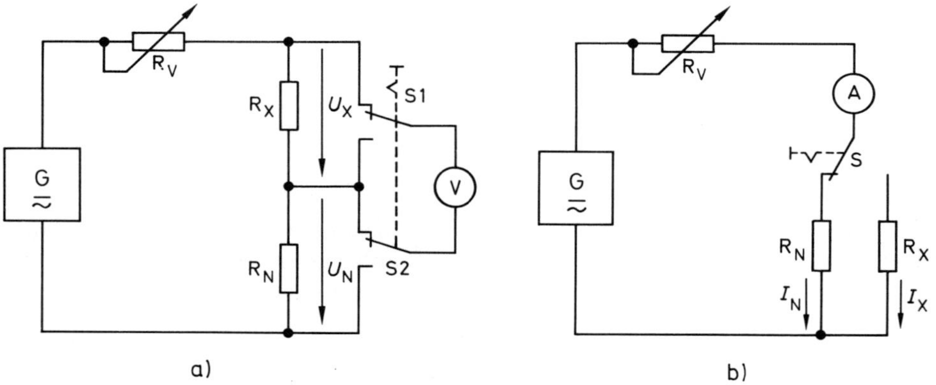

Bild 9.19 Widerstandsmessung durch Vergleich

Bei der Schaltung nach Bild 9.19a wird ein Spannungsvergleich durchgeführt, indem die Spannung am bekannten Widerstand R_N und am unbekannten Widerstand R_x gemessen wird. Der Wert des unbekannten Widerstandes kann dann mit Hilfe der Formel

$$R_x = \frac{U_x}{U_N} \cdot R_N$$

berechnet werden.

Bei der Schaltung nach Bild 9.19b erfolgt ein Stromvergleich. Zur Berechnung von R_x gilt dann:

$$R_x = \frac{I_N}{I_x} \cdot R_N$$

Die beiden Formeln für R_x ergeben sich durch einfache Umrechnung aus den Formeln für die Reihen- und Parallelschaltung von Widerständen.

Die Genauigkeit des ermittelten Widerstandswertes hängt im wesentlichen davon ab, wie genau der Widerstandswert des Meßwiderstandes R_N bekannt ist.

Die genaueste Messung von Widerstandswerten ist mit *Brückenschaltungen* möglich. **Bild 9.20** zeigt das Grundprinzip einer Widerstands-Meßbrücke. Die Schaltung unterscheidet sich in keiner Weise von der bereits in Abschnitt 4.5.3 behandelten Brückenschaltung.

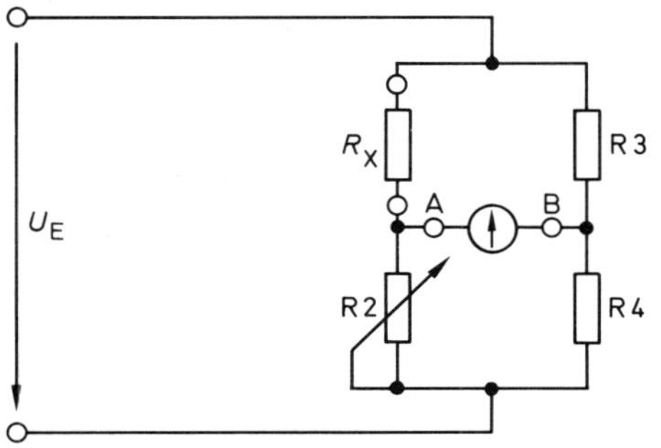

Bild 9.20 Brückenschaltung zur Messung von Widerstandswerten

Die Brückenschaltung nach Bild 9.20 wird so abgeglichen, daß die Spannung $U_{AB} = 0$ V wird. Dann läßt sich ein unbekannter Widerstand mit Hilfe der drei anderen, bekannten Widerstände berechnen:

$$R_x = R_2 \cdot \frac{R_3}{R_4}$$

Bei den Brückenschaltungen zur Messung von Widerständen wird ein Widerstandszweig, z. B. die Reihenschaltung von R3 und R4, durch einen Draht ersetzt.
Dieser ist so auf ein Isolierrohr aufgewickelt, daß sich die einzelnen Windungen nicht berühren. Eine aufwendige Mechanik sorgt dann dafür, daß der Schleifer bei dem Abgleich der Brücke auf dem Draht entlanggeführt wird.
Eine derartige Meßbrücke wird als *Wheatstonesche Brücke* bezeichnet. Zur Messung von sehr kleinen Widerstandswerten wird die *Thomsonsche Meßbrücke* verwendet. Es handelt sich dabei um eine Abwandlung und Erweiterung der Wheatstoneschen Meßbrücke.

9.4.3 Messung von Innenwiderständen

Häufig ist es erforderlich, den Innenwiderstand von Generatoren oder anderen Spannungsquellen zu kennen. Ein relativ einfaches Verfahren ist die *Methode des halben Ausschlags.* **Bild 9.21** zeigt die zugehörige Meßschaltung.

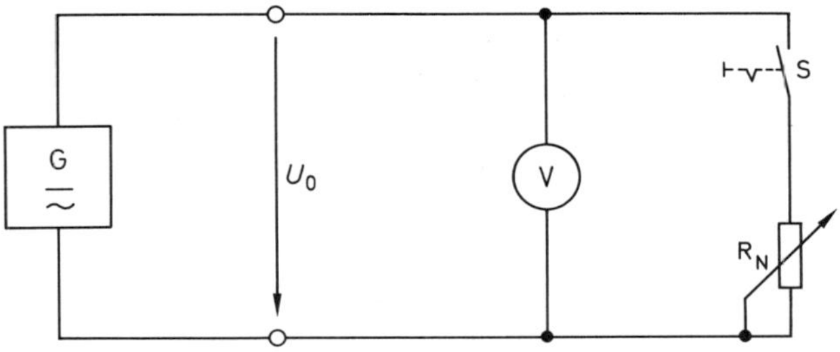

Bild 9.21 Messung eines Generator-Innenwiderstandes

Bei der Messung nach Bild 9.21 wird die Generatorspannung U_0 mit einem hochohmigen Spannungsmesser zunächst im unbelasteten Zustand gemessen und dieser Wert notiert. Anschließend wird der Generator mit dem Widerstand R_N belastet und sein Wert so eingestellt, daß an ihm genau die halbe Leerlaufspannung abfällt. Aufgrund der Spannungsteilung muß dann am Innenwiderstand R_i des Generators die gleiche Spannung abfallen und somit $R_i = R_N$ betragen. Durch Messung des eingestellten Widerstandswertes von R_N wird somit auch der Innenwiderstand R_i bestimmt.
Die Methode des halben Ausschlags kann sinnvoll nur angewandt werden, wenn der Innenwiderstand des Generators relativ hochohmig ist, weil sonst der Einstellwiderstand eine hohe Belastbarkeit haben muß. Auch ist – schaltungstechnisch bedingt – nicht in allen Fällen die Messung der Innenwiderstände z. B. von Signalgeneratoren mit dieser Methode möglich. Die Messung nach der Methode des halben Ausschlags läßt sich aber gut anwenden zur Bestimmung von Eingangs- und Ausgangswiderständen elektronischer Schaltungen.
Eine weitere Meßmethode zur Bestimmung von Innenwiderständen ist das *Kompensationsverfahren*. Es ist besonders gut geeignet zur Messung niederohmiger Innenwiderstände, wie sie Batterien, Akkumulatoren oder Konstantspannungsquellen besitzen. **Bild 9.22** zeigt eine Schaltung zur Messung von Innenwiderständen nach dem Kompensationsverfahren.

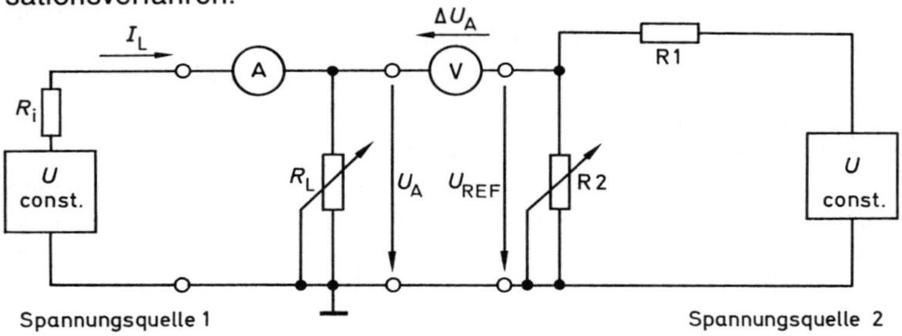

Bild 9.22 Messung von Innenwiderständen nach dem Kompensationsverfahren

Bei der Schaltung nach Bild 9.22 wird die zu untersuchende Spannungsquelle 1 mit einem veränderbaren Widerstand R_L belastet und dabei der Strom I_L gemessen. An der Spannungsquelle 2, die die Kompensationsschaltung liefert, ist ein Spannungsteiler mit den Widerständen R1 und R2 angeschlossen. R_2 wird zunächst so eingestellt, daß der Spannungsabfall an R_2 etwa so groß wie die Leerlaufspannung der Spannungsquelle 1 ist. Das angeschlossene Spannungsmeßgerät zeigt die Spannungsdifferenz ΔU_A zwischen dem Spannungsabfall an R_L und an R_2 an. R_2 wird dann soweit verändert, das $\Delta U_A = 0$ V wird, wobei das Meßgerät auf immer kleinere Meßbereiche einzustellen ist.
Nach dieser genauen Einstellung der Differenzspannung auf $\Delta U_A = 0$ V wird nur der Widerstandswert von R_L etwas verändert. Dadurch ändert sich der Strom durch R_L und somit auch der Spannungsabfall an R_L. Diese Veränderung wird von dem Spannungsmesser angezeigt. Die Berechnung des Innenwiderstandes kann mit Hilfe der Gleichung

$$R_i = \frac{\Delta U_A}{\Delta I_L}$$

erfolgen.

Dieses Kompensationsverfahren zur Bestimmung von Innenwiderständen liefert zwar recht genaue Werte, erfordert aber auch einige Sorgfalt bei der Einstellung der Spannungsbereiche und von R_L. So kann selbst bei einer kleinen Widerstandsänderung von R_L im kleinsten Meßbereich ein Vollausschlag des Zeigers des Spannungsmessers erfolgen.

9.4.4 Messung elektrischer Leistung und Arbeit

Aufgrund ihrer Konstruktion sind elektrodynamische Meßwerke zur direkten Messung der elektrischen Leistung geeignet, denn ihr Zeigerausschlag entspricht dem Produkt zweier Meßgrößen. Die feststehende Spule mit ihrem größeren Drahtquerschnitt bildet den Strompfad, während die kleinere Drehspule mit ihren Windungen aus dünnerem Draht über einen Vorwiderstand den Spannungspfad bildet. Dann entspricht die Anzeige dem Produkt aus anliegender Spannung und fließendem Strom und damit der Leistung $P = U \cdot I$. **Bild 9.23** zeigt ein als Leistungsmesser geschaltetes elektrodynamisches Meßwerk.

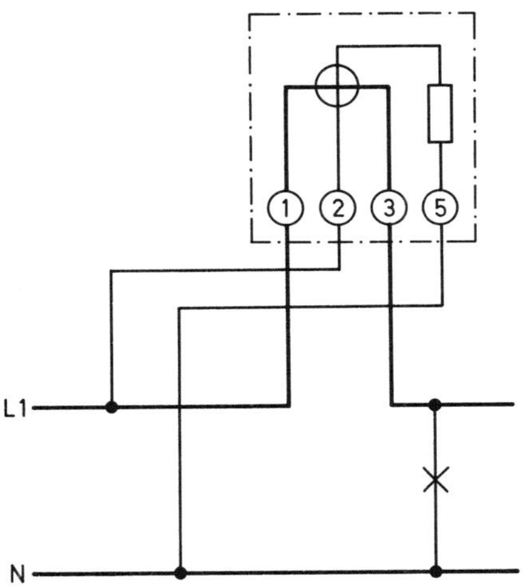

Bild 9.23 Elektrodynamisches Meßwerk als Leistungsmesser

Eine Anpassung an die Meßbedingungen kann durch unterschiedliche Vorwiderstände beim Spannungspfad und unterschiedliche Shunts im Strompfad erreicht werden. Bei den tragbaren Leistungsmessern sind die Vor- und Nebenwiderstände meistens umschaltbar, so daß sich mehrere Meßbereiche ergeben. So hat ein im Schulungsbereich häufig eingesetzter Leistungsmesser die Spannungsmeßbereiche 10 V; 30 V; 100 V; 300 V und 1000 V bei einem Innenwiderstand von $R_i = 25$ kΩ/V und die Strommeßbereiche 0,1 A; 0,3 A; 1 A; 3 A und 10 A bei einem maximalen Spannungsabfall von 550 mV. Mit diesem Leistungsmesser lassen sich Wirkleistungen von 1 W bis 10 kW messen. Das Gerät ist für Gleich- und Wechselstrom geeignet. Bei Anschluß an Wechselstrom sind Frequenzen zwischen 0 Hz und 20 kHz zulässig.
Bei Wechselstrombetrieb mit rein ohmscher Last gehen der Verbraucherstrom und die Spannung gleichzeitig durch Null. Da sich die Magnetflüsse gleichzeitig mit umpolen, bleibt der Drehsinn der Anzeige erhalten. Aufgrund seiner Trägheit zeigt das elektrody-

namische Meßwerk die mittlere Leistung an. Bei einer Phasenverschiebung zwischen Spannung und Strom polt jedoch ein Magnetfluß früher um als der andere, und es entstehen kurzzeitig Gegendrehmomente. Wegen seiner mechanischen Trägheit stellt sich das Meßwerk aber wieder auf den arithmetischen Mittelwert ein. Daher zeigt ein als Leistungsmesser eingesetztes elektrodynamisches Meßwerk bei Wechselstrom stets nur die Wirkleistung an.
Die elektrische Arbeit läßt sich aus der Leistung P und der Zeit t ermitteln, denn es gilt:

$$W = P \cdot t$$

Meßgeräte zur Bestimmung der elektrischen Arbeit werden meistens Elektrizitätszähler genannt. Sie werden vorwiegend für das 50 Hz-Wechselstromnetz gebaut und sind in jedem Hausanschluß- oder Verteilerkasten zu finden. Praktische Bedeutung haben heute nur noch die Induktionszähler. Sie ähneln einem kleinen Motor, bei dem die Rotationsgeschwindigkeit des Läufers von der Größe der abgenommenen Leistung abhängt. Über das Zählwerk wird die Anzahl der Umdrehungen als elektrische Arbeit ziffernmäßig angezeigt.

9.4.5 Messung von Scheinwiderständen

Bild 9.24 zeigt eine Meßschaltung zur Messung von Scheinwiderständen beliebiger Art. Das Meßobjekt wird an eine sinusförmige Wechselspannung angeschlossen und dabei der Strom durch den Scheinwiderstand und der Spannungsabfall am Scheinwiderstand gemessen. Aus den beiden Meßwerten läßt sich der Wert des Scheinwiderstandes Z mit Hilfe der Gleichung

$$Z = \frac{U}{I}$$

berechnen.
Als Meßspannung kann die sinusförmige Spannung des 50 Hz-Netzes verwendet werden. Bei niederohmigen Scheinwiderständen können sich aber Probleme bei der Messung des Stromes oder wegen der Verlustleistung des Meßobjektes ergeben. Daher ist es zweckmäßig, als Spannungsquelle einen Generator mit sinusförmiger Wechselspannung und veränderlicher Frequenz einzusetzen. Dann läßt sich eine Meßfrequenz wählen, bei der mit den vorhandenen Meßgeräten Strom und Spannung gut meßbar sind und auch die zulässige Verlustleistung des Meßobjektes nicht überschritten wird.

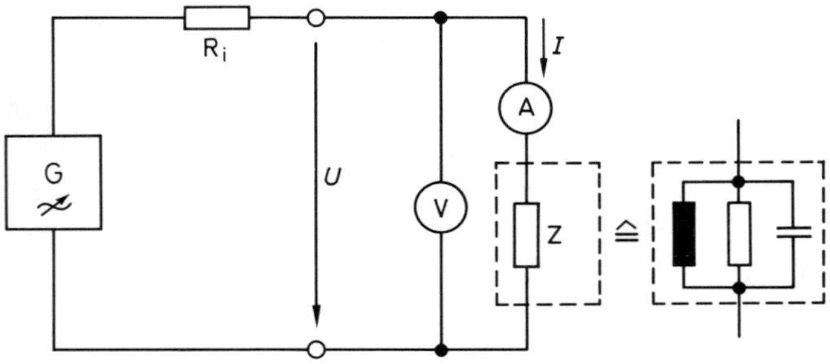

Bild 9.24
Schaltung zur Messung von Scheinwiderständen

Die Schaltung nach Bild 9.24 kann aber auch gut eingesetzt werden, wenn der Scheinwiderstandsverlauf über einen größeren Frequenzbereich überschlägig ermittelt werden soll. Da hierfür eine Einspeisung mit konstantem Strom erforderlich ist, muß der verwendete Sinusgenerator einen hochohmigen Innenwiderstand besitzen. Ist dies nicht der Fall, kann ein hochohmiger Vorwiderstand zwischen Generator und Meßobjekt geschaltet werden, um auf diese Weise einen nahezu konstanten Strom über einen größeren Frequenzbereich zu erreichen. Im Abschnitt 8.5 wurde bereits bei der Ermittlung des Scheinwiderstandsverlaufes von Schwingkreisen auf diese Schaltung eingegangen.

9.4.6 Messung von Kapazitäten

Aus der Strom-Spannungsmessung zur Bestimmung des Scheinwiderstandes entsprechend Bild 9.24 ergibt sich auch ein einfaches Meßverfahren zur Bestimmung der Kapazität von Kondensatoren. In **Bild 9.25** ist eine entsprechende Schaltung dargestellt.

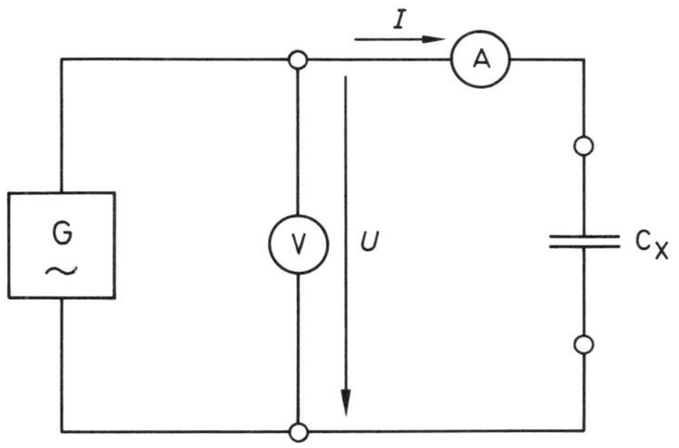

Bild 9.25 Schaltung zur Messung von Kapazitäten

Aus den gemessenen Strom- und Spannungswerten läßt sich der Blindwiderstand X_C berechnen, denn es gilt:

$$Z = \frac{U}{I} = X_C = \frac{1}{\omega \cdot C_x}$$

Bei bekannter Frequenz f kann die Kapazität C_x mit Hilfe der Formel

$$C_x = \frac{I}{2\,\pi\, f \cdot U}$$

berechnet werden.

Bei diesem Meßverfahren wird der Verlustwinkel des Kondensators $\tan\delta$ vernachlässigt. Dies ist bei überschlägigen Messungen durchaus zulässig, da der Verlustfaktor $\tan\delta$ bei Kondensatoren in der Regel sehr klein ist.

Grundsätzlich ist das Meßverfahren nach Bild 9.25 auch bei Elektrolytkondensatoren möglich. Hier muß aber beachtet werden, daß der Verlustfaktor tan δ bei Elektrolytkondensatoren nicht mehr vernachlässigbar klein ist und auch die Oxidschicht des Kondensators durch den bei der Messung fließenden Wechselstrom beschädigt werden kann.
Ein weiteres Meßverfahren zur Bestimmung von Kapazitäten ist die Vergleichsmessung mit einer bekannten Kapazität. **Bild 9.26** zeigt die beiden möglichen Schaltungen.

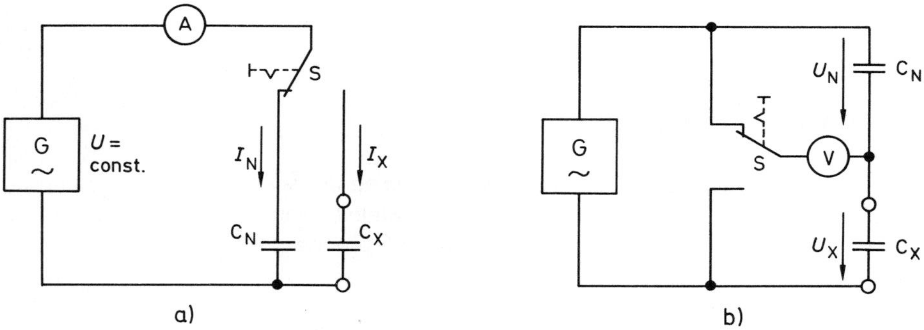

Bild 9.26 Kapazitätsbestimmung durch Vergleich

Die Schaltungen nach Bild 9.26 entsprechen den Schaltungen für die Widerstandsmessung durch Vergleich in Bild 9.19.

Für den Stromvergleich nach Bild 9.26a gilt:

$$C_x \approx \frac{I_x}{2\,\pi\, f \cdot U} \qquad C_N \approx \frac{I_N}{2\,\pi\, f \cdot U}$$

$$\frac{C_x}{C_N} \approx \frac{I_x}{I_N}$$

$$C_x \approx \frac{I_x}{I_N} \cdot C_N$$

Für den Spannungsvergleich nach Bild 9.26b ergibt sich:

$$C_x \approx \frac{I}{2\,\pi\, f \cdot U_x} \qquad C_N \approx \frac{I}{2\,\pi\, f \cdot U_N}$$

$$\frac{C_x}{C_N} \approx \frac{U_N}{U_x}$$

$$C_x \approx \frac{U_N}{U_x} \cdot C_N$$

Auch diese Verfahren eignen sich nur eingeschränkt zur Messung der Kapazität von Elektrolytkondensatoren.

9.4.7 Messung von Induktivitäten

Vom Prinzip her läßt sich auch die Induktivität einer Spule mit einer Schaltung nach Bild 9.24 ermitteln. Hierfür gilt dann:

$$Z = \frac{U}{I} = X_L = \omega L_x$$

Bei bekannter Frequenz f kann daraus die Induktivität L_x mit Hilfe der Formel

$$L_x = \frac{U}{\omega I} = \frac{U}{2\pi \cdot f \cdot I}$$

berechnet werden.
Bei diesem Verfahren wird jedoch, wie bei der entsprechenden Messung von Kapazitäten, wieder der Verlustfaktor tan δ vernachlässigt. Dies ist in der Regel bei Spulen nicht mehr zulässig, weil der Drahtwiderstand der Wicklung sowie die Ummagnetisierungs- und Wirbelstromverluste bei Spulen mit Eisenkern einen relativ großen Wirkanteil darstellen.
Zur genaueren Bestimmung der Induktivität nach der Strom-Spannungsmethode muß daher zunächst der Reihenwiderstand R_R der Spule ermittelt werden. Er kann bei Luftspulen mit ausreichender Genauigkeit mit dem Ohmmeter gemessen werden. Dann gilt:

$$X_L = \sqrt{Z^2 - R_R^2}$$

$$L_x = \frac{1}{2\pi f} \cdot \sqrt{Z^2 - R_R^2}$$

Bei Spulen mit Eisenkern müssen auch noch die Ummagnetisierungs- und Wirbelstromverluste Berücksichtigung finden. Dies ist mit einer Meßschaltung nach **Bild 9.27** möglich.

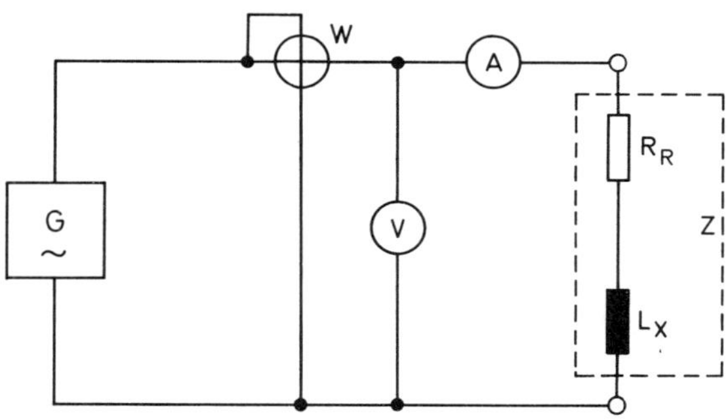

Bild 9.27 Schaltung zur Messung von Induktivitäten

Bei der Schaltung nach Bild 9.27 wird die Wirkleistung P mit einem elektrodynamischen Leistungsmesser gemessen. Hieraus und aus dem gemessenen Strom I kann der Reihenwiderstand R_R berechnet werden zu:

$$R_R = \frac{P}{I^2}$$

Für den Scheinwiderstand Z gilt:

$$Z = \frac{U}{I}$$

Aus den beiden bekannten Größen ergibt sich die Induktivität der Spule zu:

$$X_L = \sqrt{Z^2 - R_R^2}$$

$$L_x = \frac{1}{\omega} \cdot \sqrt{Z^2 - R_R^2}$$

Bei der Meßschaltung nach Bild 9.27 zur Bestimmung der Induktivität wird also direkt der nicht mehr vernachlässigbare Verlustfaktor $\tan\delta$ der Spule berücksichtigt.

9.4.8 RLC-Meßbrücken

Mit den in den Abschnitten 9.4.5 bis 9.4.7 beschriebenen Meßverfahren lassen sich Scheinwiderstände, Kapazitäten und Induktivitäten durchaus mit einer für die Praxis ausreichenden Genauigkeit ermitteln. Die einzelnen Messungen erfordern aber doch einen erheblichen Zeitaufwand. Daher wurden von den Meßgeräteherstellern kombinierte Meßgeräte zur Messung von Widerständen, Kapazitäten und Induktivitäten entwickelt. Sie arbeiten alle nach dem Brückenprinzip, das sich nicht nur bei Widerständen, sondern auch zur Messung von Kapazitäten und Induktivitäten anwenden läßt.

Meistens kann mit diesen RLC-Meßbrücken auch der Verlustfaktor $\tan\delta$ gemessen werden. Bei derartigen RLC-Meßbrücken muß jeweils ein Nullabgleich der Brückenspannung vorgenommen werden. Die zugehörigen Widerstands-, Kapazitäts- oder Induktivitätswerte können dann in den verschiedenen Meßbereichen auf einer Einstellskala abgelesen werden.
Heute werden aber immer mehr RLC-Meßgeräte mit Digitalanzeige angeboten und eingesetzt. Sie arbeiten vollelektronisch. Ihre Bedienung ist sehr einfach und problemlos. Sie besitzen 3½- oder 4½stellige Anzeigen und meistens auch eine automatische Umschaltung der Meßbereiche. Direkt gemessen werden können außer Widerständen, Kapazitäten und Induktivitäten oft noch der Verlustfaktor $\tan\delta$ und die Spulengüte Q. Die Meßgenauigkeit beträgt bei einigen Typen $\pm$ 0,25 % + 1 digit. **Bild 9.28** zeigt eine RLC-Meßbrücke.

Bild 9.28 RLC-Meßbrücke

9.5 Oszilloskope

Oszilloskope sind für den Elektroniker die wichtigsten und am vielseitigsten einsetzbaren Meßgeräte. Ihr besonderer Vorteil gegenüber anderen üblichen Meßgeräten liegt darin, daß der zeitliche Verlauf von Spannungen sichtbar gemacht werden kann. Anders als bei Spannungsmessern mit einer Zeiger- oder Ziffernanzeige werden vom Oszilloskop auch die Augenblickswerte von Wechsel- und Mischspannungen angezeigt. Die Darstellung derartiger Funktionen $u = f(t)$ ist das Haupteinsatzgebiet für Oszilloskope. Oszilloskope lassen sich auch dann einsetzen, wenn andere physikalische Größen sichtbar gemacht werden sollen. Da aber nur Spannungen angezeigt werden können, müssen alle anderen physikalischen Größen zunächst in proportionale Spannungen umgewandelt werden.

Bild 9.29 zeigt das stark vereinfachte Blockschaltbild eines Oszilloskops. Anzeigeorgan ist stets eine Elektronenstrahlröhre. Sie wird auch als Katodenstrahlröhre oder – nach ihrem Erfinder – als Braunsche Röhre bezeichnet. Von ihrem Aufbau und ihrer Funktion her hat die Elektronenstrahlröhre eine große Ähnlichkeit mit einer Fernsehbildröhre. Der im Kolben der evakuierten Elektronenstrahlröhre erzeugte Elektronenstrahl trifft auf dem Leuchtschirm auf und bewirkt an dieser Stelle ein punktförmiges Aufleuchten der Leuchtschicht. Der Strahl kann durch zwei senkrecht zueinanderstehende Ablenkplattenpaare auf jeden Punkt des Bildschirmes ausgelenkt werden.

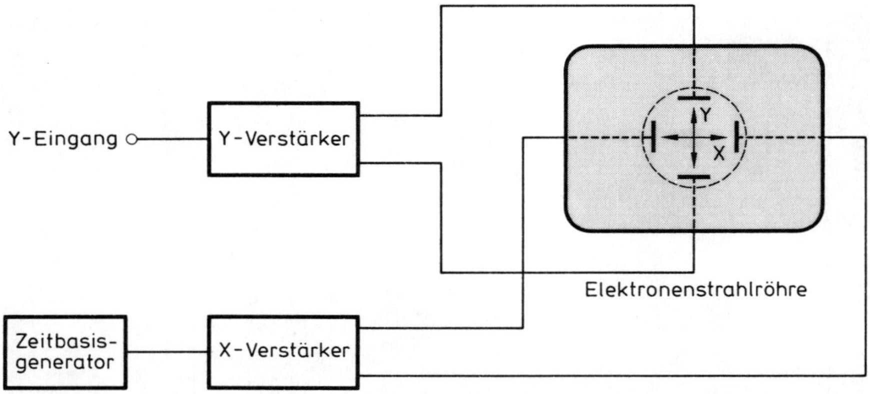

Bild 9.29 Stark vereinfachtes Blockschaltbild eines Oszilloskops

Entsprechend der Achsenbezeichnung eines Koordinatensystems wird die horizontale Achse des Bildschirmes als *x*-Achse und damit die Ablenkung des Elektronenstrahles in waagerechte Richtung als X-Ablenkung bezeichnet. Bei der vertikalen, also der senkrechten Auslenkung wird von der Y-Ablenkung gesprochen.

Die Ablenkung des Elektronenstrahles in horizontaler Richtung wird von einem internen Zeitbasisgenerator gesteuert. Er ist so ausgelegt, daß sich der Elektronenstrahl in mehreren Einstellbereichen jeweils mit konstanter Geschwindigkeit von links nach rechts über den Leuchtschirm bewegt. Weil der Schirm etwas nachleuchtet und der Vorgang ständig wiederholt wird, entsteht ohne Meßspannung ein waagerechter, leuchtender Strich.

Die zu messende Spannung wird auf den Eingang des Y-Verstärkers gegeben. Sie bewirkt eine Auslenkung des Elektronenstrahles in vertikaler Richtung. Da sich beide Ablenkvorgänge überlagern, entsteht auf dem Bildschirm eine Darstellung der Meßspannung als Funktion der Zeit. **Bild 9.30** zeigt die auf diese Weise entstandene Abbildung einer sinusförmigen Spannung auf dem Leuchtschirm einer Elektronenstrahlröhre.

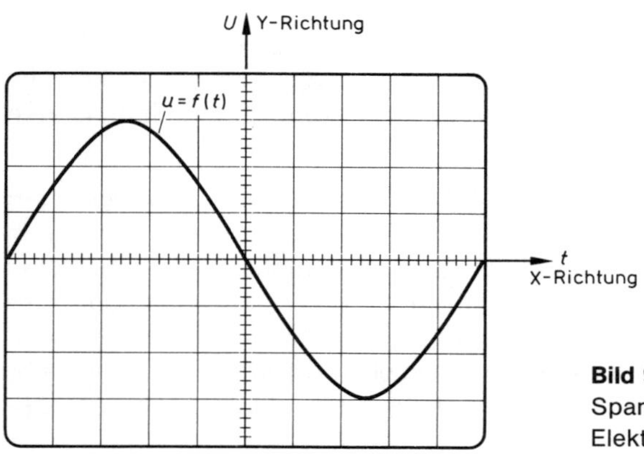

Bild 9.30 Abbildung einer sinusförmigen Spannung auf dem Leuchtschirm einer Elektronenstrahlröhre

Das Oszilloskop ist nicht nur ein vielseitiges, sondern von seinem Aufbau und seinen internen Funktionen her auch ein sehr kompliziertes elektronisches Meßgerät. Es enthält eine größere Zahl verschiedenartiger elektronischer Schaltungen, die exakt aufeinander abgestimmt sein müssen und deren technische Daten sich auch über längere Zeiträume nicht verändern dürfen. Für den Anwender ist aber weder eine genaue Kenntnis der im Oszilloskop verwendeten Bauelemente noch eine Kenntnis der unterschiedlichsten elektronischen Schaltungen erforderlich, aus denen das Gerät aufgebaut ist. Unabdingbar notwendig für einen sinnvollen Einsatz des Oszilloskops als elektronisches Meßgerät ist jedoch eine genaue Kenntnis der Funktion der zahlreichen Bedienungselemente, die jeweils auf der Frontplatte angeordnet sind.

Die Zahl dieser Bedienungselemente sowie ihre Anordnung auf der Frontplatte kann sich je nach Hersteller und Typ sehr stark unterscheiden. Bezüglich der wichtigsten Bedienungselemente und ihrer Funktionen bestehen bei allen Oszilloskopen aber doch große Gemeinsamkeiten und Übereinstimmungen. So sind inzwischen die Bezeichnungen der einzelnen Schalter und Knöpfe weitgehend vereinheitlicht. Auf den Frontplatten werden sie jedoch sehr oft nur als Abkürzungen angegeben, die aus den englisch-amerikanischen Bezeichnungen abgeleitet sind.

Alle Bedienungselemente lassen sich jeweils einem bestimmten Block des Blockschaltbildes zuordnen. In **Bild 9.31** ist ein gegenüber Bild 9.29 erweitertes, aber immer noch vereinfachtes Blockschaltbild für Oszilloskope dargestellt.

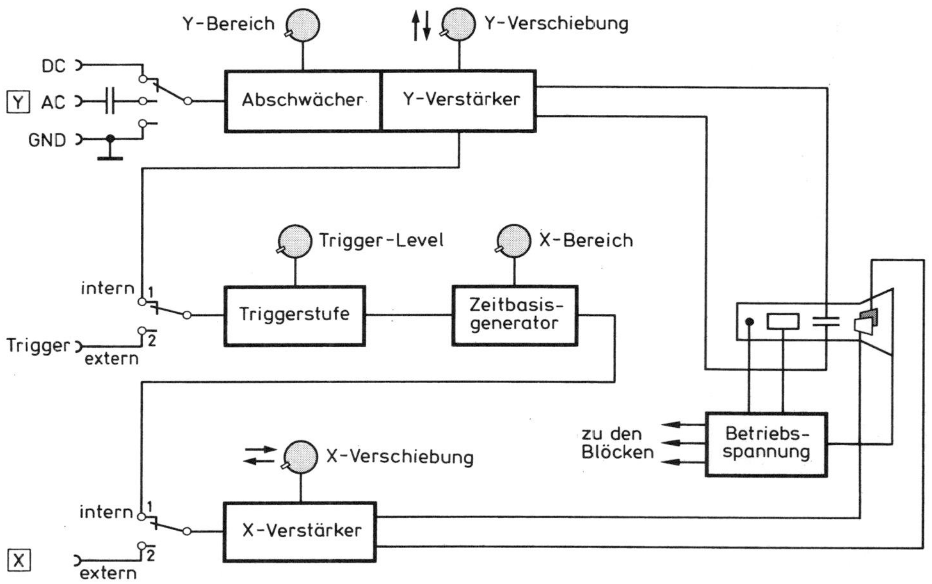

Bild 9.31 Vereinfachtes Blockschaltbild des Oszilloskops

In dem Blockschaltbild nach Bild 9.31 sind die wichtigsten Bedienungselemente den einzelnen Blöcken bereits zugeordnet. Ihre Funktion wird im Abschnitt 9.5.1 anhand dieses Blockschaltbildes näher erläutert.

Neben den bisher kurz beschriebenen Einkanal-Oszilloskopen werden in der Elektronik zunehmend auch Zweikanal-Oszilloskope eingesetzt. Sie haben den Vorteil, daß auf dem Bildschirm nicht nur eine Funktion $u = f(t)$, sondern gleichzeitig zwei Funktionen $u_1 = f(t)$ und $u_2 = f(t)$ auch in einem zeitlich richtigen Zusammenhang zueinander dargestellt werden können. So ist es mit diesen Oszilloskopen möglich, z. B. die Eingangsspannung und die Ausgangsspannung einer Schaltung direkt untereinander aufzuzeichnen, so daß ein Vergleich der beiden Spannungen miteinander oder eine meßtechnische Auswertung wesentlich erleichtert wird. Auf ihre Arbeitsweise und ihre Bedienung wird in Abschnitt 9.5.2 näher eingegangen.

9.5.1 Bedienungselemente

9.5.1.1 Bedienungselemente für die Elektronenstrahlröhre

Die Elektronenstrahlröhre ist das Anzeigeorgan des Oszilloskops. In ihrem evakuierten Glaskolben befinden sich jeweils ein Elektrodensystem zur Erzeugung, zur Beschleunigung, zur Bündelung und zur Ablenkung des Elektronenstrahles sowie ein Leuchtschirm. **Bild 9.32** zeigt das Aufbauprinzip einer Elektronenstrahlröhre.

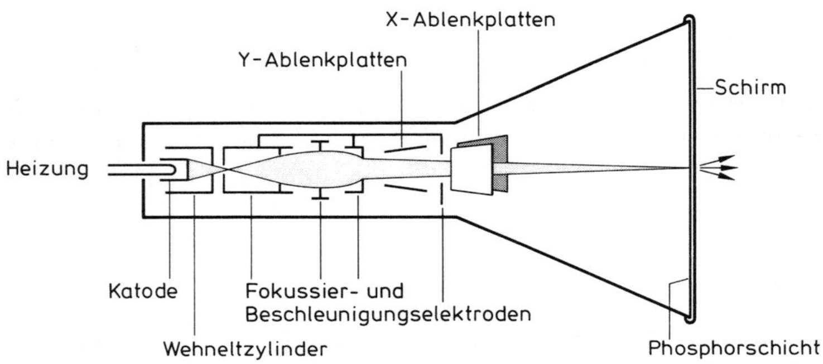

Bild 9.32 Aufbauprinzip einer Elektronenstrahlröhre

Die erforderlichen, frei beweglichen Elektronen werden durch eine beheizte Katode erzeugt. Die Katode ist von einem Wehneltzylinder umgeben, durch dessen Spannung gegenüber der Katode die Zahl der durch ein kleines Loch austretenden Elektronen gesteuert werden kann. Die Elektronen werden dann durch mehrere Elektroden, die auf einem hohen positiven Potential liegen, in Richtung des Leuchtschirmes beschleunigt. Dabei müssen sie das Fokussiersystem durchlaufen. Die dadurch zu einem schmalen, scharfen Strahl gebündelten Elektronen durchfliegen auf dem Weg zum Leuchtschirm noch das X- und Y-Ablenksystem. Je nach Spannung an diesen Plattenpaaren kann der Strahl auf jeden Punkt des Leuchtschirmes abgelenkt werden. Der Punkt, auf den der Elektronenstrahl auftrifft, beginnt zu leuchten. Da der Leuchtschirm stets etwas nachleuchtet, entsteht bei schneller Ablenkung des Elektronenstrahles kein einzelner Leuchtfleck mehr, sondern eine Leuchtspur auf dem Bildschirm.

Bild 9.33 zeigt die der Elektronenstrahlröhre zugeordneten Einstell- und Bedienelemente. Je nach Hersteller oder Typ des Oszilloskops sind diese Elemente an den unterschiedlichsten Stellen der Frontplatte angeordnet. Für die Schaltfunktionen werden die verschiedensten Arten von Schaltern eingesetzt, also Drehschalter, Kippschalter, Schiebschalter oder Tastenschalter. Als Bedienungselemente für eine kontinuierliche Einstellung sind überwiegend Drehpotentiometer aber auch Schiebepotentiometer zu finden.

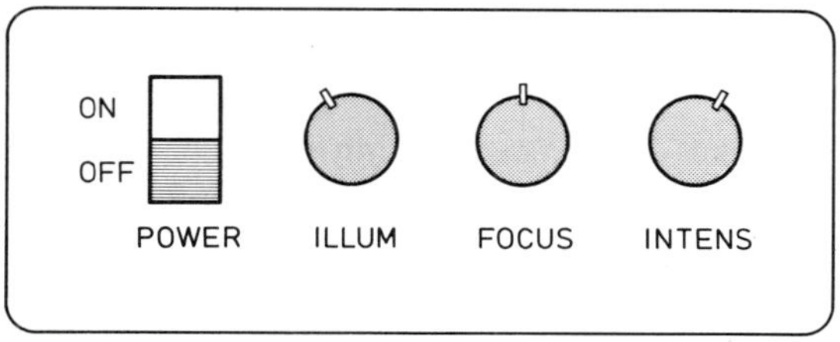

Bild 9.33 Zur Elektronenstrahlröhre gehörende Bedienungselemente

POWER (On – Off), Netz (Ein – Aus)

Mit diesem Schalter wird die Netzspannung ein- und ausgeschaltet. Der Einschaltzustand wird zusätzlich meistens noch durch eine kleine Signallampe angezeigt. Als Drehschalter ist der Netzschalter oft auch mit einem der folgenden Einstellelemente kombiniert.

INTENS, Helligkeit

Mit diesem Potentiometer läßt sich die Helligkeit (Intensität) des Leuchtstriches stufenlos verändern. Sie sollte stets so eingestellt werden, daß der Leuchtstrich gerade noch gut sichtbar ist. Eine zu große Helligkeit verringert die Lebensdauer der Elektronenstrahlröhre und kann zu einer Beschädigung der Leuchtschicht führen. Eine zu geringe Helligkeit erschwert dagegen die Ablesung des Bildes. Die Helligkeit muß relativ oft nachgestellt werden. Die optimale Einstellung hängt sowohl von der Ablenkgeschwindigkeit des Strahles als auch vom auffallenden Umgebungslicht ab.

FOCUS, Schärfe

Mit Hilfe dieses Potentiometers kann die Fokussierung, d. h. Bündelung des Elektronenstrahles so nachgestellt werden, daß auf dem Bildschirm ein möglichst schmaler scharfer Leuchtstrich oder – bei abgeschalteter X-Ablenkung – ein möglichst kleiner, scharfer Bildpunkt auftritt. Zur Erreichung der optimalen Grundeinstellung ist es gegebenenfalls erforderlich, Intensität und Focus wechselseitig mehrfach nachzustellen.

ILLUM, Beleuchtung

Bei nahezu allen Oszilloskopen befindet sich in der Abdeckhaube für die Elektronenstrahlröhre auf einer Kunststoff- oder Glasplatte ein Raster, das meist eingefärbt ist. Dieses Raster erleichtert das Ablesen und das genaue Ermitteln der angezeigten Meßwerte ganz wesentlich. Bei vielen Oszilloskopen wird diese Rasterscheibe von der Seite her beleuchtet, so daß die einzelnen Striche besonders deutlich erkennbar sind. Die optimale Einstellung hängt von der Raumhelligkeit und der Helligkeit des Leuchtstriches ab.

9.5.1.2 Bedienungselemente für die Vertikal- oder Y-Ablenkung

Die zu messende Spannung wird auf die Y-Eingangsbuchse des Oszilloskops gegeben und gelangt von dort zunächst auf einen Abschwächer. Dieser ist in der Regel als Drehschalter ausgebildet. Er besitzt eine feste Stufeneinteilung, die bei modernen Geräten eine 1-2-5-Folge hat. Vom Abschwächer wird das Meßsignal auf den eigentlichen Y-Verstärker geführt, an dessen Ausgang die Y-Ablenkplatten angeschlossen sind. Die Amplitude des auf dem Leuchtschirm erscheinenden Signals hängt von der Amplitude des Meßsignals und der Stellung des Abschwächers ab. Der Abschwächer bestimmt dabei die Spannungsskala der y-Achse. **Bild 9.34** zeigt die der Vertikal- oder Y-Ablenkung direkt zugeordneten Buchsen und Bedienungselemente.

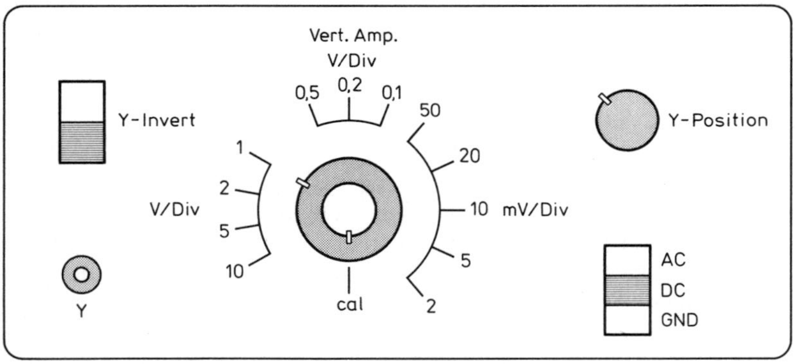

Bild 9.34 Bedienungselemente für die Y-Ablenkung

Y-Eingang; Vert.-Input; Y

Die Eingangsbuchse für die Meßspannung trägt die Bezeichnung Y-Eingang, Vert.-Input (Vertikal-Eingang) oder Y. Bei einigen Oszilloskoptypen fehlt jedoch auch eine Bezeichnung. Die Eingangsbuchse ist aber auch dann durch ihre unmittelbare Zuordnung zum Abschwächer leicht zu identifizieren.
Moderne Oszilloskope haben eine Eingangsimpedanz von 1 MΩ ∥ 30 pF, wobei die Kapazitätswerte je nach Typ zwischen etwa 20 pF und 50 pF liegen können. Diese Ein-

gangsimpedanz besagt, daß die Signalspannungsquelle bei Anschluß des Oszilloskops so belastet wird, als ob eine Parallelschaltung aus $R = 1$ MΩ und $C = 30$ pF angeschlossen ist.
Der Y-Eingang enthält eine BNC-Buchse, an die nur zugehörige Meßkabel mit BNC-Stecker angeschlossen werden können. Bei diesen Meßkabeln handelt es sich um abgeschirmte Leitungen, deren Abschirmung die Masseverbindung zwischen Meßobjekt und Oszilloskop herstellt. Beim Einstecken des BNC-Steckers in die BNC-Buchse werden gleichzeitig die Signalleitung und Masseleitung angeschlossen. In der Nähe der Y-Eingangsbuchse befindet sich aber meistens noch eine gesonderte Massebuchse für Bananenstecker, die durch ein Masse- oder Erdungssymbol gekennzeichnet ist. Zu beachten ist, daß bei einigen Oszilloskoptypen diese Massebuchse direkt mit dem Schutzleiter des Netzanschlusses verbunden ist.

Vert. Amp.; Amplitude; Y-Verst.

Der Abschwächer trägt entweder die Bezeichnung Vert. Amp. (= Vertikal-Verstärker), Amplitude oder Y-Verst. (= Y-Verstärker). Er ist in der Regel ein Drehschalter mit mehreren Schaltstellungen. Diese haben eine 1-2-5-Folge und sind mit Amplitudeneinheiten pro Div. (= Division = Rasterteilung) oder – wenn das Bildschirmraster eine cm-Einteilung hat – auch als Amplitudeneinheit pro cm beschriftet.
Üblich sind Angaben in µV/Div. bzw µV/cm, mV/Div. bzw. mV/cm und V/Div. bzw. V/cm. Der jeweils kleinste Wert, z. B. µV/Div. liegt am rechten Anschlag, der größte Wert in V/Div. am linken Anschlag des Drehschalters. Der kleinste Wert wird auch als Empfindlichkeit des Oszilloskopes bezeichnet.
Mit der Einstellung des Abschwächers auf eine bestimmte Schaltstellung wird der jeweilige Y-Ablenkkoeffizient festgelegt. Bei einer Einstellung auf z. B. 5 V/Div. beträgt der Ablenkkoeffizient Y ≙ 5 V/Div. Er besagt dann, daß eine Auslenkung des Elektronenstrahles um 1 Rasterteilung in Y-Richtung einer Eingangsspannung von $U = 5$ V entspricht. Mit Hilfe des auf dem Abschwächer eingestellten Y-Ablenkkoeffizienten kann für jeden auf dem Leuchtschirm angezeigten Momentanwert der zugehörige Spannungswert ermittelt werden.
Diese Aussage gilt allerdings nur, wenn ein Meßkabel ohne Abschwächer-Tastkopf verwendet wird. Meßkabel mit Abschwächer-Tastkopf haben in ihrem Eingang einen zusätzlichen Spannungsteiler, durch den die Signalspannung z. B. im Verhältnis 10 : 1 herabgesetzt wird, bevor sie auf die Y-Eingangsbuchse gelangt. Bei Gebrauch eines 10 : 1-Tastkopfes ist der Y-Ablenkfaktor 10fach größer als der Wert, auf den der Abschwächer eingestellt ist. So wird also aus einer Einstellung des Abschwächers auf z. B. Y ≙ 50 mV/Div. ein Ablenkkoeffizient Y ≙ 500 mV/Div., wenn ein 10 : 1-Meßkabel angeschlossen ist. Verwendet werden auch Abschwächer-Tastköpfe mit einem Verhältnis 100 : 1, so daß z. B. aus einem eingestellten Wert Y ≙ 50 mV/Div. ein Ablenkkoeffizient Y ≙ 5 V/Div. wird. Bei Verwendung eines Abschwächer-Tastkopfes steigt der Eingangswiderstand des Y-Eingangs aber im gleichen Verhältnis, wie die Eingangsspannung herabgesetzt wird. So erhöht sich der Eingangswiderstand von 1 MΩ auf 10 MΩ, wenn ein 10 : 1-Tastkopf angeschlossen wird. Diese Eigenschaft kann auch ausgenutzt werden, wenn eine Meßspannungsquelle nur sehr gering belastet werden darf.

Bei einer vorgegebenen Meßspannung sollte der Abschwächer stets so eingestellt werden, daß eine möglichst große Y-Amplitude auf dem Bildschirm erscheint. Sie kann dann genauer abgelesen werden. Andererseits darf der Elektronenstrahl aber auch nicht nach oben oder unten über den Bildschirmrand abgelenkt werden, weil dann keine Ermittlung der Amplitude mehr möglich ist.

Cal.

In der Mitte des Abschwächer-Drehknopfes befindet sich bei vielen Oszilloskopen ein weiterer Drehknopf, der entweder eine zusätzliche Schaltstellung oder eine deutlich spürbare Raststellung hat. Diese ist meistens mit Cal. (kalibriert) bezeichnet. Nur wenn der Knopf auf diese Stellung eingestellt ist, gilt der auf dem Abschwächer eingestellte Y-Ablenkkoeffizient.
In dem gesamten anderen Einstellbereich des Drehknopfes ist eine stufenlose Veränderung des Y-Ablenkkoeffizienten zwischen zwei festen Stufen des Abschwächers möglich. Damit kann dann z. B. bei Vergleichsmessungen die Y-Amplitude auf einen beliebigen, besonders gut ablesbaren Wert eingestellt werden. Eine genaue Aussage über die Größe der Eingangsspannung ist in diesem Fall aber nicht mehr möglich. Vor jeder Spannungsmessung muß daher nochmals kurz überprüft werden, ob dieser Drehknopf in Stellung »Cal.« steht.

AC/DC/GND ($\approx$/=/$\perp$)

In Stellung DC (= direct-current = Gleichstrom) wird das an der Y-Eingangsbuchse liegende Signal direkt auf den Abschwächer-Eingang geführt und daher der Verlauf der Eingangsspannung auf dem Bildschirm unverändert wiedergegeben. Diese übliche Einstellung ist immer dann nachteilig, wenn eine kleinere Wechselspannung einer größeren Gleichspannung überlagert ist. Die Amplitude der Wechselspannung kann dann nur so klein abgebildet werden, daß sie – wegen der Einstellung des Abschwächers auf die große Gleichspannung – kaum mehr sichtbar oder meßbar ist.
Soll in einem solchen Fall der Wechselspannungsanteil betrachtet oder gemessen werden, so wird der Umschalter auf AC (= alternating-current = Wechselstrom) eingestellt. In dieser Stellung liegt ein Kondensator zwischen der Y-Eingangsbuchse und dem Abschwächer-Eingang. Er blockt den Gleichspannungsanteil ab, so daß nur das Wechselspannungssignal gemessen wird. Dieses kann dann mit einer wesentlich größeren Amplitude als in der Stellung DC auf dem Bildschirm dargestellt werden. In **Bild 9.35** sind die Zusammenhänge am Beispiel einer Mischspannung mit einem Gleichspannungsanteil von $U_{-} = 5$ V und überlagerten Wechselspannung $u_{SS} = 1{,}5$ V dargestellt.
In der Stellung GND (= ground = Erde) wird die Verbindung zwischen der Eingangsbuchse und dem Y-Verstärker unterbrochen und dieser intern direkt an Masse gelegt. Dadurch ist es sehr einfach möglich, die Lage der Nullinie auf dem Bildschirm zu überprüfen oder sie einzustellen, ohne daß das Meßkabel vom Meßobjekt abgeklemmt werden muß.

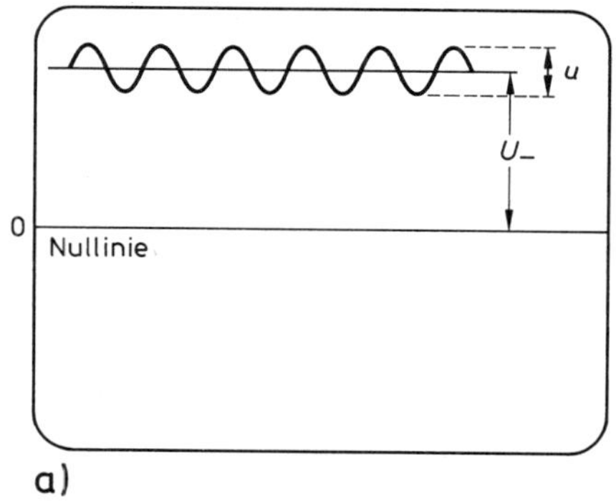

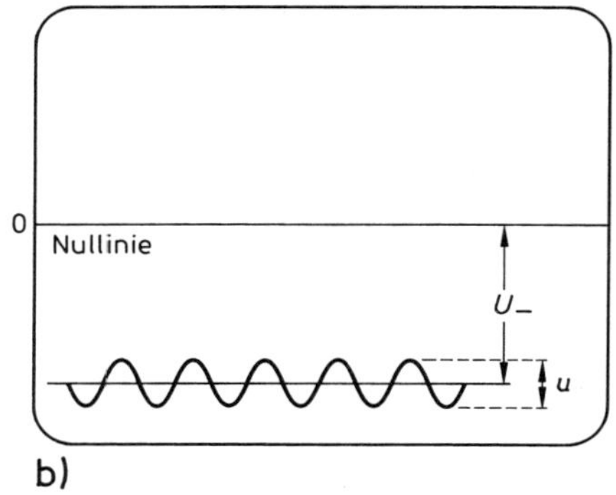

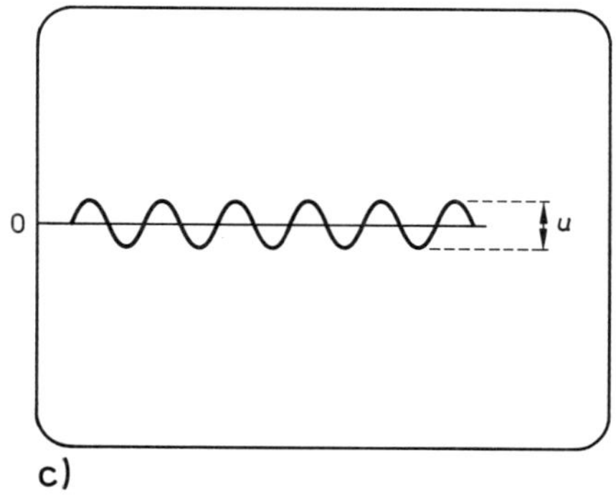

a) Positive Mischspannung
Stellung: DC
Vert. Amp.: 5 V/Div

b) Negative Mischspannung
Stellung: DC
Vert. Amp.: 5 V/Div

c) Positive oder negative Mischspannung
Stellung: AC
Vert. Amp.: 5 V/Div

Bild 9.35 Messung von Mischspannungen in DC- und AC-Stellung

Y-Position

Der Y-Ablenkung ist stets noch ein stufenloses einstellbares Bedienungselement mit der Bezeichnung Y-Position zugeordnet. Mit diesem Drehknopf läßt sich die Spannungs-Nullinie in vertikaler Richtung über den gesamten Bildschirm verschieben. Die Grundeinstellung wird vorgenommen, indem bei kurzgeschlossenem Eingang des Meßkabels die Nullinie genau auf die in der Mitte des Bildschirmes angegebene x-Achse eingestellt wird. Eine positive Amplitude der Meßspannung liegt dann stets oberhalb, eine negative Amplitude stets unterhalb der x-Achse.
Besitzt das Oszilloskop einen Umschalter mit der Einstellung GND, so kann die Grundeinstellung der Spannungs-Nullinie in der Schaltstellung GND auch vorgenommen werden, wenn das Meßkabel an einem Meßpunkt angeschlossen ist. Die Einstellung kann aber auch bei offenem Eingang erfolgen.
Zum genauen Ablesen einer positiven Spannung ist es oft zweckmäßig, die Spannungs-Nullinie auf eine untere, waagerechte Rasterlinie zu verschieben. Dann kann der Abschwächer so eingestellt werden, daß die gesamte Schirmhöhe ausgenutzt wird. Bei negativer Meßspannung wird die Nullinie entsprechend an den oberen Bildschirmrand verschoben. Die Zusammenhänge sind in **Bild 9.36** dargestellt.

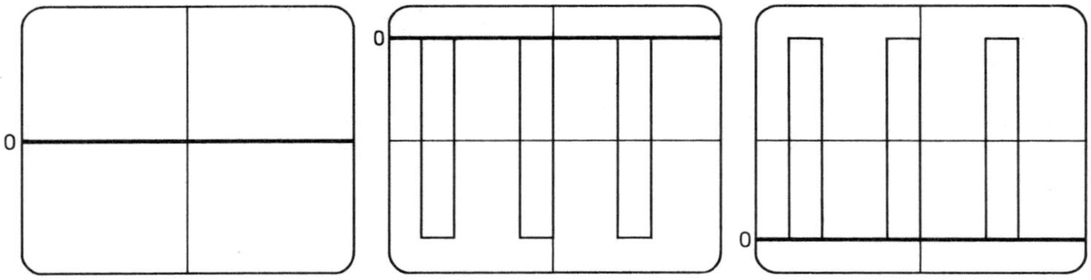

a) Normale Einstellung

b) Einstellung bei großer negativer Amplitude

c) Einstellung bei großer positiver Amplitude

Bild 9.36 Einstellung der Spannungs-Nullinie

Um Ablesefehler zu vermeiden, ist es zweckmäßig, sich vor jeder Spannungsmessung über die Lage der Spannungs-Nullinie zu vergewissern bzw. sie mit Hilfe der Y-Position-Einstellung auf die gewünschte Lage einzustellen. Wird in Stellung DC eine Wechselspannung oder in Stellung AC eine Mischspannung gemessen, so orientiert sich die Abbildung auf dem Bildschirm immer an der eingestellten Spannungs-Nullinie als Mittellinie. Ist die Nullinie nicht auf die Mittelachse eingestellt, kann leicht der Eindruck entstehen, daß anstelle einer tatsächlichen gemessenen Wechselspannung eine Mischspannung vorliegt.

Y-Invert

Viele neuentwickelte Oszilloskope haben noch einen zum Y-Eingang gehörenden Umschalter, der mit Y-Invert bezeichnet wird. Befindet sich dieser Schalter in der Stellung »Invert« (= invertieren = umkehren), so wird eine negative Eingangsspannung mit positiver Amplitude, also nach oben gerichteter Ablenkung angezeigt. Eine positive Eingangsspannung erscheint dagegen mit negativer, nach unten gerichteter Amplitude auf dem Bildschirm. Ist ein Y-Invert-Schalter vorhanden, sollte vor Beginn der Messungen stets seine Stellung überprüft werden.

9.5.1.3 Bedienungselemente für die Horizontal- oder X-Ablenkung

Soll der Verlauf einer Signalspannung am Y-Eingang in Abhängigkeit von der Zeit dargestellt werden, so muß sich der Elektronenstrahl zusätzlich mit gleichbleibender Geschwindigkeit von links nach rechts über den Leuchtschirm bewegen. Die hierfür notwendige Ablenkspannung wird in einem internen Zeitbasisgenerator erzeugt und in dem X-Verstärker, von dessen Ausgang die X-Ablenkplatten angesteuert werden, auf erforderliche Spannungswerte verstärkt.
Um den Elektronenstrahl mit konstanter Geschwindigkeit von links nach rechts über den Bildschirm abzulenken, muß der Zeitbasisgenerator eine Ablenkspannung mit einem sägezahnförmigen Verlauf erzeugen. Als sägezahnförmig wird eine Spannung bezeichnet, die langsam linear ansteigt und nach Erreichen des Höchstwertes sehr schnell wieder auf den Anfangswert zurückläuft. **Bild 9.37** zeigt den Verlauf der erforderlichen Ablenkspannung für die X-Ablenkung.

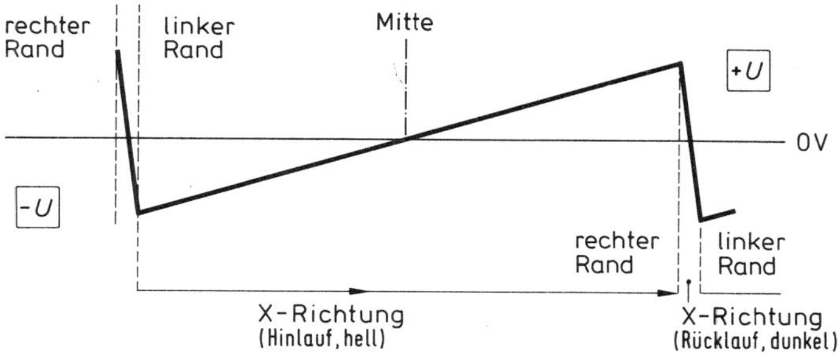

Bild 9.37 Sägezahnspannung für die X-Ablenkung

Die Zeit, die bei der Sägezahnspannung für den Anstieg und das Zurückspringen auf den Anfangswert benötigt wird, ist die Periodendauer der Zeitablenkung. Während des langsamen Anstiegs wird der Elektronenstrahl hellgesteuert, während des kurzen Rücklaufs dagegen dunkel, so daß er während dieser Zeit auf dem Leuchtschirm nicht sichtbar ist. In **Bild 9.38** ist der Zusammenhang zwischen der Periodendauer eines sinusförmigen Y-Signals und der Periodendauer der Sägezahnspannung dargestellt, wobei $T_Y = T_X$ ist und somit eine Periode der Sinusspannung abgebildet wird.

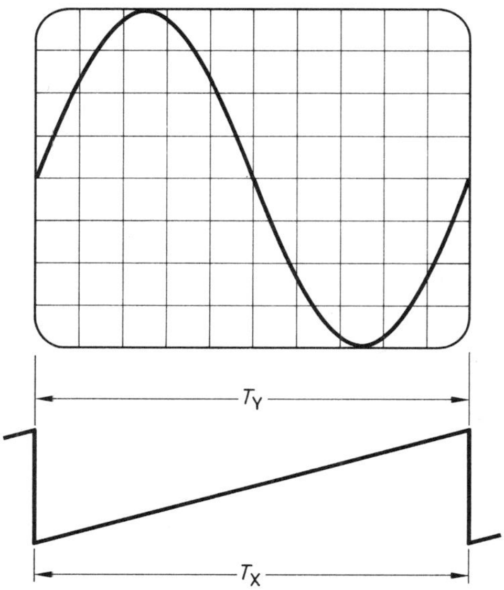

Bild 9.38 Zusammenhang zwischen T_Y und T_X bei vernachlässigter Rücklaufzeit

Die Zeit, d. h. die Periodendauer T_X des Zeitbasisgenerators kann mit einem Drehschalter auf der Frontplatte des Oszilloskops verändert werden. Dieser Schalter, der mit »Time« oder »Time-Base« bezeichnet wird, bestimmt also den Zeitmaßstab der x-Achse. Die einzelnen Schalterstellungen sind mit Zeiteinheiten pro Div. oder Zeiteinheiten pro cm angegeben.

Zur X-Ablenkung bzw. zum Zeitbasisgenerator gehört noch die Triggereinrichtung (triggern = auslösen). Durch sie wird der Zeitbasisgenerator und damit die Ablenkung des Elektronenstrahles in X-Richtung gestartet. Bei der internen Triggerung wird der Triggerimpuls von der Meßspannung U_Y abgeleitet. Bei der externen Triggerung kann das Triggersignal von außen und damit unabhängig vom Meßsignal zugeführt werden. In **Bild 9.39** sind die wichtigsten, der X-Ablenkung zugeordneten Buchsen- und Bedienungselemente dargestellt.

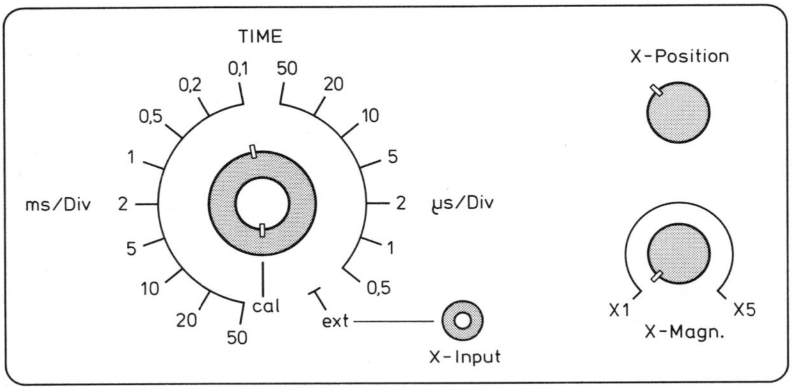

Bild 9.39 Bedienungselemente für die X-Ablenkung

TIME; Time-Base; Zeitbasis

Der Zeitbasisschalter trägt entweder die Bezeichnung TIME (Zeit), Time-Base (Zeit-Basis) oder Zeitbasis. Er ist, wie der Abschwächer der Y-Ablenkung, in der Regel als Drehschalter ausgebildet und hat eine 1-2-5-Folge. Die Schalterstellungen haben die Bezeichnungen Zeiteinheit pro Div. oder bei einem cm-Raster Zeiteinheit pro cm. Je nach Ausführung des Oszilloskops gehen die Bereiche von µs/Div. bzw. µs/cm bis ms/Div. bzw. ms/cm oder s/Div. bzw. s/cm. Auch hier liegt der jeweils kleinste Wert am rechten, der größte am linken Anschlag des Drehschalters.
Mit der Einstellung der Zeitbasis auf eine bestimmte Schalterstellung wird der jeweilige X-Ablenkkoeffizient festgelegt. Er gibt an, in welcher Zeiteinheit der Elektronenstrahl um 1 cm bzw. 1 Div. in horizontaler Richtung abgelenkt wird. So bedeutet z. B. X ≙ 0,5 ms/Div., daß der Strahl sich bei dieser Einstellung in 0,5 ms um 1 Rasterteilung nach rechts bewegt. Aus der Einstellung des Zeitbasisgenerators kann also die Periodendauer T ermittelt und daraus die Frequenz f der Signalspannung mit $f = \frac{1}{T}$ berechnet werden. In **Bild 9.40** sind die Zusammenhänge für eine Rechteckspannung dargestellt.
Da sich die Einstellbereiche immer gut überlappen, ist es möglich, die Zahl der auf dem Leuchtschirm abgebildeten Perioden stets so einzustellen, daß eine genaue Ablesung möglich ist.

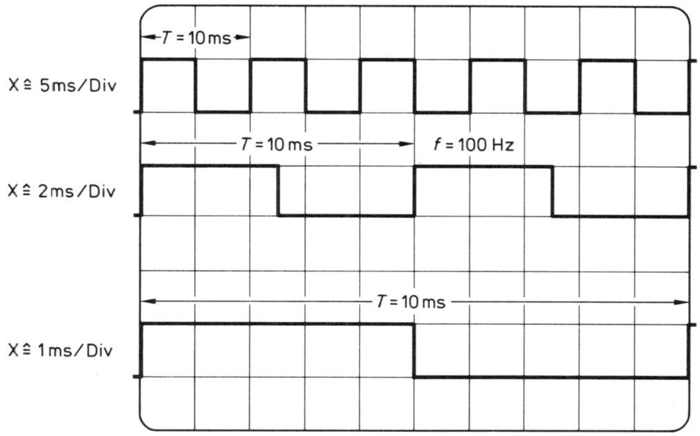

Bild 9.40 *T* und *f* bei verschiedenen Einstellungen der Zeitbasis

Cal.

In der Mitte des Zeitbasisschalters befindet sich meistens noch ein Drehknopf mit einer Schalt- oder Raststellung, für die die Bezeichnung »Cal« angegeben ist. Nur wenn der Knopf in der Stellung »Cal« steht, gilt der eingestellte X-Ablenkkoeffizient genau. Im gesamten anderen Einstellbereich erfolgt eine stufenlose Veränderung des X-Ablenkkoeffizienten zwischen zwei festen Stufen des Zeitbasisschalters. In diesem Fall ist eine genaue Zeitablesung auf dem Raster nicht möglich.
Diese nicht kalibrierte Einstellung hat aber für Vergleichsmessungen oder bei Beobachtung des Kurvenverlaufes durchaus Vorteile, weil dann z. B. die Nulldurchgänge oder die Höchstwerte genau auf die senkrechten Rasterlinien eingestellt werden können. Vor jeder genauen Messung oder Ablesung der Periodendauer muß geprüft werden, ob er in der Stellung »Cal« steht. Nur so lassen sich Fehler vermeiden.

X-Position

Mit Hilfe dieses Drehknopfes kann die Leuchtspur auf dem Leuchtschirm in horizontaler Richtung verschoben werden. Die Grundeinstellung wird vorgenommen, indem die Leuchtspur so verschoben wird, daß sie in einem kleinen Abstand vom linken Leuchtschirmrand beginnt und im gleichen Abstand vom rechten Leuchtschirmrand endet.

X-Magn., Dehnung

Mit dem Drehknopf X-Magn. (X-Vergrößerung), der auch als »Dehnung« bezeichnet wird, läßt sich die Leuchtlinie in ihrer Länge verändern. Bei einer Einstellung auf den Anschlag mit der Bezeichnung »x1« liegt die Grundeinstellung vor. Mit der Drehung in Richtung auf die Endstellung mit der Bezeichnung »x5« oder auch »x10« wird die Leuchtlinie vom Bildschirmmittelpunkt ausgehend immer mehr vergrößert, so daß nur noch ein kleiner Ausschnitt, aber gedehnt auf die volle Leuchtschirmbreite, sichtbar ist. Der mit dem Zeitbasisschalter eingestellte X-Ablenkkoeffizient ändert sich entsprechend der eingestellten Dehnung um den Faktor »5« bzw. »10«. Sind z. B. auf dem

Zeitbasisschalter X ≙ 10 ms/Div. und die Dehnung auf »x5« eingestellt, so beträgt der tatsächliche X-Ablenkfaktor X ≙ 2 ms/Div.
In der Endstellung »x5« hätte bei einem Bildschirmdurchmesser von etwa 10 Rastereinheiten die Auslenkung des Elektronenstrahles in X-Richtung dann eine Länge von ca. 50 Rastereinheiten. Davon sind aber die Bereiche von 0 bis 20 Rastereinheiten und von 30 bis 50 Rastereinheiten nicht sichtbar und nur der Ausschnitt von 20 bis 30 Rastereinheiten erscheint auf dem Bildschirm. Mit Hilfe des Drehknopfes X-Position kann aber der sichtbare Ausschnitt zusätzlich über den gesamten Bereich von 50 Rastereinheiten verschoben werden. Auf diese Weise ist es möglich, bestimmte Abschnitte des Y-Signals wie mit einer Lupe zu betrachten.
Der Drehknopf X-Magn. wird nur relativ wenig benutzt. Daher sollte er bei üblichen Messungen immer in Stellung »x1« stehen oder ein Schalter X-Magn. nicht betätigt sein. Bei einer Reihe von Oszilloskopen sind die Bedienungselemente X-Position und X-Magn. zu einem Doppelknopf zusammengefaßt.

9.5.1.4 Bedienungselemente für die Triggerung

Ein ruhig stehendes Bild ist nur dann zu erreichen, wenn die Aufzeichnung durch den Elektronenstrahl immer wieder exakt an der gleichen Stelle im periodischen Ablauf der Signalspannung beginnt. Daher hat jedes Oszilloskop heute eine Triggerung (to trigger = auslösen, starten). Sie steuert den Zeitbasisgenerator so, daß die erzeugte Sägezahnspannung für die X-Ablenkung immer wieder an der gleichen Stelle der periodischen Signalspannung startet. Die Triggerung ist somit von ihrer Funktion her der X-Ablenkung zuzuordnen.
Bei der Triggerung muß grundsätzlich zwischen einer internen und einer externen Triggerung unterschieden werden. Bei der internen Triggerung wird das Triggersignal für den Zeitbasisgenerator intern aus dem Y-Signal gewonnen. Bei der externen Triggerung muß dagegen ein zusätzliches Triggersignal von außen zugeführt werden. **Bild 9.41** zeigt die üblichen Bedienungselemente für die Triggerung.

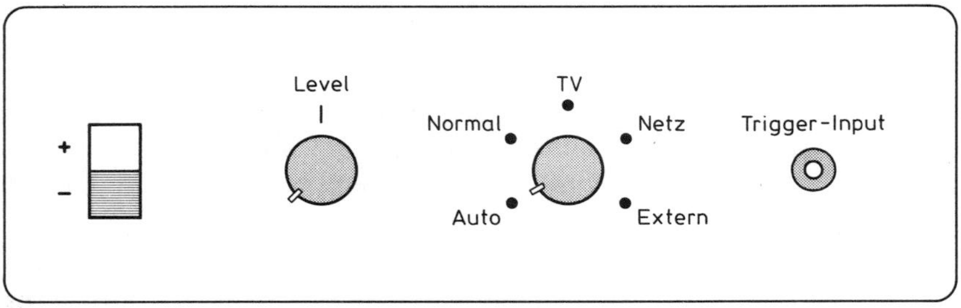

Bild 9.41 Bedienungselemente für die Triggerung

Trigger; Triggerung

Wichtigstes Bedienungselement für die Triggerung ist der Trigger-Wahlschalter. Je nach Typ und Ausführung des Oszilloskops ist er als Drehschalter oder auch als Tastenschalter ausgebildet und hat meistens mehrere Stellungen.

In der Stellung *»Auto«* bzw. *»AT«* erfolgt die Triggerung automatisch. Das Triggersignal wird aus dem anliegenden Y-Signal gewonnen und so aufbereitet, daß ohne eine weitere Einstellung immer ein stehendes Bild auftritt. Ist kein Y-Signal vorhanden, so läuft der Zeitbasisgenerator frei und erzeugt einen waagerechten Leuchtstrich. Die Einstellung der Triggerung auf automatischen Betrieb ist die übliche Einstellung. Zu beachten ist dabei aber, daß bei Ablenkfrequenzen kleiner etwa 50 Hz die automatische Triggerung häufig nicht mehr einwandfrei arbeitet.
In der Stellung *»NORM«* (= normal) wird der Triggerimpuls zum Starten der Sägezahnspannung ebenfalls aus dem Y-Signal gewonnen. Liegt kein Signal an, erfolgt aber auch keine Ablenkung des Elektronenstrahles in X-Richtung. Bei der normalen Triggerung sind jedoch die beiden weiteren Bedienungselemente LEVEL und +/– wirksam.
Mit dem Drehknopf *LEVEL* bzw. *NIVEAU* läßt sich die Spannungshöhe einstellen, mit der die Darstellung des Y-Signals beginnen soll. In **Bild 9.42** sind die Zusammenhänge und der Einfluß der LEVEL-Einstellung für 3 verschiedene Einstellungen dargestellt.

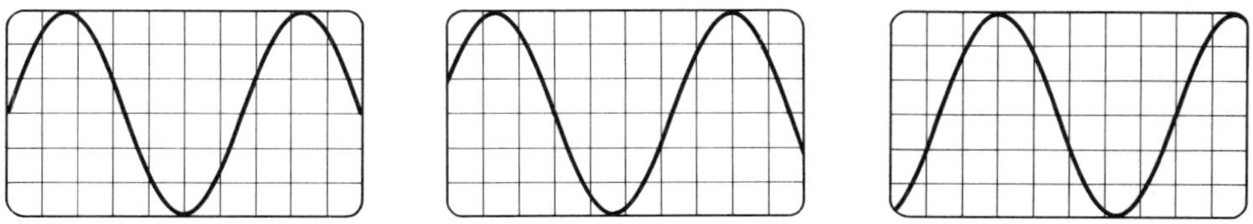

a) b) c)

Bild 9.42 Einfluß der LEVEL-Einstellung

Im Fall a) beginnt der Start des Kurvenzuges im Nulldurchgang, im Fall b) bei einer bestimmten positiven Spannung und im Fall c) in der Nähe der maximalen negativen Amplitude. Die Zwischenwerte lassen sich kontinuierlich einstellen.
Mit dem *Umschalter +/–* wird festgelegt, ob der Triggerimpuls bei ansteigender oder abfallender Spannung des Y-Signals die X-Ablenkung starten soll. In der Stellung »+« wird bei steigender Flanke, in Stellung »–« bei abfallender Flanke getriggert. So ist es mit der LEVEL-Einstellung und dem Umschalter +/– möglich, die Abbildung der Y-Eingangsspannung zu sehr unterschiedlichen Zeitpunkten einer Priode beginnen zu lassen.
Die Stellung *»TV«* des Trigger-Wahlschalters ist bei neuen Oszilloskoptypen immer häufiger zu finden. Sie erleichtert die Fehlersuche in Fernsehgeräten (= TV = Television) erheblich.
In der Stellung *»Mains«* bzw. *»Netz«* wird das Triggersignal für Netzfrequenz aus der Sekundärspannung des Netztransformators gewonnen. Diese Einstellung erleichtert die Bedienung, wenn das Y-Signal in einem festen Zusammenhang mit der 50 Hz-Netzfrequenz steht.
Wird der Trigger-Wahlschalter in die Stellung *»extern«* gebracht, so erfolgt die Triggerung nicht mehr durch das Signal am Y-Eingang, sondern durch eine andere, mit dem zu messenden Y-Signal aber verknüpfte Triggerspannung. Sie muß meistens über eine BNC-Buchse mit der Bezeichnung *»Trigger-Input«* von außen zugeführt werden. Diese externe Triggerung kann bei der meßtechnischen Untersuchung von elektronischen Schaltungen erhebliche Vorteile und Vereinfachungen bringen.

Die Buchse »Trigger-Input« hat oft auch die Bezeichnung *»X-Input«*. Über diese Buchse kann auch ein externes Signal für die X-Ablenkung zugeführt werden, wenn der Time-Schalter auf *»extern«* bzw. *»X-Defl«* eingestellt ist. Der interne Zeitbasisgenerator ist dann abgeschaltet und die Ablenkung des Elektronenstrahles erfolgt durch eine von außen zugeführte Ablenkspannung. Derartige Messungen mit dem Oszilloskop werden als XY-Messungen bezeichnet. Sie werden vorgenommen, wenn keine zeitabhängigen Funktionen darzustellen sind, wie z. B. bei der Kennliniendarstellung von Bauelementen.

9.5.2 Zweikanal-Oszilloskope

Bei meßtechnischen Untersuchungen von elektronischen Schaltungen ist es oft von großem Vorteil, wenn zwei Spannungsverläufe in zeitlich richtiger Zuordnung zueinander gleichzeitig auf dem Leuchtschirm eines Oszilloskops sichtbar gemacht werden können. Hierfür wurden die Zweistrahl-Oszilloskope und die Zweikanal-Oszilloskope entwickelt. Bei den Zweistrahl-Oszilloskopen werden Elektronenstrahlröhren verwendet, die zwei getrennte Strahlerzeugungs- und Ablenksysteme in einem gemeinsamen Röhrenkolben enthalten. Wesentlich häufiger werden die Zweikanal-Oszilloskope eingesetzt.
Zweikanal-Oszilloskope haben eine normale Einstrahl-Elektronenröhre. Die Ablenkung an den Y-Platten kann aber durch einen elektronischen Schalter fortlaufend von einem Signal auf das andere umgeschaltet werden. Dadurch sind die Lichtspuren beider Signale auf dem Leuchtschirm gleichzeitig sichtbar. **Bild 9.43** zeigt das stark vereinfachte Blockschaltbild eines Zweikanal-Oszilloskops.

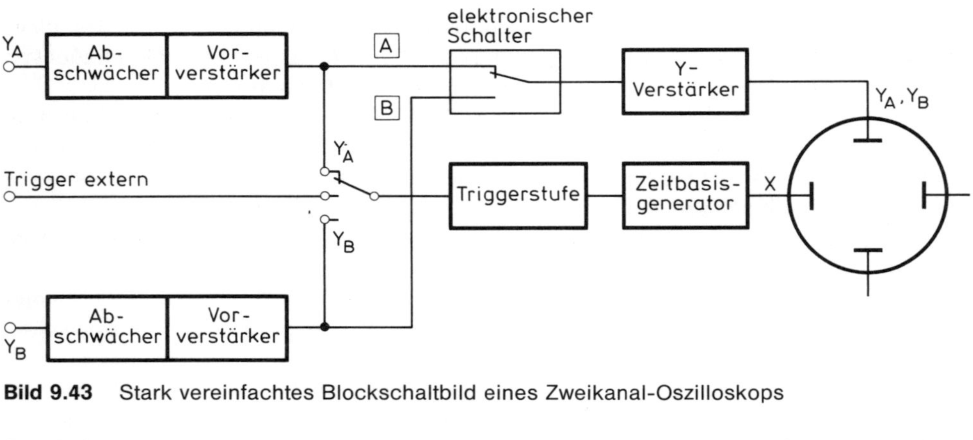

Bild 9.43 Stark vereinfachtes Blockschaltbild eines Zweikanal-Oszilloskops

Der Zeitbasisgenerator ist mit seiner Triggereinrichtung genauso aufgebaut wie bei einem Einkanal-Oszilloskop. Daher kann eine Triggerung mit dem Y_A-Signal, dem Y_B-Signal oder einem externen Triggersignal erfolgen. Das Y_A-Signal gelangt über einen Abschwächer und einen Vorverstärker auf den einen Eingang des elektronischen Umschalters. Für das Y_B-Signal ist ein gleichartiger Kanal zum zweiten Eingang des elektronischen Umschalters vorhanden. Dieser läßt sich mit einem Dreh- oder Tastenschalter auf meistens vier verschiedene Betriebsarten einstellen. In **Bild 9.44** ist der Betriebsartenschalter als Drucktastenschalter dargestellt.

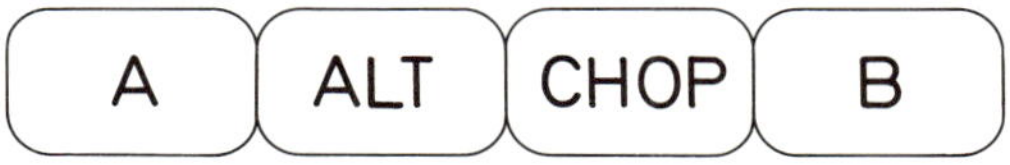

Bild 9.44 Betriebsartenschalter für den elektronischen Umschalter

Ist der *Schalter A* gedrückt, so wird eine konstante Verbindung zwischen der Y_A-Eingangsbuchse über den Abschwächer und den Vorverstärker zum Y-Verstärker hergestellt. Dadurch ist nur der A-Kanal in Betrieb und das Zweikanal-Oszilloskop arbeitet wie ein normales Einkanal-Oszilloskop für ein Signal am Y_A-Eingang.
Bei gedrücktem *Schalter B* ist der A-Kanal abgeschaltet und nur der Kanal B in Betrieb. Jetzt wird nur ein am Y_B-Eingang liegendes Signal angezeigt.
Bei der Betriebsart *»ALT«* (= alternate = abwechselnd) wird der elektronische Umschalter vom Zeitbasisgenerator gesteuert. Die Umschaltfrequenz ist dabei gleich der Frequenz der Sägezahn-Ablenkspannung. Auf diese Weise wird erreicht, daß z. B. in der 1., 3. und 5. Periode der Sägezahn-Ablenkspannung das Y_A-Signal und in der 2., 4. und 6. Periode das Y_B-Signal auf dem Leuchtschirm erscheint. Ist die Ablenkfrequenz des Zeitbasisgenerators groß genug, sind auf dem Leuchtschirm beide Signale gleichzeitig sichtbar. Die Nullinien der beiden Signale lassen sich mit den beiden Bedienungselementen Y_A-Position und Y_B-Position auf dem Leuchtschirm unabhängig voneinander in vertikaler Richtung verschieben.
Bei kleiner Ablenkfrequenz des Zeitbasisgenerators hat die Betriebsart »alternate« aber den Nachteil, daß wegen der beschränkten Nachleuchtdauer des Leuchtschirmes die Helligkeit nur noch gering ist und die beiden Leuchtspuren bereits stark flimmern. In der Betriebsart *»CHOP«* (= chopped = zerhackt) erfolgt die Umschaltung des elektronischen Schalters mit einer festen Frequenz, also unabhängig von der gerade am Zeitbasisgenerator eingestellten Ablenkfrequenz. Die Umschaltfrequenz liegt etwa zwischen 100 kHz und 500 kHz, ist also in der Regel groß gegenüber der Frequenz des zu messenden Signals. Daher wird jeweils abwechselnd immer nur ein kleiner Ausschnitt des Y_A-Signals und des Y_B-Signals nacheinander auf dem Bildschirm abgebildet. **Bild 9.45** zeigt die Entstehung der beiden Signale bei Chopper-Betrieb.

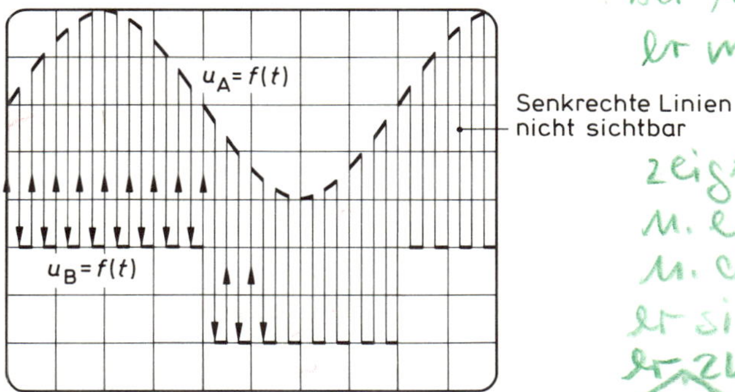

Bild 9.45 Entstehung der beiden Signale bei Chopper-Betrieb

bei langsamer f zeigt er mir zwei Bilder weil nur 1 Strahl ist zeigt er mir ein Teil von A Eing u. ein Teil vom B Eing u. das ganz schnell er simuliert mir als wenn er zwei Strahler wäre
Alternativ = erst macht er auf A ein Schwingung dann wenn die fertig ist macht er auf B die zweite Schwing

Welche der beiden Betriebsarten »ALT« oder »CHOP« für die jeweilige Messung besser geeignet ist, läßt sich auf dem Leuchtschirm sehr leicht erkennen. Bei manchen Oszilloskopen ist noch eine Stellung *»ADD«* vorhanden. In dieser Stellung erfolgt die Y-Ablenkung, durch die Summe der Signale von Kanal A und Kanal B. Dies ist für spezielle Messungen von Vorteil.

9.5.3 Messungen mit dem Oszilloskop

Für den Praktiker ist die Kenntnis der Verläufe von Spannungen und Strömen sowie deren Frequenz oder Phasenverschiebung an bestimmten Bauteilen oder Meßpunkten in elektronischen Schaltungen besonders wichtig. Alle diese Größen lassen sich mit dem Oszilloskop in einfacher Weise messen und auswerten. Die optimale Nutzung des Oszilloskops bei meßtechnischen Aufgaben bedarf jedoch umfangreicher praktischer Erfahrung im Einsatz und bei der Bedienung des Oszilloskops. In den folgenden Abschnitten werden daher nur einige grundsätzliche Hinweise zur Messung elektrischer Größen gegeben.

9.5.3.1 Messung von Spannung und Strom

Bild 9.46 zeigt zwei einfache Stromkreise mit Generator und Lastwiderstand R_L, an dem die Spannung mit dem Oszilloskop gemessen wird. Weiterhin sind die zugehörigen Schirmbilder dargestellt.

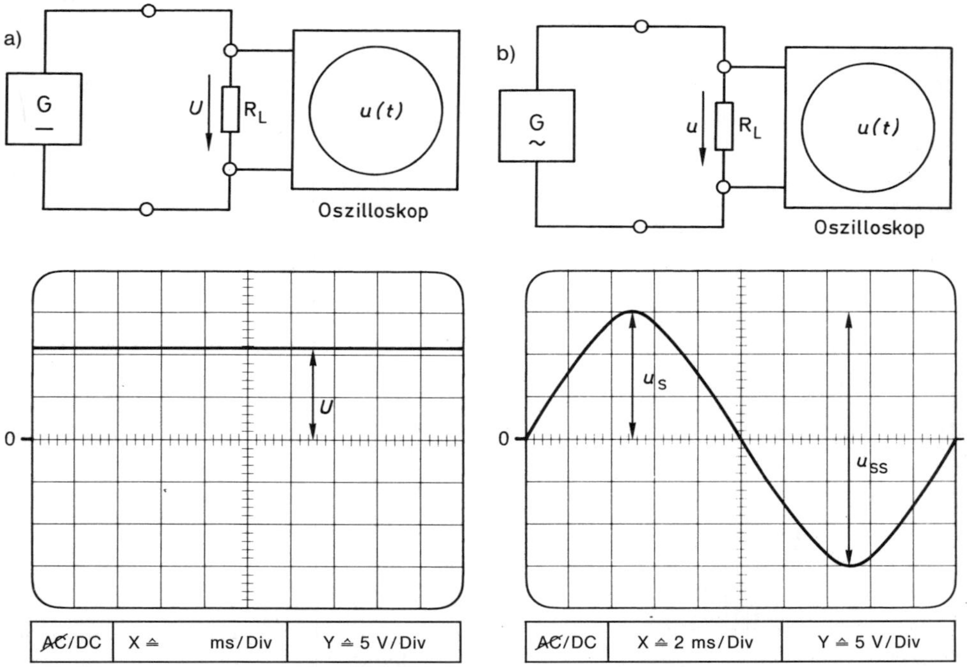

Bild 9.46 Spannungsmessung mit dem Oszilloskop

Bei der Schaltung nach Bild 9.46a wird eine Gleichspannung, bei der Schaltung nach Bild 9.46b dagegen eine Wechselspannung gemessen. In der Leiste unter den Bildschirmrastern sind zusätzlich noch die AC/DC-Einstellung sowie die X- und Y-Ablenkfaktoren eingetragen. Mit ihrer Hilfe kann dann leicht ermittelt werden, daß in Fall a) die Gleichspannung $U_{-} = 11$ V beträgt und im Fall b) die Wechselspannung die Amplitude $u_S = 15$ V bzw. $u_{SS} = 30$ V hat. Der Effektivwert läßt sich nicht direkt ablesen, sondern muß aus u_S errechnet werden. Er beträgt $U_{eff} = 10{,}6$ V.

In **Bild 9.47** ist der Stromkreis von Bild 9.46 durch einen Widerstand R_M erweitert. Er dient als Strommeßwiderstand. Der Spannungsabfall an R_M wird mit dem Oszilloskop gemessen. Aus dem gemessenen Spannungsabfall kann dann der im Stromkreis fließende Strom berechnet werden.

Damit die durch den zusätzlichen Strommeßwiderstand auftretende Stromänderung gering bleibt, muß der Widerstandswert sehr klein gegenüber dem des Lastwiderstandes sein. Durch Wahl eines geeigneten Wertes, z. B. 1 Ω, 10 Ω oder 100 Ω wird die Berechnung des Stromes I aus der Spannung U_{RM} und dem Widerstand R_M vereinfacht.

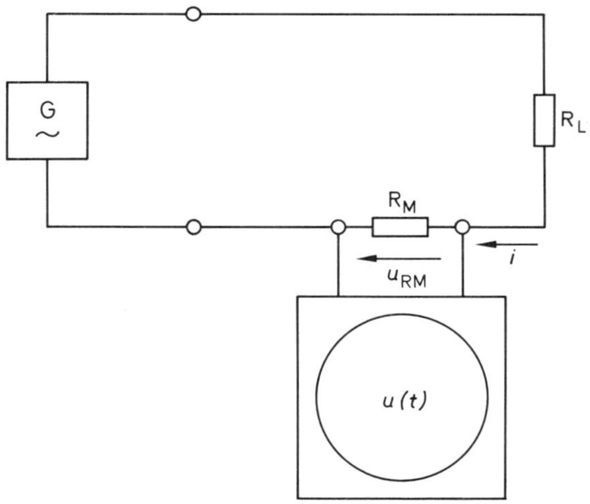

Bild 9.47 Strommessung mit dem Oszilloskop

9.5.3.2 Messung von Periodendauer und Frequenz

In **Bild 9.48** ist ein sinusförmiger Spannungsverlauf dargestellt. Mit Hilfe des eingestellten und in der unteren Leiste angegebenen X-Ablenkfaktors kann die Periodendauer der Meßspannung ermittelt werden.

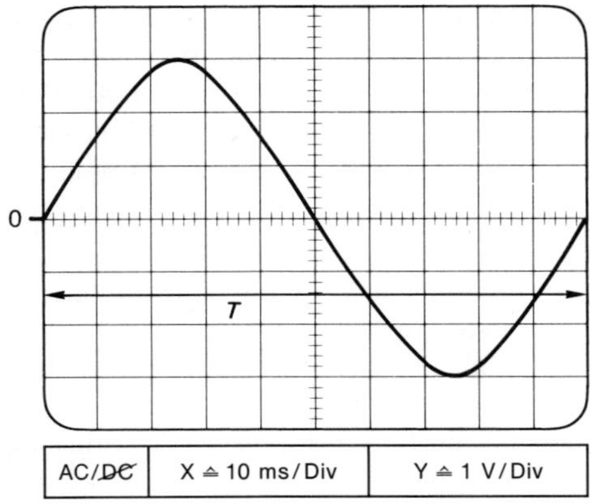

Bild 9.48 Ermittlung von Periodendauer und Frequenz

Bei dem Beispiel in Bild 9.48 beträgt die X-Ablenkung X ≙ 10 ms/Div. und damit die Periodendauer:

$$T = 10\ \text{Div.} \cdot 10\ \frac{\text{ms}}{\text{Div.}} = 100\ \text{ms}$$

Die gemessene Spannung hat die Frequenz:

$$f = \frac{1}{T} = \frac{1}{100\ \text{ms}}$$

$$f = 10\ \text{Hz}$$

Um den Ablesefehler möglichst gering zu halten, ist es zweckmäßig, stets nur eine oder wenige Perioden auf dem Bildschirm abzubilden. Weiterhin sollte bei jeder Messung nochmals kurz überprüft werden, ob die Zeitbasis auch kalibriert ist.

9.5.3.3 Gleichzeitige Messung von u_E und u_A

Für die gleichzeitige Messung von zwei Spannungen ist ein Zweikanal-Oszilloskop erforderlich. **Bild 9.49** zeigt einen Spannungsteiler, bei dem die Eingangsspannung u_E auf den Eingang des Kanals A und die Ausgangsspannung u_A auf den Eingang des Kanals B gelegt wird.

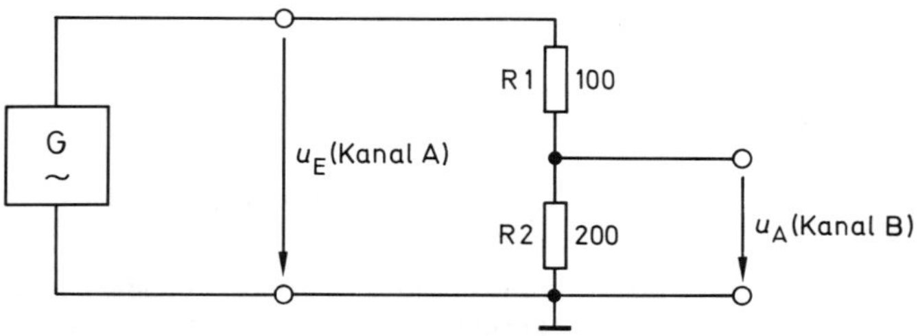

Bild 9.49 Gleichzeitige Messung von u_E und u_A

Weitere Voraussetzung für eine Messung entsprechend Bild 9.49 ist ein gemeinsamer Bezugspunkt für die beiden Spannungen. Ist nicht die Masse gemeinsamer Bezugspunkt für die Meßspannungen und das Oszilloskop, so müssen noch besondere Bedingungen beachtet werden, damit beim Anschluß des Oszilloskops kein Kurzschluß oder eine Fehlmessung entsteht.

In **Bild 9.50** ist der Verlauf der beiden Spannungen einer Messung entsprechend Bild 9.49 dargestellt.

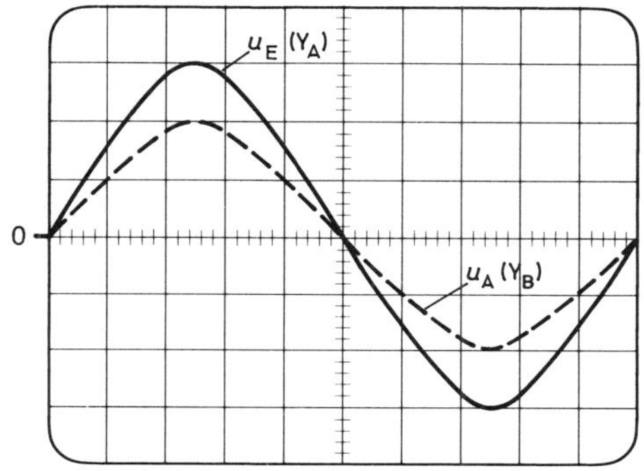

~~AC~~/DC	X ≙ 1 ms/Div	Y_A ≙ 5 V/Div	← Eingangsspannung Kanal A
		Y_B ≙ 5 V/Div	← Ausgangsspannung Kanal B

Bild 9.50 Oszillogramm zur Messung entsprechend Bild 9.49

Mit den angegebenen Y-Ablenkfaktoren ergibt sich für die Eingangsspannung $u_{ES} = 15\,V$ und für die Ausgangsspannung $u_{AS} = 10$ V. Damit beträgt das Verhältnis

$$\frac{u_{AS}}{u_{ES}} = \frac{10\,V}{15\,V} = 0{,}66$$

Dieses Verhältnis wird in der Elektronik ganz allgemein als Verstärkung V bezeichnet. Ist – wie bei dem Spannungsteiler in Bild 9.49 – kein besonderes Verstärkerelement, z. B. ein Transistor, vorhanden, so ist der Wert der Verstärkung V stets kleiner 1. Eine Verstärkung $V < 1$ besagt, daß die Ausgangsspannung stets kleiner als die Eingangsspannung ist.

9.5.3.4 Messung der Phasenverschiebung zwischen zwei Spannungen

Mit einem Zweikanal-Oszilloskop läßt sich auch die Phasenverschiebung zwischen zwei Spannungen messen. **Bild 9.51** zeigt eine Reihenschaltung aus R und C, bei der der Phasenverschiebungswinkel zwischen u_E und u_C gemessen werden soll.

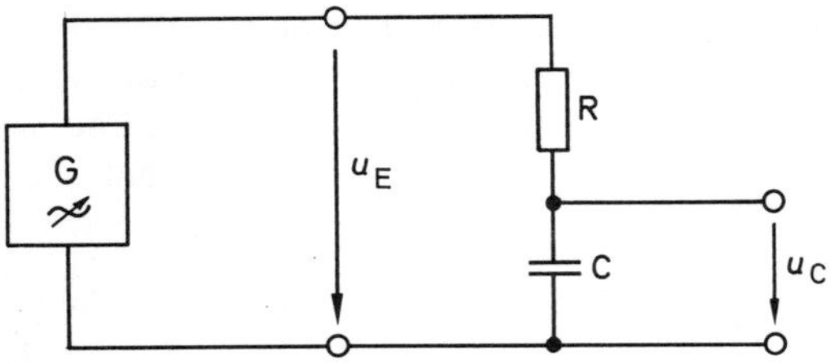

Bild 9.51 Meßschaltung zur Ermittlung des Phasenverschiebungswinkels

Bei der Schaltung nach Bild 9.51 wird die Eingangsspannung u_E auf den Eingang von Kanal A und die Ausgangsspannung u_C auf den Eingang von Kanal B gegeben. Die Triggerung des Oszilloskops erfolgt durch die Eingangsspannung u_E an Kanal A.
Zu Beginn der Messung müssen zunächst die Nullinien beider Kanäle ohne Eingangssignale deckungsgleich eingestellt werden. Diese Nulleinstellung ist in **Bild 9.52a** zu erkennen. Nach Anlegen der beiden Meßspannungen erscheint auf dem Bildschirm ein Oszillogramm entsprechend **Bild 9.52b**.

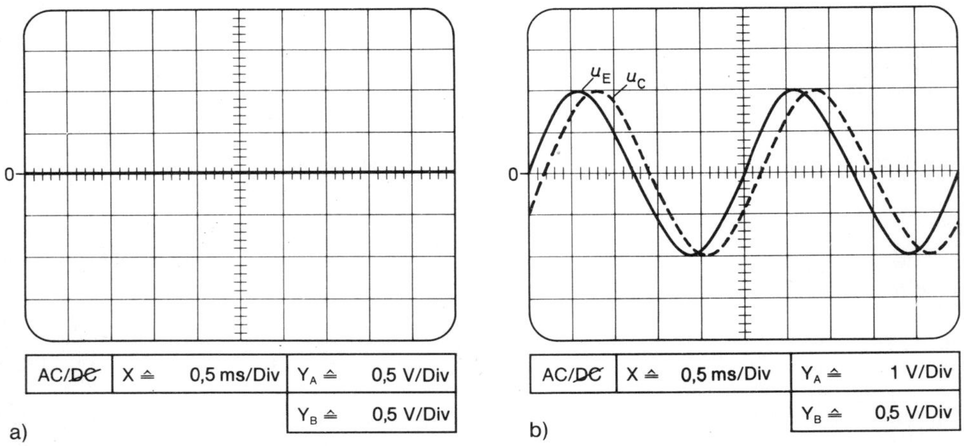

Bild 9.52 Oszillogramm zur Messung entsprechend Bild 9.51

In Bild 9.52 entsprechen 5 Rasterteile einer Periode, also einem Winkel von $\varphi = 360°$. Da die ablesbare Phasenverschiebung 0,4 Rasterteile beträgt, ergibt sich ein Phasenverschiebungswinkel mit dem Betrag

$$\varphi = \frac{360° \cdot 0{,}4 \text{ Div.}}{5 \text{ Div.}}$$

$$\varphi = 28{,}8°$$

zwischen u_E und u_C. Erkennbar ist weiterhin, daß die Spannung am Kondensator gegenüber der Eingangsspannung u_E nacheilt.

9.6 Elektrische Messung nichtelektrischer Größen

Als direkte Folge der technischen Entwicklung auf dem Gebiet der Elektronik hat sich in den vergangenen Jahren auch die elektrische Messung nichtelektrischer Größen zu einem umfangreichen und wichtigen Spezialgebiet der Meßtechnik entwickelt. So stehen heute einerseits neuartige Halbleiterbauelemente als Meßwertaufnehmer, aber auch integrierte Meßverstärker zur Erfüllung fast aller Forderungen zur Verfügung. **Bild 9.53** zeigt die Blockdarstellung einer Reihe von Meßgrößenumformern.

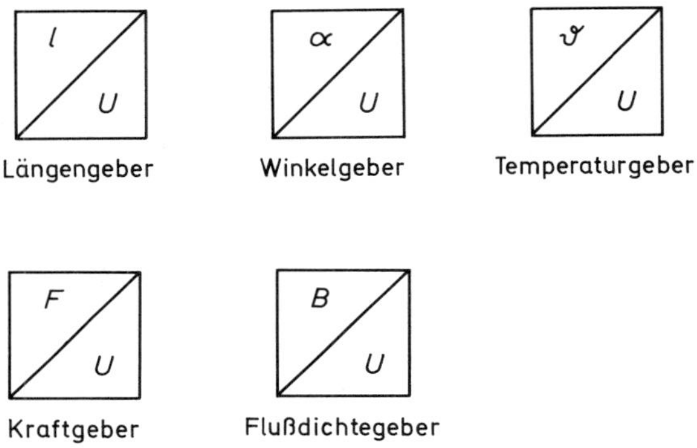

Bild 9.53 Blockdarstellung von Meßgrößenumformern

Bei den Meßgrößenumformern entsprechend Bild 9.53 werden physikalische, nichtelektrische Größen wie Längen, Drehwinkel, Temperaturen, Kräfte oder magnetische Felddichte in elektrische Spannungen umgewandelt. Wichtig ist hierbei, daß die Umwandlung nach festen, immer wieder reproduzierbaren Gesetzmäßigkeiten erfolgt. Bei den heutigen Möglichkeiten der Meßwertverarbeitung ist es dabei nicht mehr erforderlich, daß ein linearer Zusammenhang zwischen den Werten der zu messenden physikalischen Größen und den zugehörigen Spannungswerten besteht.
Als *Längengeber* lassen sich die bereits in Abschnitt 4 behandelten Schiebewiderstände verwenden. Hier muß lediglich der Schleifer mit der zu messenden Strecke bzw. Länge gekoppelt und der Spannungsabfall an einem Teilwiderstand gemessen werden. Die hierfür besonders entwickelten Schiebewiderstände werden als Widerstandsweggeber oder potentiometrische Wegsensoren bezeichnet.
Entsprechend lassen sich Drehpotentiometer auch als *Winkelgeber* einsetzen. Hier besteht ein fester Zusammenhang zwischen dem Drehwinkel und dem Spannungsabfall an einem Teilwiderstand. Drehpotentiometer werden z. B. zur Messung von Klappeneinstellungen in Rohrleitungen eingesetzt. Dann entspricht der Drehwinkel $\alpha = 0°$ einer geschlossenen Klappe und der Drehwinkel $\alpha = 90°$ einer geöffneten Klappe. Auch die Messung größerer Einstellwinkel ist mit mehrgängigen Potentiometern möglich. Dies erfordert jedoch eine weitgehend spielfreie Kopplung von Antrieb und Schleifer des Potentiometers. **Bild 9.54** zeigt die Schaltzeichen für potentiometrische Weg- und Winkelgeber.

Bild 9.54 Schaltzeichen potentiometrischer Weg- und Winkelgeber

Als Weg- und Winkelgeber können aber nicht nur Potentiometer, sondern auch induktive und kapazitive Geber eingesetzt werden. Hierbei wird dann ein Eisen- bzw. Ferritkern in einer Spule oder ein Dielektrikum zwischen zwei Kondensatorplatten bewegt und die dadurch bewirkten Induktivitäts- oder Kapazitätsänderungen ausgewertet.

Von großer Bedeutung sind die *Temperaturgeber*. Da der Widerstandswert eines jeden Widerstandes von der Temperatur abhängt, lassen sich Widerstände in einfacher Weise als Temperaturgeber einsetzen. Bei hochohmigen Gebern wird Platin als Widerstandsmaterial verwendet, weil dieser Werkstoff in einem großen Temperaturbereich einen linearen Zusammenhang zwischen Widerstandswert und Temperatur aufweist. So ist für Temperaturmessungen mit Platinwiderständen ein Wert von $R_0 = 100\ \Omega$ bei 0 °C international vereinbart. **Bild 9.55** zeigt als Beispiel die Kennlinie dieses Temperaturgebers, der die Kurzbezeichnung Pt 100 hat. Die Bezeichnung Pt weist auf Platin hin und die Zahl 100 auf den Widerstandswert in Ohm.

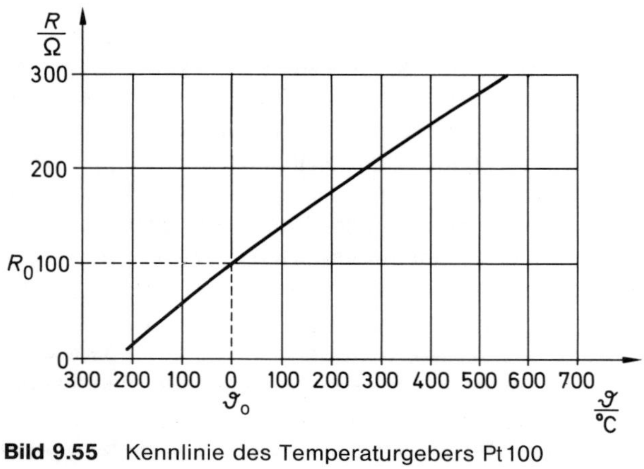

Bild 9.55 Kennlinie des Temperaturgebers Pt 100

Insbesondere bei bestimmten Halbleitermaterialien treten völlig andere Abhängigkeiten zwischen Temperatur und Widerstandswert auf. In **Bild 9.56** sind zwei charakteristische Kennlinienverläufe von temperaturabhängigen Widerständen aus Halbleitermaterial dargestellt.

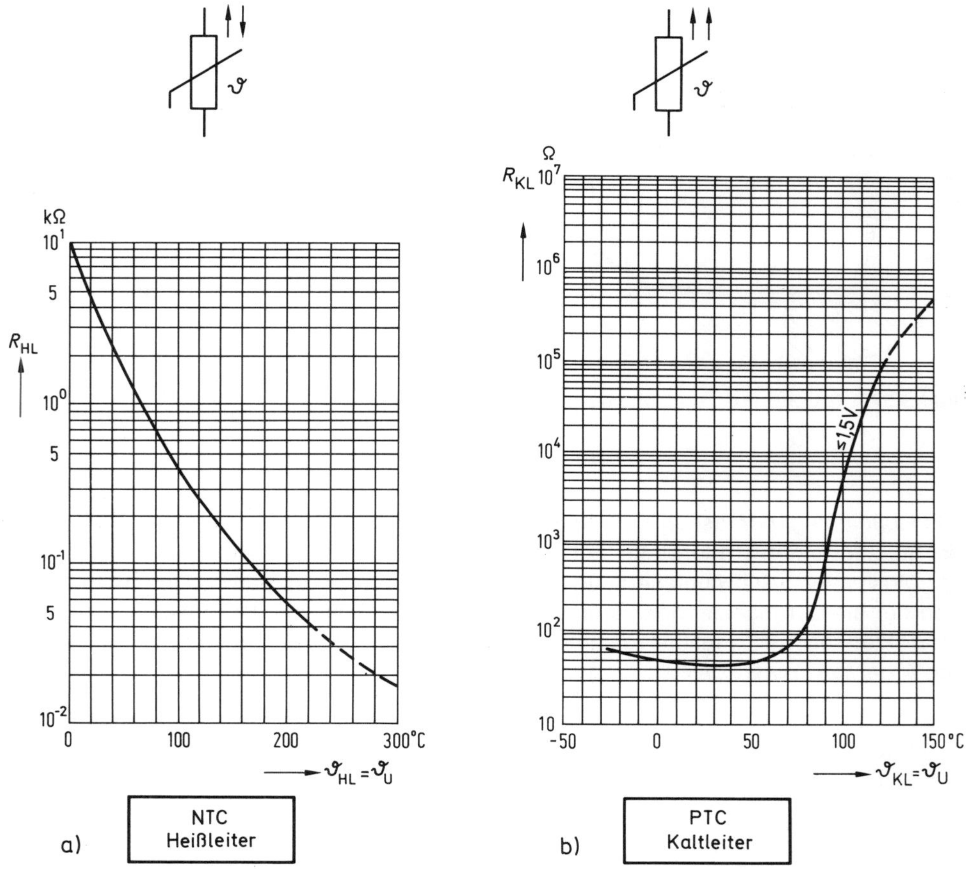

Bild 9.56 Kennlinien und Schaltzeichen von temperaturabhängigen Widerständen

Bild 9.56a zeigt die Kennlinie eines Heißleiters, der auch als NTC-Widerstand (*N*egativer *T*emperatur-*C*oeffizient) bezeichnet wird. Bei den NTC-Widerständen wird der Widerstandswert mit steigender Temperatur kleiner. Ein völlig anderes Verhalten zeigen die Kaltleiter oder PTC-Widerstände (*P*ositiver *T*emperatur-*C*oeffizient). Die Kennlinie eines PTC-Widerstandes ist in Bild 9.56b dargestellt. Bei ihnen wird der Widerstandswert mit steigender Temperatur größer. NTC- und PTC-Widerstände sind relativ billig und daher in vielen Geräten und elektronischen Schaltungen als Temperaturgeber zu finden.

Unter dem Einfluß von Zug- oder Druckkräften werden Materialien gedehnt oder gestaucht. Um diese Änderungen meßtechnisch zu erfassen, werden Dehnungsmeßstreifen als *Druckgeber* verwendet. Sie bestehen aus einem sehr dünnen Widerstandsdraht, der fest mit einem Grundmaterial verbunden ist. Wird dieses Grundmaterial gedehnt oder gestaucht, so wird diese mechanische Veränderung auch auf den Widerstandsdraht übertragen. Die dadurch hervorgerufene Widerstandsänderung kann meßtechnisch erfaßt und ausgewertet werden. **Bild 9.57** zeigt das Grundprinzip von Dehnungsmeßstreifen.

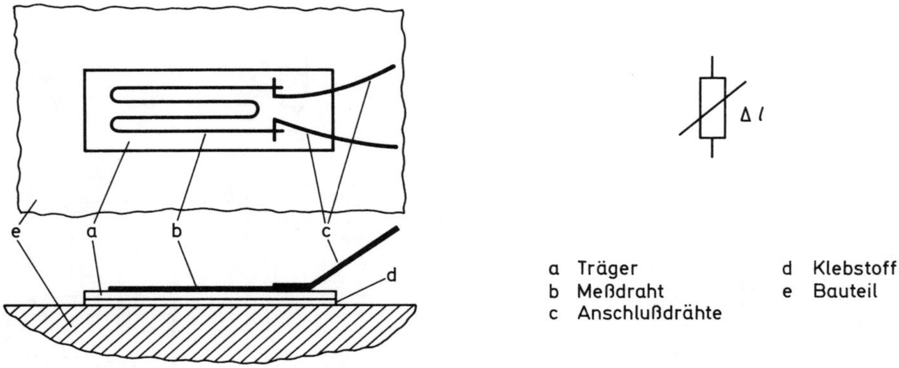

Bild 9.57 Grundprinzip und Schaltzeichen von Dehnungsmeßstreifen

Als *Flußdichtegeber* lassen sich Feldplatten einsetzen. Sie bestehen aus einer kleinen rechteckförmigen Trägerplatte, auf die eine sehr dünne Halbleiterschicht aufgebracht ist. Dieses spezielle Halbleitermaterial ändert seinen Widerstandswert in Abhängigkeit von der sie durchsetzenden Flußdichte. In **Bild 9.58** sind das Schaltzeichen und die charakteristische Kennlinie von Feldplatten dargestellt. Mit steigender Flußdichte wird ihr Widerstandswert größer.

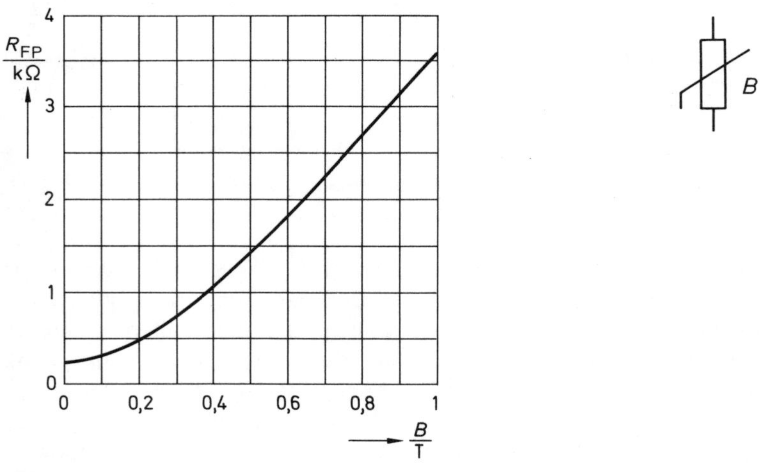

Bild 9.58 Schaltzeichen und charakteristische Kennlinie von Feldplatten

Alle hier nur kurz aufgeführten Geber zur Messung nichtelektrischer Größen basieren auf Widerstandsänderung unter dem Einfluß physikalischer Größen. Einige dieser Sensoren werden bereits in Lehrbuch II »Bauelemente« eingehend behandelt. Auf zahlreiche andere Meßwertgeber und Meßwertumformer kann dagegen erst in Lehrbuch IV B »Meß- und Regelungstechnik« eingegangen werden.

10 Gefahren des elektrischen Stromes

10.1 Allgemeines

Die Betriebsspannungen der meisten elektronischen Schaltungen sind mit etwa 5 V bis 24 V so gering, daß auch beim direkten Berühren der Bauteile oder Leiterbahnen keine Gefährdung des Menschen auftreten kann. Dies gilt jedoch nur bei Betrieb der Schaltungen mit Batterien.
In der Regel wird nämlich die niedrige Betriebsspannung durch Herabtransformieren und Gleichrichten aus dem 220 V-Wechselstromnetz gewonnen. Dann kann auch bei elektronischen Schaltungen mit niedriger Betriebsspannung eine Verbindung zum Wechselstromnetz bestehen. Weiterhin werden viele Meß- und Prüfgeräte wie z. B. Oszilloskope und Funktionsgeneratoren mit 220 V-Wechselspannung betrieben. Insbesondere in der Leistungselektronik sind aber auch viele elektronische Bauelemente direkt an das 220/380 V-Drehstromnetz angeschlossen.
Aus diesen Gründen muß auch der Elektroniker die Gefahren des elektrischen Stromes kennen und die erforderlichen Schutzmaßnahmen verstehen. Hierzu ist es unbedingt erforderlich, einige Kenntnisse über die Struktur des Versorgungsnetzes zu besitzen.
Ein zweiphasiges Wechselstromnetz entsteht, wenn zwei getrennte Wechselstromquellen zusammenwirken. Ein verkettetes System ergibt sich, wenn hierbei eine Versorgungsleitung für beide Stromkreise gemeinsam benutzt wird. In einem derartig verketteten System werden die beiden Außenleiter mit L1 und L2 und der Mittelleiter mit M bezeichnet.
Die gesamte Versorgung mit elektrischer Energie erfolgt jedoch über ein Wechselstromnetz mit drei Außenleitern. Bei diesem Drehstromnetz tritt eine Phasenverschiebung von 120° zwischen den Außenleiterspannungen auf. Die Sternschaltung ist hierbei eine besondere Verkettungsform. Es ergibt sich ein Sternpunkt N, von dem aus ein Neutralleiter N zusätzlich zu den drei Außenleitern L1, L2 und L3 vom Generator im E-Werk zum Verbraucher geführt wird. Somit ist unser Niederspannungsnetz als 4-Leiter-System ausgebildet. Zwischen den einzelnen Außenleitern und dem Neutralleiter tritt jeweils eine Spannung von 220 V auf. Die Spannung zwischen den jeweiligen Außenleitern beträgt dagegen $\sqrt{3} \cdot 220\ \text{V} = 380\ \text{V}$. Der Faktor $\sqrt{3}$ wird hier als Verkettungsfaktor bezeichnet.
Bei dem 220 V-Wechselstromnetz handelt es sich um einen Strang des Vierleiter-Drehstromnetzes. Dieses Drehstromnetz kann in Stern- und in Dreieckschaltung belastet werden. Bei einer Belastung in Dreieckschaltung tritt an jedem Anschlußpunkt eine Aufteilung des Leiterstromes in zwei Strangströme auf.
Die beiden Formeln zur Berechnung der Leistung bei symmetrischer Last sehen für die Sternschaltung und die Dreieckschaltung völlig gleich aus. Weil aber die drei Lastwiderstände bei der Sternschaltung an 220 V, bei der Dreieckschaltung jedoch an 380 V liegen, ist – bei gleichen Widerstandswerten der Lastwiderstände – der Leistungsumsatz bei der Dreieckschaltung dreimal größer als bei der Sternschaltung.
Fließt ein elektrischer Strom durch den menschlichen Körper, so sind Verbrennungen und Muskelverkrampfungen möglich, die zum Tode führen können. Im Interesse des Einzelnen und der Allgemeinheit müssen daher die Gefahren des elektrischen Stromes

soweit wie möglich unterbunden werden. So wurden bereits frühzeitig Unfallverhütungsvorschriften (UVV) als sicherheitstechnische Rechtsnormen eingeführt.
Während es sich bei der VBG 1 (Verordnung der Berufsgenossenschaft) um eine Basis-Unfallverhütungsvorschrift handelt, ist die VBG 4 mit dem Titel »Elektrische Anlagen und Betriebsmittel« für den gesamten Bereich der Elektrotechnik und Elektronik von wesentlicher Bedeutung. Eine entscheidende Formulierung zur Verantwortlichkeit hinsichtlich der Unfallverhütung in der Elektrotechnik besagt, daß jeder, der sich mit der Errichtung elektrischer Anlagen oder der Herstellung elektrischer Arbeitsmittel befaßt, in jedem Einzelfall für die Einhaltung der anerkannten Regeln der Elektrotechnik *selbst* verantwortlich ist. Dies gilt in vollem Umfang auch für den Elektroniker beim Betreiben von Meß- und Prüfgeräten oder beim Bau von elektrischen Schaltungen oder Geräten.
Die wichtigsten »Anerkannten Regeln der Elektrotechnik« werden vom VDE (Verband Deutscher Elektrotechniker) herausgegeben. Seit 1970 werden jedoch die VDE-Bestimmungen von der »Deutschen Elektrotechnischen Kommission (DKE) erarbeitet, an der auch das Deutsche Institut für Normung (DIN) beteiligt ist.
Seit 1983 gilt für Niederspannungsanlagen die DIN 57100/VDE 0100. Hierin wird zwischen sechs verschiedenen Schutzmaßnahmen gegen gefährliche Wirkungen des elektrischen Stromes unterschieden. Die Maßnahmen zum Schutz gegen gefährliche Körperströme sind für den Elektroniker die wichtigsten Schutzmaßnahmen. Der Schutz gegen direktes Berühren geht vom ungestörten Betrieb aus. Zielsetzung ist es hierbei, spannungsführende Teile für den Menschen normalerweise unzugänglich zu machen. Die Güte des Schutzes gegen direktes Berühren wird noch durch Schutzarten klassifiziert. Sie werden heute nach DIN 40050 mit den Buchstaben IP und zwei weiteren Ziffern angegeben, während früher eine Kennzeichnung durch Symbole nach VDE 0710 erfolgte.
Der Schutz bei indirektem Berühren muß im Fehlerfall – also im gestörten Betriebsfall – wirksam werden. Eine besondere Bedeutung hat hier der Schutzleiter (PE), der stets eine gelb-grüne Farbkennzeichnung hat. Speziell für Betriebsmittel wurden noch die Schutzklassen I, II und III eingeführt. Sie werden auf den Geräten durch Symbole gekennzeichnet.
Der Schutz bei direktem Berühren ist ein zusätzlicher Schutz. Er wird durch hochempfindliche Fehlerstrom(FI)-Schutzeinrichtungen gewährleistet und soll auch wirksam werden, wenn alle anderen Schutzmaßnahmen versagt haben.
Die Sicherheit des Benutzers wird vollständig gewährleistet, wenn die elektrische Spannung so klein ist, daß auch bei einer direkten Berührung kein lebensgefährlicher Körperstrom auftreten kann. So sind je nach Gefährdungsgrad der Betriebsbedingungen Spannungen kleiner $50\ V_{\sim}$ oder $120\ V_{-}$ bzw. $25\ V_{\sim}$ oder $60\ V_{-}$ als gefahrlos anzusehen. Diese kleinen Spannungen werden mit Hilfe von Sicherheitstransformatoren aus dem 220/380 V-Drehstromnetz erzeugt. Diese Sicherheitstransformatoren haben eine verstärkte Isolierung zwischen der Primär- und Sekundärwicklung.
Da nahezu in jeder Verbraucheranlage auch Elektrogeräte der Schutzklasse I eingesetzt werden, ist für fast jede Anlage eine Schutzleiter-Schutzmaßnahme erforderlich. Die häufigste Form des Drehstromnetzes ist das TN-C-S-Netz. Hier sind die Schutz- und Neutralleiter teils zum PEN-Leiter zusammengefaßt, teils als separate Leiter ausgeführt. Die wichtigsten Schutz-Abschaltvorgänge in diesem Netz sind Sicherungen und Fehlerstromschutzschalter. Da FI-Schutzschalter schon bei kleinen Fehlerströmen auslösen, werden sie heute immer mehr in Stromkreisen eingesetzt.

Trotz dieser vielfältigen Schutzmaßnahmen und Schutzmöglichkeiten muß aber stets bedacht werden, daß gegen das gleichzeitige Berühren zweier aktiver Leiter kein Schutz möglich ist.

10.2 Mehrphasiger Wechselstrom

Elektronische Geräte und Anlagen werden üblicherweise am 220 V-Wechselstromnetz betrieben. Um die erforderlichen Schutzmaßnahmen gegen die Gefahren des indirekten Berührens zu verstehen, muß der Elektroniker aber auch die Struktur des Versorgungsnetzes kennen.

10.2.1 Zweiphasiges Wechselstromsystem

Ein zweiphasiges Wechselstromsystem entsteht, wenn zwei getrennte Wechselstromquellen zusammenwirken. Dabei können als Wechselstromquellen nicht nur Generatoren, sondern auch die Sekundärseiten von Transformatoren angesehen werden. **Bild 10.1a** zeigt einen Transformator mit zwei Sekundärwicklungen, die jeweils eine separate Last versorgen. Die beiden Sekundärsysteme arbeiten dabei völlig getrennt.

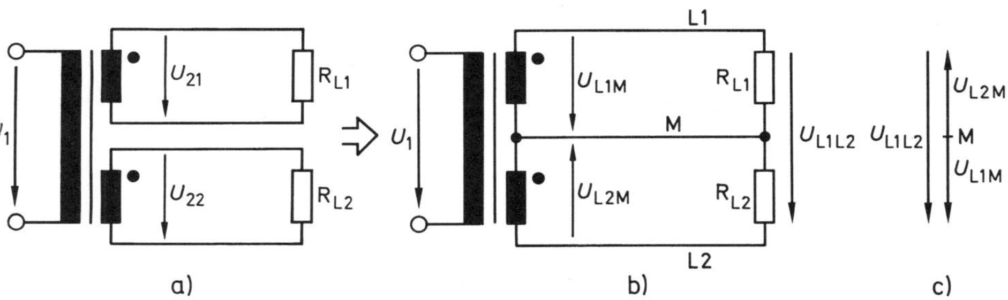

Bild 10.1 Offenes und verkettetes Zweiphasensystem

Die Schaltung nach Bild 10.1a kann in einfacher Weise von einem »Offenen System« in ein »Verkettetes System« entsprechend **Bild 10.1b** überführt werden. Auch in diesem verketteten System arbeitet jeder Stromkreis unabhängig von dem anderen. Es wird jedoch eine Versorgungsleitung eingespart und gleichzeitig tritt eine weitere Möglichkeit der Spannungsbildung auf.
In dem verketteten System werden die beiden Außenleiter mit L1 und L2 und der Mittelleiter mit M bezeichnet. Es gibt bei diesem verketteten System die beiden Spannungen $U_{L1\,M}$ und $U_{L2\,M}$ sowie die Außenleiterspannung $U_{L1\,L2}$. In **Bild 10.1 c** ist das zugehörige Zeigerdiagramm der Spannungen dargestellt. Demnach gilt für das verkettete System:

$$U_{L1\,L2} = U_{L1\,M} - U_{L2\,M}$$

Das Minuszeichen berücksichtigt hierbei die Tatsache, daß zwischen $U_{L1\,M}$ und $U_{L2\,M}$ eine Phasenverschiebung von 180° besteht.
Zweiphasige Wechselstromsysteme haben in der Elektronik eine gewisse Bedeutung beim Bau von Netzgeräten zur Versorgung von elektronischen Schaltungen mit unterschiedlichen Betriebsspannungen. Weiterhin werden sie gelegentlich zur Versorgung von Verbrauchern mit unterschiedlichen Nennspannungen, z.B. 220 V/110 V, eingesetzt.

10.2.2 Dreiphasiges Wechselstromsystem

Die gesamte Versorgung mit elektrischer Energie erfolgt durch ein Wechselstromnetz mit drei Strängen. Es wird meistens als Drehstromnetz bezeichnet. Erzeugt wird die elektrische Energie mit Drehstromgeneratoren. Stark vereinfacht hat ein Drehstromgenerator ein Magnetfeld, in dem eine Welle gedreht wird, auf der drei gleiche, aber getrennte Leiterschleifen bzw. Induktionsspulen symmetrisch angeordnet sind. Die erforderliche Symmetrie wird durch eine räumlich um 120° versetzte Anordnung der Spulen gewährleistet. In **Bild 10.2** ist das stark vereinfachte Grundprinzip eines dreiphasigen Wechselstromgenerators dargestellt.

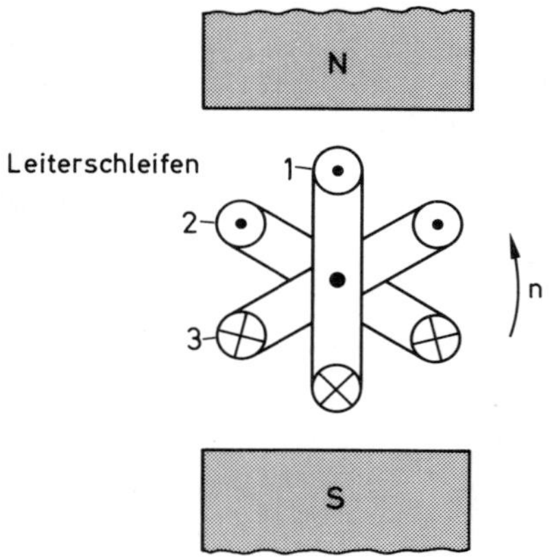

Bild 10.2 Vereinfachtes Grundprinzip eines dreiphasigen Wechselstromgenerators

In Bild 10.2 ist in der schematischen Darstellung der Spulen auch die jeweilige Stromrichtung eingetragen. Die jeweilige Stromrichtung kann – wie in Kapitel 7.4.1 beschrieben – wiederum mit Hilfe der Rechte-Hand-Regel ermittelt werden. Das Ergebnis einer Drehbewegung der drei Spulen mit konstanter Drehzahl sind drei voneinander völlig unabhängige Wechselspannungen mit gleichen Amplituden und gleicher Frequenz. **Bild 10.3** zeigt ein offenes Dreiphasensystem mit den zugehörigen Liniendiagrammen der Strangspannungen.

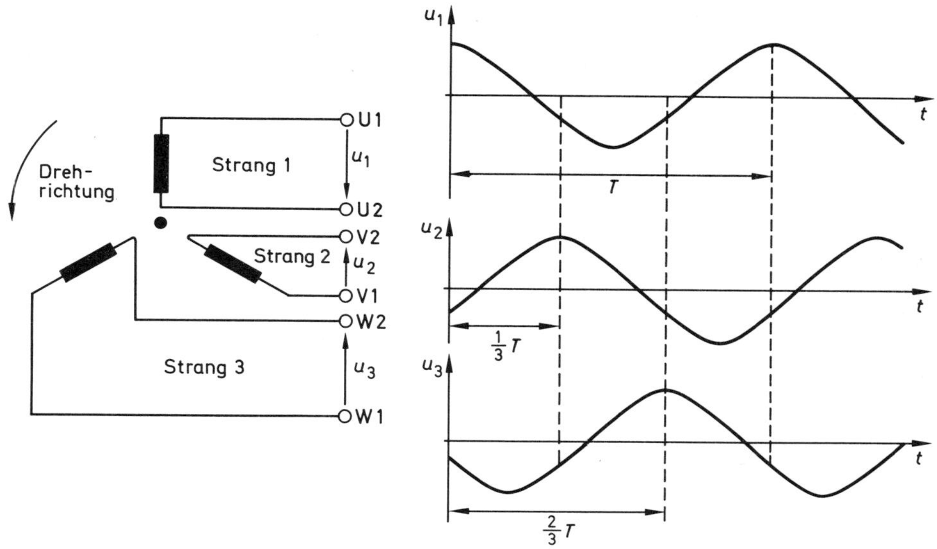

Bild 10.3 Offenes Dreiphasensystem mit Liniendiagrammen der Strangspannungen

Aufgrund der symmetrischen Anordnung der Spule und der vorgegebenen Drehrichtung tritt eine Phasenverschiebung von ⅓ T bzw. 120° zwischen den einzelnen Strangspannungen auf. So tritt die maximale, positive Amplitude von u_2 erst 120° und die positive Amplitude von u_3 erst 240° später als die maximale positive Amplitude von u_1 auf. Die Klemmen der Generatorwicklungen sind in Bild 10.3 mit U, V und W bezeichnet, wobei der Spulenanfang zusätzlich jeweils mit »1« und das Spulenende jeweils mit »2« gekennzeichnet ist.

Im praktischen Betrieb ist jedoch eine Verkettung der drei Generatorwicklungen (oder der Transformatorwicklungen) üblich. Somit ist das Niederspannungsnetz als 4-Leiter-System ausgebildet. **Bild 10.4** zeigt die Prinzipschaltung eines 4-Leiter-Systems.

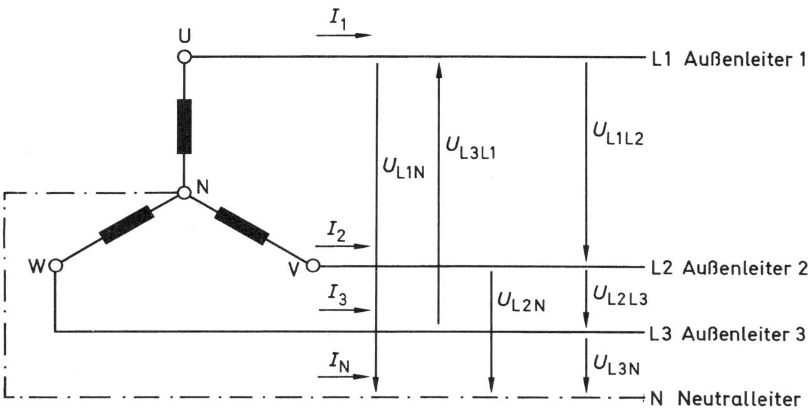

Bild 10.4 Verkettetes Drehstromnetz mit Zählpfeilen für Spannungen und Ströme

In Anlehnung an die Darstellungsweise der drei Strangwicklungen in Bild 10.4 wird diese Verkettungsform als Sternschaltung und die Zusammenfassung der Wicklungsenden als Sternpunkt N bezeichnet. Die Maschinenanschlüsse haben gemäß DIN 40108 die Bezeichnungen U, V und W, während die Außenleiter die Bezeichnungen L1, L2 und L3 tragen. Hinzu kommt noch der Neutralleiter N.
Eine Sternschaltung liefert also die drei Strangspannungen U_{L1N}, U_{L2N} und U_{L3N}. Da in allen Fällen der Neutralleiter als Bezugspunkt gilt, können die Strangspannungen auch ohne den Index »N« eindeutig gekennzeichnet werden mit U_{L1}, U_{L2} und U_{L3}. Weiterhin liefert dieses Vierleiternetz aber auch die Außenleiterspannungen U_{L1L2}, U_{L2L3} und U_{L3L1}. In Anlehnung an Bild 10.4 kann für die Spannungen ein Zeigerdiagramm gezeichnet werden, aus dem sich die Beträge der Effektivwerte und die einzelnen Phasenlagen ermitteln lassen. **Bild 10.5** zeigt das Zeigerdiagramm der Strang- und Außenleiterspannungen.

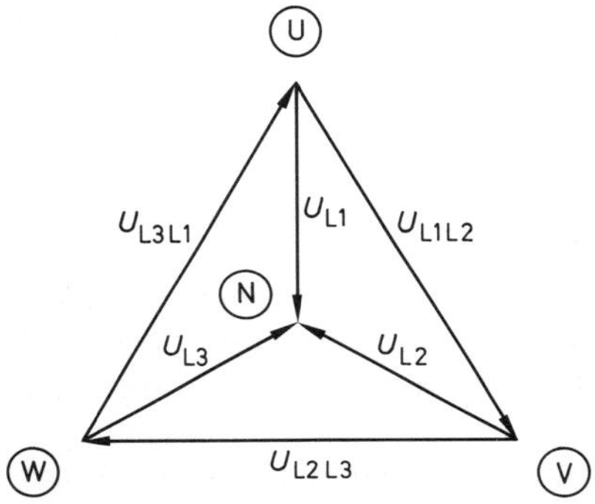

Bild 10.5 Zeigerdiagramm der Strang- und Außenleiterspannungen in Drehstromnetzen

Wie in den Bildern 10.4 und 10.5 erkennbar ist, entsteht jede Außenleiterspannung durch die Reihenschaltung zweier Induktionsspulen. Wegen der unterschiedlichen Phasenlage dürfen die Spannungen aber nicht arithmetisch, sondern nur geometrisch addiert werden. In **Bild 10.6** ist als Beispiel der Zusammenhang für die Spannungen U_{L2}, U_{L3} und U_{L2L3} dargestellt.

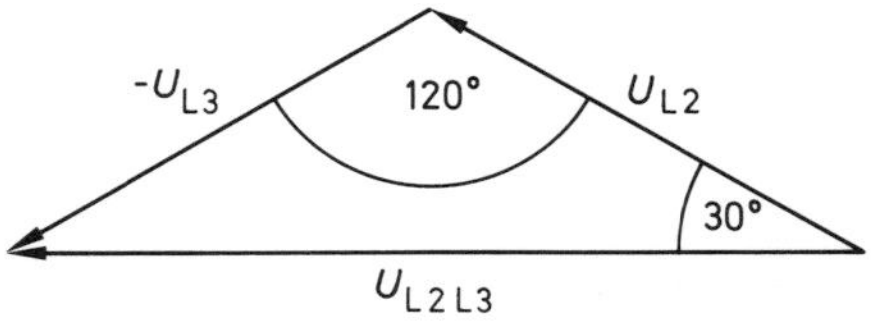

Bild 10.6 Geometrische Addition der Spannungszeiger U_{L2} und U_{L3}

Die Zeigerlängen für U_{L2} und U_{L3} in Bild 10.6 entsprechen Effektivwerten von jeweils 220 V. Damit ergibt sich als resultierender Zeiger U_{L2L3} für die Außenleiterspannung ein Effektivwert von 380 V.

Zwischen der Außenleiterspannung und der Strangspannung besteht somit ein Verhältnis:

$$\frac{380\ \text{V}}{220\ \text{V}} = \frac{1{,}73}{1} = \sqrt{3}$$

Dieser Faktor $\sqrt{3}$ wird als Verkettungsfaktor bezeichnet. Dementsprechend gilt für unser Drehstromnetz ganz allgemein:

$$U_{\text{verkettet}} = \sqrt{3} \cdot U_{\text{Strang}}$$

$$U_{\text{L1 L2}} = \sqrt{3} \cdot U_{\text{L1}}$$

bzw.

$$U_{\text{Strang}} = \frac{1}{\sqrt{3}} \cdot U_{\text{verkettet}}$$

$$U_{\text{L1}} = \frac{1}{\sqrt{3}} \cdot U_{\text{L1 L2}}$$

Die gleichen Formeln gelten selbstverständlich auch für die beiden anderen verketteten Spannungen $U_{\text{L2 L3}}$ und $U_{\text{L3 L1}}$.

10.2.3 Belastete Drehstromsysteme

Das Drehstromnetz kann in Sternschaltung und in Dreieckschaltung belastet werden. Hierbei wird noch unterschieden zwischen einer symmetrischen und einer unsymmetrischen Belastung. Im folgenden wird jedoch nur die symmetrische Belastung näher betrachtet.

Eine symmetrische Belastung liegt vor, wenn die drei Belastungsimpedanzen Z_1, Z_2 und Z_3 gleicher Art sind und auch den gleichen Widerstandsbetrag haben. **Bild 10.7** zeigt die Belastung eines Drehstromnetzes in Sternschaltung mit drei gleichen Widerständen. Als Energiequelle sind hier lediglich die Sekundärwicklungen eines Niederspannungstransformators gezeichnet, die auch in Sternschaltung betrieben werden.

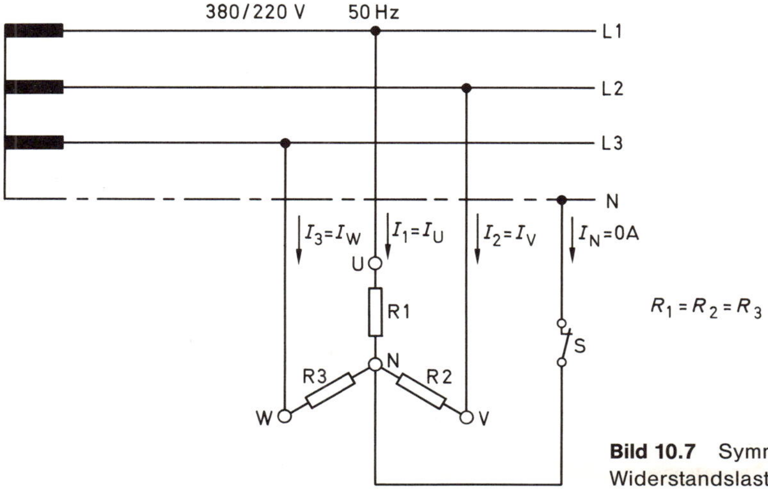

Bild 10.7 Symmetrische Widerstandslast in Sternschaltung

In der Schaltung nach Bild 10.7 ist der Neutralleiter der Spannungsquelle an den Sternpunkt der Last geführt. Bei symmetrischer Belastung ergänzen sich die drei Strangspannungen so, daß die Summe der jeweiligen Momentanwerte der Wechselströme i_1, i_2 und i_3 Null ergibt. In diesem Fall ist es belanglos, ob der in den Neutralleiter zusätzlich eingezeichnete Schalter S geschlossen oder geöffnet ist, denn an jedem Lastwiderstand wirkt die jeweilige Strangspannung von 220 V. Aufgrund der Schaltung ist auch der Zuleitungsstrom identisch mit dem Strangstrom, der die Last durchfließt. Bei den Leistungsfaktoren $\cos\varphi_1 = \cos\varphi_2 = \cos\varphi_3 = 1$ beträgt der gesamte Leistungsumsatz der Sternschaltung:

$$P_{\perp} = U_{L1} \cdot I_1 + U_{L2} \cdot I_2 + U_{L3} \cdot I_3 \quad \text{oder}$$
$$P_{\perp} = 3 \cdot U_{L1} \cdot I_1 \quad \text{(bei symmetrischer Belastung)}$$

In vielen Fällen wird jedoch für die Leistung mit $U_{L1} = \frac{U_{L1\,L2}}{\sqrt{3}}$ bei symmetrischer Belastung die Form

$$P_{\perp} = \sqrt{3} \cdot U_{L1\,L2} \cdot I_1$$

gewählt.
Ganz allgemein gilt für eine symmetrische Belastung in Sternschaltung:

$$P_{\perp} = \sqrt{3} \cdot U \cdot I \cdot \cos\varphi$$

mit $P_{\perp}$ = Gesamtleistung in Sternschaltung
U = Spannung zwischen zwei Außenleitern
I = Leiterstrom in der Verbraucherzuleitung
φ = Phasenverschiebung zwischen Strangspannung und Leiterstrom

Eine weitere Belastungsart ist die Dreieckschaltung entsprechend **Bild 10.8**.

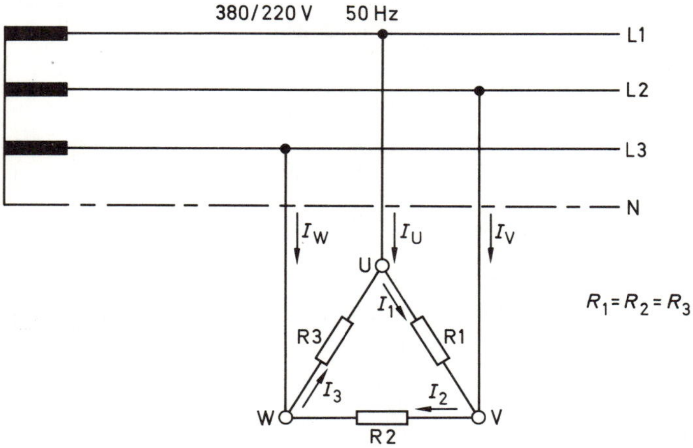

Bild 10.8 Symmetrische Widerstandslast in Dreieckschaltung

Bei der Dreieckschaltung ist jeweils das Ende einer Einzellast mit dem Anfang einer anderen Einzellast verbunden. An den drei Verbindungspunkten ist je ein Außenleiter angeschlossen, so daß für den Anschluß des Neutralleiters keine Möglichkeit mehr besteht. Jeder der drei Einzelwiderstände R1, R2 und R3 liegt daher an der Außenleiterspannung U.

Im Gegensatz zur Sternschaltung – bei der der Leiterstrom mit dem Laststrom übereinstimmt – tritt bei der Dreieckschaltung an jedem der Anschlußpunkte U, V und W eine Aufteilung des Leiterstromes in zwei Strangströme auf. Bedingt durch die Phasenverschiebung von 120° der drei einzelnen Wechselstromsysteme reduziert sich der Strangstrom bei der Aufteilung aber nicht auf die Hälfte, sondern nur auf das $\frac{1}{\sqrt{3}}$ fache.

Der Verkettungsfaktor $\sqrt{3}$ bildet also auch hier den Proportionalitätsfaktor zwischen dem verketteten Strom und den Strangströmen. Ganz allgemein gilt daher:

$$I_{\text{verkettet}} = \sqrt{3} \cdot I_{\text{Strang}} \quad \text{oder}$$

$$I_{U} = \sqrt{3} \cdot I_1$$

Für den Leistungsumsatz der Dreieckschaltung nach Bild 10.8 ergibt sich daher:

$$P_{\Delta} = 3 \cdot U_{L1\,L2} \cdot I_1 \quad (\text{da } \cos\varphi_1 = \cos\varphi_2 = \cos\varphi_3 = 1)$$

Mit $I_1 = \frac{I_U}{\sqrt{3}}$ gilt dann

$$P_{\Delta} = \sqrt{3} \cdot U_{L1\,L2} \cdot I_U$$

oder ganz allgemein für symmetrische Belastung in Dreieckschaltung:

$$P_{\Delta} = \sqrt{3} \cdot U \cdot I \cdot \cos\varphi$$

mit P_{Δ} = Gesamtleistung in Dreieckschaltung
U = Spannung zwischen zwei Außenleitern
I = Leiterstrom in der Verbraucherzuleitung
φ = Phasenverschiebung zwischen Außenleiterspannung und Leiterstrom

Die beiden Formeln zur Berechnung der Leistung bei symmetrischer Last sehen für die Sternschaltung und die Dreieckschaltung völlig gleich aus. Dennoch sind die Leistungen für die drei Widerstände davon abhängig, ob die Widerstände in Stern oder in Dreieck zusammengeschaltet sind. Bei der Sternschaltung nach Bild 10.7 liegt z. B. der Widerstand R1 an einer Spannung von 220 V, während die an ihm liegende Spannung bei Dreieckschaltung entsprechend Bild 10.8 aber 380 V beträgt. Bei der Dreieckschaltung ist die Spannung an dem Lastwiderstand also um den Faktor $\sqrt{3}$ größer.
Somit gilt:

$$P_{1\curlywedge} = \frac{(220\text{ V})^2}{R_1} \quad \text{und} \quad P_{1\Delta} = \frac{(380\text{ V})^2}{R_1}$$

Wird angenommen, daß R1 in beiden Schaltungen den gleichen Widerstandswert hat, so beträgt das Leistungsverhältnis:

$$\frac{P_{1\Delta}}{P_{1\curlywedge}} = \frac{(380\text{ V})^2 \cdot R_1}{(220\text{ V})^2 \cdot R_1} = \frac{144400}{48400} = 3$$

Da in jeder Schaltung mit symmetrischer Belastung die Gesamtleistung dreimal so groß wie die Einzelleistung ist, gilt auch:

$$\frac{P_{\Delta}}{P_{\curlywedge}} = \frac{3\,P_{1\Delta}}{3\,P_{1\curlywedge}} = 3$$

Beispiel

Drei Widerstände mit je 110 Ω/3 A sollen jeweils in Stern- und Dreieckschaltung an ein 380/220 V-Netz angeschlossen werden.
a) Wie groß sind die jeweiligen Strang- und Leitergrößen sowie die Einzel- und Gesamtleistungen?
b) Dürfen die Widerstände in beiden Schaltarten betrieben werden?

a)

Sternschaltung

Jeder Widerstand liegt an der Strangspannung von $\frac{U}{\sqrt{3}} = U_{\text{Strang}} = 220$ V. Der Leiterstrom ist identisch mit dem Strangstrom (Verbraucherstrom). Daher beträgt:

$$I_1 = \frac{U_{\text{L1N}}}{R_1} = \frac{220 \text{ V}}{110\ \Omega} = 2 \text{ A}$$

In jedem Widerstand erfolgt ein Leistungsumsatz von:

$$P_1 = U_{\text{L1N}} \cdot I_1 = 220 \text{ V} \cdot 2 \text{ A} = 440 \text{ W}$$

Die Gesamtleistung beträgt dann:

$$P_{\text{ges}} = 3\ P_1 = 3 \cdot 440 \text{ W} = 1320 \text{ W}$$

Dreieckschaltung

Jeder Widerstand liegt an der Außenleiterspannung $U = 380$ V. Der Strangstrom (Verbraucherstrom) beträgt:

$$I_1 = \frac{U_{\text{L1L2}}}{R_1} = \frac{380 \text{ V}}{110\ \Omega} = 3{,}45 \text{ A}$$

Die Leiterströme haben damit den Wert:

$$I_{\text{U}} = \sqrt{3} \cdot I_1 = \sqrt{3} \cdot 3{,}45 \text{ A} = 5{,}98 \text{ A}.$$

In jedem Widerstand erfolgt jetzt ein Leistungsumsatz:

$$P_1 = U_{\text{L1L2}} \cdot I_1 = 380 \text{ V} \cdot 3{,}45 \text{ A} = 1311 \text{ W}$$

Die Gesamtleistung beträgt dann:

$$P_{\text{ges}} = 3 \cdot P_1 = 3 \cdot 1311 \text{ W} = 3933 \text{ W}$$

Kontrolle

$$P_{\curlywedge} = \sqrt{3} \cdot U \cdot I = \sqrt{3} \cdot 380 \text{ V} \cdot 2 \text{ A} = 1316 \text{ W}$$
$$P_{\Delta} = \sqrt{3} \cdot U \cdot I = \sqrt{3} \cdot 380 \text{ V} \cdot 5{,}98 \text{ A} = 3936 \text{ W}$$

$$\frac{P_{\Delta}}{P_{\curlywedge}} = \frac{3936 \text{ W}}{1316 \text{ W}} = 2{,}99 \approx 3$$

Die geringen Abweichungen zwischen den einzelnen Rechnungen entstehen durch Auf- und Abrundungen.

b)

Die Angabe 110 Ω/3 A in der Aufgabenstellung weist darauf hin, daß der maximale Betriebsstrom der verwendeten Widerstände $I_{\text{max}} = 3$ A beträgt. Bei der Sternschaltung hat der Strom den Wert

$I_1 = 2$ A und ist daher kleiner als $I_{max} = 3$ A. Damit ist ein Dauerbetrieb bei der Sternschaltung zulässig.
Bei der Dreieckschaltung beträgt dagegen $I_1 = 3{,}45$ A. In diesem Fall ist der Betriebsstrom größer als $I_{max} = 3$ A und ein Betrieb der Widerstände in Dreieckschaltung somit nicht zulässig.

10.3 Schutzmaßnahmen in der Elektrotechnik

10.3.1 Gesetzlicher Unfallschutz

Fließt ein elektrischer Strom durch den menschlichen oder tierischen Körper, so übt er eine physiologische Wirkung auf die Muskulatur aus. Es können Muskelverkrampfungen auftreten, die bis zur völligen Lähmung des Herzmuskels und damit zum Tode führen. Es liegt daher im Interesse der Allgemeinheit, diese Gefahren soweit wie möglich zu unterbinden. So wurden bereits im Jahre 1934 die »Unfallverhütungsvorschriften« als sicherheitstechnische Rechtsnormen eingeführt. Im Rahmen der modernen Unfallverhütung wurde dann 1968 das »Gesetz über technische Arbeitsmittel« (Gerätesicherheitsgesetz) erlassen und bereits 1979 wieder aktualisiert. Die UVV (Unfallverhütungsvorschriften) enthalten im wesentlichen »Schutzzielangaben«, die als »Grundsätze für die Gefahrenabwehr« formuliert sind.
So ist die VBG 1 (Verordnung der Berufsgenossenschaft) eine Basis-Unfallverhütungsvorschrift mit allgemeinen Regelungen für Unternehmer, Vorgesetzte und Mitarbeiter, während die VBG 4 mit dem Titel »Elektrische Anlagen und Betriebsmittel« eine Basis-Vorschrift mit mehr technischem Einschlag ist. Sie ist z. Z. in der 3. überarbeiteten Auflage erschienen und wird von der Berufsgenossenschaft der Feinmechanik und Elektrotechnik herausgegeben.
Eine entscheidende Formulierung zur Verantwortlichkeit hinsichtlich der Unfallverhütung in der Elektrotechnik lautet (entsprechend der VDE-Druckschrift 0022/6.77):
»Wer sich mit der Errichtung elektrischer Anlagen oder der Herstellung elektrischer Arbeitsmittel sowie mit dem Betrieb von Anlagen und Betriebsmitteln befaßt, ist nach herrschender Rechtsauffassung in jedem Einzelfall für die Einhaltung der anerkannten Regeln der Elektrotechnik *selbst* verantwortlich«.
Somit ist auch der Elektroniker bei der Anwendung von Betriebsmitteln, wie z. B. beim Einsatz von Funktionsgeneratoren, Oszilloskopen, Netzgeräten, Lötkolben oder Bohrmaschinen ebenso für die Einhaltung der anerkannten Regeln verantwortlich wie beim Bau von Betriebsmitteln wie Verstärkern, Meßgeräten oder Netzteilen usw..
Die wichtigsten »Anerkannten Regeln der Elektrotechnik« werden vom »Verband Deutscher Elektrotechniker (VDE)« herausgegeben. Obwohl der VDE nur den Rechtsstatus eines eingetragenen Vereins hat, sind die VDE-Bestimmungen dennoch Grundlage der Rechtsprechung, da sie von den Berufsgenossenschaften anerkannt und im Energiewirtschaftsgesetz ausdrücklich als »Anerkannte Regeln der Elektrotechnik« verankert sind.
Seit 1970 werden die VDE-Bestimmungen von der Deutschen Elektrotechnischen Kommission (DKE) erarbeitet, an der auch das Deutsche Institut für Normung e.V. (DIN) beteiligt ist. Die so entstandenen VDE-Bestimmungen sind daher als sicherheitstechnische Normen gültig und als solche zusätzlich gekennzeichnet.
Bild 10.9 zeigt das Organisationsschema der DKE und als Beispiel die Kopfform einer als VDE-Bestimmung gekennzeichneten DIN-Norm.

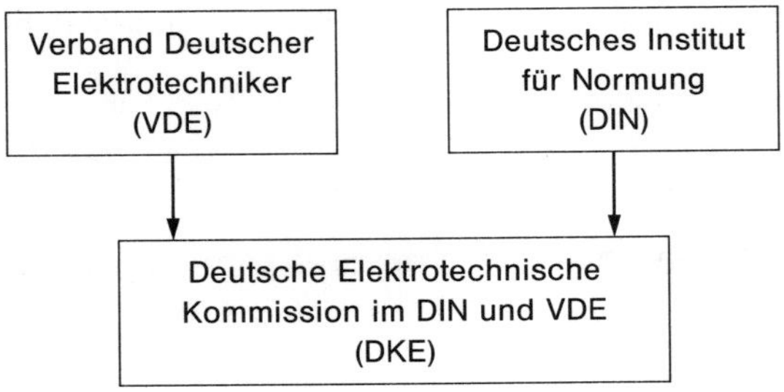

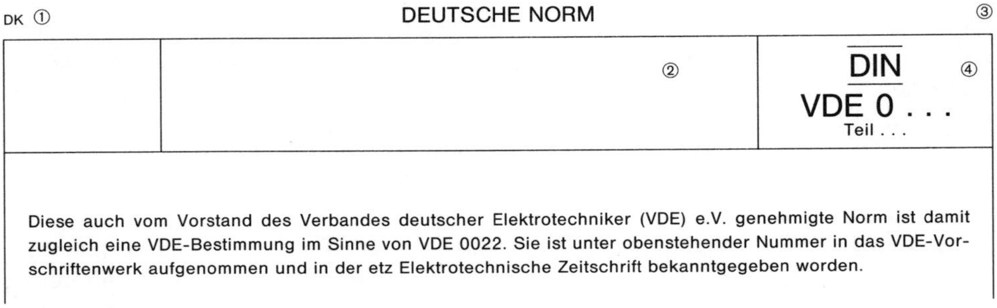

① Angabe der DK-Nummer (DK – internationale Dezimalklassifikation)

② Titel z. B. Betrieb von Starkstromanlagen
Besondere Festlegung für das Experimentieren mit elektrischer Energie in Unterrichtsräumen

③ Ausgabedatum z. B. Juli 1985

④ Nummer z. B.

DIN
VDE 0100
Teil 200

Bild 10.9 Organisationsschema der DKE und Kopfform einer als VDE-Bestimmung gekennzeichneten DIN-Norm

10.3.2 Schutzmaßnahmen gegen gefährliche Körperströme

Seit November 1983 gilt für Niederspannungsanlagen die DIN 57100/VDE 0100. Hierin ist im Gegensatz zu der bis daher gültigen VDE-Bestimmung 0100 vom Mai 1973 der Begriff Schutzmaßnahmen wesentlich weiter gefaßt. So wird jetzt zwischen folgenden Schutzmaßnahmen gegen gefährliche Wirkungen des elektrischen Stromes unterschieden:

Schutz gegen gefährliche Körperströme (Mensch/Nutztier)
Brandschutz
Überstromschutz von Leitungen und Kabeln
Schutz bei Überspannung
Schutz bei Unterspannung
Schutz durch Trennen und Schalten.

Die Maßnahmen zum Schutz gegen gefährliche Körperströme sind für den Elektroniker die wichtigsten Schutzmaßnahmen, obwohl sie vorzugsweise auf den Benutzer elektrischer Arbeitsmittel ausgerichtet sind. Dabei gelten vor allem die Unterscheidungen in

ungestörten und gestörten (fehlerhaften) Betriebsfall

sowie in

Fehlerstrom I_F und Körperstrom I_K.

Ein Körperstrom I_K kommt dann zustande, wenn der Mensch mit seinen Körperteilen eine Potentialdifferenz (Spannung) überbrückt. Daher errechnet sich der Körperstrom formell nach dem Ohmschen Gesetz zu:

$$I_K = \frac{U}{R_K}$$

Der Körperwiderstand R_K des Menschen ist schwer zu bestimmen. So ist er z. B. stark von der Hautfeuchte, der Hautdicke und der jeweiligen Strombahn im Körper abhängig. Die VDE-Bestimmungen geben daher bestimmte Höchstwerte von Spannungen an, die im Störungsfall für die ungünstigste Situation als maximale Berührungsspannung für den Niederspannungsbereich (Anlagen mit Nennspannungen bis 1000 V) im Teil 410 der DIN 57100/VDE 0100 festgelegt und in drei Bereiche gegliedert sind:

1. Schutz sowohl gegen direktes als auch bei indirektem Berühren
2. Schutz gegen direktes Berühren
3. Schutz bei indirektem Berühren

Bei allen Störungsfällen ist eine Besonderheit des öffentlichen Niederspannungsnetzes von größter Wichtigkeit. So ist der Sternpunkt der Sekundärwicklungen – und somit auch der Neutralleiter – über eine Erdleitung mit dem Erdreich verbunden. Diese Erdung hat zur Folge, daß jeder Mensch und jedes Tier eine unvermeidbare Verbindung mit dem Niederspannungsnetz hat. Wird auch nur ein Außenleiter berührt, so ist der Stromkreis über den menschlichen Körper geschlossen, und es kann ein lebensgefährlicher Körperstrom auftreten.

10.3.2.1 Schutz sowohl gegen direktes als auch bei indirektem Berühren

Die Sicherheit des Benutzers ist vollständig gewährleistet, wenn die elektrische Spannung zum Betrieb einer Anlage so klein ist, daß auch bei einer direkten Berührung kein gefährlicher Körperstrom auftreten kann.

Je nach Gefährdungsgrad der Betriebsbedingungen sind nach den VDE-Bestimmungen maximal

für Wechselspannungen 50 V bzw. 25 V

und

für Gleichspannungen 120 V bzw. 60 V

als gefahrlos anzusehen. Diese Spannungen werden als Schutzkleinspannungen bezeichnet. Da diese niedrigen Spannungen üblicherweise durch Transformatoren erzeugt werden, sind wegen der erhöhten Sicherheitsforderung auch besondere Sicherheitstransformatoren erforderlich. Sie besitzen eine verstärkte Isolierung zwischen Primär- und Sekundärwicklung. Die Sekundärseite darf auch auf keinen Fall geerdet werden, um jegliche Verbindung mit dem Niederspannungsnetz zu vermeiden. Alle Sicherheitstransformatoren müssen nach VDE 0551 hochwertigen Anforderungen entsprechen und sind üblicherweise durch besondere Symbole gekennzeichnet. **Bild 10.10** zeigt Symbole für Sicherheitstransformatoren.

Symbol	Bedeutung
	Transformator, allgemein
	unbedingt kurzschlußfester Transformator
	bedingt kurzschlußfester Transformator
	Angabe der Sicherungsgröße bei nicht kurzschlußfesten Transformatoren
	Trenntransformator
	Steuertransformator
	Haushalt-Spartransformator
	Gekapselter Sicherheitstransformator
	Offener Sicherheitstransformator
	Spielzeugtransformator
	Klingeltransformator
	Handleuchtentransformator
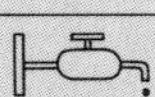	Auftautransformator
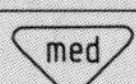	Transformator für medizinische und zahnmedizinische Geräte
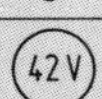	Schweißtransformator; $U_{Lmax} = 42$ V

Bild 10.10 Auswahl von Symbolen für Sicherheitstransformatoren

Die grundsätzliche Wirkungsweise der Schutzkleinspannung ist in **Bild 10.11** dargestellt.

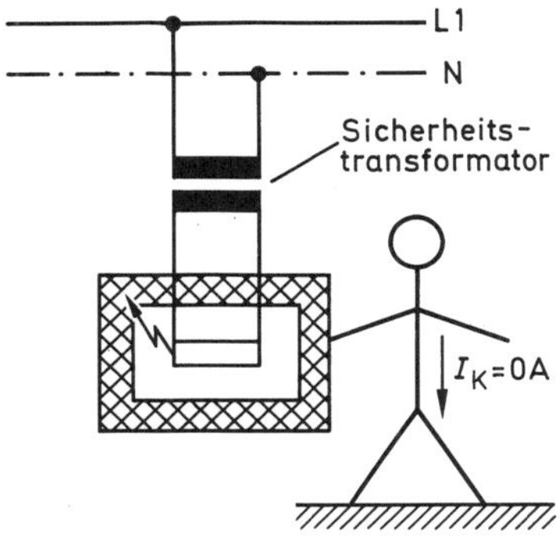

Körperstrom $I_K = 0$ A bei Einfachfehler

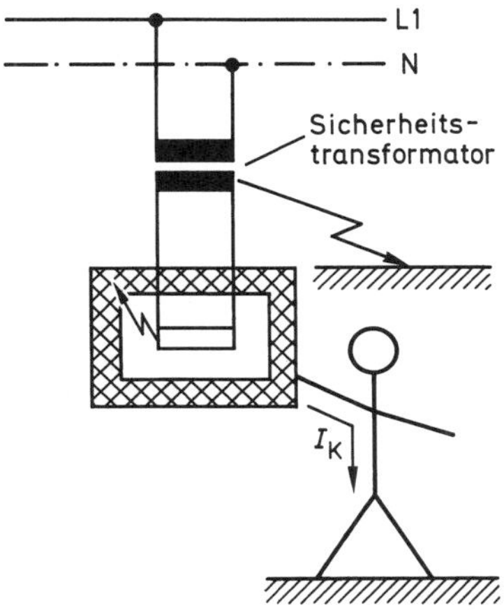

Körperstrom $I_K > 0$ A bei Doppelfehler, jedoch keine Gefährdung des Menschen

Bild 10.11 Wirkung der Schutzkleinspannung in Störungsfällen

Bei Verwendung von offenen Sicherheitstransformatoren muß der Berührungsschutz durch Einbau z. B. in Verteilung oder Gehäusen gewährleistet sein.
Für die Funktionskleinspannung gelten die gleichen Spannungswerte wie bei der Schutzkleinspannung. Sie ist jedoch für den Betrieb von Schwachstromanlagen, z. B. für Meß- und Fernmeldezwecke, vorgesehen. In diesem Fall reicht die normale Isolierung des Transformators aus und die Sekundärseite darf auch geerdet werden. Zusätzliche Schutzmaßnahmen wie Isolierung oder Abdeckung aktiver Teile sind gegebenenfalls auch hier erforderlich.

10.3.2.2 Schutz gegen direktes Berühren

Der *Schutz gegen direktes Berühren* geht von einem ungestörten Betrieb aus. Zielsetzung ist es dabei, die spannungsführenden Teile für den Menschen normalerweise unzugänglich zu machen. Bei der Darstellung in **Bild 10.12** sind die aktiven Teile des Betriebsmittels so gut isoliert, daß ein Berühren durch den Menschen ausgeschlossen ist. Da das Betriebsmittel fehlerfrei arbeitet, kann der Benutzer sowohl die Anschlußleitung als auch das Betriebsmittel selbst (z. B. den Funktionsgenerator) gefahrlos berühren. Die Basisisolierung verhindert somit einen Fehlerstromkreis, und es kann überhaupt kein Körperstrom I_K auftreten.

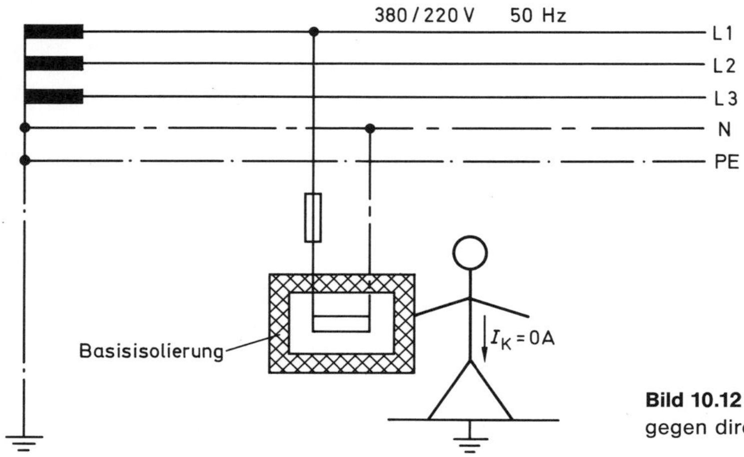

Bild 10.12 Schutz gegen direktes Berühren

Während die Schutzmaßnahmen allgemein, d. h. auch für komplette elektrische Anlagen gelten, sind die elektrischen Betriebsmittel hinsichtlich der Güte ihres Schutzes gegen direktes Berühren noch durch »Schutzarten« klassifiziert. Diese Schutzarten werden nach DIN 40050 mit den Buchstaben IP und zwei weiteren Ziffern für die verschiedenen Schutzgrade gekennzeichnet. Die erste Kennziffer gibt den Berührungs- und Fremdkörperschutz an, die zweite Kennziffer gibt Auskunft über den Wasserschutz.

Bei der 1. Kennziffer bedeuten:

0 kein Berührungsschutz und kein Schutz gegen das Eindringen von Fremdkörpern
1 Schutz gegen großflächige Berührung mit der Hand und gegen das Eindringen fester Fremdkörper mit über 50 mm ∅
2 Schutz gegen Berührung mit den Fingern und gegen das Eindringen fester Fremdkörper mit über 12 mm ∅
3 Schutz gegen Berührung mit Werkzeugen oder ähnlichem und gegen das Eindringen fester Fremdkörper mit über 2,5 mm ∅
4 Schutz gegen Berührung mit Werkzeugen oder ähnlichem und gegen das Eindringen fester Fremdkörper mit über 1 mm ∅
5 vollständiger Schutz gegen Berührung und Schutz gegen schädliche Staubablagerungen
6 vollständiger Schutz gegen Berührung und Schutz gegen Eindringen von Staub

Bei der 2. Kennziffer bedeuten:

0 kein besonderer Schutz
1 Schutz gegen senkrecht fallendes Tropfwasser
2 Schutz gegen schräg fallendes Tropfwasser bis 15° zur Senkrechten
3 Schutz gegen Sprühwasser bis 60° zur Senkrechten
4 Schutz gegen Spritzwasser aus allen Richtungen
5 Schutz gegen Strahlwasser aus allen Richtungen
6 Schutz bei Überflutung
7 Schutz beim Eintauchen
8 Schutz beim Untertauchen

Beispiel

Für ein Gerät ist die Schutzklasse IP 32 angegeben.
Welche Bedeutung hat diese Kennzeichnung?

IP = Schutzart nach DIN 40050
3 = Schutz gegen Berührung mit Werkzeugen oder ähnlichem und gegen das Eindringen fester Fremdkörper mit über 2,5 mm ∅
2 = Schutz gegen schräg fallendes Tropfwasser bis 15° zur Senkrechten

Früher wurden die Schutzarten nach VDE 0710 durch Symbole gekennzeichnet. Da sie noch auf Geräten anzutreffen sind und auch noch Gültigkeit haben, sind in der Tabelle **Bild 10.13** die wichtigsten Symbole zusammengefaßt.

Zeichen nach VDE	Bezeichnung nach VDE	Schutzarten nach DIN
	tropfwassergeschützt	IP 21
	schrägwassergeschützt	IP 23
	spritzwassergeschützt	IP 44
	strahlwassergeschützt	IP 55
	wasserdicht	IP 68
 ... bar	druckwasserdicht	IP 68

Bild 10.13 Symbole für Schutzarten nach VDE 0710

Trotz aller Bemühungen, die Schutzmaßnahmen gegen direktes Berühren anzuwenden, besteht unter bestimmten Voraussetzungen die Gefahr, daß bei Berühren aktiver Teile ein unzulässig hoher Körperstrom fließt. Deshalb kann als zusätzlicher Schutz eine Fehlerstrom (FI)-Schutzeinrichtung mit einem Nennfehlerstrom $I_{\Delta n} \leqq 30$ mA eingesetzt werden. In bestimmten Fällen ist eine derartige Einrichtung sogar vorgeschrieben. Als alleinige Schutzmaßnahme ist sie jedoch nicht zulässig.

10.3.2.3 Schutz bei indirektem Berühren

Der *Schutz bei indirektem Berühren* ist sehr umfangreich. Allgemein gilt hier aber, daß dieser Schutz im Fehlerfall – also im gestörten Betriebsfall – wirksam werden muß. Eine derartige Situation ist in **Bild 10.14** dargestellt.

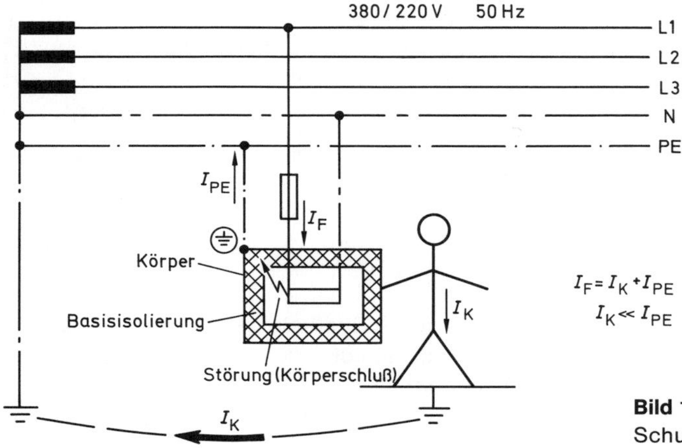

Bild 10.14 Wirkungsweise durch Schutz bei indirektem Berühren

In Bild 10.14 ist das Betriebsmittel über einen Schutzleiter (PE) mit dem Sternpunkt des Niederspannungstransformators verbunden. Dieser Schutzleiter trägt eine gelb-grüne Farbkennzeichnung und darf im Gegensatz zum Neutralleiter nur für Schutzzwecke verwendet werden.
Durch den Isolationsfehler entsteht ein Körperschluß. Als »Körper« ist in diesem Fall das elektrisch leitfähige Gehäuse des Betriebsmittels zu verstehen. Berührt nun ein Mensch dieses Gehäuse, so teilt sich der Fehlerstrom I_F in den Schutzleiterstrom I_{PE} und den Strom I_K über den menschlichen Körper auf. Der Schutz des Menschen ist in diesem Fall dadurch gegeben, daß I_{PE} den Charakter eines Kurzschlußstromes hat. Dadurch löst die vorgeschaltete, sehr schnellwirkende Sicherung aus. Der Strom I_K kann daher nur kurz über den menschlichen Körper fließen ($t \leqq 0{,}2$ s für Steckdosen-Stromkreise bis 35 A).
Speziell für elektrische Betriebsmittel sind noch drei Schutzklassen eingeführt. Sie geben das Prinzip an, das dem Schutz gegen gefährliche Körperströme zugrunde liegt. In **Bild 10.15** sind die Symbole zur Kennzeichnung dieser drei Schutzklassen dargestellt.

Schutzklasse I: Kennzeichnung der Anschlußstelle des Schutzleiters

Schutzklasse II: Symbol für zweifache Isolierung

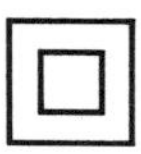

Schutzklasse III:

Bild 10.15 Symbole für die Schutzklassen

Die Betriebsmittel der Schutzklasse I haben einen zweifachen Schutz. So ist entsprechend Bild 10.14 eine Basisisolierung der aktiven Teile vorhanden. Zusätzlich hat das Gehäuse, das die Basisisolierung umhüllt, noch einen Schutzleiteranschluß.

Auch die Betriebsmittel der Schutzklasse II haben einen zweifachen Schutz gegen gefährliche Körperströme, und zwar eine Basisisolierung der aktiven Teile sowie eine Umhüllung dieser Basisisolierung mit einer zusätzlichen Isolierung. Beide Isolierungen können ersetzt werden durch eine doppelte Isolierung bzw. verstärkte Isolierung.
Bei den Betriebsmitteln der Schutzklasse III ist der Schutz gegen gefährliche Körperströme durch Schutzkleinspannung gewährleistet. Dies ist eine Spannung, deren Effektivwert bei Wechselspannung 50 V und bei Gleichspannung 120 V zwischen Leitern oder zwischen einem Leiter und Erde nicht übersteigt. Die Spannung wird durch einen Sicherheitstransformator oder einen Umformer mit getrennten Wicklungen erzeugt.
Da nahezu in jeder Verbraucheranlage auch Elektrogeräte der Schutzklasse I eingesetzt werden, ist für fast jede Anlage eine Schutzleiter-Schutzmaßnahme erforderlich. Die allgemeinen Maßnahmen zum »Schutz durch Abschaltung oder Meldung« werden durch die jeweilige Netzform vorgegeben.
So ist in Bild 10.14 ein TN-S-Netz dargestellt. Aus dieser Kennzeichnung können folgende Informationen entnommen werden:

1. Buchstabe: T = direkte Erdung der Stromquelle über einen Betriebserder
2. Buchstabe: N = Körper der Betriebsmittel direkt mit dem Erder der Stromquelle verbunden
Zusatzbuchstabe: S = Separate Leiter für Schutz- und Neutralleiter.

Die häufigste Form eines Drehstromnetzes ist jedoch das TN-C-S-Netz. Hier sagen die Zusatzbuchstaben C und S aus, daß die Schutz- und Neutralleiter teils zum PEN-Leiter kombiniert und teils als separate Leiter ausgeführt sind. Die beiden wichtigsten Schutz-Abschaltorgane sind dabei die Sicherungen und der Fehlerstrom-Schutzschalter. **Bild 10.16** zeigt den Einbau von Sicherungen als Schutz bei direktem Berühren im TN-C-S-Netz.

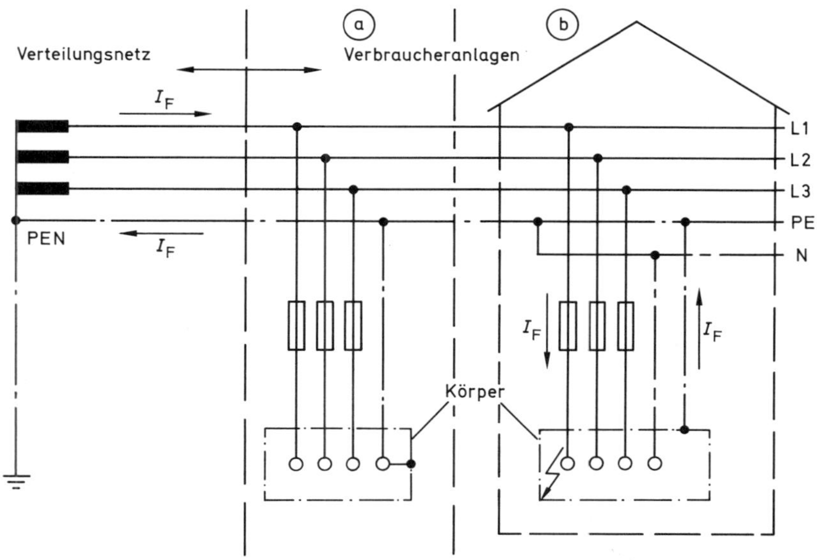

Bild 10.16 Sicherungen als Schutz bei direktem Berühren im TN-C-S-Netz

Die Schutzmaßnahme in Bild 10.16 wurde früher als »Nullung ohne getrennten Schutzleiter« (Anlage Typ a) und als »Nullung mit getrenntem Schutzleiter« (Anlage Typ b) bezeichnet. In beiden Anlagen steigt im Fehlerfall der Fehlerstrom I_F so schnell und so hoch an, daß die Sicherungen innerhalb von 0,2 s abschalten.

In **Bild 10.17** ist eine Anlage mit FI-Schutzschalter als Schutzeinrichtung bei direktem Berühren dargestellt.

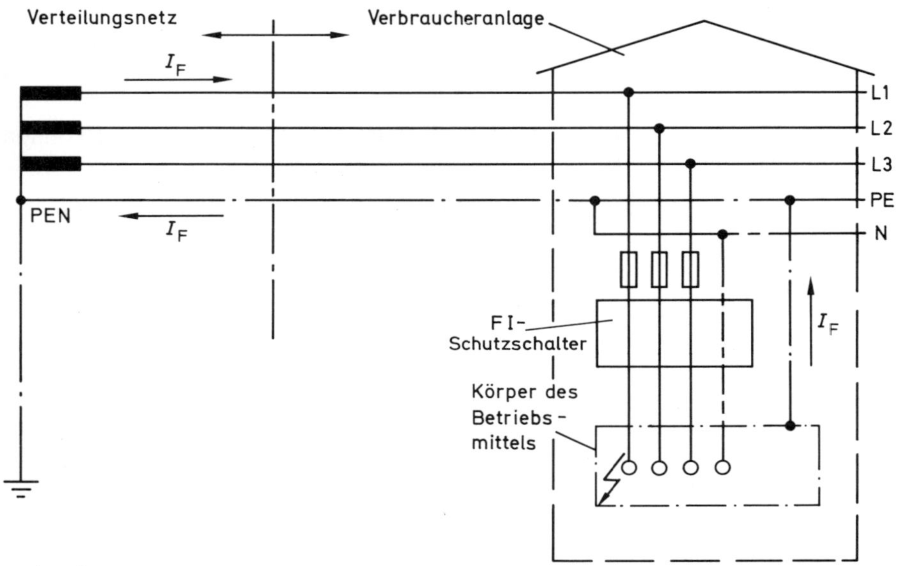

Bild 10.17 FI-Schutzschalter als Schutzeinrichtung bei direktem Berühren

Im Gegensatz zu den hohen Fehler- und Abschaltströmen bei den Sicherungen entsprechend Bild 10.16 löst der FI-Schutzschalter entsprechend Bild 10.17 schon bei kleinen Fehlerströmen aus. Das Auslösen erfolgt durch einen Summenstromwandler. Er ist inaktiv, solange die Summe der zufließenden Ströme des Schutzschalters genau so groß ist wie die Summe der abfließenden Ströme. Im Fehlerfall fließt der Fehlerstrom $I_F = I_{zu} - I_{ab}$ nicht mehr über den Summenstromwandler zurück. Die Stromdifferenz erzeugt ein magnetisches Feld. Das Schaltschloß des Schutzschalters wird dadurch betätigt und eine allpolige Abschaltung des Betriebsmittels bzw. der Anlage bewirkt. Der jeweilige Nennauslösestrom $I_{\Delta n}$ ist auf dem Schutzschalter aufgedruckt, z. B. 30 mA; 0,3 A oder 0,5 A.

Weiterhin sind noch zwei *Schutzmaßnahmen ohne Schutzleiter* von Bedeutung. In **Bild 10.18** ist der Schutz durch *Schutzisolierung* dargestellt. Da die Schutzisolierung entsprechend Bild 10.18 hier nur auf Geräte bezogen ist, entspricht sie der Schutzklasse II.

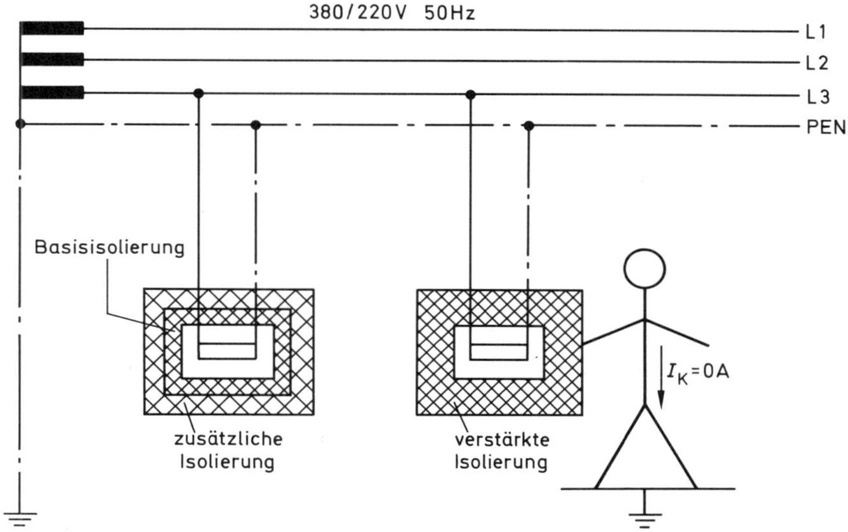

Bild 10.18 Schutzisolierung

Bild 10.19 zeigt die *Schutztrennung*. Sie setzt voraus, daß der Verbraucher über einen Trenntransformator versorgt und somit vom Niederspannungsnetz getrennt betrieben wird. Beim Auftreten eines Fehlers ist der Körperstrom $I_K = 0$ A. Da immer nur ein Gerät betrieben wird, ist das Auftreten eines zweiten Fehlers praktisch ausgeschlossen. Anwendungsbeispiele für die Schutztrennung sind z. B. die Rasiersteckdosen in Badezimmern.

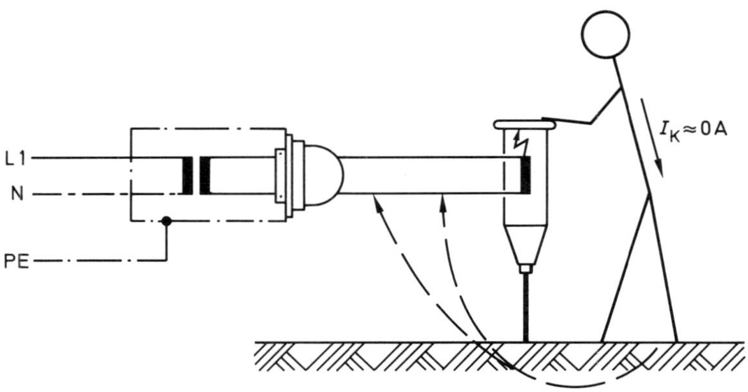

Bild 10.19 Schutztrennung mit nur einem Verbraucher je Stromquelle

Da der Berührungsschutz von ganz wesentlicher Bedeutung und die Vielzahl von Begriffen selbst für den Elektrotechniker schwer überschaubar ist, sind in **Bild 10.20** die wichtigsten Zusammenhänge in Form eines Flußdiagramms dargestellt. Die für den Elektroniker besonders wichtigen Maßnahmen sind dabei zusätzlich gerastert.

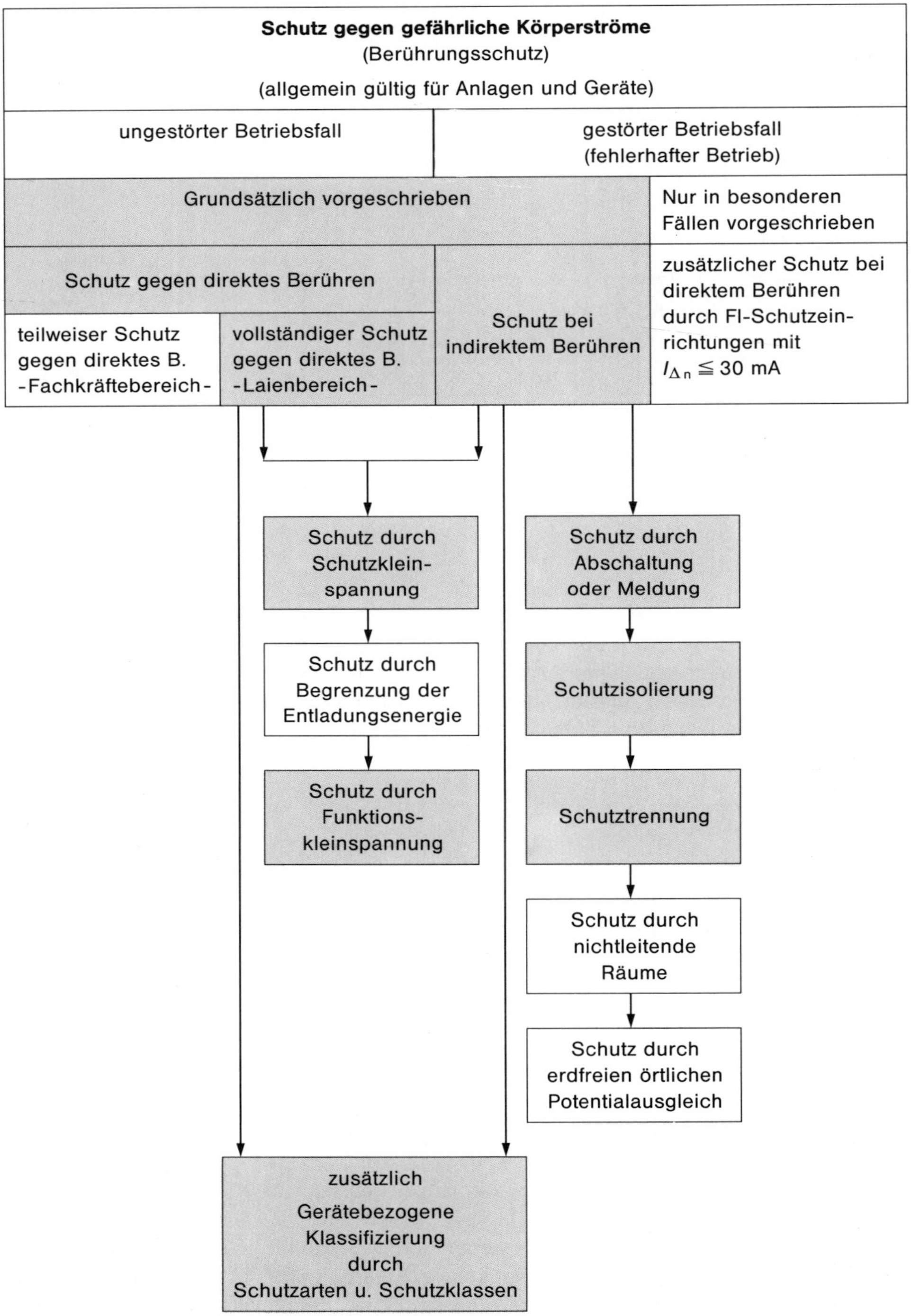

Bild 10.20 Gliederung der Schutzmaßnahme »Schutz gegen gefährliche Körperströme«

Sachregister

Informationen
über die bundeseinheitlichen Elektronik-Lehrgänge

Das bundeseinheitliche Elektronik-Schulungsprogramm des HPI ist stufenweise nach dem Baukastenprinzip aufgebaut. Es besteht aus den 3 Grundlehrgängen:

I. Elektrotechnische Grundlagen der Elektronik
II. Bauelemente und Grundschaltungen der Mikroelektronik
III. Baugruppen der Mikroelektronik

sowie den Fachlehrgängen

IV A Leistungselektronik
IV B Meß- und Regelungstechnik
IV C Mikrocomputer
IV D Digitale Steuerungstechnik

Zum Abschluß eines jeden Lehrganges kann der Teilnehmer freiwillig eine Prüfung ablegen. Die Durchführung der Prüfung erfolgt ebenfalls nach einheitlichen Richtlinien. Die bestandene Abschlußprüfung nach dem Lehrgang III ist Voraussetzung für die Teilnahme an den verschiedenen Fachlehrgängen, die sich dann mit den unterschiedlichsten Spezialgebieten befassen.
Mit diesem Schulungsprogramm werden in erster Linie Gesellen, Facharbeiter und Meister aus allen elektronikanwendenden Wirtschaftsbereichen angesprochen. Die Lehrgänge sind also bevorzugt auf den Praktiker ausgerichtet und werden daher praxisnah gestaltet. Es wird keine »Kreide-Elektronik« oder »Demonstrationselektronik« betrieben. Der theoretische Teil ist auf das notwendige Maß beschränkt, und jeder Teilnehmer muß selbständig Schaltungen der Elektronik meßtechnisch untersuchen und die Meßergebnisse auswerten.
Auf diese Weise werden praktische Erfahrungen auch im Umgang mit dem Oszilloskop und anderen Meß- und Prüfgeräten gesammelt. Die »Anerkannten Elektronik-Schulungsstätten« sind entsprechend ausgestattet.
Nur in diesen »Anerkannten Elektronik-Schulungsstätten« kann der »Elektronik-Teil des Berufsbildungspasses« als Qualifikationsnachweis erworben werden. Er besteht aus einer blauen Umschlaghülle im Format DIN A 6 mit dem Aufdruck »Berufsbildungspaß«, in die eine Stammkarte mit den Personalien des Inhabers eingeschoben wird. In diese Paßhülle können die einzelnen Teilnahmebescheinigungen als Maßnahmeblätter eingeheftet werden. Für jeden Lehrgang ist ein eigenes Maßnahmeblatt vorgesehen. Es enthält den Rahmenlehrplan für den jeweiligen Lehrgang sowie Angaben über dessen Dauer. Zusätzlich wird ein Prüfungszeugnis im A 4-Format ausgegeben.
Das Verzeichnis der »Anerkannten Elektronik-Schulungsstätten« kann bei der Leitstelle, Heinz-Piest-Institut, 3000 Hannover 1, Wilhelm-Busch-Straße 18, Tel. (0511) 70155-15, kostenlos angefordert werden.

Aufbau des Schulungsprogramms

GRUNDLEHRGANG
Teil I
160 Stunden

I
Elektrotechnische Grundlagen der Elektronik

Nach Abschluß dieses Lehrganges besteht die Möglichkeit zur Ablegung einer Zwischenprüfung

GRUNDLEHRGANG
Teil II
160 Stunden

II
Bauelemente und Grundschaltungen der Mikroelektronik

Nach Abschluß dieses Lehrganges besteht die Möglichkeit zur Ablegung einer Zwischenprüfung

GRUNDLEHRGANG
Teil III
160 Stunden

III
Baugruppen der Mikroelektronik

Nach Abschluß dieses Lehrganges besteht die Möglichkeit zur Ablegung der Prüfung »Grundausbildung Elektronik«. Bestandene Prüfung berechtigt zur Teilnahme an beliebigen Fachlehrgängen

FACHLEHRGÄNGE
je 120 Stunden

Nach Abschluß eines jeden Lehrganges besteht die Möglichkeit zur Ablegung einer Prüfung

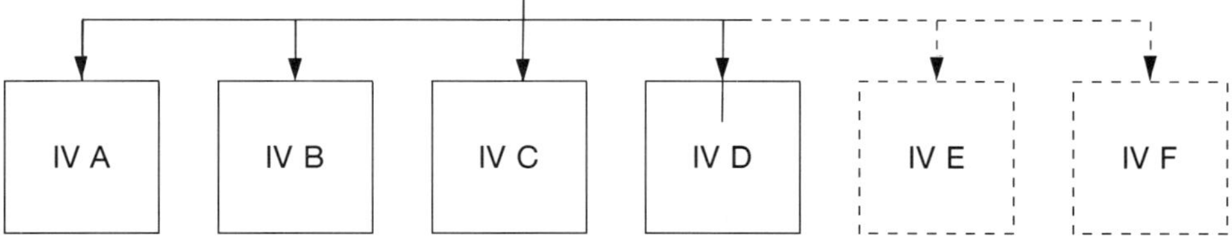

IV A Leistungselektronik
IV B Meß- und Regelungstechnik
IV C Mikrocomputer
IV D Digitale Steuerungstechnik

(Die Reihe der Fachlehrgänge wird noch erweitert und auf andere Gebiete ausgedehnt. Die Lehrgänge laufen parallel.)